Philipp Dobroschke, Anton Kolbinger, Gerd Kreß, Peter Lenz, Jürgen Schmaus,
Ulrike Schmid-Koralewski

Herausgeber: Jürgen Schmaus

Holztechnik

Lernfelder 1 bis 4

3. Auflage

Bestellnummer 70102

Bildungsverlag EINS

Haben Sie Anregungen oder Kritikpunkte zu diesem Produkt?
Dann senden Sie eine E-Mail an 70102_003@bv-1.de
Autoren und Verlag freuen sich auf Ihre Rückmeldung.

www.bildungsverlag1.de

Bildungsverlag EINS GmbH
Hansestraße 115, 51149 Köln

ISBN 978-3-427-**70102**-6

Vorwort

Zu diesem Buch

Dieses Lehrbuch orientiert sich an dem **Rahmenlehrplan**, der zum Schuljahr 2006/07 in Kraft getreten ist.
Fachtheoretische und fachmathematische Inhalte des Lehrplans werden sinnvoll miteinander verknüpft und als **ganzheitlicher Lernbereich** dargestellt.
Darüber hinaus sind auch Themen wie Lerntechniken, Informationsmanagement, Arbeitsplanung, Kundenorientierung sowie betriebliche Rechtsformen integriert.

Großer Wert bei der Konzeption des Werkes wurde auch auf eine **enge Verknüpfung von Theorie und Praxis** gelegt. So wird als Einstieg in die einzelnen Lernfelder jeweils ein ganzheitliches Projekt vorangestellt, welches auch als Orientierung für eigene Projekte dienen kann. Das **planerische Handeln** der Schüler soll dabei stets im Vordergrund stehen.

Eine ausklappbare Formelsammlung sowie eine Sammlung von **Testaufgaben mit Lösungen** am Ende des Buches sollen einen weiteren Beitrag dazu leisten, den Schüler zu selbstständigerem Arbeiten zu motivieren.

Die vorliegende dritte Auflage wurde vom Autorenteam überarbeitet. Beispielsweise wurde die Reihenfolge einiger Kapitel geändert und dadurch in einen logischeren Kontext gebracht. Auch wurden einzelne Abbildungen durch anschaulichere ersetzt. Überarbeitet wurden das Kapitel „Holzverbindungen“ sowie das Kapitel „CNC-Technik“, welches dadurch eine Aufwertung und Erweiterung erfuhr.

Passend zu diesem Lehrbuch ist ein Arbeitsheft für die Lernfelder 1 bis 4 mit Projektaufträgen und vertiefenden Aufgaben erhältlich.

Autoren und Verlag im Sommer 2012

Inhaltsverzeichnis

Lernfeld 1

Die Schülerinnen und Schüler planen und fertigen einfache Produkte aus Holz.

Aufgaben

Wählen Sie eine geeignete Holzart für das Werkstück aus und begründen Sie Ihre Entscheidung.

Bestimmen Sie anhand einer Holzprobe rechnerisch die Dichte der von Ihnen gewählten Holzart.

Welche Handwerkzeuge benötigen Sie zur Herstellung des Schemels?

Informieren Sie sich über das Thema „Unfallverhütung“.

Wie können die einzelnen Holzteile miteinander verbunden werden?
Überlegen Sie sich konstruktive Lösungen und stellen Sie diese als Raumbild dar.

Die Abschrägung des Fußes soll im Verhältnis 5 : 3 zum geraden Fußteil eingeteilt werden. Konstruieren Sie diese Einteilung und berechnen Sie den Winkel der Abschrägung.

Bemaßen Sie die Draufsicht auf das mittlere Brett (300/62) mit dem Griffloch (100/25) normgerecht.

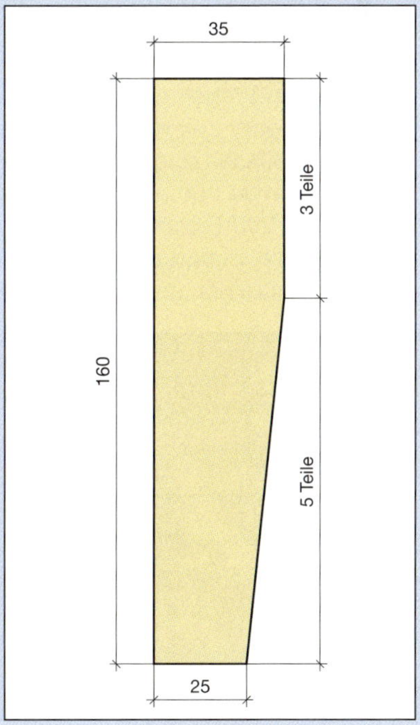

1 Die Bedeutung des Waldes

1.1 Aufgaben des Waldes

Woher kommt das Holz?

Der Wald liefert für den Menschen schon immer den Rohstoff Holz. Aber erst seit ca. 200 Jahren gibt es die geregelte Forstwirtschaft. Die Aufgabe des Waldbauern ist es, neben der Holznutzung auch die Funktion des Ökosystems Wald zu erhalten.
In diesem Jahrhundert wurden wegen der großen Nachfrage hauptsächlich schnellwachsende Nadelhölzer angepflanzt. In den letzten Jahren hat sich die Forstwirtschaft von dieser Monokultur abgewandt und sich verstärkt der **Mischwald**wirtschaft verschrieben. Dieser Mischbestand aus Laub- und Nadelbäumen zeigt sich resistenter gegen Umweltbelastungen und Schädlingsbefall.

Der Wald als Rohstofffaktor

Der Waldbauer pflanzt die Bäume für seine Enkel und Urenkel. Bis die Bäume einschlagreif sind, vergehen viele Jahrzehnte. So müssen Eichen ca. 150 Jahre, manche Sorten wie die Spessarteiche sogar bis zu 250 Jahren, Buchen ca. 130 Jahre, Kiefern, Tannen, und Fichten etwa 90 Jahre wachsen, bis sie als Schnittholz genutzt werden können.
Je rauer das Klima und je karger der Boden, desto geringer ist auch das Wachstum. Langsam wachsende Bäume liefern in der Regel aber hochwertigeres Holz, denn durch den engeren Jahresringaufbau arbeitet das Holz weniger und lässt sich besser bearbeiten.
In Deutschland regelt ein Gesetz, dass die gleiche Fläche des eingeschlagenen Waldes in angemessener Zeit wieder mit Jungpflanzen aufgeforstet werden muss. Ca. 4 000 junge Fichten müssen angepflanzt werden, damit auf der Fläche von einem Hektar in hundert Jahren etwa 400 ausgewachsene Bäume stehen. Um auf der gleichen Fläche zwischen 150 – 200 Eichen ernten zu können, sind 6 000 – 8 900 Setzlinge nötig. Hier sind aber auch die Schattlaubbäume mitgezählt, die die Eichen zum schnelleren Höhenwachstum antreiben und später entfernt werden.

Der Wald als Klima-, Schutz- und Erholungsfaktor

Der Wald ist nicht nur Rohstofflieferant, sondern trägt auch wesentlich zu den angenehmen klimatischen Bedingungen in unseren Breiten bei. Der Wald reguliert den Wasserhaushalt des Bodens; er verhindert dadurch Überschwemmungen, aber auch das Ausdorren (Wasserspeicherfunktion). Er filtert und sammelt das Oberflächenwasser und liefert sauberes Trinkwasser. So dienen viele Wälder auch als Trinkwasserspeicher.

Der Wald erzeugt ein ausgeglichenes Klima. Im Winter ist es in Wäldern wärmer als in der freien Landschaft; im Sommer ist es im Wald auf Grund des dort verdunstenden Wassers immer kühler als in der unbewaldeten Umgebung.
Auch für „saubere" Luft sind Bäume verantwortlich. Bis zu 50 t an Ruß und Staub kann ein Waldgebiet mit der Größe von einem Hektar innerhalb eines Jahres reinigen. Hier sind besonders die immergrünen Nadelwälder zu erwähnen.
Das ausgebreitete Wurzelwerk schützt den Boden vor der Gefahr der Abtragungen (Erosion). Besonders im Gebirge bewahrt daher der Wald die Bewohner vor Stein- und Geröllawinen. Aber auch bei Schneelawinen bietet er Schutz. Hier bildet der Baumbestand für die zu Tal stürzenden Schneemassen ein Hindernis und wirkt so schützend für die Bevölkerung der Bergdörfer und die Verkehrswege.
Tieren und vielen Pflanzenarten bietet er auf Grund dieser Eigenschaften einen sicheren Lebensraum. Nicht zuletzt spendet er dem Menschen Erholung und Ruhe.
So werden in vielen Großstädten weitläufige Parkanlagen angelegt, um diese Eigenschaften zu nutzen.

1.2 Gefährdung des Waldes

Kohlendioxid (CO_2) und andere Abgase sind verantwortlich für den **Treibhauseffekt.** In der Lufthülle reflektieren diese Gase die Wärmestrahlung der Erde und geben sie wieder an deren Oberfläche zurück. Dadurch wird die Erdatmosphäre stark aufgeheizt. Das Klima verändert sich und wirkt so negativ auf die Entwicklung von Pflanzen und Tieren ein.
Die Schadstoffe in der Luft, die durch Verbrennung fossiler Produkte entstehen, tragen zur Luftverschmutzung bei. Durch diese Belastung werden die Blätter und Nadeln der Bäume nachhaltig geschädigt.
Der aus der Umweltverschmutzung resultierende **saure Regen** belastet den Boden und sorgt somit im Wurzelwerk für Schäden. Die Nahrungsaufnahme des Baumes ist gestört, da sich auf Grund dieser Belastungen der Waldboden verändert. Dem Baum stehen daher die erforderlichen Nahrungsmittel nicht in ausreichender Menge oder gar nicht mehr zur Verfügung.
Der bundesweite Bericht über den Zustand des Waldes sagt aus, dass nur noch 31 % der Bäume ohne Schadensmerkmale sind. 43 % der Bäume weisen bereits Schäden auf und bei 26 % liegt bereits eine deutliche Kronenverlichtung vor. Als geschädigt werden ausschließlich Bäume bezeichnet, die mehr als ein Viertel der Blätter bzw. Nadeln verloren haben. Diese bedenklichen Zahlen fordern uns alle zu einem bewussteren Umgang mit der Natur und deren Ressourcen auf.

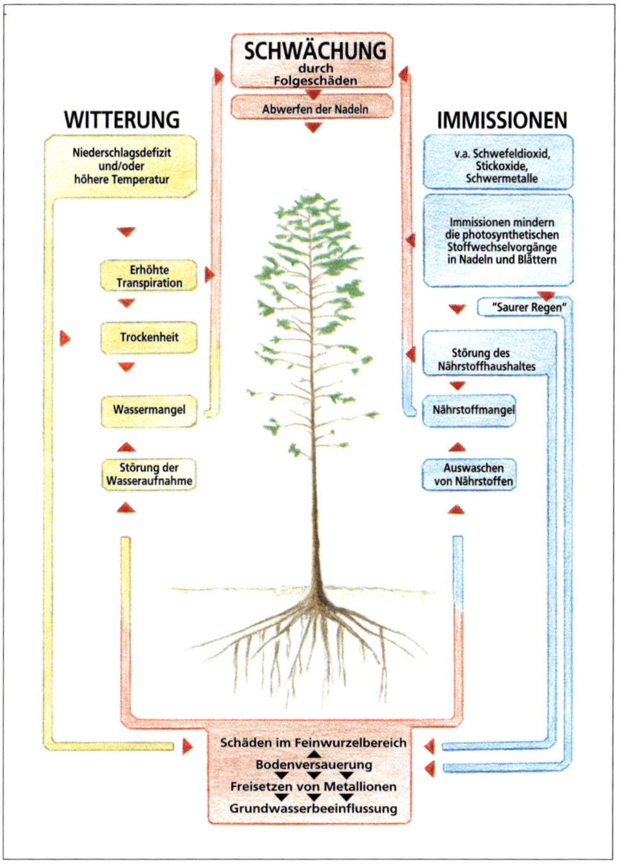

Ursachen der Waldschäden

Sichtbare Auswirkungen der Umweltbelastung

Im Erzgebirge und Riesengebirge lassen sich diese Auswirkungen deutlich erkennen. Die bei der Braunkohlefeuerung freigesetzten Gase haben den Wald nachhaltig geschädigt. Würde nur unbelastetes, d. h. nicht mit Holzschutzmitteln oder anderen Chemikalien behandeltes Holz verfeuert, entstünden solche Umweltbelastungen nicht.
Das bei der Verbrennung anfallende Kohlendioxid wird von den aufgeforsteten Bäumen wieder in Sauerstoff umgewandelt. Daraus ergibt sich eine ausgeglichene Umweltbilanz.

1.3 Deutsche Waldgebiete – Waldbestand

Deutschland ist zu einem Drittel bewaldet

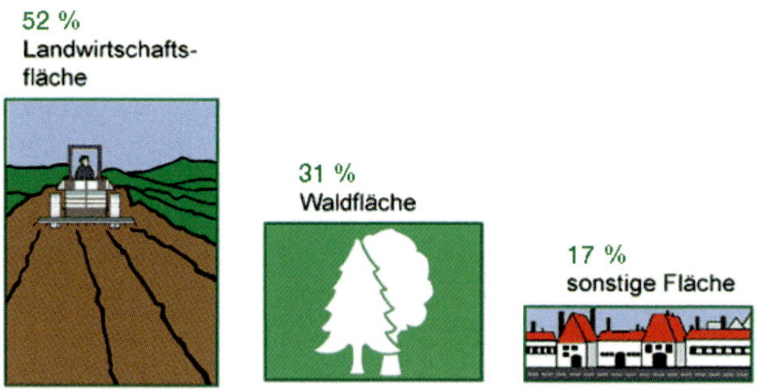

Flächeneinteilung der Bundesrepublik Deutschland

Deutschland ist eines der waldreichen Länder der EU. Rund 10,7 Mio. Hektar, etwa ein Drittel der Gesamtfläche der Bundesrepublik Deutschland sind mit Wald bedeckt.
In den vergangenen 40 Jahren nahm der Wald in unserem Land um 500 000 Hektar zu. Mehr als die Hälfte des Waldes ist **Laub-** und **Mischwald.** Ebenso ist der Bestand an älteren Bäumen gewachsen.
Die Mehrung des Laub- und Mischwaldanteils ist ein bedeutendes forstwirtschaftliches Ziel. Privatwaldbesitzer und ländliche Gemeinden werden aus staatlichen Fördergeldern unterstützt. Der Erfolg ist, dass die Wiederaufforstung nach den schweren Stürmen von 1990 zu über 90 Prozent mit Laubholz- und Mischkulturen erfolgte.

28,2 % Fichte | *23,3 % Kiefer* | *14,8 % Buche* | *9,6 % Eiche* | *24,1 % Sonstige*

Wem gehört der Wald?

Der Waldbesitz teilt sich zwischen privaten Personen, Körperschaften (Kommunen) und dem Staat auf. Landwirtschaftliche Betriebe haben im Durchschnitt 5 Hektar Waldfläche. Betriebe, die die Wälder der Körperschaften bewirtschaften, sind mit einer durchschnittlichen Waldfläche von 175 Hektar deutlich größer. Die größten Betriebe gehören dem Staat. Ein staatliches Forstamt ist durchschnittlich für ca. 3 500 Hektar verantwortlich und nimmt außerdem Betreuungs- und Beratungsaufgaben im Bereich des Privat- und Kommunalwaldes wahr. Im bundesstaatlichen Besitz befinden sich derzeit ca. 410 000 Hektar Wald. Sie werden hauptsächlich als militärisches Übungsgelände benutzt.

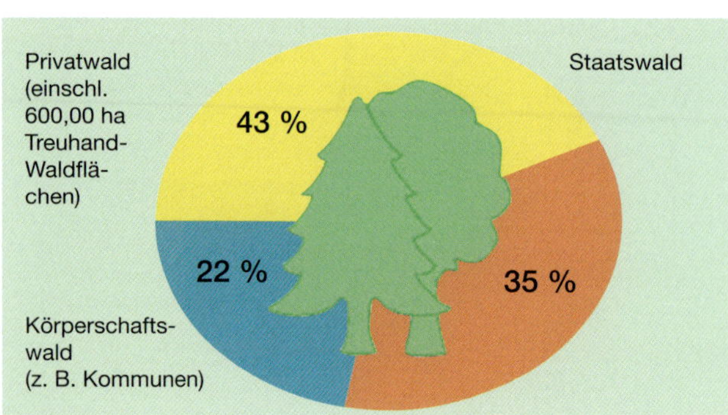

Waldbesitz

2 Der Aufbau des Holzes

Wie funktioniert das „Wunderwerk Baum"?

In den Nationalparks Nordamerikas finden sich Bäume, die mehrere tausend Jahre alt sind und bei einem Stammdurchmesser von 10 m über 100 m hoch werden. Auf der australischen Insel Tasmanien wurde im Jahr 1985 ein Baum entdeckt, dessen Wurzelwerk sich über die Fläche eines Häuserblocks erstrecken und der älter als 10 000 Jahre sein soll. Er wäre damit der vermutlich älteste lebende Organismus der Erde.

Welchen Aufbau hat dieser schon seit Jahrtausenden genutzte Werkstoff Holz?

2.1 Teile des Baumes und deren Aufgaben

Die **Wurzeln** geben dem Baum einerseits Halt und andererseits versorgen sie ihn mit Nahrung. Die Haupt- und Nebenwurzel verankern den Baum in der Erde.
Der **Stamm** trägt die Baumkrone und leitet die Nährstoffe nach oben bzw. die Stärke am äußeren Rand nach unten. Der Teil des Stammes von der Erdoberfläche bis zum Astansatz wird als Schaft bezeichnet. Dieser Teil des Baumes liefert dem Tischler den Rohstoff Holz.
Die **Krone** des Baumes setzt sich aus Ästen, Zweigen, Blätter, Blüten, Früchten und Knospen zusammen. Hier erzeugt der Baum Sauerstoff.

Der Nahrungshaushalt des Baumes

Der Baum braucht zum Wachsen **Kohlendioxid** (CO_2) aus der Luft, Energie in Form von Sonnenlicht und in Wasser gelöste Mineralien wie Magnesium, Kalzium, Kalium, Eisen, Phosphor und Schwefel, die ihm als **Nährstoffe** dienen.
Die feinen Haarwurzeln sorgen für die Ernährung des Baumes mit den im Boden gelösten Mineralien.
Über die Neben- und Hauptwurzeln gelangen diese in das Leitungssystem des Stammes, die **Splintschicht,** und werden hierhin weitergeleitet über Äste und Zweige bis zu Nadeln und Blättern. Die in Wasser gelösten Nährstoffe steigen in sehr dünnen, lang gestreckten und mit Membranen versehenen hohlräumigen Holzzellen zur Baumkrone hin.

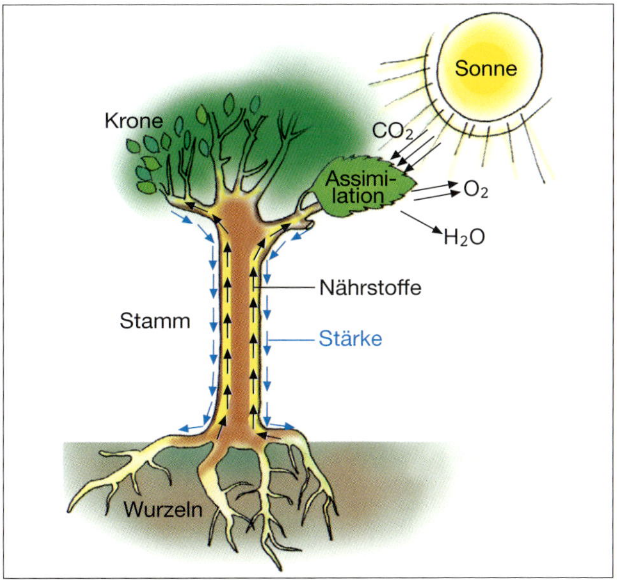

Die Ernährung des Baumes

Man bezeichnet diese dünnen Leitungsröhrchen auch als **Kapillare**. Da in den Blättern und Nadeln laufend Wasser verdunstet, entsteht in dem Leitungssystem ein Unterdruck, der neben der Kapillarität das Aufsteigen des Wassers beschleunigt. Die Blätter und Nadeln besitzen die Eigenschaft, aus den in Wasser gelösten Nährstoffen und dem Kohlendioxid aus der Luft mithilfe des **Chlorophylls** (Blattgrün) Sauerstoff zu erzeugen.
Diesen chemischen Umwandlungsprozess nennt man Assimilation oder wegen der Mitwirkung des Sonnenlichts auch **Fotosynthese**.
Der **Sauerstoff**, der aus den Nadeln und Blättern austritt, ist nur ein Nebenprodukt dieses Stoffwechsels. Der bei der Umwandlung entstehende **Traubenzucker**, der Grundbaustein jedes Pflanzenwachstums und die daraus gewonnene **Stärke** gelangen in gelöster Form durch die **Bastschicht** in das **Kambium** (lat. cambiare: tauschen, wechseln) – die **Zuwachszone** des Baumes – und dienen hier dem Zellgewebe zur **Zellbildung**.

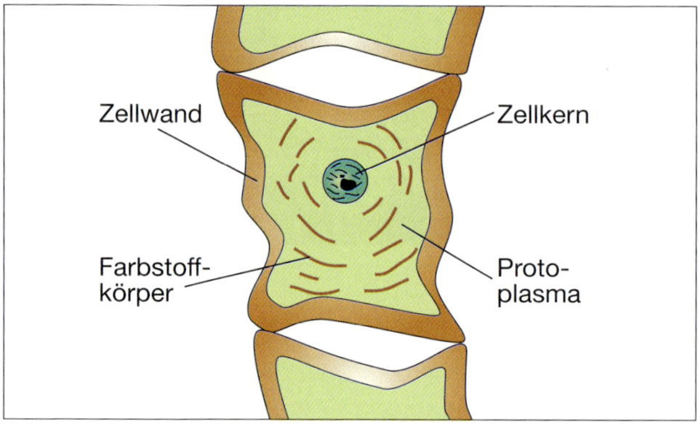

Aufbau einer Holzzelle

Aus Traubenzucker und Stärke bildet der Baum körpereigene Stoffe wie Zellulose und den hauptsächlichen Holzinhaltsstoff Lignin sowie Tannine usw.
Zellulose ist der Hauptbaustoff der Zellwände. Die eingelagerte Hemizellulose verleiht den Zellwänden weitere Festigkeit; außerdem ist sie chemisch sehr schwer löslich. Pektine werden ebenfalls in den Zellwänden gespeichert. Sie zeigen ein großes Quellvermögen und sorgen für die Einlagerung anderer Stoffe in die Zellwand.
Lignin (lat. lignum: Holz) lagert sich in den Zellwänden ein und sorgt somit für die Verholzung des Stammes. Im Zellinneren „schwimmt" der **Zellkern** im **Protoplasma**, das für die Regelung des Stoffwechsels verantwortlich ist. Er ist der Träger der Erbinformationen.

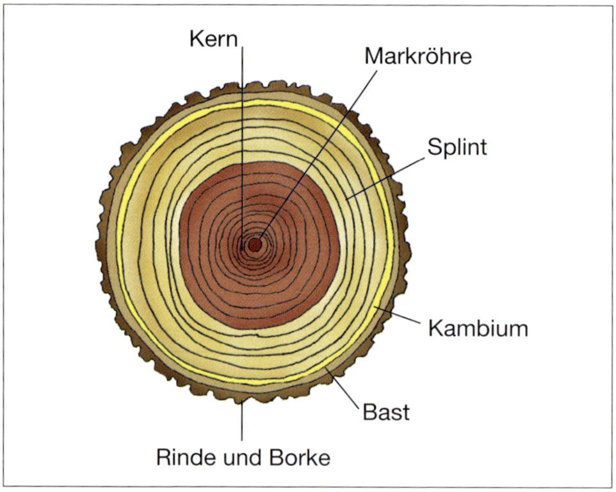

Aufbau des Stammquerschnitts

Der Aufbau des Stammquerschnitts

Die **Markröhre** benötigt der Baum in seinen ersten Lebensjahren als Nährstoff- und Wasserleitung.
Der **Kern** ist das Haupttraggerüst des Baumes. Er bildet sich erst allmählich aus und ist auch nicht bei allen Holzarten zu erkennen bzw. vorhanden. Er besteht aus bereits verholzten Zellen. Hier werden vor allem Lignin, aber auch andere Holzinhaltsstoffe, wie Gerbsäuren, Öle, Harze usw. in die Zellwände eingelagert.
Der **Splint** ist für die Nährstoff- und Wasserversorgung des Baumes verantwortlich. Ihn ihm steigen die in Wasser gelösten Mineralien in den dünnen, röhrenartigen Zellen auf Grund der Kapillarwirkung nach oben.
Im **Bast** findet der Transport der umgewandelten Nährstoffe Traubenzucker und Stärke von den Blättern nach unten zum Kambium hin statt. Außerdem entwickelt sich aus dem Bast die Rinde.

Im **Kambium** bilden sich nach außen hin Bastzellen (Pholem) und zum Kernninneren hin Splintholzzellen (Xylem) aus. Es entsteht jedes Jahr ein neuer Ring an Holzzellen. Deshalb nennt man diesen Bereich auch **Zuwachszone**.
Rinde und **Borke** bilden die äußerste Schicht eines Baumes. Sie gibt dem Baum Schutz vor schädigenden äußeren Einwirkungen wie Wind, Wetter, Insekten, Pilze usw.

2.2 Einteilung der Bäume nach Kern-, Splint-, Reif- und Kernreifholzbäumen

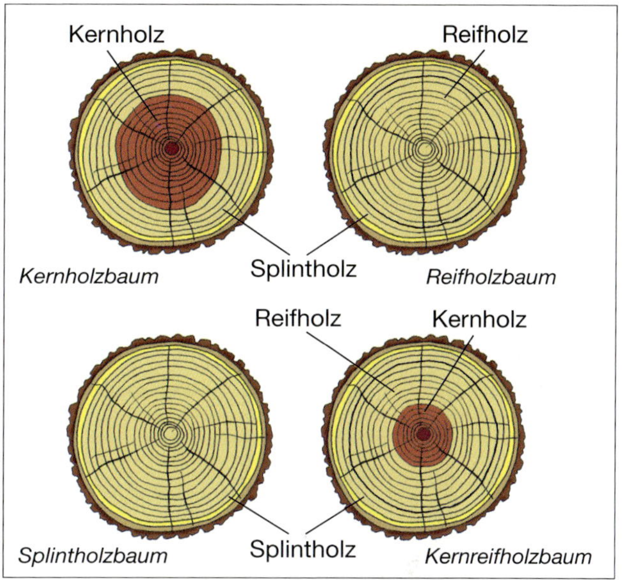

Die Nahrung des Baumes wird in der äußeren Schicht, in der Splintschicht, von den Wurzeln zur Krone geleitet.
Mit zunehmendem Alter tritt bei vielen Bäumen eine Verkernung ein, d. h. der innere Bereich des Stammes stellt die Leitung der in Wasser gelösten Nährstoffe ein und wird mit Gerb- und Farbstoffen, Wachsen, Fetten, Ölen, Harzen usw. angereichert.
Das verkernte Holz ist härter, schwerer und widerstandsfähiger als der Rest des Querschnitts. Außerdem arbeitet der Kern weniger.

Die **Kernholzbäume** kommen in der Natur am häufigsten vor. Der innere Teil des Stammquerschnitts stellt die Wasserführung ein. Durch die Einlagerung der Holzinhaltsstoffe tritt eine meist sehr deutliche dunkle Verfärbung auf. Dieser Kernbereich ist härter, schwerer, widerstandsfähiger und arbeitet weniger als die helle Splintholzschicht im äußeren Stammquerschnitt, die zudem anfällig gegen Schädlingsbefall ist. Deshalb darf die Splintholzschicht bei einigen Bäumen, hier zählt z. B. die Eiche dazu, nicht verarbeitet werden.
*A*kazie, *Pf*laume (und alle anderen Obstbaumsorten außer Birnbaum), *E*iche, *L*ärche, *K*iefer, *E*sche *R*obinie, *N*ussbaum und *E*ibe sind Kernholzbäume. Die Anfangsbuchstaben dieser Bäume ergeben das Wort „A-PF-E-L-K-E-R-N-E“.

Die **Reifholzbäume** verkernen ebenfalls. Der Kern verändert dabei auch seine Eigenschaften; eine farbliche Veränderung bleibt jedoch aus. Hier muss der Tischler den Übergang von Kern- zu Splintholz an der wechselnden Härte erkennen. Zu den **Reif**holzbäumen gehören. *Fe*ldahorn, *Birn*baum, *Fi*chte, *Ta*nne, *Bu*che und *Li*nde. Auch hier hilft zum Erinnern ein kleines Wortspiel: „REI-FE-BIRN-FI-TA-BU-LI“.

Die **Splintholzbäume** bilden keinen Kern aus. Sie haben über den gesamten Querschnitt die gleiche Farbe und Eigenschaften. Die wichtigsten *Splint*holzbäume sind u. a. *Weiß*buche, *Birk*e, *Asp*e, *Berg*ahorn, *Erl*e, *Spitz*ahorn. Sie lassen sich mit einem Fantasiewort gut merken: „SPLINT-WEIß-BIRK-ASP-BERG-ERL-SPITZ“.

Die **Kernreifholzbäume** bilden in ihrem Inneren sowohl eine farblich abgesetze Kern- als auch eine Reifholzzone aus. Solche Bäume kommen sehr selten vor. Ulme und einige Eschearten zählen dazu.

2.3 Schnittebenen am Holzstamm – Zeichnung der Holzflächen

Warum kann die Holzstruktur eines Stammes unterschiedlich erscheinen?

Die nebenstehende Möbeltür wurde in Rahmenkonstruktion hergestellt.
Es ist deutlich zu erkennen, dass der Rahmen eine andere Holzstruktur aufweist als die Füllung.
Worin besteht der Unterschied in der Struktur?
Welche Gründe gibt es für die unterschiedliche Holzauswahl?

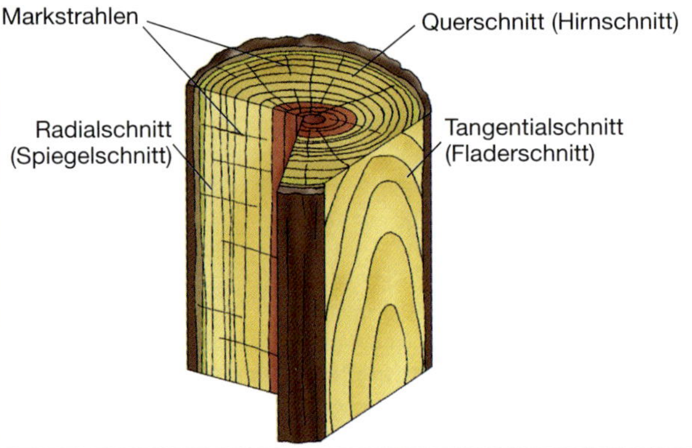

Schnittebenen am Holzstamm

Je nachdem wie der Holzstamm geschnitten wird, zeichnen sich an einem Holzstück unterschiedliche Strukturen ab. Der **Quer-** oder **Hirnschnitt** wird senkrecht zur Längsachse geführt. Hier sind die einzelnen Jahresringe, die sich um die Markröhre ausbilden, deutlich zu sehen. Von der Mitte ausgehend, laufen die **Markstrahlen** nach außen.

Die Markröhre wird vor der Weiterverarbeitung des Holzes herausgetrennt, da dieser Bereich unweigerlich reißen würde.

Der **Radial-** oder **Spiegelschnitt** geht durch die Stammmitte, dabei werden die Jahresringe senkrecht durchgeschnitten. Die Holzstruktur erscheint streifenartig; es zeigt sich eine **schlichte Maserung**. Diese schlichte Maserung lässt ein Möbelstück klar und ruhig wirken. Außerdem weisen Bretter und Bohlen aus dem Radialschnitt *„stehende Jahresringe"* auf.

Da Holz am stärksten in Richtung der Jahresringe arbeitet, ist bei diesem Schnitt der negative Einfluss der Jahresringe auf das Arbeiten des Holzes am geringsten. Dies spielt z. B. bei der Holzauswahl für Rahmenhölzer eine große Rolle.

Die Markstrahlen sind in diesem Schnitt als glänzende Flächen, die auch als **Spiegel** bezeichnet werden, zu erkennen. Besonders bei Eiche und Esche zeigen sie sich sehr deutlich.

Weitere Hinweise siehe Kapitel 3.3

Der **Tangential-** oder **Fladerschnitt** verläuft in Richtung der Jahresringe. Bei diesem Schnitt werden die Jahresringe nur angeschnitten. Da sich ein Baum nach obenhin verjüngt, zeichnet sich eine kegelförmige, eine **gefladerte Maserung** ab. Dies gilt umso stärker, je weiter der Schnitt vom Stammmittelpunkt weg angesetzt wird. Die Wirkung dieser Maserung ist bei einem Möbelstück lebhaft dekorativ.

Da man bei diesem Schnitt liegende Jahresringe erhält, ist hier deren Einfluss auf das Arbeiten des Holzes am stärksten. Es darf daher z. B. bei einer Rahmentür nicht als Rahmenholz verwendet werden, wohl aber als dekorative Füllung, da hier das Arbeiten des Holzes durch eine geeignete konstruktive Lösung aufgefangen werden kann.

Die Breite der Jahresringe

Die Jahresringe haben selten den gleichen Abstand voneinander, deshalb ergeben sich auch bei identischen Holzarten immer unterschiedliche Zeichnungen. Neben der Zeichnung bestimmt auch deren Farbe seine gestalterische Qualität.
Die Jahresringbreite und auch die Holzfarbe sind abhängig vom Standort, von der Witterung und von den Erbanlagen des Baumes.
Die Jahresringe sind besonders gut bei Nadelhölzern zu sehen. Sie setzen sich aus dem hellen **Frühholz** und dem dunklen **Spätholz** zusammen. Die breiteren, weichen und dünnwandigen **Frühholzzellen** bilden sich im Frühjahr, wenn der Baum ausreichend Nahrung erhält.
Die **Spätholzzellen** bilden sich im Spätsommer und Frühherbst. Sie sind schmäler, härter und dickwandiger als die Frühholzzellen; deshalb erscheinen sie dunkler. Im Winter erzeugt der Baum keine Holzzellen, denn es findet kein Stoffwechsel statt, da der Baum die **Saftführung** einstellt. Neben der Zeichnung des Baumes bestimmt auch dessen Farbe seine gestalterische Qualität.

Der Holzzuwachs des Baumes richtet sich nach der Bodenbeschaffenheit. In Gegenden mit kargen Böden gibt es langsam wachsende Bäume, die dementsprechend **feinjähriges Holz** aufweisen. Deshalb ist die in Skandinavien wachsende Nordische Fichte so beliebt. Wächst ein Baum hingegen auf nährstoffreichem Boden, so weist er auf Grund schnelleren Wachstums **grobjähriges Holz** auf.

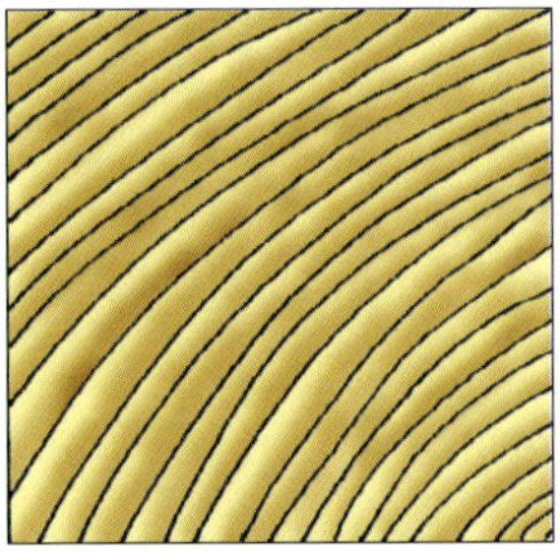

Feinjähriges Holz

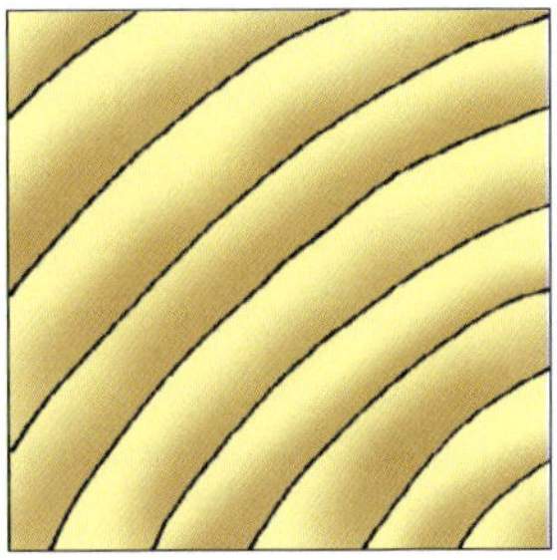

Grobjähriges Holz

Vom Tischler wird hauptsächlich feinjähriges Holz bevorzugt, da dies durch die dicht aneinander liegenden, dickwandigen Spätholzzellen fester und dauerhafter ist. Außerdem ist feinjähriges Holz besser zu bearbeiten und es verzieht sich weniger als grobjähriges Holz.

2.4 Feinbau des Holzes

Warum ist die Struktur des Holzes unterschiedlich?

Im gehobenen Möbelbau gehört der Kirschbaum schon sehr lange zu den am meisten verarbeiteten Holzarten.
Dieses Holz wirkt aus verschiedenen Gründen sehr elegant: Die braunrote Färbung wirkt beruhigend, die Fladerung ist ruhig und die Holzoberfläche sehr glatt.
Im Gegensatz dazu gibt Eichenholz den Möbeln ein schweres Aussehen. Die Fladerung ist lebhaft und die Holzoberfläche wirkt rau.
Warum wirkt das Holz des Kirschbaums so fein, das Eichenholz aber so rau?
Stellen Sie noch weitere Holzarten gegenüber, bei denen diese Eigenschaften auftreten.

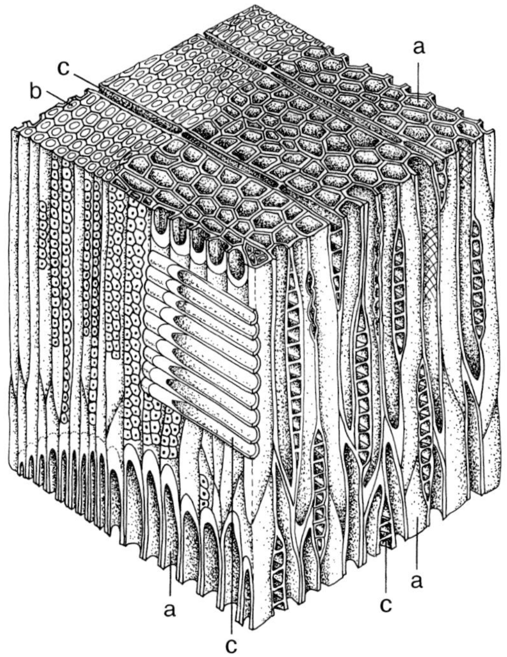

a) Frühholztracheiden, b) Spätholztracheiden, c) Parenchymzellen

Bestandteile des Nadelholzes

Die Holzzellen

Die Zellen eines Baumes sorgen für die Speicherung und Leitung der Nahrung sowie auch für dessen Festigkeit. Diese Aufgaben sind auf unterschiedliche Holzzellen verteilt.

Der Feinbau des Nadelholzes

Das Nadelholz besteht aus Tracheiden und Parenchymzellen. Die **Tracheiden** sind für den Transport der Nahrung von den Wurzeln zur Krone verantwortlich. Sie sorgen aber auch für die Festigkeit des Holzes.
Die Tracheiden bilden Früh- und Spätholz aus. Es ist mit bloßem Auge auf Grund des Farbunterschiedes gut zu erkennen. Unter dem Mikroskop sieht man den Unterschied genauer: Die Frühholzzellen sind dünnwandiger und erscheinen damit heller als die Spätholzzellen.

In den **Parenchymzellen** (Speicherzellen) werden die Nähr- und Aufbaustoffe sowie die baumeigenen Stoffwechselprodukte eingelagert. Sie machen nur 10 % des Zellanteils eines Nadelbaumes aus.

Der Nahrungsaustausch zwischen den Zellen der Nadelhölzer

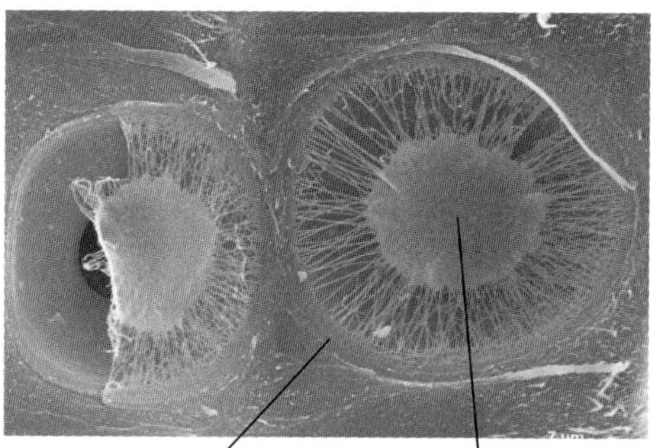

Hoftüpfel bei einer Fichte

Für den Nahrungstransport zwischen den Zellen sorgen die **Hoftüpfel**. Der Name ist von der hofartigen Form des Zellinnenraumes abgeleitet. Den Austausch der Nährstoffe zwischen Tracheiden und Parenchymzellen bestimmen die Fenstertüpfel. Beide Tüpfelarten wirken wie Ventile. Die Membrane lassen das mineralstoffhaltige Wasser in nur einer Richtung durch.
Sind die Tüpfel nach dem Einschlagen des Holzes verschlossen, ist ein Austrocknen oder eine Tränkung mit einem Holzschutzmittel nur schwer möglich.

Der Feinbau der Laubhölzer

Laubhölzer sind erdgeschichtlich viel jünger und dadurch auch weiter entwickelt als Nadelhölzer. Es ist deshalb nicht verwunderlich, dass Laubhölzer einen komplizierteren Zellaufbau haben.
Wie bei den Nadelhölzern auch, müssen Laubbaumzellen für Festigkeit und Nährstoffleitung sorgen. Diese Aufgabe wird aber auf zwei verschiedene Zellarten aufgeteilt.
Die **Sklerenchymzellen** sind sehr schmal, laufen an beiden Enden spitz zu und sind fest miteinander verbunden. Sie verleihen dem Baum die Festigkeit.

Die **Tracheen** oder **Gefäße** sind röhrenartige, durchgehende Zellen, die für die Leitung der in Wasser gelösten Mineralstoffe verantwortlich sind. Sie kommen nur bei Laubhölzern vor und sind somit ein eindeutiges Unterscheidungsmerkmal zu Nadelhölzern. Man kann sie im Hirnholzbereich als kleine Löcher und im Längsholz als dünne Vertiefungen erkennen. Der Tischler bezeichnet sie als **Poren**. Je nach Holzart sind sie ringförmig *(ringporig)* um die Jahresringe oder über den gesamten Querschnitt gleich verteilt *(zerstreutporig)*. Im Längsholz kann man sie entweder als eng begrenzte (ringporig) oder als kurze über die Fläche verteilte (zerstreutporig) Vertiefungen erkennen. Auch der Durchmesser der Poren ist typisch für die jeweilige Holzart und bestimmt damit die Größe der Vertiefungen. Die unterschiedlichen Porenarten zeigen sich besonders gut bei der grobporigen und ringporigen Eiche und dem feinporigen und zerstreutporigen Birnbaum.

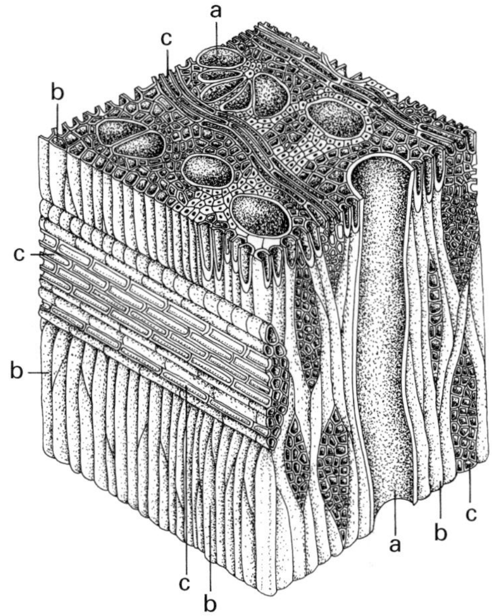

a) Tracheen, b) Sklerenchymzellen, c) Markstrahlen

Bestandteile des Laubholzes

Wie bei den Nadelhölzern gibt es auch bei den Läubhölzern **Parenchymzellen** zur Speicherung der Nähr- und Aufbaustoffe.
Diese Speicherzellen verlaufen hauptsächlich quer zur Faserrichtung. Sie reichen von der Markröhre bis zur Bastschicht. Im Radialschnitt sind sie als *„Spiegel"* sichtbar, im Querschnitt als Markstrahlen. Gerade im Frühjahr ist die gespeicherte Nahrung für den Knospentrieb wichtig.
Ähnlich wie bei Nadelhölzern sind bei Laubhölzern die **Tüpfel** für die Weiterleitung und den Austausch der Nahrung zwischen den Zellarten verantwortlich. Die Tüpfel des Laubholzes haben keine Membrane. Hier fungieren die Zellwände als Schließhäute.

Der Einfluss der Porigkeit auf das Holzbild

Die Poren der Laubhölzer sind im Hirnholz als mehr oder weniger große Punkte zu erkennen.
Die Größe und die Verteilung der Poren sind ein wichtiges Erkennungsmerkmal der Hölzer. Sie beeinflussen auch das Aussehen und die Oberflächenstruktur.

Die Unterteilung erfolgt hinsichtlich der Porengröße und der Porenlage.
Die Zuordnung zu grob- oder feinporigen Hölzern wird nach deren Porendurchmessern bestimmt. Bei **grobporigen** Hölzern sind die Leitzellen mit freiem Auge zu betrachten; **feinporige** Leitzellen lassen sich nur noch durch die Lupe erkennen.

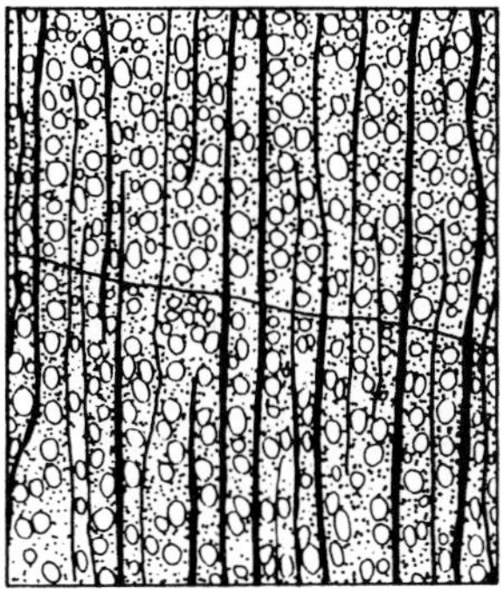

Birnbaum,
fein- und zerstreutporig

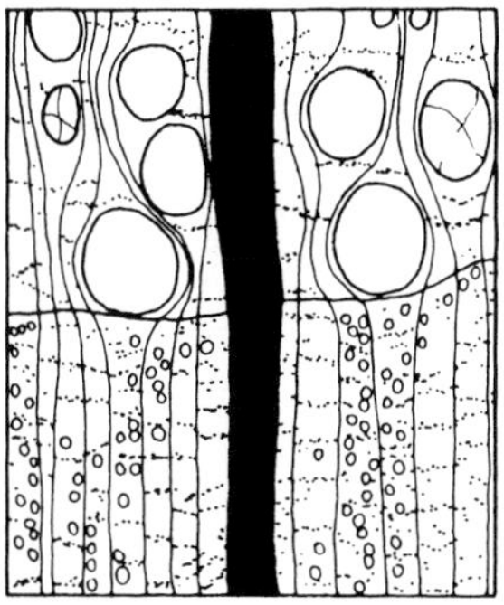

Eiche,
grob- und ringporig

Größe und Verteilung der Poren

Die Poren können gleichmäßig über den gesamten Querschnitt verteilt sein. Diese Hölzer werden als **zerstreutporig** bezeichnet. Sie können aber auch ringförmig angeordnet sein. Hier spricht man von **ringporigen** Hölzern.
Bei manchen Hölzern sind die Poren sowohl ringförmig als auch über den Querschnitt verteilt. Diese Eigenschaft wird als **ringzerstreutporig** bezeichnet.

<table>
<tr><th>Holzart</th><th>grobporig</th><th>feinporig</th><th>ringporig</th><th>zerstreutporig</th></tr>
<tr><td>Ahorn</td><td></td><td>x</td><td></td><td>x</td></tr>
<tr><td>Birnbaum</td><td></td><td>x</td><td></td><td>x</td></tr>
<tr><td>Birke</td><td></td><td>x</td><td></td><td>x</td></tr>
<tr><td>Buche</td><td></td><td>x</td><td></td><td>x</td></tr>
<tr><td>Eiche</td><td>x</td><td></td><td>x</td><td></td></tr>
<tr><td>Esche</td><td>x</td><td></td><td>x</td><td></td></tr>
<tr><td>Kirschbaum</td><td></td><td>x</td><td colspan="2">x</td></tr>
<tr><td>Linde</td><td></td><td>x</td><td></td><td>x</td></tr>
<tr><td>Nussbaum</td><td>x</td><td></td><td colspan="2">x</td></tr>
<tr><td>Rüster</td><td>x</td><td></td><td>x</td><td></td></tr>
</table>

Fein- und zerstreutporige Hölzer eignen sich auf Grund ihrer gleichmäßigen und dichten Struktur ganz besonders für eine geschlossenporige Oberflächenbehandlung.
Den Charakter grobporiger Hölzer kann man durch geeignete Oberflächenbehandlung besonders hervorheben. Als Beispiel ist gekalkte Eiche zu nennen. Die als große Vertiefungen auftretende Poren treten dann noch deutlicher hervor.

Aufgaben zu Kapitel 1

1. *Warum wird die Mischwaldaufforstung aus staatlichen Mitteln gefördert?*
2. *Welche Aufgaben übernimmt der Wald?*
3. *Welche negativen Umwelteinflüsse belasten den Wald?*
4. *Wie viel Prozent der Fläche der Bundesrepublik Deutschland nimmt der Wald ein?*
5. *Welche Holzart ist in der Bundesrepublik Deutschland hauptsächlich zu finden?*

Aufgaben zu Kapitel 2

1. *Erklären Sie den Begriff „Fotosynthese".*
2. *Skizzieren Sie den Baum im Querschnitt und stellen Sie Kern, Splint, Kambium, Bast und Rinde dar. Erläutern Sie deren Aufgabe.*
3. *Beschreiben Sie den Aufbau und die Eigenschaften von Reifholzbäumen. Nennen Sie fünf Reifholzbäume.*
4. *Klären Sie den Unterschied von Parenchymzellen und Sklerenchymzellen. Welche Gruppe von Bäumen weisen diese Zellen nicht auf?*
5. *Nennen Sie drei ringporige und drei zerstreutporige Hölzer. Zeichnen Sie das Porenbild im Tangential- und im Radialschnitt.*
6. *Nennen Sie mindestens fünf Mineralien, die dem Baum als Nahrungsmittel dienen.*
7. *Zu welcher Jahreszeit bildet der Baum Frühholz aus?*

3 Die Eigenschaften des Holzes

3.1 Rohdichte, Reindichte, Härte, Masse

Warum schwimmen Hölzer im Wasser?

Zwei gleich große Holzstücke schwimmen im Wasser.
Warum schwimmen Hölzer im Wasser?
Warum tauchen Hölzer unterschiedlich tief in das Wasser ein?
Führen Sie diesen Versuch durch und beschreiben Sie Ihre Beobachtung!

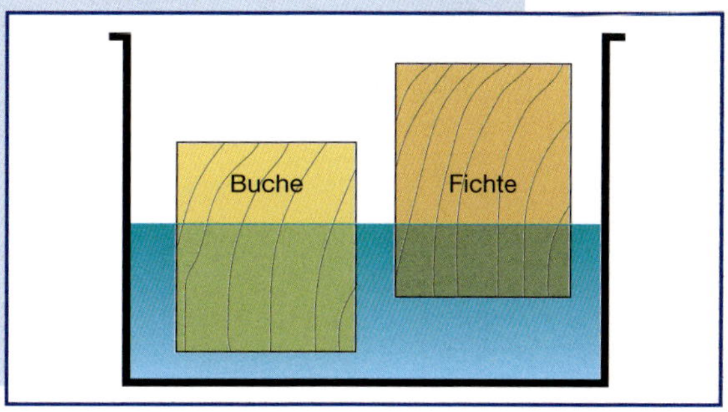

3.1.1 Rohdichte des Holzes

Aus dem Verhältnis von Masse zu Volumen (inkl. eingeschlossener Hohlräume) lässt sich die Rohdichte bestimmen.
Die meisten Hölzer schwimmen im Wasser; d. h. ihre Rohdichte ist geringer als die von Wasser. Je nach Rohdichte ist die Eintauchtiefe unterschiedlich.

Die Bestimmung der Rohdichte

Mithilfe einer Waage wird jeweils die Masse eines Holzstückes (150/60/60) aus Buche und aus Fichte bestimmt.
Die Rohdichte wird mit nebenstehender Formel berechnet:

$$\text{Rohdichte} = \frac{\text{Masse}}{\text{Volumen}}$$

$$\varrho = \frac{m}{V}$$

ϱ Rohdichte
m Masse
V Volumen

Beispiel

Berechnung
Gegeben: Buche; $m = 390$ g
Gesucht: Rohdichte in g/cm³

Lösung
$V = 15 \text{ cm} \cdot 6 \text{ cm} \cdot 6 \text{ cm}$
$V = 540 \text{ cm}^3$

$\varrho = \frac{m}{V}; \quad \varrho = \frac{390 \text{ g}}{540 \text{ cm}^3}$

$\varrho = 0{,}722 \frac{\text{g}}{\text{cm}^3}$

Berechnung
Gegeben: Fichte; $m = 255$ g
Gesucht: Rohdichte in g/cm³

Lösung
$V = 15 \text{ cm} \cdot 6 \text{ cm} \cdot 6 \text{ cm}$
$V = 540 \text{ cm}^3$

$\varrho = \frac{m}{V}; \quad \varrho = \frac{255 \text{ g}}{540 \text{ cm}^3}$

$\varrho = 0{,}472 \frac{\text{g}}{\text{cm}^3}$

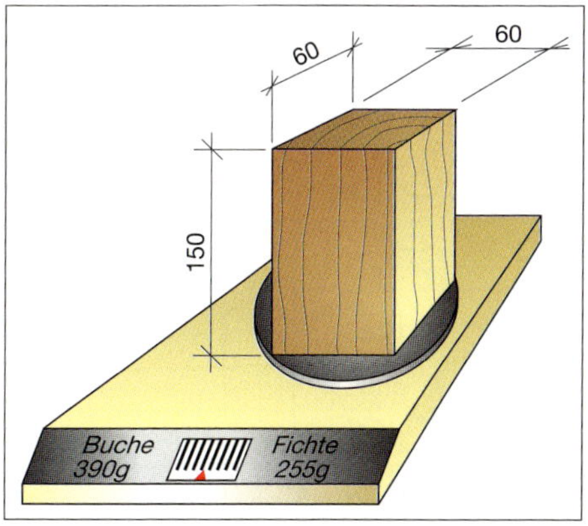

Anmerkung: Da die Rohdichte in g/cm³ angegeben ist, wird das Volumen in cm³ berechnet.

Schon dieser Vergleich zeigt, dass die Rohdichte von Holzsorte zu Holzsorte sehr unterschiedlich ist. Auch innerhalb einer Holzart kann es diesbezüglich zu großen Schwankungen kommen. Diese hängen besonders von der vorhandenen Holzfeuchte ab. In der Regel wird die Rohdichte bei einem Holzfeuchtegehalt von 15 % (lufttrocken) bestimmt.

Holzsorte	Fichte	Kiefer	Ahorn	Buche	Eiche	Esche	Ulme
Rohdichte in g/cm³ (Holzfeuchtegehalt 15 %)	0,47	0,52	0,63	0,69	0,67	0,69	0,68

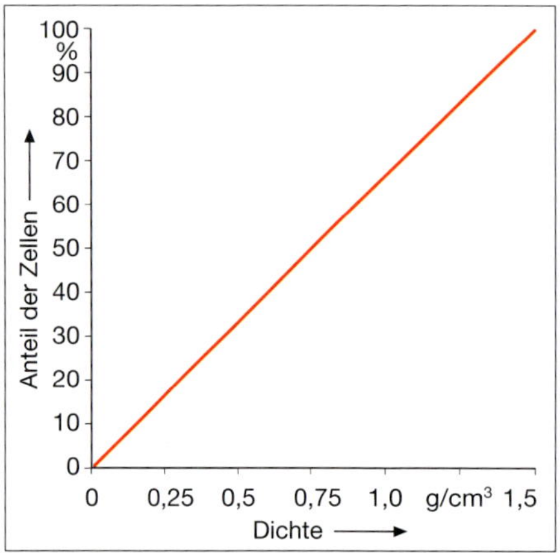

Holzzellenanteil in Abhängigkeit von der Dichte

Die Reindichte der Holzzellen

Die Dichte der Holzzellwände beträgt einheitlich 1,5 g/cm³. Dieser Wert ist unabhängig von der Holzart. Wird nur das Material selbst – die reine Zellwandsubstanz – bei der Dichtebestimmung betrachtet, spricht man von *Reindichte*.
Im nebenstehenden Diagramm ist der Anteil der Holzzellen in Abhängigkeit von der Dichte dargestellt.

Aufgabe: Bestimmen Sie den Anteil der Holzzellen von Eiche bei einer Dichte von 0,63 kg/dm³.

Merke

Die Rohdichte der einzelnen Holzsorten wird nur vom Anteil der Zellhohlräume bestimmt.

Weitere Hinweise siehe auch Kapitel 3.2

Die Rohdichte bestimmt die Eigenschaften des Holzes

Die **Härte** des Holzes wird, wie die anderen Holzeigenschaften, maßgeblich von der Rohdichte des Holzes bestimmt. Außerdem verschlechtert ein steigender Holzfeuchtegehalt diese Eigenschaft. Die Holzarten werden auf Grund der ihnen eigenen Härte entweder den Harthölzern oder den Weichhölzern zugerechnet.

Die Zuordnung ausgewählter Holzarten:

Harthölzer	Weichhölzer
Eiche, Buche, Esche, Ahorn, Birke, Nussbaum, Teak, Mahagoni, Pockholz	Fichte, Tanne, Kiefer, Erle, Pappel, Hemlock, Douglasie

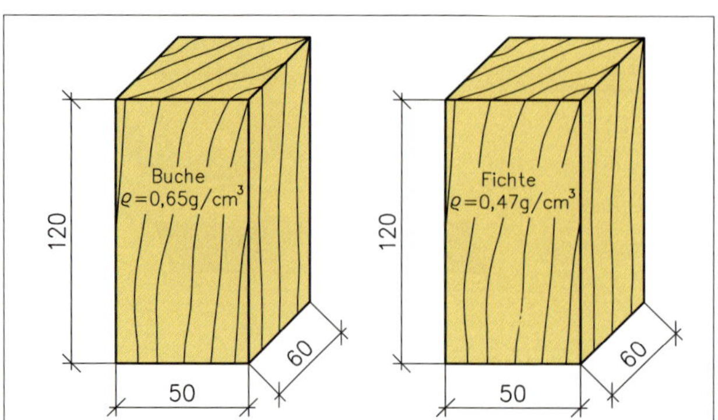

3.1.2 Bestimmung der Masse

Die nebenstehenden gleich großen Holzstücke bestehen aus unterschiedlichen Holzsorten.
Berechnen Sie die Masse der nebenstehenden Holzstücke.

Die Berechnung der Masse

Die Massen zweier Holzwürfel sollen verglichen werden. Der eine Würfel ist aus Buche, der andere aus Fichte. Die Maße sind aus der Zeichnung zu entnehmen.
Bestimmen Sie die Massen und das Verhältnis der Massen von Fichte/Buche.

Die Masse wird mit folgender Formel berechnet:

Masse = Rohdichte · Volumen
$m = \varrho \cdot V$

m Masse; ϱ Rohdichte; V Volumen

Beispiel

Berechnung

Gegeben: Buche; $h = 120$; $b = 50$; $t = 60$, $\varrho = 0{,}65\ \text{g/cm}^3$
Fichte; $h = 120$; $b = 50$; $t = 60$; $\varrho = 0{,}45\ \text{g/cm}^3$

Gesucht: Masse des Buchenstücks und des Fichtenstücks sowie das Verhältnis der Massen.

Lösung

Buche

$\varrho = 0{,}65\ \dfrac{\text{g}}{\text{cm}^3}$

$V = 12\ \text{cm} \cdot 5\ \text{cm} \cdot 6\ \text{cm};\ V = 360\ \text{cm}^3$

$m = \varrho \cdot V$

$m = 0{,}65\ \dfrac{\text{g}}{\text{cm}^3} \cdot 360\ \text{cm}^3;\ m = \underline{\underline{234\ \text{g}}}$

Fichte

$\varrho = 0{,}47\ \dfrac{\text{g}}{\text{cm}^3}$

$V = 12\ \text{cm} \cdot 5\ \text{cm} \cdot 6\ \text{cm};\ V = 360\ \text{cm}^3$

$m = \varrho \cdot V$

$m = 0{,}45\ \dfrac{\text{g}}{\text{cm}^3} \cdot 360\ \text{cm}^3;\ m = \underline{\underline{162\ \text{g}}}$

$$\text{Verhältnis in \%} = \frac{m_{\text{Fichte}}}{m_{\text{Buche}}} \cdot 100\ \%;\ \text{Verhältnis in \%} = \frac{162\ \text{g}}{\underline{\underline{234\ \text{g}}}} \cdot 100\ \%;\ \text{Verhältnis in \%} = \underline{\underline{69{,}2\ \%}}$$

Die Masse kann bei gleich großen und gleichartigen Hölzern stark schwanken. Die Holzfeuchtigkeit sowie die unterschiedlichen Festigkeiten – auch bei gleicher Holzsorte – können Ursache dieser Schwankung sein.

Merke

Gleiche Holzsorten können unterschiedliche Rohdichte aufweisen.

Aufgaben

1. *Bestimmen Sie aus dem Diagramm zur Reindichte den Zellenanteil in % von folgenden Holzarten: Fichte, Kiefer, Ahorn, Eiche und Buche.*
2. *Welche Masse weist ein Eichenbrett mit den Maßen von 2 000/350/30 auf? Vergleichen Sie diese mit der Masse eines Fichtenbrettes.*
3. *An eine Schlafzimmerschranktür wird ein Spiegel mit den Abmessungen 2 100/60/5 aufgeklebt. Berechnen Sie dessen Masse bei einer Rohdichte von 2,50 g/cm^3.*
4. *Wieviel m^3 luftgetrocknete Fichtenstämme darf ein Lastkraftwagen mit einer max. Zuladung von 2,5 t transportieren?*
5. *Ein Holzwürfel hat die Masse von 2,60 kg und eine Seitenlänge von 160 mm. Bestimmen Sie aus den gegebenen Werten die Holzsorte.*
6. *In einem Zimmer mit der Grundfläche von 7,40 m x 5,80 m soll ein Parkettfußboden aus Buche neu verlegt werden. Auf Grund statischer Bestimmungen darf die Bodenauflage nicht mehr als 800 kg wiegen. Schlagen Sie die geeignete Fußbodendicke vor.*
7. *Die Rohdichte von Stahl beträgt 7,50 g/cm^3. In welchem Verhältnis muss die Seitenlänge eines Würfels aus Eiche zu einem Würfel aus Stahl stehen, wenn beide die gleiche Masse haben sollen?*
8. *Welche Masse haben 25 Buchenleisten mit den Maßen $l = 2{,}30$ m; $b = 6$ cm; $h = 8$ cm? Die Rohdichte kann aus der Tabelle des Kapitels 3.7 genommen werden.*

3.2 Festigkeitseigenschaften des Holzes

3.2.1 Druckfestigkeit des Holzes

Warum pressen sich die Schraubzwingen unterschiedlich tief in das Holz?

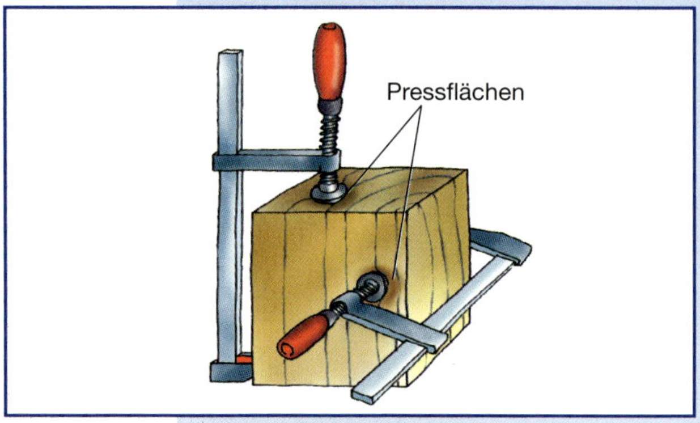

An einem Holzklotz werden Schraubzwingen angesetzt. Sie werden mit maximalem Kraftaufwand festgeschraubt. Dabei drücken sich die Pressflächen der Spindeln unterschiedlich tief in das Holz.

Führen Sie diesen Versuch durch und beschreiben Sie Ihre Beobachtung.

Von welchen Faktoren hängt die Eindrucktiefe der Pressflächen ab?

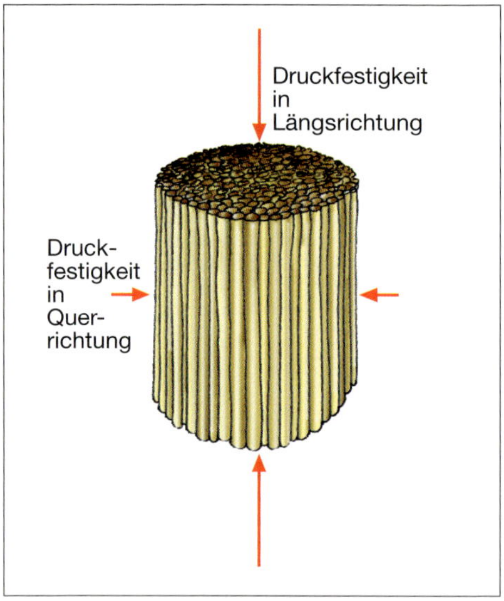

Die Druckfestigkeit des Holzes ist je nach **Faserrichtung** sehr unterschiedlich.

Die Holzfasern liegen röhrenartig wie die Halme eines Strohbündels nebeneinander. Deshalb können verschiedene Holzeigenschaften an einem Strohhalmbündel dargestellt werden.

In Längsrichtung (parallel zur Faser) sind die vielen nebeneinander liegenden Holzfasern auf Grund ihrer Röhreneigenschaft sehr druckfest.

Die Holzfasern weichen zur Seite hin aus, wenn in Querrichtung (quer zur Faser) Druck ausgeübt wird. Folglich ist die Druckfestigkeit parallel zur Faserrichtung größer als die Druckfestigkeit quer zur Faserrichtung.

Druckfestigkeit in Abhängigkeit der Faserrichtung

Holzart	Fichte	Kiefer	Lärche	Buche	Eiche
Druckfestigkeit in $N/mm^2_{\text{parallel zur Faser}}$	43	47	55	62	54
Druckfestigkeit in $N/mm^2_{\text{quer zur Faser}}$	5,8	7,7	7,5	9	11

Merke

Die Druckfestigkeit des Holzes ist parallel zur Faserrichtung ca. 5–10mal größer als quer zur Faserrichtung.

3.2.2 Zugfestigkeit des Holzes

Warum reißt das Furnierblatt in Querrichtung, in Längsrichtung aber nicht?

An Furnierblättern werden Schraubzwingen in Faserrichtung und quer zur Faserrichtung festgeschraubt. Anschließend wird kräftig an den Schraubenzwingen gezogen.

Führen Sie diesen Versuch durch und beschreiben Sie Ihre Beobachtung!

Formulieren Sie die Schlussfolgerung aus diesem Versuch.

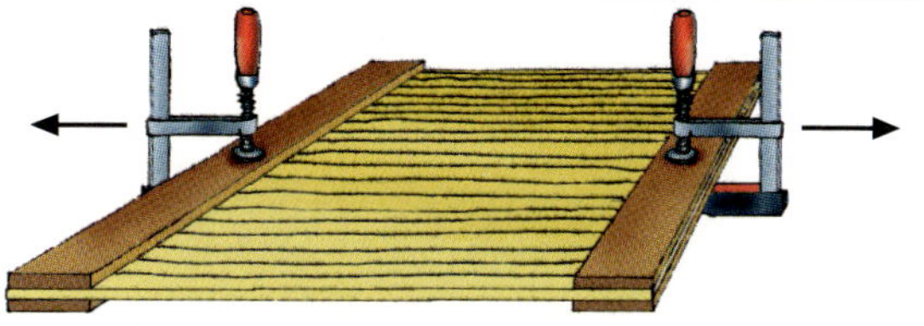

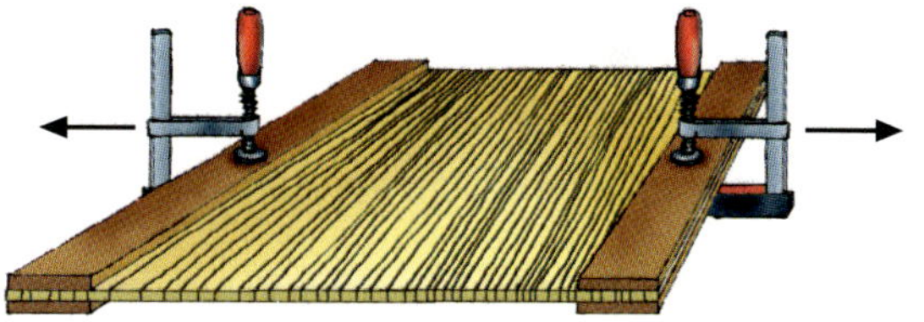

Die Zugfestigkeit des Holzes unterscheidet sich bezogen auf die Faserrichtung viel stärker als bei der Druckfestigkeit.

Bei einer Zugbelastung in Längsrichtung (parallel zur Faser) wird nur an den festen Holzfasern gezogen. Daraus leitet sich die hohe Zugfestigkeit ab. Die Holzverbindungstellen sind kaum belastet.

In Querrichtung (quer zur Faser) dagegen sind ausschließlich die Verbindungsstellen belastet. Sie setzen der Zugkraft nur wenig Widerstand entgegen.

Folglich ist die Zugfestigkeit parallel zur Faserrichtung weitaus größer als die Zugfestigkeit quer zur Faserrichtung.

Holzart	**Fichte**	**Kiefer**	**Lärche**	**Buche**	**Eiche**
Zugfestigkeit in $N/mm^2_{\text{parallel zur Faser}}$	90	104	107	135	90
Zugfestigkeit in $N/mm^2_{\text{quer zur Faser}}$	2,7	3	2,3	7	4

Die Längszugfestigkeit des Holzes ist ca. 20–50mal größer als die Querzugsfestigkeit.

Merke

Die Zugfestigkeit des Holzes spielt in Bezug auf Möbel- und Innenausbau nur eine untergeordnete Rolle.

3.2.3 Biegezugfestigkeit des Holzes

Warum biegt sich der Fachboden durch?

Auf dem obersten Fachboden eines Bücherregals aus Buche steht ein 16-bändiges Lexikon.
Nach einiger Zeit zeigt sich eine dauerhafte Durchbiegung des Regalbodens.

Warum biegt sich dieser Fachboden durch?

Welche konstruktive Veränderung ist nötig, um diese Durchbiegung zu verhindern?

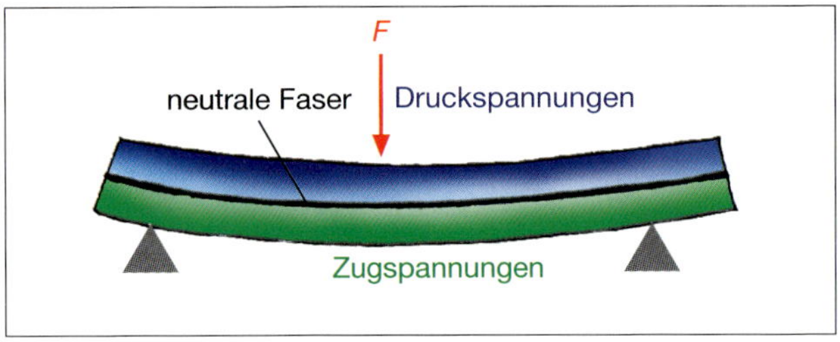

Spannungen bei beidseitig aufliegendem Balken

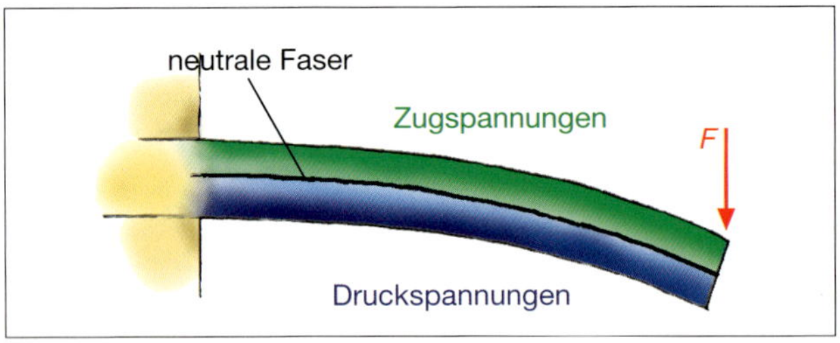

Spannungen bei einseitig eingespanntem Balken

Die Biegezugspannungen im Holzquerschnitt

Wird ein *beidseitig aufliegender* Balken, (Brett, Fachboden o. Ä.) belastet, biegt er sich durch. Dadurch werden im gesamten Querschnitt Spannungen erzeugt. Im oberen Bereich entstehen **Druckspannungen,** die sich zur Mitte *(neutrale Faser)* hin vollständig abbauen. Im unteren Bereich steigen die Zugspannungen zum äußeren Rand hin an.

Beim *einseitig eingespannten* Träger kehren sich die Spannungsverhältnisse um. Hier stellen sich im oberen Bereich **Zugspannungen** und im unteren Bereich Druckspannungen ein.

Merke

Die bei der Durchbiegung im Holzquerschnitt entstehenden Spannungen müssen vom Holz aufgenommen werden.

Die Tabelle gibt für einige Holzarten die durchschnittliche Biegezugfestigkeit wieder.

Holzart	**Fichte**	**Kiefer**	**Lärche**	**Buche**	**Eiche**
Biegezugfestigkeit in N/mm²	66	87	99	105	91

Die Durchbiegung bei flach und hochkant gelagerten Balken

Wirkt auf einen flach liegenden Balken eine Kraft, so kann eine große Durchbiegung festgestellt werden. Wird nun der gleiche Balken hochkant belastet, biegt sich dieser kaum durch.

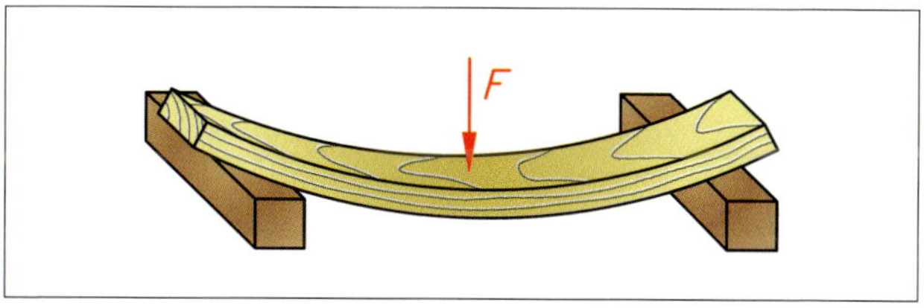

Durchbiegung bei flach gelagertem Balken

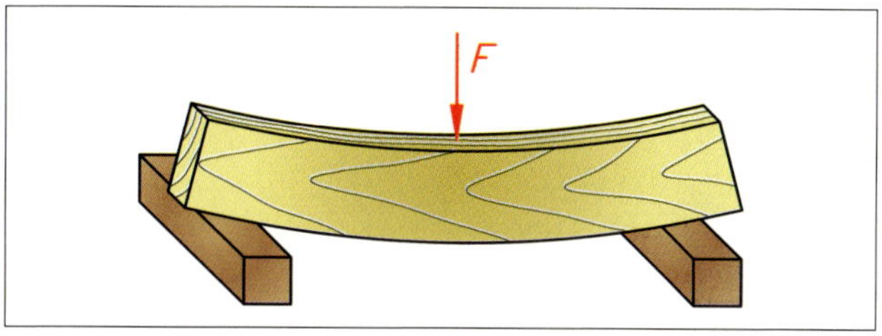

Durchbiegung bei hochkant gelagertem Balken

Bei der Balkenbiegung sind die auftretenden Spannungen proportional zum Abstand von der Querschnittsmitte. Die größten Spannungen treten an den Randfasern auf; diese tragen somit den Hauptanteil an den Spannungen. Je größer der Abstand der Fasern von der Mitte, desto größer ist auch ihr Hebelarm und desto kleiner ist deshalb die notwendige Gegenkraft (Spannung) im Balken, um diesen äußeren Belastungen entgegenzuwirken. Bei einem liegenden Balken treten daher größere Spannungen auf als bei einem hochkant belasteten Balken

Die Spannungen (Zug bzw. Druck) bewirken dabei eine Dehnung bzw. Stauchung der Fasern. Dies führt zur Durchbiegung des Balkens.

Merke

Hochkant gelagerte Balken biegen sich weit weniger durch als flach gelagerte Balken. Je größer die Stützweite, desto größer ist auch die Durchbiegung. Diese Erkenntnis lässt sich auf Bretter, Fachböden u. Ä. übertragen.

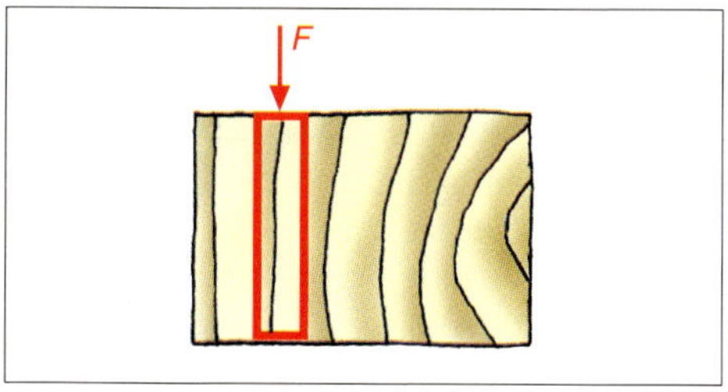

Stehende Faser

Der Jahresringverlauf beeinflusst auch die Biegezugfestigkeit

Stellen Sie sich die Jahresringe als kleine Brettquerschnitte vor. Für sie gelten die gleichen Bedingungen wie für richtige Bretter. Auch hier setzt die stehende Faser der Durchbiegung mehr Widerstand entgegen als die liegende Faser.

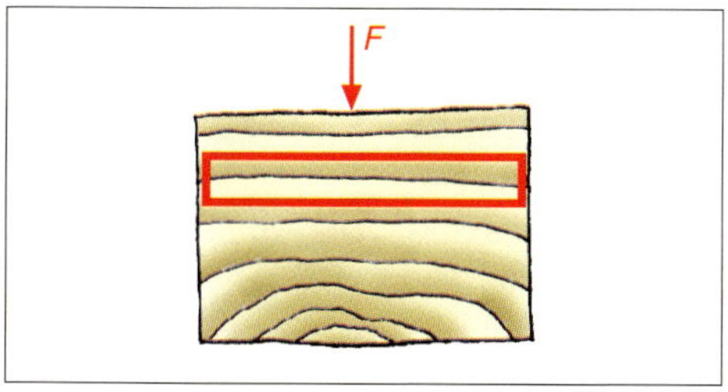

Liegende Faser

Sind die Jahresringe parallel zur Kraftwirkungslinie ausgerichtet, ist die Biegezugfestigkeit größer (Abb. oben) als bei senkrecht orientierten Jahresringen (Abb. unten).

3.2.4 Scherfestigkeit des Holzes

Warum darf eine Gratleiste nicht am äußersten Rand einer Platte eingebaut werden?

Gratverbindungen sichern Vollholzflächen gegen Verwerfen und lassen das Arbeiten des Holzes zu. Beim Einschieben der Gratleiste treten besondere Belastungen auf.

An welcher Stelle ist die Gratverbindung besonders belastet?

Welche Art von Belastung tritt bei dieser Verbindung besonders in den Vordergrund?

Weitere Hinweise siehe auch Lernfeld 2, Kapitel 3.1

Wirkt die Kraft beinahe parallel in Faserrichtung, kann man feststellen, dass sich die Verbindungsstellen des Holzes leicht voneinander ablösen. Das Holz verhält sich ähnlich wie bei Zugbelastung quer zur Faserrichtung.

Holzart	Fichte	Kiefer	Lärche	Buche	Eiche
Scherfestigkeit in $N/mm^2_{\text{parallel zur Faser}}$	2,4	3,5	3,6	5,2	6,3

Merke

Die Scherfestigkeit des Holzes wird im Wesentlichen von der Holzart bestimmt.

3.2.5 Torsions-, Knick- und Spaltfestigkeit des Holzes

Die Torsionsfestigkeit

Holz setzt dem Verdrehen (Torsion) um die Längsachse Widerstand entgegen. Dieser ist hauptsächlich von der Holzart abhängig. Im täglichen Einsatz kommt diese Belastung sehr selten vor bzw. wird nicht in statische Überlegungen einbezogen, da sie von anderen Einflussgrößen überdeckt wird.

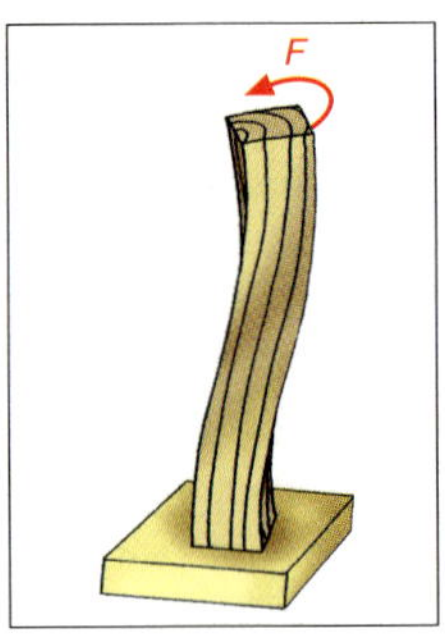

Torsionsbelastung

Die Knickfestigkeit

Werden schlanke Bauteile längs zur Faser belastet, können sie knicken. Je schlanker das beanspruchte Bauteil ist, desto leichter knickt es aus. Es knickt die schmale Seite aus. Der statische Begriff Schlankheit wird durch die Knicklänge *l* und die kürzeste Seitenlänge *a* der Querschnittsfläche bestimmt. Der Quotient aus diesen Werten bestimmt den Schlankheitsgrad λ.
Besonders bei Tisch- und Stuhlbeinen sowie bei Pfosten, Stützen und Säulen muss die Knickfestigkeit beachtet werden.

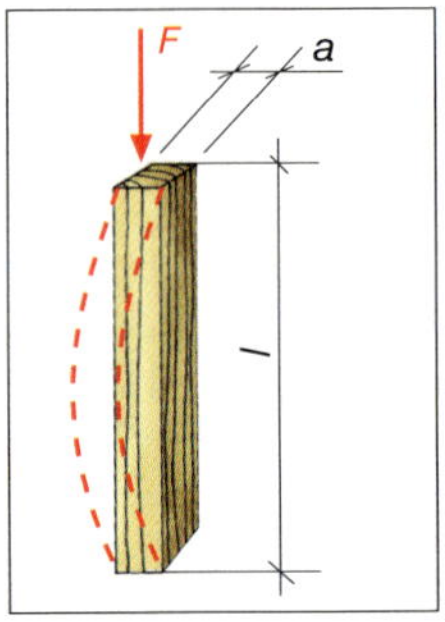

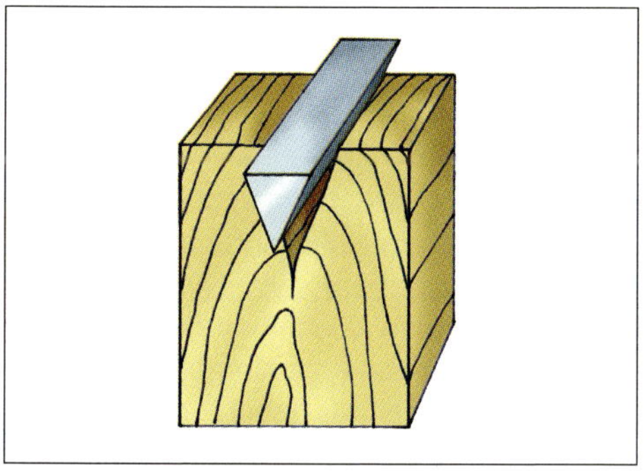

Spaltbelastung

Die Spaltfestigkeit

Holz lässt sich in Faserrichtung leicht spalten. Quer zur Faserrichtung kann Holz nicht gespalten werden.
Beim Spalten reißt das Holz vor. Der eindringende Keil treibt die Fuge weiter auseinander. Diese Spannung baut das Holz durch weiteres Einreißen ab.
Holzschindeln, Leitersprossen und Fassdauben werden durch Aufspalten von Brettern hergestellt. In früherer Zeit wurden auch Holzbalken gespalten.
Das Aufspalten wirkt sich positiv auf die Tragfähigkeit und Dauerhaftigkeit des Holzes aus. Die Fasern werden beim Spalten nicht verletzt, da die Risse immer entlang der Fasern laufen. Sie können ihre volle Stabilität entwickeln und auch das Eindringen von Wasser wird dadurch behindert.

3.2.6 Weitere Einflussfaktoren auf die Festigkeit des Holzes

Die **Holzfeuchte** beeinflusst die Festigkeit des Holzes unterschiedlich. Nimmt die Holzfeuchte um 1 % zu, so nimmt die Druckfestigkeit um 4 % – 6 % ab; die Zugfestigkeit aber nur um 1 % – 3 %.

Einen sehr viel größeren Einfluss auf die Holzfestigkeit üben die Unregelmäßigkeiten im Faserverlauf, die eingewachsenen Äste, die unterschiedlich breiten Jahresringe usw. aus.

Aufgaben

1. *Die Druckfestigkeit des Holzes ist vom Tischler zu berücksichtigen. Finden Sie hierzu Beispiele aus der täglichen Praxis.*
2. *Vergleichen Sie die Größen der Druckfestigkeit und der Zugfestigkeit. Um wieviel mal größer ist die Zugfestigkeit gegenüber der Druckfestigkeit?*
3. *Überlegen Sie, bei welchen Möbelteilen die Zugfestigkeit besonders beachtet werden muss.*
4. *Die Scherfestigkeit des Holzes ist bei der Gratverbindung besonders zu beachten. Skizzieren Sie eine Gratverbindung im Schnitt und kennzeichnen Sie die mögliche Scherfläche.*
5. *Vergleichen Sie die Zugfestigkeiten und die Scherfestigkeiten der verschiedenen Holzarten und ziehen Sie daraus Rückschlüsse auf den Holzaufbau.*
6. *Beurteilen Sie die Biegezugfestigkeit der dargestellten Balkenquerschnitte und legen Sie die Reihenfolge aufsteigend fest.*

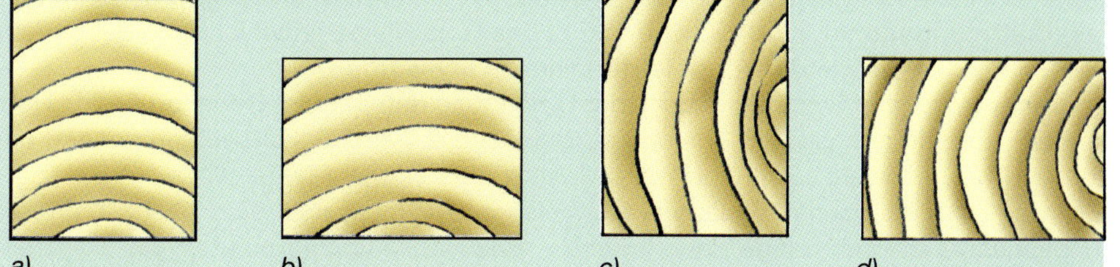

a) *b)* *c)* *d)*

7. *Nennen Sie weitere Bereiche, wo die Biegezugfestigkeit des Holzes beachtet werden muss.*

3.3 Arbeiten des Holzes

Warum schwindet die Massivholzfüllung unterschiedlich?

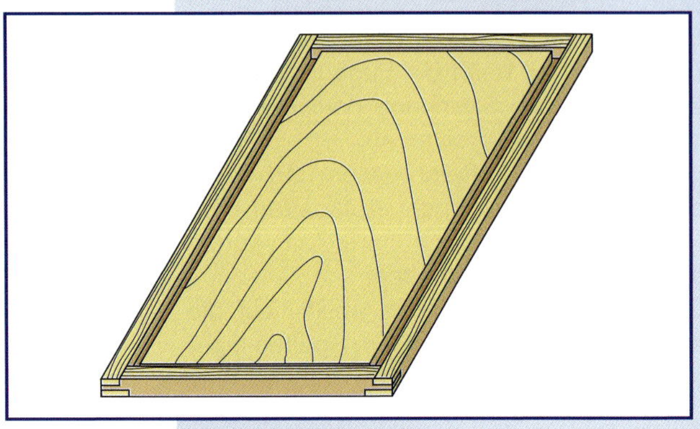

Ein Jahr nach der vermeintlich fachgerechten Herstellung der Rahmentür treten Mängel auf. Die eingebaute Massivholzfüllung ist unterschiedlich geschwunden, obwohl beim Einbau auf eine gleichmäßige 2 mm breite umlaufende Luft geachtet wurde. Hierdurch entstand zwischen den Längsfriesen und der Füllung ein 12 mm breiter Spalt und zwischen den Querfriesen und der Füllung ein 2 mm breiter Spalt.

Woher kommt die unterschiedliche Maßänderung?

3.3.1 Formveränderungen des Holzes

Holz arbeitet

Holz besteht nur zu einem gewissen Teil aus Zellulose. Zum anderen speichert es neben Lignin, Gerbsäuren und anderen Inhaltsstoffen vor allem Wasser.
Dieses Wasser kann sowohl zwischen den Holzzellen – **freies Wasser** – als auch in den Holzzellwänden selbst – **gebundenes Wasser** – gespeichert werden.

Merke

Holz ist hygroskopisch, d.h. es besitzt die Fähigkeit, Wasser aufzunehmen und abzugeben.

Weitere Hinweise siehe auch Kapitel 3.3.2

Im fällfrischen Holz kann die Holzfeuchte zwischen 60 % und 150 % betragen. Dieses Wasser ist in den Zellhohlräumen und in den Zellwänden gespeichert.
Das freie Wasser verdunstet nach dem Einschlag. Die Holzfeuchte stellt sich bei ca. 40 % ein.
Wird das Holz eingeschnitten und gestapelt, kann das Holz weiter trocknen.
Bei einer Holzfeuchtigkeit von ca. 30 % ist das gesamte freie Wasser verdunstet. Der - **Fasersättigungspunkt** ist erreicht. Trocknet das Holz weiter, entweicht das gebundene Wasser aus den Zellwänden: das Holz beginnt zu **schwinden**.
Trockenes Holz kann Feuchtigkeit aus der Umgebung aufnehmen. Dabei **quillt** das Holz, bis der Fasersättigungspunkt erreicht ist. Bei weiterer Feuchtigkeitsaufnahme wird das Holz nur noch schwerer. Eine Formveränderung ist nicht mehr feststellbar.
Wird das Holz in unserer Klimazone im Freien getrocknet, stellt sich nach der Trocknungsphase – die sehr lange dauern kann – eine Holzfeuchte von 12 % bis 15 % ein. Weiter kann das Holz im Freien nicht getrocknet werden.
In Trockenkammern kann das Holz so weit getrocknet werden, dass sämtliche Holzfeuchte entzogen wird; es ist darrtrocken.

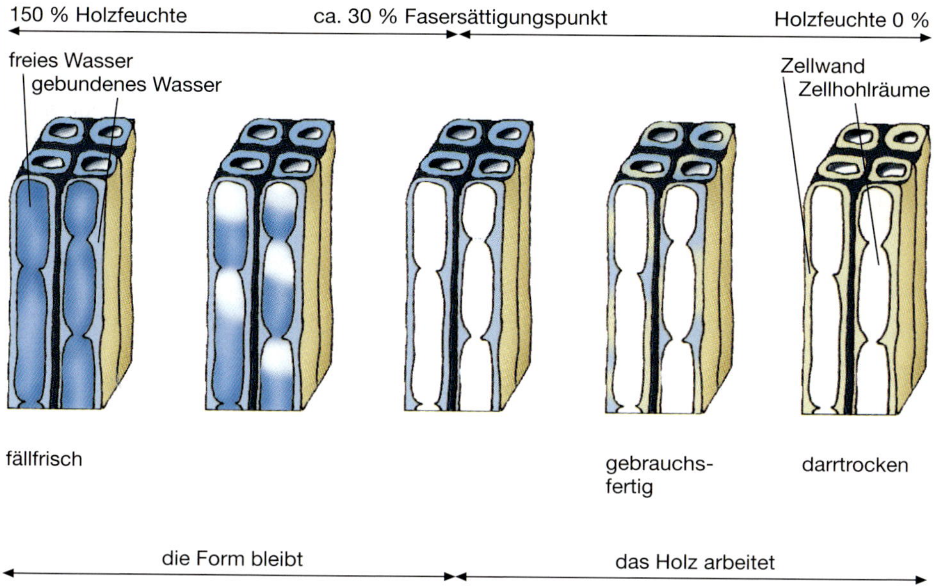

a) Die Zellwände und die Hohlräume sind mit Wasser gefüllt.
b) Das freie Wasser entweicht aus den Hohlräumen.
c) Das freie Wasser ist aus den Hohlräumen komplett entwichen, der Fasersättigungspunkt ist erreicht.
d) Das gebundene Wasser entweicht aus den Zellwänden.
e) Auch in den Zellwänden befindet sich kein Wasser mehr.

Veränderung der Holzfeuchte

Merke

Das *freie Wasser* zwischen den Holzzellen führt zu keiner Formveränderung; nur *gebundenes Wasser* in den Zellwänden ist dafür verantwortlich. Gebundenes Wasser ist im Holz nur bei einer Holzfeuchte von 0 % bis ca. 30 % vorhanden. Der *Fasersättigungspunkt* ist erreicht, wenn die Zellwände kein Wasser mehr aufnehmen können.

Holz schwindet unterschiedlich

Schülerversuch

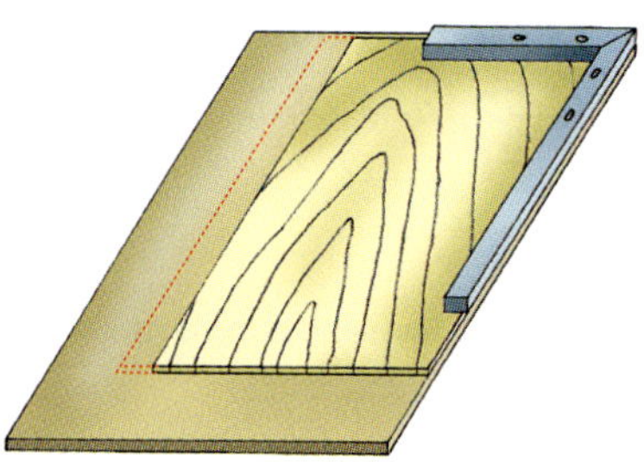

Ein Furnierblatt wird auf einer festen Unterlage an einer Ecke durch Leisten festgehalten. Nachdem die Maße bestimmt sind, wird das Furnier mit reichlich Wasser begossen. Nach ca. 30 Minuten kann eine deutliche Längenänderung quer zur Faserrichtung festgestellt werden. In Faserrichtung hingegen ist kaum eine Veränderung zu bemerken.

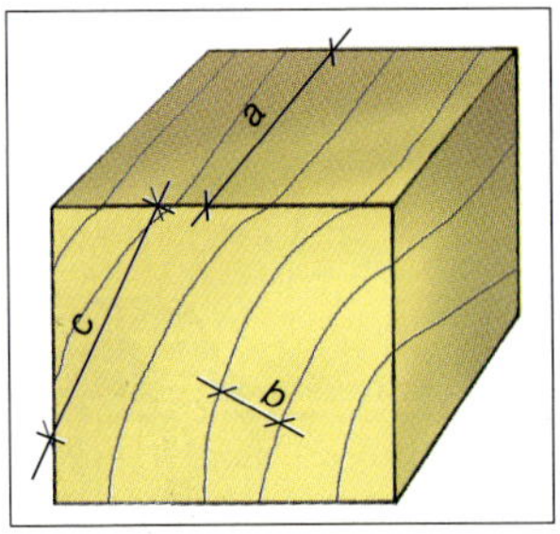

Das Holz schwindet unterschiedlich. Beim Verarbeiten muss hier besonders Rücksicht genommen werden. Vergleicht man die unterschiedlichen Längenveränderungen abhängig von der Faserrichtung, kann man deutlich diese Notwendigkeit sehen.

Schwundrichtungen

Ein Würfel mit einer Seitenlänge von 100 mm schwindet maximal in Richtung *a* nur um ca. 0,1 mm; in Richtung *b* um 5 mm und in Richtung *c* um bis zu 10 mm.

Maximale Schwundmaße

Richtung	**Bezeichnung**	**Fachbegriff**	**Schwund** in %
a	in Faserrichtung	axial	ca. 0,1 – 0,3
b	in Richtung der Markstrahlen	radial	ca. 5
c	in Richtung der Jahresringe	tangential	ca. 10

Der Jahresringverlauf beeinflusst das Formverhalten

Aufgrund des unterschiedlichen Holzaufbaus in radialer und tangentialer Richtung ergeben sich beim Schwinden oft unerwünschte **Formveränderungen.**
Die Jahresringe haben das Bestreben, die beim Arbeiten des Holzes entstandenen Spannungen durch Formveränderung abzubauen. Deshalb wird die **linke Seite** (Splintseite) eines Brettes hohl. Die **rechte Seite** (Kernseite) eines Brettes wird rund.

Das Kernbrett verformt sich und reißt zum Kern hin ein.

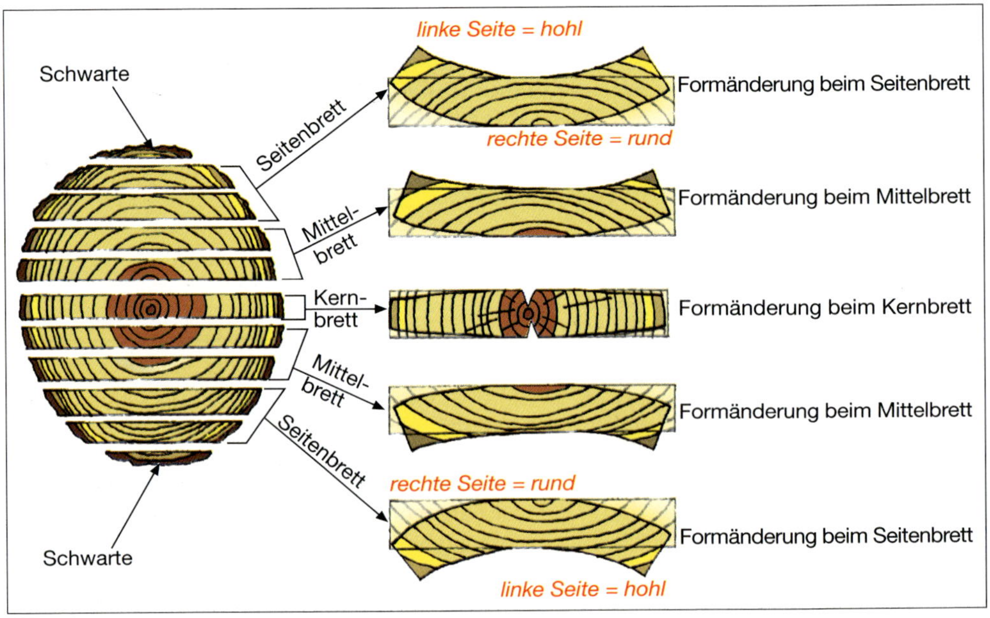

Formänderungen beim Schnittholz

Das Holzfeuchtegleichgewicht

Durch die Wechselwirkung zwischen der Holzfeuchte einerseits und der Luftfeuchte andererseits stellt sich das Holzfeuchtegleichgewicht ein. Bei gleich bleibenden Umweltbedingungen bleibt nach Abschluss der Trocknungsphase die Holzfeuchte stabil.

Merke

Trockenes Holz ist in der Lage, Feuchtigkeit aus der Luft aufzunehmen wie auch feuchtes Holz Wasser an die Umgebung abgeben kann. Kommt dieser Austausch zur Ruhe, stellt sich das Holzfeuchtegleichgewicht ein.

Nach DIN 1052 sind für folgende Einsatzgebiete die angegebene Holzfeuchte anzustreben:

Einsatzbereich	**Holzfeuchtebereich** in %
Zentralgeheizte Räume	7 – 10
Ofengeheizte Räume	10 – 12
Offene, überdachte Bauwerke	12 – 18
Parkett	7 – 11

Die Schwundmaße der Hölzer

Holz schwindet je nach Faserrichtung unterschiedlich. Aber auch von der Holzart ist das Schwundverhalten abhängig.

Holzart	**Schwundverlust** in % bei der Abnahme der Holzfeuchtigkeit um 1 %	
	radial	**tangential**
Ahorn	0,20	0,30
Birke	0,29	0,41
Birnbaum	0,10	0,33
Buche	0,22	0,38
Eiche	0,19	0,33
Esche	0,21	0,38
Fichte	0,19	0,38
Kiefer	0,19	0,32
Nussbaum	0,20	0,28
Tanne	0,14	0,28
Teak	0,16	0,26

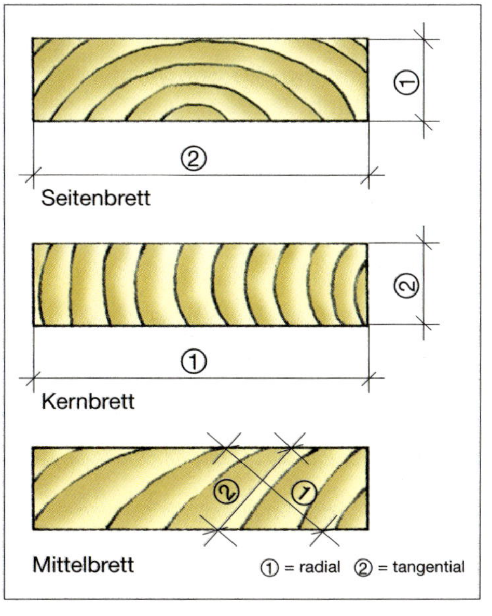

Ist die Faserrichtung nicht eindeutig festlegbar, ist ein Mittelwert zu bilden. Dies ist z. B. bei einem Mittelbrett der Fall.

3.3.2 Bestimmung des Schwundverlustes und des Schwundmaßes

Die Berechnung des Schwundverlustes in % und des Schwundmaßes bei gegebenem Ausgangs- und Endmaß

$$\text{Schwundverlust in \%} = \frac{\text{Schwundmaß}}{\text{Ausgangsmaß}} \cdot 100\ \%$$

$$SV\ (\%) = \frac{\Delta l}{l_0} \cdot 100\ \%$$

SV Schwundverlust; Δl Schwundmaß; l_0 Ausgangsmaß

$$\text{Schwundmaß} = \text{Ausgangsmaß} - \text{Endmaß}$$

$$\Delta l = l_0 - l_E$$

Δl Schwundmaß; l_0 Ausgangsmaß; l_E Endmaß (nach dem Trocknen)

Beispiel

Berechnung

Ein Mittelbrett schwindet beim Trocknen in der Breite von 260 mm auf 254 mm. Bestimmen Sie den Schwundverlust in %.

Gegeben: l_0 = 260 mm; l_E = 254 mm

Gesucht: Schwundverlust in %

Lösung

$\Delta l = l_0 - l_E$

Δl = 260 mm – 254 mm

Δl = 6 mm

$$SV\ (\%) = \frac{\Delta l}{l_0} \cdot 100\ \%$$

$$SV\ (\%) = \frac{6\ \text{mm}}{260\ \text{mm}} \cdot 100\ \%$$

SV (%) = 2,31 %

Die Berechnung des Schwundverlustes in % und des Schwundmaßes bei gegebener Holzfeuchteänderung

a) Schwund in % pro 1 % Holzfeuchteänderung (differenzielles Schwundmaß *q) aus Tabelle bekannt*

$$\text{Schwundverlust in \%} = \text{differenzielles Schwundmaß} \cdot \text{Holzfeuchtedifferenz}$$

$$SV\ (\%) = q \cdot \Delta u$$

SV Schwundverlust; *q* differenzielles Schwundmaß; Δu Holzfeuchtedifferenz ($\Delta u = U_A - U_E$)

b) Schwund in % pro 1 % Holzfeuchteänderung (differenzielles Schwundmaß) *nicht bekannt*

$$\text{Schwundverlust in \%} = \frac{\text{max. möglicher Schwund} \cdot \text{Holzfeuchtedifferenz}}{30\ \%}$$

$$SV\ (\%) = \frac{\text{max. möglicher Schwund} \cdot \Delta u}{30\ \%}$$

SV Schwundverlust; Δ_u Holzfeuchtedifferenz

$$\text{Schwundmaß} = \frac{\text{Ausgangsmaß} \cdot \text{Schwundverlust (\%)}}{100\,\%}$$

Je nachdem, ob das differenzielle Schwundmaß bekannt ist oder nicht, kann man den Schwundverlust in % auf die folgenden zwei Arten in die obige Formel einsetzten.

$$\text{Schwundmaß} = \frac{\text{Ausgangsmaß} \cdot \text{Holzfeuchtedifferenz} \cdot \text{differenzielles Schwundmaß}}{100\,\%}$$

$$\Delta l = \frac{l_0 \cdot \Delta u \cdot q}{100\,\%}$$

Δl Schwundmaß; l_0 Ausgangsmaß; Δu Holzfeuchtedifferenz; q differenzielles Schwundmaß

oder

$$\text{Schwundmaß} = \frac{\text{Ausgangsmaß} \cdot \text{Holzfeuchtedifferenz} \cdot \text{max. möglicher Schwund}}{30\,\% \cdot 100\,\%}$$

$$\Delta l = \frac{l_0 \cdot \Delta u \cdot \text{max. möglicher Schwund}}{30\,\% \cdot 100\,\%}$$

Beispiel 1

Berechnungen

Ein 240 mm breites Kernbrett aus Fichtenholz weist vor dem Trocknen eine Holzfeuchte von 24 % auf. Nach dem Trocknen wird eine Holzfeuchte von 13 % gemessen.
Bestimmen Sie den Schwundverlust in % und das Schwundmaß in mm.

Gegeben: $l_0 = 240$ mm; $u_A = 24$ %; $u_E = 13$ %; $q = 0{,}19$ % (aus Tabelle – radial)
Gesucht: Schwundverlust in % und Schwundmaß

Lösung

$SV\,(\%) = q \cdot \Delta_u$

$SV\,(\%) = 19\% \cdot (24\,\% - 0{,}13\,\%)$

$SV\,(\%) = \underline{\underline{2{,}09\,\%}}$

$$\Delta l = \frac{l_0 \cdot \Delta u \cdot q}{100\,\%}$$

$$\Delta l = \frac{240\text{ mm} \cdot (24\,\% - 13\,\%) \cdot 0{,}19\,\%}{100\,\%}$$

$$\Delta l = \underline{\underline{5\text{ mm}}}$$

Beispiel 2

Berechnen Sie das Schwundmaß der Füllung auf S. 36, wenn sich der Holzfeuchtegehalt von 15 % auf 8 % reduziert hat.
Die Füllung hat einen umlaufenden Abstand von 2 mm zum Fries.
Bestimmen Sie den Abstand *a* zwischen Falzkante und Füllung.
Liegt die Füllung noch sicher im Falz?

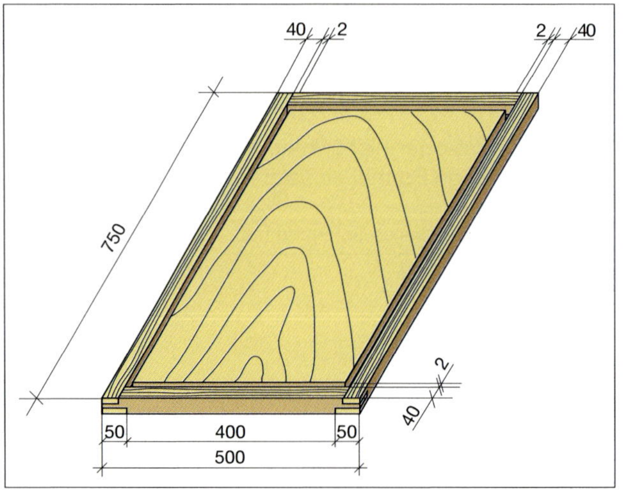

Gegeben:

Maße sind der Skizze zu entnehmen, u_A = 15 %, u_E = 8 %, q = 0,38 %

Gesucht:

a) Schwundmaß Δl,

b) Abstand a,

c) Auflage im Falz nach dem Schwinden.

Lösung

a) Rahmenbreite b

b = 400 mm + 2 · 50 mm

b = 500 mm

Breite der Füllung l_0 vor dem Schwinden

l_0 = Rahmenbreite b – 2 · innerer Rahmenholzbreite – 2 · Luft (Rahmenholz-Füllung)

l_0 = 500 mm – 2 · 40 mm – 2 · 2 mm

l_0 = 416 mm

$$\Delta l = \frac{\Delta u \cdot q}{100\ \%} \qquad \Delta l = \frac{416\ \text{mm} \cdot (15\ \% - 8\ \%) \cdot 0{,}38\ \%}{100\ \%}$$

Δl = 11 mm => Die Füllung schwindet an jeder Seite um ca. 5,5 mm

b) a = 5,5 mm + 2 mm; a = 7,5 mm

c) Da der Falz auf jeder Seite 10 mm breit ist, liegt die Füllung nach dem Schwinden auf jeder Seite nur noch 2,5 mm auf.

3.3.3 Mittelwerte der Schwundverluste

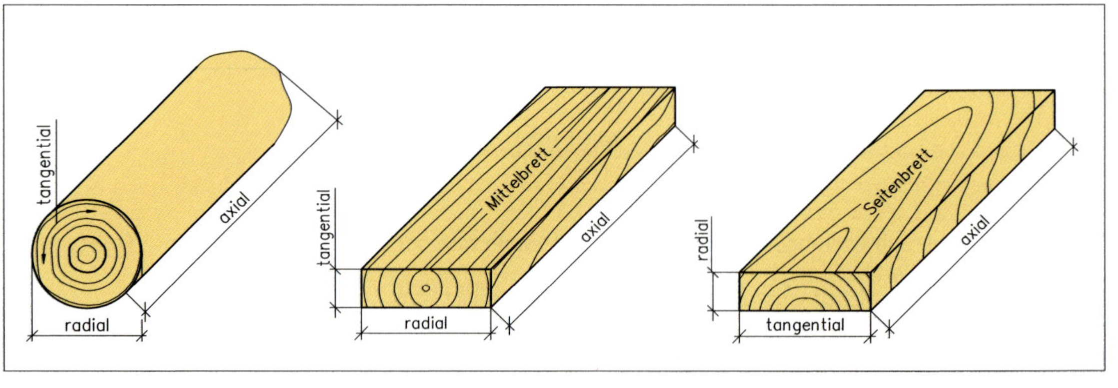

Mittelwerte der Schwundverluste							
			Schwundverluste in %				
Holzart	**Kurzzeichen**	**Rohdichte in kg/dm³ bei u = 15 %**	**fällfrisch bis darrtrocken**			**bei Änderung von u im 1 %**	
			axial	**radial**	**tangential**	**radial**	**tangential**
Ahorn	ACPS	0,630	0,4	3,0	8,0	0,20	0,30
Birke	BEPU	0,650	0,5	5,3	7,8	0,29	0,41
Birnbaum	YPCM	0,740	0,4	4,6	9,1	0,15	0,33
Buche (Rot-)	FASY	0,710	0,3	5,8	11,8	0,22	0,38
Eiche	QCXE	0,690	0,4	4,3	8,9	0,19	0,32
Erle	ALGL	0,550	0,4	4,4	7,3	0,16	0,27
Esche	FXEX	0,690	0,3	4,7	7,5	0,21	0,38
Fichte	PCAB	0,470	0,3	3,6	7,8	0,19	0,33
Kiefer	PNSY	0,520	0,4	4,0	7,7	0,19	0,32
Kirschbaum	PRAV	0,610	0,2	5,0	8,7	0,14	0,33
Lärche	LADC	0,590	0,3	3,3	7,8	0,17	0,30
Linde	TIXX	0,530	0,3	5,5	9,1	0,20	0,30
Nussbaum	JGRG	0,680	0,5	5,4	7,5	0,20	0,28
Rüster	ULMI	0,680	0,3	4,6	8,3	0,20	0,43
Tanne	ABAL	0,450	0,1	3,8	7,6	0,14	0,28
Weißbuche	CPBT	0,830	0,5	6,8	11,5	0,23	0,39
Ebenholz	DSCL	1,20	0,3	8,2	12,8	k.A.	k.A.
Mahagoni	SWMC	0,600	0,3	3,5	4,7	0,15	0,20
Meranti	SHDR	0,560	0,3	4,1	9,7	0,11	0,25
Pockholz	GCXX	1,23	0,1	5,6	9,3	k.A	k.A
Ramin	GYBN	0,600	0,2	4,0	9,4	0,19	0,39
Teak	TEGR	0,670	0,5	2,6	4,8	0,16	0,26
Wenge	MTLR	0,800	0,4	5,0	9,0	0,22	0,34

Aufgaben

1. *Ein Holzstück verändert seine Holzfeuchte von 70 % auf 35 %. Welche Formveränderung ist feststellbar?*
2. *Erklären Sie die Formänderung der eingangs vorgestellten Türfüllung.*
3. *Stellen sie die Formveränderung beim Schwinden eines Kantholzes, eines Mittelbrettes und eines Seitenbrettes dar.*
4. *Die Seitenteile eines Bücherschranks, der in einem zentralgeheizten Raum aufgestellt ist, sind vollflächig aus Bucheseitenbrettern hergestellt. Die Holzfeuchte der 160 mm breiten Riemen wird mit 16 % gemessen.*
   Mit welchem Breitenschwund ist nach dem Einbau zu rechnen?
5. *Ein Eichenmittenbrett mit den Maßen 2000/250/35 wird künstlich von 21 % auf 7 % Holzfeuchte getrocknet.*
   a) *Berechnen Sie Länge, Breite und Dicke des Brettes nach dem Trocknen.*
   b) *Stellen Sie die prozentuale Veränderung der Längen fest.*
6. *Das nebenstehende Kantholz aus Fichte weist vor dem Trocknen eine Holzfeuchte von 23 % auf. Durch günstige Lagerung wird die Holzfeuchte auf 14 % reduziert.*
   a) *Skizzieren Sie das Kantholz im Maßstab 1:1.*
   b) *Berechnen Sie den Schwundverlust.*
   c) *Tragen Sie die Formveränderung in die Skizze ein.*

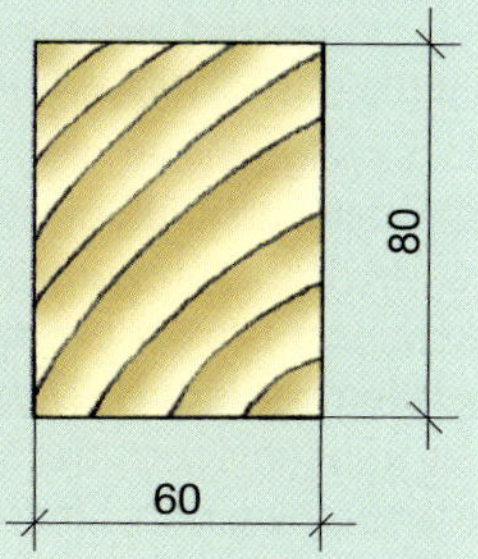

3.4 Bestimmung der Holzfeuchte

Warum ist gleichartiges Holz unterschiedlich schwer?

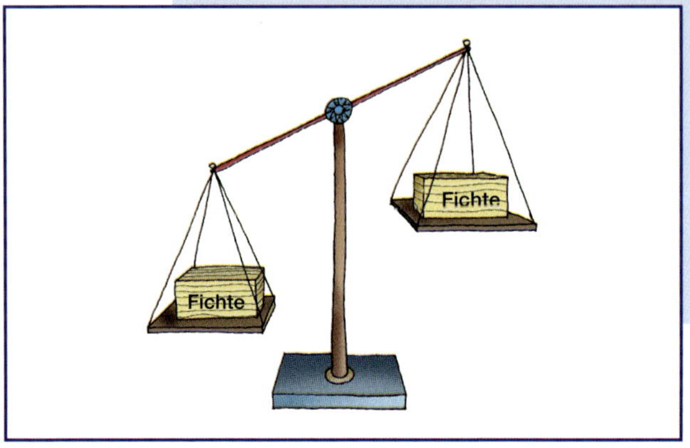

Sehr oft kann man bei gleicher Holzsorte gravierende Unterschiede in deren Massen feststellen, obwohl die Volumina gleich sind.

Woher kommen diese Unterschiede?

Welche Eigenschaft liegt dieser Erscheinung zugrunde?

Frisch eingeschlagenes Holz ist sehr viel schwerer als Holz, wie es der Tischler verarbeitet, da es einen viel höheren Wassergehalt hat. Holz ist ein hygroskopisches Material; es kann Wasser speichern und auch wieder abgeben.
Der Wassergehalt des Holzes ist ein wichtiger Faktor für seine Verwendungsfähigkeit. Nur wenn sich eine geeignete Holzfeuchtigkeit zwischen 7 % und 18 % einstellt, ist das Holz für eine fachgerechte Verarbeitung geeignet.

Die Holzfeuchtebestimmung mit Messgeräten

Eine ausreichend genaue und schnelle Bestimmung der Holzfeuchte kann mit **elektrischen Feuchtemessgeräten** durchgeführt werden.
Es werden zwei Elektroden in das Holz eingeschlagen und an diese elektrische Spannung angelegt. Zwischen den Elektroden fließt Strom. Da die elektrische Leitfähigkeit des Holzes von dessen Wassergehalt abhängt, kann über die gemessene elektrische Stromstärke direkt auf den Feuchtegehalt des Holzes geschlossen werden.
Die Holzfeuchte wird vom Messgerät angezeigt.
Die von Holzart zu Holzart unterschiedliche elektrische Leitfähigkeit wird ebenfalls berücksichtigt. Mit einem Schalter ist die richtige Einstellung für die jeweilige Holzart zu wählen. Die Zuordnung der Holzart zur Schalterstellung erfolgt über mitgelieferte Tabellen.
Bei **elektronischen Messgeräten** kann auf das Einschlagen der Feuchteelektroden verzichtet werden; hier werden Sensoren an das Holzstück angelegt.

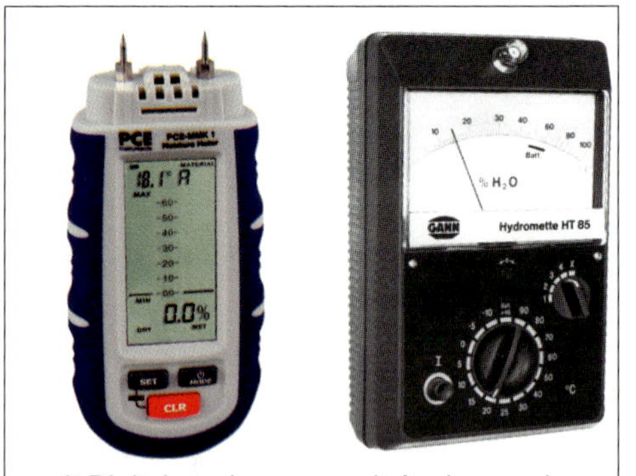

Holzfeuchtemessgeräte

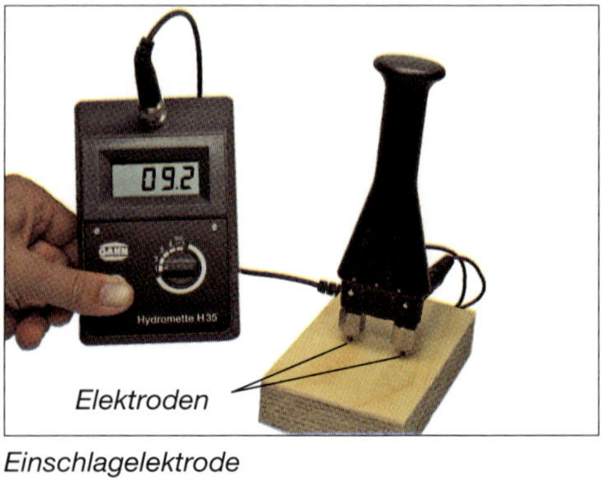

Einschlagelektrode

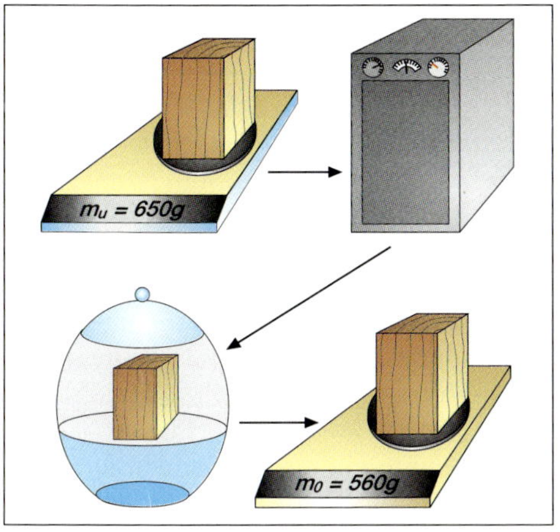

Schematische Darstellung der Darrprobe

Holzfeuchtebestimmung mithilfe der Darrprobe

Die Darrprobe dient zur genauen Messung der Holzfeuchte.
Dazu wird zunächst die Masse eines Holzstückes bestimmt. Daraus ergibt sich das Nassgewicht m_u.
Das Holzstück wird nun bis zur Darre getrocknet und nach dem Abkühlen wieder gewogen. Jetzt wird das Trockengewicht m_0 gemessen. Aus diesen Werten kann die Holzfeuchte u exakt berechnet werden.

$$\text{Holzfeuchte in \%} = \frac{\text{Nassgewicht} - \text{Trockengewicht}}{\text{Trockengewicht}} \cdot 100\ \%$$

$$u = \frac{m_u - m_0}{m_0} \cdot 100\ \%$$

u Holzfeuchte; m_u Nassgewicht; m_0 Trockengewicht

Merke

Da sich die Holzfeuchte auf die Trockenmasse des Holzes bezieht, ist auch eine Holzfeuchte über 100 % möglich.

Beispiel

Berechnung

Berechnen Sie die Holzfeuchte eines Holzstückes. Das Nassgewicht wird mit 650 g bestimmt. Nach dem Trocknen wird ein Gewicht von 560 g gemessen.

Gegeben: m_u = 650 g; m_0 = 560 g

Gesucht : u

Lösung

$$u = \frac{m_u - m_0}{m_0} \cdot 100\ \% \qquad u = \frac{650\ \text{g} - 560\ \text{g}}{560\ \text{g}} \cdot 100\ \% \qquad u = \underline{\underline{16\ \%}}$$

Aufgaben

1. *Berechnen Sie die gespeicherte Wassermenge und die Holzfeuchte in % von einem Holzstück, dessen Nassgewicht mit 470 g und dessen Trockengewicht mit 350 g bestimmmt wurde.*
2. *Kann Eichenholz in ein Zimmer mit Zentralheizung eingebaut werden, wenn an einem Probestück ein Trockengewicht von 740 g und ein Nassgewicht von 820 g gewogen werden?*
3. *Wie viel Wasser kann ein 700 g schweres darrtrockenes Fichtenstück aufnehmen, bis der Fasersättigungspunkt erreicht ist?*
4. *Bestimmen Sie die fehlenden Werte*

Nr.	*u in %*	*m_0 in g*	*m_u in g*
1	*17*	*1200*	*?*
2	*8*	*?*	*950*
3	*?*	*1230*	*1750*

5. *Eine Ahornbohle mit einer Holzfeuchte von 78 % wiegt 130 kg.*
   a) *Berechnen Sie das Gewicht der reinen Holzmasse.*
   b) *Berechnen Sie das Gewicht der Bohle, nachdem sie auf eine Holzfeuchte von 12 % getrocknet wurde.*

3.5 Zusammenhang zwischen Luftfeuchte, Temperatur und Holzfeuchte

Warum beschlagen im Winter die Fensterscheiben?

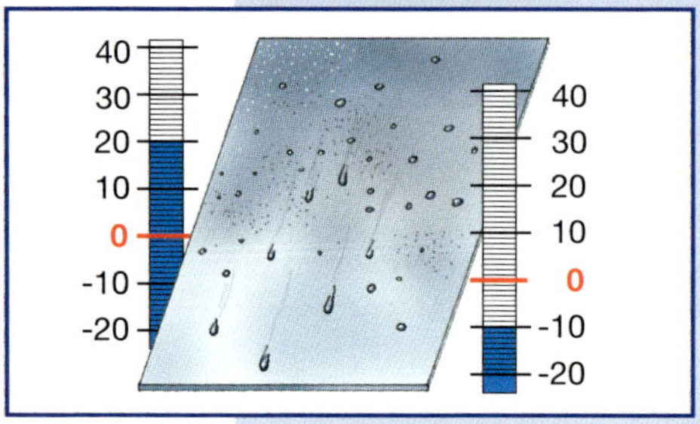

Vor allem im Winter kann man oft beschlagene Fensterscheiben beobachten.

Im Außenbereich herrschen dann niedrige Temperaturen, die Räume werden auf ca. 20 °C geheizt. Es entsteht ein großer Temperaturunterschied.

Das Fenster läuft nur innen mit Wasser an.

Warum schlägt sich Wasser auf der Scheibe nieder?

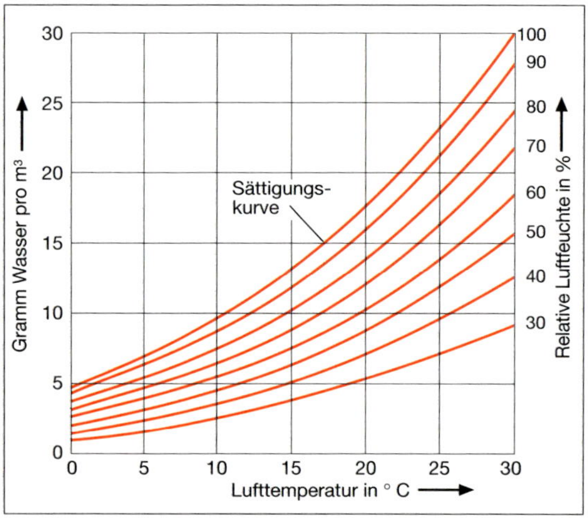

Wassergehalt in Abhängigkeit von der Lufttemperatur

Die Luftfeuchte

Die uns umgebende Luft hat **Wasserdampf** gespeichert. Die Menge ändert sich je nach geografischen und klimatischen Gegebenheiten. Die Luft in der Wüste ist sehr trocken; im Dschungel hingegen ist viel Wasser in der Luft gespeichert. Die maximale Menge an Wasserdampf, die die Luft aufnehmen kann, hängt von der Temperatur ab. Sie wird als **maximale Luftfeuchte** bezeichnet. Je wärmer die Luft ist, desto mehr Wasserdampf kann sie speichern. Aus nebenstehendem Diagramm kann ermittelt werden, dass 1 m³ Luft bei 20 °C maximal 17,2 g Wasserdampf aufnehmen kann.
Gewöhnlich enthält die Luft eine geringere Menge an Wasserdampf als sie tragen kann. Diesen tatsächlich vorhandenen Wassergehalt der Luft bezeichnet man als **absolute Luftfeuchte**. Man kann sie mit einem **Hygrometer** (gr.: Hygros = Wasser) messen. Betrachtet man die absolute Luftfeuchte im Verhältnis zur maximalen Luftfeuchte, spricht man von **relativer Luftfeuchte**. Sie wird in Prozent berechnet.
Wie dem Diagramm zu entnehmen ist, sinkt die relative Luftfeuchte bei Erwärmung der Luft ab und steigt bei Abkühlung an. Fällt die Temperatur der Luft so weit, dass der Wasserdampf von der Luft nicht mehr aufgenommen werden kann, scheidet die Luft das Wasser ab. Es kondensiert und schlägt sich als Nebel nieder. Luft kühlt sich an kalten Flächen ab und hinterlässt dort das ausfallende Wasser als Tauwasser.

Die relative Luftfeuchte wird nach folgender Formel berechnet:

$$\text{relative Luftfeuchte in \%} = \frac{\text{absolute Luftfeuchte}}{\text{maximale Luftfeuchte}} \cdot 100\,\%$$

$$\varphi_{rel} = \frac{\varphi_{abs}}{\varphi_{max}} \cdot 100\,\%$$

φ_{rel} relative Luftfeuchte; φ_{abs} absolute Luftfeuchte; φ_{max} maximale Luftfeuchte

Beispiel

Berechnung

Berechnen Sie die relative Luftfeuchte in % bei einer Temperatur von 20 °C. Die absolute Luftfeuchte wird mit 7,8 g/m³ gemessen.

Gegeben: φ_{abs} = 7,8 g/m³; aus dem vorherigen Diagramm folgt φ_{max} = 17,2 g/m³

Gesucht: φ_{rel}

Lösung:

$$\varphi_{rel} = \frac{\varphi_{abs}}{\varphi_{max}} \cdot 100\ \%$$

$$\varphi_{rel} = \frac{7{,}8\ \text{g/m}^3}{17{,}2\ \text{g/m}^3} \cdot 100\ \%$$

$$\varphi_{rel} = \underline{\underline{45{,}3\ \%}}$$

Die Tauwasserbildung in Bauwerken

Gerade in Bauwerken ist die Tauwasserbildung immer wieder ein Problem. Sie trägt zur **Schimmelbildung** bei. Dadurch entstehen hässliche und gesundheitsschädliche Flecken am Mauerwerk. Durch Lüften an kalten Tagen kann der Feuchteniederschlag an den Wänden vermieden werden. Gelangt die kalte Außenluft, die nur wenig Wasserdampf aufnehmen kann, in das Hausinnere und erwärmt sich dort, ist sie nun in der Lage, Wasserdampf aufzunehmen. Dieser wird u. a. dem Gemäuer entzogen. So kann gerade im Winter durch wechselndes Lüften und Heizen der Feuchteniederschlag in Räumen gering gehalten werden.

Die Luftfeuchte beeinflusst die Holzfeuchte

Da Holz hygroskopisch ist, kann es Feuchtigkeit aus der Umgebung aufnehmen bzw. an diese abgeben. Die Zu- bzw. die Abnahme des gebundenen Wassers im Holz lässt das Holz quellen bzw. schwinden.

Da die mit Wasserdampf angefüllte Luft das hygroskopische Holz umgibt, stehen beide ständig in Wechselwirkung zueinander.

Das Holz nimmt so lange Feuchtigkeit aus der Luft auf bzw. gibt sie an die Luft ab, bis ein Ausgleich erreicht ist. Es hat sich das **Holzfeuchtegleichgewicht** bzw. die **Ausgleichsfeuchte** eingestellt. Ändert sich die Luftfeuchte, beginnt der Austauschprozess erneut. Problematisch für den Tischler ist es, dass die Feuchteaufnahme bzw. -abgabe des Holzes unterhalb des Fasersättigungspunktes immer mit dem Arbeiten des Holzes verbunden ist. Mit geeigneten konstruktiven Maßnahmen kann man dieses Problem in den Griff bekommen.

Weitere Hinweise siehe Kapitel 3.3.1

Das Holzfeuchtegleichgewicht

Raumluft-temperatur	**10 °C**	**20 °C**	**30 °C**	**40 °C**	**50 °C**	**60 °C**
rel. Luftfeuchtigkeit in %	**Holzfeuchte** in %					
20	4,5	4,5	4,0	4,0	3,5	3,5
30	6,5	6,0	6,0	5,5	5,0	4,5
40	8,0	7,5	7,5	7,0	6,5	6,0
50	9,5	9,0	9,0	8,5	8,0	7,5
60	11,0	10,5	10,5	10,0	9,5	9,0
70	13,5	13,0	12,5	12,0	11,5	11,0
80	16,5	16,0	15,5	15,0	14,0	13,0

Aufgaben

1. Erklären Sie nun, warum Fenster beschlagen.
2. Bestimmen Sie aus obiger Tabelle die anzustrebende Temperatur und Luftfeuchte für ein Möbel, das eine Holzfeuchte von 7 % aufweisen soll.
3. Beschreiben Sie, wie ein feuchter Raum gut ausgetrocknet werden kann.
4. Welche Jahreszeit ist am günstigsten, wenn man feuchte Räume trocknen will?
5. Bestimmen Sie aus dem Diagramm „Wassergehalt in Abhängigkeit von der Lufttemperatur" die maximale Luftfeuchte für die Temperaturen 10 °C, 20 °C, 25 °C.
6. Bestimmen Sie die fehlenden Werte.

rel. Luftfeuchte in %	max. Luftfeuchte in g/m³	abs. Luftfeuchte in g/m³	Lufttemperatur in °C
a) ?	30,1	18,7	?
b) ?	25,3	17,1	?
c) 45 %	65,3	?	?
d) 60 %	23,4	?	?
e) 50 %	?	20,0	?

3.6 Konstruktiver Holzschutz

Warum können sich Fensterrahmen schwarz verfärben?

An eingebauten Holzteilen sind nach einiger Zeit manchmal Verfärbungen zu erkennen. Dies ist meist ein Zeichen von **Pilzbefall**. Die Widerstandskraft des Holzes wird dadurch geschwächt. Es kann dann in kurzer Zeit auch von tierischen Holzschädlingen befallen werden.

Sind alle Holzarten gleichermaßen betroffen?

Welche Faktoren begünstigen den Schädlingsbefall?

Welche Schutz- oder Gegenmaßnahmen können durchgeführt werden?

3.6.1 Bedingungen für die Zerstörung des Holzes durch Schädlinge

Die Pilze sind meist die ersten Schädlinge, die Holz befallen und bereiten gleichzeitig den Boden für weitere meist tierische Schädlinge. Ein natürlicher Schutz des Holzes gegen die Zerstörung durch pflanzliche und tierische Schädlinge ist durch seine Inhaltsstoffe gegeben. Diese Holzinhaltsstoffe konzentrieren sich im Kernbereich. Bei manchen Hölzern bietet der Splintbereich den eindringenden Schädlingen so wenig Widerstand, dass er nicht verarbeitet werden darf. Dies gilt zum Beispiel für Eiche und Nussbaum. Wird also Splintholz verarbeitet, ist bei vielen Holzarten die Gefahr des Schädlingsbefalls groß. Bei anderen Hölzern hingegen, so z. B. bei der Kiefer, kann man das Splintholz bedenkenlos verwenden.

Da Kernholz in der Regel nie von Holzschädlingen befallen wird, kann durch dessen Verwendung das Holz dauerhaft geschützt werden.
Pilze entwickeln sich vorwiegend in einem warmen und feuchten Klima. Um diesen pflanzlichen Holzschädlingen eine gute Entwicklungsbasis zu bieten, müssen diese Bedingungen erfüllt sein.

3.6.2 Schutz des Holzes durch eine geeignete Holzauswahl

Hölzer sind in Bezug auf ihre Widerstandsfähigkeit gegenüber Witterungseinflüssen sehr unterschiedlich zu beurteilen. Lärche und Eiche weisen eine hohe Witterungsbeständigkeit auf und eignen sich daher besonders für den Außenbereich.
Teak ist besonders witterungsbeständig. Die öligen Inhaltsstoffe schützen es vor allem vor zerstörerischen Umwelteinwirkungen. Es wird deshalb bevorzugt im Schiffs- und Gartenmöbelbau verwendet. Da Teak mittlerweile in Plantagen angebaut wird, brauchen Tropenwälder nicht gerodet werden. Aus ökologischen Überlegungen heraus kann es somit bedenkenlos verwendet werden.

3.6.3 Schutz des Holzes durch sinnvolle Konstruktionen

Das Prinzip des konstruktiven Holzschutzes beruht darauf, dass den holzzerstörenden Schädlingen die Ansiedlungsgrundlage entzogen wird.
Ständig einwirkende Feuchtigkeit begünstigt den Pilzbefall. Geeignete Konstruktionen können verhindern, dass das Wasser langfristig auf das Holz einwirken und aufgenommen werden kann.

Die Verhinderung der Wasseraufnahme beim Holz

Der Kontakt mit wasserhaltigen Stoffen, wie z. B. Mauerwerk ist auf jeden Fall zu vermeiden. Sperr- und Trennschichten können die Ausbreitung der Flüssigkeit im Holz stoppen.

Ein Kontakt zum Erdreich muss vermieden werden. Hier ist auf einen genügend großen Abstand vom Untergrund zu achten, denn selbst das Spritzwasser kann dem Holz gefährlich werden. Je nach Untergrund ist ein Abstand bis zu 30 cm vom Erdreich einzuhalten. Dies gilt besonders für humushaltige Böden, denn die dort vorhandenen Mikroorganismen beschleunigen die Zerstörung des Holzes noch mehr.

Aber auch Außenverschalungen müssen deshalb immer einen ausreichenden Abstand zum Boden haben.

Durch fachgerechte Konstruktionen kann ein sehr guter Holzschutz erreicht werden. So ist z. B. bei quer liegenden Schalungsbrettern darauf zu achten, dass die Nut unten liegt. Das Wasser kann dann nicht in den Fugen stehen bleiben.

Konstruktive Maßnahmen zur Verhinderung der Wasseraufnahme

Die Wasserableitung

Es kann nicht immer vermieden werden, dass Wasser mit Holz in Berührung kommt. Um so wichtiger ist es, dass es schnell ablaufen kann.
Regen muss bei Fenstern durch eine Regenschutzschiene abgeleitet werden. Die Holzteile werden so vor Feuchtigkeit geschützt.
Bei Haustüren geschieht dies durch einen **Wetterschenkel**. Natürlich ist auch hier darauf zu achten, dass das Wasser nicht in Fugen und Ritzen eindringen kann und durch Luftzirkulation schnell austrocknen kann.

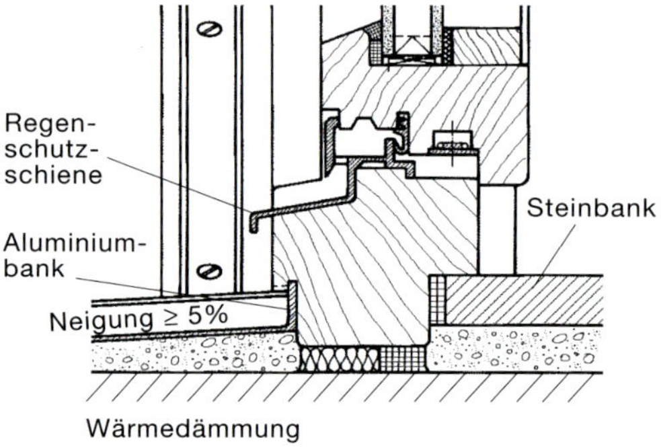

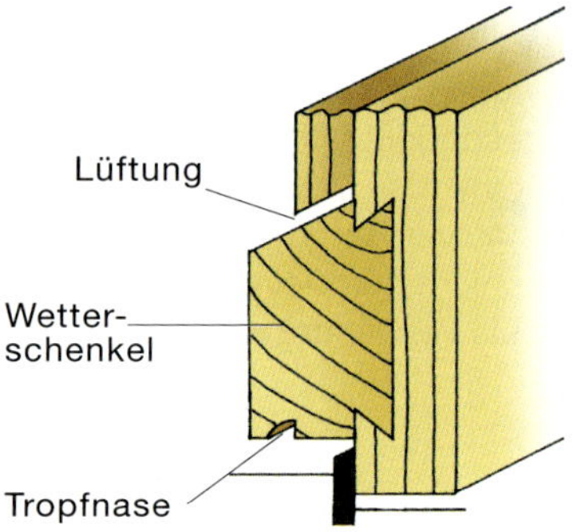

Konstruktive Maßnahmen zur Wasserableitung

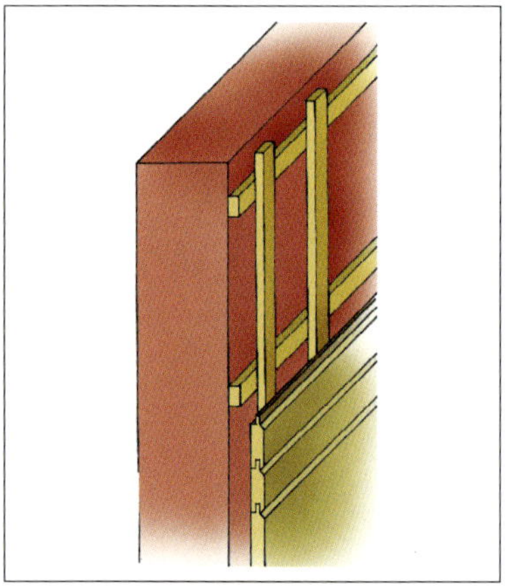

Lattengerüst mit Verschalung

Die Hinterlüftung

Bewegte Luft kann Feuchtigkeit aufnehmen und transportieren. Deshalb werden Verschalungen nicht direkt auf dem Untergrund befestigt, sondern z. B. auf ein Lattengerüst. Ein luftdurchströmter Zwischenraum sorgt für die nötige Belüftung.
Auch in Innenräumen kann es zu Pilzbefall kommen. Hänge- und Einbauschränke sollen deshalb immer genügend Abstand zur Mauer haben. Diese Hinterlüftung muss auch bei der Planung der Möbel bedacht werden. Rückwände müssen soweit zurückgesetzt werden, dass die Luft ungehindert durchfließen kann.

Aufgaben

1. *Welche Bedingungen müssen für die Zerstörung des Holzes durch Schädlinge gegeben sein?*
2. *Nennen Sie Hölzer mit hoher Witterungsbeständigkeit. Verwenden Sie dazu auch die Tabelle des Kapitels 3.7.*
3. *Welcher Bereich des Holzes ist besonders gefährdet?*
4. *Beschreiben Sie die Prinzipien des konstruktiven Holzschutzes.*
5. *Skizzieren Sie die fachliche Anordnung querliegender Schalungsbretter.*
6. *Skizzieren Sie den Querschnitt eines Balkonbrettes. Achten Sie hier besonders auf den konstruktiven Holzschutz.*
7. *Zaunlatten sind der Witterung ausgesetzt. Schlagen Sie eine geeignete Form vor.*

3.7 Wichtige europäische und außereuropäische Holzarten

Welche Holzart ist für ein Schneidebrett geeignet?

Die Holzart ist je nach Verwendungszweck zu bestimmen. Die Auswahlkriterien werden durch eine Vielzahl von Faktoren festgelegt, deshalb ist das Material sorgfältig zu wählen.
So unterscheiden sich die Holzarten nicht nur in Farbe und Aussehen, sondern auch hinsichtlich physikalischer und chemischer Eigenschaften.

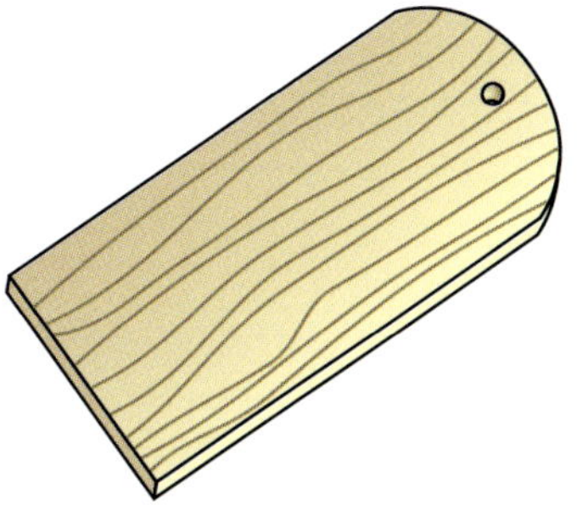

Welche Anforderungen werden an ein Schneidebrett gestellt?

Welche Holzsorte kann diese Anforderungen erfüllen?

Die Holzarten lassen sich in **Laub**- (LH) und **Nadelhölzer** (NH) unterteilen. Außerdem kann nochmals zwischen europäischen und außereuropäischen Arten unterschieden werden. Die Eigenschaften der Hölzer hängen von verschiedenen Faktoren ab, z. B. von der Rohdichte, von den eingelagerten Inhaltsstoffen, von der Art der Holzzellen usw.

3.7.1 Europäische Nadelhölzer

Tanne

Fichte

Siehe EN-Norm Holzarten im Anhang

Holzart (Kurzzeichen)	Rohdichte in g/cm³	Eigenschaften/Verwendung	Aussehen/Farbe
Tanne **ABAL, EU** (TA)	0,45	gute mechanische Eigenschaften; nicht dauerhaft; gut bearbeitbar; Bau- und Konstruktionsholz; Mittellagen- und Blindholz; Sperrholz	Splint: hell; Kern: hell; deutliche Jahresringe Spätholz markant; prägnante Textur; harzfrei
Fichte **PCAB, EU** (FI)	0,47	gute mechanische Eigenschaften; nicht dauerhaft; gut bearbeitbar; Bau- und Konstruktionsholz; Mittellagen- und Blindholz; Sperrholz	Splint: hell; Kern: hell; deutliche Jahresringe; Textur durch dunkle Jahresringe markiert; harzig

Kiefer

Lärche

Eibe

Holzart (Kurzzeichen)	Rohdichte in g/cm³	Eigenschaften/Verwendung	Aussehen/Farbe
Kiefer PNSY, EU (KI)	0,52	befriedigende mechanische Eigenschaften; mittelhart; nicht dauerhaft; leicht bearbeitbar; anfällig für Bläuepilze; hoher Harzgehalt; Tür- und Fensterrahmen; Bauholz	Splint: hellgelb; Kern: rötlichbraun; Spätholz markant; Jahresringe gut erkennbar; hervorgehobene Textur
Lärche LADC, EU (LA)	0,59	gute mechanische Eigenschaften; hart; dauerhaft; leicht bearbeitbar; Fenster; Treppen; Fussböden; Parkett	Splint: hell; Kern: rotbraun; Jahresringe gut erkennbar; Spätholz markant; prägnant hervorgehobene Textur
Eibe TXBC, EU (EIB)	0,66	gute mechanische Eigenschaften; hart; schwer; keine Harzkanäle; leicht bearbeitbar; Furniere; Drechsel- und Schnitzholz	Splint: hellgelb; Kern: rötlich, stark nachdunkelnd; schmales Spätholz; Jahresringe erkennbar; zurückhaltende Textur

3.7.2 Europäische Laubhölzer

Ahorn

Buche

Eiche

Esche

Holzart (Kurzzeichen)	Rohdichte in g/cm³	Eigenschaften/Verwendung	Aussehen/Farbe
Ahorn **ACPS, EU** (Bergahorn) **ACPL, EU** (Spitzahorn) (AH)	0,63	gute mechanische Eigenschaften; hart; nicht dauerhaft; leicht bearbeitbar; Möbel; Parkett; Tischplatten; Küchengeräte	Splint: hell; Kern: hell; Jahresringe erkennbar; Textur lebhaft hervortretend
Buche **FASY, EU** (BU)	0,72	gute mechanische Eigenschaften; hart; zäh; nicht dauerhaft; leicht bearbeitbar; Parkett; Furnierholz; Möbel; Küchengeräte	Splint: hell bis rotbraun; Kern: hell bis rotbraun; Jahresringe deutlich erkennbar; Textur deutlich hervortretend
Eiche **QCXE, EU** (EI)	0,69	sehr gute mechanische Eigenschaften; sehr hart; gute Biegeeigenschaften; sehr dauerhaft; leicht bearbeitbar; Möbel; Furniere; Bauholz; Schiffsbau	Splint: hell; Kern: gelbbraun bis dunkelbraun; Jahresringe gut erkennbar; prägnante Textur durch Poren im Frühholz
Esche **FXEX, EU** (ES)	0,69	sehr gute mechanische Eigenschaften; hart; sehr elastisch; biegsam; dauerhaft; leicht bearbeitbar; Möbel; Innenausbau; Drechselarbeiten	Splint: hell; Kernholz: blass rötlich; Jahresringe deutlich erkennbar; prägnant hervortretende Textur durch breite Frühholzporen

Nussbaum

Birnbaum

Kirschbaum

Linde

Holzart (Kurzzeichen)	Rohdichte in g/cm³	Eigenschaften/Verwendung	Aussehen/Farbe
Nussbaum JGRG, EU (NB)	0,66	gute mechanische Eigenschaften; hart; zäh; gute Biegeeigenschaften; mäßig dauerhaft; leicht bearbeitbar; Möbel; Stühle; Parkett	Splint: hell; Kern: graubraun bis dunkelbraun; Jahresringe deutlich erkennbar; Textur kann durch dunkle Streifen ausgeprägt sein
Birnbaum PYCM, EU (BB)	0,75	gute mechanische Eigenschaften; mäßig dauerhaft; leicht bearbeitbar; Möbel; Musikinstrumente; Drechselarbeiten	Splint: hell; Kernholz: rötlichbraun; Jahresringe erkennbar; Textur wenig ausgeprägt; fein
Kirschbaum PRAV, EU (KB)	0,60	gute mechanische Eigenschaften; mäßig dauerhaft; leicht bearbeit-Möbel; Furniere; Intarsien; Schnitzarbeiten	Splint: hell; Kern: gelbbraun, später rotbraun; Jahresringe erkennbar, Textur mäßig hervortretend
Linde TIXX, EU (LI)	0,53	gute mechanische Eigenschaften; schlechte Biegeeigenschaften; nicht dauerhaft; leicht bearbeitbar; Drechsler- und Schnitzerarbeiten	Splint: hell; Kern: hell; Jahresringe sichtbar, Textur wenig hervortretend; fein

Ulme **Birke**

Holzart (Kurzzeichen)	Rohdichte in g/cm³	Eigenschaften/Verwendung	Aussehen/Farbe
Ulme oder Rüster **ULMI, EU** (RU)	0,68	gute mechanische Eigenschaften; zäh; gute Biegeeigenschaften; nicht dauerhaft; leicht bearbeitbar; Möbel; Furniere; Parkett	Splint: hell; Kern: gelbbraun bis rötlichbraun; Jahresringe deutlich sichtbar; Textur ausgeprägt
Birke **BEPU, EU** (BI)	0,65	gute mechanische Eigenschaften; hart; zäh; gute Biegeeigenschaften; nicht dauerhaft; leicht bearbeitbar; Parkett; Sperrholz; Furniere	Splint: hell; Kern: hell; Jahresringe erkennbar; Textur prägnant hervortretend; mittel bis fein

3.7.3 Außereuropäische Holzarten

Douglasie **Hemlock**

Holzart (Kurzzeichen)	Rohdichte in g/cm³	Eigenschaften/Verwendung	Aussehen/Farbe
Außereuropäische Nadelhölzer			
Douglasie **PSMN, AM** (DGA)	0,51	gute mechanische Eigenschaften; hart; mäßig dauerhaft; leicht bearbeitbar; Innenausbau, Parkett; Sperrholz	Splint: hell; Kern: rötlichbraun; Spätholz prägnant; Jahresringe gut gut erkennbar; auffällige Textur
Hemlock **TSHT, AM** (HEM)	0,47	befriedigende mechanische Eigenschaften; weich; nicht dauerhaft; leicht bearbeitbar; Innenausbau; Saunabau	Splint: gelblichgrau; Kern: gelblichbraun; Jahresringe gut erkennbar; feine Textur

Pitch pine

Abachi

Mahagoni

Palisander

Holzart (Kurzzeichen)	Rohdichte in g/cm³	Eigenschaften/Verwendung	Aussehen/Farbe
Pitch pine **PNPL, AM** (PIP)	0,58	gute mechanische Eigenschaften; hart; mäßig dauerhaft; leicht bearbeitbar; Innenausbau; Außenverkleidungen; Fußböden	Splint: gelblichweiß; Kern: gelblichbraun; Jahresringe gut erkennbar; auffällige Textur
Außereuropäische Laubhölzer			
Abachi **TRSC, AF** (ABA)	0,38	geringe mechanische Eigenschaften; weich; leicht; nicht dauerhaft; sehr leicht bearbeitbar; Sperrholz; Nadelholzersatz	Splint: hellgelb; Kern: hellgelb; verschieden breite Zuwachszonen; ebenmäßige Textur; ohne deutlichen Farbkern
Mahagoni echtes **SWMC, AM** (MAE)	0,54	gute mechanische Eigenschaften; hart; sehr dauerhaft; leicht bearbeitbar; hochwertige Möbel; Innenausbau; Schiffsbau	Splint: gelblichbraun; Kern: gelblichbraun bis dunkelrotbraun; glänzend; feine Textur
Palisander ostindischer **DLLT, AS** (POS) **Rio-** **DLNG, AM** (PRO)	0,86	gute mechanische Eigenschaften; hart; sehr dauerhaft; gut bearbeitbar; Möbel; dekorativer Innenausbau	Splint schmal und hell; Kern purpurrot bis dunkelviolett; mäßig bis grobe Textur

Ramin

Sapelli

Teak

Wenge

Holzart (Kurzzeichen)	Rohdichte in g/cm³	Eigenschaften/Verwendung	Aussehen/Farbe
Ramin GYBN, AS (RAM)	0,66	gute mechanische Eigenschaften; mäßig hart; nicht dauerhaft; leicht bearbeitbar; Parkett; Sperrholz; Möbel	Splint: hell-gelblich bis hellbraun; Kern: hell-gelblich bis hellbraun; feine Textur
Sapelli ENCY, AF (MAS)	0,63	befriedigende mechanische Eigenschaften; hart; schwer; mäßig bearbeitbar; Möbel; Parkett; Innenausbau	Splint: hell; Kern: dunkelbraun; glänzend; geringe Textur
Teak TEGR, AS (TEK)	0,64	sehr gute mechanische Eigenschaften; hart; sehr dauerhaft; leicht bearbeitbar; Schiffsbau; Möbel; Gartenmöbel	Splint: hell; Kern: braun; glänzend; deutliche Textur
Wenge MTLR, AF (WEN)	0,90	gute mechanische Eigenschaften; schwer; hart; dauerhaft; schwierig bearbeitbar; Parkett; Möbel; Furniere	Splint: hell; Kern: dunkel; fast schwarz mit helleren Streifen; ausgeprägte Textur

Außereuropäische Hölzer, hier besonders die Tropenhölzer, haben stark an Bedeutung verloren. In letzter Zeit werden sie aber wieder vermehrt verwendet. Dies liegt zum einen am abnehmenden Umweltbewusstsein der Bevölkerung und zum anderen stehen auch Tropenhölzer aus Plantagen zur Verfügung. Der Raubbau an der Natur wird dadurch vermindert.

4 Vollholz – Der Werkstoff für den Tischler

4.1 Handelsformen des Holzes

Welche Teile des Baumes werden zu Möbelholz?

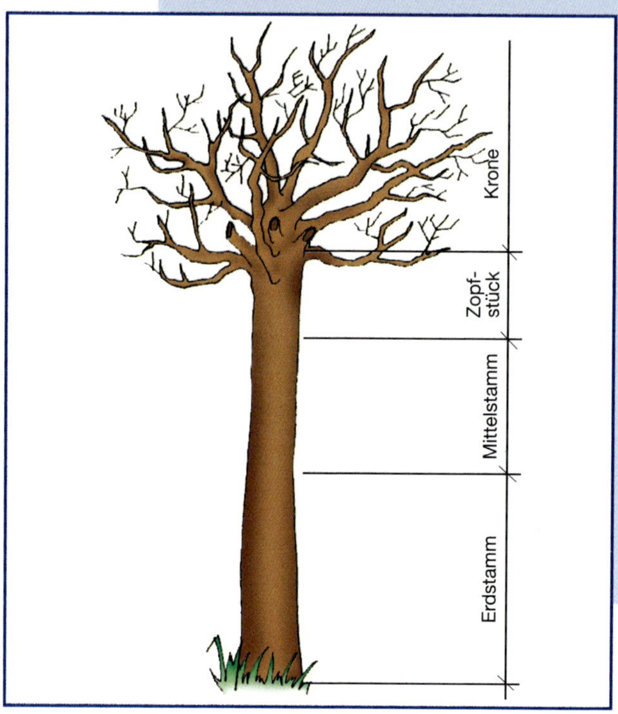

Holz kommt in verschiedenster Form in den Handel. Ob es nun als Furnier, Leiste, Brett oder Bohle angeboten wird, immer wird das gleiche Ausgangsmaterial verwendet, nämlich das Holz eines Baumes. Nur sehr selten werden die Äste dem Tischler als Nutzholz dienen. Das Nutzholz wird hauptsächlich aus dem Stamm gewonnen. Doch auch nicht alle Teile eines Stammes sind gleichermaßen gut zu verwenden.

Wodurch unterscheidet sich der Erdstamm vom Zopfstück?

Welche Rolle spielen Güte- und Schnittklassen?

Auf welche Art und Weise kann ein Stamm aufgeteilt und eingeschnitten werden?

4.1.1 Vom Baum zum Schnittholz

Die vom Waldbauern bzw. Förster für den Einschlag freigegebenen Bäume werden von den Waldarbeitern mit der Motorkettensäge gefällt und anschließend entastet. In großen Forstämtern kommen auch Rodungsmaschinen zum Einsatz. Hier werden die Bäume von einem Greifer erfasst und festgehalten, dann gefällt und von derselben Maschine entastet und entrindet.

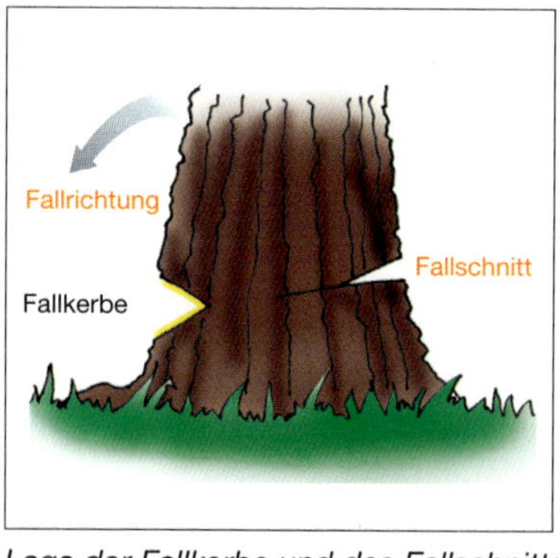

Lage der Fallkerbe und des Fallschnitts

Entastete Bäume werden auf einem trockenen Lagerplatz gelagert. Je nach Baumform und Holzqualität wird vom Waldbauern und dem Holzhändler die weitere Verwendung bestimmt.

- Der **Erdstamm** ist zur Furnierherstellung und auch als Blockware gut geeignet, da dieser astfrei ist und auf Grund des Querschnitts eine gute Ausbeute garantiert.
- Der **Mittelstamm** wird hauptsächlich zu Kanthölzern, Bohlen oder Brettern verarbeitet.
- Das astige **Zopfstück** findet als Bauschnittholz oder Papierholz Verwendung.
- Das Holz der **Krone** dient meist als Brennmaterial; bei hochwertigen Hölzern und guter Qualität wird es auch als Nutzholz verwendet.

Ökologische Ansätze des Holzeinschlages

Schone die Umwelt

Mittlerweile wird, auf ökologischen Prinzipien aufbauend, den Jahrhunderte alten Erfahrungen des Holzeinschlages mehr Aufmerksamkeit geschenkt. Es wird auf den Einschlagzeitpunkt und die richtige Lagerung der gefällten Bäume geachtet. Der ideale Einschlagzeitpunkt ist der Winter. Zum einen ist der Baum in dieser Zeit nicht saftführend, wodurch das Holz später weniger reißt, zum anderen ist die Gefahr des Insekten- und Pilzbefalls nach dem Einschlag auf Grund der kalten Witterung sehr gering. Auch die schweren Transportmaschinen können den gefrorenen Boden nicht verdichten und sind somit keine Gefahr für das empfindliche Ökosystem Waldboden.

4.1.2 Güteklassen des Holzes

Da jeder Baum andere Wachstumsvoraussetzungen hat, ist auch die Qualität der Stämme unterschiedlich. Vor Ort werden die Bäume für ihre spätere Verwendung eingeteilt. Zur einfacheren Bestimmung und zur Ermittlung des Preises wird das Holz nach dem Einschlag klassifiziert.

Güteklasse	Anforderungen
A	Gesundes Holz mit ausgezeichneten Arteigenschaften, das in seiner Verwendung nicht beeinträchtigt ist.
B	Holz von normaler Qualität mit einem oder mehreren Fehlern: schwache Krümmung oder leichter Drehwuchs, leicht exzentrischer Kern, geringe Anzahl an kranken dünnen Ästen.
C	Holz, das aufgrund seiner Qualität nicht mehr den Güteklassen A und B zugeordnet werden kann, jedoch noch gewerblich verwendet werden kann.
D	Holz, das den anderen Güteklassen nicht mehr zugeordnet werden kann, aber zu mindestens 40 % noch gewerblich genutzt werden kann.

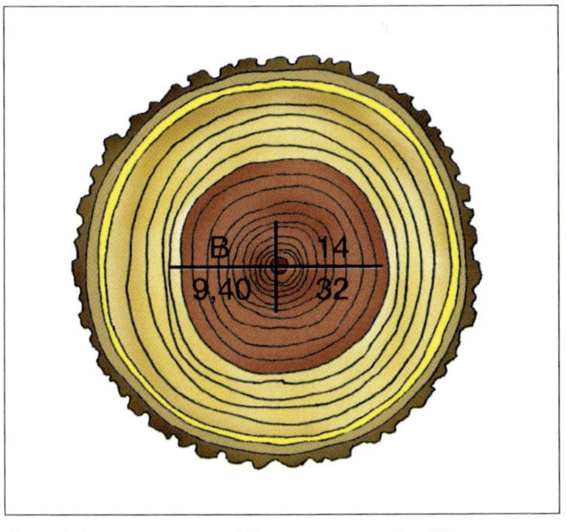

Bezeichnungen am Stammquerschnitt

Die Beschriftung des Stammes

Die eingeschlagenen Stämme werden noch am Fällplatz vermessen und beurteilt. Das Ergebnis wird am Stammquerschnitt festgehalten.

Bezeichnung	Bedeutung
B	Güteklasse
14	Stammnummer
9,40	Länge in m
32	mittlerer Durchmesser in cm

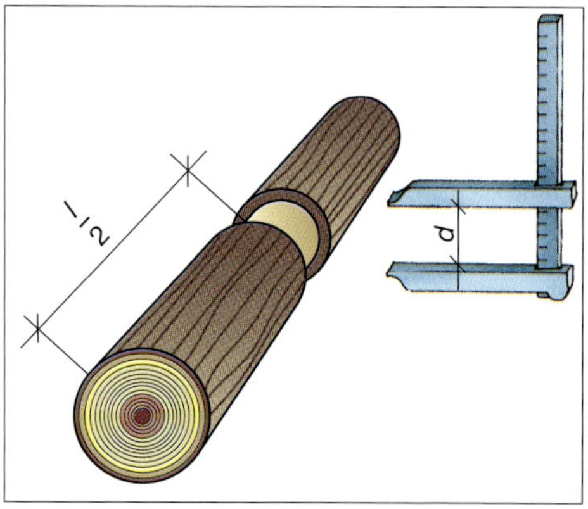

Messen mit der Kluppe

Die Bestimmung des Stammdurchmessers

Man bestimmt vor dem Einschnitt das Volumen des unbesäumten Schnittholzes. Daraus lässt sich dann der Preis eines Baumstammes berechnen. Um das Volumen bestimmen zu können, muss der Durchmesser bekannt sein.
Der Durchmesser eines Baumstammes wird an einer entrindeten Stelle in Stammmitte mithilfe einer Kluppe abgenommen. Es muss sich also rechnerisch wie auch messtechnisch ein Mittelwert ergeben, da das Zopfstück einen geringeren Durchmesser aufweist als das Stammende.
Bei Stammdurchmessern bis 20 cm wird nur einmal gekluppt; bei Durchmessern über 20 cm wird an derselben Stelle – um 90° gedreht – zweimal gekluppt.

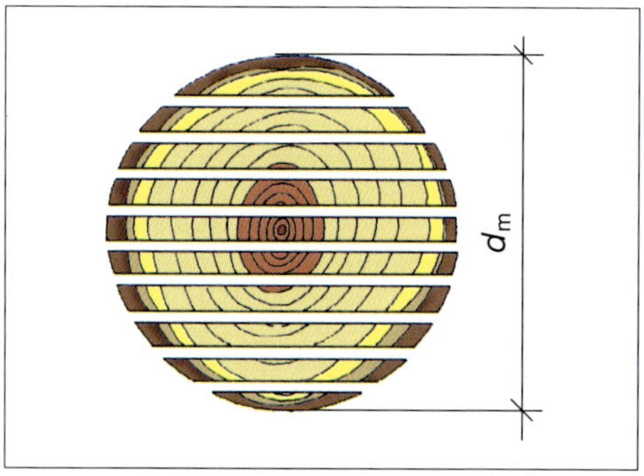

Mittlerer Stammdurchmesser d_m

Das Blockmaß

Unbesäumtes Schnittholz wird nach dem Aufschneiden wieder im Block gestapelt. Auch hier kann das erläuterte Messverfahren angewandt werden. Der Sägeverlust und die Schwarte werden mitgerechnet. Werden einzelne Bretter oder Bohlen aus dem Stamm entnommen, kann dieses vereinfachte Verfahren nicht mehr angenommen werden. Es muss jedes Brett oder jede Bohle vermessen und berechnet werden.

4.1.3 Berechnung des Stammvolumens

Da ein Holzstamm die Form eines Kegelstumpfes aufweist, lässt sich sein Volumen auch mit der Formel für Kegelstümpfe berechnen.

Am geschlagenen Stamm ist die Kegelform deutlich erkennbar

$$\text{Stammvolumen} = \frac{(\text{mittlerer Stammdurchmesser})^2 \cdot \pi}{4} \cdot \text{Stammlänge}$$

$$V = \frac{d_m^{\,2} \cdot \pi}{4} \cdot l$$

V Stammvolumen; d_m mittlerer Stammdurchmesser; l Stammlänge

Ist der Stammdurchmesser größer als 20 cm, muss der mittlere Stammdurchmesser zweimal gemessen werden und ist dann folgendermaßen zu berechnen:

$$d_m = \frac{d_{m1} + d_{m2}}{2}$$

d_m mittlerer Stammdurchmesser
d_{m1} mittlerer Stammdurchmesser (Messung 1)
d_{m2} mittlerer Stammdurchmesser (Messung 2)

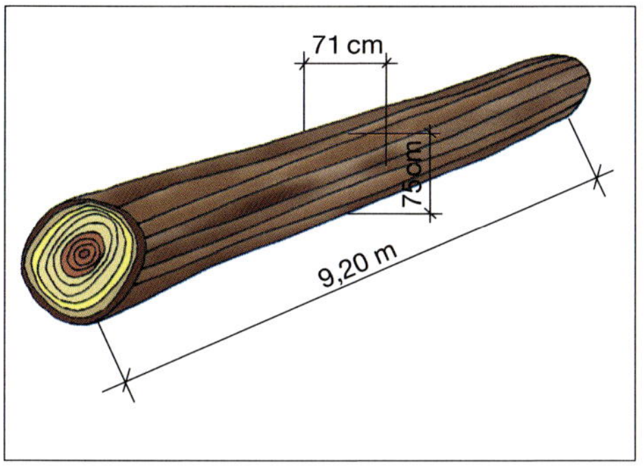

Beispiel

Berechnung

Bei einem eingeschlagenen Baum wurde eine nutzbare Stammlänge von 9,20 m bestimmt. Der Stammdurchmesser wurde an der Baummitte mit 71 cm und 75 cm gemessen. Der Preis/m³ wird mit 634,00 EUR festgesetzt.

Gegeben: d_{m1} = 71 cm; d_{m2} = 75 cm; l = 9,20 m, Preis/m³ = 634,00 EUR

Gesucht: Volumen V und der Preis des Baumstammes

Lösung

$$d_m = \frac{d_{m1} + d_{m2}}{2}$$

$$d_m = \frac{0{,}71\text{ m} + 0{,}75\text{ m}}{2};\quad d_m = 0{,}73\text{ m}$$

$$V = \frac{d_m^{\,2} \cdot \pi}{4} \cdot l$$

$$V = \frac{(0{,}73\text{ m})^2 \cdot \pi}{4} \cdot 9{,}20\text{ m};\quad V = 3{,}851\text{ m}^3$$

$$\text{Preis des Baumstamms} = \frac{\text{Preis}}{\text{m}^3} \cdot V$$

$$\text{Preis des Baumstamms} = \frac{634{,}00\text{ EUR}}{\text{m}^3} \cdot 3{,}851\text{ m}^3$$

Preis des Baumstamms = <u>2 441,53 EUR</u>

Aufgaben

1. *Bestimmen Sie das Volumen eines Ahornstammes, dessen mittlere Durchmesser mit 67 cm und 70 cm und dessen Länge mit 4,20 m gemessen wurde.*
2. *Ein Fichtenstamm mit einer Länge von 4,60 m hat eine mittlere Dicke von 19 cm. Berechnen Sie das Volumen und den Preis, wenn der m³ Fichtenholz 1 130,50 EUR kostet.*
3. *Die Länge eines astfreien Eichenstammes mit einem Volumen von 2,745 m³ und den mittleren Durchmessern von 56 cm bzw. 61 cm ist zu berechnen!*

4.1.4 Einschnittarten von Schnittholz

Was muss der Sägewerker beim Einschneiden eines Baumstammes beachten?

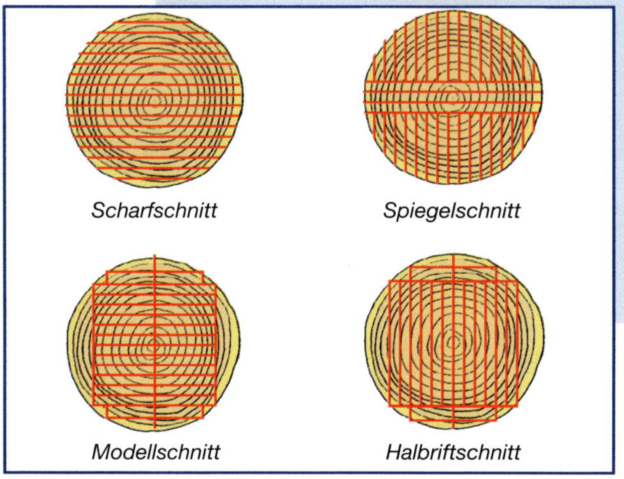

Bäume müssen jahrzehntelang wachsen, bis der Mensch sie schließlich als Nutzholz verwenden kann. Um den Verschnitt beim Einschneiden dieses wertvollen Rohstoffs möglichst gering zu halten, ist es besonders wichtig, die Aufteilung des Stammes gewissenhaft durchzuführen.

Welche Einteilung sorgt für die beste Ergiebigkeit eines Stammes?

Weitere Hinweise siehe Kapitel 3.3.1

Der Einschnitt wird je nach Verwendungszweck des Holzes geplant. Dabei spielen der Faserverlauf und die gewünschten Querschnitte eine Rolle. Das Schwund- und Quellmaß ist in Richtung der Jahresringe am größten. Deshalb bevorzugt der Tischler Bretter und Bohlen mit stehenden Jahresringen, denn hier ist der Einfluss auf die Längenänderung des Holzes am geringsten.
Da aber nur Kernbretter diese Eigenschaft aufweisen, muss der Sägewerker die Aufteilung geschickt vornehmen und den Stamm im Spiegelschnitt aufteilen.
Zahlreiche Sägewerke verfügen nur über Gattersägen. Daher werden die Bäume sehr häufig im Scharfschnitt aufgeteilt. Bei dieser kostengünstigen, da wenig zeitaufwendigen Einschnittsart erhält man aber sehr viele Bretter mit liegenden Jahresringen.
Bei anderen Einschnittarten, wie z. B. dem Spiegelschnitt, erhält man beinahe nur Schnittware mit stehenden Jahresringen. Hier sind jedoch mehrere Schnittvorgänge notwendig, was zur Verteuerung der Schnittware führt.

4.1.5 Sägewerksmaschinen

Welche Arbeiten müssen durchgeführt werden, damit Bäume zu Bohlen und Brettern werden?

Bäume haben unterschiedliche Längen und Stammdurchmesser. Damit der Tischler sie verarbeiten kann, müssen sie aufgeteilt werden.

Welche Beschaffenheit müssen Maschinen haben, damit sie die unterschiedlich großen Bäume auf gleiche Dicke sägen können?

Welche verschiedenen Maschinentypen stehen hier zur Verfügung?

Die Blockbandsäge

Bei dieser Sägewerksmaschine läuft ein endloses Sägeblatt über zwei Rollen. Das Sägegut wird hierbei auf einen Schiebeschlitten aufgespannt; es kann immer nur ein Trennschnitt durchgeführt werden.
Werden mehrere Blockbandsägemaschinen nebeneinander oder hintereinander aufgebaut, so lassen sich auch mit dieser Maschine in einem Arbeitsgang mehrere Bretter, Bohlen etc. aus dem Stamm schneiden.

Aufgrund seiner Bauart wird die Blockbandsäge zum Auftrennen sehr wertvoller oder aber auch sehr dicker Stämme verwendet.

Die Schnittqualität wird durch die Vorschubgeschwindigkeit und die Schnittgeschwindigkeit des Sägeblattes bestimmt.
Der Mechanismus dieser Maschine ist einfach, der Platzbedarf gering.

Blockbandsäge

Die Gattersägemaschine

In dieser Maschine sind viele Sägeblätter nebeneinander eingespannt und bewegen sich vertikal. Auf diese Weise kann in einem Arbeitsgang der gesamte Stamm aufgetrennt werden. Der Abstand der Sägeblätter kann beliebig verändert werden.
Beim Mittelgatter ist nur ein Sägeblatt in der Mitte eingespannt, um einen Baumstamm zu halbieren. Sind die Sägeblätter nur an der Seite angebracht, können die Baumstämme mit diesem sog. Schwartengatter in Blöcke geschnitten werden.
Die Sägeblätter schneiden nur in der Abwärtsbewegung. In der Aufwärtsbewegung wird der Schwingrahmen zurückgezogen und gleichzeitig nach oben bewegt. Neben einer guten Vorschubleistung ermöglicht dieses Verfahren eine gleichmäßige Spanabnahme pro Zahn. Damit geht eine gute Hubausnutzung bei einer rückschnittsfreien Aufwärtsbewegung der Sägeblätter einher.

Gattersägemaschine

Kreissägemaschine

Die Kreissägemaschine

Im Sägewerkbetrieb stehen sowohl einblättrige als auch mehrblättrige Kreissägemaschinen zur Auswahl.
Zwei Sägeblattaggregate liegen sich jeweils gegenüber. Jedes Aggregat besteht wiederum aus einer oberen und einer unteren Welleneinheit. Damit kann der Baumstamm im Ober- bzw. Unterschnitt aufgetrennt werden.
Die Kreissägeblätter werden mit Flanschen auf den Sägeblattwellen befestigt. Es können wie bei der Gattersägemaschine mehrere Sägeblätter eingespannt werden. Auch diese Maschine kann einen Baumstamm in einem Arbeitsgang auftrennen. Es sind aber auch einstielige Schnitte möglich. Die Kreissägemaschine wird zum Aufschneiden von Bohlen, Modell- und Kantholz genutzt.
Bei Sägeblattdurchmessern von 600 mm bis 1 200 mm ist mit der Keissägemaschine eine 3–5fache Schnittleistung der Gattersägemaschine zu erreichen.

4.1.6 Handelsformen des Schnittholzes

Schnittholz wird durch Auftrennen von Baumstämmen im Sägewerk hergestellt.
Arten von Schnittholz sind:

- **Balken**
- **Kanthölzer**
- **Latten**
- **Bretter und Bohlen**

Je nach Einschnittverfahren unterscheidet man Blockware und besäumte Ware:

Blockware	***Besäumte Ware***
(nur Bretter und Bohlen) Dabei wird der Stamm parallel aufgetrennt. Der Rundholz-„Block“ bleibt erhalten. Die Seiten werden *nicht* geschnitten, sie sind „unbesäumt“.	(alle Arten der Schnitthölzer) Dabei werden *alle* Seiten der Hölzer „mit der Säge“ geschnitten. Sie sind „besäumt“
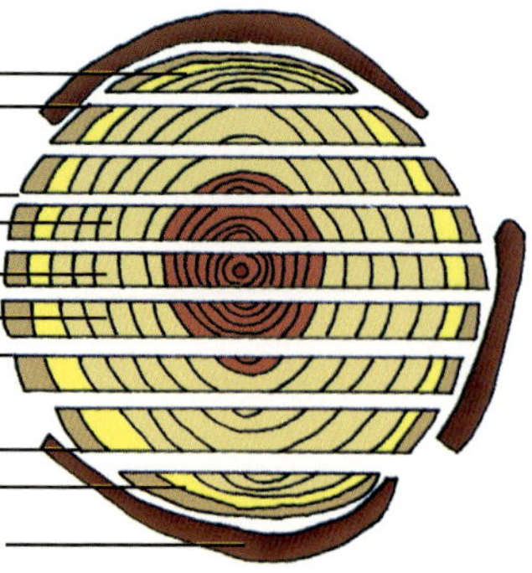	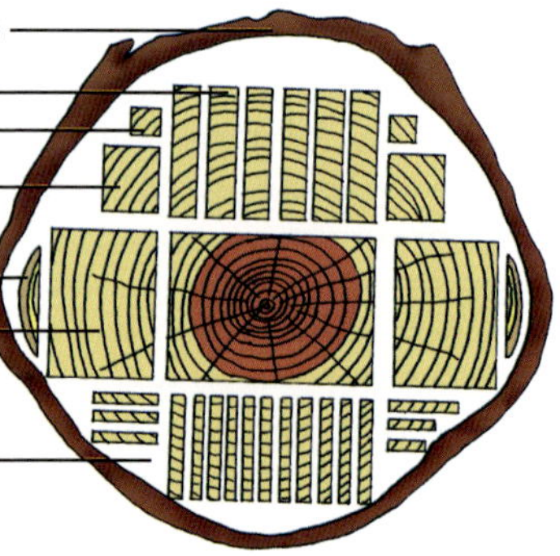
Nach *Lage* im „Block“ unterteilt man Bretter bzw. Bohlen in: Kernbrett oder -bohle Mittelbrett oder -bohle Seitenbrett oder -bohle, Schwarte	Nach den *Abmessungen* bezeichnet man die Hölzer als: Balken, Kanthölzer, Latten, Bohlen, Bretter

Der Stamm wird nach dem Einschnitt in seiner ursprünglichen Form gestapelt. Da sich Holz in seiner Farbe und Eigenschaft auch innerhalb der Holzsorten unterscheiden kann, ist hier eine genaue Sortierung besonders wichtig.
Die schlichten **Mittel**- und **Kernbretter** sowie die fladrigen **Seitenbretter** weisen dann die gleiche Farbe und Struktur auf. Möbel sollten deshalb aus dem Holz eines Stammes gefertigt werden, sofern dieser ausreichend Material liefert. Die **Schwarte** des Baumes wird nicht verarbeitet.

Die dem Kern zugewandte Seite wird als „**rechte Seite**" eines Brettes bzw. einer Bohle bezeichnet. Sie wird rund, weil sich beim Trocknen die Holzfasern zusammenziehen.

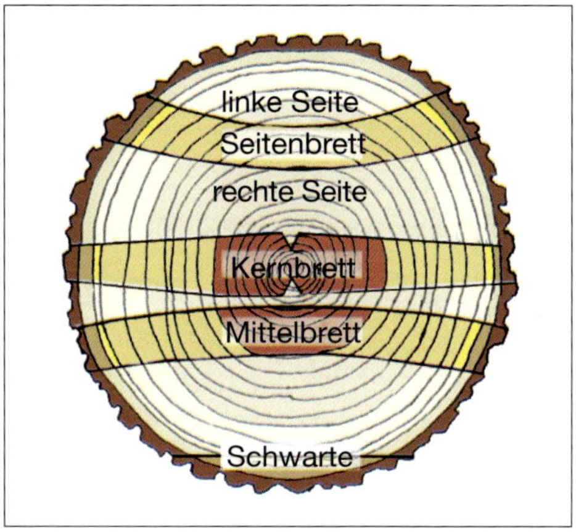

Sortierung eines Stammes

Dieser Zusammenhang lässt sich leicht merken: K**er**nseite – **r**echte Seite – **r**unde Seite. Dementsprechend wird die linke Seite hohl.
Das Kernbrett bleibt weitgehend gerade. Es schwindet aber in der Breite und der Dicke. Oft stellen sich auch Risse zum Kern hin ein. In der Regel wird zum Einschnitt die Baumrinde nicht entfernt. Das Brett bleibt **unbesäumt**. Auf besonderen Wunsch wird die Baumkante auch entfernt. Die Ware bleibt entweder konisch oder wird parallel geschnitten.

Die Definition der Schnittware

Das Querschnittmaß einer **Latte** darf 32 cm² nicht übersteigen. Die größte Querschnittsseite darf max. 80 mm betragen. Latten sind i. d. R. rechteckig.
Schnittholz bis zu einer Dicke von 40 mm, welches eine Breite von über 80 mm aufweist, wird als **Brett** bezeichnet. Von einer **Bohle** spricht man, wenn die Schnittware dicker als 40 mm ist und dabei die Breite mindestens das Dreifache der Dicke beträgt.
Kanthölzer sind quadratisch oder rechteckig und haben eine Mindestbreite von 40 mm. Die größere Querschnittsseite darf höchstens das Dreifache der kleineren Querschnittseite betragen, max. 180 mm.

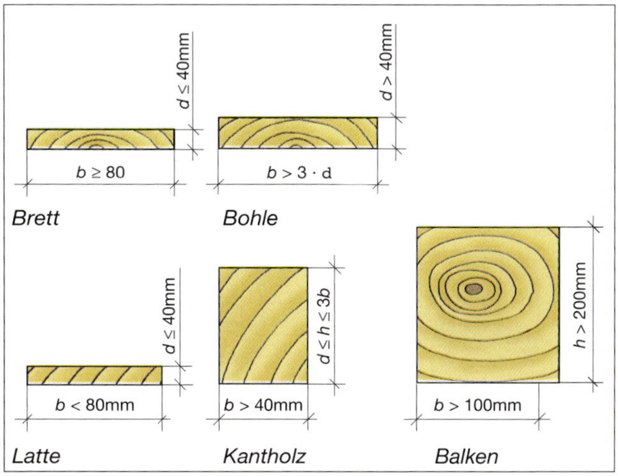

Balken sind quadratische oder rechteckige Schnittware, dessen kleinere Querschnittsseite mindestens 100 mm und dessen größere Querschnittsseite mindestens 200 mm beträgt.

Es werden aber nur bestimmte Holzdicken zugeschnitten. Diese sind in einer Norm geregelt, wobei hier wieder zwischen Laub- und Nadelhölzern unterschieden wird.

Die Normdicke von ungehobelten Laub- und Nadelhölzern

	Laubhölzer		Nadelhölzer	
	Brett	**Bohle**	**Brett**	**Bohlen**
Dicke in mm	18/20/26/30/35	45/50/55/60/65/ 70/75/80/90/100	16/18/22/24/28/38	44/48/50/63/70/ 75

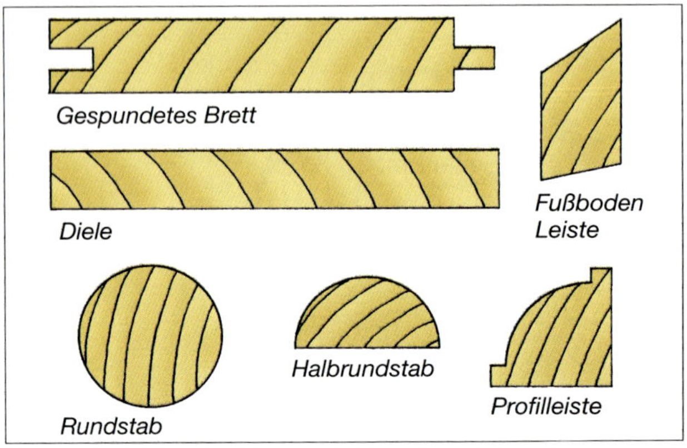

Halbfertigwaren

Viele Tischler verarbeiten Produkte, die sie nicht selbst herstellen. Bretter für Wand- und Deckenverkleidungen, Parkett für Fußbodenbeläge, aber auch Türen und Fenster von Großherstellern. Da viele Halbfertigwaren einer Normung unterliegen, stellt die Planung und der Einbau auch ohne eigene Fertigung für den Verarbeiter kein Problem dar.
Aber auch Profilstäbe, Rund- und Halbrundstäbe sind Halbfertigwaren und werden vom Tischler zugekauft. Die Herstellung dieser Artikel ist meist mit einer aufwändigen Maschinen- und Werkzeugausstattung verbunden und deshalb für viele Tischler unwirtschaftlich. Dies gilt vor allem dann, wenn die Produkte nur selten verarbeitet werden.

4.1.7 Gütesortierung des Schnittholzes

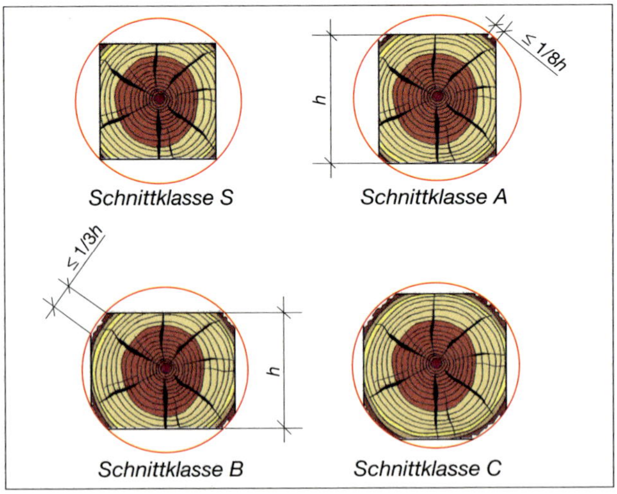

Die Gütesortierung nach Schnittklassen

Sind nicht alle vier Seitenflächen eines Schnittholzes vollständig beschnitten, bleibt die Wald- oder Baumkante stehen. Die Qualität der Ware nimmt mit Größe der Baumkante ab. Die Tragfähigkeit des Holzes wird durch die vorhandene Baumkante kaum beeinflusst. Aber die Auflagerfläche verringert sich und bei Anschlüssen ergeben sich Schwierigkeiten, diese einwandfrei zu gestalten.
Das Schnittholz wird in vier **Schnittklassen** eingeteilt:
S = scharfkantig, **A** = vollkantig,
B = fehlkantig, **C** = sägegestreift

Die Sortier- und Güteklassen

Die Schnittware wird auch in Bezug auf ihre Eigenschaften sortiert und eingeteilt. Hier wird neben der schon erwähnten Baumkante auch die Astigkeit, die Jahresringbreite, die Faserneigung, evtl. vorhandene Risse, Krümmungen, Verfärbungen und der Befall durch tierische und pflanzliche Holzschädlinge in die Beurteilung mit einbezogen.
Die Einteilung erfolgt in Sortierklassen. Die Klasse S 7 bezeichnet Schnittholz mit geringer Tragfähigkeit, die Klasse S 10 Schnittholz mit üblicher Tragfähigkeit und die Klasse S 13 Schnittholz mit überdurchschnittlicher Tragfähigkeit.

Die Tragfähigkeit des Baurundholzes wird in drei Güteklassen eingeteilt:
- Güteklasse I besonders hohe Tragfähigkeit
- Güteklasse II gewöhnliche Tragfähigkeit
- Güteklasse III geringe Tragfähigkeit

4.1.8 Berechnung des Volumens von Kanthölzern und Balken

Kanthölzer und Balken haben die Form eines Quaders. Das Volumen eines Quaders lässt sich nach folgender Formel berechnen:

Volumen = Länge · Breite · Dicke

$$V = l \cdot b \cdot d$$

V Volumen; *l* Länge; *b* Breite; *d* Dicke

Beispiel

Berechnung

Welches Volumen (in dm^3) hat ein 3,20 m langes Kantholz mit dem Querschnitt von 60/120?

Gegeben: Länge l = 3,20 m = 32 dm
Breite b = 60 mm = 0,6 dm
Dicke d = 120 mm = 1,2 dm

Gesucht : Volumen V in dm^3

Lösung

$V = l \cdot b \cdot d$
$V = 32\ \text{dm} \cdot 0{,}6\ \text{dm} \cdot 1{,}2\ \text{dm}$
$V = \underline{\underline{23{,}04\ \text{dm}^3}}$

4.1.9 Umrechnung von m² in m³ bei Vollholz

Aus Bäumen werden meist Bretter oder Bohlen gleicher Dicke geschnitten.
Den Tischler interessiert, welche Fläche gleich dicker Bretter aus einem einzelnen Stamm gewonnen wird.

Dazu ist folgende Überlegung zu machen:
Legt man 1 000 Stück 1 m² große und 1 mm dicke Bretter übereinander, ergibt sich ein Holzvolumen von 1 m³. Bei Verwendung von 2 mm dicken Brettern genügen schon 500 Stück, um das Volumen 1 m³ zu erreichen.
Aus dieser Überlegung lässt sich schließen, dass man immer weniger Bretter benötigt, je dicker diese werden, um 1 m³ Volumen Holz zu bekommen.
Als Formel kann diese Aussage folgendermaßen ausgedrückt werden:

$$\text{Fläche in m}^2 = \frac{\text{Holzvolumen in m}^3 \cdot 1\,000\ \text{mm/m}}{\text{Holzdicke in mm}}$$

Wird diese Formel nach dem Holzvolumen umgestellt, ergibt sich folgende Formel:

$$\text{Holzvolumen in m}^3 = \frac{\text{Fläche in m}^2 \cdot \text{Holzdicke in mm}}{1\,000\ \text{mm/m}}$$

Beispiel 1 ***Berechnungen***

Bestimmen Sie die Fläche von 30 mm dicken Brettern, die aus einem Baumstamm von 7,4 m^3 gewonnen werden.
Gegeben: Holzvolumen = 5,1 m^3; Holzdicke = 30 mm
Gesucht: Fläche in m^2

Lösung

$$\text{Fläche in m}^2 = \frac{\text{Holzvolumen in m}^3 \cdot 1\,000\,\frac{\text{mm}}{\text{m}}}{\text{Holzdicke in mm}}$$

$$\text{Fläche in m}^2 = \frac{5{,}1\text{ m}^3 \cdot 1\,000\,\frac{\text{mm}}{\text{m}}}{30\text{ mm}}$$

$$\text{Fläche in m}^2 = \underline{\underline{170\text{ m}^2}}$$

Beispiel 2 Welches Volumen muss ein Baumstamm haben, damit aus ihm 60 mm dicke Bohlen mit einer Fläche von 32 m^2 geschnitten werden können?
Gegeben: Holzfläche = 32 m^2, Holzdicke = 60 mm
Gesucht: Volumen des Baumstammes in m^3

Lösung

$$\text{Volumen in m}^3 = \frac{\text{Fläche in m}^2 \cdot \text{Holzdicke in mm}}{1\,000\,\frac{\text{mm}}{\text{m}}}$$

$$\text{Volumen in m}^3 = \frac{32\text{ m}^3 \cdot 60\text{ mm}}{1\,000\,\frac{\text{mm}}{\text{m}}}$$

$$\text{Volumen in m}^3 = \underline{\underline{1{,}92\text{ m}^3}}$$

4.1.10 Umrechnung vom Preis/m² in Preis/m³ bei Vollholz

Ähnlich wie bei der Umrechnung von Flächen in Volumina kann dieses Verfahren auf den Holzpreis angewendet werden.

Dazu ist folgende Überlegung zu machen:
1 m^3 Kirschbaumholz kostet 2 227,10 EUR. Schneidet man dieses Holzvolumen in 1 000 gleich dicke Schichten, entstehen Brettchen von 1 mm Dicke. Diese kosten den 1/1 000 Teil des Gesamtvolumens. Werden aber 30 mm dicke Bretter aus diesem Volumen geschnitten, kosten sie 30-mal soviel wie die 1 mm dicken Brettchen.
Als Formel kann diese Aussage folgendermaßen ausgedrückt werden:

$$\text{Preis/m}^2 = \frac{\text{Preis/m}^3 \cdot \text{Holzdicke } d \text{ in mm}}{1\,000\text{ mm/m}}$$

Umgestellt ergibt sich folgende Formel:

$$\text{Preis/m}^3 = \frac{\text{Preis/m}^2 \cdot 1\,000\text{ mm/m}}{\text{Holzdicke } d \text{ in mm}}$$

Berechnung

Beispiel 1

Bestimmen Sie den Preis/m² für 24 mm dicke Fichtenbretter, wenn der Preis/m³ samt Einschnitt 1 240,50 EUR beträgt.

Gegeben: Preis/m³ 1 240,50 EUR, d = 24 mm

Gesucht: Preis/m²

Lösung

$$\frac{\text{Preis}}{\text{m}^2} = \frac{\frac{\text{Preis}}{\text{m}^3} \cdot \text{Holzdicke } d \text{ in mm}}{1\,000\,\frac{\text{mm}}{\text{m}}}$$

$$\frac{\text{Preis}}{\text{m}^2} = \frac{\frac{1\,240{,}50\text{ EUR}}{\text{m}^3} \cdot 24\text{ mm}}{1\,000\,\frac{\text{mm}}{\text{m}}}$$

Preis/m² = 29,76 EUR

Beispiel 2

Berechnen Sie den Preis/m³ eines 30 mm dicken Ahornbrettes, wenn dieses für einen Preis/m² von 65,94 EUR verkauft wird.

Gegeben: Preis/m² = 65,94 EUR, d = 30 mm

Gesucht: Preis/m³

Lösung

$$\frac{\text{Preis}}{\text{m}^3} = \frac{\frac{\text{Preis}}{\text{m}^2} \cdot 1\,000\,\frac{\text{mm}}{\text{m}}}{\text{Holzdicke } d \text{ in mm}}$$

$$\frac{\text{Preis}}{\text{m}^2} = \frac{\frac{65{,}94\text{ EUR}}{\text{m}^2} \cdot 1\,000\,\frac{\text{mm}}{\text{m}}}{30\text{ mm}}$$

Preis/m³ = 2 198,00 EUR

4.1.11 Fläche und Volumen unbesäumter Bretter und Bohlen

Wie teuer ist ein Holzbrett?

Der Tischler muss den Preis für ein unbesäumtes Brett bestimmen, um diesen in die Kalkulation eines Hockers einzubringen.

Wie teuer ist ein Kirschbaumbrett mit einer Dicke von 30 mm, wenn der Preis eines m² mit 36,00 EUR veranschlagt ist?

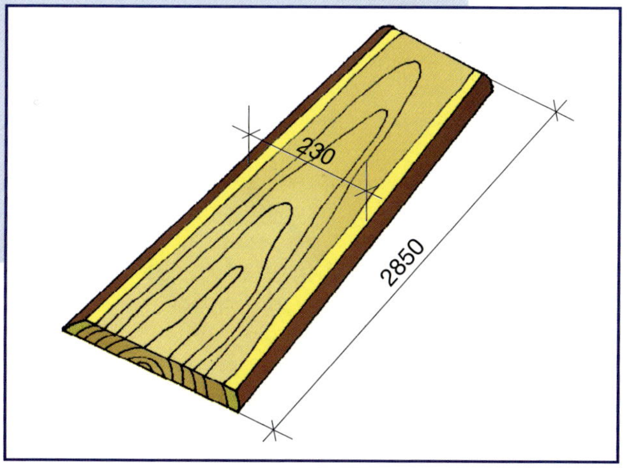

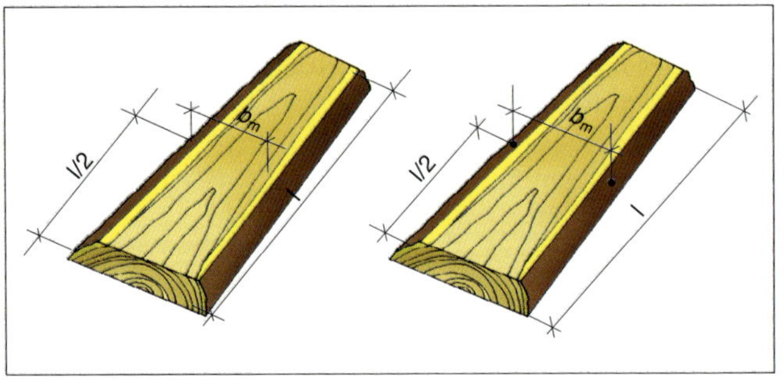

Ermittlung der Breite

Die Flächen- und Volumenberechnung bei unbesäumten Brettern und Bohlen

Unbesäumte Bretter und Bohlen sind konisch zulaufend. Am Stammende ist die Holzware breiter als am Zopfende.
Diese Tatsache wird auch in der Flächenberechnung berücksichtigt. Die zur Flächenberechnung anzusetzende Breite b_m wird deshalb in der **Stammmitte** bestimmt.
Aber auch im Querschnitt zeigt sich die Kernseite breiter als die Splintseite. Dies wird bei den Brettern anders als bei den Bohlen berücksichtigt.
Da Bretter dünner als Bohlen sind und damit der Unterschied zwischen der Breite der Kernseite und der Breite der Splintseite gering ist, bleibt der Unterschied in der Breite zwischen Splint- und Kernseite unberücksichtigt.

Merke

Die Breite wird bei Brettern immer an der Splintseite (linke Seite) ermittelt.

Bohlen haben eine Dicke von mindestens 40 mm. Dadurch kann der Unterschied in der Breite zwischen Kernseite und Splintseite beachtenswert werden. Aus diesem Grund wird die mittlere Breite in Bezug auf die Bohlendicke ermittelt.

Merke

Die mittlere Breite der Bohlen wird aus dem arithmetischen Mittel der Breite der Kernseite b_{m1} und der Breite der Splintseite b_{m2} gebildet.

Die Bestimmung der mittleren Breite bei Brettern und Bohlen

Meist ist die mittlere Breite der Bretter bzw. Bohlen nicht bekannt. Sie kann aus den Maßen am Zopf- und Stammende berechnet werden.
Die Bretter und Bohlen haben sowohl in der Fläche als auch in der Dicke die Form eines Trapezes. Deshalb kann die Formel zur Trapezberechnung bei der Flächenberechnung hier angewendet werden. Entsprechend dieser Formel muss vorher die mittlere Breite berechnet werden.

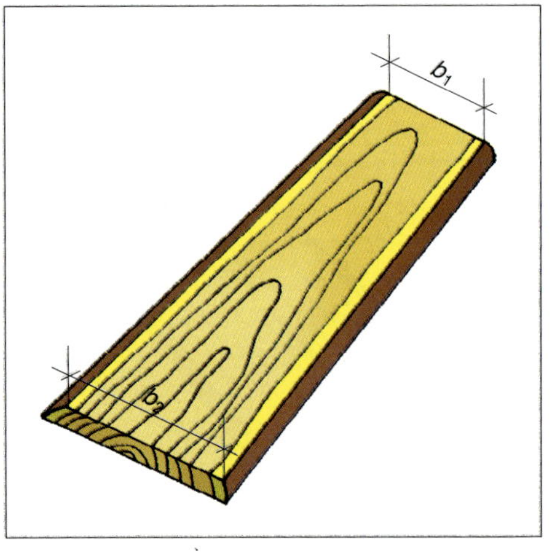

Die mittlere Breite eines Brettes

Die Breite b_1 (am Zopfende) und die Breite b_2 (am Stammende) werden auf der Splintseite des Brettes gemessen.

$$b_m = \frac{b_1 + b_2}{2}$$

b_m mittlere Brettbreite
b_1 Zopfbreite
b_2 Stammbreite

Die mittlere Breite einer Bohle

Sind die mittlere Breite an der Splintseite b_{m1} und die mittlere Breite an der Kernseite b_{m2} *gegeben*, kann die mittlere Breite leicht berechnet werden.

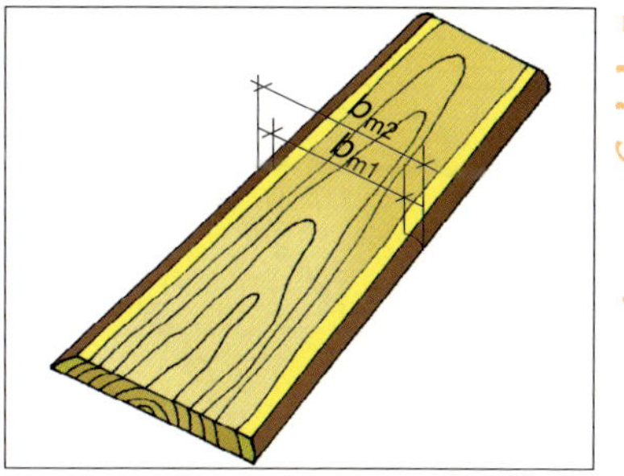

$$b_m = \frac{b_{m1} + b_{m2}}{2}$$

b_m mittlere Bohlenbreite
b_{m1} mittlere Breite Splintseite
b_{m2} mittlere Breite Kernseite

Stehen die Werte der mittleren Breiten b_{m1} und b_{m2} *nicht zur Verfügung*, müssen diese erst aus dem Querschnitt berechnet werden.

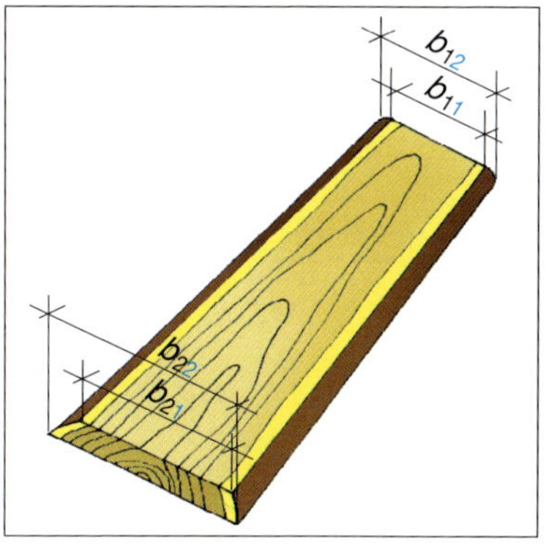

$$b_{m1} = \frac{b_{11} + b_{21}}{2} \qquad b_{m2} = \frac{b_{12} + b_{22}}{2}$$

$$b_m = \frac{b_{m1} + b_{m2}}{2}$$

Die Fläche eines Brettes

$$A = l \cdot b_m$$

A Brettfläche
l Brettlänge
b_m mittlere Brettbreite

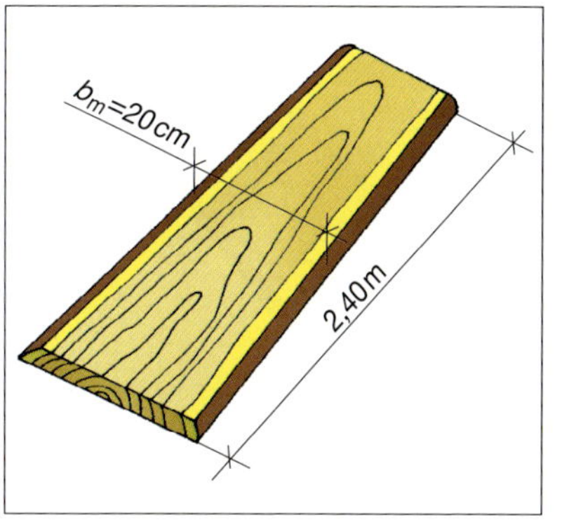

Beispiel 1

Ein Brett ist 2,40 m lang und hat eine mittlere Breite von 20 cm. Bestimmen Sie die Fläche dieses Brettes in m².

Gegeben: l = 2,40 m; b_m = 20 cm = 0,20 m

Gesucht: Fläche A

Lösung

$A = l \cdot b_m \quad A = 2{,}40\ \text{m} \cdot 0{,}2\ \text{m} \quad A = \underline{\underline{0{,}48\ \text{m}^2}}$

oder:

$$A = l \cdot \frac{b_1 + b_2}{2}$$

A Brettfläche
b_1 Zopfbreite
b_2 Stammbreite
l Brettlänge

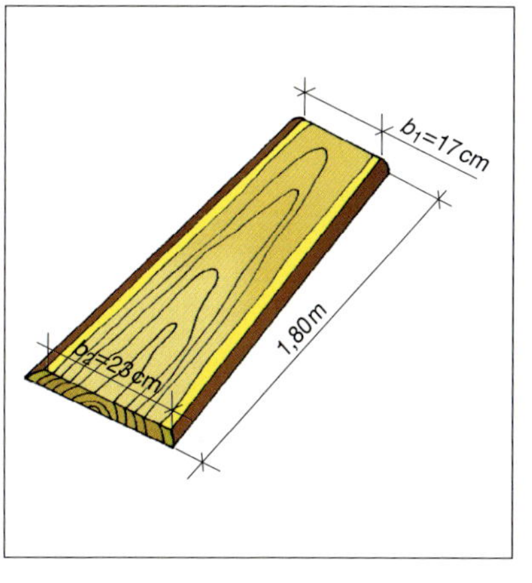

Beispiel 2

Bestimmen Sie die Fläche eines 1,80 m langen Brettes. Die Breite am Zopfende beträgt 17 cm, die Breite am Stammende 23 cm.

Gegeben: l = 1,80 m; b_1 = 17 cm = 0,17 m; b_2 = 23 cm = 0,23 m

Gesucht: Fläche A

Lösung

$$A = l \cdot \frac{b_1 + b_2}{2} \qquad A = 1{,}80\ \text{m} \cdot \frac{0{,}17\ \text{m} + 0{,}23\ \text{m}}{2}$$

$A = \underline{\underline{0{,}36\ \text{m}^2}}$

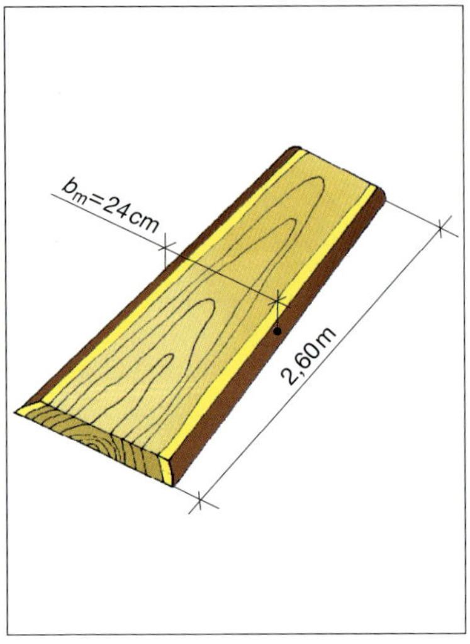

Die mittlere Fläche einer Bohle

$$A = l \cdot b_m$$

A Bohlenfläche
l Bohlenlänge
b_m mittlere Bohlenbreite

oder:

$$A = l \cdot \frac{b_{m1} + b_{m2}}{2}$$

A Bohlenfläche
l Bohlenlänge
b_{m1} mittlere Bohlenbreite (Splintseite)
b_{m2} mittlere Bohlenbreite (Kernseite)

Beispiel 1

Bei einer Bohle mit einer Länge von 2,60 m und einer mittleren Breite von 24 cm soll die Fläche bestimmt werden.

Gegeben: l = 2,60 m; b_m = 24 cm = 0,24 m
Gesucht: mittlere Fläche A

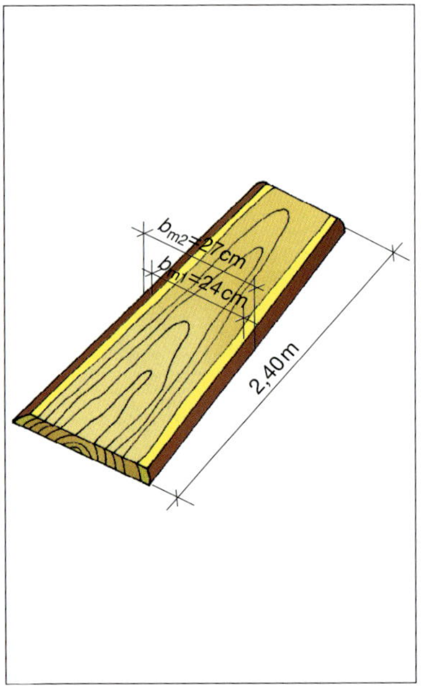

Lösung

$A = l \cdot b_m$

A = 2,60 m · 0,24 m

$A = \underline{\underline{0{,}624\ m^2}}$

Beispiel 2

Berechnen Sie die Fläche einer Bohle mit einer Länge von 2,40 m. Die mittlere Breite der Kernseite beträgt 27 cm, die mittlere Breite der Splintseite beträgt 24 cm.

Gegeben: l = 2,40 m; b_{m1} = 24 cm = 0,24 m; b_{m2} = 27 cm = 0,27 m
Gesucht: mittlere Fläche A

Lösung

$$A = l \cdot \frac{b_{m1} + b_{m2}}{2}$$

$$A = 2{,}40\ m \cdot \frac{0{,}24\ m + 0{,}27\ m}{2}$$

$A = \underline{\underline{0{,}612\ m^2}}$

Sind bei einer Bohle jeweils die Breiten der Kern- und der Splintseite am Stamm- bzw. am Zopfende gegeben, muss erst die mittlere Breite berechnet werden, damit anschließend die mittlere Fläche bestimmt werden kann.

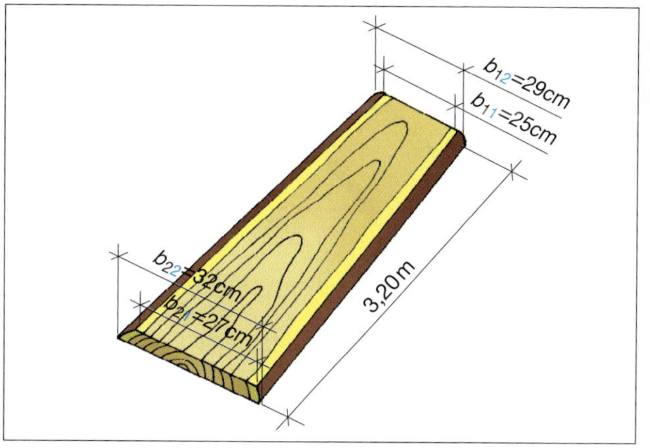

Beispiel 3

Bestimmen Sie die mittlere Fläche einer 3,20 m langen Bohle, die an den Enden folgende Maße hat:

	Stammende	Zopfende
Kernseite	32 cm	29 cm
Splintseite	27 cm	25 cm

Gegeben: $l = 3{,}20$ m; $b_{11} = 25$ cm = 0,25 m; $b_{12} = 29$ cm = 0,29 m; $b_{21} = 27$ cm = 0,27 m; $b_{22} = 32$ cm = 0,32 m

Gesucht: mittlere Fläche A

Lösung

Berechnung der mittleren Breite:

$$b_{m1} = \frac{b_{11} + b_{12}}{2} \qquad b_{m2} = \frac{b_{21} + b_{22}}{2}$$

$$b_m = \frac{b_{m1} + b_{m2}}{2}$$

$$b_{m1} = \frac{b_{11} + b_{21}}{2} \qquad b_{m2} = \frac{b_{12} + b_{22}}{2} \cdot l \qquad b_m = \frac{b_{m1} + b_{m2}}{2}$$

$$b_{m1} = \frac{0{,}25\text{ m} + 0{,}27\text{ m}}{2} \qquad b_{m2} = \frac{0{,}29\text{ m} + 0{,}32\text{ m}}{2} \qquad b_m = \frac{0{,}26\text{ m} + 0{,}305\text{ m}}{2} \cdot 2{,}40\text{ m}$$

$$b_{m1} = 0{,}26\text{ m}^3 \qquad b_{m2} = 0{,}305\text{ m}^3 \qquad b_m = 0{,}282\text{ m}^3$$

Berechnung der mittleren Fläche:

$A = l \cdot b_m$

$A = 3{,}20\text{ m} \cdot 0{,}282\text{ m}$

$A = \underline{\underline{0{,}902\text{ m}^2}}$

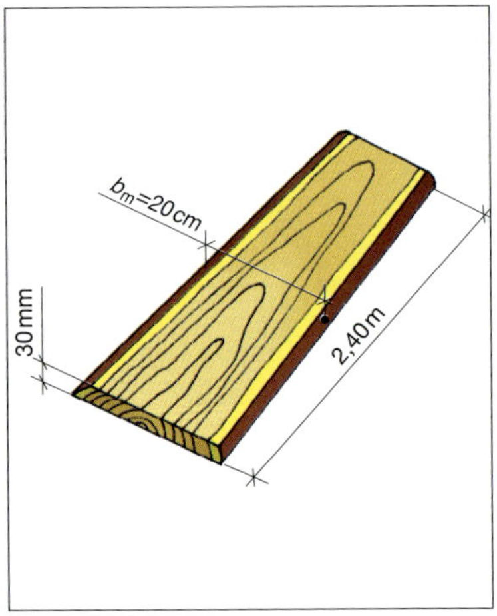

Das Volumen eines Brettes

$$V = l \cdot b_m \cdot d$$

V = Brettvolumen
l = Brettlänge
b_m = mittlere Brettbreite
d = Brettdicke

Beispiel 1

Ein Brett ist 2,40 m lang und hat bei einer Dicke von 30 mm eine mittlere Breite von 20 cm. Bestimmen Sie das Volumen dieses Brettes in m².

Gegeben: l = 2,40 m; b_m = 20 cm = 0,20 m; d = 30 mm = 0,030 m

Gesucht: Volumen V

Lösung

$V = l \cdot b_m \cdot d \quad V = 2{,}10\ \text{m} \cdot 0{,}2\ \text{m} \cdot 0{,}030\ \text{m}$

$V = \underline{\underline{0{,}0144\ \text{m}^3}}$

oder:

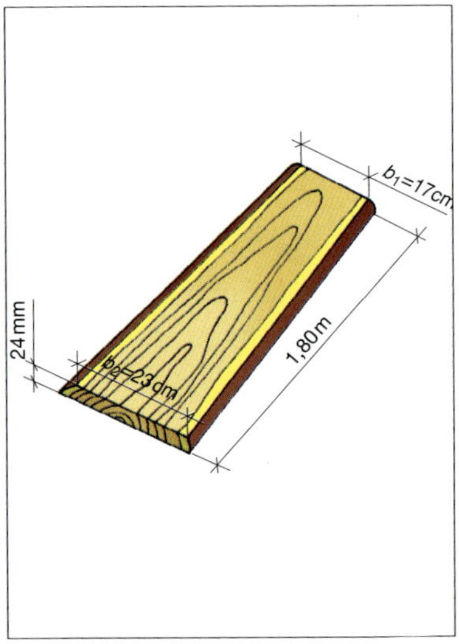

$$V = \cdot\, l \cdot \frac{b_1 + b_2}{2} \cdot d$$

V Brettvolumen
b_1 Zopfbreite
b_2 Stammbreite
l Brettlänge
d Bettdicke

Beispiel 2

Bestimmen Sie das Volumen eines 1,80 m langen und 24 mm dicken Brettes. Die Breite am Zopfende beträgt 17 cm die Breite am Stammende 23 cm.

Gegeben: l = 1,80 m; b_1 = 17 cm = 0,17 m; b_2 = 23 cm = 0,23 m; d = 24 mm = 0,024 m

Gesucht: Volumen V

Lösung

$V = l \cdot \frac{b_1 + b_2}{2} \cdot d \qquad V = \frac{0{,}17\ \text{m} + 0{,}23\ \text{m}}{2} \cdot 1{,}80\ \text{m} \cdot 0{,}024\ \text{m}$

$V = \underline{\underline{0{,}00864\ \text{m}^3}} = \underline{\underline{8{,}64\ \text{dm}^3}}$

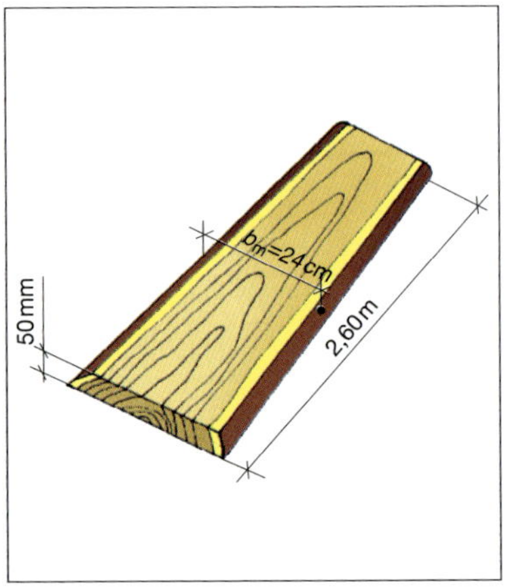

Das Volumen einer Bohle

$$V = l \cdot b_m \cdot d$$

V Bohlenvolumen
l Bohlenlänge
b_m mittlere Bohlenbreite
d Bohlendicke

Beispiel 1

Bei einer 50 mm dicken Bohle mit einer Länge von 2,60 m und einer mittleren Breite von 24 cm soll das Volumen bestimmt werden.

Gegeben: l = 2,60 m; b_m = 24 cm = 0,24 m; d = 50 mm = 0,050 m

Gesucht: Volumen V

Lösung

$V = l \cdot b_m \cdot d \qquad V = 2{,}60\ \text{m} \cdot 0{,}24\ \text{m} \cdot 0{,}050\ \text{m}$

$V = \underline{\underline{0{,}0312\ \text{m}^3}}$

oder:

$$V = l \cdot \frac{b_1 + b_2}{2} \cdot d$$

V Brettvolumen
l Bohlenlänge
b_m mittlere Bohlenbreite
d Bohlendicke

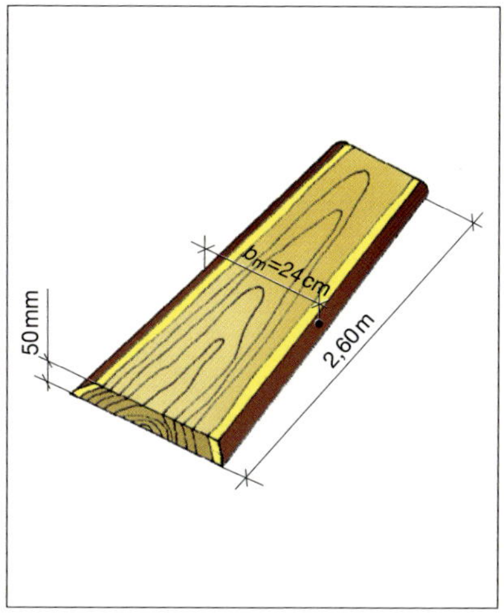

Beispiel 2

Berechnen Sie das Volumen einer Bohle mit einer Länge von 2,40 m. Die mittlere Breite der Kernseite beträgt 27 cm, die mittlere Breite der Splintseite beträgt 24 cm. Die Dicke wird mit 60 mm bestimmt.

Gegeben: l = 2,40 m; b_{m1}= 24 cm = 0,24 m; b_{m2} = 27 cm = 0,27 m; d = 60 mm = 0,060 m

Gesucht: Volumen V

Lösung

$$V = l \cdot \frac{b_{m1} + b_{m2}}{2} \cdot d \qquad V = 2{,}40\ \text{m} \cdot \frac{0{,}24\ \text{m} + 0{,}27\ \text{m}}{2} \cdot 0{,}060\ \text{m}$$

V = <u>0,0362 m³</u>

Beispiel 3

Bestimmen Sie das Volumen einer 3,20 m langen und 50 mm dicken Bohle, die an den Enden folgende Maße hat:

	Stammende	Zopfende
Kernseite	32 cm	29 cm
Splintseite	27 cm	25 cm

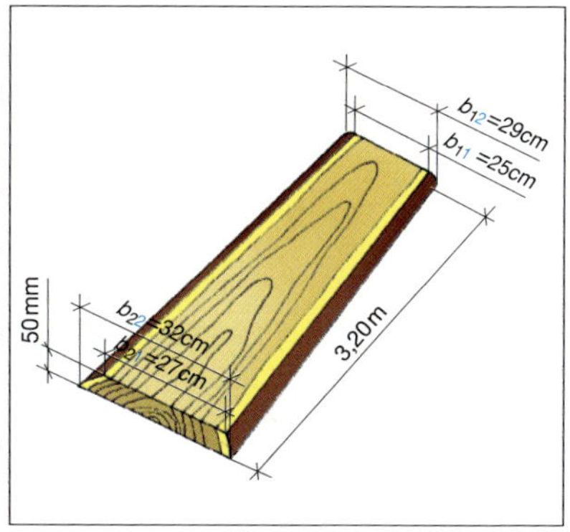

Gegeben: l = 3,20 m; b_{11}= 25 cm = 0,25 m; b_{12} = 29 cm = 0,29 m; b_{21} = 27 cm = 0,27 m; b_{22}= 32 cm = 0,32 m; d = 50 mm = 0,050 m

Gesucht: Volumen V

Lösung

Berechnung der mittleren Breite:

$$b_{m1} = \frac{b_{11} + b_{21}}{2} \qquad b_{m2} = \frac{b_{12} + b_{22}}{2}$$

$$b_m = \frac{b_{m1} + b_{m2}}{2}$$

$$b_m = \frac{b_{11} + b_{21}}{2} \qquad b_{m2} = \frac{b_{12} + b_{22}}{2} \qquad b_m = \frac{b_{m1} + b_{m2}}{2}$$

$$b_m = \frac{0{,}25\ \text{m} + 0{,}27\ \text{m}}{2} \qquad b_{m2} = \frac{0{,}29\ \text{m} + 0{,}32\ \text{m}}{2} \qquad b_m = \frac{0{,}26\ \text{m} + 0{,}305\ \text{m}}{2}$$

b_{m1} = 0,26 m b_{m2} = 0,305 m b_m = 0,282 m

Berechnung des Volumens:

$V = l \cdot b_m \cdot d$ V = 3,20 m · 0,282 m · 0,50 m;

V = <u>0,0451 m²</u>

Aufgaben

1. Berechnen Sie die Kosten für das zu Beginn dieses Kapitels abgebildete Kirschbaumbrett.
2. Bestimmen Sie die Fläche der dargestellten Fichtenbohle und des Eichenbrettes.

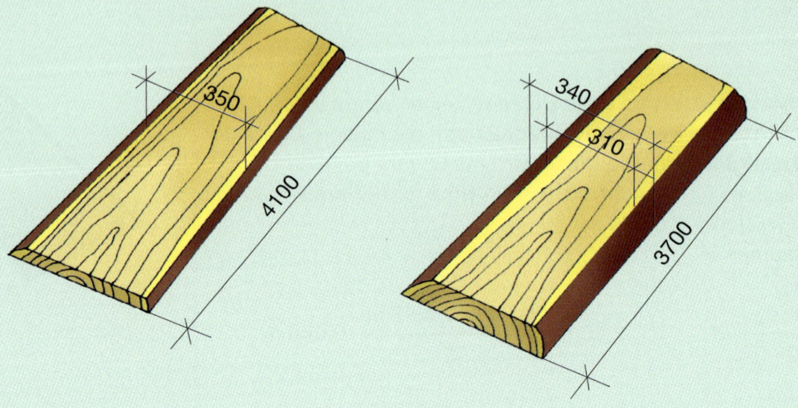

3. Eine 50 mm dicke, unbesäumte Buchenbohle hat eine Länge von 4,50 m. Die mittlere Breite der Kernseite beträgt 40 cm und die mittlere Breite der Splintseite 35 cm.
   a) Skizzieren Sie die Bohle und tragen Sie die Maße ein.
   b) Bestimmen Sie die mittlere Fläche und das Volumen dieser Bohle.
4. Ein 24 mm dickes, unbesäumtes Fichtenbrett hat eine Länge von 3,80 m. Die mittlere Breite der Kernseite beträgt 28 cm und die mittlere Breite der Splintseite 24 cm.
   a) Skizzieren Sie das Brett und tragen Sie die Maße ein.
   b) Bestimmen Sie die Fläche und das Volumen dieses Brettes.
5. Für Massivholztüren wird eine 50 mm dicke Ahornbohle zum Preis von 2 340,00 EUR/m^2 eingekauft. Die Länge wird mit 4,55 m gemessen. Am Zopfende werden auf der Splintseite 37,50 cm und auf der Kernseite 40 cm gemessen. Am Stammende werden 42,50 cm und 46 cm gemessen.
   a) Skizzieren Sie die Bohle und tragen Sie die Maße ein.
   b) Bestimmen Sie die mittlere Fläche und das Volumen dieser Bohle.
   c) Berechnen Sie den Preis dieser Bohle.
6. Wie viel m^3 Holz müssen für 16 mm dicke, sägeraue Schalungsbretter eingekauft werden, wenn damit 16,30 m^2 verschalt werden.
7. 2,500 m^3 Fichtenholz kosten 2 561,00 EUR. Wie teuer sind 5,40 m^2 Bohlen mit einer Dicke von 50 mm?
8. Der Preis/m^2 eines 24 mm dicken Buchenbrettes beträgt 32,60 EUR. Berechnen Sie die m^2-Preise für ein 30 mm dickes Brett und einer 60 mm dicken Bohle.
9. In einem Sägewerk werden Kanthölzer mit den Maßen 60/100 geschnitten. Wie viel lfm Kanthölzer können aus 4,500 m^3 Holz geschnitten werden?

4.2 Natürliche Holztrocknung

Welche Voraussetzungen müssen für eine natürliche Holztrocknung gegeben sein?

Der Tischler verwendet nur getrocknetes Holz. Damit verringert sich die Gefahr des Reißens und Verwerfens des Holzes. Da Holz beim Einschlagen eine Feuchte von weit über 100 % aufweisen kann, muss das Holz vor der Verarbeitung getrocknet werden.
Die natürliche Holztrocknung läuft im Freien ab. Zur Trocknung des Holzes wird das natürliche Klima ausgenutzt.

Lernfeld 1

4.2.1 Einflussfaktoren auf die natürliche Holztrocknung

Holztrocknung im Freien wird von mehreren Faktoren beeinflusst.
Zum einen bedarf es einer niedrigen relativen Luftfeuchtigkeit, denn trockene Luft entzieht dem Holz das Wasser. Zum anderen beschleunigen hohe Lufttemperaturen den Trocknungsprozess. Je wärmer die Luft ist, desto mehr Wasserdampf kann von ihr aufgenommen werden.
Schließlich ist auch die Luftbewegung (Wind) von großer Bedeutung, weil damit die mit Wasserdampf angereicherte Luft abgeführt wird und dadurch im Holzquerschnitt ein Druckgefälle nach außen entsteht. Das weiter innen liegende Wasser wird nach oben gesogen und damit der Trocknungsprozess beschleunigt.
Man sollte beachten, dass in unserem mitteleuropäischen Klima Holz im Freien nicht unter ca. 12 % – 15 % Holzfeuchte trocknen kann.

Weitere Hinweise siehe auch Kapitel 3.3.1 und 3.5

4.2.2 Anforderungen an einen Holzlagerplatz

Die oben genannten Voraussetzungen können nur dann zu einer brauchbaren Holztrocknung führen, wenn auch der Lagerplatz dazu beiträgt.

Die durch Regen, Tau und Nebel auftretende Feuchtigkeit darf nicht im Lagerplatzboden „gespeichert" werden. Deshalb muss dieser eine asphaltierte oder betonierte Oberfläche aufweisen. Sie soll ein Gefälle von 2 % bis 5 % haben, damit das Wasser und gegebenenfalls auch Verschmutzungen leicht ablaufen können. Die gleichen Bedingungen kann auch ein grobkörniger Kies- oder Schotterboden erfüllen.

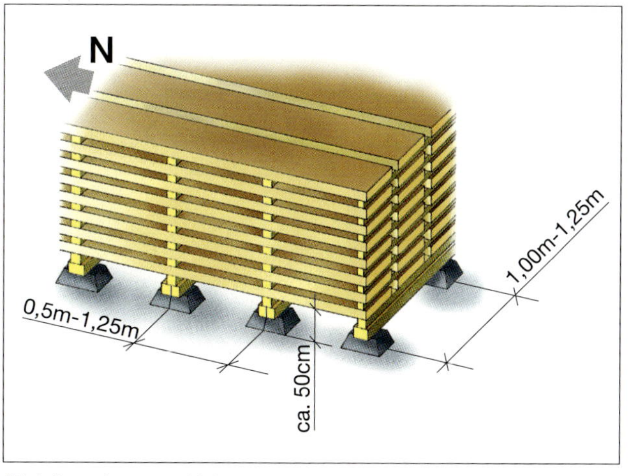

Richtig gelagertes Holz

Die Stapel sollten in ihrer Längsachse der Nord-Süd-Richtung entsprechen, damit der Wind, der in unseren Breiten hauptsächlich in Ost-West-Richtung bläst, gut über die Holzoberfläche streichen kann. Die Holzstapel sind auf einen ca. 50 cm hohen Sockel, der mit Lagerhölzern versehen ist, waagrecht aufzurichten. Der Abstand der Sockel untereinander sollte in Längsrichtung 0,5 m bis 1,25 m und in Querrichtung 1,00 m bis 1,25 m betragen. Damit sind die Bretter und Bohlen ausreichend unterstützt.
Eine Abdeckung schützt das Holz vor Regen und Sonne.
Die Stapelleisten weisen eine Dicke von 20 mm bis 40 mm auf und sollten aus gesundem Weichholz, z. B. Fichte gefertigt werden. Fichte verfärbt das gestapelte Holz nicht und gibt keine Druckstellen. Sind die Stapelleisten zu schmal, können sie zu Druckstellen führen; sind sie zu dick, stören sie den Trocknungsprozess. Es ist darauf zu achten, dass die Leisten im Stapel immer übereinander und waagrecht liegen, ansonsten verzieht sich das Holz aufgrund der ungünstigen Belastung. Werden Leisten mit einem quadratischen Querschnitt verwendet, ist eine waagrechte Brettlage immer gewährleistet.

4.2.3 Stapelarten

Der Blockstapel

Unbesäumte Bretter und Bohlen werden häufig stammweise gestapelt. Mehrere Blockstapel nebeneinander werden mit langen durchgehenden Stapelleisten stabilisiert.
Beim Halbblockstapel wird das eingeschnittene Holz so gelagert, dass immer die linke Seite nach unten zeigt. Da die obere rechte Seite des Holzes beim Trocknen rund wird, kann Wasser, das sich evtl. auf der Oberfläche befindet, sehr gut abfließen.

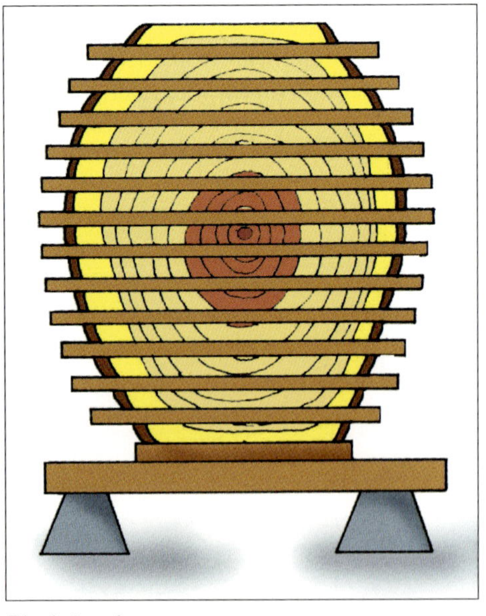

Blockstapel

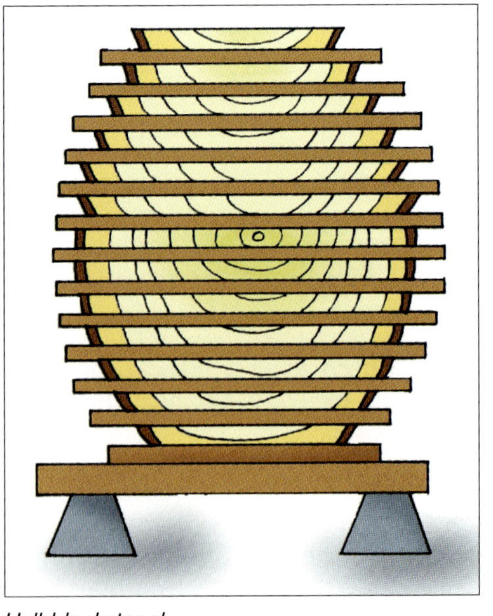

Halbblockstapel

Der Kasten- und Gitterstapel

Besäumte Schnittware wird häufig in Kasten- oder Gitterstapeln gelagert. Je nach Holzfeuchte werden die Bretter weiter bzw. enger gestapelt. Der Kastenstapel weist eine erhöhte Stabilität auf.

Ob man einen Kasteneng- oder -weitstapel verwendet, hängt auch davon ab, ob man einfaches Fichtenholz oder besonders wertvolles Laubholz lagert. Wertvolles Holz wird im Kastenweitstapel gelagert.
An den Hirnenden überstehende Leisten oder ein Farbanstrich schützen das Holz vor zu schnellem Austrocknen. Man kann die Hirnenden aber auch mit Schwartenresten benageln oder durch Papierstreifen verblenden. Manchmal werden die Hirnenden mit ***Eisenklammern*** oder ***Wellblechen*** zusammengehalten. Dadurch wir die Rissbildung verhindert.

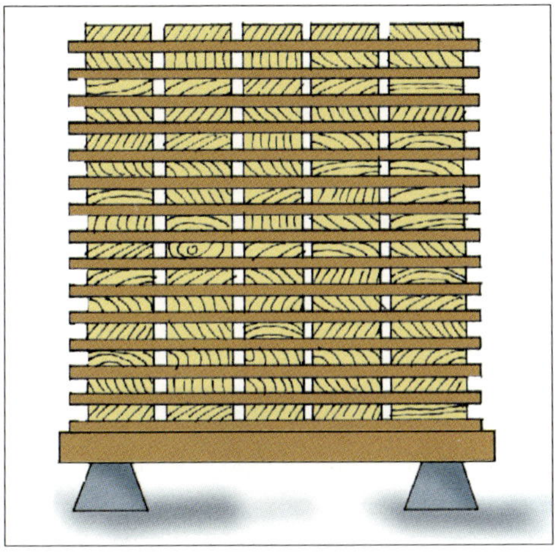

Kastenstapel

Gitterstapel

Die Stapel werden in offenen Schuppen gelagert oder zumindest überdacht, um sie vor Regen und Schnee zu schützen.

Das Holz trocknet hauptsächlich in den warmen Sommermonaten. Hier kann es unter Umständen, gerade im Juli und August, sogar zu wertminderden Trocknungsrissen kommen. Der Holzstapel muss dann befeuchtet werden.

Gerbsäurehaltige Hölzer wie Eiche oder Esche setzt man dem Regen aus, um die Inhaltsstoffe auszuwaschen. Das Wasser muss aber gut abgeführt werden, damit sich keine braunen Flecken (Lohflecken) bilden.
Ahorn wird gleich nach dem Einschnitt stehend auf dem Zopfende gelagert und erst bei Formveränderung waagrecht gestapelt. Nur dann behält es die weiße Farbe.
Die Holztrocknung setzt viel Erfahrung und Kenntnis voraus, da sich die Holzsorten auch beim natürlichen Trocknen unterschiedlich verhalten.

Aufgaben

1. *Welche Umweltfaktoren begünstigen die Trocknung des Holzes?*
2. *Welche Anforderungen werden an einen Holzlagerplatz gestellt?*
3. *Nach welcher Himmelsrichtung sollte der Holzstapel ausgerichtet werden? Begründen Sie Ihre Entscheidung.*
4. *Skizzieren Sie einen fachgerecht gelagerten Holzstapel und tragen Sie die entsprechenden Maße ein.*
5. *Beschreiben Sie die Vor- bzw. Nachteile von drei unterschiedlichen Stapelarten.*

4.3 Holzfehler

Welchen Einfluss haben Wachstumseigenschaften auf das zu verarbeitende Holz?

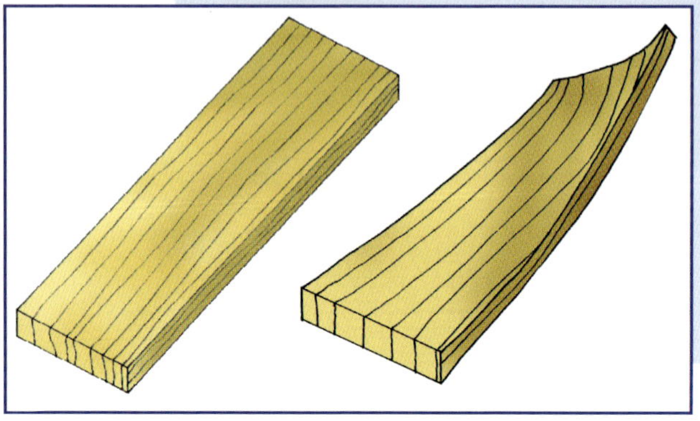

Nach dem Abrichten und Hobeln des Brettes ist es gerade und eben. Einige Zeit später verzieht sich dieses Brett propellerartig. Dieses Phänomen zeigt sich auch nach dem Abrichten und Hobeln der übrigen Bretter des Stammes.

Warum verdreht sich dieses Brett nach der Bearbeitung?

Die Drehwüchsigkeit des Holzes

Als **Drehwuchs** bezeichnet man eine spiralförmige Abweichung von der Senkrechten. Man unterscheidet zwischen linksdrehenden und rechtsdrehenden Bäumen. Diese Anomalie kann man schon am ungeschälten Baum erkennen.

Die Ursache ist meist in der Erbanlage und der Holzart zu finden. Zum Beispiel neigen Ahorn und Rosskastanie stark zum Drehwuchs. Birke und Pappel hingegen weisen diese Eigenschaft kaum auf. Es gibt bei den Baumsorten Unterschiede hinsichtlich der Drehrichtung; Birnbäume drehen hauptsächlich rechts, Apfelbäume hingegen links.

Aber auch der Standort und ungünstige Witterungseinflüsse können bei Bäumen zu Drehwüchsigkeit führen.

Tropische und subtropische Bäume können sogar wechseldrehwüchsig sein. Hier ändert sich in kurzen Abständen der Drehsinn der längsorientierten Holzfasern.

Drehwüchsiger Baum

Da sich diese Holzeigenschaft vom Tischler nicht in den Griff bekommen lässt, ist das drehwüchsige Holz nur für untergeordnete Aufgaben geeignet. Das Holz wird auch nach der Verarbeitung **windschief** werden.

Wird windschiefes Holz auf der Kreissägemaschine geschnitten, verändern sich die inneren Spannungen. Die dabei auftretenden Kräfte können so groß sein und sich so ungünstig verhalten, dass das Sägeblatt festgeklemmt wird. Dadurch kann das Brett hochgeschleudert werden. Windschiefes Holz ist deshalb sehr vorsichtig mit Maschinen zu bearbeiten.

Das Reaktionsholz

Reaktionsholz bildet sich bei schief stehenden oder einseitig belasteten Bäumen. So findet man diesen Holzfehler häufig bei Bäumen, die an einem Hang wachsen oder am Waldrand, wo häufig eine starke einseitige Windbelastung vorherrscht.

Diese äußeren Kräfte versucht der Baum durch innere Kräfte auszugleichen, wobei sich Laub- und Nadelholz unterschiedlich verhalten.

Bei Nadelhölzern kommt es zu einer Verdickung der Zellwände an der auf Druck beanspruchten Seite, z. B. an der vom Wind abgekehrten Seite. Hier entsteht **Druckholz**.

Bei Laubbäumen kommt es an der auf Zug beanspruchten Seite, z. B. der Windangriffsseite, zu einer Veränderung der Holzstruktur. Hier entsteht **Zugholz**.

Reaktionsholz ausbildender Baum

Das Reaktionsholz im Stammquerschnitt

Der Baum bringt in dem belasteten Bereich mehr festigende Holzzellen hervor.
In die Druckzone wird zusätzlich der dunkle Holzinhaltsstoff Lignin eingelagert. Er bewirkt eine weitere Steigerung der Festigkeit. Daraus ergibt sich in diesem Bereich eine Rotfärbung des Holzes. In die Zugzone hingegen wird wenig Lignin transportiert. Das Holz verfärbt sich kaum und bleibt weißlich hell. Da, wie oben schon erwähnt, Nadelhölzer und Laubhölzer den auftretenden inneren Kräften unterschiedlich begegnen, bezeichnet man das Reaktionsholz der Nadelbäume als **Rotholz** bzw. das Reaktionsholz der Laubbäume als **Weißholz**.

Das Reaktionsholz ist schwierig zu verarbeiten. Das Druckholz weist eine sehr hohe Längsschwindung auf und hat somit starke einseitige Krümmungen zur Folge. Eine angemessene Verarbeitung ist somit nur schwer möglich. Auch das Zugholz stellt den Tischler vor eine schwierige Aufgabe. Es fasert sehr stark zu wolligen Oberflächen auf. Eine sachgemäße Oberflächenbehandlung lässt sich kaum durchführen.

Reaktionsholz im Querschnitt

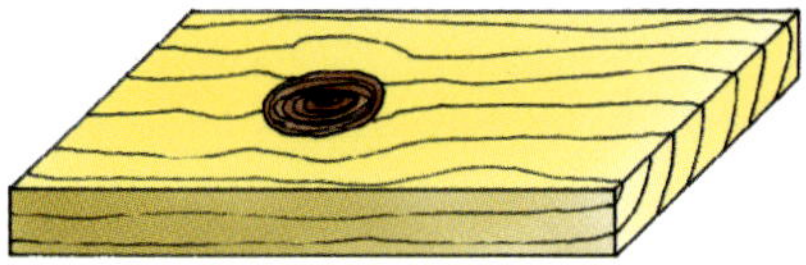

Rundast

Flügelast

Durchfallast

Die Astigkeit des Holzes

Äste gehören zum natürlichen Holzbild. Je nach Anzahl, Form und Lage der Äste kann es jedoch zu Qualitätsminderungen kommen.

Gut mit dem Holz verwachsene Äste stören die Qualität nicht. Aber insbesondere die schwarzen Durchfalläste sind unerwünscht, da sie die Holzfestigkeit schwächen und sogar Löcher in der Holzoberfläche hinterlassen können. Außerdem ist astreiches Holz anfälliger gegen Pilzbefall. Oftmals werden aber Holzflächen gewünscht, deren Textur (Faserung) von Ästen gekennzeichnet ist. Hier ist die Zirbelkiefer stellvertretend zu nennen.

Die Risse des Holzes

Aufgrund der Spannungen, die u. a. bei der Holztrocknung entstehen, neigt das Holz zum Reißen. Hier sind insbesondere die Randbereiche belastet. Die Risse können sich nur an der Oberfläche befinden, aber auch den gesamten Querschnitt betreffen. Da sie durch das Schwinden des Holzes entstehen, nennt man sie **Schwindrisse**. Vielfach gehen die Risse auch vom Kern aus. Die Ursache ist hier das zu schnelle Trocknen des Baumes. Die inneren Jahresringe sind dabei sehr großen Spannungen ausgesetzt. Die Festigkeit der Holzzellen reicht nicht mehr aus, die Kräfte aufzufangen; das Holz reißt. Da diese Risse immer vom Kern eines Baumes ausgehen, bezeichnet man sie als **Kernrisse**. Manchmal sind sie aber auch entlang der Jahresringe zu beobachten. Ursachen sind neben dem raschen Trocknen für die unterschiedlich breiten Jahresringe.

Schwindriss

Kernriss

Frostriss/Frostleiste

Wenn der Baum im Frühjahr schon voll im Saft steht und es noch einmal zu strengem Frost kommt, kann der Saft im Baum gefrieren. Da bei gleicher Masse das Volumen von Eis ca. 9 % größer ist als das von Wasser, wird der Zellverband des Baumes aufgerissen. Der Baum überwallt diese Stelle wieder. Dadurch entstehen die von außen sichtbaren Frostleisten. Im Inneren bleibt ein tiefer Riss im Baumgefüge. Da hier der Frost die Ursache des Wuchsfehlers ist, nennt man diesen Holzfehler **Frostriss** bzw. **Frostleiste.**

Die Harzgallen bei Nadelhölzern

Harzkanäle bilden ein durchgängiges Röhrensystem in Nadelbäumen. Bei Verletzungen des Baumes läuft das Harz aus und erstarrt an der Luft zu einem desinfizierenden Wundverschluss.
Das Harz wird in sogenannten Harzgallen gelagert. Sie werden von zwei Jahresringen eingeschlossen. Von dort aus kann es bei Bedarf an die verletzte Stelle geführt werden. Harzgallen sind der Holzqualität abträglich, weil sie das Werkzeug verkleben, Lackschichten nicht haften und sich Beize farblich anders abzeichnet. Bei Tannen treten keine Harzgallen auf.

Aufgaben

1. *Welche Ursache liegt der Drehwüchsigkeit zugrunde?*
2. *Darf drehwüchsiges Holz verwendet werden? Begründen Sie Ihre Entscheidung.*
3. *Warum entsteht Reaktionsholz?*
4. *Skizzieren Sie den Querschnitt eines Stammes, der Reaktionsholz ausbildet. Bezeichnen Sie die einzelnen Bereiche und geben Sie deren Farbe an.*
5. *Warum ist astiges Holz nur bedingt verwendbar?*
6. *Welche Ursachen können Risse im Holzstamm haben?*
7. *Welches Nadelholz weist keine Harzgallen auf?*

4.4 Holzschädlinge

4.4.1 Pflanzliche Holzschädlinge

Warum befallen Pilze das Holz?

Die Gartentür hat sich nach einiger Zeit im unteren Bereich verfärbt.

Welche Ursache hat diese Verfärbung?

Welche Bedingungen müssen für diese Verfärbung gegeben sein?

Ist die Qualität des Holzes beeinträchtigt?

Wenn ja, welche Sanierungsmaßnahmen sind erforderlich?

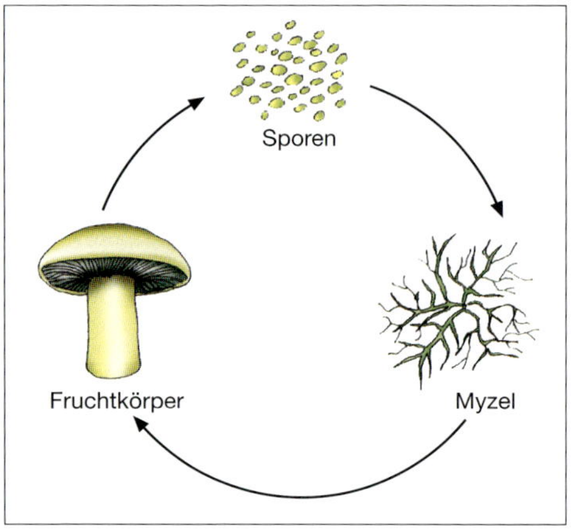

Entwicklungsprozess der Pilze

Die Entwicklung der Pilze

Pilze gehören zu den pflanzlichen Holzschädlingen. Die Pilze durchlaufen einen dreistufigen Entwicklungsprozess.

Die **Fruchtkörper** dienen zur Fortpflanzung. Sie erzeugen **Sporen**. Unter den günstigen Bedingungen Wärme, Feuchte und Dunkelheit keimen diese Sporen und bilden ein dichtes Geflecht aus feinen Fäden, den sogenannten Hyphen. Viele dieser vernetzten Hyphen bilden das **Myzel** (Pilzfäden).

Das Myzel nimmt die Nahrung aus der Wirtspflanze auf und ist somit der eigentliche Holzzerstörer. Es werden von ihm Enzyme ausgeschieden und die Holzinhaltsstoffe bzw. die Zellstoffe aufgelöst.

Das Myzel kann sich sowohl im Inneren des Holzes wie auch außerhalb verbreiten. Myzelien können weit in ihren Wirt eindringen und somit von außen unbemerkt bleiben.

Merke **Das Holz wird vom Myzel zerstört.**

Bläuepilz

Der Bläuepilz

Es sind etwa 1 000 verschiedene Bläuepilzarten bekannt. Die Blaufärbung wird durch dunkel gefärbte Pilzhyphen verursacht, die dann im Holz blau erscheinen.
Sie kommen hauptsächlich in Nadelbäumen vor und hier wieder bevorzugt in Kiefern. Es wird nur der Splintbereich befallen, denn nur dort finden sie die nötigen Holzinhaltsstoffe.
Außerdem sind im wasserführenden Splint die idealen Lebensvoraussetzungen gegeben. Die Bläueerreger breiten sich am besten bei einer Holzfeuchte über dem Fasersättigungspunkt von ca. 30 % und einer Temperatur zwischen 18 °C und 28 °C aus.
Die Zellwände werden vom Bläuepilz nicht zerstört. Er löst somit keine Fäulnisprozesse aus, auch verliert das Holz dadurch nicht an Festigkeit.

Die Stammholzbläue

Manche Bläuearten befallen schon die waldfrischen Bäume bzw. die frisch eingeschlagenen Bäume.
Man spricht hier auch von der primären Bläue.

Die Schnittholzbläue

Wird die frisch eingeschnittene Ware nicht ausreichend getrocknet oder belüftet, kann auch sie von Bläuepilzen befallen werden.
Dieser Befall wird als sekundäre Bläue bezeichnet.

Die Anstrichbläue

Oberflächenbehandeltes Holz kann dann von Bläue befallen werden, wenn die Holzfeuchte wieder ansteigt. Das Bläuepilzmyzel kann den Farbanstrich durchdringen oder sogar ablösen. Hier dringt dann weiter Feuchtigkeit ein. Das Holz beginnt an diesen Stellen zu faulen, wenn Fäuleerreger eingedrungen sind.
Wie neuere Untersuchen zeigten, dringt der Erreger erst nach Aufbringen des Anstrichs in das Holz ein. Fälschlicherweise wurde bisher angenommen, dass primäre oder sekundäre Bläue die Ursache dieses Befalles sind. Vielmehr wird aber Stamm- bzw. Schnittholzbläue durch Anstriche in ihrer Ausbreitung gestoppt und stirbt ab.
Diese Art der Bläue bezeichnet man auch als tertiäre Bläue.

Merke

Dem Bläuepilzbefall kann durch rasche Trocknung, saubere Lagerplätze und durch Wintereinschlag vorgebeugt werden.

Weißfäule und Rotfäule (Korrosionsfäule)

Diese Pilze beziehen ihre Nahrung aus dem Lignin und der Zellulose des Holzes. Durch diesen Stoffabbau verliert das Holz seine typische Farbe und wird weiß. Das Zellgefüge wird aufgelöst; das Holz wird faserig bis schwammig.
Die Weißfäule ist hauptsächlich an stehenden Laubhölzern zu finden. Aber auch abgelagertes Holz wird nicht verschont.
Die Rotfäule ist nur eine enge Verwandte der Weißfäule. Sie ist nur im Kernbereich stehender Nadelbäume anzutreffen. Dort baut sie die Zellulose und die Holzinhaltsstoffe ab. Am Anfang dieser Entwicklung ist das Holz rotbraun bis braun.
In lagernden Nadelbäumen tritt die **Rotstreifigkeit** auf. Auch sie ist eine Weißfäule. Anfangs verändern sich die mechanischen Eigenschaften des Holzes durch den Befall nicht; sie ist jedoch nur der Vorläufer einer Weißfäule.

Weißfäule (unten)

Braunfäule (Destruktionsfäule)

Sie kommt bevorzugt bei Nadelhölzern vor. Von den Pilzen wird die Zellulose des Holzes abgebaut. Es bleiben die dunklen Farbstoffe des Holzes über. Von dem verbleibenden dunklen Lignin hat die Fäule den Namen.
Da das Zellgerüst vom Pilz zerstört wurde, reißt das Holz beim Trocknen sowohl in Längs- als auch in Querrichtung stark ein. Dadurch entsteht der typische **Würfelbruch**.
Das Holz verliert gänzlich seine Festigkeit.

Braunfäule

4.4.2 Tierische Holzschädlinge

Welche tierischen Holzschädlinge befallen Möbel?

Das nebenstehende Bild zeigt eine von Holzschädlingen befallene Figur.

Welche Voraussetzungen müssen gegeben sein, damit Holzschädlinge das Holz befallen?

Welche Arten befallen verarbeitetes Holz?

Welchen Einfluss hat der Befall für die Verarbeitung des Holzes durch den Tischler?

Welcher Holzschädling hat diese Figur befallen?

Welche Maßnahmen können gegen den Befall ergriffen werden?

Der Entwicklungskreislauf der Holzschädlinge

Die Holzschädlinge durchlaufen, wie alle anderen Käfer auch, einen vierstufigen Entstehungsprozess.
Die **Eier** werden vom Käferweibchen in das Holz abgelegt und reifen dort zu Larven heran.
Die **Larven** fressen sich durch das Holz und zerstören dabei dessen Struktur.
Ist die Larve nun ausgewachsen, verpuppt sie sich und ruht als **Puppe**. Sie entwickelt sich in der Puppenhülle zu einem Käfer. Dieser verlässt das Holz und legt wiederum Eier in Holzstücke ab.
Dieser Entwicklungskreislauf wird Metamorphose (gr.: Umgestaltung, Verwandlung) genannt.

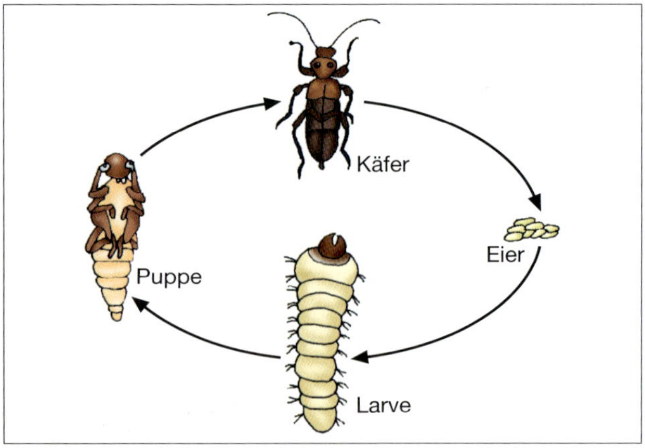

Entwicklungskreislauf der Holzschädlinge

Merke **Die Larve ist der eigentliche Holzzerstörer.**

Der Hausbock

Der 10 mm – 25 mm große Hausbock ist in ganz Europa heimisch. Er befällt ausschließlich verbautes Nadelholz und hier wiederum bevorzugt Fichte und Kiefer.

Die Weibchen legen 200 – 400 Eier in tiefe schmale Holzrisse. Die Eier entwickeln sich dann in 2–3 Wochen zu den gefräßigen Larven.

Die Larven ziehen ihre Gänge hauptsächlich durch das Frühholz des Splintholzes. Hier finden sie ausreichend Nahrung. Da sie das Spätholz verschmähen, sind die **Larvengänge** wellenförmig angelegt.

Mit der Zeit wird dabei das gesamte Splintholz zerstört. Die ovalen Gänge werden wieder mit Kot und Genagsel gefüllt. Deshalb ist kein Bohrmehlauswurf zu sehen.

Für ihre Entwicklung brauchen die Larven 3 – 6 Jahre. In besonderen Fällen können sie aber auch bis zu 15 Jahren im Holz bleiben.

Anschließend verpuppen sich die Larven. Die 2- bis 4-wöchige Puppenruhe wird in einer mit Genagsel verschlossenen Puppenwiege nahe unter der Holzoberfläche eingenommen.

Durch ein ovales, 5 mm – 10 mm großes **Ausflugloch** verlässt der Hausbock das von ihm zerstörte Holz. Je nach Holzart sind die Ränder gefranst oder glatt.

Der Hausbock befällt hauptsächlich Dachstühle, Fachwerke und Holzmasten. Selbst Möbel werden von ihm nicht verschont. Aber auch Bretterzäune und andere im Freien befindliche Holzbauwerke werden von ihm befallen, obwohl die Larven eine relative Luftfeuchtigkeit von 25 % bis 40 % und eine Umgebungstemperatur von etwa 30 °C bevorzugen.
Da diese Bedingungen in unseren Breiten im Sommer praktisch immer gegeben sind, lässt sich der Hausbock nur mit chemischen Mitteln vorbeugend bekämpfen. Dazu werden Schutzanstriche verschiedener Hersteller verwendet. Hier ist besonders auf deren *Umweltverträglichkeit* zu achten.

Die Anobie – Gewöhnlicher Nagekäfer

Anobiiden-Arten sind auf der ganzen Welt anzutreffen. In Mitteleuropa sind etwa 70 verschiedene Arten bekannt.

Der 3 – 5 mm lange Gewöhnliche Nagekäfer ist hier am verbreitetsten. In manchen Gegenden wird er auch als **Totenuhr** oder Kleiner **Holzwurm** bezeichnet.

Hausbock

Larve des Hausbocks

Vom Hausbock befallenes Holz

Gewöhnlicher Nagekäfer

Larve des Gewöhnlichen Nagekäfers

Die engerlingartigen Larven – daher auch die Bezeichnung „Holzwürmer" – sind sowohl im Laub- als auch im Nadelholz zu finden. Bei Kernholzbäumen wird nur das Splintholz befallen, deshalb wird es vom Tischler selten verarbeitet.

Auch längst eingeschlagenes und verarbeitetes Holz wird von den Larven des Nagekäfers nicht verschmäht. Ihr Hauptnahrungsmittel ist die Zellulose der Zellwände. Damit wird das Zellgerüst des Holzes zerstört. Die Larven gedeihen am besten bei hoher Luftfeuchtigkeit und mittlerer Temperatur.

Die Larvengänge sind locker mit Bohrmehl gefüllt. Oft findet man auch Auswürfe am Boden vor befallenen Gegenständen. Sie werden von ausfliegenden Käfern verursacht.

Etwa 20 – 50 Eier werden in schon vorhandene Fluglöcher oder Holzrisse gelegt. Es vergehen 4 – 8 Jahre bis sich aus einem Ei ein Käfer entwickelt. Nach der Verpuppung fliegt der Nagekäfer durch ein rundes, 1 – 2 mm großes Flugloch aus.

Vom Gewöhnlichen Nagekäfer befallenes Holz

Der Nagekäfer befällt jede Art von verarbeitetem Holz: Möbel, Schnitzereien, Parkettböden, Treppen, Türen, Holzverkleidungen, Balken, Bretter usw.

Unterhalb einer Luftfeuchtigkeit von 55 – 60 % (das entspricht einem Holzfeuchtegleichgewicht von ca. 10 – 12 %) wird die Entwicklung der Larven gestoppt. Deshalb sind die Larven des Nagekäfers hauptsächlich in feuchten Räumen und Gebäuden zu finden.

Nach Möglichkeit kann das Holz durch trockene Umgebung geschützt werden. Ein weiterer wirksamer Schutz ist die Imprägnierung mit einem Holzschutzmittel. Schon befallene Stücke können durch Injektionen dieser Mittel in die Fluglöcher oder bei stärkerem Befall durch Durchgasung saniert werden.

Brauner Splintholzkäfer

Der Braune Splintholzkäfer – Lyctus

Ursprünglich kommen Splintholzkäfer aus Asien. Durch die Einfuhr tropischer Hölzer sind sie auch in unseren Breiten heimisch geworden. In Europa sind 14 Arten vertreten. Nur der Lärchensplintholzkäfer befällt Nadelhölzer, die anderen Arten sind in Laubhölzern zu finden.

Der Käfer wird 2,5 – 8 mm lang und ist an dem sehr schlanken braungefärbten Körper zu erkennen.

Zur gleichen Gattung gehört auch der Linierte Splintholzkäfer; bei uns besser als **Parkettkäfer** bekannt.

Die Larven sind wie die der Anobie engerlingartig. Sie können bis zu 6 mm lang werden und sind an der elfenbeinartigen Farbe zu erkennen.

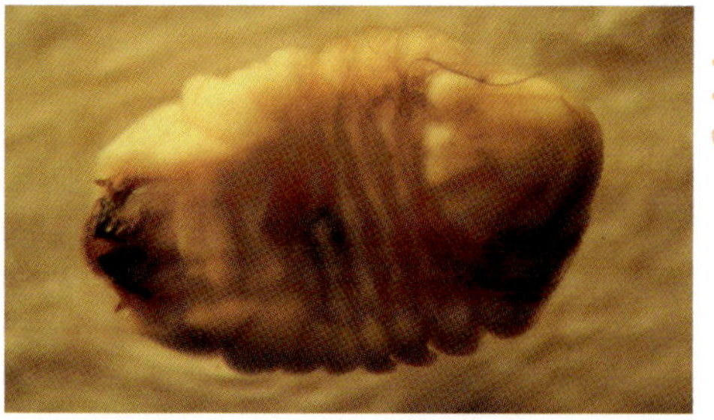

Larve des Braunen Splintholzkäfers

Auch diese Larve befällt nur das Splintholz und ernährt sich von der dort reichlich vorhandenen Stärke. Sie legen ihre Fraßgänge in Faserrichtung an. Da die Gänge mit festem Bohrmehl wieder verstopft werden, sind sie im Frühstadium schwer zu erkennen. Später werden die Hölzer flächenartig zerstört.

Bohrmehl fällt erst aus den Fluglöchern, wenn das Holz weitgehend zerstört ist.

Der Braune Splintholzkäfer legt seine Eier immer wieder in das schon befallene Holz. Daraus erklärt sich auch dessen weitgehende Zerstörung.

Das Weibchen legt ca. 70 Eier in Spalten, Risse und Poren des Laubholzes. Die Larven entwickeln sich in einem Zeitraum von 5 bis 18 Monaten. Am Ende eines Fraßgangs reifen die Puppen in der sog. Puppenwiege, knapp unter der Holzoberfläche, zu Käfern heran. Von außen ist der Befall nur an den 1 – 2 mm kreisrunden Ausflugslöcher zu erkennen.

Vom Braunen Splintholzkäfer befallenes Holz

Der Braune Splintholzkäfer befällt Bäume, Rohholz, Schnittholz und sogar Furnierpakete. Schäden treten häufig in Möbeln, Verkleidungen, Leisten und Parkett auf, da die Larven des Braunen Splintholzkäfers in Hölzern mit sehr niedriger Feuchte leben können. Es können dadurch in zentralgeheizten Räumen befindliche Holzprodukte befallen werden. Bei günstigen Bedingungen können zwei Generationen von Larven pro Jahr das Holz zerstören.

Da der Splintholzkäfer den Splint des Baumes befällt, ist bei Holz das Kernholz zu verwenden. Außerdem kann dem Befall durch Holzschutzmittel und Lacküberzüge vorgebeugt werden.

Aufgaben

1. *Erklären Sie den Entwicklungskreislauf bei pflanzlichen und tierischen Holzschädlingen. In welchem Stadium dieses Entwicklungsprozesses tritt die Holzzerstörung auf?*
2. *Welche Bedingungen müssen für einen Pilzbefall gegeben sein?*
3. *Inwiefern beeinträchtigen Weißfäule und Bläuepilz die Verwendung von Holz?*
4. *Warum ist der Hausbock der gefährlichste Schädling im verarbeiteten Holz?*

5 Der Arbeitsplatz des Schreiners

Welche Aufgaben kann die Hobelbank erfüllen?

Die Hobelbank ist ein wichtiges Werkzeug für den Tischer. Seit alters her werden an ihr die unterschiedlichsten Handarbeiten ausgeführt und Produkte gefertigt.

Welche Aufgaben kann speziell die Hobelbank erfüllen?

Was sollte ein gut sortierter Werkzeugkasten beinhalten?

5.1 Hobelbank und Werkzeugkasten

Die Hobelbank ist ein wichtiges Werkzeug für den Tischler. Seit alters her werden an ihr die unterschiedlichsten Handarbeiten ausgeführt und Produkte gefertigt. Ein gut sortierter Werkzeugkasten ergänzt den Arbeitsplatz des Schreiners.
Welche Aufgaben kann speziell die Hobelbank erfüllen?

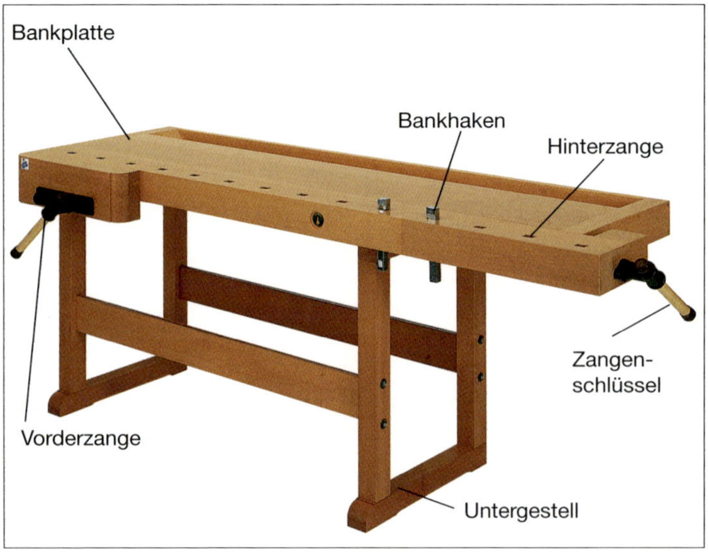

Ausstattung der Hobelbank

Die Teile der Hobelbank und ihre Aufgabe

Die Hobelbank ist trotz der vielen und modernen Maschinen für den Tischler ein unverzichtbares Arbeitsgerät. An ihr kann man Werkstücke auf unterschiedlichste Weise auflegen oder festspannen. Es gibt unterschiedliche Größen und Ausführungen der Hobelbank, wobei jedoch Untergestell und Bankplatte immer aus Rotbuche gefertigt sind. Dieses Holz weist gute mechanische Eigenschaften auf und ist hart und zäh.

Bankhaken

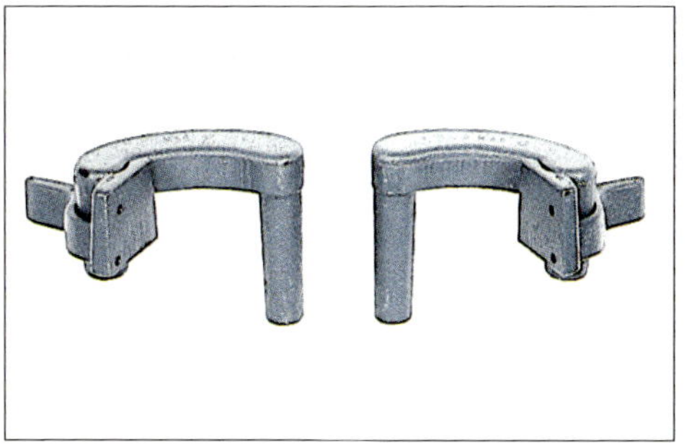
Seitenbankhaken

An der **Vorderzange** können Werkstücke zum Sägen, Bestoßen und Fügen eingespannt werden. An der **Hinterzange** werden meist aufrecht stehende Werkstücke bearbeitet. Das Schlitzen von Rahmenteilen kann hier besonders gut erfolgen. Liegende Teile können mit den **Bankhaken** festgehalten werden. Diese werden je nach Werkstückgröße in ein Bankhakenloch der Platte und in eines der Hinterzange gesteckt. Mit den Bankhaken können auch kleine Bauteile verleimt und verpresst werden. Auf Wunsch gibt es auch passend zur Hobelbank **Seitenbankhaken**. Damit können sperrige Werkstücke festgehalten werden. Der Spitzbankhaken wird an der Plattenseite festgeschraubt und dient als Haltehilfe für kleine und auch lange Werkstücke sowie zum Abhobeln dünner Leisten.

Der **Bankknecht** stützt sperrige und große Bauteile, die mit der Vorder- oder Hinterzange festgehalten werden, ab. Das Werkstück kann so sicher bearbeitet werden. Der Bankknecht ist verstellbar und kann auf die notwendige Höhe eingestellt werden.
Viele Hobelbänke sind mit einer Lade versehen. In dieser können Werkzeuge und andere Arbeitsmittel gelagert werden.
Spanabhebende Arbeiten dürfen auf der Hobelbank nur mit einer Unterlage durchgeführt werden. Damit ist die Platte vor Beschädigungen geschützt.

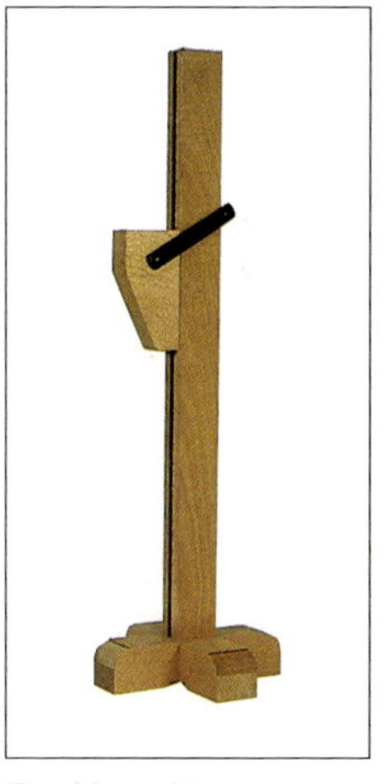
Bankknecht

Die Pflege der Hobelbank

Ist die Hobelbankplatte mit Leimresten o. Ä. verunreinigt, können diese mit einer Ziehklinge entfernt werden. Anschließend ist sie mit Leinöl einzulassen. Dadurch dringt der Schmutz nicht so tief in das Holz ein.

Nur eine saubere Hobelbank garantiert eine saubere Arbeit. Merke

Der Werkzeugkasten

Im Werkzeugkasten des Tischlers sind alle nötigen Handwerkzeuge untergebracht.
Von den üblichen Hobeln über verschieden breite Stechbeitel bis hin zu Beißzange und Schraubendreher ist alles zu finden.
Zu einem vollständig ausgerüsteten Werkzeugkasten gehören aber auch Schlitz-, Absetz- und Schweifsäge.
Immer häufiger werden Feinsäge und Fuchsschwanz durch japanische Sägen ersetzt, die nur auf Zug arbeiten und ein sehr exaktes Schneiden ermöglichen.
Der Werkzeugkasten wird in der Nähe der Hobelbank an der Wand befestigt.
Man kann ihn aber auch als Kipplade in die Hobelbank einbauen. Die Ausstattung bleibt gleich.

Werkzeuge im Werkzeugkasten

Aufgaben

1. *Aus welchen Teilen besteht die Hobelbank?*
2. *Welche Aufgabe erfüllen die Bankhaken und der Bankknecht?*
3. *Nennen Sie Arbeiten, die an der Hobelbank ausgeführt werden.*
4. *Bestimmen Sie die ideale Arbeitshöhe einer Hobelbank.*
5. *Beschreiben Sie die Pflege einer Hobelbank.*

5.2 Sicherheit am Arbeitsplatz

Welchen Gefahrenbereichen begegnet man im Tischlerhandwerk?

Der Beruf des Tischlers ist sehr abwechslungsreich. Viele verschiedene Arbeiten mit unterschiedlichen Materialien sind auszuführen. Ob nun mit Holz, Metall, Glas, Kunststoff oder Chemikalien gearbeitet wird, stets ist ein umsichtiges Handeln gefordert.
Dies gilt auch für die Werkzeuge, die vom Tischler verwendet werden. Besonders die Holzbearbeitungsmaschinen sind gefährlich, weshalb nur eingewiesene Personen an ihnen arbeiten dürfen.
Aber auch das unsachgemäße Benutzen von Handwerkzeugen kann zu Verletzungen führen.

Die Schutzkleidung und andere Schutzmaßnahmen

Der Tischler muss geeignete Arbeitskleidung tragen. Es ist auf alle Fälle darauf zu achten, dass die Kleidung eng anliegend ist. Empfehlenswert sind Hemden mit knöpfbaren Bünden sowie Latzhosen, die Platz für Meterstab und Bleistift bieten. Aber auch Sicherheitsschuhe zählen zur Grundausstattung.

Hals- und Handkettchen und anderer nicht anliegender Schmuck muss während der Arbeit unbedingt abgelegt werden, damit er sich nicht an den schnell laufenden Werkzeugen verfangen kann. Auch das Tragen von Ringen und Armbanduhren kann unter Umständen zu Verletzungen führen.

Der **Gehörschutz** ist besonders bei der Maschinenarbeit wichtig. Aber auch in anderen lärmbelasteten Räumen ist er zu tragen. Die Schutzbrille schützt die Augen vor Metallspänen und Chemikalien. Beim Umgang mit Chemikalien sind neben der schon erwähnten **Schutzbrille** auch noch **Schutzhandschuhe** zu tragen.

Eine **Staubmaske** schützt vor dem nicht ungefährlichen Staub. Besonders Buche- und Eichenstaub können der Auslöser von Schleimhautkrebs in der Nase sein.

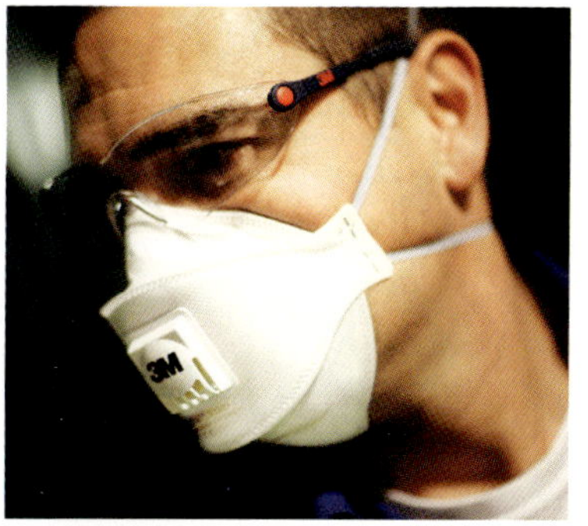

Staubmaske

Richtiger Umgang mit dem Stechbeitel

Der Umgang mit Handwerkzeugen

Auch der unvorsichtige Umgang mit Handwerkzeugen kann zu schlimmen Unfällen führen. Es ist generell darauf zu achten, dass die Werkstücke fest eingespannt sind.
Beim Arbeiten mit Stemm- und Stechwerkzeugen ist die Schneide bzw. die Spitze immer vom Körper bzw. der Hand wegzuführen.

Um Unfälle beim Sägen zu vermeiden, ist grundsätzlich darauf zu achten, dass die Finger oder die Hände nicht auf dem Sägeriss liegen. Um ein Abrutschen zu verhindern, kann der Daumen als „Anschlag" verwendet werden. Wird mit einer Gestellsäge gearbeitet, ist der Daumen auf das Sägeblatt zu legen. Dadurch wird ein „Springen" des Sägeblattes verhindert.

Schilder und Hinweise

Gefahrenbereiche sind mit Hinweisschildern gekennzeichnet. Die Schilder unterteilen sich in vier Gruppen: Verbotszeichen, Warnzeichen, Hinweiszeichen, Gebotszeichen.

Verbotszeichen *(Beispiele)*

Rauchen verboten

Feuer, offenes Licht und Rauchen verboten

Für Fußgänger verboten

Verbot, mit Wasser zu löschen

Kein Wasser

Warnzeichen *(Beispiele)*

Warnung vor radioaktiven Stoffen oder ionisierenden Strahlen

Warnung vor schwebender Last

Warnung vor Flurförderzeugen

Warnung vor gefährlicher elektrischer Spannung

Warnung vor einer Gefahrenstelle

Hinweiszeichen *(Beispiele)*

Erste Hilfe

Arzt

Notruftelefon

Sammelplatz

Augenspül-vorrichtung

Gebotszeichen *(Beispiele)*

Augenschutz tragen

Kopfschutz tragen

Gehörschutz tragen

Atemschutz tragen

Schutzschuhe tragen

Neben den vorhergehend aufgeführten Hinweisschildern können auch die folgenden Schilder zur Anwendung kommen:

Brandfördernd, oxidierend

Leicht entzündlich

Ätzend

Reizend, gesundheits-schädlich

Giftig, sehr giftig

Für Wasser-organismen schädlich, giftig oder sehr giftig

Umweltschutz

Schone die Umwelt

Unsere Umwelt ist durch Abgase und Chemikalien stark belastet. Ein verantwortungsvoller Umgang mit ihr ist deshalb besonders wichtig. Der Tischler arbeitet auch mit umweltbelastenden Chemikalien. Auf eine fach- und umweltgerechte Verwendung und Entsorgung ist zu achten. Hier geben insbesondere die technischen Merkblätter Auskunft. Neben den chemischen Produkten wird der Lärm immer mehr als umweltbelastend empfunden. Durch die Verwendung von schallgeminderten Maschinen kann die Belastung verringert werden.

Sicherheit im Umgang mit elektrischem Strom

Viele Holzbearbeitungsmaschinen werden mit elektrischem Strom betrieben. Gerade bei Handmaschinen kann es immer wieder durch schadhafte Isolation zu einem Kurzschluss kommen. In der Regel sind die Anschlüsse mit einem Fehlerstrom-Schutzschalter (FI-Schalter) gesichert. Dieser vergleicht die Stromstärken in der Zu- und Rückleitung. Da die Stromstärke im gesamten belasteten Leitungsnetz konstant ist, unterbricht der FI-Schalter den Stromkreis, wenn die Stromstärken in der Zuleitung einen anderen Wert haben als in der Rückleitung. Dieser Unterschied tritt z. B. auf, wenn aufgrund eines Leitungsdefektes ein Metallgehäuse unter Strom steht oder wenn eine **Kabelisolierung defekt** ist. Der FI-Schalter unterbricht dann sofort den Stromkreis.

Trotz dieser Sicherungseinrichtungen ist ein vorsichtiger Umgang mit dem elektrischen Strom notwendig.

Merke

Kontakt mit dem elektrischen Strom kann Lebensgefahr bedeuten.

Richtiges Heben und Tragen

Das Heben und Tragen schwerer Lasten kann bei falscher Haltung zu gesundheitlichen Belastungen der Wirbelsäule, der Gelenke und der Muskulatur führen. Einseitige Arbeitshaltungen wie z. B. knien, bücken oder arbeiten in der Hocke oder über der Schulterhöhe können zu Durchblutungsstörungen und damit zu einer Ermüdung der Muskeln beitragen.
Deshalb sollten Trage- und Transporthilfen verwendet werden. Schwere Gegenstände sind von mehreren Personen zu transportieren.
Wenn möglich, sollte die Arbeitshaltung öfter gewechselt werden, damit die einseitig belasteten Muskelpartien sich wieder entspannen können. Besonders bei Montagearbeiten ist es wichtig, dass man sich ausreichend gegen Kälte schützt.

Das Skelett wird besonders durch falsches Heben und Tragen belastet.

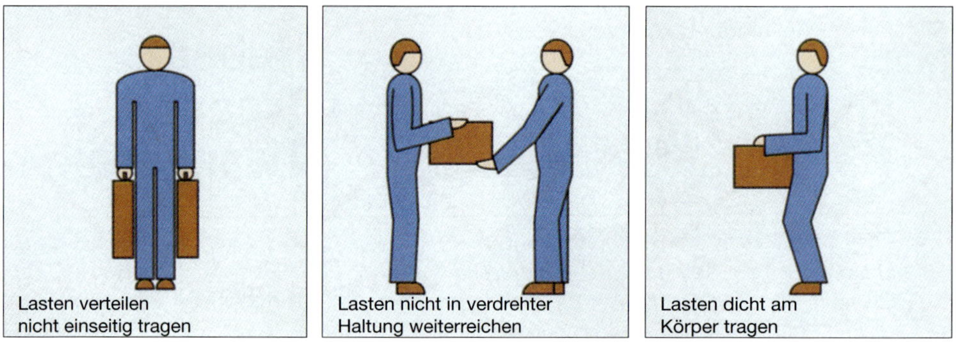

Richtiger Umgang mit Lasten

Brandgefahr in der Tischlerwerkstatt

Besonders in der Tischlerwerkstatt ist die Brandgefahr groß. Nicht nur Holz und Holzspäne, sondern auch Lacke und Lösemittel sind leicht entzündlich. Es ist deshalb darauf zu achten, dass offenes Feuer vermieden wird.
Wenn Holzstaub mit Feuer in Berührung kommt, kann er sogar explodieren.

Merke

Kein Alkohol beim Umgang mit Maschinen!

Aufgaben

1. *Warum muss der Tischler enge Berufskleidung tragen?*
2. *Welche Schutzmaßnahmen sind beim Umgang mit Chemikalien zu treffen?*
3. *Beschreiben Sie den aus sicherheitstechnischer Sicht richtigen Umgang mit dem Stechbeitel.*
4. *Beschreiben Sie die Funktionsweise eines FI-Schalters.*
5. *Nennen Sie drei Regeln, die das richtige Tragen von Lasten beschreiben.*

6 Die Handwerkzeuge des Tischlers

6.1 Mess- und Anreißwerkzeuge

Wie werden Mess- und Anreißwerkzeuge eingesetzt?

Im Praxisunterricht des Berufsgrundschuljahres ist das nebenstehende Säge- und Stemmübungsstück anzufertigen.

Welche Mess- und Ausreißwerkzeuge muss man zur Herstellung dieses Werkstücks einsetzen?

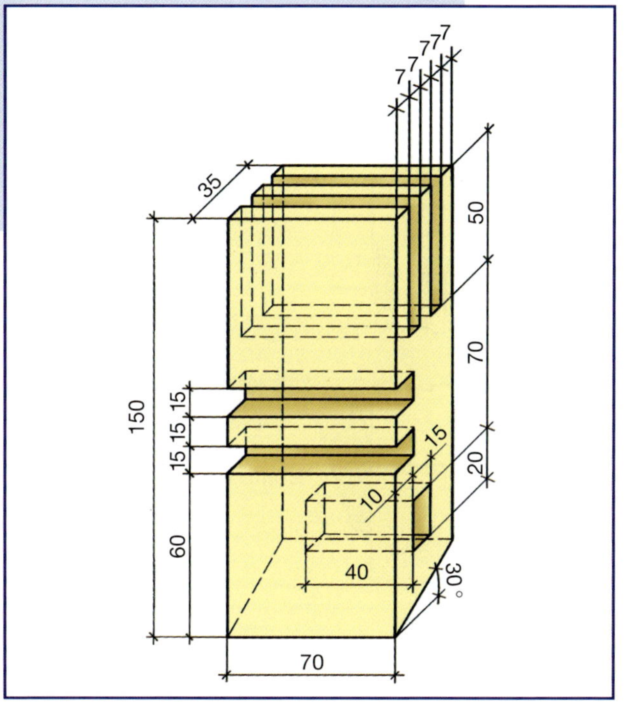

6.1.1 Werkzeuge zum Messen von Längen und Richtungen

Der Gliedermaßstab

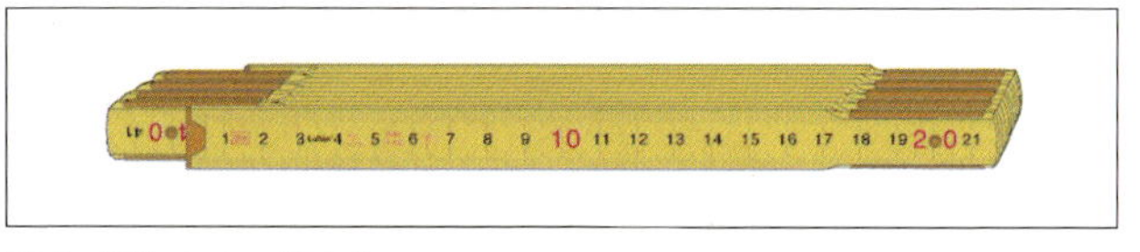

Holz-Gliedermaßstab

Das wichtigste Messwerkzeug des Tischlers ist der Gliedermaßstab. Er wird oft auch als Meterstab bezeichnet. In der Regel ist dieses Messwerkzeug 2,00 m lang und zusammenklappbar. Die einzelnen Glieder werden mit Nieten oder Ösen verbunden. Manchmal sind die Maßstäbe so gestaltet, dass die einzelnen Glieder nach einer Drehung um 90° leicht einrasten. Damit kann ein rechter Winkel eingestellt werden. Die Verbindungen sind von Zeit zu Zeit zu ölen, damit der Gliedermaßstab leichtgängig bleibt und nicht ausleiert. Wenn die Verbindungsstellen ausgeschlagen sind, ist eine genaue Messung im Millimeterbereich nicht mehr möglich.
Günstig ist es, wenn die Maßskala auch schon ab dem ersten Messglied beidseitig aufgebracht ist. Der Gliedermaßstab kann so von beiden Seiten an die Messkante angelegt werden. Besonders bei schwer zugänglichen Ecken lernt man diesen Vorteil schätzen.
Auf wenigen Gliedermaßstäben ist auch noch eine Winkelskala aufgedruckt. Man kann damit beliebige Winkel einstellen und übertragen. Die Genauigkeit ist aber nicht sehr hoch. Ein Winkelmesser kann dadurch nicht ersetzt werden.

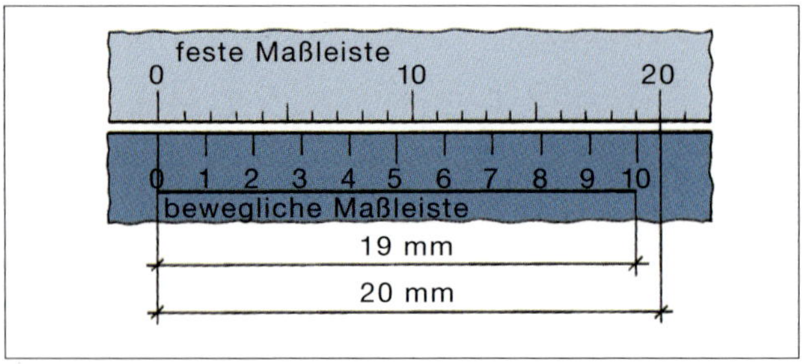

Nonius (Ablesehilfe)

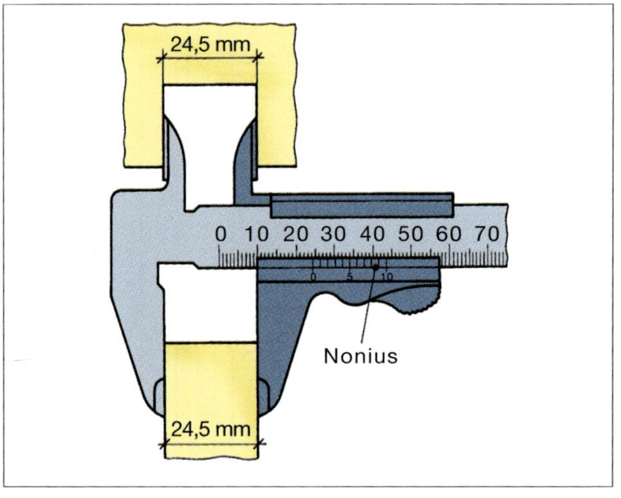

Messschieber

Messuhr an der Tischfräsmaschine

Der Messschieber

Sind Maße genauer als auf einen Millimeter zu bestimmen, kann der Messschieber eingesetzt werden. Mit dem Messschieber lassen sich Dicken, Außen- und Innendurchmesser und Tiefen messen.
Mithilfe des Nonius und der Maßskala können Längen auf 1/10 mm genau bestimmt werden.
Ein Messschieber ist so aufgebaut, dass sich zwei Maßteilungen gegenüber liegen. Die feste Maßleiste weist eine mm-Teilung auf. Bei der beweglichen Maßleiste auf dem Nonius wird eine Strecke von 19 mm in 10 Teile unterteilt.
Verschiebt man diese Maßleiste, zeigt der erste Teilstrich die Millimeter an. Der nächste Teilstrich, der sich mit einem Teilstrich auf der festen Maßleiste deckt, gibt den Wert der 1/10 mm an.
Auf anderen Messschiebern ist die Länge der 39 mm langen beweglichen Maß-Leiste in 20 Teile eingeteilt. Dann kann man sogar auf 1/20 mm genau messen. Diese Genauigkeit ist im Holzverarbeitungsbereich aber nur sehr selten nötig.
In letzter Zeit kommen immer häufiger Messschieber mit Digitalanzeige zum Einsatz.

Das Einstell-Messgerät

Dieses Messgerät (Messuhr) wird zum Einstellen der Maschinenwerkzeuge benutzt. Es lassen sich damit die Schnitthöhen und -tiefen von Tischkreissägeblättern, Nutfräsern, Falzköpfen usw. sehr leicht einstellen. Über einen Taster wird die Längenanzeige auf die Messuhr übertragen.
Die Genauigkeit der Messuhr hängt von der Ausführung ab.

Das Lot

Die Senkrechte, auch *Vertikale* oder *Lotrechte* genannt, kann sehr einfach mit einem Lot überprüft werden. Es besteht aus einer Schnur mit einer Senkmasse, die meist kegelförmig ausgebildet ist. Das Schwerefeld der Erde bewirkt eine senkrecht nach unten ziehende Kraft auf diese Senkmasse. Dadurch bleiben die Masse und die daran befestigte Schnur immer lotrecht.

Die Wasserwaage

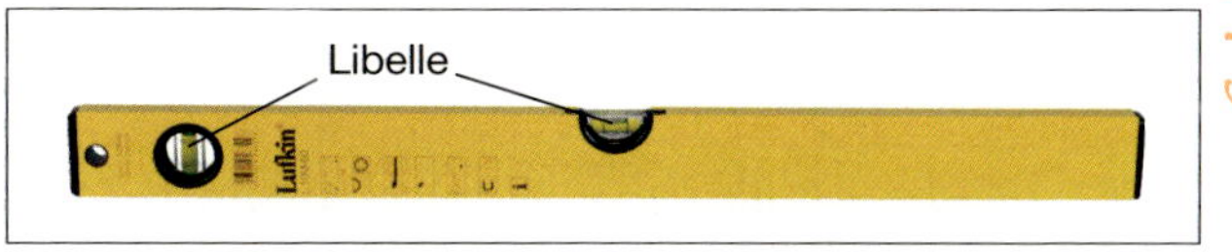

Leichtmetall-Wasserwaage

Die horizontale (waagerechte) oder vertikale (senkrechte) Lage von Bauteilen kann mithilfe der Wasserwaage bestimmt werden. Sie ist aus Metall oder Holz gefertigt. Es gibt sie in unterschiedlichen Baulängen bis zu 120 cm. Sind größere Längen zu überprüfen, kann die Wasserwaage an eine **Messlatte** angelegt werden. Im Handel befinden sich auch Messlatten mit eingebauten Libellen. Messlatten werden meist aus Aluminium hergestellt. Zum einen sind sie dadurch sehr leicht, zum anderen bleiben sie formstabil.
Das Überprüfen der Horizontalen bzw. der Vertikalen geschieht mithilfe einer sogenannten **Libelle.** Dies ist ein mit einer gefärbten Flüssigkeit gefülltes gekrümmtes Glasröhrchen im Waagenkörper.
In der Flüssigkeit ist eine Gasblase eingeschlossen, die stets das Bestreben hat, an die höchste Stelle der Krümmung im Röhrchens zu steigen.
Befindet sich die Gasblase exakt zwischen zwei auf dem Röhrchen geeichten Markierungsstrichen, zeigt die Wasserwaage genau die Waagrechte bzw. Senkrechte an.

Die Schlauchwaage

Bei Montagearbeiten in Rohbauten ist es wichtig eine Bezugshöhe zu haben. Dies ist in der Regel der **Meterriss**. Er wird genau einen Meter über der Oberkante des späteren fertigen Fußbodens angezeichnet. Die vorgesehene Höhe des Fußbodenaufbaus kann man aus dem Bauplan entnehmen. Für den Tischler spielt der Meterriss eine wichtige Rolle, z. B. beim Setzen von Türen. Die Markierung des Meterrisses muss in alle anderen Räume übertragen werden. Dazu verwendet man die Schlauchwaage. Sie ist lediglich ein langer, mit Wasser gefüllter durchsichtiger Kunststoffschlauch.
Die Wasserkuppe des einen Schlauchendes wird genau auf die Höhe der ausgezeichneten Markierung eingestellt. Der Wasserspiegel stellt sich am anderen Ende dieses Kunststoffschlauches auf exakt die gleiche Höhe ein. Jetzt kann die Markierung übertragen werden. Das Prinzip der Schlauchwaage beruht auf der Erkenntnis der zusammenhängenden (kommunizierenden) Röhren. Es besagt, dass sich in zusammenhängenden Leitungen überall der gleiche Wasserstand einstellt.

6.1.2 Winkelmesswerkzeuge und deren Gebrauch

Der 90°-Winkel und der Gehrungswinkel

Winkelmesswerkzeuge werden zum Anreißen und Überprüfen von Winkeln gebraucht. Der Tischler verwendet hierbei hauptsächlich den 90°-Winkel. (kurz „*Winkel*“) und den 45°-Winkel *(Gehrungswinkel)*. Durch die Verbindung von Edelholz mit Metall wird hierbei die Herstellung präziser Werkzeuge möglich.

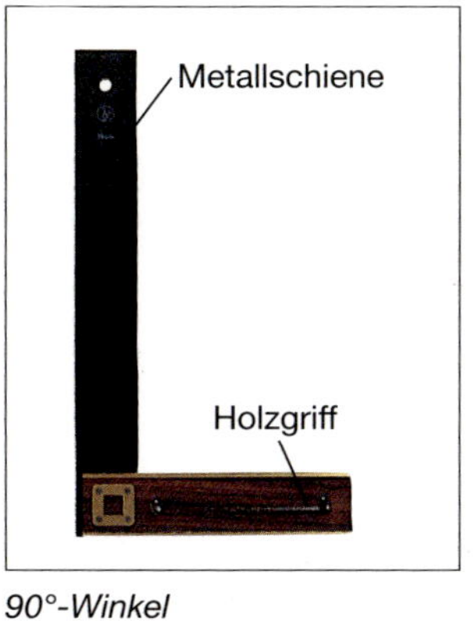

90°-Winkel

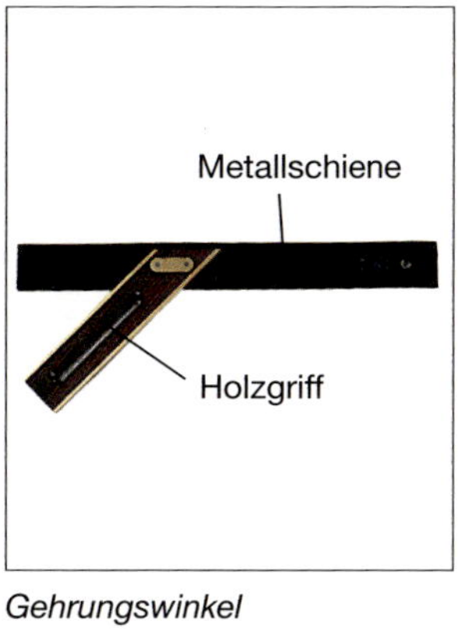

Gehrungswinkel

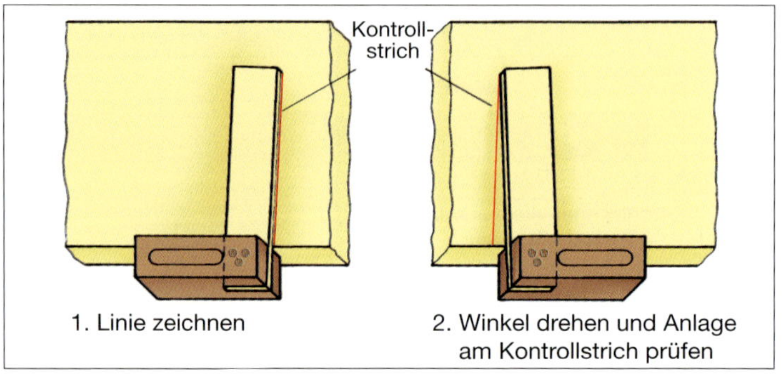

Winkelprüfung durch Drehen des Winkels

Die Herstellung und Überprüfung des 90°-Winkels

Winkel können auch vom Tischler selbst hergestellt werden. Meist verwendet er dazu Buche oder Weißbuche. Das Holz muss einen geraden Faserverlauf und geeignete Holzfeuchtigkeit aufweisen. Diese Winkel müssen jedoch dauernd auf ihre Maßhaltigkeit überprüft werden.

Weitere Hinweise siehe Kapitel 6.1.4

Dabei kann der Winkel eines 90°-Winkels zeichnerisch als auch rechnerisch überprüft werden. Liegt der Kontrollstrich nach dem Drehen des Winkels nicht wieder genau an der Winkelkante an, ist er „aus dem Winkel" und kann nicht mehr verwendet werden. Mithilfe des pythagoreischen Lehrsatzes kann der Winkel ebenfalls überprüft werden.

Die Schmiege

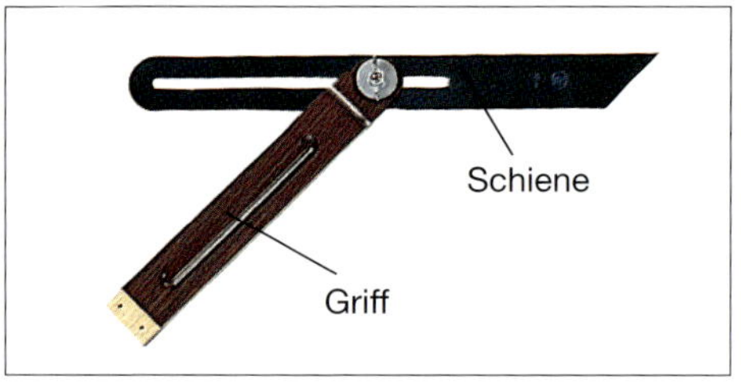

Schmiege

Mit der Schmiege kann jeder beliebige Winkel eingestellt und übertragen werden. Die bewegliche Schiene und der durchgehende Schlitz lassen auch Innenmessungen von Winkeln zu. Meist wird jedoch der Winkel von einem Werkstück abgenommen und auf ein anderes Werkstück übertragen.

Zum Antragen eines in Zahlen vorgegebenen Winkels wird der **Winkelmesser** verwendet.

Merke

Unbrauchbar gewordene Messwerkzeuge sind umgehend zu entfernen. Der Schaden, den sie anrichten können, ist weitaus größer als die Anschaffungskosten für ein neues Messwerkzeug.

6.1.3 Anreißwerkzeuge und deren Gebrauch

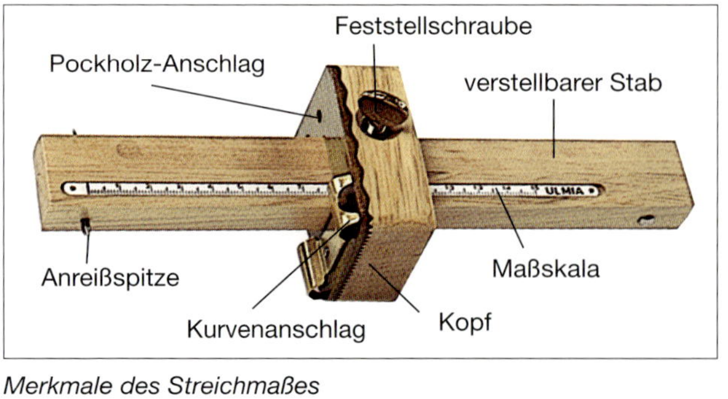

Merkmale des Streichmaßes

Der Bleistift und der Spitzbohrer

Linien und Markierungen überträgt der Tischler mit einem spitzen, harten Bleistift auf das zu bearbeitende Material. Wenn er dazu einen Spitzbohrer verwendet, kann dies unter Umständen problematisch sein, da hierbei die Holzoberfläche eingeritzt wird.

Das Streichmaß

Parallele Abstände zu einer geraden Kante reißt man mit dem Streichmaß an. Auf den verschiebbaren Zungen des Streichmaßes ist eine Maßskala abgedruckt. Hier kann der genaue Abstand zur Anreiß-Spitze eingestellt werden. Wie beim Spitzbohrer ritzt der scharfe Anreißstift das Holz ein.

Der Zirkel

Kreise oder Kreisbögen können mit Spitz- oder Holzzirkel übertragen werden.

Große Radien werden mit einem Stangenzirkel geschlagen. Steht dieser nicht zur Verfügung, kann eine Leiste mit einem kleinen Nagel und einer Bohrung, die den Bleistift aufnimmt, verwendet werden.

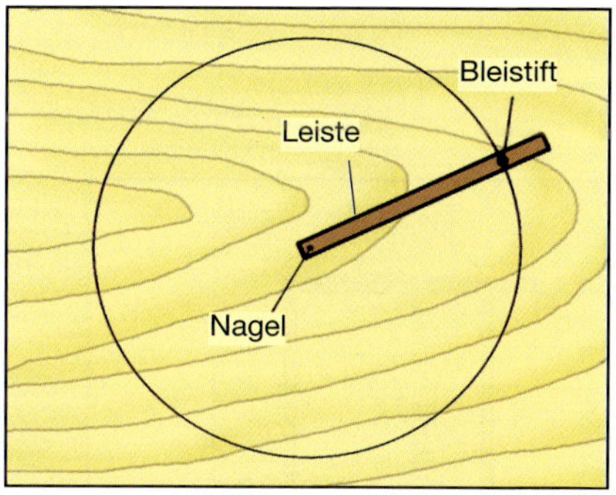

Zeichnen eines Kreises mit Leiste und Bleistift

Zeichnen einer Ellipse

Das Übertragen einer Ellipse ist schwierig. Mit der folgenden Methode kann sie aber sehr leicht auf den Untergrund gebracht werden. Man braucht dazu eine Schnur mit der doppelten Länge der großen Halbachse. Die große Halbachse wird mit a, die kleine Halbachse mit b bezeichnet. Die beiden Schnurenden sind in den Brennpunkten A zu befestigen (z. B. mit einem Nagel). Der Bleistift wird fest und senkrecht an die Schnur gedrückt und gleichzeitig von einem Ende der großen Halbachse über den Endpunkt der kleinen Halbachse zum Endpunkt der anderen großen Halbachse geführt.

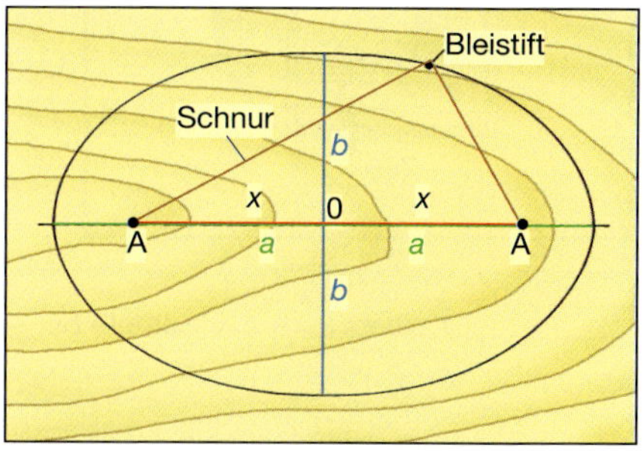

Zeichnen einer Ellipse mit Schnur und Bleistift

Die Lage der Brennpunkte A ist jeweils die Strecke x vom Mittelpunkt 0 entfernt. Diese Strecke x berechnet sich aus den Längen der großen und der kleinen Halbachsen der Ellipse nach folgender Formel:

$$x = \sqrt{a^2 - b^2}$$

Auf diese Weise lassen sich sehr schnell und einfach Ellipsen beliebiger Größe konstruieren.

Aufgaben

1. *Nennen Sie zwei Holzverbindungen, bei denen der Tischler das Streichmaß zum Anreißen verwendet.*
2. *Wozu dient eine Schmiege?*
3. *In einer Turnhalle soll eine Wandverkleidung angebracht werden. Welche Möglichkeiten hat der Tischler, senkrechte Linien an der 8,2 m hohen Wand festzulegen?*

6.1.4 Lehrsatz des Pythagoras

Wie wird ein rechter Winkel geprüft?

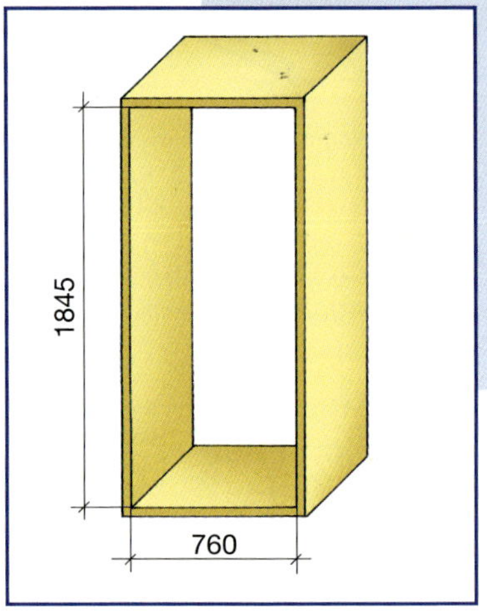

Bei der Verleimung eines Korpus ist darauf zu achten, dass dieser rechtwinklig ist. Das garantiert später einen sicheren Stand und einen reibungslosen Einbau von Schubkästen und Türen.

Mit dem „Lehrsatz des Pythagoras“ kann man rechnerisch rechte Winkel überprüfen.
Doch in der Praxis lässt sich diese Kontrolle der Rechtwinkligkeit z. B. bei einem Möbelkorpus einfacher und schneller durchführen. Gewusst wie?

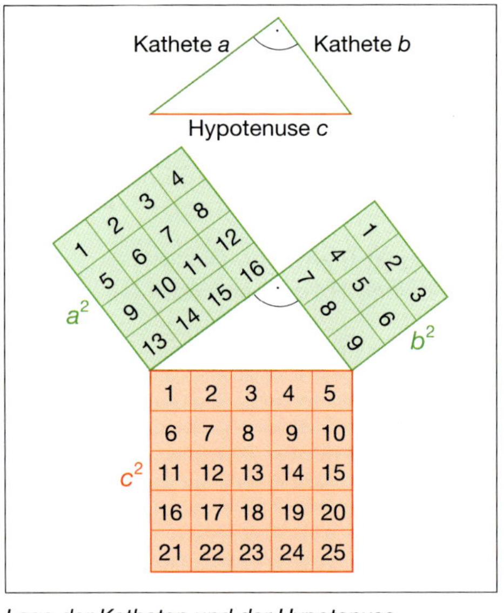

Lage der Katheten und der Hypotenuse

Die Bezeichnungen an einem rechtwinkligen Dreieck

Die beiden Seiten, die den rechten Winkel bilden, werden Katheten genannt. Die dem rechten Winkel gegenüberliegende Seite heißt Hypotenuse.

Die Seitenlängen werden wie folgt berechnet:

$c^2 = a^2 + b^2$	$c = \sqrt{a^2 + b^2}$
$a^2 = c^2 - b^2$	$a = \sqrt{c^2 - b^2}$
$b^2 = c^2 - a^2$	$b = \sqrt{c^2 - a^2}$

c Hypotenuse
a Kathete
b Kathete

Der Lehrsatz des Pythagoras lautet:
„Die Summe der Fläche der Quadrate über den Katheten ist gleich der Fläche des Quadrates über der Hypotenuse.“

Merke **Der Lehrsatz des Pythagoras gilt nur für rechtwinklige Dreiecke.**

Beispiel ***Berechnung***

Das Innenmaß einer Korpusseite (siehe Bild oben) wird mit 1845 mm angegeben. Der Boden misst innen 760 mm. Bestimmen Sie die Länge der Diagonale.
Gegeben: $a = 1865$ mm; $b = 760$ mm
Gesucht: Diagonale *c*

Lösung

$c^2 = a^2 + b^2$

$c = \sqrt{a^2 + b^2}$

$c = \sqrt{(1\,865 \text{ mm})^2 + (760 \text{ mm})^2}$

$c = \underline{\underline{2014 \text{ mm}}}$

Mit dem Lehrsatz des Pythagoras lässt sich der rechte Winkel kontrollieren

Setzt man in die Formel $c = \sqrt{a^2 + b^2}$ für die Kathete $a = 3$ und die Kathete $b = 4$ ein, ergibt die Gleichung die richtige Lösung, nämlich die Länge 5 für die Hypotenuse c:

$$c = \sqrt{3^2 + 4^2};\ c = \sqrt{9 + 16};\ c = \sqrt{25};\ c = \underline{\underline{5}}$$

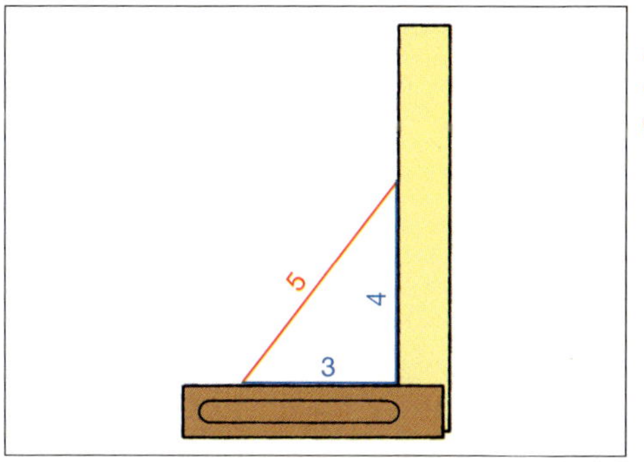

Seitenverhältnisse des rechten Winkels

Verhalten sich also die Katheten und die Hypotenuse im Verhältnis $a:b:c = 3:4:5$, kann auf die Rechtwinkligkeit des Winkels geschlossen werden.
Diese Gleichung ist auch für alle ganzzahligen Vielfachen dieser Werte erfüllt, z. B. 6 cm : 8 cm : 10 cm (Die Basiszahlen 3, 4 und 5 sind hier mit 2 cm zu multiplizieren).
Auf diese Weise kann auch der Gehrungswinkel überprüft werden.
Dieses Verfahren kann aber auch zum Kontrollieren des rechten Winkels an einem Mauerwerk verwendet werden. Hier empfiehlt es sich aber der Genauigkeit wegen, größere Strecken zu wählen, die aber immer ein Vielfaches des Verhältnisses 3 : 4 : 5 sein müssen; z. B. 60 cm : 80 cm : 100 cm.

6.1.5 Winkelfunktionen

Wo werden Winkelfunktionen angewendet?

Die Zimmertür ist mit einer geteilten Füllung zu fertigen. Der eine Teil ist aus Glas, der andere Teil aus einer lackierten MDF-Platte hergestellt.

Unter welchem Winkel müssen beide Füllungsteile geschnitten werden?

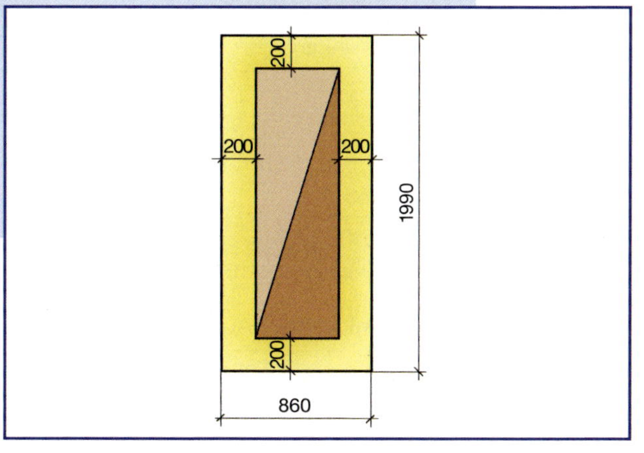

Mithilfe von Winkelfunktionen können Winkel und Längen in einem rechtwinkligem Dreieck berechnet werden.

- Die Hypotenuse c liegt dem rechten Winkel gegenüber.
- Die Ankathete b liegt an dem betrachteten Winkel an.
- Die Gegenkathete a liegt dem betrachteten Winkel α gegenüber.

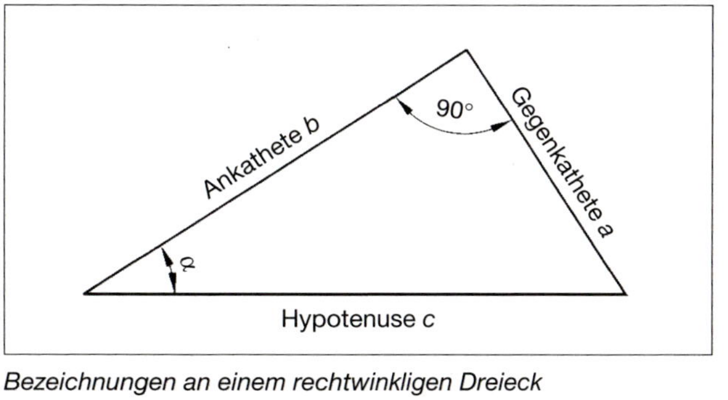

Bezeichnungen an einem rechtwinkligen Dreieck

Die Seitenverhältnisse hängen nur vom Winkel ab. Deshalb nennt man diese Abhängigkeit Winkelfunktionen. Sie lassen sich mit folgenden Formeln ausdrücken:

$$\text{Sinus} = \frac{\text{Gegenkathete}}{\text{Hypotenuse}} \qquad \sin \alpha = \frac{a}{c}$$

$$\text{Cosinus} = \frac{\text{Ankathete}}{\text{Hypotenuse}} \qquad \cos \alpha = \frac{b}{c}$$

$$\text{Tangens} = \frac{\text{Gegenkathete}}{\text{Ankathete}} \qquad \tan \alpha = \frac{a}{b}$$

c Hypotenuse
b Ankathete
a Gegenkathete
α Winkel

Die Verhältniszahlen in Abhängigkeit vom Winkel können aus Tabellen (z. B. Tabellenbuch) entnommen werden. Jedoch verfügen die meisten Taschenrechner über eine Funktionstaste, mit der diese Werte bestimmt werden können.
Mithilfe dieser Werte und einer bekannten Seitenlänge können die unbekannten Seitenlängen eines rechtwinkligen Dreiecks berechnet werden. Umgekehrt kann aber auch der jeweilige Winkel des Dreiecks bestimmt werden.

Beispiel

Berechnung
Die Füllung der Innentür (siehe Bild am Kapitelanfang) muss an der Kreissägemaschine gefertigt werden. Dazu ist der Winkel zwischen der Längsseite und der Hypotenuse der Füllung zu bestimmen.
Gegeben: Türbreite: 860 mm, Türhöhe 1 990 mm, Rahmenbreite 200 mm
Gesucht: Winkel α

Lösung

$$\tan \alpha = \frac{a}{b}$$

a = 860 mm – 2 · 200 mm = 460 mm

b = 1 990 mm – 2 · 200 mm = 1 590 mm

$$\tan \alpha = \frac{460\text{ mm}}{1\,590\text{ mm}}$$

$\tan \alpha = 0{,}289 \Rightarrow \alpha = \underline{\underline{16{,}1°}}$

Winkelfunktionen (Auszug)

Grad	Sinus 0° ... 45°						
	Minuten						
	0'	10'	20'	30'	40'	50'	60'
0	0,000	0,003	0,006	0,009	0,012	0,015	0,017
1	0,017	0,020	0,023	0,026	0,029	0,032	0,035
2	0,035	0,038	0,041	0,044	0,047	0,049	0,052
3	0,052	0,055	0,058	0,061	0,064	0,067	0,070
4	0,070	0,073	0,076	0,078	0,081	0,084	0,087
15	0,259	0,262	0,264	0,267	0,270	0,273	0,276
16	0,276	0,278	0,281	0,284	0,287	0,290	0,292
17	0,292	0,295	0,298	0,301	0,303	0,306	0,309
18	0,309	0,312	0,315	0,317	0,320	0,323	0,326
19	0,326	0,328	0,331	0,334	0,337	0,339	0,342
43	0,682	0,684	0,686	0,688	0,690	0,693	0,695
44	0,695	0,697	0,699	0,701	0,703	0,705	0,707
Grad	60'	50'	40'	30'	20'	10'	0'
	Minuten						
	Cosinus 45° ... 90°						

Grad	Tangens 0° ... 45°						
	Minuten						
	0'	10'	20'	30'	40'	50'	60'
0	0,000	0,003	0,006	0,009	0,012	0,015	0,017
1	0,017	0,020	0,023	0,026	0,029	0,032	0,035
2	0,035	0,038	0,041	0,044	0,047	0,049	0,052
3	0,052	0,055	0,058	0,061	0,064	0,067	0,070
4	0,070	0,073	0,076	0,078	0,081	0,084	0,087
15	0,268	0,271	0,274	0,277	0,280	0,284	0,287
16	0,287	0,290	0,293	0,296	0,299	0,303	0,306
17	0,306	0,309	0,312	0,315	0,318	0,322	0,325
18	0,325	0,328	0,331	0,335	0,338	0,341	0,344
19	0,344	0,348	0,351	0,354	0,357	0,361	0,364
43	0,933	0,938	0,943	0,949	0,955	0,960	0,966
44	0,966	0,971	0,977	0,983	0,988	0,994	1,000
Grad	60'	50'	40'	30'	20'	10'	0'
	Minuten						
	Cotangens 45° ... 90°						

Aufgaben

1. *In einem Büro wird ein raumteilender Schrank montiert. Wie groß muss die Diagonale sein, damit der Schrank rechtwinklig zur vorhandenen Wand steht?*
2. *In einem Haus soll eine Treppe eingebaut werden. Bestimmen Sie die Lauflänge bei einer Geschosshöhe von 2,82 m und einer Treppenlänge von 4,81 m.*
3. *Eine Dachschräge muss verschalt werden. Berechnen Sie die Fläche dieser Dachschräge.*

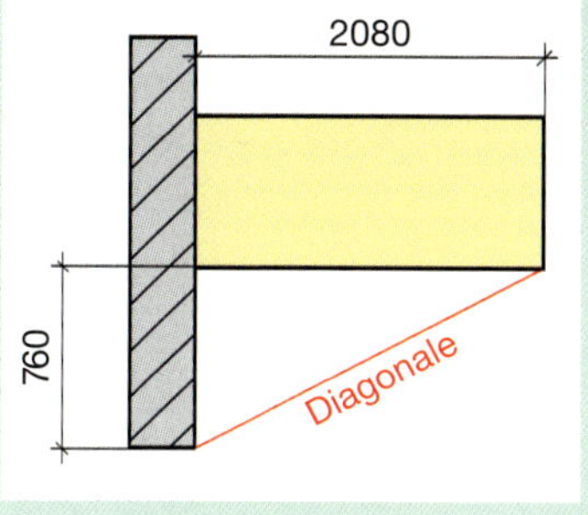

Bild zu Aufgabe 1 und 6

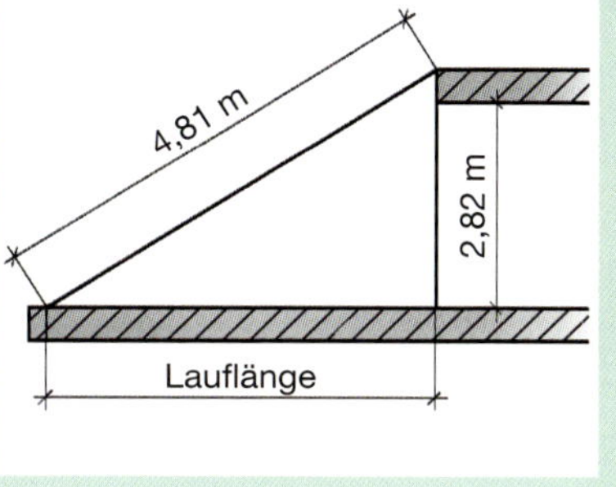

Bild zu Aufgabe 2 und 7

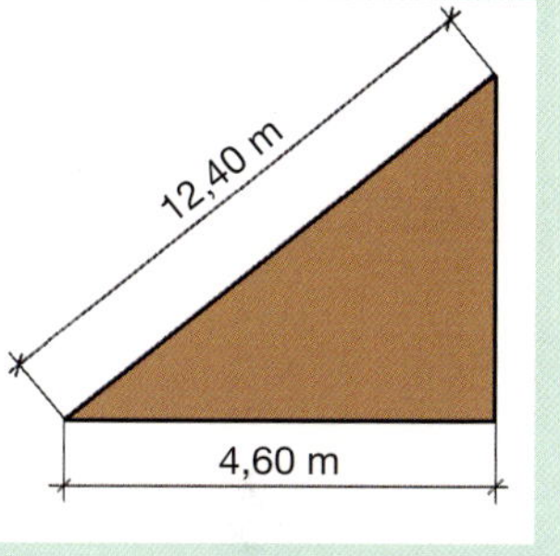

Bild zu Aufgabe 3 und 8

4. *Um die Rechtwinkligkeit eines Korpus zu überprüfen, vermisst man dessen Diagonale. Bestimmen Sie das Diagonalen-Maß für den Korpus.*
5. *Der Deckel eines Schmuckkästchens soll eine besonders schön gestaltete Oberfläche bekommen. Dazu wird das Furnier in Rautenform gesetzt. Bestimmen Sie die Länge der Diagonale eines Blattes.*

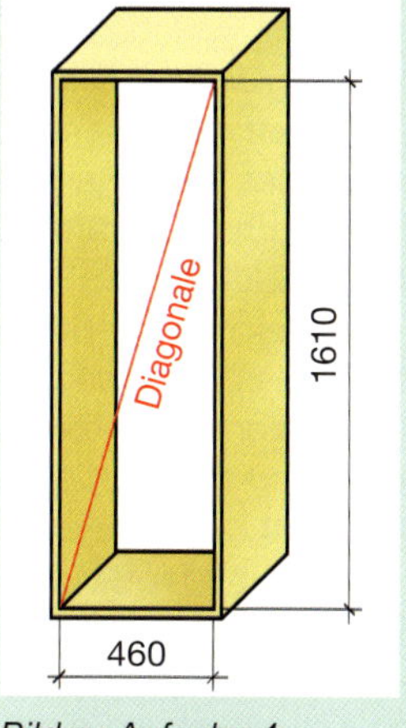

Bild zu Aufgabe 4

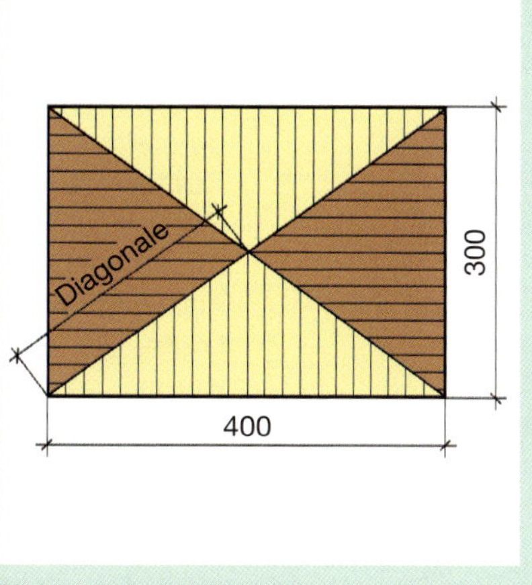

Bild zu Aufgabe 5 und 9

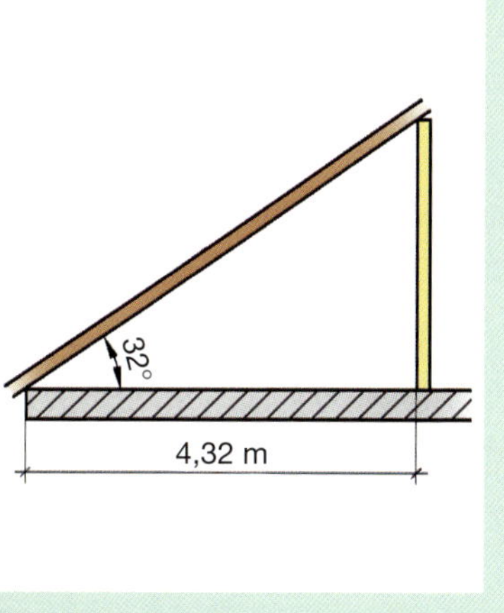

Bild zu Aufgabe 10

6. *Bestimmen Sie den Winkel zwischen Diagonale und der Wand in Aufgabe 1.*
7. *Bestimmen Sie den Neigungswinkel der Treppe aus Aufgabe 2.*
8. *Welchen Winkel hat die Dachschräge aus Aufgabe 3?*
9. *Unter welchem Winkel schneiden sich die Furnierblätter in Aufgabe 5?*
10. *Bestimmen Sie die Höhe der vorhergehend dargestellten Firststütze.*

6.2 Keil als Werkzeugschneide

Wodurch wird erreicht, dass sich das Holz spaltet?

Sie haben doch sicher schon einmal auf einem Hackstock ein Stück Holz gespalten.

Von welchen Faktoren hängt es ab, ob sich Holz gut oder schlecht spalten lässt?

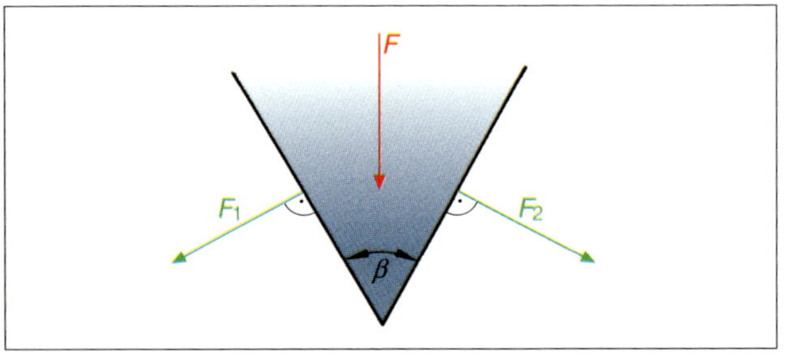

Entstehung der Wangenkräfte am Keil

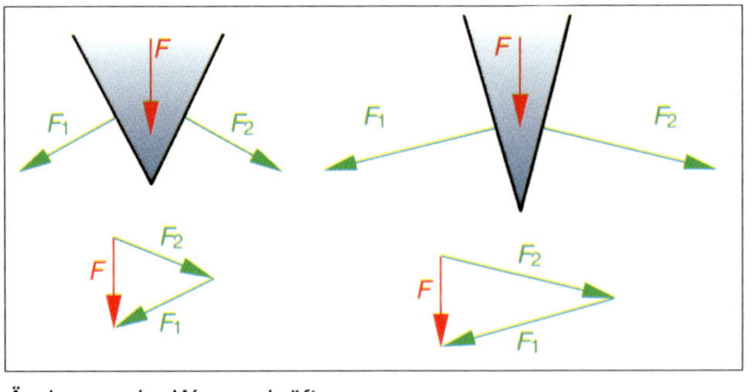

Änderung der Wangenkräfte

Der Kräfteverlauf am Keil

Alle spanabhebenden **Werkzeuge** haben eine keilförmige **Werkzeugschneide.** Dringt ein Keil in einen Körper ein, so entstehen große Kräfte seitlich an den Wangen des Keils.
Die Einschlagkraft F teilt sich auf in die beiden Wangenkräfte F_1 und F_2, welche senkrecht von den Wangen weg wirken. Diesen Zusammenhang kann man zeichnerisch darstellen, wobei sich das sogenannte Krafteck schließen muss, d. h. die Kräfte F, F_1 und F_2 bilden hier das Krafteck.
Aus den nebenstehenden Zeichnungen kann man ganz klar ersehen, dass die Wangenkräfte, die von einem spitzen Keil erzeugt werden, sehr viel größer sind als die Kräfte, die ein stumpfer Keil bewirkt.
Für die Werkzeugschneiden bedeutet dies, dass der Keilwinkel möglichst klein sein soll, um eine gute Spaltwirkung zu erreichen. Bei zu kleinem Keilwinkel allerdings wird die Standzeit der Schneide sehr gering, die Schneide bricht aus. Ein Keilwinkel β von 25° ist, z. B. bei Hobeleisen oder Stechbeitel, optimal.

Einflüsse auf die Spaltwirkung

Neben dem eben schon geforderten günstigen Keilwinkel gibt es noch weitere Einflussfaktoren auf die Spaltwirkung eines Keiles speziell bei Holz. So kann man Holz leichter in radialer Richtung spalten als in tangentialer Richtung. Quer zur Faserrichtung ist Holz kaum spaltbar. Natürlich hängt die **Spaltwirkung** auch von der Einschlagkraft F ab.

6.3 Handhobel

Wie funktioniert ein richtig eingestellter Hobel?

Der Hobel zählt zu den spanabhebenden Werkzeugen. Man kann mit ihm die Holzoberfläche glätten und dabei bei Bedarf auf Bruchteile von Millimetern genau arbeiten.

Welche Faktoren muss man beachten, damit dieses Werkzeug des Tischlers einwandfrei funktioniert?

6.3.1 Aufbau des Hobels

Der Hobel besteht aus einem Holzkörper – (i. d. R. Rotbuche) – in den das **Hobeleisen** fest eingespannt wird. Das Hobeleisen wird dabei durch einen einzuklopfenden Keil fixiert, welcher wiederum durch das sogenannte **Keilwiderlager** gehalten wird. Durch leichte, dosierte Hammerschläge auf das Hobeleisen kann die gewünschte Spanabnahme eingestellt werden. Will man das Eisen dagegen zurücknehmen, geschieht dies durch Schläge auf den Schlagknopf. Auch hier muss man mit Bedacht vorgehen und den **Schlagknopf** richtig treffen, damit der Hobelkörper nicht beschädigt wird.

Der **Handschoner** und die **Nase** dienen zum Führen des Hobels. Die Sohle ist aus Weißbuche oder Pockholz gefertigt. Diese Hölzer sind besonders widerstandsfähig und schützen somit die **Hobelsohle** vor starker Abnützung.

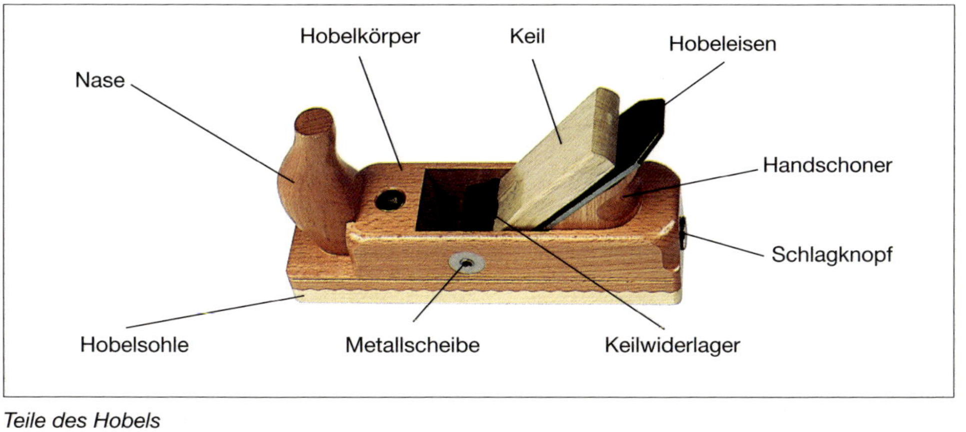

Teile des Hobels

6.3.2 Richtige Einstellung des Hobeleisens – Voraussetzung für ein sauberes Arbeiten

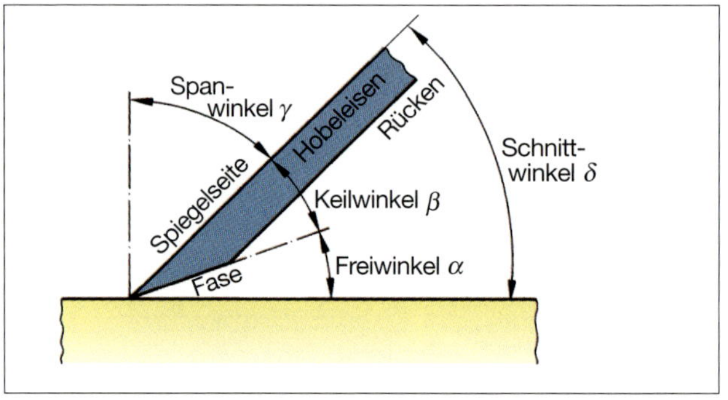

Winkel am Hobeleisen

Bei den spanabhebenden Werkzeugen spielt die Schneidengeometrie, das heißt die Stellung des Schneidenbereiches in Bezug auf die Werkstückoberfläche, eine große Rolle.

Der **Freiwinkel** α wird dabei durch die Werkstückoberfläche und die Fase des Schneidenbereiches begrenzt.
Der **Keilwinkel** β ist durch das Werkzeug selbst gegeben.

Der **Spanwinkel** γ ist der Bereich zwischen der Spiegelseite des Werkstückes und der Senkrechten zur Werkstückoberfläche. Hier bildet sich der Span. Der Freiwinkel und der Keilwinkel zusammen ergeben den **Schnittwinkel** δ.
Der Schnittwinkel eines Hobels ist durch seine Bauart vorgegeben. Bei den meisten Hobeln beträgt er 45°. Es gibt jedoch zum Teil große Abweichungen, die bei den einzelnen Hobelarten genauer erläutert werden.
Der Tischler muss besonders darauf achten, dass er den Keilwinkel des Eisens von 25° beim Schleifen möglichst nicht verändert. Durch einen Keilwinkel von 25° ergeben sich erfahrungsgemäß einerseits eine gute Schneidwirkung und andererseits eine lange Standzeit.
Bei feinen Putzarbeiten darf das Messer nur hauchdünn herausstehen.

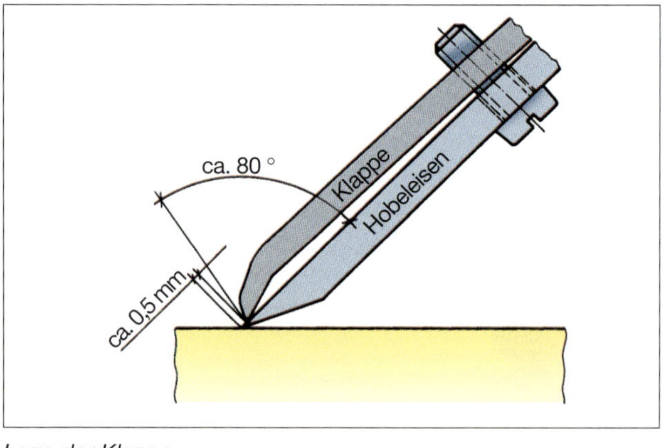

Lage der Klappe

Die Klappe am Hobeleisen

Die Holzoberflächen, die mit einem einfachen Hobeleisen bearbeitet werden, sind oftmals noch relativ rau. Diese durch das Einreißen des Holzes bedingte Rauigkeit kann mit einer auf das Hobeleisen aufgeschraubten **Klappe** verringert werden.
Die Klappe muss dabei ganzflächig auf dem Hobeleisen aufliegen, damit sich der Span nicht zwischen Klappe und Hobeleisen schieben kann. Der Abstand der Klappenkante zur Schneide sollte ca. 0,5 mm betragen. Bei einem größeren Abstand verliert die Klappe an Wirkung. Die Brechkante sollte einen Winkel von ca. 80° zur Spiegelseite aufweisen.

Merke

Die mit einer Klappe versehenen Hobeleisen bezeichnet man auch als Doppelhobeleisen.

Die Wirkungsweise der Klappe

Dringt das Hobeleisen in das Holz ein, wird von der Spiegelseite des Eisens ein Span hochgehoben. Verwendet man ein einfaches Hobeleisen ohne Klappe, kann nicht verhindert werden, dass hierbei der Span mehr oder weniger weit vorspaltet und das Holz einreißt.
Verwendet man dagegen ein Hobeleisen mit Klappe, wird der Span sofort nach dem Hochheben gestaucht. Ein Einreißen kann somit weitestgehend verhindert werden.
Die Wirkung der Klappe wird allerdings erst in Verbindung mit der **Hobelmaulvorderkante** möglich. Sie drückt den Span nach unten und bricht ihn, deshalb wird sie auch als **Spanbrechkante** bezeichnet.
Ein zu großer Abstand zwischen Hobelmaulvorderkante und Hobeleisen lässt das Holz weiter vorspalten und ermöglicht somit das Ausreißen des Holzes. Ist der Abstand zu klein, verstopft das Spanloch. Ein zügiges Arbeiten ist dann nicht mehr möglich, da das Spanloch ständig von Spänen gereinigt werden muss. Um sauber und zügig arbeiten zu können, ist es also wichtig, dass der erwähnte Abstand immer richtig eingestellt ist.

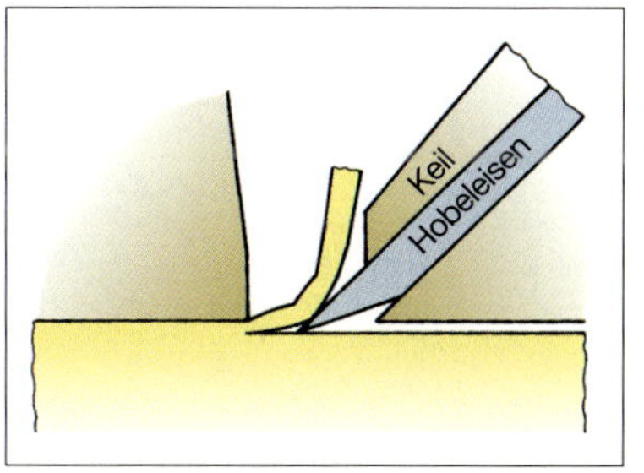

Spanbildung ohne Klappe

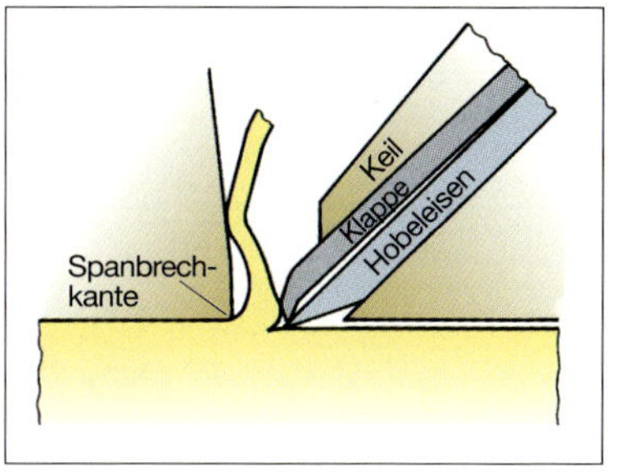

Spanbildung mit Klappe

6.3.3 Verschiedene Flächenhobel

Der Schrupphobel

Der Schrupphobel wird zum ersten Bearbeiten stark verformter, unebener und sägerauer Hölzer verwendet.
Das Hobeleisen ist an den Seiten gerundet. Dadurch wird eine große Spanabnahme bei relativ geringem Kraftaufwand möglich.
Das Hobeleisen ist lediglich 33 mm breit. Der Keilwinkel beträgt 25° und der Schnittwinkel 45°. Der Schrupphobel ist sowohl mit als auch ohne Klappe im Handel erhältlich.

Schrupphobel

Der Schlichthobel

Der Schlichthobel arbeitet etwas feiner als der Schrupphobel. Er dient jedoch ebenfalls zum ersten Bearbeiten von unebenen, sägerauen Brettern. Außerdem kann mit diesem Hobel die mit dem Schrupphobel bearbeitete Fläche nachgearbeitet werden. Diesen Vorgang nennt man Schlichten. Daher hat das Werkzeug auch den Namen.
Das Hobeleisen ist 48 mm breit. Der Keilwinkel beträgt auch hier 25° und der Schnittwinkel 45°. Der Schlichthobel verfügt nur über ein einfaches Eisen.

Schlichthobel

Doppelhobel

Der Doppelhobel

Sind die Flächen geschlichtet, wird der Doppelhobel eingesetzt. Mit ihm können kurze Werkstücke geebnet und geglättet werden. Außerdem wird er zum Bestoßen von Hirnholz verwendet. Mit diesem Hobel kann nicht nur längs, sondern auch schräg zur Faserrichtung ein ansprechendes Ergebnis erzielt werden.

Das Hobeleisen mit Klappe ist ebenfalls 48 mm breit; der Keilwinkel misst 25° und der Schnittwinkel 45°.

Raubank

Die Raubank

Sie wird wie der Doppelhobel eingesetzt. Mit der Raubank werden aber hauptsächlich große Werkstücke bearbeitet. Sie eignet sich auch gut zum Anfügen von Winkelkanten.

Das Hobeleisen ist 60 mm breit und mit einer Klappe versehen; der Keilwinkel beträgt 25°; der Schnittwinkel hat 45°.

Die **Kurzraubank** hat einen kürzeren Hobelkörper und ein nur 54 mm breites Hobeleisen. Ansonsten wird sie wie die Raubank verwendet.

Putzhobel

Der Putzhobel

Der Putzhobel wird sowohl zum Bearbeiten furnierter Flächen als auch zum Bearbeiten von Vollholz eingesetzt. Auch Einpassarbeiten sind mit ihm auszuführen. Selbst bei astigen und widerspänigen Hölzern sind die Hobelstöße auf der Oberfläche nicht zu erkennen.

Der **Reform-Putzhobel** wird für feinste Putzarbeiten verwendet. Im Unterschied zum Putzhobel ist bei diesem Werkzeug das Hobelmaul verstellbar. Damit kann die Spanbrechkante den jeweiligen Bedürfnissen angepasst werden. Mit diesem Hobel ist sogar ein ausrissfreies Arbeiten gegen die Faserrichtung möglich.

Beide Hobel haben ein Hobeleisen mit Klappe, welches 48 mm breit ist. Der Keilwinkel beträgt 25°. Die gute Oberflächenqualität bei den Putzhobeln wird durch die etwas steilere Stellung des Hobeleisens gewährleistet: der Schnittwinkel beträgt hier 48° – 50°.

Der **Bestoßhobel** ist mit einer Stahlsohle versehen und sein Hobeleisen ist lediglich 45 mm breit. Ansonsten ist er mit dem Putzhobel identisch. Er kann zum Bearbeiten von Hirnholz verwendet werden.

Der Zahnhobel

In das Hobeleisen des Zahnhobels sind kleine Vertiefungen eingearbeitet. Dadurch wird die Hobelfläche rau. Dieser Hobel wird zum Ausgleichen von Unebenheiten verwendet. Man kann ihn auch zum Aufrauen der Leimflächen verwenden.
Das 48 mm breite Hobelmesser weist bei diesem Werkzeug einen Keilwinkel von 25° und einen Schnittwinkel von ca. 75° auf. Dadurch wirkt das Eisen eher schabend als schneidend.

Zahnhobel

Der Simshobel

Der Simshobel ist nur 30 mm breit. Sein Hobeleisen geht aber über die ganze Breite des Hobelkastens. Somit eignet er sich besonders zum Aus- und Nachhobeln von Fälzen an Türen und Fenstern. Auch zum Nachputzen von Profilkanten ist er gut geeignet.
Beim **Absatzsimshobel** fehlt der vordere Teil des Hobelkastens. Somit kann man bis in die Ecke des Falzes nacharbeiten.
Der Schnittwinkel beträgt wie beim Putzhobel 49°, der Keilwinkel wie bei allen Hobeleisen 25°. Er ist sowohl mit als auch ohne Klappe erhältlich. Wird er mit dem „doppelten Eisen“ bestückt, erhält der Hobelkasten, ähnlich wie beim Reform-Putzhobel, eine bewegliche Sohle. Damit ist ein ausrissfreies Arbeiten möglich.

Simshobel

6.3.4 Verschiedene Formhobel

Diese Hobel werden nur noch äußerst selten verwendet, da die verschiedenen Holzbearbeitungsmaschinen die Arbeiten in viel kürzerer Zeit und damit wesentlich billiger ausführen können.
Sie sind aber für Nach- und Montagearbeiten immer noch von Bedeutung.

Der Falzhobel

Mit dem Falzhobel lassen sich Falze beliebiger Breite und Tiefe herstellen. Tiefen- und Seitenanschlag sind aus einem Metallbügel gefertigt und lassen sich durch Schrauben leicht verstellen.
Der Schnittwinkel beträgt 45°; der Keilwinkel 25°. Das „einfache“ Hobeleisen ist 33 mm breit. Damit die Falzwange beim Hobeln nicht ausreißt, ist ein Vorschneider in den Hobel integriert.

Falzhobel

Nuthobel

Der Nuthobel

Zum Ausarbeiten einer Nut verwendet man den Nuthobel. Die Hobelsohle besteht aus einer hochkant gestellten 2 mm breiten Stahlschiene. Damit lässt sich der Hobel gut in der entstehenden Nut führen. Der Breitenanschlag aus Leichtmetall ist auf zwei Führungsrohren verschiebbar. Er ist wie der Tiefenanschlag mit einer Rändelschraube fixierbar. Die „einfachen" Hobeleisen sind in verschiedenen Größen von 3 bis 14 mm lieferbar und sind im selben Hobelkasten zu verwenden. Der Schnittwinkel beträgt 47,5°, der Keilwinkel 25°.

Grathobel

Der Grathobel

Mit dem Grathobel lassen sich Gratfedern anhobeln. Die Hobelsohle steht im Winkel von 73° zur rechten Seitenfläche. Damit wird der Neigungswinkel der Gratfeder festgelegt. Die verstellbare Anschlagschiene dient zur Einstellung der gewünschten Tiefe. Da das Hobeleisen schräg im Hobelkasten steht, ergibt sich ein ziehender Schnitt. Dadurch wird der Kraftaufwand beim Hobeln geringer und die Hobelfläche weist weniger Ausrisse auf. Ein Vorschneider verhindert das Einreißen des Holzes. Der Schnittwinkel des 33 mm breiten Hobeleisens beträgt 45° und der Keilwinkel 25°. Das Hobelmesser ist 33 mm breit.

Grundhobel

Der Grundhobel

Der Grundhobel dient dazu, die mit der Gratsäge eingeschnittene Gratnut auszuarbeiten. Das Hobeleisen kann mit einer Flügelschraube auf die exakte Tiefe eingestellt werden. Der Nutgrund kann so genau ausgebildet werden.
Im Handel gibt es 10 mm, 15 mm und 20 mm breite „einfache" Hobeleisen.

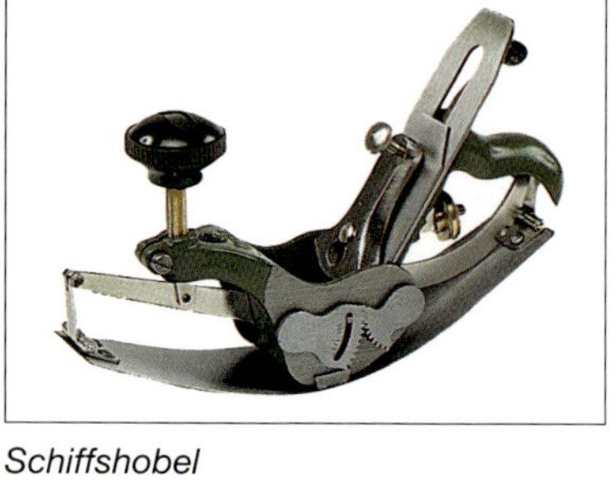
Schiffshobel

Der Schiffshobel

Mit dem Schiffshobel können gebogene Flächen nachgearbeitet und geglättet werden. Der Hobelkörper besteht gänzlich aus Metall. Die Hobelsohle ist aus dünnem Blech gefertigt und lässt sich mithilfe einer Einstellschraube und Spannfedern der gewünschten Rundung anpassen. Sie ist sowohl konvex (lat. nach außen gewölbt) als auch konkav (lat. hohl, rund) einstellbar.
Der Schnittwinkel beträgt 55°, der Keilwinkel 25°. Das Hobeleisen ist 44 mm breit.

6.3.5 Ziehklingen

Auch die Ziehklingen zählen zu den spanabhebenden Werkzeugen. Ihre Wirkungsweise ist jedoch nicht schneidend, sondern schabend. Die Ziehklinge wird zum Putzen von ebenen und gewölbten Flächen insbesondere bei Hartholz verwendet.
Auch Maserfurniere und kleine eingerissene Stellen werden mit ihr geglättet. Ebenso lassen sich Leim- und Papierreste auf Vollholz und Furnier gut damit entfernen.
Ziehklingen gibt es in unterschiedlichen Ausführungen. Am gebräuchlichsten ist jedoch die rechteckige Form.
Eiförmige Ziehklingen werden für die Bearbeitung von gewölbten und profilierten Flächen eingesetzt.
Im Furnierschabhobel ist die Ziehklinge fest eingespannt. Die Griffe erleichtern das Führen dieses Werkzeuges.

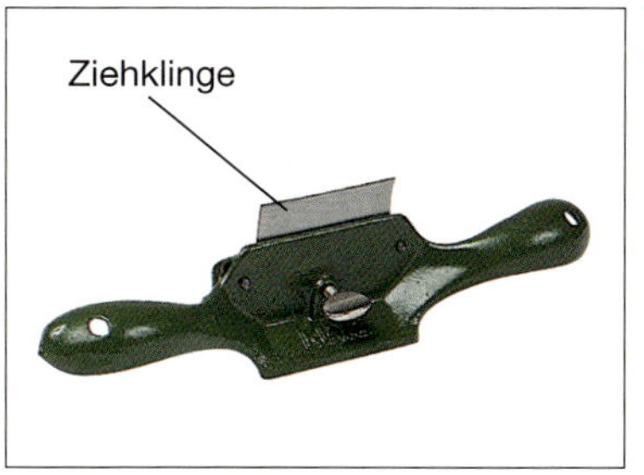

Furnierschabhobel mit Ziehklinge

Das Schärfen der Ziehklinge

Die Kante der Ziehklinge muss vor dem eigentlichen Schärfen gut vorbereitet werden. Dieser Vorgang wird als **Abrichten** bezeichnet. Dazu wird die Ziehklinge eingespannt und mit einer Metallfeile zuerst einmal rechtwinklig gefeilt. Es werden Unebenheiten und die Reste des alten Grates entfernt. Anschließend wird die Kante auf einem Abziehstein abgezogen, bis sämtliche Schleifspuren beseitigt sind. Der dabei entstandene Grat wird mit einem sehr feinkörnigen Abziehstein entfernt. Es muss eine durchgehende, einwandfrei scharfe Kante entstehen.
Jetzt wird die Kante für die eigentliche Gratbildung vorbereitet. Mit einem Ziehklingenstahl wird die Ziehklinge abgestrichen. Dadurch wird der Kantenbereich verdichtet. Nun zieht man mit dem Ziehklingenstahl die Kante mit einem Zug ab. Dabei bildet sich der Grat. Je öfter die Kante abgestrichen wird, desto stärker bildet sich der Grat aus.
Für Lackziehklingen genügt ein feiner Grat. Bei Parkettziehklingen ist ein großer Grat nötig. Hier muss die Kante sehr oft abgestrichen werden.

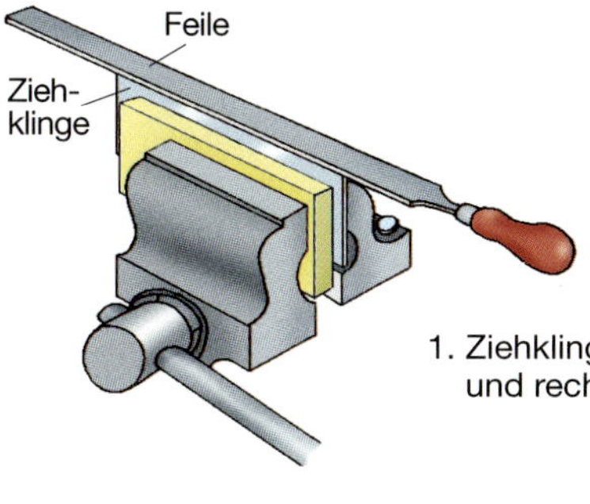

1. Ziehklinge einspannen und rechtwinklig feilen.

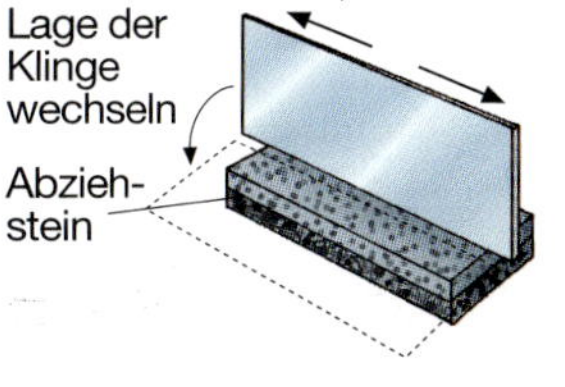

2. Unebenheiten und Gratreste auf Abziehstein entfernen.

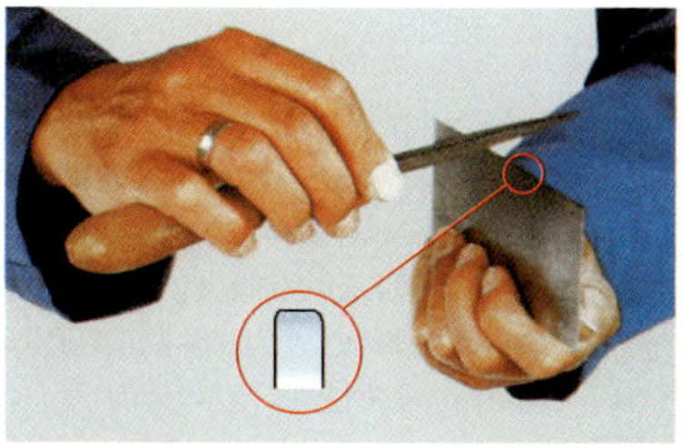

3. Zuerst ist der Ziehklingenstahl leicht zu neigen.

4. Erst bei fortschreitendem Andrücken ist der Ziehklingenstahl senkrecht zu halten.

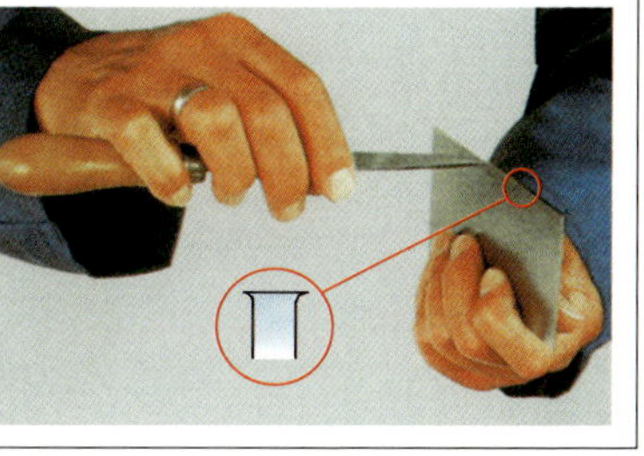

Arbeitsschritte zum Schärfen einer Ziehklinge

Die Wirkung der Ziehklinge

Der Ziehklingengrat wirkt ähnlich wie die Schneide des Putzhobels. Der Span wird vom Grat abgetragen und von der Klinge gebrochen. Die Ziehklinge ist im Winkel von ca. 80° zur Oberfläche zu halten.

Aufgaben

1. *Nennen Sie die Teile eines Hobels.*
2. *Skizzieren Sie ein eingebautes Hobeleisen und tragen Sie Freiwinkel, Keilwinkel, Spanwinkel und Schnittwinkel ein.*
3. *Welche Aufgabe hat die Klappe am Hobeleisen?*
4. *Beschreiben Sie die Wirkungsweise der Spanbrechkante.*
5. *Welcher Hobel eignet sich zum Bestoßen von Hirnholz?*
6. *Zu welcher Arbeit wird die Raubank eingesetzt?*
7. *Welche Hobelarten weisen einen Schnittwinkel von mehr als 45° auf? Beschreiben Sie die Auswirkungen.*
8. *Zu welchen Arbeiten kann der Simshobel verwendet werden?*
9. *Nennen Sie drei Formhobel.*
10. *Welche Bedeutung haben Formhobel heute in einer Möbeltischlerei?*
11. *Beschreiben Sie den Einsatzbereich der Ziehklinge.*
12. *Geben Sie die Arbeitsschritte an, die zum Schärfen der Ziehklinge notwendig sind.*

6.4 Schleifpapier

Welches Schleifpapier eignet sich zum Feinschliff?

Die Fläche des nebenstehenden Werkstückes ist bereits verputzt. Sie soll nun für die abschließende Oberflächenbehandlung vorbereitet werden.

Welches Schleifpapier wählen Sie für die Bearbeitung?

Das Schleifpapier ist ebenfalls spanabhebend und wird zum Bearbeiten von Holz-, Metall- oder Kunststoffflächen verwendet. Es kann sowohl formgebend als auch oberflächenverbessernd eingesetzt werden.

Der Aufbau des Schleifpapiers

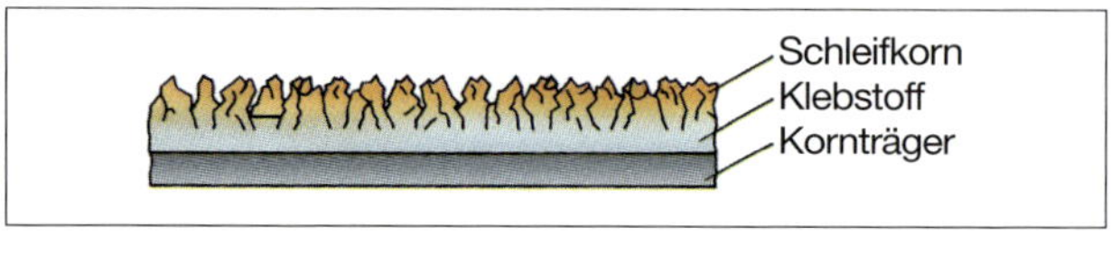

Schleifpapieraufbau

Während man früher Quarzsand und feinste Glassplitter als Schleifkörner benutzte – daher kommt auch der Name Sand- oder Glaspapier – werden diese heute aus Aluminiumoxid bzw. Siliziumkarbid hergestellt. Die Schleifkörner werden mit Kunstharzen auf sogenannte Kornträger aufgeklebt.

Als Kornträger wird Papier oder Leinengewebe verwendet.
Schleifpapiere gibt es in unterschiedlicher Feinheit. Diese wird durch die Körnungsnummern gekennzeichnet. Je größer die Körnungsnummer ist, desto feiner ist das Schleifpapier.
Das Schleifkorn wird mittels eines Schüttelsiebes auf den Kornträger aufgebracht. Daraus leitet sich die Körnungsnummer des Schleifpapiers ab.

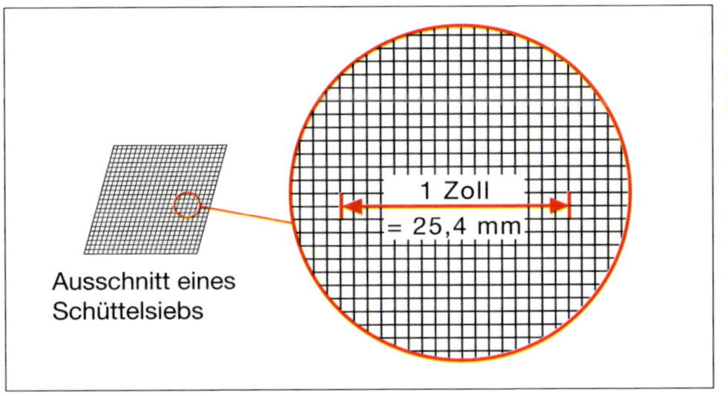

Anzahl der Sieblöcher pro Zoll

Bezeichnung eines Schleifpapiers:

P 120

Normung der Körnung nach DIN ISO 6344

Körnungsnummer: Anzahl der Sieblöcher auf der Länge von einem Zoll

Merke

Die Anzahl der Sieblöcher auf der Länge von einem Zoll (25,4 mm) gibt die Körnungsnummer an.

Die Streudichte des Schleifpapiers

Ist der Kornträger vollständig mit Schleifmittel bedeckt, spricht man von einer geschlossenen Streuung (CL). Offen gestreutes Schleifpapier (OP) ist hingegen nur bis ca. 50 % mit Schleifkörnern bedeckt.
Zur Bearbeitung von weichen Hölzern ist das offen gestreute Schleifpapier zu empfehlen, da sich dieses nicht so schnell mit Schleifstaub zusetzt. Harte Hölzer können mit geschlossen gestreutem Schleifpapier bearbeitet werden.

Geschlossene Streuung *Offene Streuung*

Arten der Streuung

Der Einsatz der unterschiedlichen Körnungen

Verwendung	Körnungsnummer des Schleifpapiers
Alte Farbreste entfernen Parkettschliff	30, 40, 60
Vorschliff Nadelholz und Laubholz	80, 100
Feinschliff Nadelholz und grobporiges Laubholz	120, 150
Feinschliff feinporiges Laubholz	150, 180, 220
Zwischenschliff beim Lackieren	220, 240
Füller- und Lackschliff	280, 400, 600 (auch nass)

Feinstkörnige Schleifpapiere werden zum Lackschliff nass verwendet. Dadurch wird der Schleifstaub gebunden und von der Schleifstelle transportiert.

Aufgaben

1. *Auf einem Schleifpapier ist die Bezeichnung P180 aufgedruckt. Erklären Sie diesen Aufdruck.*
2. *Welche Körnungsnummer muss ein Schleifpapier aufweisen, das für folgende Arbeiten verwendet wird:*
   a) Lackschliff,
   b) Feinschliff von Hartholz und
   c) Vorschliff von Weichholz?
3. *Erklären Sie den Unterschied von offen und geschlossen gestreuten Schleifpapieren.*
4. *Für welche Arbeiten eignet sich offen gestreutes Schleifpapier?*
   Begründen Sie Ihre Antwort.

6.5 Handsägen

Welche Säge für welchen Verwendungszweck?

Die Schwalben bzw. Zinken einer Vollholzverbindung sollen mithilfe einer Handsäge hergestellt werden.

Welche Säge bietet die richtige Voraussetzung für diese Arbeit?

6.5.1 Sägeblätter

Die Bezeichnungen und Winkel am Sägeblatt

Der **Freiwinkel** α wird von der **Zahnspitzenlinie** und der **Zahnbrust** bestimmt, während der **Keilwinkel** β durch den Bereich zwischen Zahnbrust und **Zahnrücken**, also dem Sägezahn selbst gekennzeichnet ist. Als **Spanwinkel** γ bezeichnet man den Winkel, der von der Zahnspitze und der Senkrechten zur Zahngrundlinie gebildet wird. Freiwinkel α und Keilwinkel β ergeben zusammen den **Schnittwinkel** δ.
Der Bereich zwischen Zahngrund und Zahnspitze wird als **Zahnhöhe** bezeichnet. Die **Zahnteilung** gibt den Abstand von Zahnspitze zur folgenden Zahnspitze an.

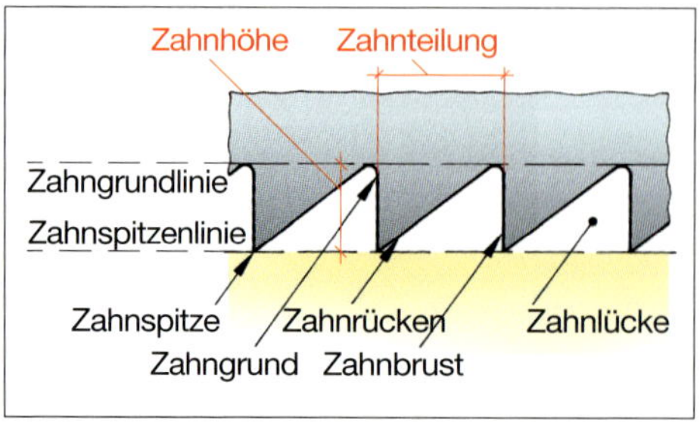

Bezeichnungen am Sägeblatt

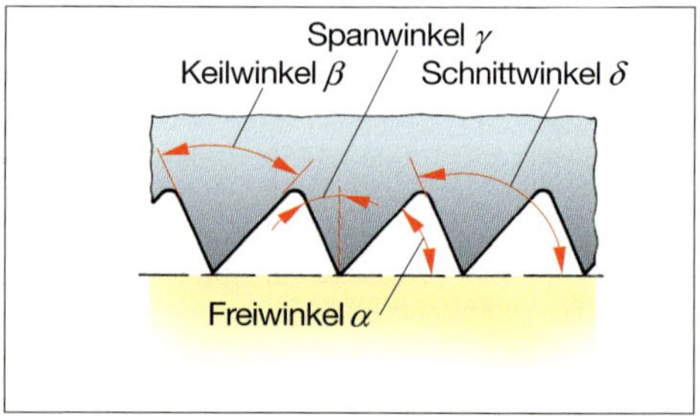

Winkelgeometrie am Sägeblatt

Die Winkel am Sägeblatt bestimmen die Schnittwirkung und die Qualität des Schnitts

Die Schnittqualität ist einerseits von der Zahnteilung und andererseits von der **Bezahnungsart** bestimmt. Je enger die Zahnteilung desto feiner ist der Schnitt.
Ist der Schnittwinkel der Sägezähne exakt 90° wird das Sägeblatt als **„auf Stoß"** bezeichnet.
Misst der Schnittwinkel nur 80° spricht man von einem **„stark auf Stoß"** gefeilten Sägeblatt. Dieses Sägeblatt hat eine große Schnittwirkung bei geringer Schnittqualität. Der Kraftaufwand beim Sägen ist groß.
„Schwach auf Stoß" werden Sägeblätter benannt deren Schnittwinkel 100° beträgt. Die Schnittwirkung ist hier geringer als „auf Stoß". Aber der Kraftaufwand verringert sich beim Schneiden und die Schnittqualität steigt.
Wächst der Winkel auf 120° an, spricht man von einem Sägeblatt **„auf Stoß und Zug"**
Es schneidet sowohl bei der Bewegung vom Körper weg als auch beim Herziehen zum Körper.
Einige Sägen entfalten ihre Schnittwirkung nur beim Zurückziehen. Diese Sägen laufen **„auf Zug"**
Der Keilwinkel beträgt bei den gängigen Sägen jeweils 60°.

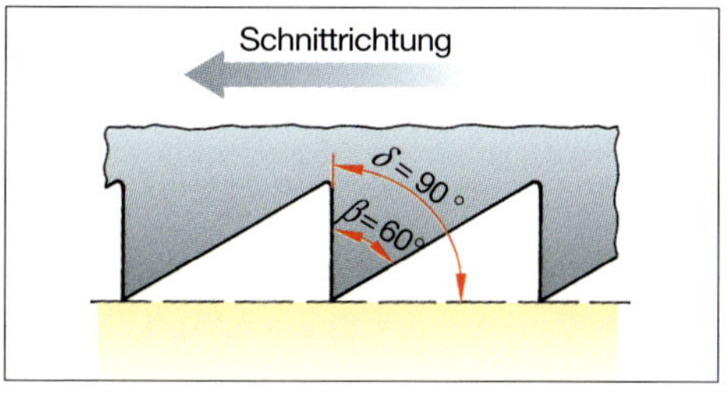

Sägeblatt „auf Stoß"

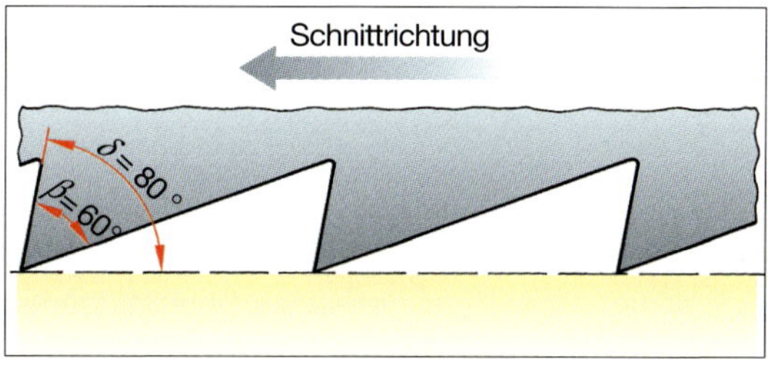

Sägeblatt „stark auf Stoß"

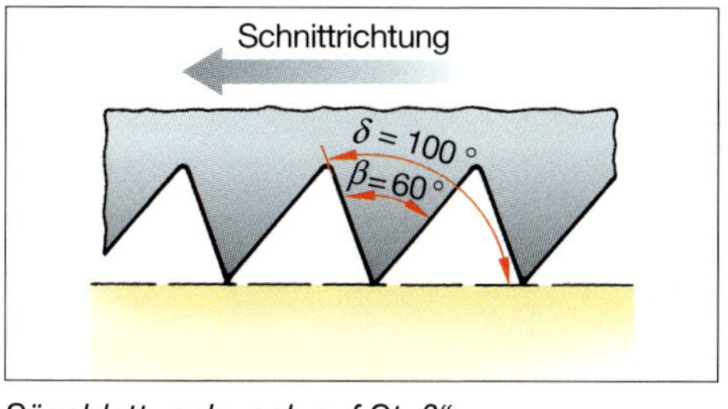

Sägeblatt „schwach auf Stoß"

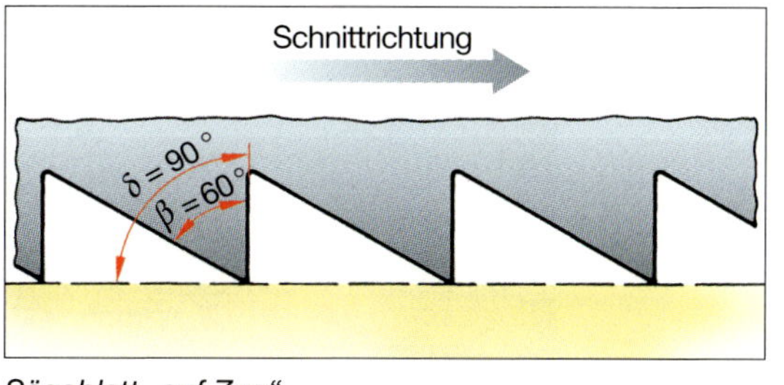

Sägeblatt „auf Zug"

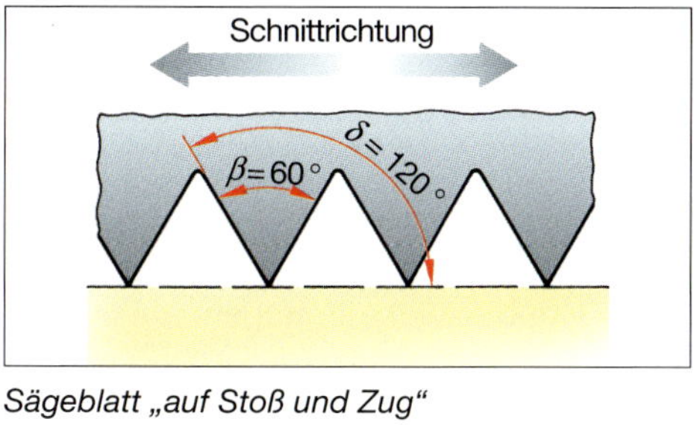

Sägeblatt „auf Stoß und Zug"

6.5.2 Instandhalten der Sägeblätter

Bei häufigem Gebrauch verlieren die Sägen oftmals an Schnittwirkung; auch die Laufeigenschaften können sich verschlechtern. Aus diesem Grund müssen Sägen von Zeit zu Zeit instand gesetzt werden.

Spannen in der Feilkluppe

Das Abrichten der Säge

Sägen, die öfter geschliffen werden, verlieren mit der Zeit an Zahnhöhe und auch die Zahnform kann sich ändern. Die Zahnspitzen liegen nicht mehr auf einer Linie. Dadurch schneiden nur noch die vorstehenden Zähne. Die Schnittleistung verringert sich erheblich.
Durch das Abrichten der Sägezähne können diese wieder auf eine gemeinsame Ebene gebracht werden. Man spannt dazu die Säge in eine Feilkluppe ein und richtet sie mit einer Flachfeile solange ab, bis alle Zahnspitzen wieder auf einer Linie liegen. Danach werden die Zähne mit einer Dreikantfeile nachbearbeitet und auf gleiche Form gefeilt.

Das Schränken der Säge

Die Säge darf in der Schnittfuge nicht klemmen; sie muss frei laufen können. Aus diesem Grund werden die Sägezähne abwechselnd links und rechts nach außen gekrümmt; dadurch wird die Schnittfuge breiter als der Sägeblattkörper. Der Fachmann sagt: „Die Säge wird geschränkt".
Das Schränken kann sowohl mit einer Schränkzange als auch mit einem Schränkeisen durchgeführt werden.

Schränken mit der mechanischen Schränkzange

Schränken mit dem Schränkeisen (Schränkkamm)

Eine exakte Schränkung ist eine wesentliche Voraussetzung für eine gute Sägearbeit. Es ist darauf zu achten, dass die Zähne gleichmäßig nach außen gebogen werden.
Die Schrankweite darf nicht mehr als die doppelte Sägeblattdicke betragen, außerdem werden die Zähne nur bis zu 1/3 ihrer Höhe gebogen, um ein Einreißen des Zahngrundes zu verhindern. Aus demselben Grund darf derselbe Zahn nicht einmal nach links und dann nach rechts geschränkt werden.

Ein zu stark geschränktes Sägeblatt erfordert einen großen Kraftaufwand beim Sägen und bewirkt einen ungleichen und breiten Schnitt. Wird eine Säge dagegen zu schwach oder gar nicht geschränkt, klemmt sie beim Schneiden. Ein einseitig geschränktes Sägeblatt verläuft im Schnitt.

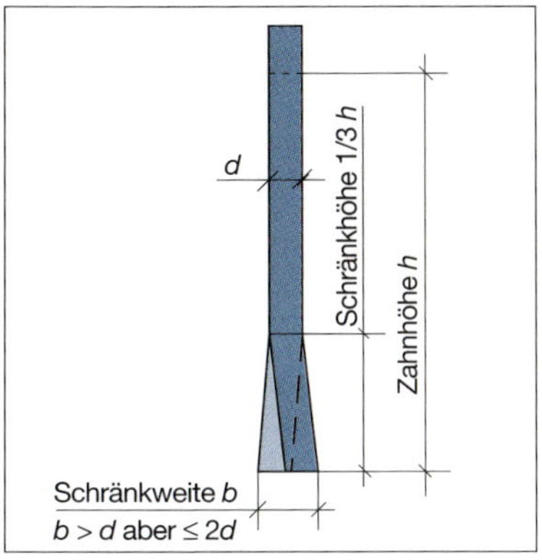

Wichtige Größen zum Schränken

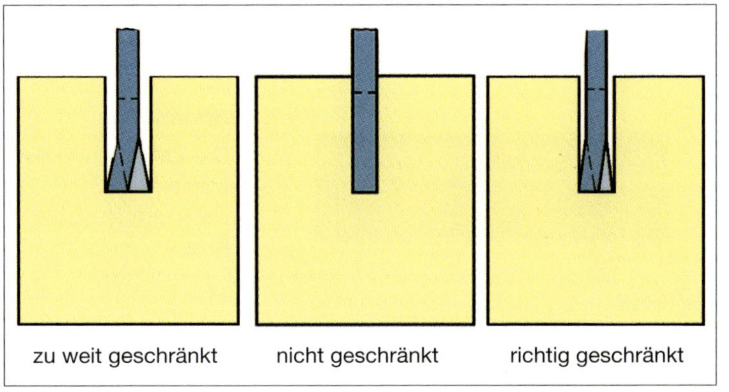

Schnittfugenbreite in Abhängigkeit der Schränkung des Sägeblatts

Das Schärfen der Säge

Der letzte Arbeitsgang bei der Instandsetzung ist das Schleifen der Sägezähne. Hierzu wird das Sägeblatt bis knapp über den Zahngrund in eine **Feilkluppe** eingespannt, damit es beim Bearbeiten vibrationsfrei bleibt.
Mit einer Dreikantfeile wird nur waagerecht und mit gleichmäßigem Druck gegen die Stoßrichtung der Zähne gefeilt. Dabei sollen Zahnbrust und Zahnrücken voll und gleichmäßig erfasst werden.

Schärfen mit der Dreikantfeile

6.5.3 Sägearten

Gestellsägen

Bei den Gestellsägen ist das Sägeblatt mithilfe eines Spanndrahtes zwischen zwei Sägearme fest eingespannt. Durch einen mittig eingesetzten Steg wird das Gestell ausgesteift.
Die Gestellsägen unterscheiden sich hauptsächlich in der Form und der Bezahnung des Sägeblattes.
Bei den Blattlängen kann man bei den Gestellsägen in der Regel zwischen 600 mm und 700 mm wählen.

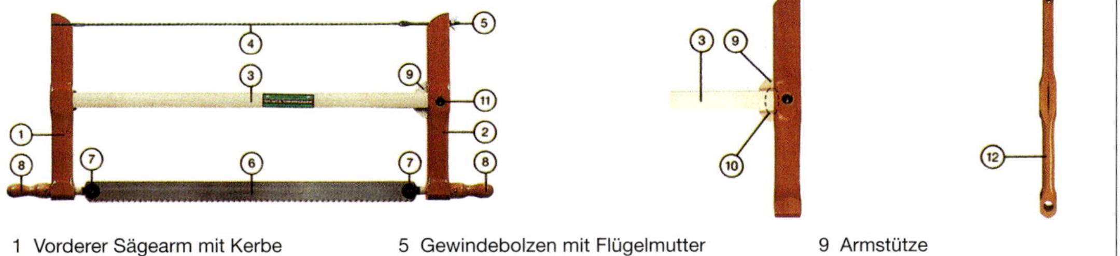

1 Vorderer Sägearm mit Kerbe
2 Hinterer Sägearm mit Loch
3 Sägesteg
4 Spanndraht
5 Gewindebolzen mit Flügelmutter
6 Sägeblatt
7 Schraubangel mit Deckscheibe
8 Sägehörnchen (Griff)
9 Armstütze
10 Feder
11 Schutzmarke
12 Hinterer Sägearm (Querschnitt)

Merkmale der Gestellsägen

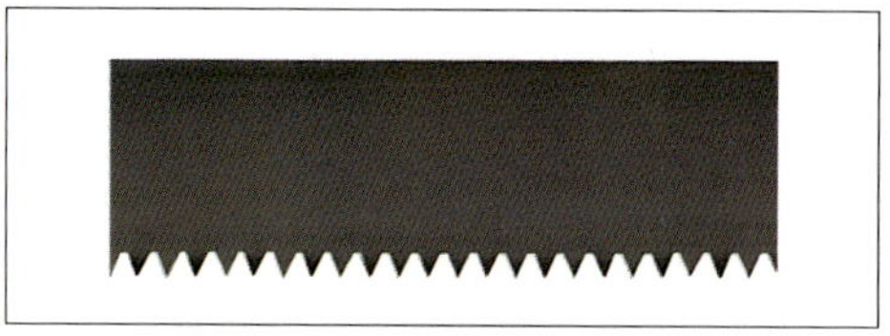

Schittersäge

Schittersäge

Das Sägeblatt hat große auf Stoß und Zug stehende Sägezähne für grobe Schnitte. Damit wird eine große Schnittleistung erreicht. Die Schittersäge wird hauptsächlich zum Ablängen von Brettern, Kanthölzern, Rundhölzern und Brennholz verwendet.

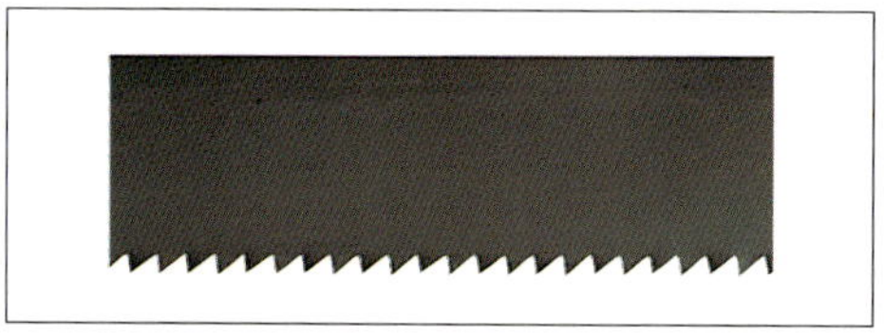

Spannsäge

Spannsäge

Die Zahnteilung dieser Säge ist ebenfalls groß. Die Zähne stehen auf Stoß. Diese Säge lässt sich bestens verwenden zum Zuschneiden und Querschneiden von Schnittholz.

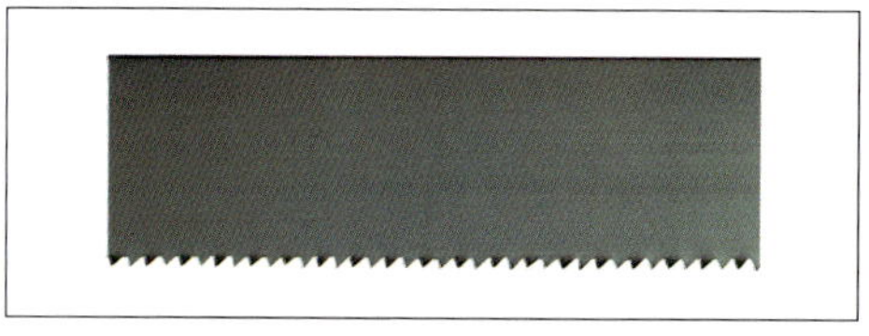

Absetzsäge

Absetzsäge

Sie hat mittelgroße, schwach auf Stoß stehende Sägezähne für feine und präzise Schnitte. Die Säge wird zum Anschneiden von Zinken sowie zum Schneiden und Absetzen von Schlitz und Zapfen verwendet.

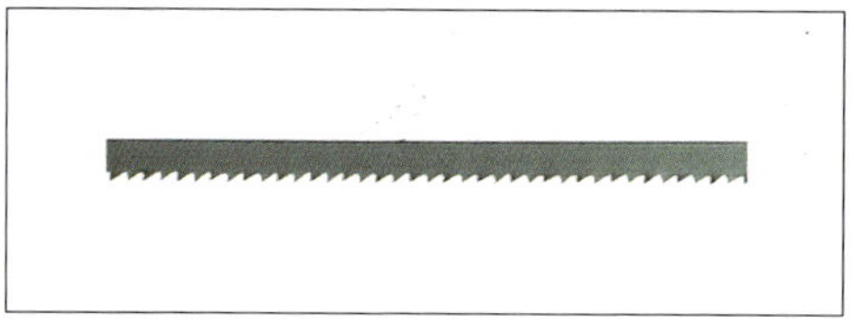

Schweifsäge

Schweifsäge

Das Blatt der Schweifsäge ist wesentlich schmaler als bei den anderen Gestellsägen. Die schwach auf Stoß stehenden Zähne weisen eine enge Zahnteilung auf. Die Schweifsäge wird für das Ausschneiden von Schweifungen gebraucht. Um auch innerhalb einer Fläche schneiden zu können, ist das Sägeblatt aushängbar.

Heftsägen

Die Heftsägen haben nur einseitig Griffe. Da das Sägeblatt nicht eingespannt ist, erhalten die Heftsägen ihre Stabilität von Rückenversteifungen und dickeren Sägeblättern.

Fuchsschwanz

Fuchsschwanz

Der Fuchsschwanz hat relativ grobe, auf Stoß stehende Sägezähne und weist eine große Zahnteilung auf. Da das breite Sägeblatt am Rücken nicht verstärkt ist, kann man damit tiefe Schnitte ausführen.
Insbesondere wird der Fuchsschwanz auch zum Aufteilen von Platten verwendet.

Rückensäge

Die kleinen, schwach auf Stoß stehenden Sägezähne sorgen für einen feinen Schnitt. Das breite, durch einen Rücken versteifte Sägeblatt eignet sich besonders für tiefe feine Schnitte quer zur Faser.

Rückensäge

Stichsäge

Die Zähne des starken aber schmalen Sägeblattes stehen schwach auf Stoß. Damit lassen sich kleine Rundungen innerhalb großer Flächen schneiden.

Stichsäge

Feinsäge

Mit dieser Säge, deren kleine Zähne schwach auf Stoß stehen, lassen sich feine Schnitte in Holz und Kunststoff durchführen. Ein gekröpfter Griff hat den Vorteil, dass man damit das Sägeblatt plan auf eine Fläche auflegen und führen kann und somit z. B. überstehende Dübel problemlos bündig sägen kann.

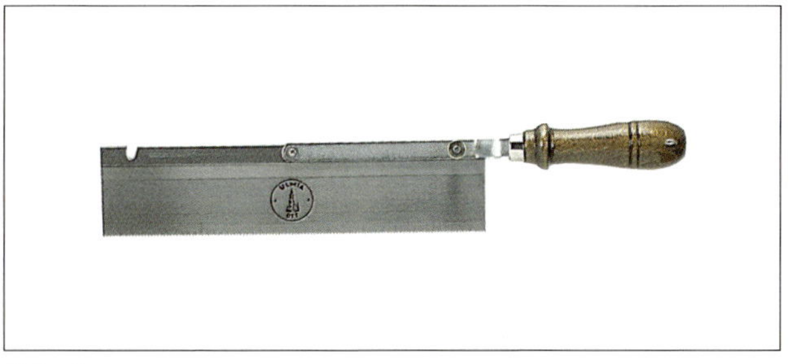

Feinsäge

Furniersäge

Mit dieser kleinen Säge lässt sich der Druck sehr gut auf das Sägeblatt bringen. Dies ist hier besonders wichtig, da die kleinen Zähne mit einem Messerschliff versehen sind. Dadurch wirkt die Säge wie der ziehende Schnitt eines Messers. Das Sägeblatt ist abschraubbar. Der Griff kann auf die andere Seite gewechselt werden und ist so auch für Linkshänder bedienbar.

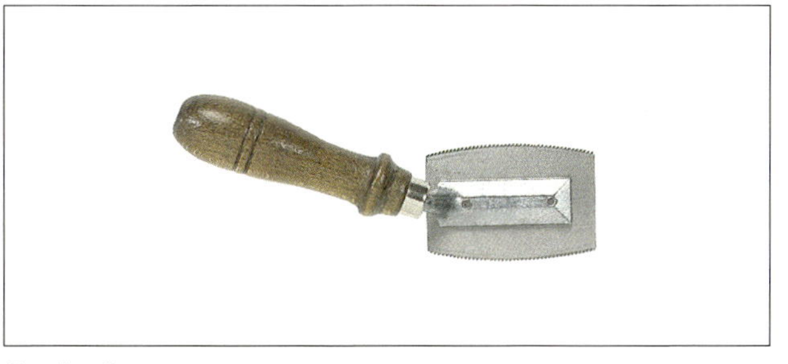

Furniersäge

Gratsäge

Die Gratsäge ist die einzige Säge dieser Art, deren Zähne auf Zug stehen. Sie wird ausschließlich zum Einschneiden der Gratnut verwendet, wobei das Sägeblatt auf die gewünschte Nuttiefe eingestellt werden kann. Diese Säge findet jedoch in der Praxis kaum noch Verwendung.

Gratsäge

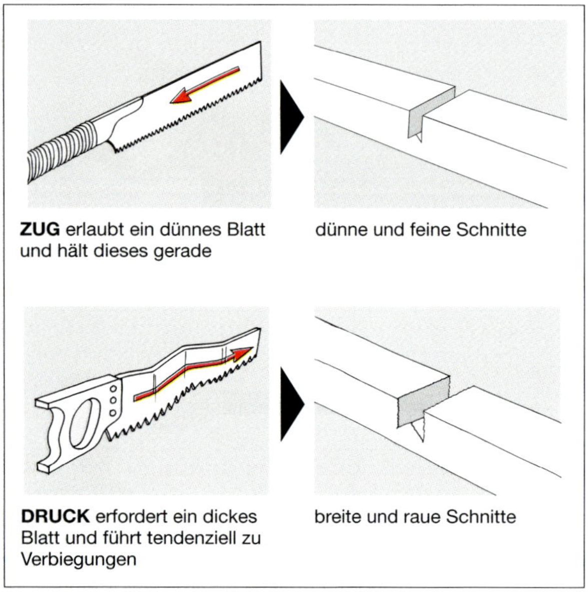

Vergleich zwischen Zug- und Druckschnitt

6.5.4 Japanische Sägen

Immer häufiger kommen auch in unseren Breiten japanische Sägen zum Einsatz. Sie werden hauptsächlich für feine Holzarbeiten verwendet.

Die Wirkungsweise japanischer Sägen

Herkömmliche Sägen wirken in der Regel auf Stoß. Deshalb müssen diese Sägen mit einem stabilisierenden Rücken und einem dicken Sägeblatt ausgestattet sein. Die japanischen Sägen schneiden dagegen auf Zug. Die Sägeblätter können daher sehr dünn gehalten werden. Sie stehen unter Zugspannung und können dadurch nicht ausknicken. Die Folge sind feine Schnittfugen und ein geringerer Kraftaufwand beim Sägen.

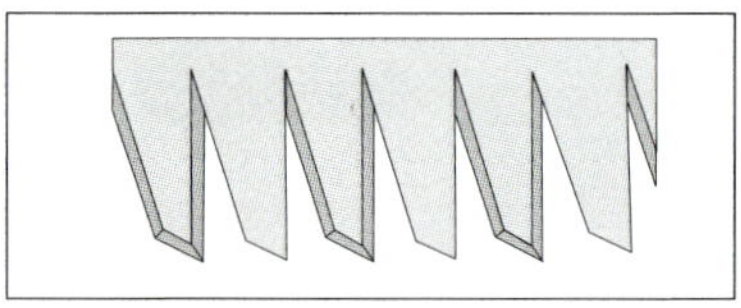

Trapezförmige Zähne

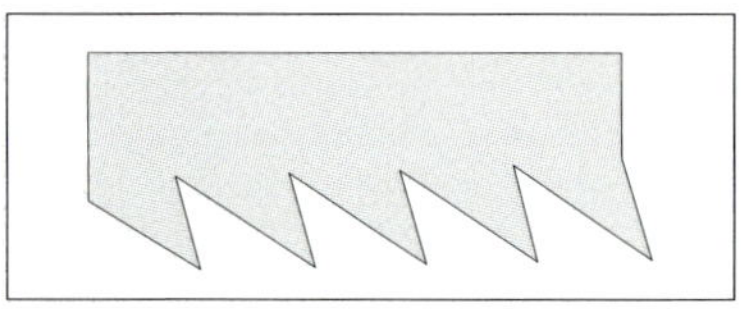

Dreieckförmige Zähne

Die Bezahnungsarten der japanischen Sägen

Sägen mit *trapezförmigen Zähnen* werden bevorzugt für Querschnitte verwendet. Die Zähne sind wechselseitig angeschliffen und trennen die Fasern messerscharf ab. Dabei entstehen sehr saubere Oberflächen.

Sägeblätter mit *Dreieckszähnen* werden für Schnitte längs zur Faser verwendet. Die Zahnteilung verändert sich auf der Länge des Sägeblattes. Dadurch wird der Anschnitt erleichtert und die Schnittwirkung verbessert.

Die Universalbezahnung **Nezumi-Ba** ist eine Mischform der beiden Sägezahnformen.

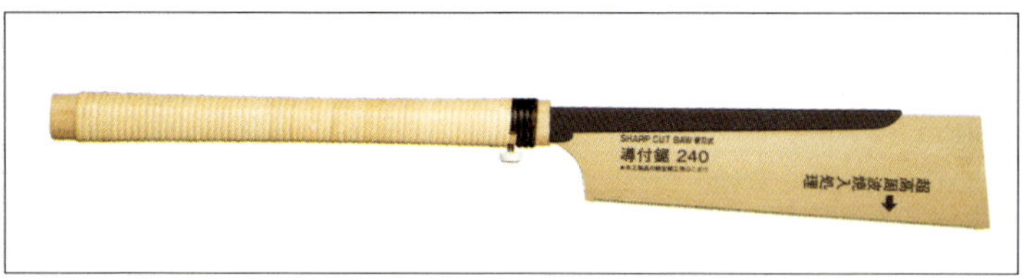

Dozuki

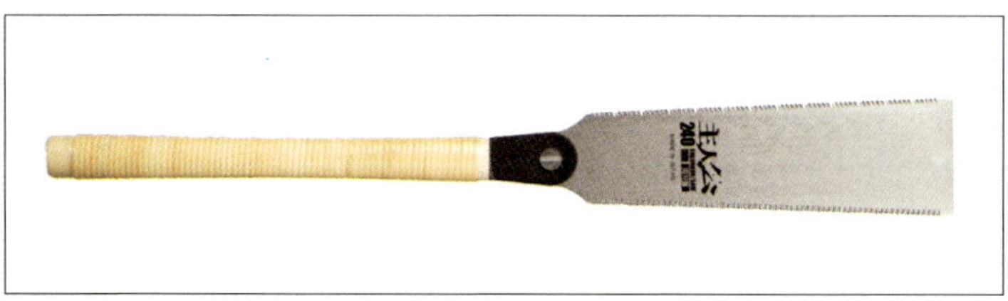

Ryoba

Die Sägetypen

Dozuki

Diese Säge hat das dünnste Sägeblatt und weist die höchste Schnittpäzision auf. Das Sägeblatt wird zusätzlich mit einer Rückenverstärkung stabilisiert.

Ryoba

Bei dieser Säge handelt es sich um ein doppelt verzahntes Sägeblatt. Die eine Seite ist mit dreieckigen Sägezähnen, die andere mit trapezförmigen Sägezähnen ausgestattet.

Kataba

Diese Säge ist einseitig bezahnt. Auf die Blattverstärkung wird verzichtet. Sie ist für tiefe und lange Schnitte geeignet. Als Sonderformen der Kataba sind die Kobiki (Auftrennsäge) und die Kugihki (Dübelsäge) bekannt.

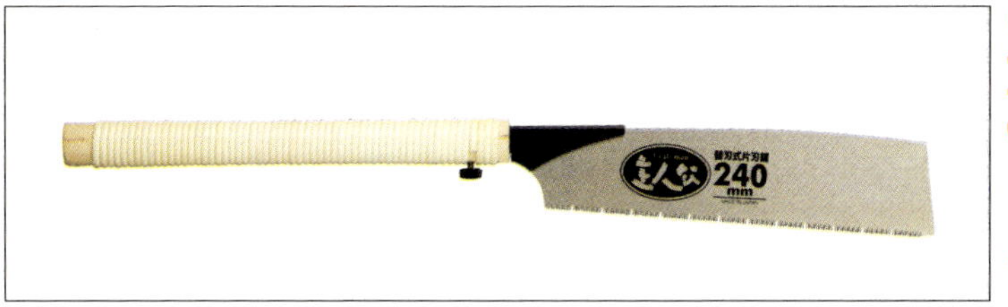

Kataba

Die Sägegriffe

Die Sägegriffe bestehen in der Regel aus Hinoki-Holz und sind mit Rattan umwickelt. Sie sind relativ lang, um die Führung zu verbessern und bei größerem Querschnitt beidhändiges Arbeiten zu ermöglichen.

Aufgaben

1. *Bestimmen Sie den Spanwinkel an Sägeblättern, deren Zähne auf Stoß, schwach auf Stoß, auf Stoß und Zug und stark auf Stoß geformt sind. Beachten Sie dabei, dass die Bezugslinie immer senkrecht zur Schnittfläche steht und der Spanwinkel von dieser Bezugskante und der Zahnbrust begrenzt ist.*
2. *Warum beträgt der Keilwinkel bei Sägen in der Regel 60°?*
3. *Skizzieren Sie ein Sägeblatt „schwach auf Stoß" und „stark auf Stoß". Beschreiben Sie die Unterschiede hinsichtlich der Zahngeometrie und des Einsatzes.*
4. *Das Instandhalten der Sägen geschieht in mehreren Schritten. Stellen Sie dazu einen Ablaufplan auf.*
5. *Welche Säge verwendet man zum Schneiden der Zinken und zum Einschneiden bei einer Rahmenverbindung?*
6. *Für welche Arbeiten verwendet man den Fuchsschwanz und die Feinsäge?*
7. *Welcher wesentliche Unterschied besteht zwischen den westlichen und den japanischen Sägen?*

6.6 Stemmwerkzeuge

Warum ist der Stechbeitel schwierig zu handhaben?

Die Stemmwerkzeuge sind, besonders bei traditionellen Arbeiten, ein häufig verwendetes Handwerkzeug des Tischlers.

Für welche Arbeiten werden Stemmwerkzeuge eingesetzt?

Welche physikalische Gesetzmäßigkeit macht den Umgang mit dem Stechbeitel für einen Laien schwierig?

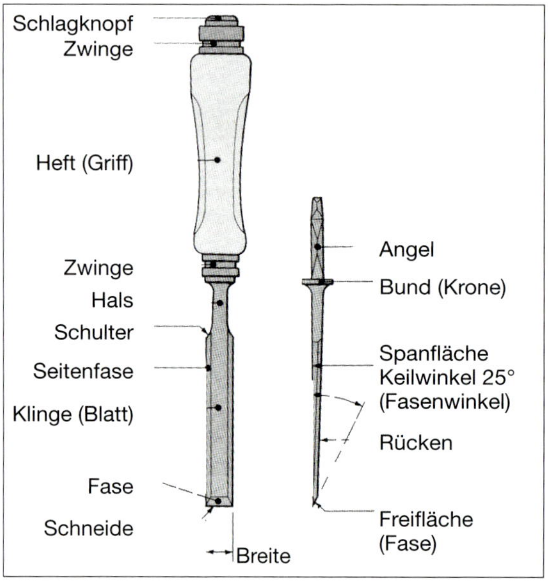

Merkmale des Stechbeitels

6.6.1 Stechbeitel

Die Wirkung des Stechbeitels

Der Stechbeitel wird zum Ausarbeiten von rechteckigen Löchern und zum Einlassen von Beschlägen verwendet. Auch offene und halb verdeckte Zinken und Schwalben können mit ihm ausgearbeitet werden.
Die Seiten der bis zu 50 mm breiten Klinge sind angefast, dadurch können die Lochecken besser ausgestemmt werden.
Besitzt die Klinge einen rechteckigen Querschnitt ohne Seitenfase, so spricht man von einem Stemmbeitel. Dieser ist belastbarer und wird deshalb häufig für Zimmererarbeiten eingesetzt.

Merke

Die Schneidefase bestimmt die Qualität der Stemmarbeit

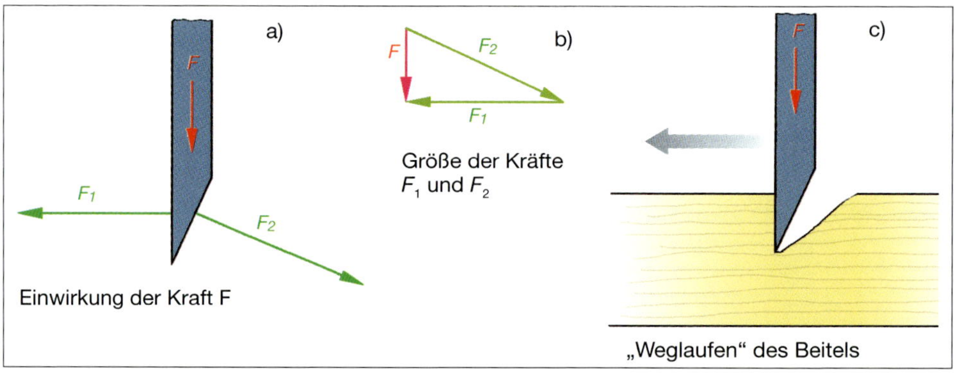

Kräfte an der Beitelschneide

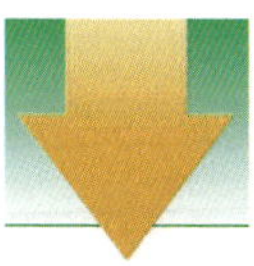

Weitere Hinweise siehe auch Kapitel 6.2

Wirkt auf einen einseitigen Keil eine Kraft F, so setzt sich diese Kraft als Wangenkräfte F_1 und F_2 fort.
Aus dem Kräfteeck ist ersichtlich, dass die Wangenkraft F_2 an der Fase größer ist als die Wangenkraft F_1 am Rücken des Beitels.
Folglich wird auch die Gegenkraft, die durch das Holz erzeugt wird, an der Fase immer größer sein, als am Beitelrücken.
Aus diesem Grund versucht der Beitel, beim Stemmen zur Rückseite hin zu verlaufen.
Der Tischler muss diese physikalische Gegebenheit bei der Stemmarbeit berücksichtigen, indem er zum einen den Stechbeitel nicht direkt am Riss ansetzt und zum anderen vor der Fase das Vorholz nach und nach wegstemmt.
Ein großer Fasenwinkel (Keilwinkel) drückt stark auf das Holz und spaltet es, anstatt es wie gewünscht zu schneiden. Außerdem würde sich die Schneide beim Stemmen besonders stark von der Fase weg bewegen.
Ist der Fasenwinkel sehr klein, ist die Standzeit des Werkzeugs kurz, da sich die Schneide schnell abnutzt. In der Praxis hat sich ein Fasenwinkel von 25° bewährt.

6.6.2 Lochbeitel

Der Lochbeitel ist dicker als der Stechbeitel. Außerdem ist die Fase an der schmalen Seite der Klinge angeschliffen. Dadurch bleibt das Blatt auch bei großen Belastungen stabil.

Lochbeitel

Er wird hauptsächlich zum Ausstemmen tiefer Zapfenlöcher benötigt. Damit der Griff der stärkeren Belastung standhält, ist dieser besonders stabil ausgeführt. Die max. Schneidenbreite beträgt 26 mm.

6.6.3 Hohlbeitel

Beim Hohlbeitel ist die Klinge gekrümmt. Er wird zum Schnitzen und zum Nacharbeiten profilierter Werkstücke benutzt.

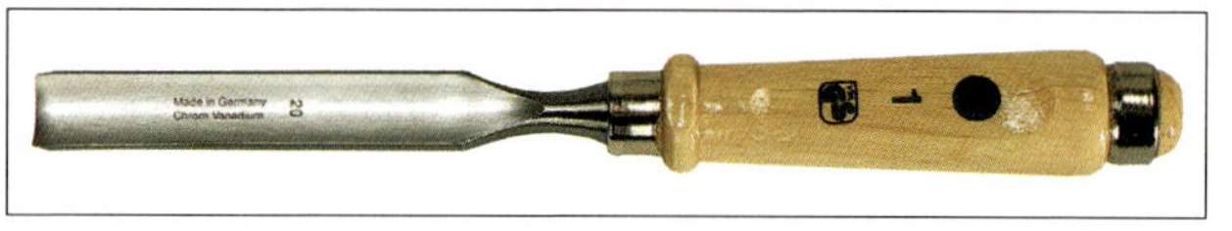

Hohlbeitel

Die Fase kann sowohl an der Innenseite als auch an der Außenseite angeschliffen sein. Dementsprechend wird zwischen der Form A und der Form B unterschieden. Hohlbeitel sind bis zu einer Breite von 32 mm im Handel erhältlich.
Das Abziehen der Schneide nach dem Schärfen ist mit einem Abziehstein nicht möglich. Um den Schleifgrat zu entfernen, wird der Hohlbeitel in Eichenhirnholz geschlagen.

Aufgaben

1. *Zeichnen Sie den Kräfteverlauf eines stumpfen und eines spitzen Keils.*
2. *Welchen Winkel soll die Fase eines Stechbeitels aufweisen?*
3. *Wozu werden Lochbeitel benutzt?*
4. *Auf welche Weise ist ein Hohlbeitel abzuziehen?*

6.7 Feilen und Raspeln

Für welche Arbeiten sind diese Werkzeuge geeignet?

Die Griffe des nebenstehenden Servierbrettes sollen handwerklich gefertigt werden.

Beschreiben Sie den Arbeitsablauf.

Welche Werkzeuge verwenden Sie dabei?

6.7.1 Raspeln

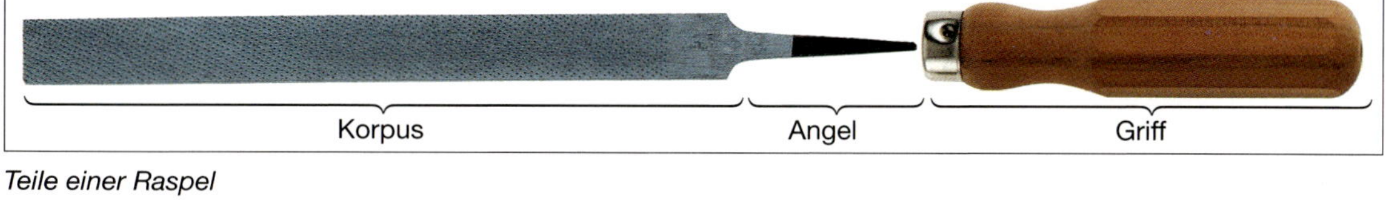

Teile einer Raspel

Die Raspel ist ein weiteres spanabhebendes Werkzeug. Wie bei der Säge, dem Hobel und dem Stechbeitel sorgen Schneiden für die Spanabnahme. Mit Raspeln können Konturen sehr schnell herausgearbeitet werden.
Besonders bei engen Schweifungen finden sie ihr bevorzugtes Einsatzgebiet.
Die Schneiden einer Raspel bezeichnet man als Hiebe. Sie sind in die Raspel eingefräst oder gehauen. Abhängig vom Schnittwinkel δ wirken die Zähne schabend oder schneidend.

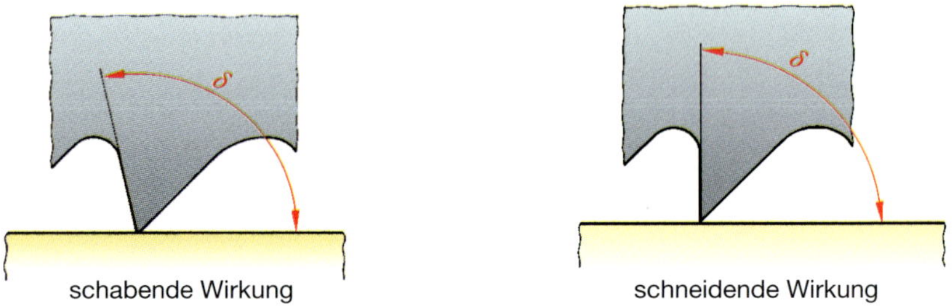

Wirkung des Schnittwinkel

Je größer die **Hiebnummer** (bei gleicher Raspellänge), umso mehr Hiebe/cm² sind vorhanden.
Je nach Anzahl der Hiebe/cm² werden den Raspeln Hiebnummern zugewiesen.
Die Hiebnummern der Raspeln reichen von 1 bis 3. Die feinen Raspeln mit einer Hiebnummer bis 6 werden hauptsächlich von Modellbauern und Bildhauern verwendet.

Auch die Länge der Raspel beeinflusst die Hiebzahl wie folgende Tabelle zeigt:

Raspellänge in mm	**Hiebnummer: 1**	**Hiebnummer: 2**	**Hiebnummer: 3**
	Anzahl der Hiebe je cm²		
150	14	20	28
200	11	16	22
250	9	12	18
300	7	10	14

Die farbig dargestellten Werte zeigen die gleiche Hiebanzahl/cm² in Bezug auf die Raspellänge auf.

Mit steigender Hiebnummer bei gleicher Länge nimmt die Feinheit der Raspel zu.
Aber mit zunehmender Raspellänge wird bei gleicher Hiebnummer die Raspel gröber.

Merke

Für weiche Werkstoffe verwendet man eine Raspel mit einer großen Hiebteilung und großen Hieben. Dementsprechend sind für harte Werkstoffe feinhiebige Raspeln mit kleiner Hiebteilung zu verwenden.

Dle Form der Raspeln

Die Raspeln haben im Querschnitt unterschiedliche Form. Je nach Verwendungszweck kann die entsprechende Raspel ausgewählt werden.
Neben der Rundraspel stehen auch noch die Flachstumpfraspel, die Kabinettraspel und die Halbrundraspel zur Verfügung.

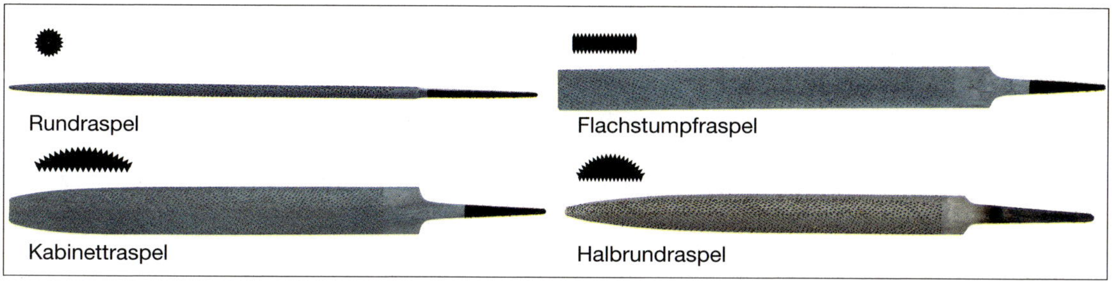

Raspelformen

6.7.2 Feilen

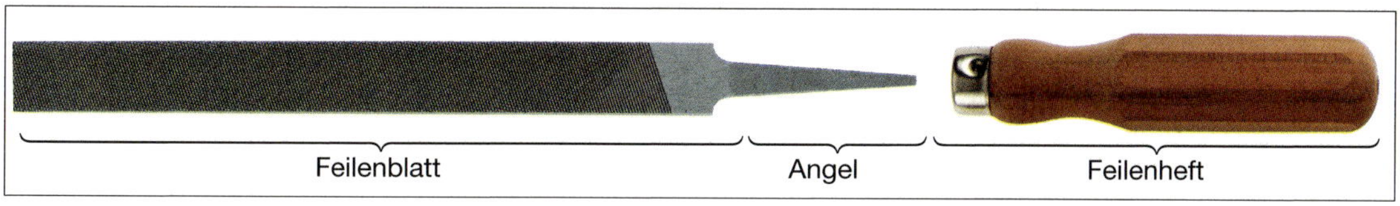

Teile einer Feile

Die Feile ist ebenfalls ein spanabhebendes Werkzeug, mit dem unterschiedliche Materialien wie Holz, Metall und Kunststoff bearbeitet werden können.
Die Schneiden dieses Werkzeuges werden Hiebe genannt. Diese Hiebe können in die Feile gefräst werden. Sie wirken dann schneidend. Sind sie in den Feilenkörper gehauen, wirken sie schabend
Es gibt sowohl einhiebige als auch zwei- oder kreuzhiebige Feilen.

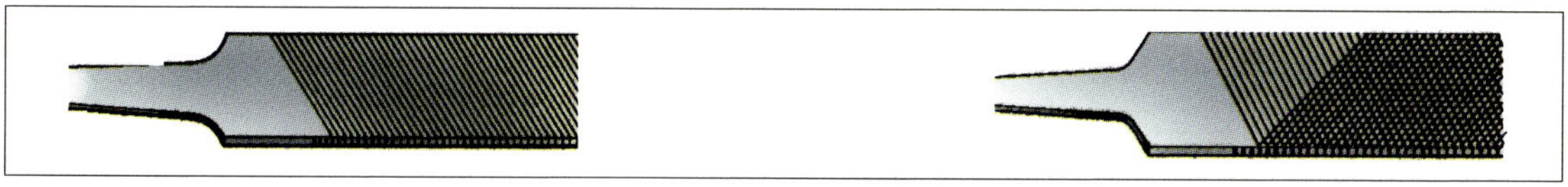

Einhiebige Feile *Kreuzhiebige Feile*

Die Feilen werden wie die Raspeln bezüglich der Hiebnummern eingeteilt.
Die Hiebzahl gibt die Anzahl der Hiebe auf einer Länge von 1 cm in der Längsachse an.
Die Hiebnummern reichen von 1 bis 5. In der Regel werden aber nur Feilen mit Hiebnummern bis 3 verwendet.
Feilen werden auch zur Metallverarbeitung verwendet. Hier werden **Präzisionsfeilen** genutzt. Die Schärffeilen nimmt man zum Nachschärfen von Handsägen und zum Anpassen von Beschlagsteilen. Mit den kleinen **Schlüsselfeilen** kann man Schlüsselbärte und Schlüsselbleche nacharbeiten.
Holzfeilen dürfen nicht zur Bearbeitung von Metall eingesetzt werden.
Harzige Holzfeilen lassen sich leicht reinigen. Man legt sie in warmes Wasser ein und wartet bis das Holz quillt. Dann kann man die lose gewordene Verschmutzung leicht entfernen. Metallfeilen werden mit Messingbürsten gereinigt. Das weiche Messing kann die Feilhiebe nicht verletzen.

Für weiche Werkstoffe verwendet man eine Feile mit einer großen Hiebteilung und großen Hieben. Dementsprechend sind für harte Werkstoffe feinhiebige Feilen mit kleiner Hiebteilung zu verwenden.

Merke

Die Formen der Feilen

Wie bei den Raspeln gibt es auch bei den Feilen unterschiedliche Formen. Je nach Aufgabenstellung kommen diese unterschiedlich zum Einsatz. Besonders die Kabinettfeilen eignen sich zum Bearbeiten von Holz und weichem Kunststoff.

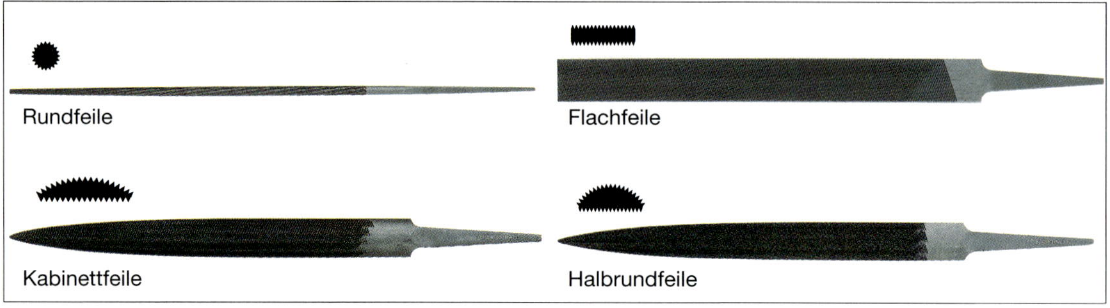

Feilformen

Aufgaben

1. *Welche Raspel- und Feilenformen gibt es?*
2. *Beschreiben Sie den Begriff „Hieb".*
3. *Beschreiben Sie den Zusammenhang von Hiebzahl und Hiebnummer.*
4. *Sie sollen mit der Raspel Fichtenholz bearbeiten. Welche Hiebnummer sollte die Raspel aufweisen?*

6.8 Bohrer

Was muss bei der Auswahl eines Bohrers berücksichtigt werden?

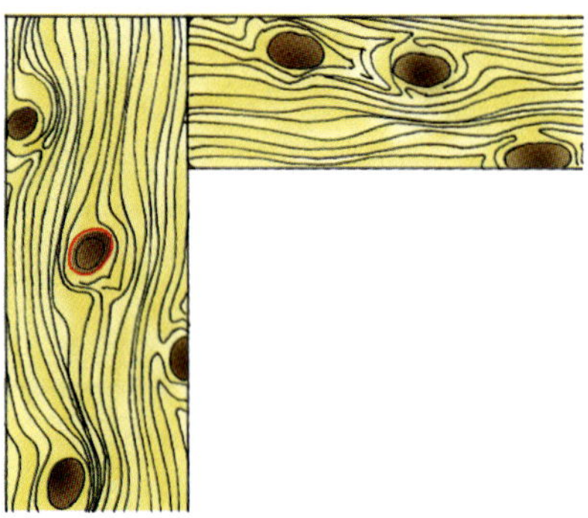

Das nebenstehend abgebildete Holz soll für einen Schrank in Rahmenbauweise verwendet werden. Vor der Verarbeitung muss jedoch ein loser Ast entfernt werden. Dies kann mit einem Bohrer erfolgen.

Welchen Bohrer wird der Tischler für diese Arbeit auswählen?

6.8.1 Aufbau eines Bohrers

Auch der Bohrer ist ein spanabhebendes Werkzeug. Die Späne werden beim Bohrvorgang von den Hauptschneiden am Bauteil abgenommen und über die Spannut nach oben geführt. Die Nebenschneiden schneiden den Bohrlochrand vor, verhindern ein Ausreißen und sorgen somit für einen sauberen Bohrlochrand. Die Zentrierspitze bei Bohrern für Holz- oder Kunststoffwerkstoffe ermöglicht ein absolut exaktes Ansetzen des Bohrers.

Die Schneidengeometrie

Wie schon bei Säge, Hobel und Stemmbeitel beeinflussen auch hier beim Bohrer die Schneidenwinkel die Bohrqualität.

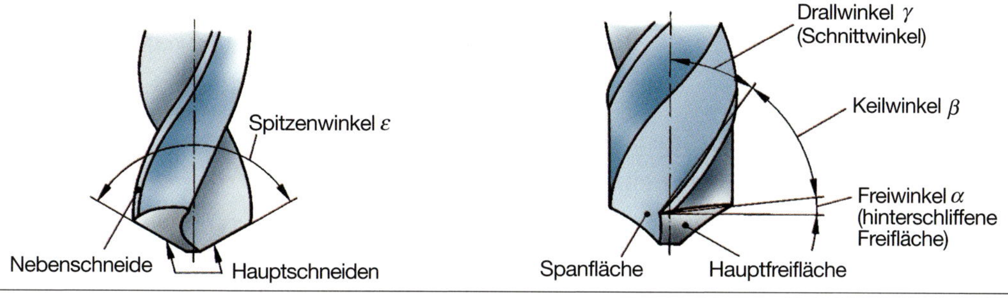

Winkel und Benennungen am Bohrer

Der **Freiwinkel** α wird von der Hauptschneide und der untersten Kante der Hauptfreifläche gebildet. Der **Keilwinkel** β wird von der Haupt- und der Nebenschneide gebildet. Der **Drallwinkel** γ ergibt sich aus der Nebenschneide und der Längsachse des Bohrers. Der Drallwinkel γ bestimmt somit die Steigung des Bohrers. Auch hier sollten die Winkel zu den zu bearbeitenden Materialien passen.

Je weicher das Werkstück, desto größer der Drallwinkel γ.
Je härter das Werkstück, desto größer der Keilwinkel β.

Merke

Der **Spitzenwinkel** ε wird von den beiden Hauptschneiden gebildet. Er gibt der Bohrerspitze die Form. Die Bohrqualität wird durch ihn bestimmt und er ist auf das entsprechende Material abzustimmen.

Spitzenwinkel ε	**80°– 90°**	**120°**	**130°**	**140°**
Material	Querholz	Hirnholz	Weiche Metalle	Aluminium

Je kleiner der Spitzenwinkel ε ist, desto tiefer ist die Spanabnahme und damit auch die Bohrleistung.

Merke

6.8.2 Maschinenbohrer

Spiralbohrer mit Dachspitze

Der Spiralbohrer mit Dachspitze ist universal einsetzbar. Mit ihm kann man Metalle, Kunststoffe und Holz bohren. Ist die Dachspitze mit einer Hartmetallschneide versehen, eignet sich dieses Werkzeug zum Bohren von Stein, Fliesen und Gemäuer. Dazu muss aber eine Schlagbohrmaschine verwendet werden.

Spiralbohrer mit Dachspitze

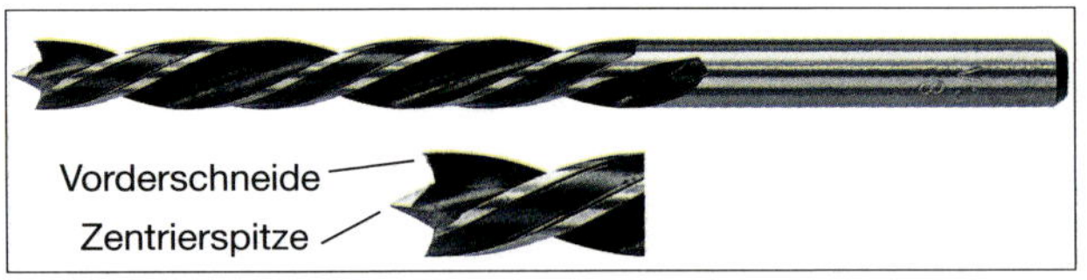

Spiralbohrer mit Zentrierspitze

Spiralbohrer mit Zentrierspitze

Dieser Bohrer ist ausschließlich zur Bearbeitung von Hölzern und weichen Kunststoffen geeignet. Durch die Zentrierspitze und die Vorschneiden ist ein exaktes Arbeiten möglich. Der Vorschneider sorgt für ein ausreißfreies Bohren. Er übernimmt die Aufgabe der Nebenschneiden.

Forstner- und Kunstbohrer

Diese Bohrer haben einen zylinderförmigen Schneidkopf mit zwei radialen Hauptschneiden.

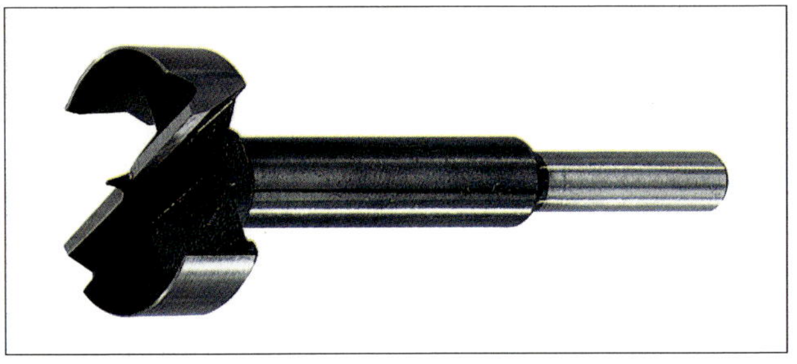

Forstnerbohrer

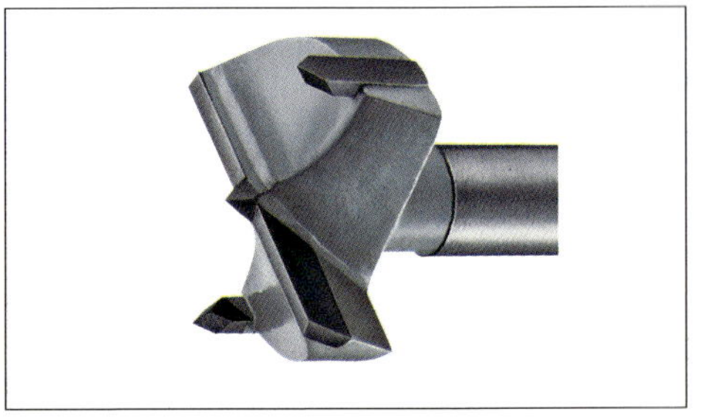

Kunstbohrer

Der **Forstnerbohrer** ist an der Zentrierspitze und an den geteilten Umlaufschneiden zu erkennen.

Die beiden Hauptschneiden laufen von der Spitze bis zum äußeren Rand. Die Zentrierspitze lässt ein exaktes Ansetzen des Forstnerbohrers zu. Sie steht nur sehr wenig über die Hauptschneiden vor. Dadurch ist die Gefahr des Durchstoßens bei Sackbohrungen gering. Die Umfangsschneiden sind zum Schaft hin verjüngt. Damit ist ein Reiben der Seitenfläche an der Bohrlochwand nicht möglich.

Der Forstnerbohrer wird zum Bohren von Hart- und Weichhölzern sowie von Holzwerkstoffen verwendet. Häufig wird er zum Einlassen von Topfbändern und zum Ausbohren von Ästen benutzt.

Beim **Kunstbohrer** sind die Umfangsschneiden auf nur zwei gegenüber stehende Vorschneider reduziert. Aber auch dieser Bohrer weist eine Zentrierspitze und zwei Hauptschneiden auf.
Mit dem Kunstbohrer werden Massivhölzer und vor allem Holzwerkstoffe bearbeitet.

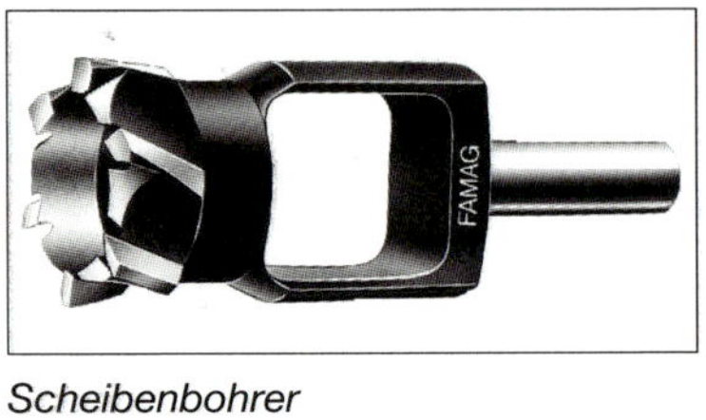

Scheibenbohrer

Scheibenbohrer

Mit diesem Bohrer lassen sich Scheiben zum Ausbessern von Astlochbohrungen herstellen. Zwar gibt es schon fertige Holzscheiben – meist aus Fichte – im Handel zu kaufen; sie können aber auch aus dem gleichen Holzstamm gewonnen werden. Dadurch erreicht man die Farbe und die Zeichnung des ursprünglichen Holzes. Es lassen sich auch Hirnholzscheiben herstellen.

Langlochfräsbohrer

Der Langlochfräsbohrer ist gleichzeitig Bohrer und Fräser. Hier sind die Schneiden sowohl an der Spitze als auch am Körper ausgebildet. Da dadurch aber die Spannuten kaum ausgeprägt sind, muss der geringe Spanauswurf durch stufenweises Bohren und Ausarbeiten berücksichtigt werden.

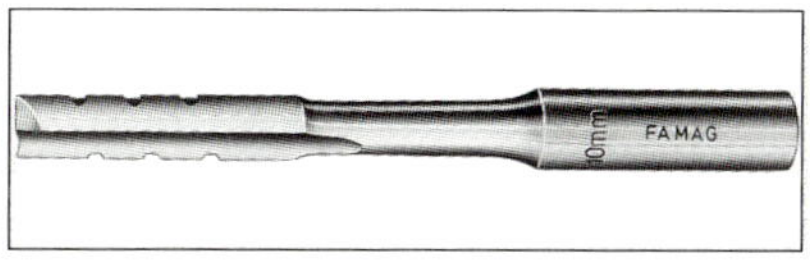

Langlochfräsbohrer

Es sind zuerst nebeneinander liegende Löcher zu bohren und dann erst ist das Loch in Querrichtung zu fräsen. Dadurch braucht der Langlochfräsbohrer in der geringer belastbaren Querachse nur wenig Späne abzunehmen.

Dieses Werkzeug ist ausschließlich für Langlochbohrmaschinen geeignet.

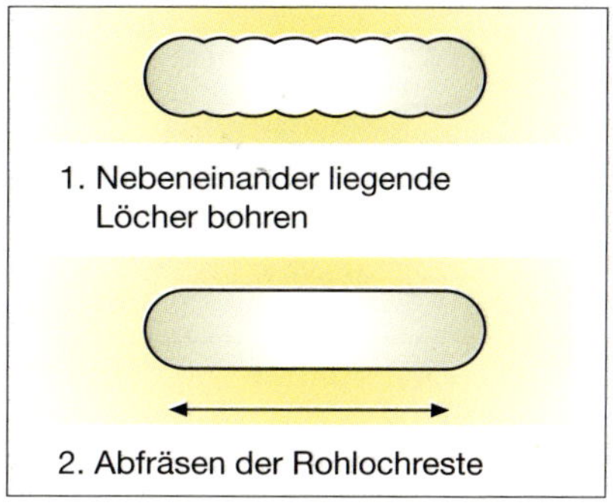

Herstellung eines Langlochs

Versenker

An die kegelförmigen Spitzen des Versenkers sind mehrere Schneiden angeschliffen, die das Holz abschaben. Der Senkwinkel liegt zwischen 60° und 90°. Der Versenker wird zum Ausreiben von Dübel- und Schraubenlöchern verwendet. Werden Schraubenköpfe damit versenkt, ist auf den richtigen Senkwinkel zu achten. Aufsteckbare Versenker werden mit einer Schraube am Schaft eines Spiralbohrers befestigt. Damit kann in einem Arbeitsgang gebohrt und ausgerieben werden.

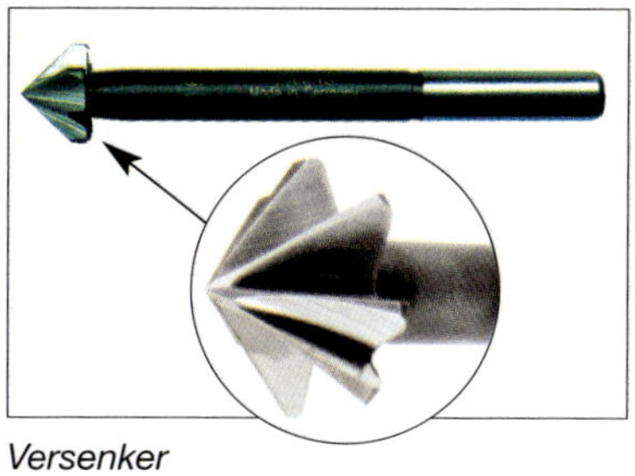

Versenker

6.8.3 Bohrer für Handkurbelbohrmaschinen und Bohrwinden

Diese Bohrer haben als Spannvorrichtung einen Vierkantschaft und lassen sich so nur in die Bohrwinde bzw. Handbohrmaschine einspannen.

Spitzbohrer und Reibahle

Mit dem Spitzbohrer können von Hand kleine Löcher für Nägel oder Schrauben vorgestochen werden. Damit wird ein Ausreißen des Holzes verhindert. Außerdem sind die zu verbindenden Holzteile genau positioniert.

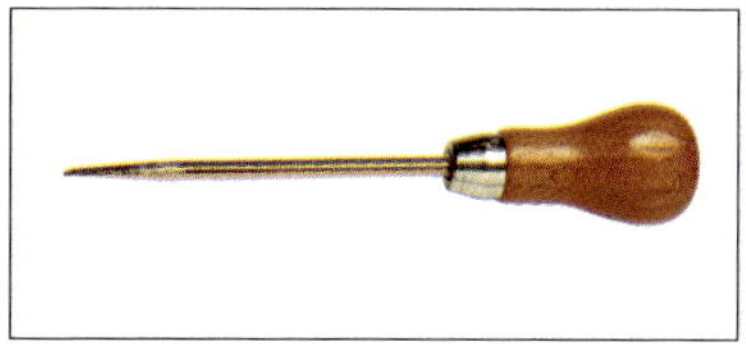

Spitzbohrer

Die Reibahle wird wie der Spitzbohrer verwendet. Mit der kantigen Reibahle können die Löcher durch Drehen noch ausgearbeitet werden. Ein Spalten des Holzes wird dadurch noch unwahrscheinlicher.

Schneckenbohrer

Schneckenbohrer sind im Handel mit Ringgriff als reine Handbohrer und mit Vierkantschaft für die Bohrwinde erhältlich. Sie haben ein schraubenartiges Schneckengewinde, das in ein Schneidgewinde übergeht. Sie werden hauptsächlich zum Vorbohren von Schrauben- und Nagellöchern im Massivholz verwendet.

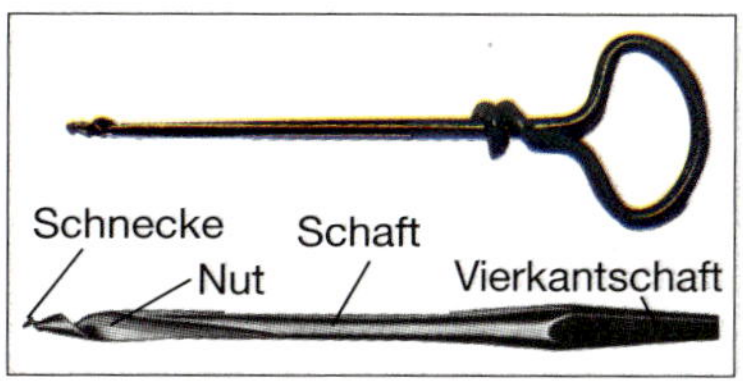

Schneckenbohrer

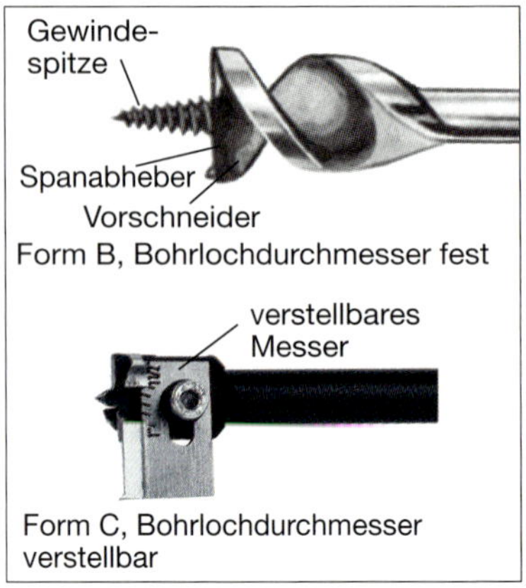

Zentrumsbohrer

Zentrumsbohrer

Den Zentrumsbohrer kennzeichnet ein Einzugsgewinde, ein Vorschneider und radiale Hauptschneiden.
Die Gewindespitze dient zum exakten Ansetzen. Das Einzugsgewinde zieht den Bohrer in das Holz, dabei durchtrennen die Nebenschneiden die Holzfasern. Dadurch entsteht ein ausrissfreies Bohrloch. Die Hauptschneiden heben den Span ab und die kurze Spiralwindung führt ihn nach oben ab.
Bei der Form B liegt der Bohrlochdurchmesser fest. Der Zentrumsbohrer Form C hat ein verstellbares Messer. Die Bohrlochgröße kann je nach Bohrer von 15 mm bis 75 mm eingestellt werden.
Zentrumsbohrer eignen sich zum Bohren von großen Löchern im Massivholz.

Merke

Bohrer mit Einzugsgewinde dürfen aus Sicherheitsgründen nur in Bohrwinden und Handkurbelbohrmaschinen betrieben werden.

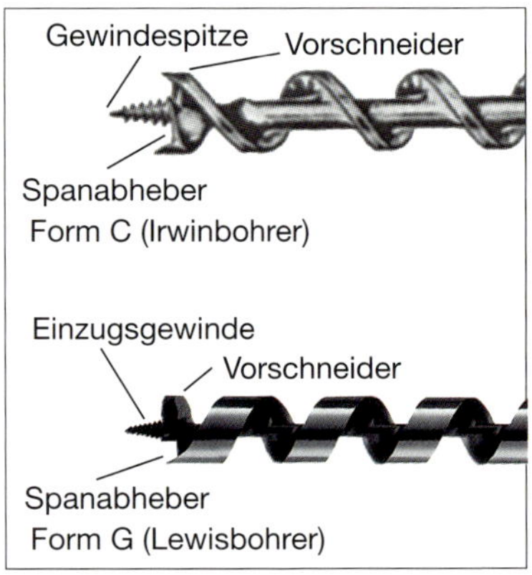

Schlangenbohrer

Schlangenbohrer

Sie haben wie die Zentrumsbohrer eine Gewindespitze mit Einzugsgewinde, Vorschneiden und radiale Hauptschneiden. Doch die Spiralwindungen sind bis zum vierkantigen Schaft angelegt. Damit werden die Späne optimal vom Werkzeug aus dem Bohrloch befördert. Auch hier gibt es zwei genormte Formen.
Die Form C – auch Irwinbohrer genannt – hat eine weitgängige Förderschlange, die sich um einen durchgehenden Schaft schlingt. Dieser Bohrer wird hauptsächlich für das Bohren von Weichhölzern verwendet.
Die Form G – auch Lewisbohrer genannt – besteht aus einer Spiralwindung ohne Kern. Da diese Windungen sehr breitwandig sind, führen sie den Bohrer gut im Bohrloch. Dieser Bohrer wird für die Bearbeitung von Harthölzern eingesetzt.

6.8.4 Schärfen und Pflege der Bohrer

Zentrums-und Schlangenbohrer können von Hand nachgeschliffen werden. Es ist aber darauf zu achten, dass die Vorschneider stets innen gefeilt werden. Anderweitig würde sich der Bohrdurchmesser verändern und die Vorschneider würden evtl. nicht mehr einen deckungsgleichen Schneidenflugkreis beschreiben. Ein Ausreißen der Bohrlochkante wäre die Folge. Die Schneiden werden an der Unterseite gefeilt. Damit bleibt der Schnittwinkel unverändert und die Hauptschneide nimmt den Span schneidend ab.
Spiralbohrer werden an Schleifscheiben mit Einspannvorrichtung geschliffen. Dabei darf nur die Hauptfreifläche bearbeitet werden. Es ist darauf zu achten, dass der Spitzenwinkel ε nicht verändert wird. Die Hauptschneiden müssen hinterschliffen sein.

Aufgaben

1. *Bestimmen Sie an einem Spiralbohrer mit Dachspitze Spitzenwinkel, Keilwinkel und Drallwinkel und legen Sie sein Einsatzgebiet fest.*
2. *Erklären Sie den Unterschied zwischen Kunstbohrer und Forstnerbohrer.*
3. *Beschreiben Sie die Verwendung eines Langlochfräsers.*
4. *Warum dürfen Schlangen- und Zentrumsbohrer nicht in Bohrmaschinen verwendet werden?*

6.9 Werkzeuge zum Abziehen und Schleifen

Wovon hängt die Schärfe eines Werkzeugs ab?

Das Hobeleisen ist durch vielfachen Einsatz stumpf geworden. Es soll nun geschärft werden.

Beschreiben Sie die Arbeitsgänge beim Schärfen.

6.9.1 Schärfwerkzeuge

Werkzeuge können nur dann sinnvoll eingesetzt werden, wenn sie ausreichend scharf sind. Die Schärfe hängt von der Schneidengeometrie, von der Qualität des Werkzeugstahls und des Schleifmittels ab.

Schleifführungen

Die Werkzeuge können sowohl von Hand als auch mit der Schärfmaschine geschärft werden. Beides erfordert Geschicklichkeit und Können. Für beide Schleifarten gibt es Führungseinrichtungen. Damit ist ein exaktes Anschleifen des Keilwinkels möglich. Bei stärkerem Verschleiß oder bei vorhandenen Scharten ist die maschinelle Schärfung der Handschärfung vorzuziehen.

Gehärtete Stähle dürfen nicht über ca. 670 °C heiß werden, da sonst eine Gefügeumwandlung und ein Härteverlust eintreten. Aber auch schon Temperaturen um 150 °C können eine deutliche Verschlechterung der Standzeit bedeuten, deshalb müssen Werkzeuge beim Schleifen gekühlt werden. Als Kühlmittel können sowohl Wasser als auch Spezialöle verwendet werden. Neben der Kühlwirkung haben die Flüssigkeiten auch die Aufgabe, den Abrieb des Schleifmittels wegzuspülen. Damit bleibt die Schleifwirkung erhalten. Das Schleifmittel wird meist aus künstlichen Schleifkörnern hergestellt.

Beim Schärfen sollte das Werkzeug immer wassergekühlt werden, damit sich der Stahl nicht erhitzt.

Merke

Die weichen **Schleifsteine** sind effektiver als die harten, da sich wegen der lockeren Bindung der Schleifkörner diese sich immer wieder von der Schleifscheibe ablösen. Somit stehen immer wieder unverbrauchte Schleifkörner zur Verfügung. Weiche Schleifsteine nutzen sich aber auch schneller ab.

Merke

Je härter der Werkzeugstahl, desto weicher der Schleifstein.

Neben der Schleifsteinhärte bestimmt auch die Schleifsteinkörnung den Einsatzbereich. Für die grobe Formgebung und das Entfernen tiefer Riefen eignen sich Schleifmaterialen mit einer Körnung von 180 – 220.
Zum Schärfen wird je nach Werkzeugqualität eine Körnung zwischen 800 und 1200 eingesetzt.

6.9.2 Abziehwerkzeuge

Schleifgrat an der Werkzeugschneide

Beim Schleifen entsteht an der Werkzeugschneide ein feiner Schleifgrat. Dieser muss entfernt werden; erst dann ist das Werkzeug wirklich scharf.
Das Abziehen des Werkzeugs geschieht wechselweise auf der Fasenseite und der Spiegelseite, wobei die Fase sehr intensiv in kreisenden Bewegungen über den Stein geführt wird und die Spiegelseite nur ab und zu, um den Grat zu entfernen.
Beim Abziehen wird das Schneidewerkzeug so lange über einen Stein bewegt, bis der Schleifgrat entfernt ist. Es ist darauf zu achten, dass die Bewegungen mit leichtem Druck und nie gegen die Schneide geführt werden. Damit der Abrieb des Steines und des Metalls von der Schneide entfernt werden und das Metall vor Überhitzung geschützt ist, verwendet man als Schleifmittel Wasser, Alkohol, Petroleum oder Öle. Da die Steine sehr saugfähig sind, werden sie manchmal in die Flüssigkeit eingelegt und dort gelagert.

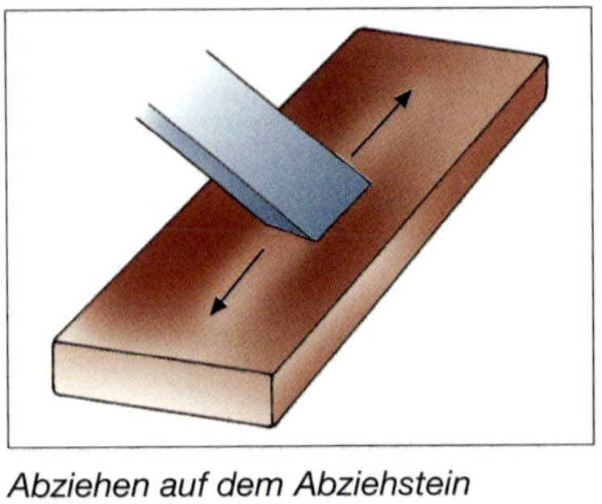

Abziehen auf dem Abziehstein

Zum Abziehen stehen unterschiedliche Abziehsteine zur Verfügung. Grundsätzlich unterscheidet man zwischen künstlichen und natürlichen Abziehsteinen. Die künstlichen Abziehsteine werden aus Elektrokorund oder Siliciumcarbid hergestellt.

Arkansassteine und **Belgischer Brocken** sind natürlich vorkommende Abziehsteine.
Der Arkansasstein ist ein feinstkörniger und dichter Stein, der mit Öl verwendet wird. Er ist sehr hart und wird deshalb häufig zum Abziehen von gekrümmten Eisen verwendet, wie es die Schnitzer oder Drechsler benutzen. Dieser Stein verschleißt kaum.
Der Belgische Brocken ist ein sehr seltener Abziehstein. Er ist ebenfalls feinstkörnig, aber nicht so hart wie der Arkansasstein. Deshalb nutzt er sich schneller ab.
Nach längerem Gebrauch entstehen Vertiefungen und Unebenheiten am Abziehstein. Diese müssen von Zeit zu Zeit entfernt werden. Am besten schleift man den Abziehstein dann an der Schleifmaschine eben.

6.10 Werkzeuge zum Schlagen, Nageln und Schrauben

Was ist bei der Auswahl der Werkzeuge zu berücksichtigen?

Die dargestellte Materialkiste soll auf sehr einfache Weise hergestellt werden.
Welche Eckverbindung schlagen Sie vor, wenn
- die Verbindung wieder gelöst werden soll oder
- die Verbindung nicht mehr gelöst werden muss?

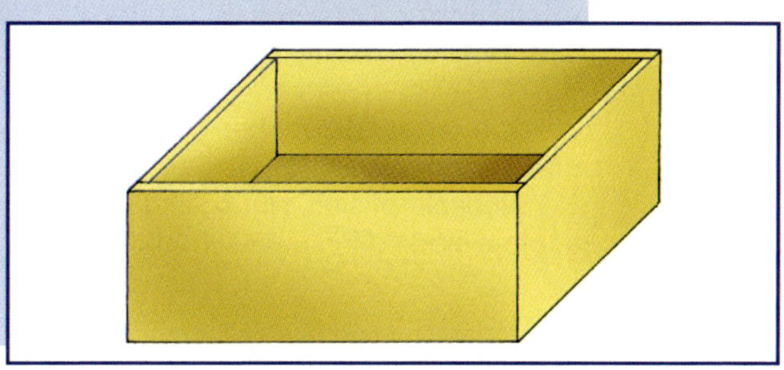

6.10.1 Hämmer

Tischlerhämmer gibt es in verschiedenen Größen. Sie werden entweder nach der Höhe des Stahlkörpers oder nach dessen Gewicht bezeichnet. Charakteristisch ist seine Form. Die breite Seite – Breitbahn – wird zum Einschlagen von Nägeln oder zum Einrichten von Spannzulagen o. Ä. benutzt.
Die schmale Seite – Schmalbahn – verwendet man an schwer zugängliche Stellen und zum Einschlagen von kleinen Nägeln. Der Stiel ist kraftschlüssig im Bohrloch des Stahlkörpers gehalten. Gesichert wird er durch einen Holz- oder Metallkeil.

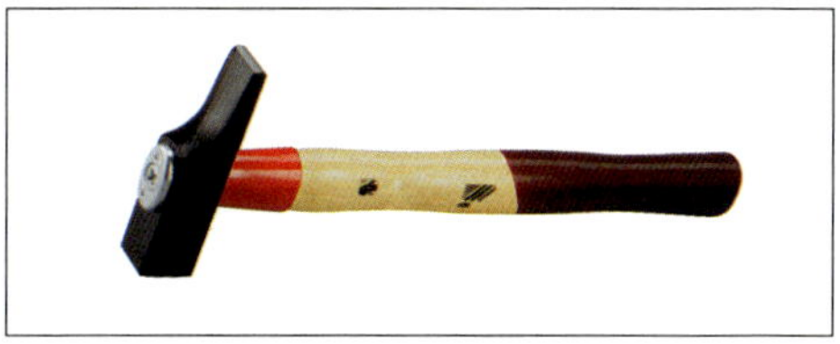

Tischlerhammer

Der **Klüpfel** ist vollständig aus Holz hergestellt. Er wird ausschließlich beim Stemmen benutzt. Der Holzkörper beschädigt den Schlagknopf der Beitel nicht.
Bei Montagearbeiten verwendet der Tischler auch noch den Gummihammer. Dessen Körper ist aus Hartgummi hergestellt. Die Härte dieses Materials entspricht in etwa der des Holzes. Außerdem ist seine Schlagfläche groß und verletzt somit das zu bearbeitende Material nicht so leicht.

Klüpfel

6.10.2 Zangen

Der Tischler braucht für seine Arbeiten hauptsächlich die Kneifzange und die Kombizange.
Mit der **Kneifzange** lassen sich Nägel aus dem Holz ziehen und dünne Drähte abzwicken. Kneifzangen gibt es in unterschiedlichen Längen und Kopfformen. Je länger die Kneifzange ist, desto mehr Kraft wirkt am Kneifzangenmaul.
Die **Kombizange** dient als universelles Haltewerkzeug. Die integrierte Schneide kann zum Biegen, Einkerben oder Abzwicken von Metallen genutzt werden.

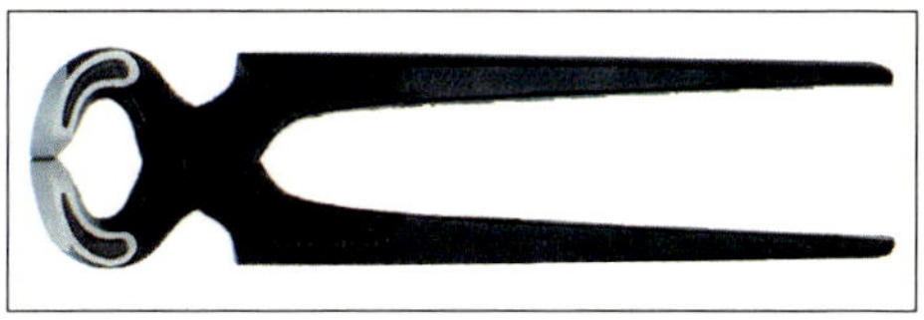

Kneifzange

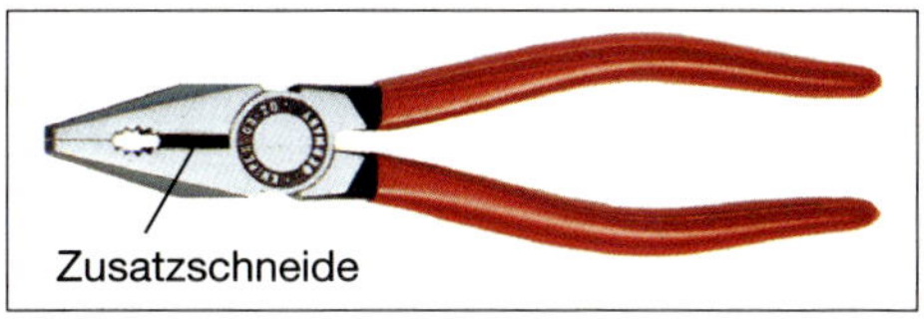

Kombizange

6.10.3 Schraubendreher

Die Schraubendreher unterscheiden sich nicht nur in der Kopfform. Es gibt sie mit auswechselbaren Einsätzen (Bits) oder mit fester Klinge. Die Griffe sind meist aus Kunststoff oder Holz hergestellt. Die Vertiefungen geben dem Griff einen guten Halt in der Hand.

Je nach Art der Schrauben gibt es **Schlitz-**, **Kreuzschlitz-**, **Innensechskant-** und **Torxschraubendreher**. Es ist stets darauf zu achten, dass der Schraubendreher fest im Schraubenkopf sitzt. Nur so ist eine optimale Kraftübertragung möglich. Die Schraubenköpfe bleiben dann unbeschädigt.

mit auswechselbaren Bits

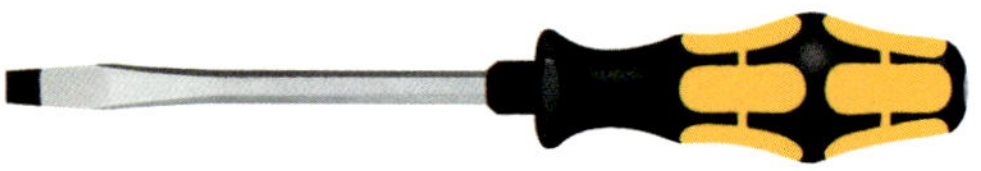

für Schlitzschrauben

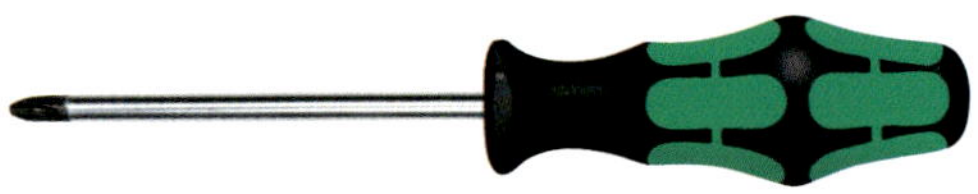

für Kreuzschlitzschrauben

Akkuschraubmaschine

Schraubendreher

Festsitzende Schrauben können mit der Bohrwinde oder Knarre gelöst werden. Zum zeitsparenden Einschrauben verwendete man früher den Drillschraubendreher. Heute steht dafür die **Akkuschraubmaschine** mit Rutschkupplung und auswechselbaren Bits zur Verfügung. Ist diese richtig eingestellt, können die Schrauben nicht mehr zu tief in das Holz gedreht werden.

Aufgaben

1. *Warum darf nur der Klüpfel in Verbindung mit Stemmwerkzeugen benützt werden?*
2. *Welches Werkzeug eignet sich zum Abzwicken von Draht?*
3. *Welchen Vorteil hat die Kreuzschlitzschraube gegenüber der Schlitzschraube?*
4. *Warum ist der Schraubendreher exakt auf den Schraubenkopf anzupassen?*
5. *Welchen Vorteil bzw. Nachteil bieten die auswechselbaren Bits bei den Schraubendrehern?*

6.11 Werkzeuge zum Spannen

Wird beim Spannen die Werkstückoberfläche beschädigt?

Der nebenstehende Korpus muss verleimt werden.

Welche Werkzeuge benötigen Sie bei der Verleimung?
Welche Hilfsmittel verwenden Sie?

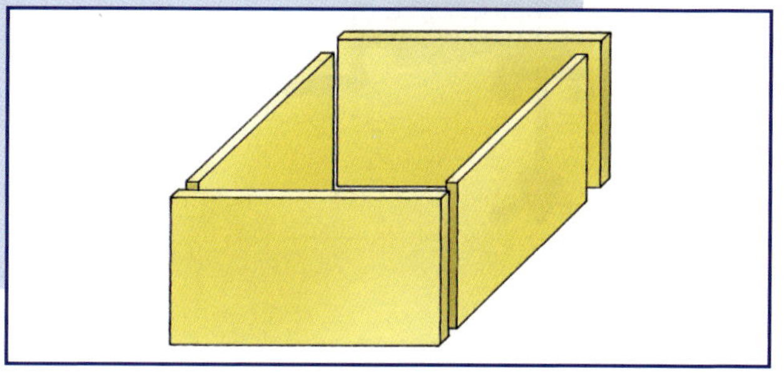

6.11.1 Schraubzwinge und Spannstock

Die Schraubzwinge

Die Schraubzwinge ist ein universal einsetzbares Spannwerkzeug. Ob zum Befestigen von Werkstücken auf der Hobelbank oder zum Verpressen von Bauteilen, überall braucht der Tischler dieses Werkzeug.
Sie besteht aus einer Metallschiene, an der der obere Spannarm fest verbunden ist. Der bewegliche Spannarm kann auf der Spannschiene bewegt werden. Die Spannschiene ist an ihrem Rücken aufgeraut. Dadurch findet der Spannarm durch ein leichtes Verkanten Halt. Er wird so an das zu pressende Werkstück geführt bis die bewegliche Druckpatte der Spindel anliegt. Dann wird diese angedreht; dadurch baut sich der Druck auf. Auf einigen Schraubzwingen sind Plastikschutzhauben aufgesetzt. Dadurch soll eine Beschädigung der Werkstücke vermieden werden.

Schraubzwinge

Merke

Da mit der Schraubzwinge große Kräfte übertragen werden, ist es immer ratsam eine großflächige Beilage zwischen die Schraubzwingenköpfe und das Werkstück zu legen.

Schraubzwingen werden mit Spannweiten zwischen 400 mm und 2000 mm und einer Ausladung von 60 mm bis 100 mm ausgeliefert.
Als Ergänzung kann auch noch eine Kantenzwinge an der Spannschiene befestigt werden. Mit ihr kann Druck senkrecht zur Spannachse erzeugt werden. Sie wird besonders zum Aufleimen von Kanten benutzt.
Im Handel erhältlich sind auch Schraubzwingen, bei denen die Kantenzwinge bereits integriert ist.
Zum Aufleimen von Leisten und Kanten verwendet man auch Leim- und Kantenzwingen aus Holz. Diese sind nicht so schwer wie Metallzwingen. Ihre Spannweite bewegt sich zwischen 200 mm und 800 mm.

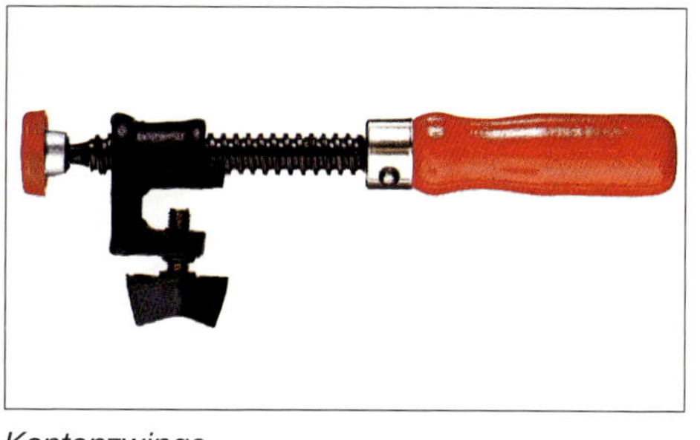
Kantenzwinge

Spannstock

Der Spannstock

Der Spannstock kann an den Bankhakenlöchern der Hobelbank mit einer Klemmspindel befestigt werden. Der Spannstock ist drehbar und in jeder Lage feststellbar. Die Holzbacken sorgen für einen sicheren und werkstückschonenden Halt. Ist er mit drehbaren Spannbacken ausgestattet, können sogar konische oder runde Werkstücke eingespannt werden.
Der **Hilfsspannstock** kann in der Hinterzange der Hobelbank befestigt werden. Leisten u.Ä. können somit sehr leicht eingespannt und sicher bearbeitet werden.

6.11.2 Gehrungsspann- und Verleimklammern

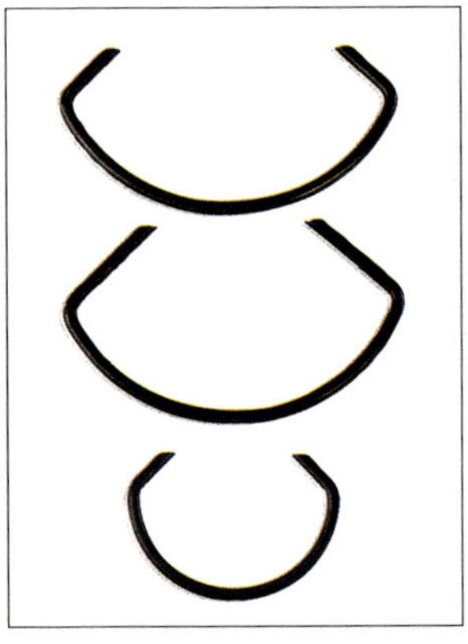

Gehrungsspannklammern

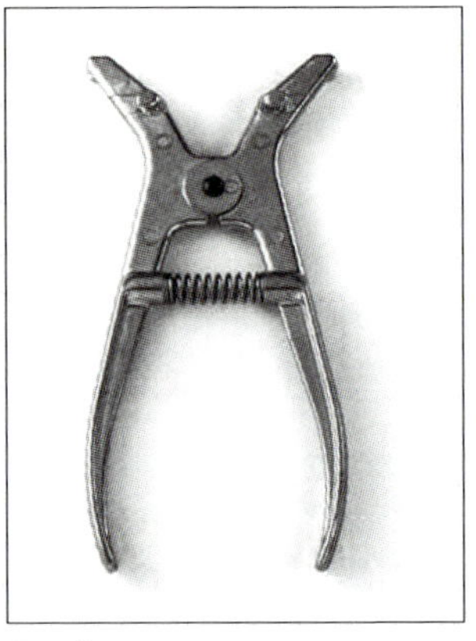

Spreizzange

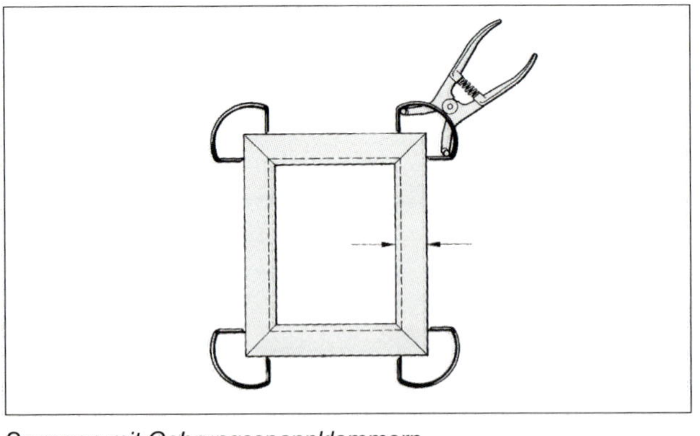

Spannen mit Gehrungsspannklammern

Die Gehrungsspannklammern eignen sich zum Spannen von Rahmen bis zu einer Breite von 90 mm. Mit der Spreizzange werden die Klammern an den auf Gehrung geschnittenen Ecken angesetzt. Je nach Rahmenbreite muss die richtige Größe der Klammern gewählt werden.
Die Klammern sind aus Federstahl gefertigt und an den Enden angespitzt. So können sie nicht vom Werkstück rutschen. Der Nachteil ist, dass die Eindruckstellen sichtbar sind und ausgeschliffen oder verkittet werden müssen. Um dieses zu vermeiden kann man aber auf das Holz dicke mit Filz belegte Klebestreifen aufbringen und an diesen Stellen die Gehrungsspannklammern ansetzen. In den meisten Fällen ist die Kraftübertragung dabei nicht beeinträchtigt. Die Eindruckstellen bleiben jedoch aus. Trotzdem muss die Stelle, an der der Klebstreifen aufgebracht war, nachgeschliffen werden, da die evtl. verbleibenden Klebstoffreste nach der Oberflächenbehandlung wieder sichtbar werden.

Verleimklammern arbeiten nach dem gleichen Prinzip wie die Gehrungsklammern. Mit ihnen lassen sich Leisten und Aufdopplungen aufleimen und verspannen.

7 Zeichnungsnormen

Welche Bedeutung haben Normen?

Mitten in Berlin, in der Nähe von Tiergarten und Gedächtniskirche, befindet sich das „Deutsche Institut für Normung“, kurz genannt DIN.

- Überlegen Sie: Warum ist es sinnvoll, dass Dinge genormt werden
  a) im täglichen Leben als Privatperson,
  b) in Handwerk und Technik?
- Informieren Sie sich über die Bedeutung der DIN-Normen für den Tischler.

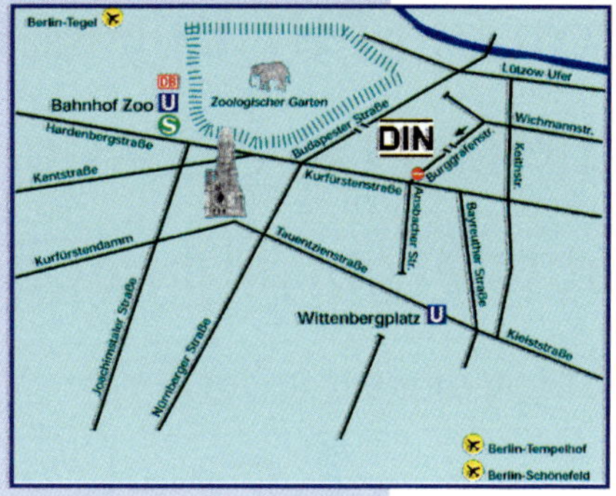

7.1 Bedeutung der Normen

Ohne Normen wäre eine Zusammenarbeit auf technischem Gebiet nicht möglich. Normen sorgen für Einheitlichkeit und Verständigung. Das Deutsche Institut für Normung mit Sitz in Berlin und Köln ist quasi der runde Tisch, an dem sich alle deutschen Vertreter von Handwerk, Technik, Handel, Industrie, Wissenschaft etc., die ein Interesse an Normung haben, zusammensetzen, um eindeutige Festlegungen zu treffen und diese als deutsche Norm festzuschreiben.

Siehe Norm-Übersicht im Anhang

Nur so kann beispielsweise gewährleistet werden, dass das rechts abgebildete Detail einer Zeichnung sowohl von einem Tischler aus München als auch von einem Tischler aus Dresden oder Flensburg eindeutig als ein *Horizontalschnitt durch einen Rahmen aus Nussbaumholz* identifiziert wird.

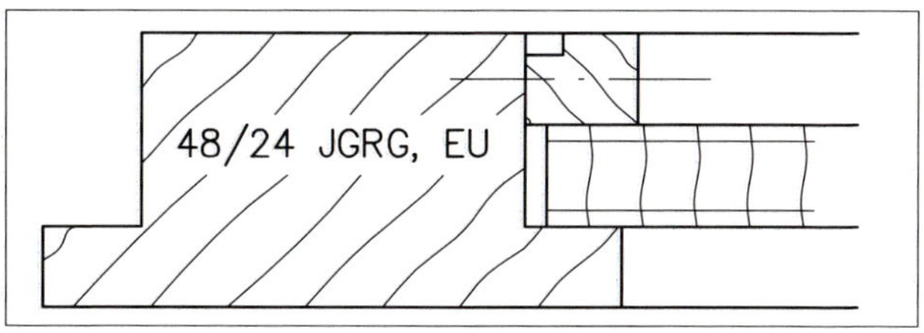

Im Zuge der zunehmenden Europäisierung und Globalisierung ist Verständigung nicht mehr nur national, also innerhalb von Deutschland, sondern auch regional (europaweit) und international (weltweit) notwendig.

Deshalb ist das DIN auch an der Erarbeitung von Europäischen Normen (EN) und Internationalen Normen (ISO) beteiligt.
Werden EN-Normen oder ISO-Normen als DIN-Normen übernommen, erhalten sie die Kennzeichnung DIN EN oder DIN ISO.

Das Technische Zeichnen in der Holzverarbeitung ist maßgeblich in der DIN 919 Teil 1 genormt, aber auch andere DIN-Vorschriften kommen zum Tragen.

7.2 Normschrift

Bevorzugte Normschrift für Zeichnungen
Schriftform B, vertikal („senkrechte Mittelschrift“)
ABCDEFGHIJKLMNOP
QRSTUVWXYZÄÖÜ
abcdefghijklmnopqr
stuvwxyzäöüß±□
[(!?:;"-=+×·:√ %&)]ø
12345677890IVX

In der heutigen Zeit hat die Bedeutung von Normschriftübungen in der Berufsschule abgenommen, da die Zeichnungen zum Großteil mit dem Computer angefertigt werden.
Dennoch kann man auf eine saubere Schrift nicht ganz verzichten, da ein Tischler sehr häufig auch Handskizzen anfertigen muss.
Die DIN 919 empfiehlt für technische Zeichnungen in der Holzverarbeitung die **Schriftform B, vertikal** (ISO-Normschrift DIN EN ISO 3098-0).

Die exakten, genormtem Schriftabmessungen stellen eine Wissenschaft für sich dar. Interessierte können sich hierüber in gängigen Tabellenbüchern informieren.

Als Faustformel gilt: Die Schriftgröße in technischen Zeichnungen sollte nicht unter 2,5 mm liegen. Bei der Verwendung von Groß- und Kleinbuchstaben werden folgende Schriftgrößen empfohlen:

Großbuchstaben	3,5 mm	5 mm	7 mm	10 mm
Kleinbuchstaben	2,5 mm	3,5 mm	5 mm	7 mm

Schnittangaben (A-A, B-B, C-C) werden eine Stufe größer als die normale Beschriftung geschrieben, Exponenten (Hochzahlen) und Indizes (tiefer gestellte Zahlen) eine Stufe kleiner.

Die Verwendung von Schriftschablonen ermöglicht ein besonders sauberes und exaktes Beschriften der Zeichnungen. Beim Beschriften von Hand sollten ganz dünne Hilfslinien zur Orientierung gezogen werden.

7.3 Blattgrößen und Schriftfeld

Zeichenblattformate sind in der DIN EN ISO 5457 genormt und können in einem Tabellenbuch nachgeschlagen werden. Auch das richtige Falten von Zeichenblättern ist dort beschrieben.
Technische Zeichnungen erhalten an der unteren rechten Ecke ein Schriftfeld (genormt in DIN EN ISO 7200). Bei Zeichenblättern des Formates A4 (Hochformat) geht das Schriftfeld über die gesamte untere Breite.
Für das Zeichnen im Unterricht an der Berufsschule genügt jedoch ein vereinfachtes Schriftfeld, welches zumindest die Aufgabenbezeichnung, Namen und Klasse des Zeichners sowie das Datum enthält.

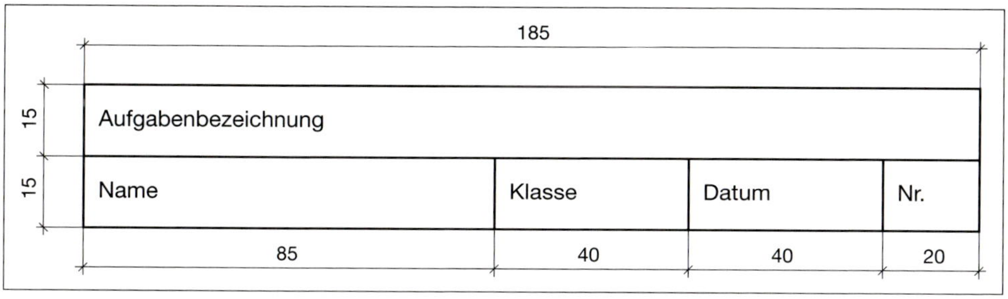

Beispiel für das Anlegen eines Schriftfeldes

Die Beschriftung und Bemaßung einer Zeichnung muss so angebracht werden, dass sie von unten und von rechts lesbar ist. Nach DIN gibt dabei ausschließlich die Lage des Schriftfeldes die Leserichtung der Zeichnung vor. In der Praxis kann es jedoch u. U. sinnvoll sein, die Standlinie eines Möbels (Ansicht) als Bezugslinie für die Leserichtung zu nehmen.

7.4 Zeichnungsmaßstäbe

Werkstücke oder Teile davon können in natürlicher Größe, verkleinert oder vergrößert dargestellt werden.
Verkleinerungsmaßstäbe für Bauzeichnungen sind in DIN 1356-1 genormt, Maßstäbe für technische Zeichnungen in DIN ISO 5455 und können dort nachgelesen werden.
In der Holzverarbeitung haben folgende Maßstäbe eine besondere Bedeutung:

M = 1 : 1	Teilschnittzeichnungen
M = 1 : 10 (1 : 20)	Ansichten in der Hauptzeichnung
M = 1 : 20	Grundrisse von Räumen, Wand- und Deckenansichten
M = 2 : 1 (5 : 1)	Kleinteile, Detailzeichnungen

7.5 Zeichnungsarten

Einen Überblick über die zahlreichen verschiedenen Zeichnungsarten bieten die Ausführungen der DIN 919, die in einem Tabellenbuch nachzulesen sind.

Das vorliegende Buch beschränkt sich auf die im Tischlerbereich am häufigsten verwendeten Zeichnungsarten.

Grundsätzlich muss zwischen **Entwurfzeichnungen** und **Fertigungszeichnungen** unterschieden werden.

7.5.1 Entwurfzeichnungen

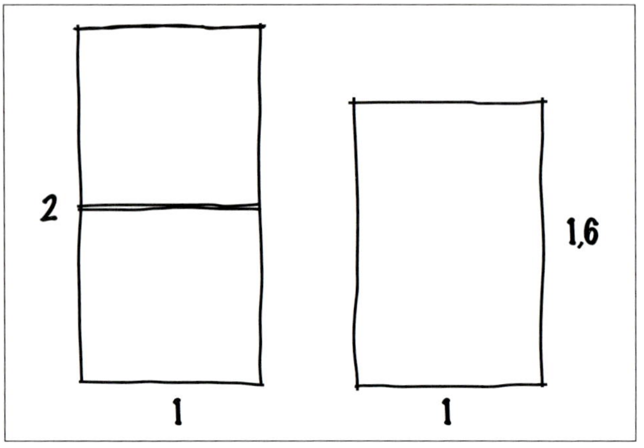

Entwurfzeichnungen sind, wie der Name schon sagt, Entwürfe und stellen somit noch nicht die endgültige, fertige Version eines Möbels dar. Dies können erste Skizzen von konstruktiven Lösungen sein, räumliche (dreidimensionale) Darstellungen oder aber auch schon etwas umfangreichere Entwürfe z. B. für die Genehmigung des Gesellenstücks.

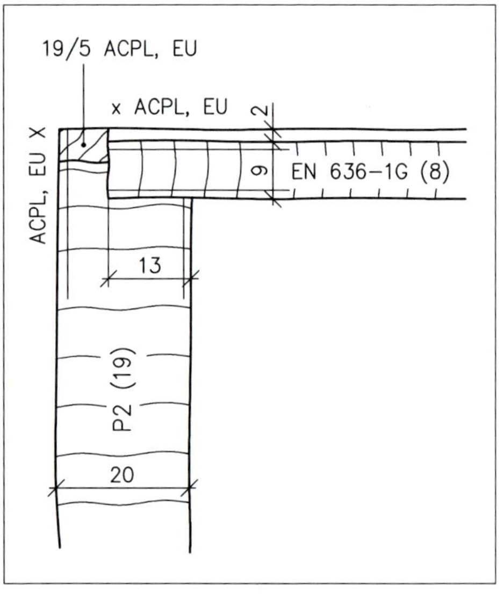

7.5.2 Fertigungszeichnungen

Fertigungszeichnungen hingegen sind exakte technische Zeichnungen, nach denen ein Möbel gefertigt wird.
Der Tischlerlehrling muss am Ende des dritten Lehrjahres zu seiner Arbeitsprobe 1 (Gesellenstück) eine komplette Fertigungszeichnung abliefern.
Diese besteht aus einer Hauptzeichnung und den dazugehörigen Schnitten bzw. Teilschnitten.

In der **Hauptzeichnung** wird das Möbelstück bzw. Bauteil in den erforderlichen Ansichten dargestellt. Meist handelt es sich dabei um die Vorderansicht und die Seitenansicht von links; die Draufsicht wird nur gezeigt, wenn sie zur Erklärung des Erzeugnisses notwendig ist, wie z. B. bei einem Sekretär mit Aufsatz.

In die Hauptzeichnung, die meist im Maßstab 1 : 10 angefertigt wird, werden nur die Hauptmaße eingetragen sowie der Verlauf der Schnittführung.

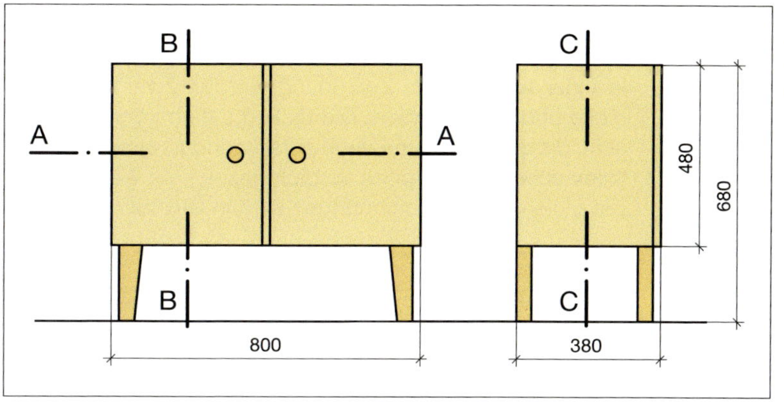

Hauptzeichnung im Maßstab 1:10

Zusätzlich zur Hauptzeichnung muss eine Fertigungszeichnung auch die erforderlichen Schnittdarstellungen enthalten. Es handelt sich hierbei i. d. R. um Horizontalschnitt, Vertikalschnitt und Frontalschnitt, kurz **Schnittzeichnungen** oder **Teilschnittzeichnungen** genannt.

Das Möbel oder Bauteil wird hierbei im Maßstab 1 : 1 geschnitten dargestellt, um aussagekräftige Details wie Angaben zu Konstruktion, Material, Maßen, Verbindungsmitteln etc. zu verdeutlichen. Teile des Werkstücks, welche keine wichtigen Informationen liefern, werden einfach herausgeschnitten und weggelassen. Die Zuordnung der (Teil-)schnitte sollte nach dem Prinzip der Dreitafel-Projektion erfolgen.

In der Praxis wird der Schreiner hingegen häufig einen sog. **Brettriss**, auch einfach nur Aufriss genannt, anfertigen. Hierzu zeichnet er sich im Maßstab 1 : 1 auf ein dünnes Brett oder geeignetes Plattenmaterial, z. B. eine weiß beschichtete Spanplatte, die erforderlichen Schnitte, nach denen er das Werkstück fertigen kann.

7.6 Linienarten in Zeichnungen

In einer technischen Zeichnung werden zwei verschiedene **Linienstärken** verwendet: *dicke* und *dünne* Linien. Die dicken Linien können entweder 0,7 mm oder 0,5 mm breit sein, die dünnen Linien dann entsprechend entweder 0,35 mm oder 0,25 mm. Die Hauptlinien sollen also doppelt so dick gezeichnet werden wie die Nebenlinien.
Die Linienarten in Zeichnungen sind in DIN ISO 128-24 und in DIN 919 genormt.

Linien in Zeichnungen				**DIN 919-1, DIN ISO 128-24**
	Linienart	Liniengruppe 0,5	0,7	Anwendungen nach DIN ISO 128-24 (auszugsweise) und zusätzliche Anwendungen (mit Spiegelstrich)
A	Volllinie, breit	**0,5**	**0,7**	1 sichtbare Kanten 2 sichtbare Umrisse – Fugen in Schnittflächen – Boden-, Wand- und Deckenlinien in Ansichten und Schnitten (auch in Linienart K1)
B	Volllinie, schmal	**0,25**	**0,35**	1 Lichtkanten 2 Maßlinien 3 Maßhilfslinien 4 Hinweislinien 5 Schraffuren (nach DIN 201) 6 Umrisse am Ort eingeklappter Schnitte 7 kurze Mittellinien (Mittellinienkreuz) 9 Maßlinienbegrenzungen 10 Diagonalkreuz zur Kennzeichnung ebener Flächen 11 Biegelinien 12 Umrahmungen von Einzelheiten 14 Umrahmungen von Prüfmaßen 15 Faser- und Walzrichtungen 17 Projektionslinien 18 Rasterlinien – konstruktionsbedingte bündige Fugen in Ansichten – Begleitlinien (zur Kennzeichnung von Belagstoffen in Schnittdarstellungen von Plattenwerkstoffen) – Kennzeichnung von Leimfugen[1]
C	Freihandlinie, schmal	0,25	0,35	1 Begrenzung von abgebrochenen oder unterbrochen dargestellten Ansichten und Schnitten, wenn die Begrenzung keine Mittellinie ist[2] – Schnittflächenschraffur bei Holz und Holzwerkstoffen[3] – Kennzeichnung von Leimfugen[3]
F	Strichlinie, schmal	0,25	0,35	1 verdeckte Kanten 2 verdeckte Umrisse
G	Strichpunktlinie, schmal	0,25	0,35	1 Mittellinien 2 Symmetrielinien 3 Trajektorien (Bewegungsverlauf) – Meterrissmarkierungen (siehe DIN 18111-1)
J	Strichpunktlinie, breit	0,5	0,7	1 Kennzeichnung geforderter Behandlungen 2 Kennzeichnung der Schnittebenen
K	Strich-Zweipunktlinie, schmal	0,25	0,35	1 Umrisse von angrenzenden Teilen 2 Grenzstellungen von beweglichen Teilen 4 Umrisse (ursprüngliche) vor der Verformung 5 Teile, die vor der Schnittebene liegen 6 Umrisse von wahlweisen Ausführungen 7 Fertigformen in Rohteilen 8 Umrahmungen von besonderen Feldern/Bereichen – Bandbezugslinie (siehe DIN 18268)
	Volllinie („extra breit") [4]	≥1,0		Kennzeichnung von Schnittflächen (Umrisse, Konturen)
	Beschriftung	**0,35**	**0,5**	Maß- und Textangaben, grafische Symbole (s. S. 314)

[1] Bei rechnerunterstütztem Zeichnen. [3] Vorzugsweise bei manueller Zeichnungserstellung.
[2] In Zeichnungen nach DIN 919-1 wird im Regelfall auf das Eintragen dieser Linien verzichtet.
[4] Nur in technischen Zeichnungen für das Bauwesen nach DIN 1356-1 anwenden (s. S. 311).

Es ist darauf zu achten, dass die Strichlänge bei der *Strichlinie* deutlich kürzer zu zeichnen ist (ca. 5 mm) als bei der *Strichpunktlinie* und *Strich-Zweipunktlinie* (ca. 10 mm).

7.7 Bemaßen von Zeichnungen

Die Bemaßung von Zeichnungen ist in DIN 406 geregelt.

a) Maßzahlen
Die Angabe der Maßzahlen erfolgt in Millimetern, ohne jedoch die Einheit *mm* dazu zu schreiben. Soll in einer anderen Einheit bemaßt werden, muss die Einheit dazu geschrieben werden.
Die Maßzahlen werden knapp über die sog. Maßlinien gesetzt und müssen immer in Leserichtung und von rechts lesbar sein.

b) Maßlinien
Maßlinien werden als dünne Volllinien parallel zu den Körperkanten gezeichnet. Es hat sich bewährt, die erste Maßlinie in einem Abstand von 10 mm zu zeichnen, alle folgenden in einem Abstand von 8 mm. Eine Körperkante selbst darf nicht als Maßlinie verwendet werden. Maßlinien sollten sich möglichst nicht schneiden.

c) Maßhilfslinien
Maßhilfslinien dienen als Begrenzung der Maßlinien und werden 2 mm über diese hinaus gezeichnet. Ebenso ragt die Maßlinie 2 mm über die Maßhilfslinie hinaus.
Maßhilfslinien beginnen an den Körperkanten und stehen in rechtem Winkel dazu. Sie werden ebenfalls als schmale Volllinien gezeichnet.

d) Maßlinienbegrenzungen
Maßlinienbegrenzungen können als Schrägstriche, Pfeile oder Punkte gezeichnet werden. Die DIN 919 empfiehlt jedoch die Verwendung von Schrägstrichen. Nur bei der Bemaßung von Radien und Durchmessern sowie bei aufsteigenden Maßen werden Pfeile verwendet.

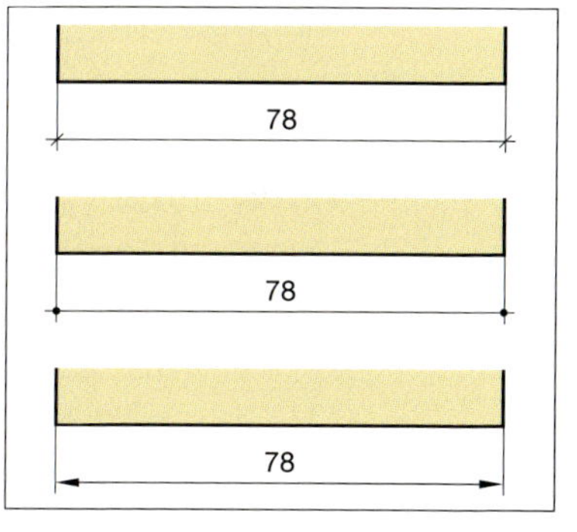

Allgemeine Regeln zur Bemaßung

a) Prinzipiell kann an allen Seiten eines Körpers bemaßt werden. Die untere und rechte Seite sind hierbei jedoch zu bevorzugen.

b) Es sind immer auch die Gesamtmaße anzugeben. Diese stehen auf der äußeren Maßlinie.

c) Es kann bei Bedarf auch innerhalb eines Körpers bemaßt werden.

d) Bei Platzmangel kann die Maßzahl auch neben die eigentlich vorgesehene Stelle geschrieben werden.

e) Maßlinien und auch Maßhilfslinien sollten sich möglichst nicht schneiden.

f) Es ist darauf zu achten, dass eine Zeichnung nicht überbemaßt ist.

g) Hilfsmaße, die lediglich der Kontrolle dienen, müssen in Klammern gesetzt werden.

h) Querschnittsmaße können auch in Bruchform im Körper bemaßt werden.

i) Bei Schnitten (Unterbrechungen) werden nur die Körperkanten unterbrochen, nicht die Maßlinien.

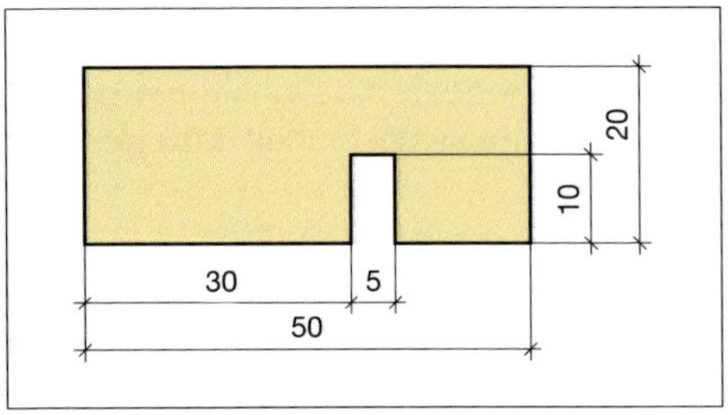

zu a), b), d), f)

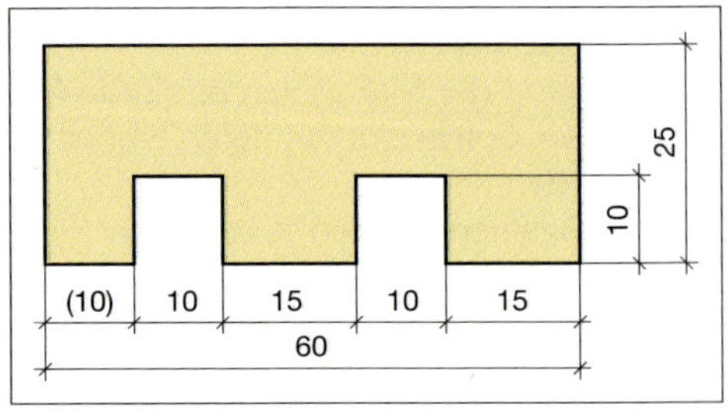

zu g)

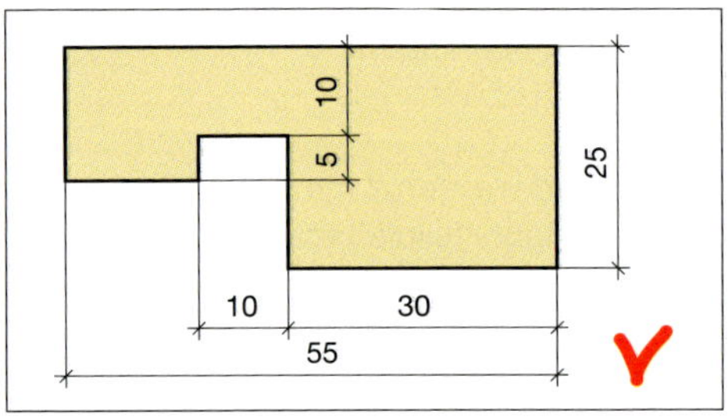

zu c), e)

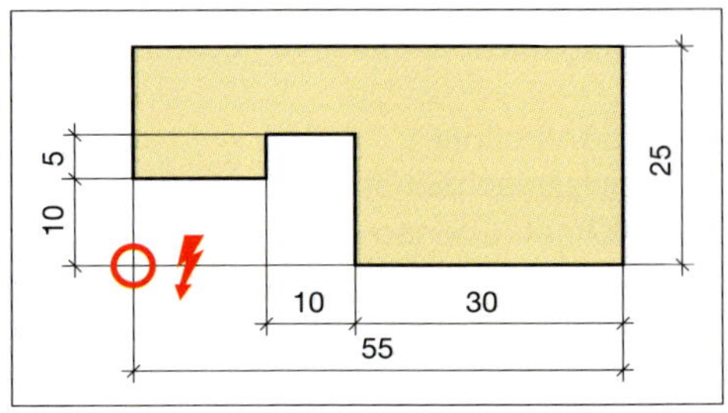

zu c) e)

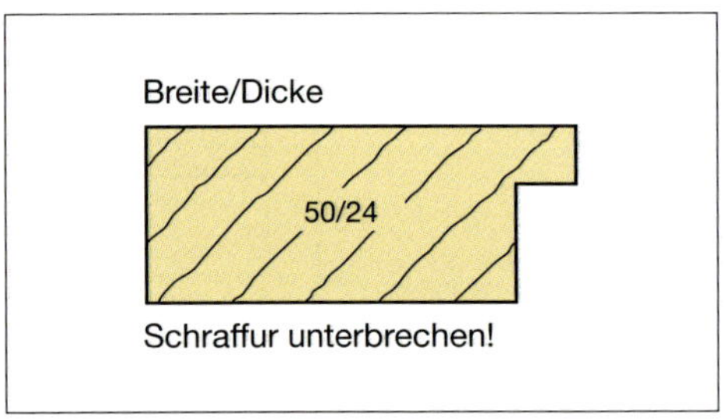

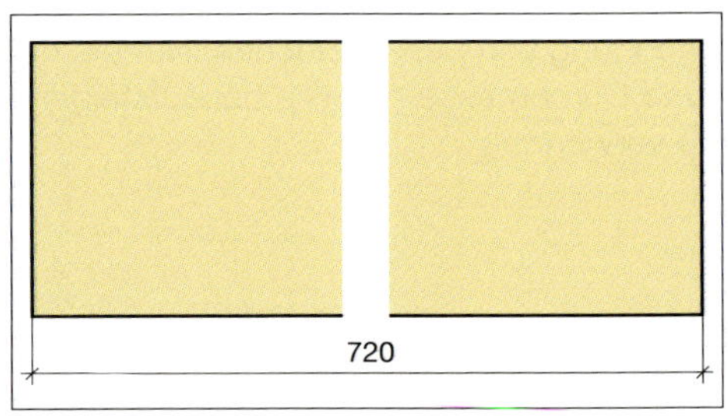

Bemaßen von Schrägen

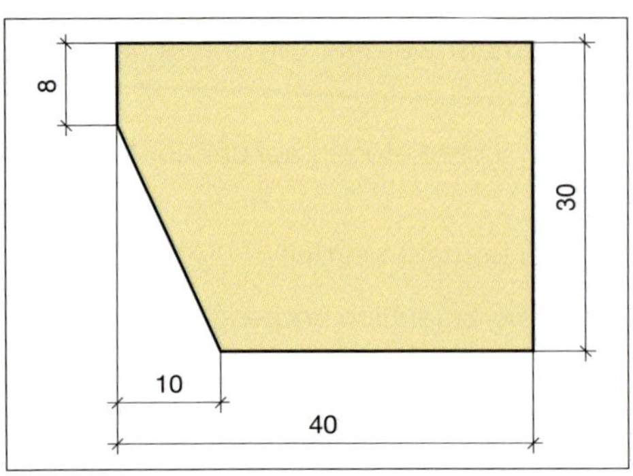

Die Länge der Schräge ist hier nicht von Bedeutung.

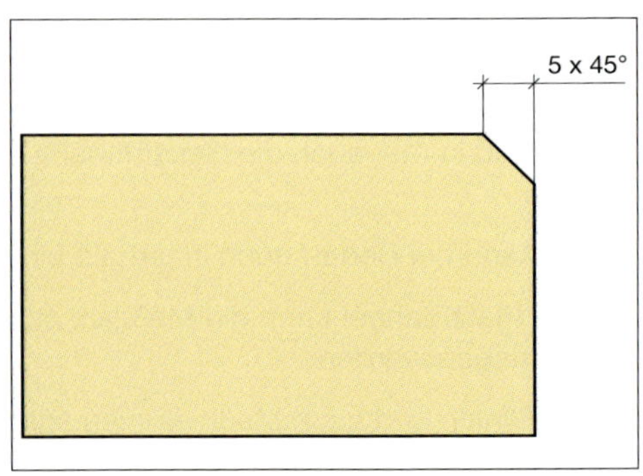

Bei Fasen von 45° kann auf diese Art vereinfacht bemaßt werden.

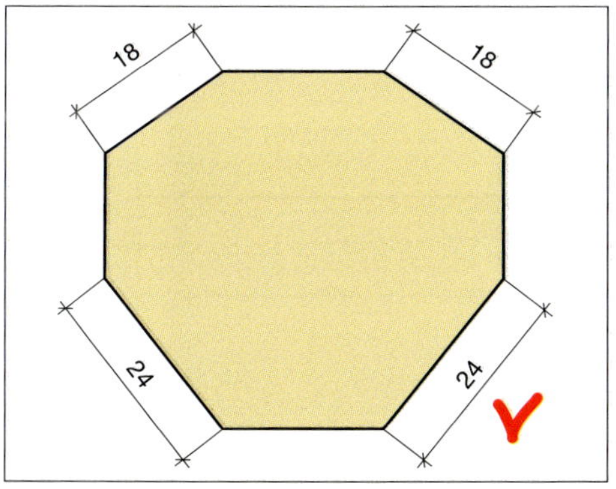

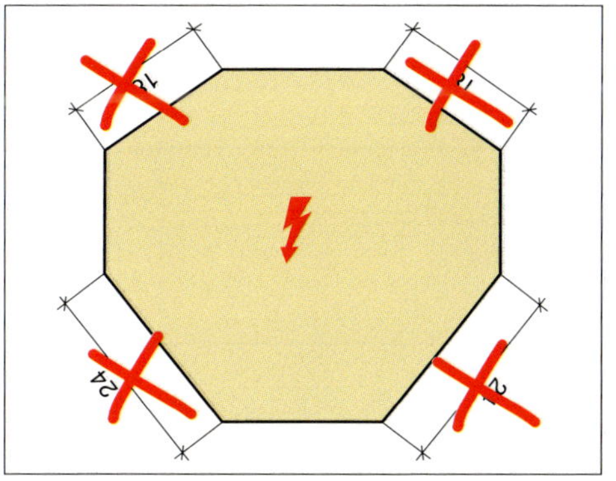

Bei schrägen Bemaßungslinien kann der Grundsatz, dass die Zeichnung nur von unten oder rechts lesbar sein muss, nicht eingehalten werden. Hier ist darauf zu achten, dass die Maßzahlen auf keinen Fall auf dem Kopf stehen.

Fertigungsbezogene Bemaßung

Für die Praxis ist es manchmal hilfreich, wenn fertigungsbezogen bemaßt wird. So kann es beispielsweise sinnvoll sein, wenn ein Werkstück mit Nuten bearbeitet wird, dass nur die Lage der Nuten eingemaßt wird. Die Auflageflächen des Werkstücks auf dem Maschinentisch bzw. am Anschlag sind dann die Bezugsebenen, von denen aus bemaßt wird.

Bemaßung von quadratischen und kreisrunden Formen in Ansichten

Ist in einer Ansicht (z. B. eines Möbelfußes) nicht erkennbar, ob es sich um eine quadratische oder runde Form handelt, so wird vor die Maßzahl ein Quadratzeichen bzw. ein Durchmesserzeichen gesetzt.

Hinweislinien

Hinweislinien enden

- mit einem Punkt in einer Fläche,
- mit einem Pfeil an einer Kante,
- ohne Punkt und Pfeil an einer Linie.

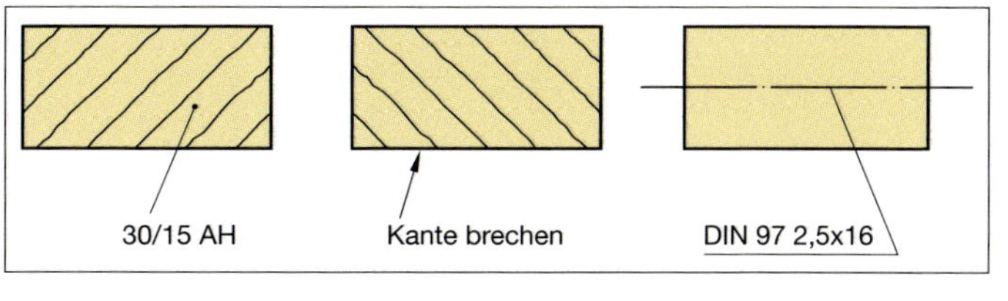

Bemaßen von Rundungen

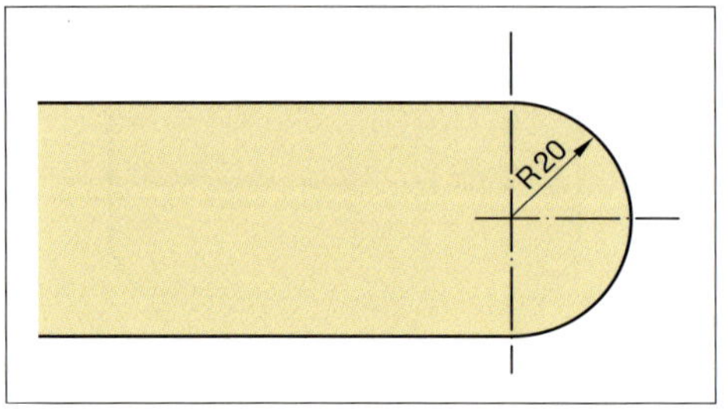

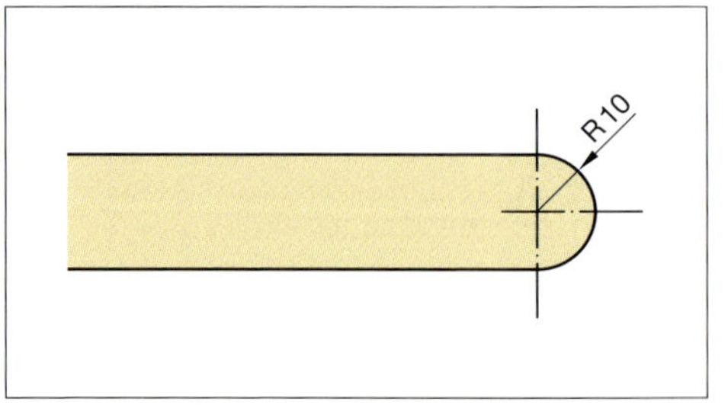

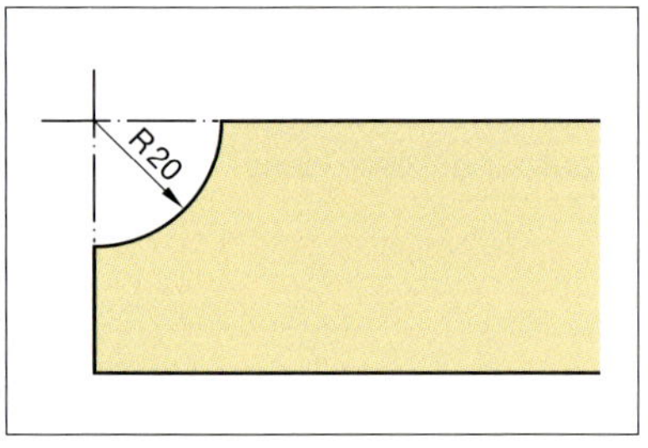

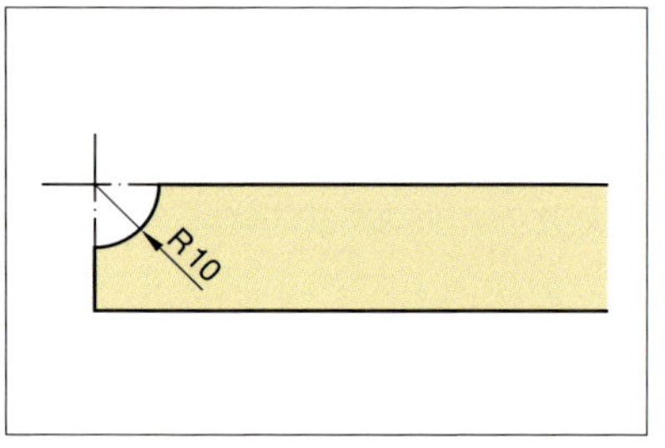

Regeln:

- Bei der Bemaßung von Radien wird vor die Maßzahl ein großes **R** gesetzt.
- Der Kreismittelpunkt ist durch ein Mittellinienkreuz zu kennzeichnen.
- Die Maßlinie geht unter einem Winkel von 45 ° vom Mittelpunkt aus und erhält nur am Kreisbogen einen Pfeil.
- Bei Platzmangel darf der Pfeil auch von außen angesetzt werden.
- Bei sehr kleinen Radien können die Mittelachsen entfallen.

Bemaßen von Bohrungen

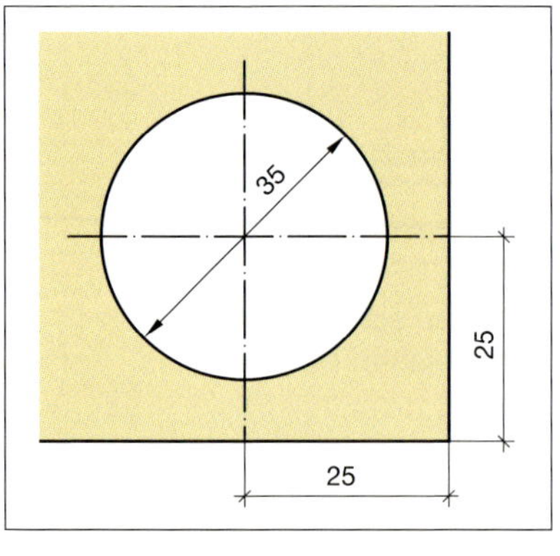

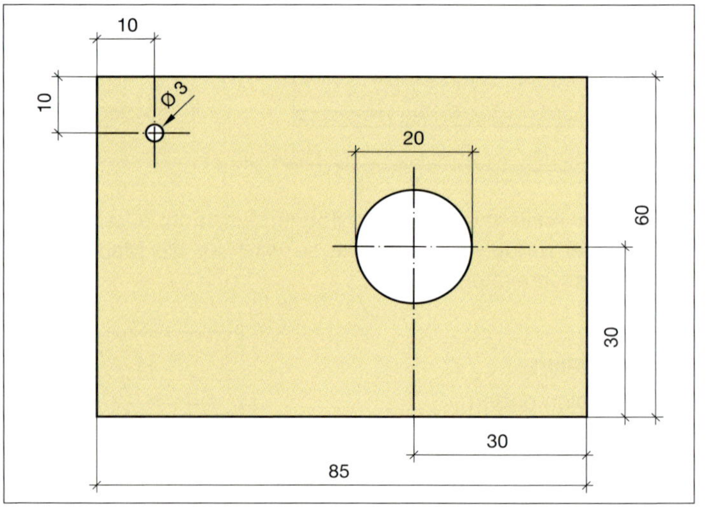

Regeln:

- Durchmesser großer Bohrungen können unter 45° schräg durch den Schnittpunkt der Mittelachsen mit einem Doppelpfeil bemaßt werden.
- Bei kleineren Bohrungen werden die Maße durch Maßhilfslinien herausgezogen.
- Bei sehr kleinen Bohrungen werden Bezugspfeile von außen an den Kreis gesetzt und das Durchmesserzeichen verwendet.
- Es muss immer auch die Lage des Bohrlochmittelpunktes bemaßt werden.
- Bei angeschnittenen Bohrungen kann wegen des unvollständigen Kreises kein Doppelpfeil eingezeichnet werden. Deshalb wird hier vor die Maßzahl das Durchmesserzeichen gesetzt.

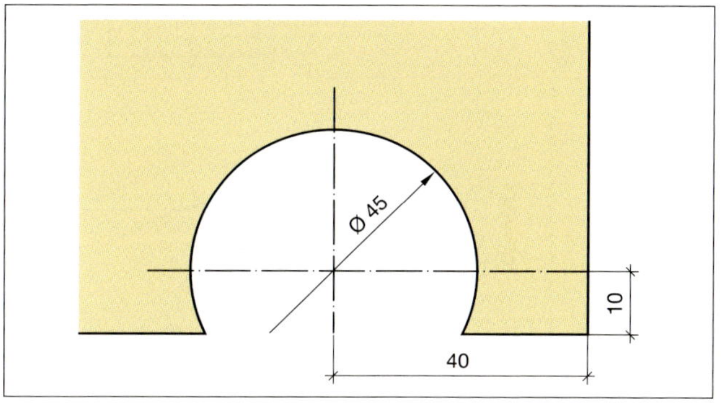

Bemaßen von Langlöchern

- Langlöcher erhalten drei Mittelachsen. Bemaßt werden die Breite des Langlochs und der Abstand der parallelen Mittelachsen.

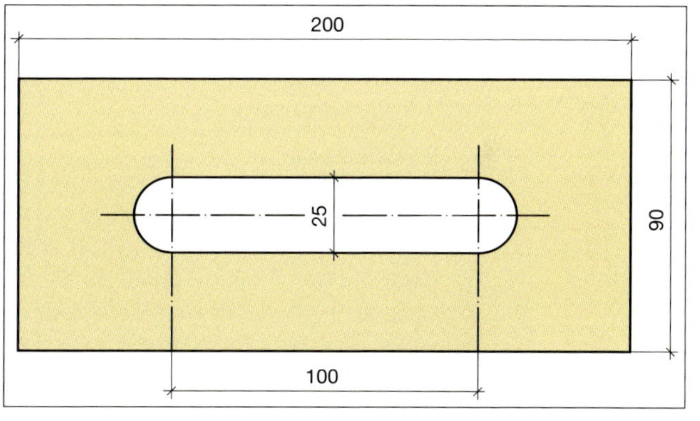

Bemaßen von Bogenlängen und Winkeln

- Bei der Bemaßung von Bogenlängen läuft die Maßlinie parallel zum Bogen; sie wird durch parallele Maßhilfslinien begrenzt.
- Die Maßbegrenzung erfolgt durch Pfeile.
- Über die Maßzahl wird als Symbol ein Bogen geschrieben.

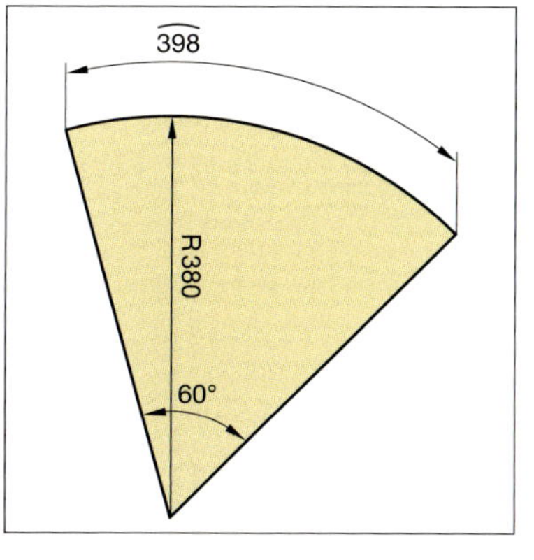

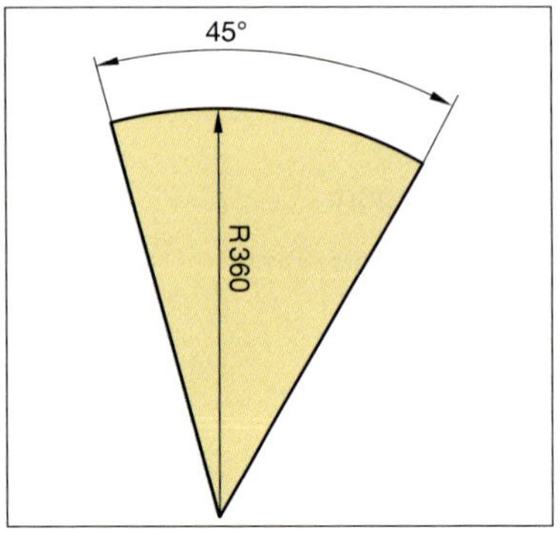

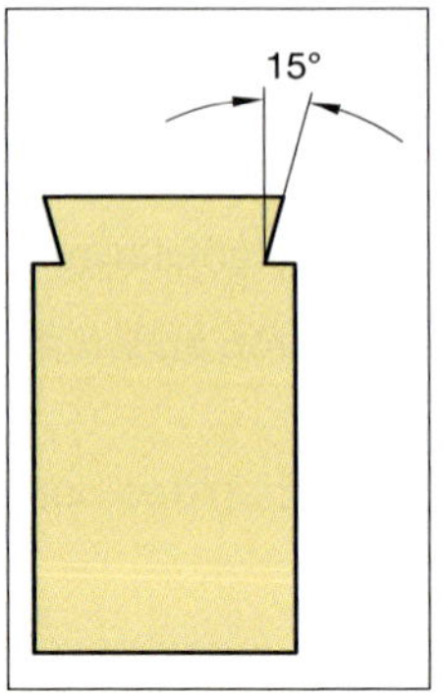

- Bei der Bemaßung von Winkeln werden gebogene Maßlinien gezeichnet, wobei die Schenkel des Winkels als Maßhilfslinien benutzt werden.
- Die Maßbegrenzung erfolgt wiederum durch Pfeile.
- Bei kleinen Winkeln können die Pfeile auch von außen an die Maßhilfslinien gesetzt werden.

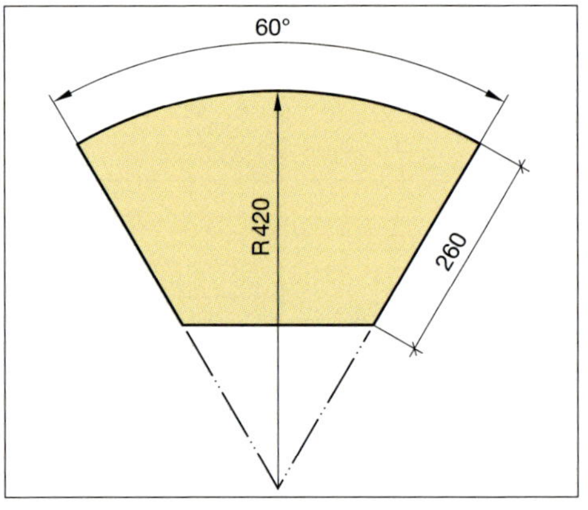

- Bei abgesetzten Kreissektoren wird das abgeschnittene Teil durch eine dünne Strich-Zweipunktlinie zum Mittelpunkt des Kreisbogens hin dargestellt.

Aufgaben

1. Ein Brett mit den Maßen 135/65 erhält links oben eine Hohlkehle mit r = 15, links unten einen Falz mit 45/20, rechts oben eine Abrundung mit r = 20 und rechts unten eine Nut mit 5/30. Die Nut beginnt in einem Abstand von 35 mm von rechts außen.

2. Ein Brett mit den Maßen 100/60 erhält links oben eine Bohrung mit r = 7,5. Der Bohrlochmittelpunkt befindet sich 2 cm vom oberen und linken Rand entfernt. Rechts oben erhält das Brett eine Bohrung mit d = 3. Der Bohrlochmittelpunkt hierzu liegt 15 mm vom oberen bzw. rechten Rand entfernt. Links unten wird das Brett mit r = 4 abgerundet. Rechts unten wird ein Doppel-Falz angebracht. Falzbreite und Falztiefe betragen jeweils 10 mm.

Zeichnen Sie die beiden Bretter im Maßstab 1:1 und bemaßen Sie sie normgerecht.

8 Geometrische Grundkonstruktionen

Computerunterstütztes Zeichnen erhält im Tischlerhandwerk eine immer größere Bedeutung. Dennoch muss ein gut ausgebildeter Tischler nach wie vor auch das Zeichnen von Hand beherrschen. Nicht nur das Anfertigen von Schnittzeichnungen gehört zu seinen Aufgaben (z. B. der Brettriss), auch wichtige geometrische Grundkonstruktionen sollte er sicher anwenden können.
Informieren Sie sich im nachfolgenden Kapitel darüber, wie die Draufsichten auf die Tischplatte in Form einer Ellipse oder das sechseckige Beistelltischchen konstruiert werden. Eignen Sie sich auch die anderen Grundkonstruktionen an.

8.1 Grundlegende Konstruktionen

a) Strecke halbieren
(Mittelsenkrechte errichten)
Die Strecke $\overline{AB}$ soll halbiert werden:
1. Schlagen Sie den gleichen Kreisbogen um *A* und *B*. Sie erhalten die Punkte *C* und *D*.
2. Die Verbindung von *C* mit *D* halbiert die Strecke $\overline{AB}$.

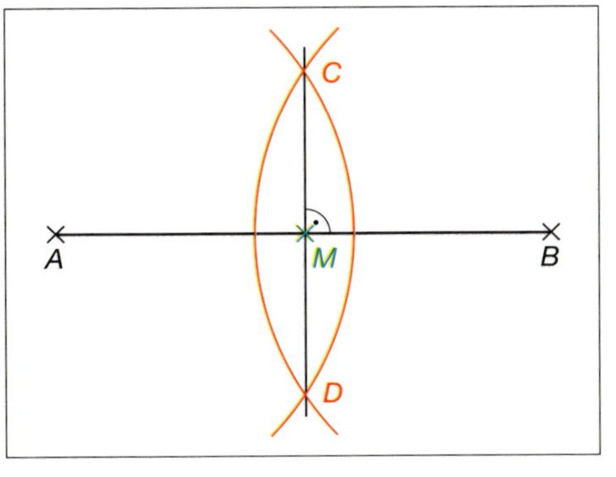

b) Senkrechte errichten
In einem Punkt P soll auf einer Geraden *g* die Senkrechte errichtet werden:
1. Schlagen Sie einen beliebigen Kreisbogen um *P*. Sie erhalten die Punkte *A* und *B*.
2. Schlagen Sie um *A* und *B* je einen gleichen Kreisbogen. Sie erhalten den Punkt *C*.
3. Die Verbindung von *C* mit *P* ist die gesuchte Senkrechte in *P* auf der Geraden *g*.

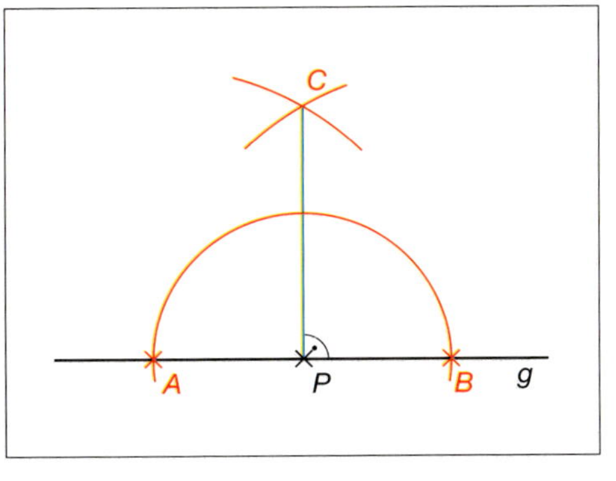

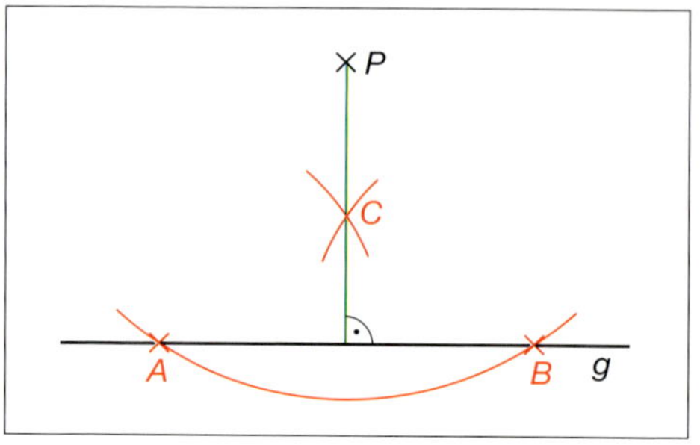

c) Lot fällen

Von einem Punkt *P* soll das Lot auf eine Gerade *g* gefällt werden:

1. Schlagen Sie einen Kreisbogen um *P*. Sie erhalten die Punkte *A* und *B*.
2. Schlagen Sie um *A* und *B* je einen gleichen Kreisbogen. Sie erhalten den Punkt *C*.
3. Die Verbindung von *P* mit *C* ist das gesuchte Lot von *P* auf die Gerade *g*.

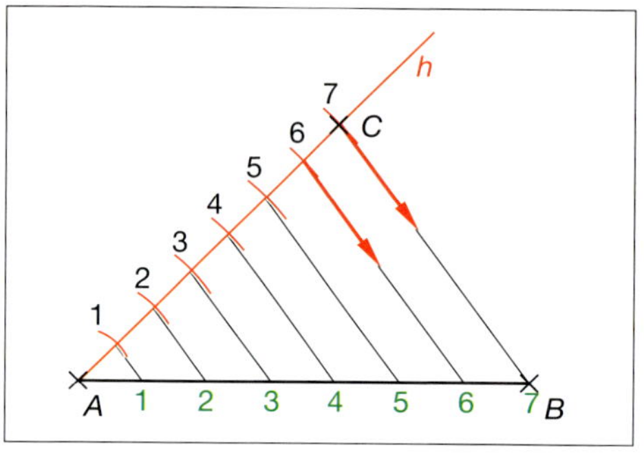

d) Strecken teilen

Die Strecke $\overline{AB}$ soll in sieben gleiche Teile geteilt werden:

1. Ziehen Sie von A aus eine Hilfsgerade *h* (Winkel ca. 45 °).
2. Tragen Sie auf dieser Hilfsgeraden mit dem Zirkel so viele gleich lange Strecken ein, in wie viele Teile die Strecke geteilt werden soll (hier: sieben).
3. Verbinden Sie den letzten Teilpunkt *C* mit dem Punkt *B*.
4. Ziehen Sie nun durch alle weiteren Teilpunkte Parallelen zu $\overline{BC}$.

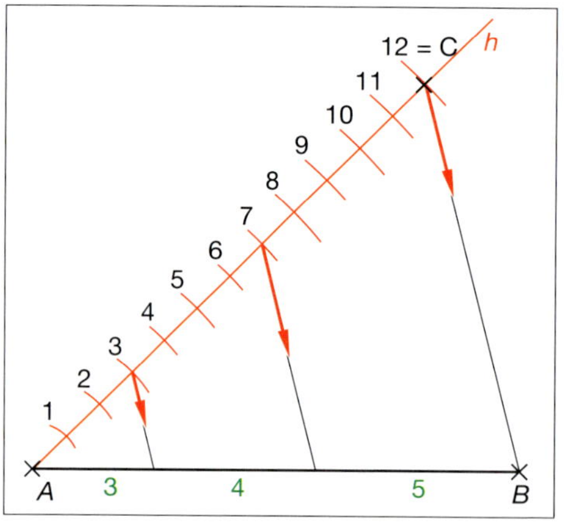

Die Strecke $\overline{AB}$ soll im Verhältnis 3:4:5 geteilt werden:

1. Ziehen Sie von *A* aus eine Hilfsgerade *h*.
2. Addieren Sie die Teile.

Hier: 3 + 4 + 5 = 12

3. Tragen Sie die Anzahl der Teile auf der Hilfsgeraden ab.
4. Verbinden Sie den letzten Teilpunkt *C* mit dem Punkt *B*.
5. Ziehen Sie nun durch die gewünschten Teilungspunkte Parallelen zu $\overline{BC}$.

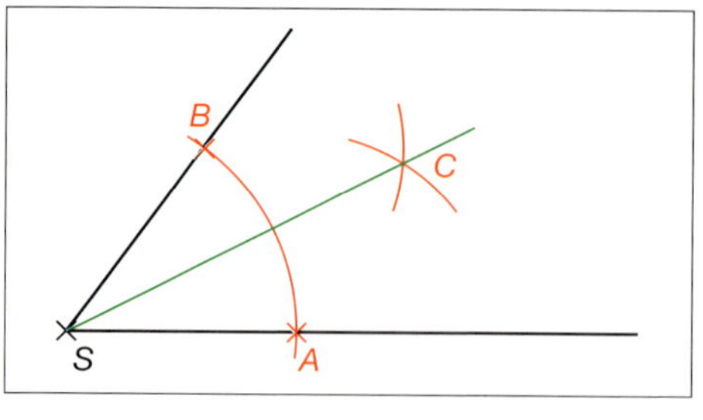

e) Winkel halbieren

Ein vorgegebener Winkel soll halbiert werden.

1. Schlagen Sie einen Kreisbogen um *S*. Sie erhalten die Punkte *A* und *B*.
2. Schlagen Sie um *A* und *B* je einen gleichen Kreisbogen. Sie erhalten den Punkt C.
3. Die Verbindung von *S* mit *C* halbiert den Winkel.

f) Eine Ecke abrunden

Eine Ecke soll mit einem vorgegeben Radius r abgerundet werden.

1. Ziehen Sie im Abstand r des vorgegebenen Abrundungsradius' zwei Parallelen zu den Schenkeln der Ecke.
2. Dort, wo die beiden Parallelen sich schneiden, liegt der Einstechpunkt S zum Zeichnen der Abrundung.

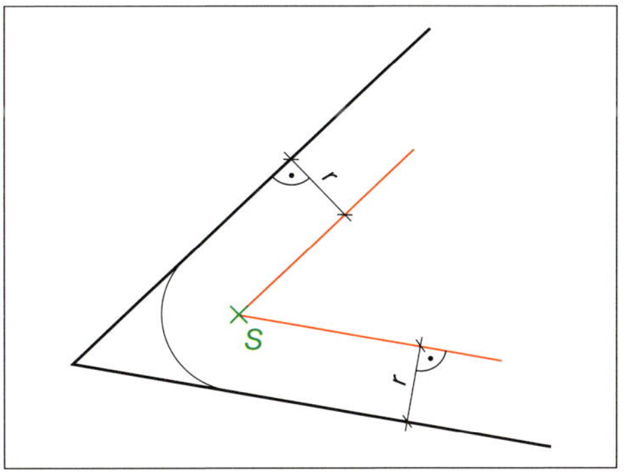

8.2 Regelmäßige Vielecke

Bei einem regelmäßigen Vieleck sind alle Seiten gleich lang und alle Winkel gleich groß. Zum Konstruieren werden sog. Umkreise gezeichnet, wobei der Durchmesser des Umkreises (d) und die Seitenlänge des Vielecks (s) in einem bestimmten Verhältnis zueinander stehen.

a) Das regelmäßige Dreieck

1. Schlagen Sie um D einen Kreisbogen mit dem Radius r des Umkreises. Sie erhalten die Punkte A und B.
2. Verbinden Sie A, B und C miteinander.

$d = 1{,}155 \cdot s \qquad s = 0{,}866 \cdot d$

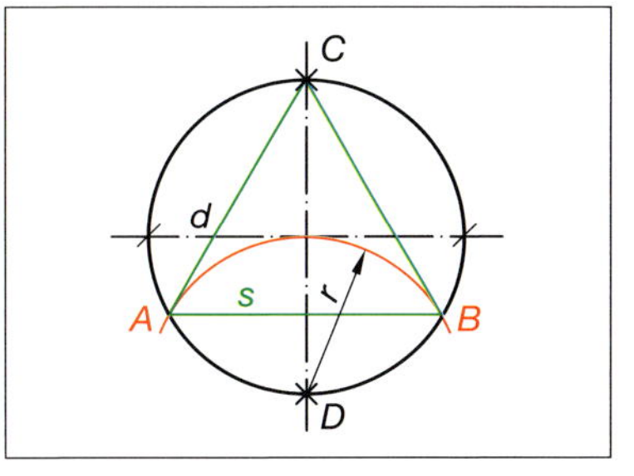

b) Das regelmäßige Viereck (Quadrat)

Verbinden Sie die vier Schnittpunkte des Achsenkreuzes mit dem Umkreis miteinander.

$d = 1{,}414 \cdot s \qquad s = 0{,}707 \cdot d$

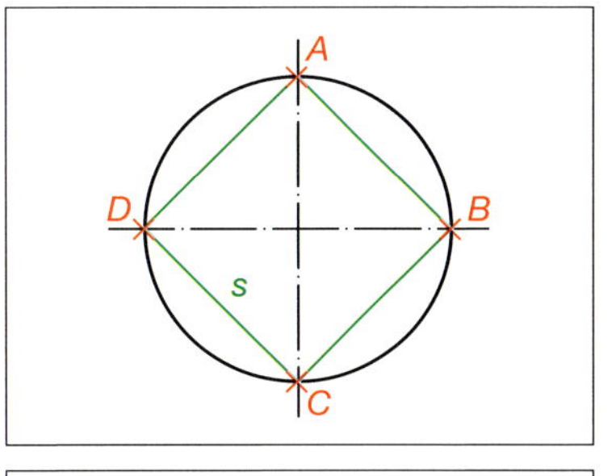

c) Das regelmäßige Fünfeck

1. Halbieren Sie die Strecke $\overline{AM}$. Sie erhalten den Punkt B.
2. Schlagen Sie einen Kreisbogen mit Radius $r = \overline{BD}$ um den Punkt B. Sie erhalten den Punkt C.
3. $\overline{DC}$ ist die Länge der Fünfeckseite.

$d = 1{,}701 \cdot s \qquad s = 0{,}588 \cdot d$

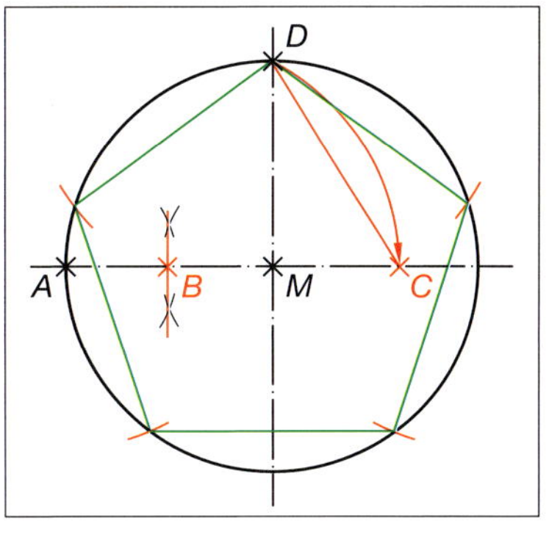

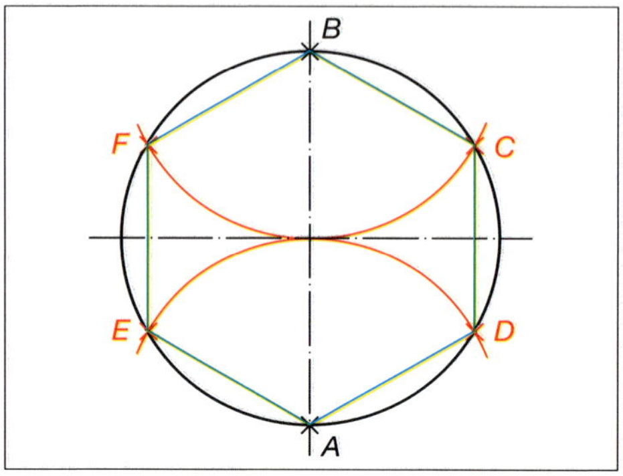

d) Das regelmäßige Sechseck

1. Schlagen Sie je einen Kreisbogen mit dem Radius r des Umkreises um *A* und *B*. Sie erhalten die Punkte *C*, *D*, *E* und *F*.
2. Verbinden Sie die Punkte.

$d = 2 \cdot s \qquad s = d/2$

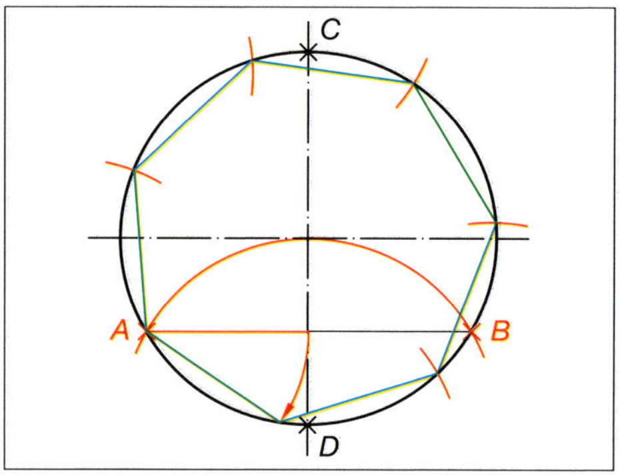

e) Das regelmäßige Siebeneck

1. Schlagen Sie einen Kreisbogen mit dem Radius *r* des Umkreises um den Punkt *D*. Sie erhalten die Punkte *A* und *B*.
2. Die Dreieckseite $\overline{AB}$ halbiert ergibt die Siebeneckseite.

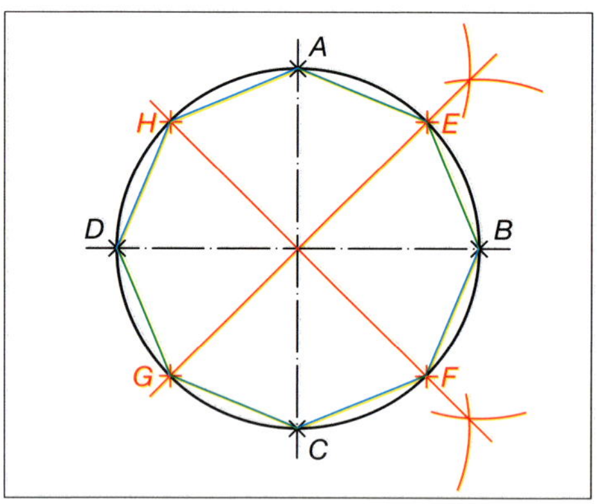

f) Das regelmäßige Achteck

1. Halbieren Sie die rechten Winkel, die von dem Achsenkreuz des Kreises gebildet werden.
2. Verbinden Sie die Punkte.

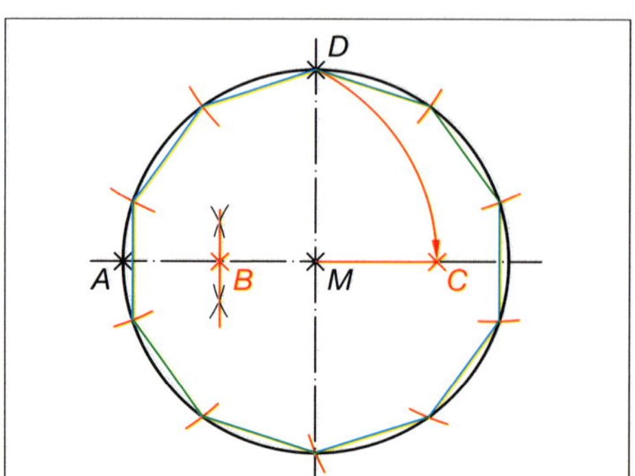

g) Das regelmäßige Zehneck

1. Halbieren Sie die Strecke $\overline{AM}$. Sie erhalten den Punkt *B*.
2. Schlagen Sie um den Punkt *B* einen Kreisbogen mit dem Radius $r = \overline{BD}$. Sie erhalten den Punkt *C*.
3. Die Strecke $\overline{MC}$ ist die gesuchte Zehneckseite.

h) Das regelmäßige Zwölfeck

1. Schlagen Sie je einen Kreisbogen mit dem Radius *r* des Umkreises um die Punkte *A*, *B*, *C* und *D*. Sie erhalten die Punkte *E*, *F*, *G*, *H*, *I*, *J*, *K* und *L*.
2. Verbinden Sie die Punkte.

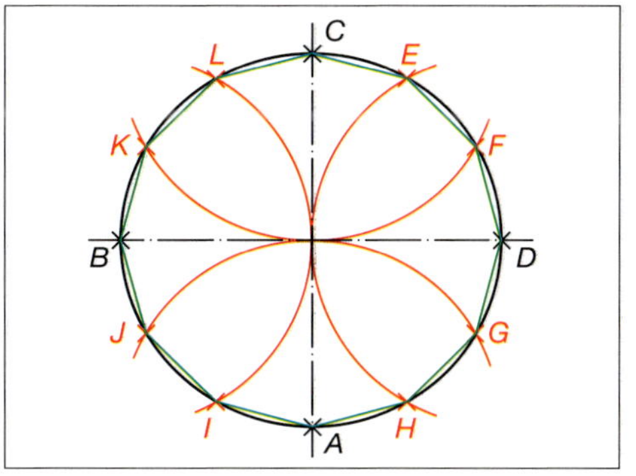

Allgemeine Vieleckkonstruktion

(hier: regelmäßiges Neuneck)

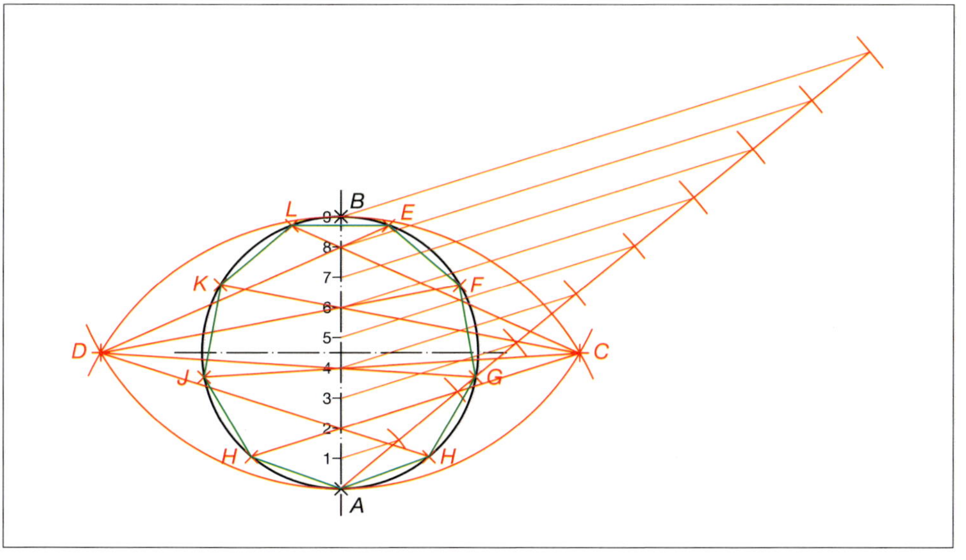

1. Teilen Sie den Kreisdurchmesser $\overline{AB}$ in so viele Teile, wie das regelmäßige Vieleck Ecken haben soll (hier: neun).
2. Schlagen Sie um die Punkte *A* und *B* je einen Kreisbogen mit dem Durchmesser des Umkreises als Radius. Sie erhalten die Punkte *C* und *D*.
3. Ziehen Sie von den Punkten *C* und *D* aus durch jeden zweiten Teilungspunkt eine Gerade und schneiden Sie damit den Umkreis noch einmal. Sie erhalten die Punkte *E*, *F*, *G*, *H*, *I*, *J*, *K* und *L*. Diese Punkte bilden zusammen mit dem Punkt *A* die Eckpunkte des regelmäßigen Neunecks.

8.3 Bogenkonstruktionen

Karnieskonstruktionen

Die S-Form, die aus zwei sich berührenden Kreisbögen mit unterschiedlichen Radien entsteht, nennt man Karnies. Der Abstand der Kreismittelpunkte entspricht der Summe der beiden Radien. Der Karniesbogen wechselt seine Richtung, wenn er die Verbindungsgerade der beiden Mittelpunkte schneidet.
In der Regel gehen Karniesbögen in eine (evtl. gefaste) Abplattung über.

a) Das liegende Karnies
Beim liegenden Karnies haben die beiden Kreisbögen eine gemeinsame Mittelachse.

b) Das stehende Karnies
Beim stehenden Karnies sind die Mittelpunkte der beiden Kreisbögen gegeneinander versetzt.

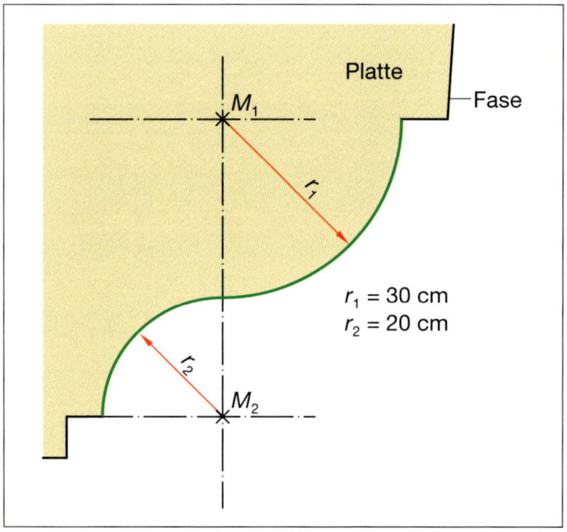

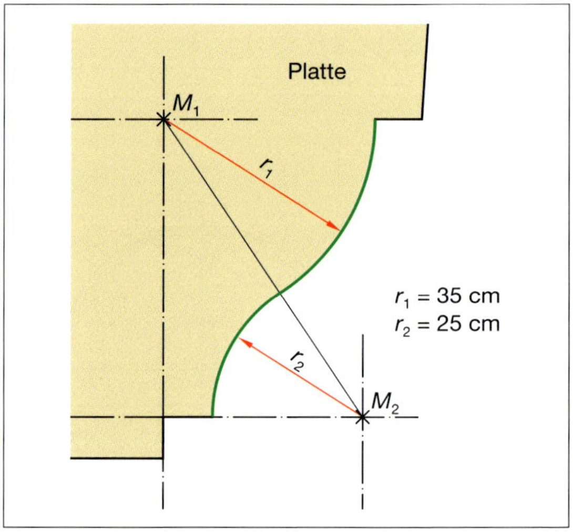

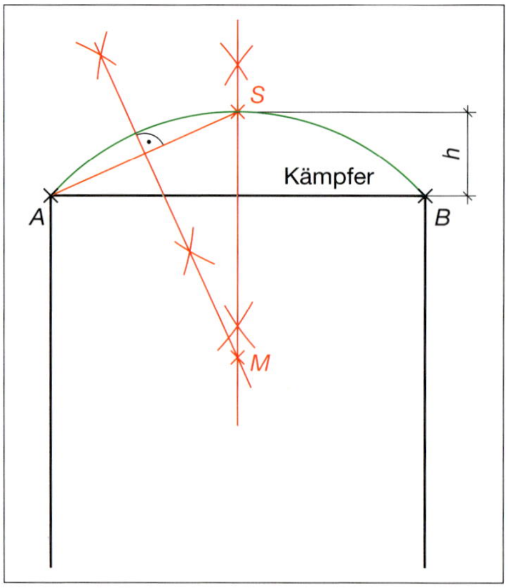

c) Der Segmentbogen
(Stichbogen)

1. Errichten Sie auf der sog. Kämpferlinie die Mittelsenkrechte.
2. Tragen Sie auf dieser Mittelsenkrechten von der Kämpferlinie aus die Stichhöhe *h* ab. Sie erhalten den Punkt *S*.
3. Verbinden Sie die Punkte *A* und *B* mit *S*.
4. Errichten Sie die Mittelsenkrechten auf den Strecken $\overline{AS}$ und/oder $\overline{BS}$.
5. Die beiden Mittelsenkrechten schneiden sich im Punkt *M*. *M* ist der Einstechpunkt zum Zeichnen des Segmentbogens mit dem Radius $r = \overline{MS}$.

d) Der Korbbogen
(mit drei Einsatzpunkten)

1. Errichten Sie auf der Kämpferlinie die Mittelsenkrechte und tragen Sie darauf die Stichhöhe *h* ab. Sie erhalten den Punkt *S*.
2. Schlagen Sie um den Punkt *M* einen Kreisbogen mit dem Radius $r = \overline{MS}$. Sie erhalten die Achsendifferenz *a*.
3. Tragen Sie die Achsendifferenz *a* von *S* aus auf der Verbindung $\overline{AS}$ ab. Sie erhalten den Punkt *C*.
4. Errichten Sie auf der Strecke $\overline{AC}$ die Mittelsenkrechte. Sie erhalten die Punkte M_1 und M_2 sowie durch Spiegelung von M_2 um *M* den Punkt M_3. M_1, M_2 und M_3 sind die Einstechpunkte zum Zeichnen des Korbbogens.
   Der Wechselpunkt der Bogenanschlüsse liegt auf den Geraden durch M_1 und M_2 bzw. durch M_1 und M_3.

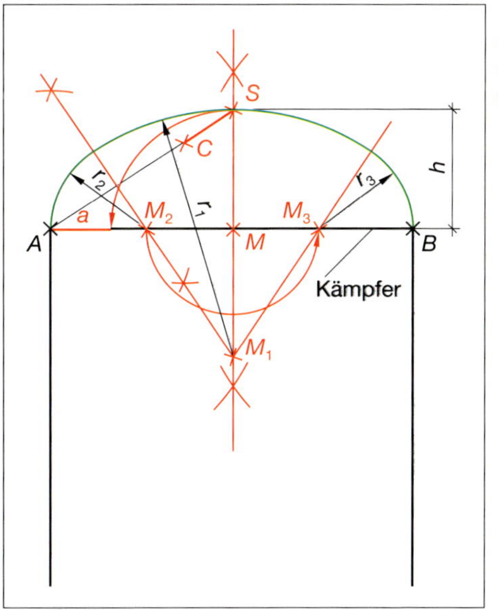

8.4 Ellipsenkonstruktionen

1. Zeichnen Sie zwei Kreise mit den vorgegebenen Durchmessern (kleine und große Achse).
2. Ziehen Sie mehrere große Durchmesser durch den Punkt *M*.
3. Durch die Schnittpunkte dieser Durchmesser mit dem großen Kreis ziehen Sie senkrechte Linien.
4. Durch die Schnittpunkte der Durchmesser mit dem kleinen Kreis ziehen Sie waagrechte Linien.
5. Der Umfang der Ellipse geht durch die Schnittpunkte der waagrechten mit den senkrechten Linien.

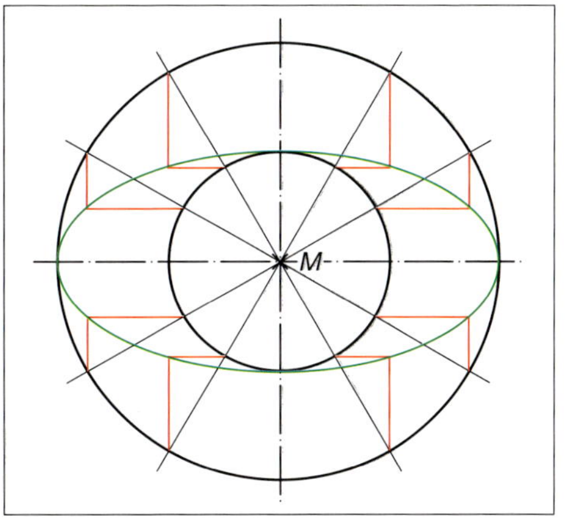

Aufgaben

1. *Konstruieren und zeichnen Sie die Draufsicht der auf Seite 145 dargestellten Tischplatte in Form einer Ellipse im Maßstab 1 : 10.*
   Die Länge des Tische beträgt 1,20 m, die Breite 60 cm.
2. *Konstruieren und zeichnen Sie ein Türblatt mit Segmentbogen im Maßstab 1 : 10.*
   Die Gesamthöhe der Türe beträgt 2,02 m, die Breite 86,5 cm.
   Die Stichhöhe ist mit 24 cm angegeben.

9 Räumliche Darstellung von Körpern

Um von Gegenständen einen räumlichen Eindruck zu vermitteln, können diese dreidimensional dargestellt werden. Da das Zeichenblatt aber nur zwei Dimensionen (Länge und Breite) zulässt, muss durch einen „Trick" die dritte Dimension dargestellt werden. Das geschieht dadurch, dass die Tiefe des Körpers in einem bestimmten Winkel zur Vorderansicht gezeichnet wird. Je nach gewählter Darstellungsart tritt dann entweder die Vorderansicht oder die Seitenansicht stärker in den Vordergrund.

9.1 Die isometrische Projektion (kurz: Isometrie)

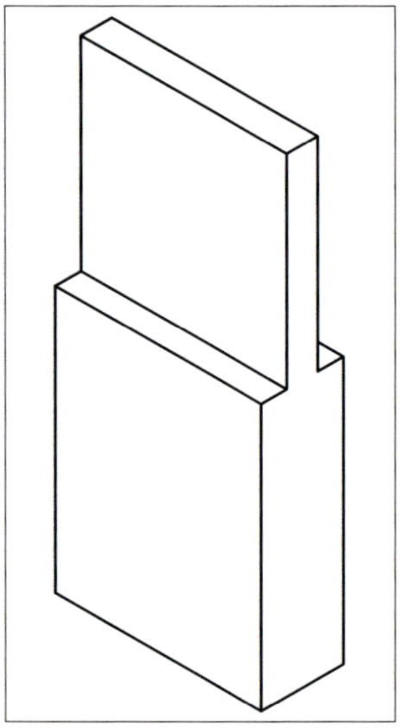

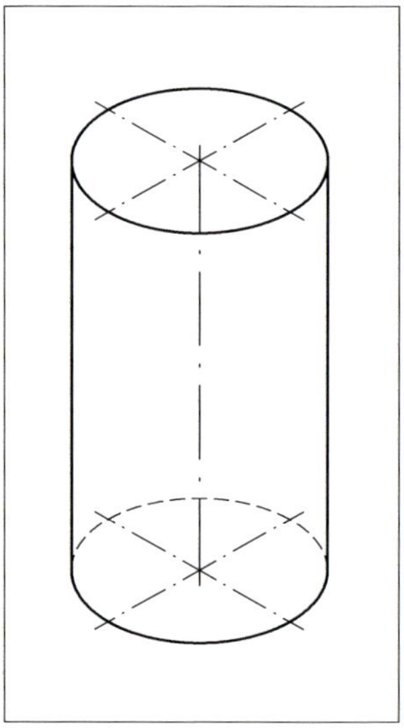

Die horizontalen Achsen (*x*-Achse und *y*-Achse), auf denen die Breite (Vorderansicht) und die Tiefe (Seitenansicht) des Körpers abgetragen werden, stehen hier jeweils im Winkel von 30° zur Grundlinie. Breite und Tiefe werden unverkürzt dargestellt. Die senkrechte Achse (*z*-Achse), auf der die Höhe des Körpers abgetragen wird, steht im Winkel von 90° zur Grundlinie. Die Höhe wird ebenfalls unverkürzt dargestellt.
Aus runden Flächen werden bei dieser Darstellung elliptische Flächen. Die horizontale Seite wird dabei um den Faktor 1,7 vergrößert dargestellt.

Merke **Bei dieser Perspektive werden alle Ebenen gleichberechtigt dargestellt.**

9.2 Die dimetrische Projektion (kurz: Dimetrie)

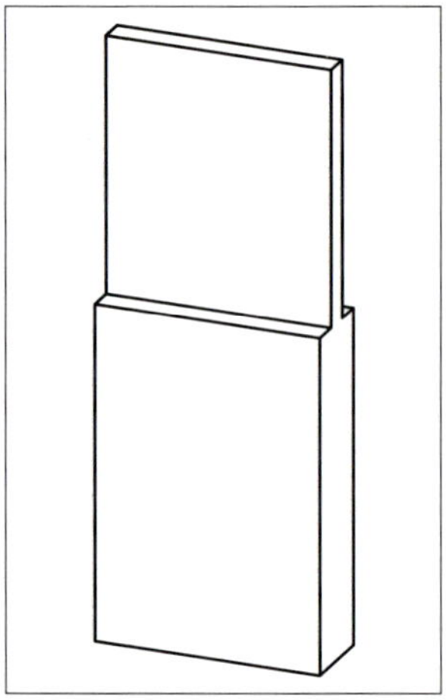

Bei dieser Darstellungsart wird die horizontale Achse (x-Achse), auf der die Breite (Vorderansicht) des Körpers abgetragen wird, im Winkel von 7° zur Grundlinie gezeichnet. Die Breite wird unverkürzt dargestellt.
Die horizontale Achse (y-Achse), auf der die Tiefe (Seitenansicht) des Körpers abgetragen wird, steht im Winkel von 42° zur Grundlinie. Die Tiefe wird um den Faktor 0,5 verkürzt dargestellt. Auch hier steht die senkrechte Achse (z-Achse) im Winkel von 90° zur Grundlinie. Die Höhe des Körpers wird wiederum unverkürzt dargestellt. Bei kreisförmigen Darstellungen ist zwischen Vorderansicht und Seitenansicht zu unterscheiden. Bei Vorderansichten werden die Hauptachsen der Ellipse im Verhältnis 10 : 9 dargestellt; bei Seitenansichten im Verhältnis 3 : 1.

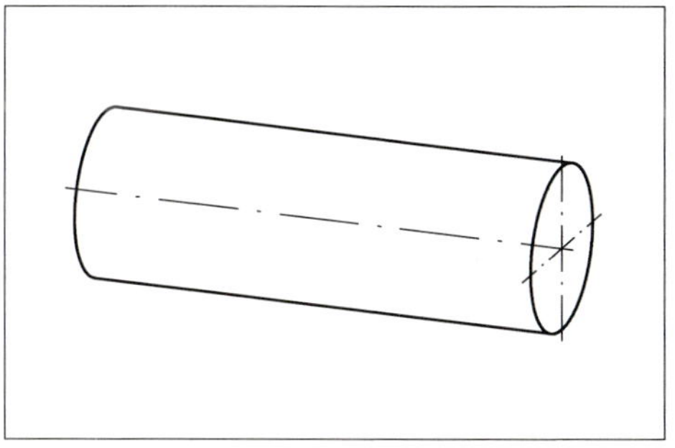

Dimetrische Seitenansicht eines Kreises

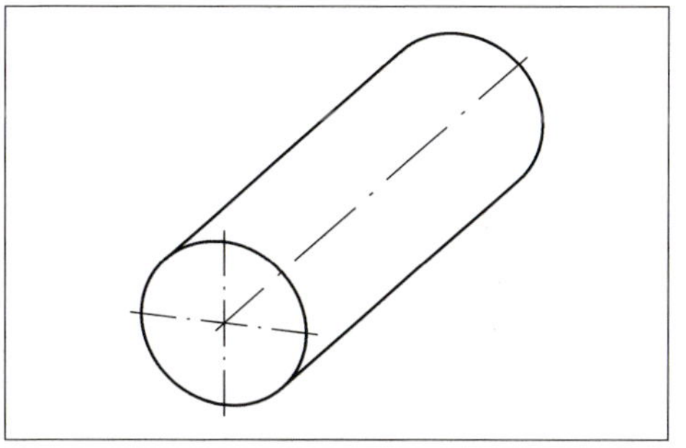

Dimetrische Vorderansicht eines Kreises

Bei dieser Perspektive wird besonders die Vorderansicht betont.

Merke

9.3 Frontalprojektion (Kavalierperspektive)

Die horizontale Achse (*x*-Achse), auf der die Breite (Vorderansicht) des Körpers unverkürzt abgetragen wird, ist bei der Frontalprojektion identisch mit der Grundlinie. Die horizontale Achse (*y*-Achse), auf der die Tiefe (Seitenansicht) des Körpers dargestellt steht, wird im Winkel von 45 ° zur Grundlinie.

Die Tiefe kann unterschiedlich gekürzt werden. Die Verkürzungen betragen entweder $^2/_3$ oder $^1/_2$ des wahren Maßes.

Ist eine ungekürzte Darstellung der Tiefe notwendig, wird der Winkel der *y*-Achse auf 30° abgeändert.

Kreisflächen bleiben in der Vorderansicht unverändert. In der Seitenansicht ist ein Rechteck zu konstruieren und eine Ellipse in dieses Rechteck zu legen.

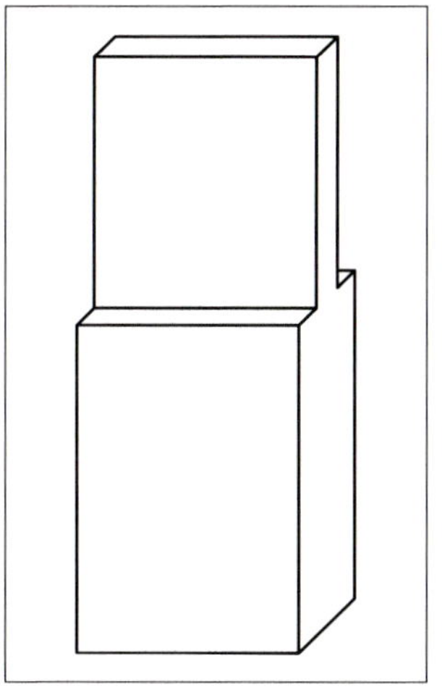

Zapfenstück in Frontalprojektion

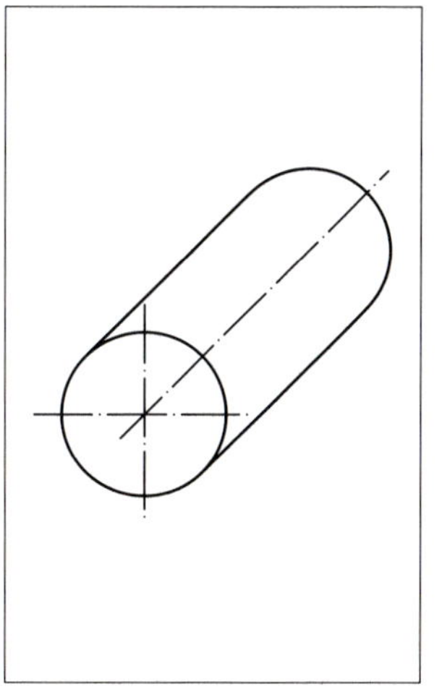

Frontalprojektion einer Kreisfläche

Diese Projektion stellt die Vorderansicht ungekürzt dar. Dadurch wird diese besonders deutlich.

Merke

Aufgaben

1. *Zeichen Sie das abgebildete Zapfenstück (120/60/24) in dimetrischer, isometrischer und in Frontalprojektion.*
2. *Zeichen Sie einen Möbelkorpus aus Plattenmaterial in allen drei Darstellungsarten im Maßstab 1:5. Die Abmessungen betragen 600/400/400, die Plattenstärke ist 20 mm.*

10 Skizziertechnik

Grundzüge der Skizziertechnik

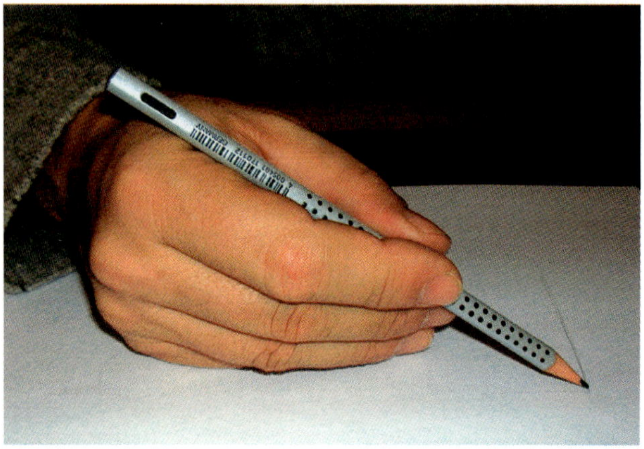

Handhaltung beim Skizzieren

Um beim Skizzieren ein gutes Ergebnis zu gewährleisten, ist eine aufrechte, lockere Sitzposition notwendig. Der weiche Bleistift mit der Härte B bis 2B ist locker in der Hand zu halten. Dabei ist der Stift nicht zu weit vorne anzufassen. Günstig sind Holzbleistifte. Diese liegen gut in der Hand.
Am besten skizziert man auf hellem Papier oder auf einem speziellen Skizzierblock. Transparentes Skizzenpapier hat den Vorteil, dass man bereits vorhandene Skizzen unterlegen und dann erneut übernehmen kann. So ist es leicht, verschiedene Lösungsvarianten zu erstellen.

Der Arbeitsablauf

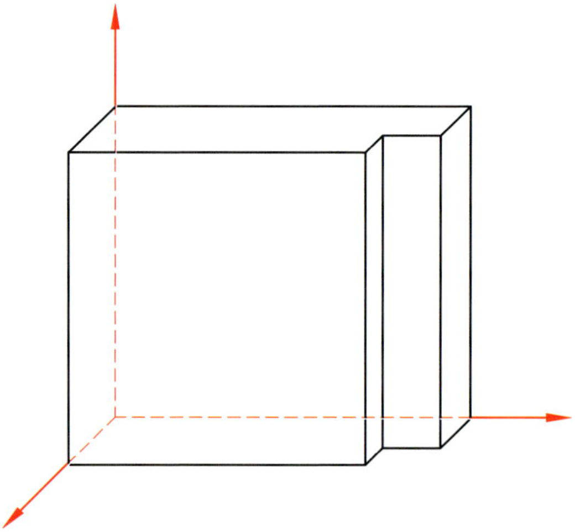

Achsenkreuz für ein Raumbild

Zuerst werden die Konturen fein vorgezeichnet und erst später mit dicken Strichen nachgefahren. Die dünnen Linien bleiben auch nach Abschluss der Arbeit erhalten und werden nicht radiert.
Ist kein Maßstab vorgegeben, kann der Entwurf großzügig angelegt werden. Die Entwurfslinien sollten sich an den Ecken kreuzen.
Wird ein Raumbild skizziert, so ist stets mit einem Achsenkreuz zu beginnen, das die perspektivischen Verkürzungen und die Längeneinheiten darstellt. Dabei müssen die Längeneinheiten nicht dem metrischen Maßsystem entsprechen. Beim Skizzieren kommen üblicherweise weder Lineal noch Radiergummi zum Einsatz. Größen und Längen werden in ihren Maßverhältnissen und -proportionen dargestellt. Erst später wird auf die größenmäßige Umsetzung geachtet.

Werden aber Konstruktionsdetails entworfen, ist es von Vorteil, wenn annähernd in Originalgröße skizziert wird. Oft bedingen die Dimensionen und Größen von Bauteilen weitere Konstruktionsmerkmale. Das ist auch schon beim Entwurf zu berücksichtigen.

Maserungen und Texturen

Skizzen dienen einerseits der Planung von Konstruktionsdetails, andererseits aber auch der Darstellung von Möbelstücken und Einrichtungsgegenständen. Um die plastische Wirkung dieser Gegenstände besser hervorheben zu können, können bestimmte Strukturen verwendet werden, beispielsweise schlichte oder gefladerte Textur. Aber auch feinjähriges bzw. grobjähriges Holz kann angedeutet werden. Auch Äste und die dadurch vorkommenden Wuchsfehler lassen sich auf diese Weise darstellen. Manchmal ist es sogar sinnvoll Mauerwerk zu skizzieren, um die Wirkung des Bauteils mit seiner Umgebung abzuschätzen. Für diese Arbeiten werden aber immer häufiger Computerprogramme verwendet, die eine fotorealistische Darstellung anbieten.

Holzmaserungen, dargestellt mithilfe der Texturtechnik

Aufgaben

1. *Skizzieren Sie ein Rechteck und legen Sie in gleichen Abständen Schraffurlinien an, die in einem Winkel von 45° zur Waagerechten laufen.*
2. *Skizzieren Sie einen Würfel in isometrischer und dimetrischer Darstellung.*
3. *Skizzieren Sie ein Rechteck mit den Maßen l = 90 mm; b = 50 mm und d = 24 mm.*
4. *Skizzieren Sie ein Schlitzstück mit den Maßen l = 90 mm; b = 50 mm und d = 24 mm.*

11 Grundlagen der Gestaltung

Die Natur als Designer

Die Menschheit strebt seit Jahrtausenden danach, die empfundene Schönheit der Natur zu kopieren. Man versucht, über den reinen Nutzwert hinaus, seine Umgebung nach persönlichen Schönheitsidealen zu verändern. Kirchen wurden und werden zum Beispiel zu Ehren Gottes von den bekanntesten Künstlern ihrer Zeit ausgestattet. Der Mensch ist durch seine Sinnesorgane empfänglich für Einflüsse von außen. Er entscheidet, was schön und angenehm ist.

Mode und Design, aber auch das Empfinden der Menschen sind abhängig von der Zeit, in der sie leben. Bestimmte gestalterische Grundsätze überdauern aber selbst Jahrhunderte. Ein klassisches Beispiel ist die Übernahme von pflanzlichen Vorbildern in den Bereich der Gestaltung.
Welche Beispiele hierfür kennen Sie?

Kathedrale von Salisbury, Südengland

11.1 Gestaltung im Tischlerhandwerk – theoretische Überlegungen

Bei der Gestaltung von Möbeln oder anderen Erzeugnissen, die im Tischlerhandwerk hergestellt werden, müssen mehrere Kriterien beachtet werden:
Die praktische Funktion eines Möbels muss immer gewährleistet sein. Dies beinhaltet auch Fragen bzgl. der Ergonomie, d. h. das Erzeugnis des Tischlers sollte optimal an den jeweiligen Kunden angepasst sein.
Neben der Auswahl des Materials und der Oberflächenbehandlung sind auch soziale Aspekte (Status) sowie der persönliche Geschmack des Kunden zu berücksichtigen.

11.1.1 Die Funktion eines Möbels

Die reinste Art der Gestaltung ist die Herstellung von Gegenständen, die nutzfrei sind, zum Beispiel Schmuck oder Bilder. Sie sollen nur durch ihre Form und Ästhetik den Menschen ansprechen.
Der Schreiner hat die Aufgabe, Funktion und Gestaltung zu verbinden. Die Funktion eines Möbels ist der ausschlaggebende Faktor.
Wenn ein vierbeiniger Stuhl zu Gunsten des Designs instabil wird, ist er als Möbel nicht zu gebrauchen; er ist nur noch ein reiner Kunstgegenstand.

Merke

Design soll die Funktion unterstützen und nicht behindern.

Der Tischler sollte seine Anfertigungen immer im Zusammenhang mit dem Vorhandenen sehen. Soll das Möbelstück zu anderen vorhandenen Möbelstücken passen, muss es von der Konstruktion, Material, Farbton etc. angepasst werden. Soll das Werkstück alleine stehen und die Aufmerksamkeit auf sich ziehen, ein „Hingucker“ sein, kann es auffälliger gestaltet werden, zum Beispiel durch starke Kontraste.

11.1.2 Ergonomische Vorgaben

Möbel werden an die menschlichen Maße bzw. Abmessungen angepasst, also ergonomisch gestaltet. Die Körpergröße, die Arm- und Beinlänge und auch das Alter (Kindermöbel, Seniorenmöbel) spielen bei der Gestaltung eine wichtige Rolle. Es ist einer der Vorteile des Tischlers gegenüber der Industrie, dass er seine Möbel exakt den Erfordernissen des Kunden anpassen kann. Die genormten Möbelmaße sind einem Tabellenbuch zu entnehmen.

Möbelmaße

- Die Möbelmaße richten sich nach den Körpermaßen der Benutzer, nach den Maßen der Aufbewahrungsgegenstände, nach den Raumgrößen und den Transportbegrenzungsmaßen.
- Der Bewegungsraum des Menschen und die Tätigkeiten, die er verrichtet, bestimmen maßgeblich die Abmessungen, der hierzu notwendigen Möbel.

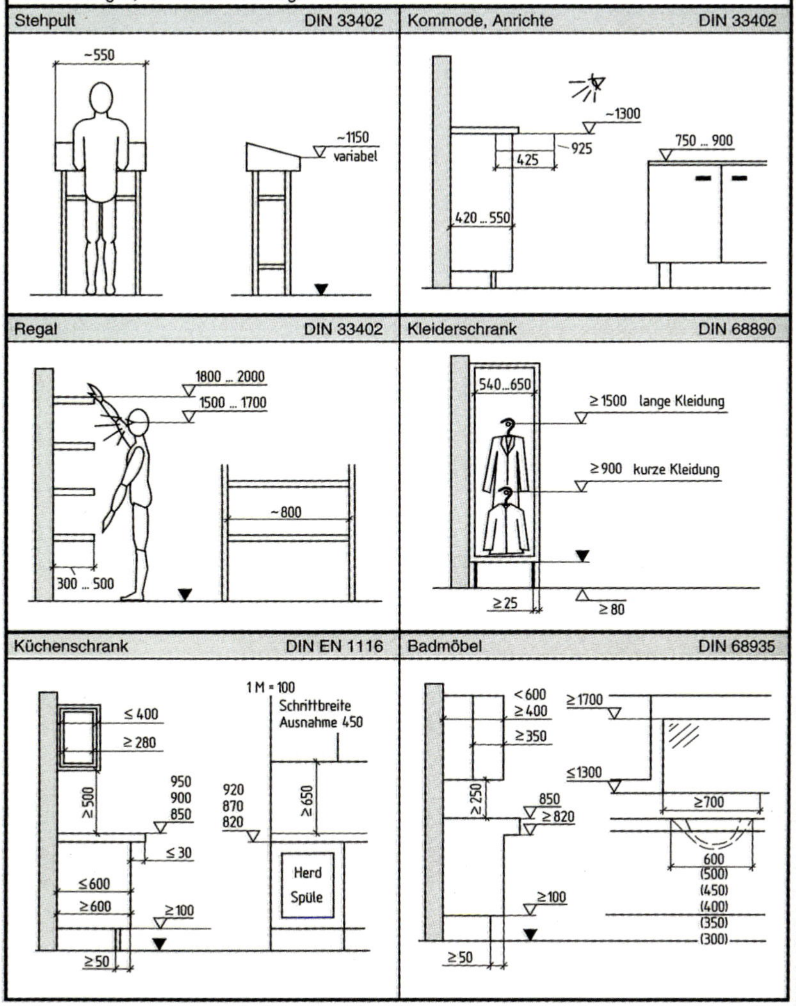

Auszug aus einer Tabelle für genormte Möbelmaße

Möbelmaße (Fortsetzung)

Esstisch DIN 68885

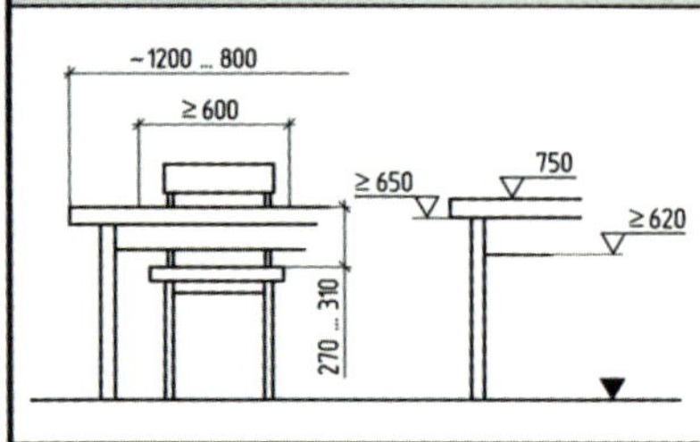

Stuhl DIN 68878

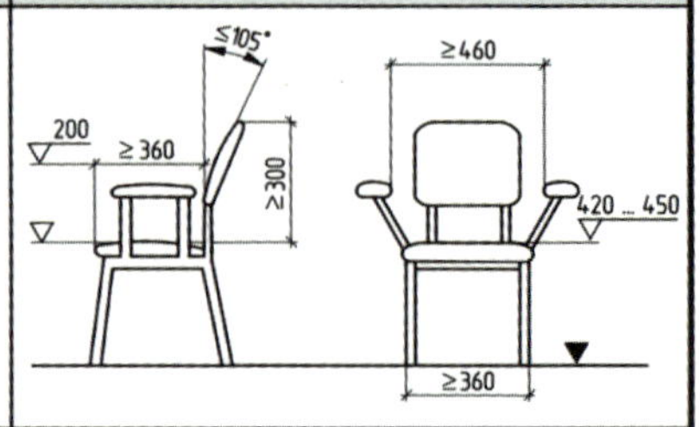

Couchtisch, Sessel DIN 68885

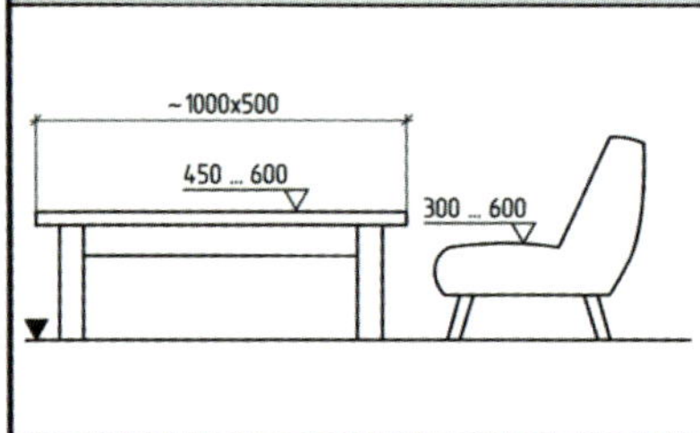

Schreibtisch (S) DIN 4549

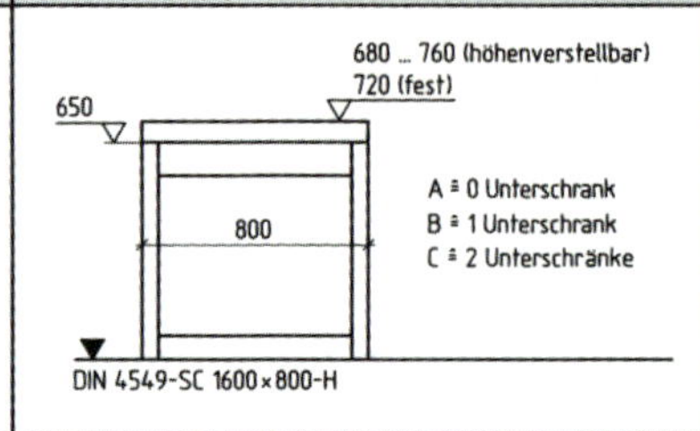

Büromaschinentisch (M) DIN 4549

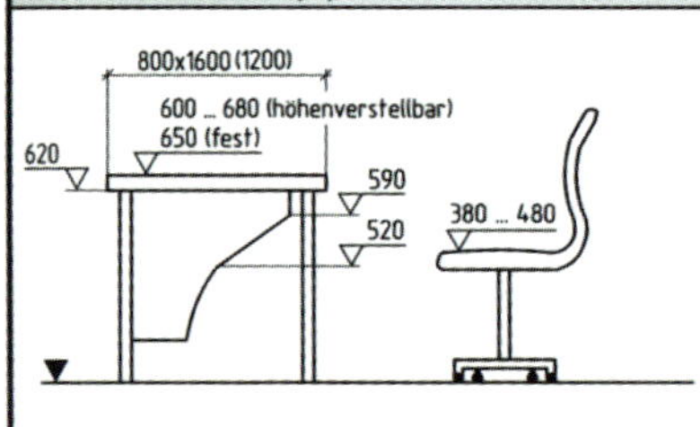

Bildschirmarbeitstisch (B) DIN 4549

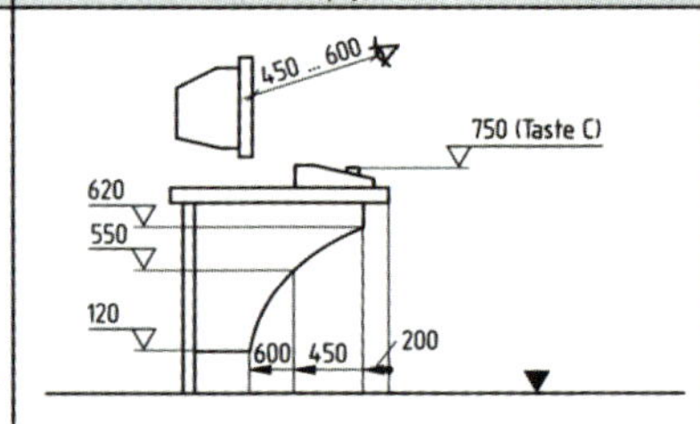

Bett

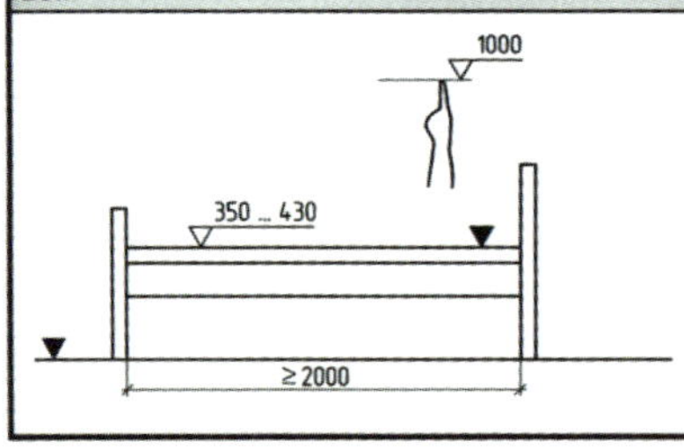

Kinderbett

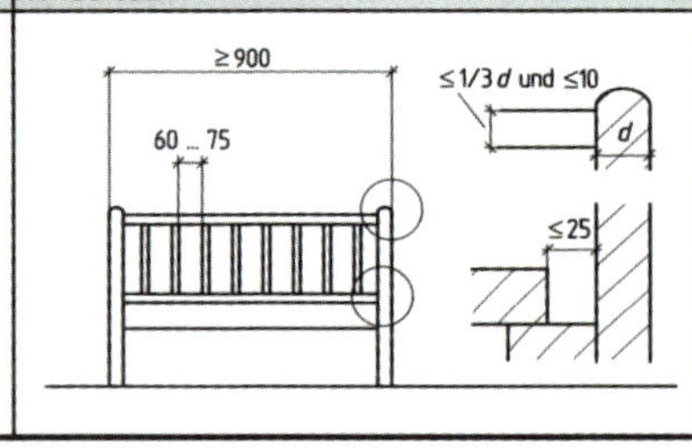

Auszug aus einer Tabelle für genormte Möbelmaße

11.1.3 Materialauswahl und Konstruktion

Zebrano und Edelstahl

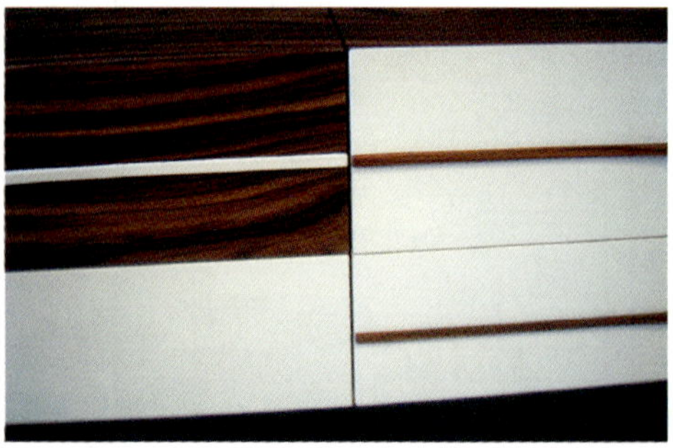

Nussbaum mit Linoleum kombiniert

Dem Tischler steht eine Vielzahl von Materialien zur Verfügung. Stark strukturierte Hölzer wie zum Beispiel Eiche und Esche, ruhige Hölzer wie Buche und Ahorn, lebhafte Hölzer wie Palisander und Zebrano oder aber auch Kombinationen aus diesen.
Auch lackierte und mit Kunststoffen beschichtete Plattenwerkstoffe haben sich ihren Platz erkämpft. Sie können mit einer Vielzahl von HPL-Schichtstoffen, Linoleum oder Kork belegt werden.

Die Konstruktion ergibt sich aus der Materialauswahl.
Soll das Möbelstück aus Vollholz gefertigt werden, werden traditionelle Konstruktionen, Stollen-Rahmenbauweisen bevorzugt. Alternativen sind Dreischichtplatten, die ähnlich wie Holzwerkstoffe verwendet werden können. Holzwerkstoffe sind leicht zu verarbeiten und ergeben fachgerecht verarbeitet dauerhafte Plattenmöbel.

Oberflächengestaltung:

Einer der wichtigsten Punkte eines fertigen Möbels ist die Oberfläche. Der Kunde möchte sein Möbel „be-greifen“.
Die heutigen Lacke und Öle sind problemlos zu verarbeiten und gewährleisten einen guten Schutz gegen das Vergilben und sind gleichzeitig leicht zu reinigen. Mit modernen Lacken lassen sich Flächen farbig gestalten und mit Effekten verzieren.
Die Oberfläche eines Möbels macht einen nachhaltigen ersten Eindruck.

11.1.4 Preisgestaltung – soziale Aspekte

Ein wichtiger Punkt in der Gestaltung ist der Preis. Der Tischler ist in ständiger Konkurrenz mit industriell hergestellten Möbeln. Hier ist der Kaufmann im Schreiner gefragt, der dem Kunden den „Mehrwert“ der freien Gestaltung vermittelt.
Der Schreiner muss seinen Vorteil der freien Gestaltung nutzen und dem Kunden sozusagen das Möbelstück „auf den Leib schneidern“.

11.2 Praktische Gestaltung eines Möbels

Nachdem der Verwendungszweck und die ergonomischen Voraussetzungen klar sind, kann das Möbelstück nach gestalterischen Grundsätzen entworfen werden.

1. Die Proportionen

Proportionen werden nach klassischen Vorlagen festgelegt. Eine Möglichkeit ist der „Goldene Schnitt“. Der goldene Schnitt ergibt sich aus dem Verhältnis von 1 : 1,61 verschiedener Seiten zueinander.

Goldener Schnitt

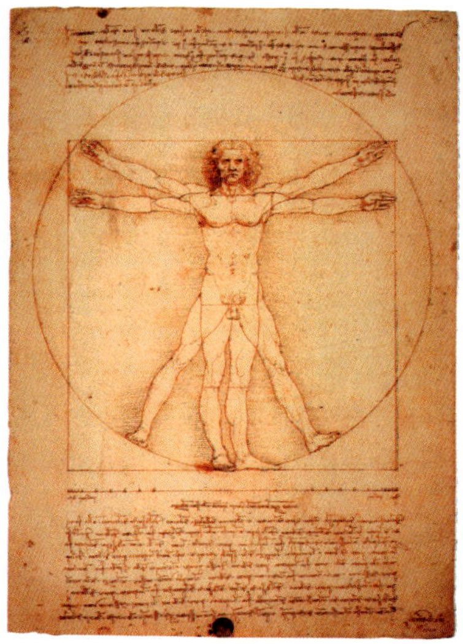

Proportionen im goldenen Schnitt

Der goldene Schnitt

Gustav Theodor Fechner (1801–1887) hat festgestellt, „dass unter zehn verschiedenen proportionierten Rechtecken das dem

Goldenen Schnitt am meisten angenäherte ... von der Mehrzahl der Testpersonen als das wohlgefälligste empfunden wurde.“ (v. Naredi-Rainer, P., 1986, S. 191). Die Einteilung ist zu finden bei klassischen antiken Bauwerken, bei der Anordnung von Blütenblättern von Sonnenblumen und anderen Pflanzen, bei Harmonien in der Musik, bei vielen Künstlern wie zum Beispiel Leonardo da Vinci oder Albrecht Dürer. Der goldene Schnitt umgibt uns tagtäglich, ohne dass wir ihn unbedingt wahrnehmen. Er ist eine gute Hilfe bei der Festlegung von Proportionen.

Eine weitere Möglichkeit, Seitenverhältnisse zu gestalten, ist das Verwenden von Quadraten und Vielfachen davon. Dieses Schema ist leicht anzuwenden um gefällige Proportionen zu erzielen.

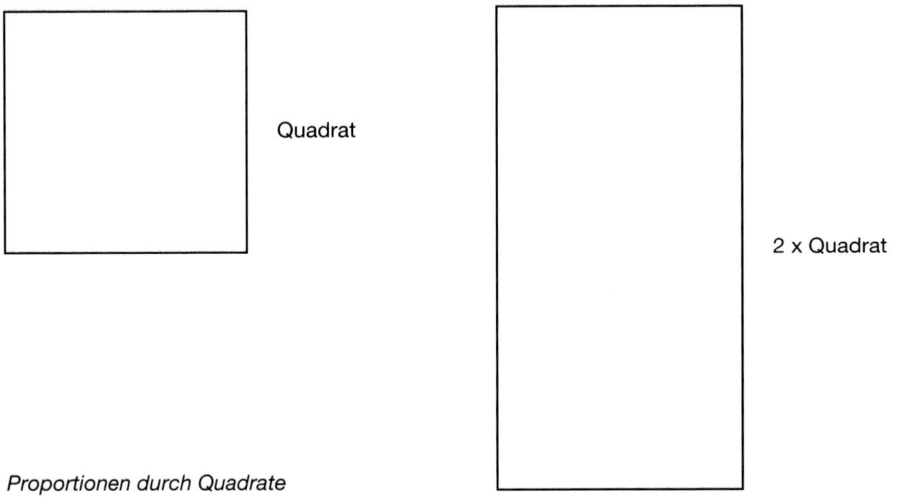

Proportionen durch Quadrate

Nachdem die äußeren Maße festgelegt wurden, kann die Einteilung des Möbels bestimmt werden.
Hierbei sollte man verschiedene Lösungsmöglichkeiten durchspielen, bis sich schließlich ein oder auch zwei konkrete Entwürfe herauskristallisieren.

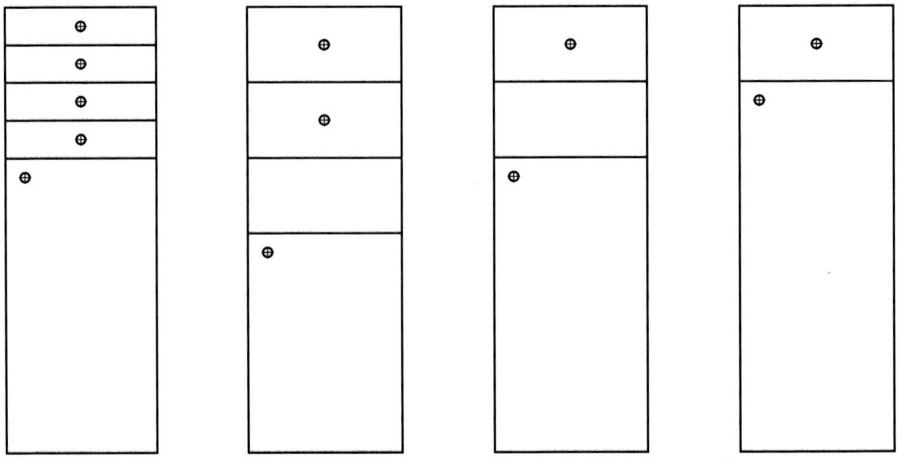

2. Die Visualisierung

Schon die Skizzen geben einen guten Überblick über den Entwurf. Ein guter Tischler fertigt sie direkt beim Kunden an, um ihm gleich die Möglichkeit zur Entscheidungsfindung zu geben. Weitere Möglichkeiten ergeben sich durch Rendertechniken am Computer mit entsprechenden Programmen.
Eine weitere wirkungsvolle Methode der Visualisierung ist der Modellbau. Hier werden aus einfachen, kleinen Modellen, die entsprechend fotografiert werden, wirkungsvolle plastische Bilder erstellt.

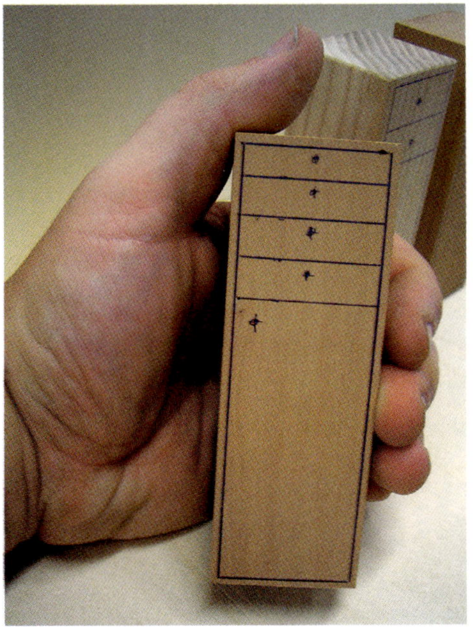

3. Zwischenpräsentation

Nun wird dem Kunden anhand der Modelle, Skizzen und fotorealistisch gerenderter Bilder das Möbelstück vorgestellt. Nach Absprache erfolgt die Festlegung der Details wie Beschläge, Schubkastenführung, Holz und Materialauswahl.

4. Auftragserteilung

Bei erfolgreicher Zwischenpräsentation erfolgen die Nachbearbeitung, die Herstellungsplanung und die Kalkulation.

Zusammenfassung

Die gestalterischen Möglichkeiten sind in kompetenten Händen ein sehr überzeugendes Mittel um Kunden zu werben und zu binden.
Die Funktion soll immer durch das Design unterstützt werden, aber nie behindert werden. Kunst kommt von Können, ein gut gestaltetes Möbel wird durch schlechte handwerkliche Ausführung entwertet. Jedes gefertigte Möbelstück stellt eine Visitenkarte für zukünftige Aufträge dar.

12 Technische Informationsquellen

Welche Möglichkeiten gibt es, sich zu informieren?

Ein Tischlermeister möchte sich über die zulässigen Staubemissionswerte informieren.

Ein Geselle würde sich gerne Informationen über umweltfreundliche Lacke beschaffen.

Ein Tischlerlehrling sucht Anregungen für sein Gesellenstück.

Nicht nur in der Berufsausbildung, im ganzen weiteren Berufsleben ist es von großem Vorteil, wenn man in der Lage ist, sich selbstständig Informationen beschaffen zu können.

Hier sei an erster Stelle das ***Fachbuch*** genannt, das an der Berufsschule verwendet wird. Es berücksichtigt die geltenden Normen und Vorschriften und bietet eine Fülle von fachlichen Informationen.

BGHM
Berufsgenossenschaft
Holz und Metall

Die ***Berufsgenossenschaft Holz und Metall*** ist ebenfalls ein guter Ratgeber in allen Fragen zur Arbeitssicherheit und Unfallverhütung.
Außerdem liefert sie viele wichtige zusätzliche Informationen aus Forschung und Technik für Tischler.
So kam man beispielsweise erst vor kurzem zu der Erkenntnis, dass Eichen- und Buchenstäube nicht die alleinige Ursache für Nasenschleimhautkrebs sein können.
Bei Fragen kann man die Berufsgenossensschaft Holz und Metall telefonisch unter 0800 9990080-0 oder über die Internetadresse www.bghm.de erreichen.

Die ***Technischen Regeln für Gefahrstoffe*** (erhältlich über den Buchhandel) geben den Stand der sicherheitstechnischen Anforderungen an Gefahrstoffe wieder. Zum Beispiel gibt die TRGS 553 die erlaubte Menge an Holzstaub in der Luft in Arbeitsbereichen an.

Wenn Leime oder Kleber nicht halten oder der Lack Blasen wirft, können ***technische Merk- oder Datenblätter*** der Herstellerfirmen Informationen liefern, um das Problem in den Griff zu bekommen.

Fachzeitschriften wie zum Beispiel dds (Der deutsche Schreiner) oder bm (Bau- und Möbelschreiner), die in regelmäßigen Abständen erscheinen, bieten eine Fülle von fachlichen Informationen über alle nur denkbaren Themen im Schreinerhandwerk. Sie sind aktueller als jedes Fachbuch.

Schließlich sollte man nicht vergessen, dass das ***Internet*** die weltweit größte Fundgrube für Informationssuchende ist.

13 Betriebliche Kommunikation

13.1 Innung – Landesinnungsverband – Bundesverband

Die ***Tischlerinnungen*** sind ein regionaler Zusammenschluss von Betrieben des Tischlerhandwerks. Sie bilden auf kommunaler Ebene die Interessenvertretung des Berufsstandes der Tischler. Die Mitgliedschaft in einer ***Innung*** ist für die Betriebe jedoch nicht verpflichtend.

Die Tischlerinnung erfüllt verschiedene Aufgaben:

- Hilfestellung bei der Suche nach Lehrstellen in der Region,
- Betreuung der Lehrlingsausbildung,
- Durchführung der Zwischen- und Gesellenprüfung,
- Durchführung von Leistungswettbewerben, z. B. „Die Gute Form“,
- Weiterbildung der Betriebe, Schulungen, Beratung,
- Anlaufstelle und Kontaktbörse bei Fragen des betrieblichen Alltags,
- lokale Öffentlichkeitsarbeit.

Die Dachorganisation für die einzelnen Schreinerinnungen sind die ***Landesinnungsverbände***. Diese Fachverbände für das Tischlerhandwerk sind die zentrale Organisation des Tischlerhandwerks zur Mitgestaltung politischer, gesellschaftlicher und wirtschaftlicher Rahmenbedingungen. Die Landesinnungsverbände betreiben landesweite Öffentlichkeitsarbeit und fördern dadurch die Marktchancen ihrer Mitglieder. Sie kümmern sich, auch durch politische Einflussnahme, um die Aus- und Weiterbildung im Tischlerhandwerk. Auch die Gesellenprüfung wird von ihnen erstellt.

Sie sind der zuständige Arbeitgeberverband beim Aushandeln von Tarifverträgen und stellen das Bindeglied zwischen Tischlerinnungen und dem Bundesverband des Holz und Kunststoff verarbeitenden Handwerks dar.

Sämtliche Landesfachverbände sind schließlich im ***Bundesverband Holz und Kunststoff*** zusammengeschlossen.
Dieser Verband ist als oberstes Organ maßgeblich an der Ausgestaltung der rechtlichen Rahmenbedingungen für die Ausbildung zum Tischlergesellen beteiligt.

Bundesverband Holz und Kunststoff

Innerhalb des Bundesverbandes Holz und Kunststoff ist die für das Gewerk der Tischler und Schreiner zuständige Fachorganisation der Verband ***Tischler Schreiner Deutschland***.

Verband Tischler Schreiner Deutschland

13.2 Die Handwerkskammer

Die ***Handwerkskammern*** nehmen als Körperschaften des öffentlichen Rechts die ihr vom Staat übertragenen Aufgaben wahr. Anders als bei den Innungen besteht für jeden Handwerksbetrieb Pflichtmitgliedschaft.

Die Handwerkskammern regeln und überwachen die Berufsausbildung und sind verantwortlich für die Organisation und Durchführung des Prüfungswesens.
Sie sind zuständig für die überbetriebliche Ausbildung und organisieren auch andere Fortbildungslehrgänge.
Sie beraten ihre Mitglieder in technischen, betriebswirtschaftlichen und vor allem rechtlichen Fragen.
Die Handwerkskammern vertreten die Interessen des Handwerks durch Kontakte mit Politik und Verwaltung und fördern durch gezielte Öffentlichkeitsarbeit das Image des Handwerks.
Außerdem führen Handwerkskammern die Handwerks- und Lehrlingsrolle. Dies ist ein Verzeichnis, in dem im Sinne der Handwerksordnung sämtliche Handwerksbetriebe bzw. die auszubildenden Lehrlinge eingetragen sind.

13.3 Die Gewerkschaft für den Tischler

Die Gewerkschaft Holz und Kunststoff ist eine Organisation, die für die Rechte der Arbeitnehmerinnen und Arbeitnehmer in dieser Branche eintritt. Im Januar 2000 schloss sie sich der IG Metall an und wird seitdem von ihr vertreten.

Tischler in Klein- und Mittelbetrieben sind in der Regel nicht in einer Gewerkschaft organisiert und haben somit eigentlich keinen Anspruch auf tarifliche Entlohnung. Dennoch können die Arbeiterinnen und Arbeiter eines Innungsbetriebes mit tariflicher Entlohnung rechnen, da sich die Empfehlungssätze der Innung für die Vergütung am Tariflohn orientieren.

13.4 Betriebliche Mitbestimmung

Die Grundlage für betriebliche Mitbestimmung von Arbeitnehmern bildet das **Betriebsverfassungsgesetz.**
Es regelt die Zusammenarbeit zwischen Arbeitgeber und der Belegschaft des Betriebes.

Jugend- und Auszubildendenvertretung

In Betrieben mit mindestens 5 jugendlichen Arbeitnehmern oder 5 Auszubildenden unter 25 Jahren werden Jugend- und Auszubildendenvertretungen gewählt.
Die Jugend- und Auszubildendenvertretung hat die Aufgabe, innerhalb des Betriebsrats Missstände und Probleme bei der Berufsausbildung zu lösen. Sie hat die Aufgabe darüber zu wachen, dass die geltenden Gesetze und Vorschriften wie z. B. die Unfallverhütungsvorschriften aber auch dieTarifverträge eingehalten werden.

Bringt mir als Azubi das Betriebsverfassungsgesetz etwas?

Der Betriebsrat

Der Betriebsrat wird von den Arbeitnehmern gewählt. Er vertritt die Interessen der Arbeitnehmer gegenüber der Betriebsleitung. Die Zahl der Betriebratsmitglieder richtet sich nach der Zahl der Arbeitnehmer, die wahlberechtigt sind.

Wahlberechtigte Arbeitnehmer	Betriebsrats mitglieder
5 – 20	1
21 – 50	3
51 – 150	5
usw.	

Mindestens einmal im Monat treffen Betriebsrat und Arbeitgeber zu einer Besprechung zusammen, um betriebliche Angelegenheiten im sozialen, personellen und wirtschaftlichen Bereich einvernehmlich zu klären.

Die Aufgaben des Betriebsrats

- Er hat darüber zu wachen, dass die Gesetze, Verordnungen und Vorschriften sowie die Tarifverträge eingehalten werden.
- Er hat das Recht, in sozialen Angelegenheiten mitzubestimmen, z.B. bei der Arbeitszeit- und Pausenregelung oder der Aufstellung des Urlaubsplans.
- Er hat das Recht, in personellen Angelegenheiten mitzubestimmen, z.B. bei der Personalplanung oder bei Kündigungen.
- Er hat das Recht, in wirtschaftlichen Angelegenheiten mitzuberaten, z.B. wenn es um Betriebsstilllegungen oder Zusammenschlüsse geht.

14 Rechtsform

Die Wahl der Rechtsform einer Unternehmung wirkt sich langfristig auf die wirtschaftliche, rechtliche und steuerliche Behandlung des Unternehmens aus. Bei der Rechtsform wird grundsätzlich zwischen
- **Einzelunternehmen** (nur ein Gesellschafter) und
- **Gesellschaftsunternehmen** (mehrere Gesellschafter möglich)

unterschieden.

Je nachdem, ob stärker die persönliche Beteiligung oder stärker die Kapitalbeteiligung im Vordergrund steht, unterscheidet man bei den Gesellschaftsunternehmen zwischen
- **Personengesellschaften** und
- **Kapitalgesellschaften**.

Eine Sonderform stellen die **Genossenschaften** dar.

Rechtsformen der Unternehmung (= juristische Organisationsform)			
Einzelunternehmen	**Gesellschaftsunternehmen**		
	Personengesellschaft	**Kapitalgesellschaft**	**Genossenschaft**
– eK, eKfm., eKfr.	– OHG – KG – Stille Gesellschaft – GbR – PartGG – GmbH & Co. KG	– AG – GmbH	– eG

14.1 Einzelunternehmung (eK)

Die Einzelunternehmung ist die in Deutschland am häufigsten vorzufindende Rechtsform. Sie ist für kleine bis mittelgroße Unternehmen geeignet. Alleiniger Gesellschafter ist der Einzelunternehmer. Er haftet sowohl mit seinem Privatvermögen als auch mit dem Geschäftsvermögen. Nach § 19 HGB (Handelsgesetzbuch) kann ein Einzelunternehmer als Personen-, Sach-, Misch- oder Fantasiefirma jeweils mit einem der Zusätze:
- eK. eingetragener Kaufmann oder Kauffrau,
- e.Kfm, eingetragener Kaufmann oder e.Kfr., eingetragene Kauffrau

firmieren.

14.2 Gesellschaft des bürgerlichen Rechts (GbR)

Die einfachste Form einer Gesellschaft ist die sog. BGB-Gesellschaft oder Gesellschaft bürgerlichen Rechts (GbR). Die GbR entsteht durch den Zusammenschluss von zwei oder mehreren Personen, die sich vertraglich zur Förderung eines gemeinsamen Ziels verpflichten. Die Gründung der GbR ist formfrei. Ein Mindestkapital ist nicht vorgeschrieben. Die GbR führt keine Firma, sondern tritt nur unter dem Namen der Gesellschafter auf.

Die Gesellschafter haften mit dem Geschäftsvermögen sowie mit ihrem jeweiligen Privatvermögen. Dabei kann der Gläubiger sich unmittelbar an einen Gesellschafter wenden. Dieser muss dann zunächst die Schuld begleichen, kann aber von den anderen im Nachhinein eine Ausgleichszahlung verlangen.

14.3 Partnergesellschaft (PartGG)

Die Rechtsform der Partnergesellschaft wurde am 01. 07. 1995 eingeführt. In ihr können sich nur Angehörige Freier Berufe zur Ausübung ihrer Berufe zusammenschließen. Der Name der Partnerschaft muss den Namen von mindestens einem Partner sowie den Zusatz „und Partner“ oder „Partnerschaft“ sowie die Berufsbezeichnung aller in der Partnerschaft vertretenen Berufe beinhalten. Die Gesellschaft muss in das Partnerschaftsregister, das beim Amtsgericht geführt wird, eingetragen werden. Haftung, Geschäftsführung und Vertretung sind wie bei der OHG geregelt.

14.4 Offene Handelsgesellschaft (OHG)

Bei der OHG handelt es sich um eine Personengesellschaft mit mindestens zwei Gesellschaftern. Das Geschäftsvermögen ist Gemeinschaftseigentum (= Gesamthandvermögen). Die Gesellschafter haften gesamtschuldnerisch, d. h. sie haften
- unbeschränkt (mit dem Geschäfts- und Privatvermögen),
- unmittelbar (der Gläubiger kann sich direkt an einen der Gesellschafter oder an die OHG halten) und
- solidarisch (jeder Gesellschafter haftet für alle Schulden der Gesellschaft. Im Innenverhältnis hat er einen Ausgleichsanspruch gegenüber den anderen Gesellschaftern).

Der Gesellschaftsvertrag kann formfrei erfolgen. Nur wenn ein Grundstück eingebracht werden soll, bedarf er der notariellen Beurkundung. Bei der Firma muss darauf geachtet werden, dass die Gesellschaftsform durch den Zusatz OHG kenntlich gemacht wird.

14.5 Kommanditgesellschaft (KG)

Die KG hat mindestens einen **Vollhafter (Komplementär)** und auch mindestens einen **Teilhafter (Kommanditisten)**. Für den Vollhafter gelten die gleichen Regeln wie bei OHG-Gesellschaftern. Der Kommanditist haftet nur mit der im Handelsregister eingetragenen Einlage (Haftsumme). Die Haftungsbeschränkung gilt erst ab dem Zeitpunkt der Handelsregistereintragung. Vorher haftet er ebenfalls voll. Der Teilhafter ist von der Geschäftsführung und Vertretung ausgeschlossen. Bei außergewöhnlichen Geschäften hat er jedoch ein Widerspruchsrecht.
Von der Haftsumme muss der Begriff der Pflichteinlage unterschieden werden. Während die Haftsumme die Einlage laut Handelsregistereintragung ist, ist die Pflichteinlage die Einlage, die der Kommanditist laut Gesellschaftervertrag einzahlen muss. Ist die Pflichteinlage noch nicht voll eingezahlt, werden die Gewinnanteile nicht ausgezahlt, sondern dem Kapitalanteil gutgeschrieben.

14.6 Gesellschaft mit beschränkter Haftung (GmbH)

Die GmbH ist eine Kapitalgesellschaft. Die Errichtung erfolgt durch mindestens einen Gesellschafter. Der oder die Gesellschafter müssen ein Stammkapital von zusammen mindestens 25 000,00 EUR aufbringen. Das Stammkapital kann in Geld- oder Sacheinlagen (z. B. ein PKW) geleistet werden. Die Mindeststammeinlage je Gesellschafter beträgt 100,00 EUR. Bei der Gründung müssen mindestens 25 % auf jede Stammeinlage eingezahlt sein.
Der Gesellschaftervertrag muss durch einen Notar beurkundet werden. Mit Eintragung der GmbH ins Handelsregister gilt die GmbH als errichtet. Vor der Eintragung müssen die Gesellschafter unbeschränkt, unmittelbar und solidarisch haften. Nach der Eintragung gilt für die Gesellschafter nur noch die beschränkte Haftung, d. h. es haftet jetzt nur noch das Gesellschaftsvermögen und nicht mehr die einzelnen Gesellschafter.

14.7 GmbH & Co. KG

Die GmbH & Co. KG ist keine eigenständige Rechtsform. Vielmehr handelt es sich um eine Mischform zwischen einer Personen- und einer Kapitalgesellschaft. Die GmbH ist in diesem Fall Komplementär bei der KG. Der Geschäftsführer der GmbH führt damit auch die Geschäfte der GmbH & Co. KG. Der Vorteil gegenüber der KG ist, dass keinerlei persönliche Haftung der Gesellschafter besteht. Ein Vorteil gegenüber der GmbH liegt darin, dass leichter Eigenkapital beschafft werden kann, da die Kommanditisten etwas weitergehende Rechte haben als die Gesellschafter einer GmbH.

14.8 Aktiengesellschaft (AG)

Auch wenn sich i. d. R. kein Existenzgründer direkt für die Rechtsform einer Aktiengesellschaft entscheiden würde, soll diese doch der Vollständigkeit halber dargestellt werden. Für die Errichtung einer AG ist mindestens ein Aktionär notwendig. Das Grundkapital beträgt mindestens 50 000,00 EUR.

Der Gesellschaftervertrag muss wie bei der GmbH notariell beurkundet werden. Vor der Eintragung ins Handelsregister haften die Gründer unbeschränkt, unmittelbar und solidarisch. Nach der Eintragung haftet die AG nur noch mit dem Geschäftsvermögen. Eigentümer der AG sind die Aktionäre.

15 Arbeitstechniken und Lernhilfen

Wie lerne ich richtig?

Stellen Sie sich bitte folgende Situation vor:
Sie packen Ihr neues Smartphone aus. In weniger als einer Stunde haben Sie sich mit allen Funktionen vertraut gemacht. Sie haben den App Store (o. ä.) installiert und verschiedene Apps downgeloadet. Sie wissen, wie man Apps nutzt, wie man Termine verwaltet, wie E-mails umgeleitet werden.

Sie haben in kürzester Zeit gelernt, alle Funktionen Ihres Smartphones zu beherrschen.
Warum haben Sie das geschafft?
Weil Sie es ***wollten!***

15.1 Lernen kann jeder – wenn er motiviert ist

Das Smartphone-Beispiel macht klar: Wenn man etwas lernen ***will***, wird man es in den meisten Fällen auch schaffen.
In der Schule sehen Sie Ihr Ziel nicht immer so klar. Und schon baut sich ein gewisser Widerwillen auf, der das Lernen unnötig erschwert.

Das Allerwichtigste beim Lernen ist Ihre persönliche Einstellung. Wenn Sie nicht lernen ***wollen***, wird es Ihnen sehr schwer fallen. Sie blockieren sich dadurch selbst und sehen sich darin bestätigt, dass Lernen schwer und schrecklich ist.

Merke

Motivieren Sie sich zum Lernen.

- Machen Sie sich unbedingt klar, wofür Sie lernen.
- Es geht um den erfolgreichen Abschluss Ihrer Ausbildung und damit um die Grundlage Ihrer späteren finanziellen Situation.
- Malen Sie sich aus, welche Vorteile es bringt, die Prüfung geschafft zu haben.
- Halten Sie sich dieses Ziel immer wieder vor Augen.
- Erkennen Sie, dass Sie nicht für die Eltern und nicht für die Lehrer lernen, sondern ausschließlich für sich selbst.

Merke

Setzen Sie sich selbst ans Steuer Ihres Lebensautos – lassen Sie nicht andere damit fahren.

15.2 Tipps für unterschiedliche Lerntypen

Jeder Mensch lernt anders. Menschen nehmen Lerninhalte auf unterschiedlichen Wegen auf. Und sie verarbeiten diese Informationen auf ihre ganz persönliche Art und Weise. Deshalb werden verschiedene Lerntypen unterschieden.

a) Der visuelle Lerntyp – Lernen durch Sehen

Wenn Sie ein Fachbuch zur Hand nehmen, schauen Sie immer zuerst nach Bildern oder Grafiken, die den Sachverhalt verdeutlichen. Sie bemühen sich, Tafelbilder so-genau wie möglich zu übernehmen. Unordentliche Tafelbilder irritieren Sie. Sie lesen gern und sehen beim Lesen Personen und Schauplätze bildlich vor sich.

Merke

TIPPS:
- **Schreiben Sie im Unterricht immer mit, besonders Tafelbilder sollten Sie möglichst genau übernehmen.**
- **Heben Sie in Ihren Mitschriften Wichtiges immer farbig hervor.**
- **Nutzen Sie verschiedenfarbige Textmarker, um z. B. Merksätze mit rot oder Formeln mit grün zu markieren.**
- **Gewöhnen Sie sich an, Gleiches immer mit gleicher Farbe zu kennzeichnen.**
- **Kleine Skizzen oder Zeichnungen helfen Ihnen, eine Aufgabenstellung besser zu erfassen.**

b) Der auditive Lerntyp – Lernen durch Hören

Sie haben häufig das Gefühl, dass Sie den erklärten Stoff nicht mitschreiben müssen. Gedichte lernen fiel Ihnen nicht schwer; wurden diese mehrmals laut vorgelesen, konnten Sie große Passagen schon auswendig. Beim Lernen von Vokabeln sprechen Sie diese laut vor sich hin. Es fällt Ihnen manchmal schwer, schriftliche Aufgabenstellungen zu verstehen.

Merke

TIPPS:
- **Konzentrieren Sie sich in der Schule auf die Erklärungen des Lehrers.**
- **Fragen Sie gleich nach, wenn Sie etwas nicht verstanden haben. Auch Erklärungen von Mitschülern sind für Sie sehr hilfreich.**
- **Lesen Sie Merksätze oder Formeln, die Sie sich einprägen wollen, mehrmals laut vor.**
- **Lesen Sie auch Aufgabenstellungen laut. Ist dies in der Schule nicht möglich, bewegen Sie beim Lesen die Lippen mit.**
- **Versuchen Sie, beim Lernen jede Störung von sich fern zu halten (keinen CD-Player oder gar das Fernsehgerät einschalten).**

c) Der motorische Lerntyp – Lernen durch Bewegung

Sie sind ein „Anpacker". Wenn Sie eine Idee haben, versuchen Sie diese, ohne vorher viel zu theoretisieren, umzusetzen. Sie sind praktisch veranlagt. Wenn Sie etwas erzählen, nutzen Sie auch Ihre Hände, um etwas zu veranschaulichen. Das Stillsitzen in der Schule fällt Ihnen schwer. Sie müssen häufig Ihre Sitzhaltung ändern. Es fällt Ihnen schwer, sich über einen längeren Zeitraum auf Erklärungen zu konzentrieren.

Merke

TIPPS:
- **Verbinden Sie Lernen und Bewegung. Gehen Sie beim Lernen mit dem Ordner durch das Zimmer.**
- **Versuchen Sie, für alles Gelernte unmittelbare Praxisbeispiele zu finden.**
- **Denken Sie bei Ihrer praktischen Tätigkeit im Betrieb über das nach, was Sie tun (Warum habe ich gerade das Hobeleisen noch ein Stück weiter zurückgenommen?).**

In der Praxis treten die genannten Lerntypen selten isoliert auf, sondern sind meistens Mischformen. Entwickeln Sie eine Ihrem Lerntyp entsprechende Lernstrategie. Versuchen Sie, möglichst viele der Tipps umzusetzen und möglichst viele Sinne in Ihren Lernprozess mit einzubeziehen.

Noch zwei wichtige Tipps am Schluss:

Merke

- **Das Lernen am späten Abend, auf das dann unmittelbar der Schlaf folgt, ist wesentlich nachhaltiger als zu anderen Tageszeiten. Probieren Sie es aus, Sie werden überrascht sein.**
- **Am Tag vor der Klassenarbeit alles lernen zu wollen, nützt wenig. Es ist wesentlich effektiver, den Stoff im Verlauf von mehreren Tagen drei- bis viermal zu wiederholen.**

Lernfeld 2

Die Schülerinnen und Schüler planen und fertigen zusammengesetzte Produkte aus Holz und Holzwerkstoffen.

Die dargestellte Pinnwand und der Spiegelrahmen sollen mithilfe von Handwerkzeugen und Maschinen aus Holz und Holzwerkstoffen hergestellt werden.

Arbeitsvorschläge:

- Bilden Sie Teams zu je vier bis fünf Schülerinnen und Schülern. Besprechen Sie zusammen mit der Lehrkraft ausführlich die Anforderungen und Voraussetzungen, die für das Arbeiten im Team erforderlich sind.
- Wählen Sie geeignete Materialien zur Herstellung der Pinnwand und des Spiegelrahmens aus.
- Überlegen Sie sich konstruktive Lösungen zu Aufnahme und Befestigung des Korks bzw. des Spiegelglases und stellen Sie diese zeichnerisch oder in Skizzen dar.
- Präsentieren Sie Ihre Lösungen und vergleichen Sie sie mit denen der anderen Teams.
- Berechnen Sie den Materialbedarf für das gewählte Plattenmaterial (Rückseite der Pinnwand) unter Berücksichtigung des Verschnitts. Die Pinnwand wird von drei Schulklassen à 24 Schüler angefertigt.
- Auf der folgenden Seite sind die Holzverbindungen abgebildet, mit denen Pinnwand und Spiegelrahmen hergestellt werden. Vergleichen Sie diese Verbindungen hinsichtlich Herstellungsaufwand und Haltbarkeit.
- Stellen Sie Einzelteile der Verbindungen als Dreitafelbild dar.
- Zeichnen Sie einen geeigneten Schnitt durch den Spiegelrahmen.
- Wenn die Pinnwand anstelle des Korks eine furnierte Platte erhält, kann sie als Schlüsselbrett verwendet werden. Informieren Sie sich über Herstellung und Verarbeitung von Furnieren.
- Das Schlüsselbrett soll 12 Häkchen zur Aufnahme der Schlüssel erhalten. Überlegen Sie sich eine Einteilung der Häkchen (gleichmäßige Abstände!).

Holzverbindungen Pinnwand

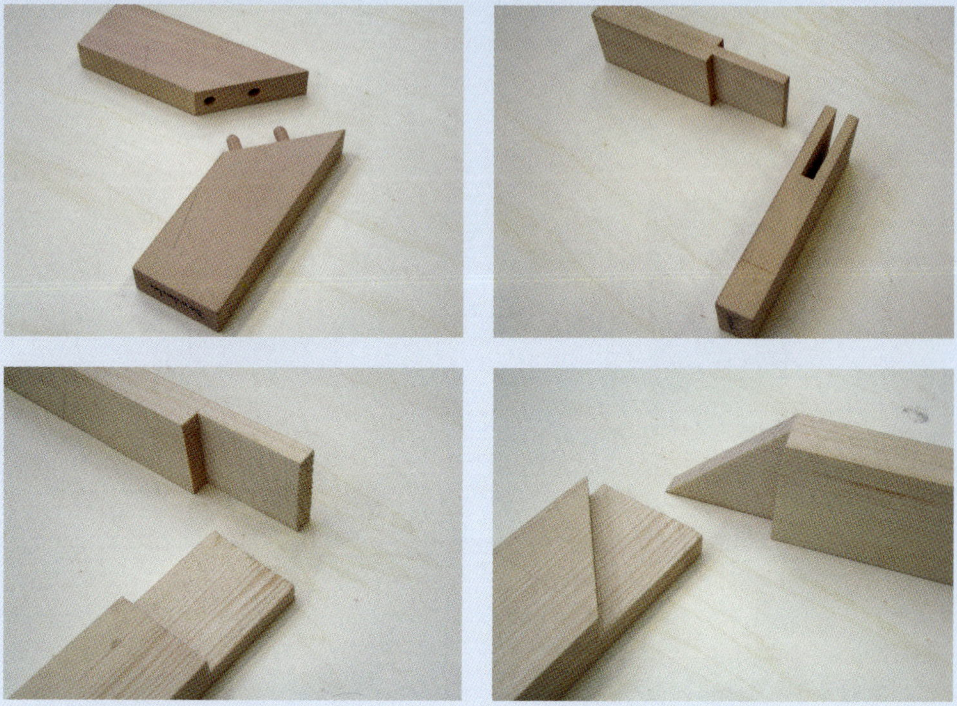

Holzverbindungen Spiegelrahmen

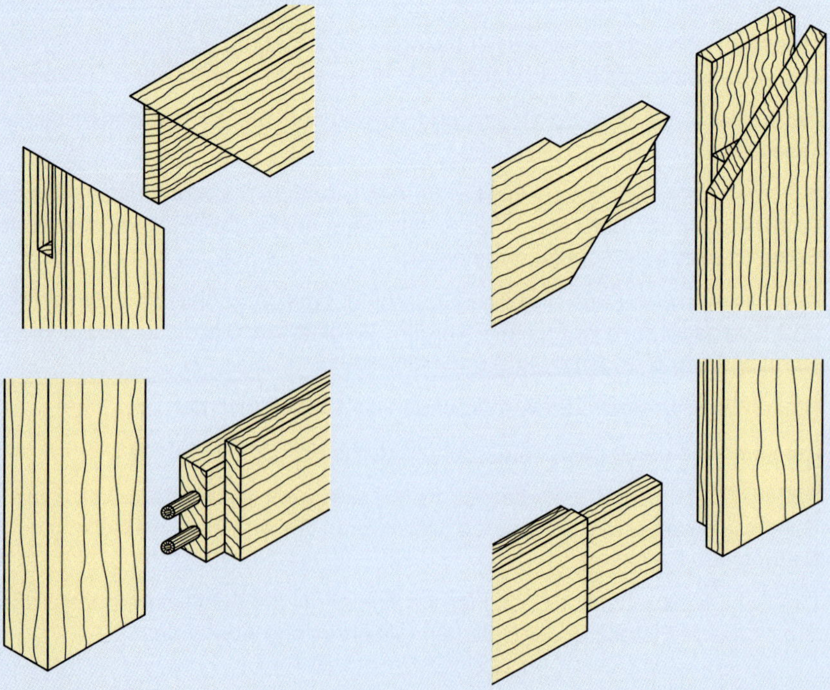

1 Plattenwerkstoffe

Warum arbeitet das Furniersperrholz kaum?

Zwei gleich große Proben aus Vollholz und aus Furniersperrholz werden in einem mit Wasser gefüllten Behälter einige Zeit gelagert. Anschließend stellt man fest, dass sich die Maße des Furniersperrholzes im Gegensatz zum Vollholz-Probestück kaum geändert haben.

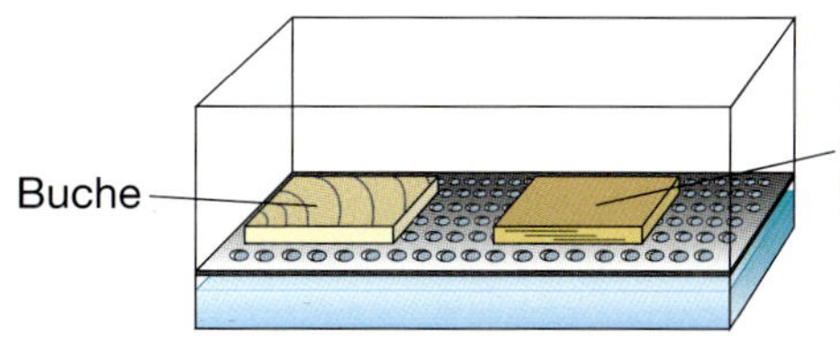

Worauf ist dies zurückzuführen?

1.1 Lagen- und Verbundwerkstoffe

1.1.1 Lagenwerkstoffe

Das Furniersperrholz (DIN EN 636)[1]

Furniersperrholz ist aus mehreren Schälfurnierschichten aufgebaut.

Die aufeinander folgenden Schichten werden jeweils um 90° gedreht und fest miteinander verleimt. Bei hochwertigen Furnierplatten wird darauf geachtet, dass die rechte und die linke Seite des Furniers abwechslungsweise zusammengeklebt werden.

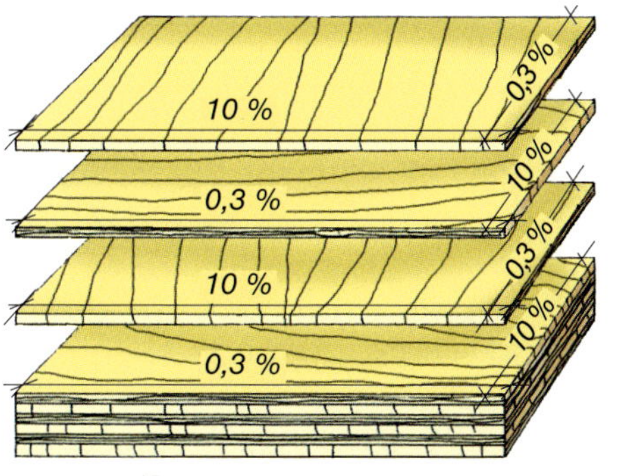

Aufbau des Furniersperrholzes mit Schwundrichtung

Um Spannungen im gesamten Querschnitt zu vermeiden, wird immer eine ungerade Anzahl an Furnierschichten verwendet. Daraus ergibt sich, dass die äußeren Lagen – die Deckfurniere – immer die gleiche Faserrichtung aufweisen.
Die Platten werden nach ihrer Lagenanzahl bezeichnet (3-lagig, 5-lagig usw.).
Das Prinzip des Furniersperrholzes nutzt das in Faserrichtung unterschiedliche Quellen und Schwinden des Holzes. Somit hindern die einzelnen Furnierschichten die Nachbarschichten am Arbeiten. Sie sind abgesperrt.

Daraus ergeben sich für Furniersperrholz günstigere mechanische Eigenschaften als für Vollholz. Es ist in allen Richtungen gleich biegefest. Außerdem ist es auf Grund des genannten Herstellungsverfahrens sehr maßhaltig.
Es kann auch mit einem edlen Deckfurnier versehen werden. Furniersperrhölzer werden aber auch ohne weitere Beschichtung verarbeitet. Hier ist dann die Oberflächengüte von Bedeutung.
Besonders zu beachten ist die Qualität der Deckfurniere, welche in die Güteklassen 1, 2 und 3 eingeteilt werden. Das Furniersperrholz kann aus Kostengründen auf der Vor- und Rückseite unterschiedliche **Güteklassen** aufweisen.

[1] früher: FU

Verwendet wird das Furniersperrholz für großflächige, nicht selbsttragende Teile wie beispielsweise für Möbelrückwände aber auch für Schubkastenböden und Türfüllungen. Es kann mit den herkömmlichen Holzbearbeitungsmaschinen wie Massivholz bearbeitet werden.

Die Güte des Leims bestimmt die Eigenschaften des Furniersperrholzes. **Außensperrholz (EN 636-3 G)** ist mit witterungsbeständigem Leim verarbeitet. **Innensperrholz (EN 636-1 G)** ist nicht witterungsbeständig.

Siehe Norm-Übersicht im Anhang

Die Bedeutung der Bezeichnungen

Bezeichnung	Verwendung	Witterungs-beständigkeit	Hitze-beständigkeit
EN 636-3 G	**A**ußensperrholz	begrenzt **w**etterbeständig	heißwasser-fest **100** °C
EN 636-1 G	**I**nnensperrholz	**f**euchtfest	wasserbeständig bei **20** °C

Merke

Vollholz arbeitet in unterschiedlichen Richtungen verschieden stark. Furniersperrholz schwindet und quillt in Länge und Breite kaum.

Die normgerechte Bezeichnung des Furniersperrholzes

Sperrholz DIN EN 13986 – EN 636-1 G 1-2 -12

Furniersperrholz für allgemeine Zwecke

Güteklasse-kombination -II

Dicke -12

Die Länge der Furniersperrholzplatten wird immer in Faserrichtung des Deckfurniers angegeben. Da diese meist senkrecht orientiert ist, kann die Breitenangabe die Längenangabe übertreffen.

Multiplexplatte

Verschiedene Furniersperrholzarten

Bei Furniersperrholz kann das Deckfurnier aus Edelfurnieren bestehen. Um ein ansprechendes Dekor zu erzielen, ist ein weiteres Furnieren nicht mehr notwendig.

Die Ansprüche an die Festigkeit von Furnierplatten im Bau- und Ausbaugewerbe sind weitaus höher als dies vom Tischler gefordert wird. Deshalb stellt man für diesen Bereich **Bau-Furniersperrholz** mit einer höheren Biegezugfestigkeit her.

Multiplexplatten finden immer häufiger Verwendung. Sie bestehen aus vielen Furnierschichten und sind mit speziellen Leimen verklebt, die tief in die einzelnen Furnierlagen eindringen. Die Platten werden durch den Leim sehr hart und flüssigkeitsbeständig. Sie werden besonders im Modellbau und bei der Herstellung von stark belasteten Arbeitsplatten verwendet.

Das Schichtholz, Formlagenholz und Kunstharzpressholz

Hocker aus Schichtholz

Im Gegensatz zum Furniersperrholz ist beim **Schichtholz** der Faserverlauf der Furnierschichten gleich gerichtet.
Die Eigenschaften des Schichtholzes unterscheiden sich, wie beim Vollholz, nach der Faserrichtung. Dadurch kann ein Holzwerkstoff mit hoher Biegezug- und Zugfestigkeit in Faserrichtung hergestellt werden. Besonders im Gestell- und Modellbau wird dieses Herstellungsverfahren verwendet.

Die dünnen Furniere lassen sich gut verformen. Diese Eigenschaft wird bei der Herstellung von **Formlagenholz** genutzt. Die einzelnen Furnierlagen werden kreuzweise in einer Form verleimt und gepresst. Daraus lassen sich mehrfach gekrümmte belastbare Bauteile herstellen.
Sind nur einfach gekrümmte Teile erforderlich, kann die Faserrichtung der Furnierlagen auch gleich laufend sein.

Der verwendete Leim bestimmt die Eigenschaften und die Dauerhaftigkeit der geformten Teile. Er hält die Werkstücke einerseits in der gewünschten Form, andererseits muss er den Formteilen ausreichende Elastizität verleihen.

Die Furnierlagen des **Kunstharzpressholzes (KP)** werden in Kunstharz getränkt, um sie dann anschließend zu verleimen und bei sehr hohem Druck und hoher Temperatur zu verpressen. Diese Produkte weisen annähernd die Eigenschaften der verwendeten Kunststoffe auf, lassen sich aber auf Grund der Elastizität der Furniere sehr leicht in die gewünschte Form bringen. Der ausgehärtete Kunststoff hält dann das Bauteil in der gewünschten Form. Sie sind beständig gegen mechanische Belastungen, Säuren und Laugen sowie Öle und werden im Vorrichtungs- und Möbelbau verwendet. Die so hergestellten Teile sind wie duroplastische Kunststoffe zu bearbeiten.

1.1.2 Verbundwerkstoffe

Welches Plattenmaterial ist zu wählen?

Das abgebildete Hängeregal soll an einer leichten Gipskartonwand befestigt werden.

Welches Plattenmaterial schlagen Sie zu dessen Herstellung vor?

Welche Eigenschaften müssen diese Platten aufweisen?

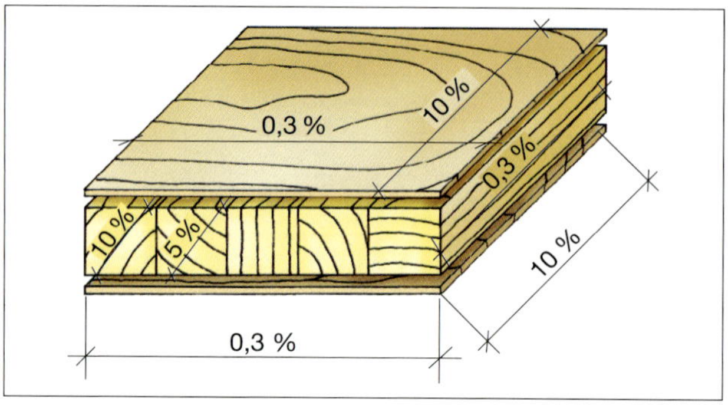

Aufbau einer Stabplatte mit Schwundrichtung

Die Stabplatte (DIN EN 636)[1]

Die Stabplatte setzt sich aus einer dicken Mittellage und dazu kreuzweise aufgeleimten Absperrfurnieren zusammen. Die Stabplatte schwindet kaum, da durch die kreuzweise aufgeleimten Holzlagen das Arbeiten des Plattenkerns stark beeinträchtigt wird. Die Mittellage der Stabplatte besteht aus 24–30 mm breiten Fichtenstäben. Die Orientierung der Jahresringe wird bei der Verleimung nicht berücksichtigt. Sie liegen ungeordnet nebeneinander. Daher kann die Oberflächenqualität dieses Plattenmaterials leiden, sie wird wellig. Dies zeichnet sich besonders nach der Beschichtung und der Oberflächenbehandlung ab. Die Qualität der Fichtenstäbe bestimmt das Stehverhalten.

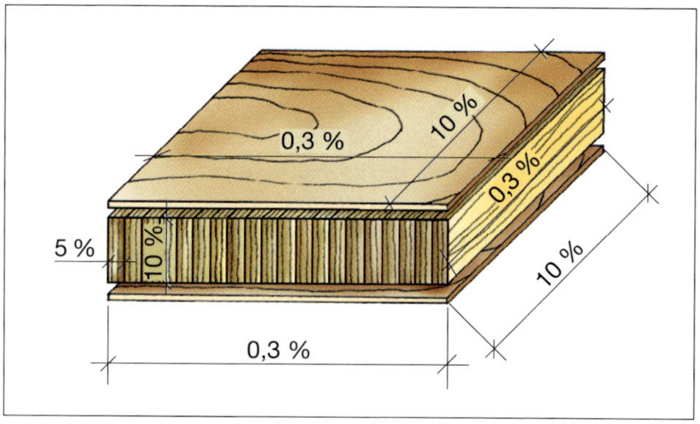

Aufbau einer Stäbchenplatte mit Schwundrichtung

Die Stäbchenplatte (DIN EN 636)[2]

Der Aufbau der Stäbchenplatte gleicht grundsätzlich dem Aufbau der Stabplatte. Ein Unterschied besteht jedoch in der Ausführung der Mittellage.
Sie besteht aus bis zu 8 mm breiten Streifen. Die Mittellage weist ausschließlich stehende Jahresringe auf, da sie aus zusammengeleimten Schälfurnierblöcken gefertigt wird. Die Stäbchenplatte arbeitet in Breite und Dicke sehr gleichmäßig, dadurch bleibt die Oberfläche eben. Dieses Plattenmaterial eignet sich besonders gut für den anspruchsvollen Möbelbau.

Die Länge der Stab- und Stäbchenplatte wird immer in Faserrichtung der Stäbe angegeben. Deshalb übertrifft die Plattenbreite die -länge oftmals. Hier wird auf den späteren Verlauf des Deckfurniers Rücksicht genommen.

	Länge	Breite	Dicke
Gängige Plattenabmessungen in mm	1220, 1830, 2050	2100, 240, 3500, 5100	13, 16, 19, 22, 25, 28, 30, 38

Stab- und Stäbchenplatten sind sowohl für den Trockenbereich (EN 636-1 G) als auch für den Außenbereich (EN 636-3 G) im Handel erhältlich.

Bau-Stabsperrholz bzw. **Bau-Stäbchensperrholz** unterscheiden sich von Stab- und Stäbchenplatten durch ein dickeres Absperrfurnier aus widerstandsfähigerem Holz sowie durch die wasserfeste Verleimung.

[1] früher: ST
[2] früher: STAE

Parkett-Verbundplatten und Dreischichtplatten

Parkett-Verbundplatten sind dreischichtig aufgebaut. Die Deckschicht besteht aus 5–10 mm dicken Holzschichten. Der Plattenkern wird in der Regel aus Fichtenstreifen und die Unterschicht aus minderwertigerem Holz hergestellt. Die Holzoberfläche ist schon versiegelt. Die Platten sind mit Nut und Feder versehen und werden gebrauchsfertig geliefert.

Die Dreischichtenplatten sind aus drei gleich dicken Holzschichten hergestellt. Sie sind kreuzweise verleimt. Diese Platten verfügen über die gleichen Eigenschaften wie Vollholz, jedoch weisen sie ein besseres Stehvermögen auf.

Die Sperrtüren

Besonders Türen sollten ein geringes Gewicht aufweisen, damit die Türbänder nicht so stark belastet werden. Dann ist die Funktionsfähigkeit und die Dichtigkeit der Türen über eine lange Zeit hinweg gesichert.
Sperrtüren bestehen aus einem ca. 55–75 mm breiten umlaufenden Massivholzrahmen und einer leichten Mittellage. Diese kann aus stabilem Wellpapier, Holzfaserplatten o. Ä. bestehen. Aber auch Kork, geschäumter Kunststoff oder Gipskartonplatten können als Mittellage genutzt werden. Die Türen sind mit Decklagen versehen. Diese können aus Furniersperrholz, dünnen Spanplatten oder Holzfaserplatten bestehen.
Türen mit besonderen Anforderungen können mit entsprechenden Einlagen gefertigt werden. So werden Türen zum Kassenbereich von Banken mit schusssicheren Blechen oder Kunststoffplatten ausgestattet. Auf diese Weise lassen sich auch Brandschutztüren herstellen.

1.2 Holzspanwerkstoffe

Welche Materialien werden im Möbelbau verwendet?

Sowohl in der Industrie als auch im Handwerk nimmt der Anteil an Massivholz immer mehr ab.

Warum wird Massivholz immer weniger verwendet?

Welche Vorteile bieten alternative Plattenmaterialien?

Verschiedene Holzspanplatten

Die Spanplatte

Spanplatten werden aus Baumschwarten, Säge- und Hobelspänen sowie Hackschnitzeln hergestellt. Oft werden hier Zopfware und dicke Äste, die für Schnittholz ungeeignet sind, verwendet. Die Holzspäne werden je nach Bedarf in speziellen Maschinen zerkleinert. Für die Mittellagen wird grobspaniges und für die Deckschicht feinspaniges Material eingesetzt.

Den Holzschnitzeln werden ca. 7 – 8,5 Gewichts-% an Klebern zugesetzt. Hauptsächlich werden dazu Harnstoffharz- (KUF), Melaminharz- (KMF) und Phenolharzkleber (KPF) verwendet. Neuerdings setzt die Industrie auch Isocyanate als Kleber ein.
Die Schichten werden dann bei 170–190 °C und einem Druck von 150–400 N/cm^2 in Plattenpressen gepresst. In diesen Kontirollanlagen werden Endlosplatten hergestellt und dann auf das entsprechende Format zugeschnitten. Anschließend kühlt die Platte langsam aus. Dabei bauen sich die bei der Herstellung entstandenen inneren Spannungen ab.
Während die durchschnittliche Rohdichte der Spanplatte bei 0,60–0,70 kg/dm^3 liegt, weist die Oberfläche eine Rohdichte von 0,80–1,0 kg/dm^3 auf. Es ergibt sich daraus aufgrund der dichteren Randschichten eine erhöhte Biegezugfestigkeit der Platten.
Die Spanplatte quillt in Längs- und Querrichtung um ca. 0,2 %. In der Dicke jedoch um ca. 11 %.
Ist die Spanplatte einmal gequollen, lässt sie sich nicht mehr in den ursprünglichen Zustand zurückversetzen.

Merke

Das Quellen der Spanplatten ist irreversibel.

Die Eigenschaften der Spanplatten

Spanplatten sind maß- und formbeständig, sofern sie nicht mit Feuchtigkeit in Berührung kommen. Da auch die mechanischen Eigenschaften hohen Anforderungen genügen, können Spanplatten für selbsttragende Konstruktionen verwendet werden. Die Biegezugfestigkeit ist nahezu in allen Richtungen gleich, deshalb muss beim Zuschnitt keine Vorzugsrichtung beachtet werden. Alle Spanplatten sind mit den gängigen Holzbearbeitungsmaschinen und -werkzeugen zu bearbeiten. Wegen der Härte des Leimes sollten jedoch hartmetallbestückte Schneiden eingesetzt werden.

Spanplatten für das Bauwesen

Spanplatten im Außenbereich sind anderen Anforderungen ausgesetzt als im Innenbereich von Gebäuden. Je nach Verwendung der Spanplatten werden die Holzspäne mit geeigneten Klebern versetzt. Ähnlich wie beim Furniersperrholz werden die Typen nach der Verleimart unterschieden:

P2[1] bezeichnet Spanplatten, die nicht wetterfest sind und nur in Räumen mit niedriger Luftfeuchtigkeit eingesetzt werden dürfen.
P3-Platten[2] sind für Räume mit hoher Luftfeuchtigkeit geeignet und sogar begrenzt wetterfest. Sie können auch dann verwendet werden, wenn zusätzlich eine Gefährdung durch Holz zerstörende Pilze zu befürchten ist.

---
[1] früher: FPY V20
[2] früher: FPY V100/V100 G

Die Emissionsklassen der Spanplatten

Wenn die Kleber der Spanplatten aushärten, wird über längere Zeit Formaldehyd abgegeben. Diese Chemikalie ist Krebs auslösend und am stechenden Geruch zu erkennen. Da die meisten Spanplatten in geschlossene Wohnungen eingebaut werden, ist auf geringe Formaldehydabgabe zu achten. Auch die Hersteller selbst überwachen ihre Produktion und tragen somit zur Herstellung gesundheitlich unbedenklicher Produkte bei.

Die Spanplatten sind in drei Emissionsklassen eingeteilt:

Schone die Umwelt

Klasse	Emissionswerte E (ppm)	Perforatorwerte P (%)
E1	E < 0,1	P < 0,01 %
E2	0,1 < E < 1,0	0,01 < P< 0,03
E3	1,0 < E < 2,3	P < 0,06

ppm = parts per million (Anzahl der Teilchen pro einer Million Teilchen)

Anmerkung: Der Emissionswert E gibt die Menge (ppm) des abgegebenen Formaldehyds an. Der Perforatorwert gibt den prozentualen Anteil der abgegebenen Formaldehydmenge an.

In Deutschland sind seit 2006 gemäß der DIN EN 13986 E1-Platten vorgeschrieben (CE-Kennzeichnung).

Mittlerweile sind P2-Platten schon formaldehydfrei im Handel erhältlich. Bei der Herstellung wird ein umweltfreundlicher Kleber eingesetzt.

Die Plattenhersteller experimentieren zurzeit aber auch mit biologischen Bindesystemen auf der Basis der Holzinhaltsstoffe Tannin und Lignin.

Mehrschichtige P2-Platte

Die Flachpressplatte für allgemeine Zwecke (P2/P3)

Die Holzspäne liegen bei der Flachpressplatte hauptsächlich parallel zur Plattenoberfläche. Je nach Verwendungszweck sind die Platten ein-, drei- oder mehrlagig aufgebaut.

Die Festigkeitseigenschaften der einschichtigen Platte sind sehr gering. Deshalb benutzt man sie im Möbel- und Innenausbau kaum. Sie wird hauptsächlich als Bauplatte verwendet.

Die mehrschichtigen Platten weisen eine gute Biegezugfestigkeit auf. Außerdem muss die glatte Oberfläche, wenn diese mit Belägen versehen wird, nur noch bei Verwendung sehr dünner Furniere nachträglich geschliffen werden.

Die Flachpressplatte mit besonders feinspaniger Oberfläche

Platten, die lackiert, mit dünnen Folien belegt oder mit empfindlichem Leder überzogen werden, brauchen eine sehr glatte Oberfläche. Diese Eigenschaft hat die Flachpressplatte mit feinspaniger Oberfläche (früher: FPO).
Die Deckschicht dieser Spanplatte wird mit besonders feinen Spänen und Staub hergestellt. Die Platten sind in folgenden Abmessungen erhältlich:

Flachpressplatte mit besonders feinspaniger Oberfläche

	Länge	**Breite**	**Dicke**
Gängige Plattenabmessungen in mm	2820 4100 5200	2100 1850 2050	3, 4, 8 10, 13, 16, 19, 22, 25 28, 32, 36

Weitere Hinweise siehe auch Kapitel 1.3.1

Da die MDF-Platte eine ähnliche Oberflächenqualität aufweist und auch der Kantenbereich sehr feinspanig ist, wird die Flachpressplatte mit besonders feinspaniger Oberläche immer mehr von der MDF-Platte verdrängt.

Langspanplatten (OSB)

Die Abkürzung OSB kommt aus der englischen Sprache und bedeutet **o**riented **s**trand **b**oards. Langspanplatten bestehen aus schlanken, langen, ausgerichteten Holzspänen. Im Mittelteil der Platte sind sie senkrecht orientiert, im Außenbereich dagegen waagrecht. Dadurch erreichen die Langspanplatten eine erhöhte Biegezugfestigkeit.
Die Platten sind in vier Klassen eingeteilt:

OSB-Platte

Bezeichnung	**OSB/1**	**OSB/2**	**OSB/3**	**OSB/4**
Verwendungszweck	Für allgemeine Zwecke im Trockenbereich, Innenausbau und Möbelbau	Für tragende Zwecke im Trockenbereich, Innenwände und Fertighausbau	Für tragende Zwecke im Feuchtbereich	Hoch belastbare Platten für tragende Zwecke im Feuchtbereich und Wände
Kennzeichnung (durch Farbstreifen)	weiß, blau	gelb, gelb, blau	gelb, gelb, grün	gelb, grün

Strangpressvollplatten (ES)[1]

Im Gegensatz zur Flachpressplatte liegen hier die Späne senkrecht zur Plattenoberfläche. Die Biegezugfestigkeit dieser Platten ist gering. Diese negative Eigenschaft kann jedoch durch Beplankungen verbessert werden.

Strangpressröhrenplatte (ET)[2]

Um das Gewicht der Strangpressplatten zu verringern, wird der Plattenkern in Längsrichtung röhrenförmig ausgespart. Besonders die Mittellagen der Innentüren werden aus diesen Platten hergestellt.

Kunststoffbeschichtete dekorative Flachpressplatte MFB EN 312 (P2)[3]

Diese Spanplatten bestehen aus einem Spanplattenkern und einer HPL-Schicht. Sie werden in einem Arbeitsgang hergestellt. Die statischen Eigenschaften sind denen der Flachpressplatte ähnlich. Die Oberfläche ist direkt nach Herstellung gebrauchsfertig und weist die gleichen Merkmale wie die der HPL-Platten auf.

Weitere Hinweise siehe auch Kapitel 1.3

Strangpressvollplatte

Strangpressröhrenplatte

Kunststoffbeschichtete Flachpressplatten

1.3 Holzfaserstoffe

Oft kann der Platz in einer Büroecke nicht optimal genutzt werden. Ein Bücher- und Ordnerregal bietet wenig Platz. Eine aufwendige Konstruktion ist sehr raumgreifend und störend. Eine Möglichkeit, dieses Problem zu beseitigen, ist ein drehbares Möbel. Das nebenstehende Bild zeigt ein drehbares Bücher- und Ordnerregal in einem kleinen Büro.

Welche Ansprüche werden dabei an das Material gestellt?

Welches Material eignet sich für die Herstellung der unteren Böden?

[1] früher: SV
[2] früher: SR
[2] früher: KF

1.3.1 Mitteldichte Holzfaserplatte (MDF)

MDF-Platte

Die Abkürzung MDF kommt aus dem Englischen und bedeutet **m**edium **d**ensity **f**iberboard. Die Holzfasern sind sehr klein gemahlen und unter hohem Druck und Zugabe von 12% bis 15% Harnstoffformaldehydharzleimen gepresst. Die feinen Fasern geben diesem Werkstoff keine Vorzugsrichtung. Die Eigenschaften sind in allen Richtungen gleich.
Besonders die Kante des Plattenmaterials zeigt die gleiche Qualität wie die Fläche.
MDF-Platten haben allerdings ein sehr hohes Gewicht.

Merke **Die mitteldichte Holzfaserplatte hat einen homogenen Plattenaufbau.**

Sie lässt sich sehr gut profilieren und benötigt kaum Nacharbeit. Die feinen verpressten Holzfasern geben der Platte eine glatte, porenfreie Oberfläche. Deshalb lässt sie sich sehr gut lackieren. Da sie aber sehr stark flüssigkeitssaugend ist, muss vor dem eigentlichen Lackauftrag eine Sperrgrundierung aufgebracht werden. Diese verhindert das Eindringen der Lackflüssigkeit in die Plattenoberfläche und somit das Quellen der Platte.

Der leicht zu bearbeitende Plattenwerkstoff weist auch gute mechanische Eigenschaften auf.

Da die MDF-Platten mit den herkömmlichen Holzbearbeitungswerkzeugen und -maschinen gut zu bearbeiten sind, können sie aufgrund ihrer Eigenschaften neue Wege der Formgebung erschließen.

1.3.2 Poröse Holzfaserplatte (SB)

SB-Platte

Die Platte besteht, wie auch die MDF-Platte, aus sehr feinen Holzfasern die mit Phenolharzleimen verklebt werden. Im Gegensatz zur MDF-Platte wird sie bei der Herstellung mit nur wenig Druck gepresst.
In den verbleibenden Hohlräumen befindet sich unbewegte Luft; deshalb eignet sich dieser Werkstoff besonders für die Wärmedämmung. Er wird für Trennwände und Türmittellagen verwendet.

Merke **Poröse Holzfaserplatten sind wärmedämmend.**

1.3.3 Harte Holzfaserplatten (MB, HB, HB.I)

Mittelharte Holzfaserplatten (MB), Harte Holzfaserplatten (HB), Extraharte Holzfaserplatten (HB.I)

Der Aufbau dieser Platten ist dem der porösen Holzfaserplatte sehr ähnlich. Die einzelnen Plattenarten erhalten ihre unterschiedliche Härte auf Grund der verschiedenen Verdichtungsgrade.

Die Platten sind sehr steif und eignen sich daher sehr gut für kleinere Möbelrückwände und Schubkastenböden sowie im Innenausbau für Beplankungen. Größere Flächen können nur dann aus Holzfaserplatten bestehen, wenn diese nicht tragend sind. Da sie sich aber sehr leicht biegen lassen, können mit ihnen sehr gut gekrümmte Bauteile hergestellt werden.

Aufbau einer Holzfaserplatte

Kunststoffbeschichtete dekorative Holzfaserplatten MFB EN 622-2 (HB)

Die vorhergehend genannten Holzwerkstoffe zeigen nach der Herstellung den braunen Holzton. Das kann aber bei der Verwendung im Möbelbau störend sein, daher werden die Platten mit Melaminharz und einer darunter liegenden Dekorschicht aus bedrucktem Papier belegt. Dieser Überzug verändert die Eigenschaften des Produktes nicht. Lediglich die Oberfläche zeigt ähnliche Eigenschaften wie die HPL-Platte.

HB-Platte

Dekorative Hochdruck-Schichtpressstoffplatten (HPL)

Die HPL-Platte wird aus vielen mit Phenolharzleim getränkten Papierschichten verpresst. Die äußeren Schichten bestehen aus einem mit dem gewünschten Dekor bedrucktem Papier und einer sehr beständigen Overlay-Schicht aus Melaminharz.
Dieses Material ist abriebsfest, wasserfest, hitze-, glut- und chemikalienbeständig.
Sie dienen als Belag für alle gängigen Plattenmaterialien. Besonders stark beanspruchte Bereiche wie Küchen oder Labore werden damit ausgestattet. Auf Grund der Härte kann dieses Material nur mit hartmetallbestückten Werkzeugen bearbeitet werden. Das gilt natürlich auch für Holzspan- und -faserplatten, die mit HPL beschichtet sind sowie für Spanplatten ohne Beschichtung.

HPL-Platte

Aufgaben

1. *Stellen Sie den Unterschied zwischen einer Stabplatte und einer Stäbchenplatte im Hinblick auf deren Herstellung und Materialeigenschaften dar.*
2. *Wählen Sie ein Material aus, das sich besonders für die Verwendung als Möbelrückwand eignet.*
3. *Erklären Sie die Bezeichnungen P2, P3, P5.*
4. *Warum schwinden Furnierplatten kaum?*

1.4 Berechnung von Flächen und Verschnitt

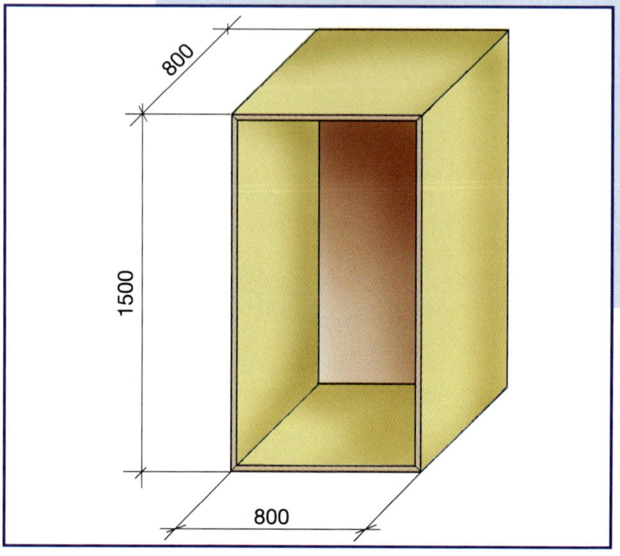

Der nebenstehende Korpus ist aus fertig beschichteten P2-Platten gefertigt.

Wie groß ist der Verschnitt, wenn die Teile aus einer handelsüblichen Platte mit den Maßen 2500/1850 zugeschnitten werden?

1.4.1 Berechnung der Fläche und des Umfangs

Das Quadrat

Der obere und untere Boden des vorhergehend dargestellten Korpus hat die Form eines Quadrates.
Ein Quadrat zeichnet sich dadurch aus, dass alle Seiten der Fläche gleich lang sind und diese im Winkel von jeweils 90° zueinander stehen.

Wie groß ist eine Bodenfläche des Korpus?
Gegeben: l = 800 mm
Gesucht: a) Fläche A in m² und
b) Umfang U des Quadrates in m.

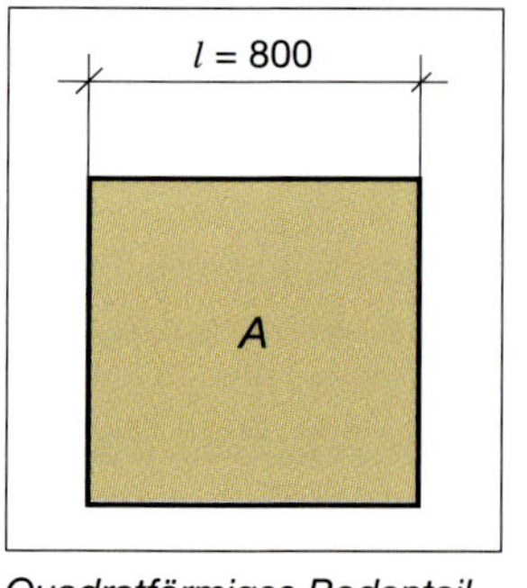

Quadratförmiges Bodenteil des Korpus

Die Fläche eines Quadrates wird nach folgender Formel berechnet:

Fläche = Seitenlänge · Seitenlänge

$$A = l \cdot l$$
$$A = l^2$$

A Fläche
l Seitenlänge

Lösung a)
Umrechnung der Länge: 800 mm = 0,8 m

$A = l \cdot l$
$A = 0{,}8\ \text{m} \cdot 0{,}8\ \text{m}$
$A = \underline{\underline{0{,}64\ \text{m}^2}}$ Die Fläche eines Bodenteils beträgt $\underline{\underline{0{,}64\ \text{m}^2}}$.

Der Umfang eines Quadrates setzt sich aus der Summe der vier gleich langen Seiten zusammen und lässt sich dadurch vereinfacht folgendermaßen berechnen:

Umfang = 4 · Seitenlänge $U = 4 \cdot l$	U Umfang l Seitenlänge

Lösung b)

$U = 4 \cdot l$

$U = 4 \cdot 0{,}8\ \text{m}$

$U = \underline{\underline{3{,}2\ \text{m}}}$ Der Umfang eines Bodenteils beträgt $\underline{\underline{3{,}2\ \text{m}}}$.

Das Rechteck

Die beiden Seiten des vorhergehend dargestellten Korpus haben die Form eines Rechtecks.
Ein Rechteck hat jeweils zwei gleich lange parallele Seiten. Sie stehen im Winkel von 90° zueinander.

Wie groß ist eine Seitenfläche des Korpus?
Gegeben: l = 1500 mm; b = 800 mm
Gesucht: a) Fläche A in m² und
b) Umfang U des Rechtecks in m.

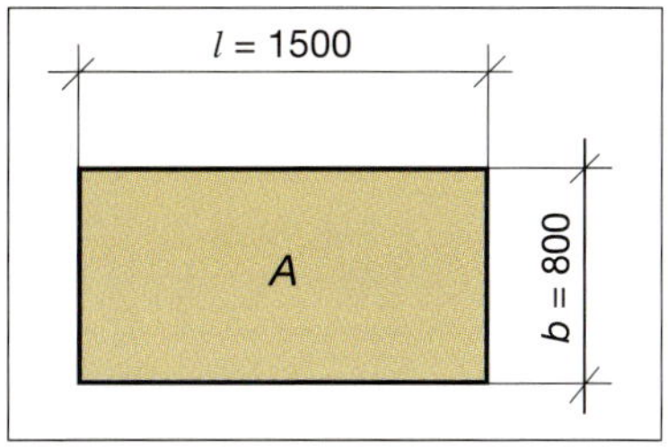

Rechteckförmiges Seitenteil des Korpus

Die Fläche eines Rechtecks wird nach folgender Formel berechnet:

Fläche = Länge · Breite $A = l \cdot b$	A Fläche l Länge b Breite

Lösung a)

Umrechnung der Längen: 800 mm = 0,8 m
1500 mm = 1,5 m

$A = l \cdot b$

$A = 1{,}5\ \text{m} \cdot 0{,}8\ \text{m}$

$A = \underline{\underline{1{,}2\ \text{m}}}$ Der Fläche eines Seitenteils beträgt $\underline{\underline{1{,}2\ \text{m}^2}}$.

Der Umfang eines Rechtecks setzt sich aus der Summe der beiden jeweils gleich langen Seiten zusammen und lässt sich dadurch vereinfacht folgendermaßen berechnen:

Umfang = 2 · Länge + 2 · Breite $U = 2 \cdot l + 2 \cdot b$ $U = 2 \cdot (l + b)$	U Umfang l Länge b Breite

Lösung b)

$U = 2 \cdot (l + b)$

$U = 2 \cdot (1{,}5\ \text{m} + 0{,}8\ \text{m})$

$U = \underline{\underline{4{,}6\ \text{m}}}$ Der Umfang eines Seitenteils beträgt $\underline{\underline{4{,}6\ \text{m}}}$.

1.4.2 Berechnung von Verschnitt, Verschnittzuschlag und Zuschlagsfaktor

Der Verschnitt ist eine wichtige Größe für die Kalkulation. Um den Verschnitt besser erfassen zu können, wird dieser auch als ***Verschnittzuschlag*** ausgedrückt.
Es wäre zu zeitaufwändig, für jedes Produkt den Verschnitt immer neu zu berechnen. Deshalb wird gerade in kleineren Betrieben vereinfachend mit einem ***Zuschlagsfaktor*** gerechnet. Es handelt sich hier um Erfahrungswerte, die sich je nach verwendetem Material unterscheiden.

Verschnittzuschläge für **Vollholz und Furniere** in Prozent

Material	Ahorn	Buche	Eiche	Fichte	Kiefer	Kirschbaum	Nussbaum	Tanne	Teak
Vollholz	40	30	50	30	30	50	60	30	40
Furnier	50	25	60	40	40	70	80	40	60

Verschnittzuschläge für **Plattenmaterial** in Prozent

Material	FU[1]	P2	STAE, ST[1]	HPL	HB
Zuschlag	20	15	20	20	15

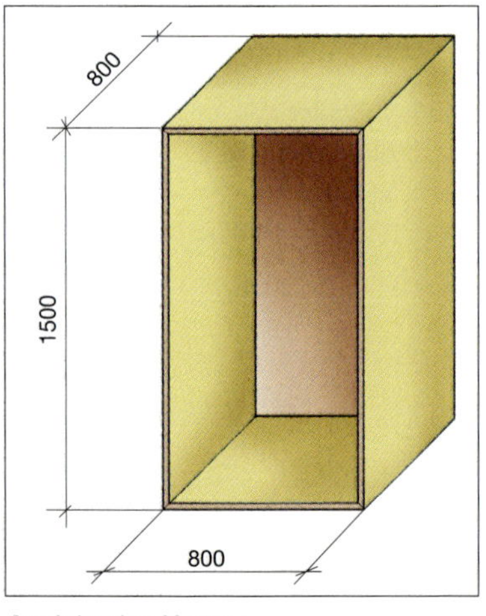

Ansicht des Korpus

Wie groß ist der Verschnittzuschlag und der Zuschlagsfaktor des Korpus?

Gegeben: Die Seiten und Böden des am Kapitelanfang dargestellten Korpus werden aus einer handelsüblichen Platte 2500 mm, 1850 mm ausgeschnitten.

Gesucht: a) Wie groß ist der Verschnitt?
b) Bestimmen Sie den Verschnittzuschlag und
c) den Zuschlagsfaktor.

Lösungen

Für die Berechnung des **Verschnittzuschlags** und des **Zuschlagfaktors** werden zuerst die **Rohmenge**, die **Fertigmenge** und die **Verschnittmenge** bestimmt.

Die Rohmenge *RM*

Die Rohmenge ist durch die Fläche der handelsüblichen Platte bestimmt.

zu Lösung a)

$$A = l \cdot b$$

Umrechnung der Längen: 1850 mm = 1,85 m
2500 mm = 2,50 m

$A = 2{,}50\ \text{m} \cdot 1{,}85\ \text{m}$
$A = \underline{\underline{4{,}625\ \text{m}^2}}$

Die Rohmenge einer handelsüblichen Platte beträgt $\underline{\underline{4{,}625\ \text{m}^2}}$

[1] Aus Gründen einer eindeutigen Plattenzuordnung wurde hier die Plattenbezeichnung nach der alten Norm verwendet.

Die Fertigmenge *FM*

zu Lösung a)

Die Fertigmenge wird aus den Flächen der verbauten Platten ermittelt.

- Fläche der Seiten

$$A = l \cdot b$$

Umrechnung der Längen: 800 mm = 0,8 m
1 500 mm = 1,5 m

$A = 1{,}5\ \text{m} \cdot 0{,}8\ \text{m}$
$A = \underline{\underline{1{,}2\ \text{m}^2}}$

Für 2 Seiten ergibt sich eine Fläche von $\underline{\underline{2{,}40\ \text{m}^2}}$.

- Fläche der Böden

$$A = l \cdot l$$

Umrechnung der Länge: 800 mm = 0,8 m

$A = 0{,}8\ \text{m} \cdot 0{,}8\ \text{m}$
$A = \underline{\underline{0{,}64\ \text{m}^2}}$

Für 2 Böden ergibt sich eine Fläche von $\underline{\underline{1{,}28\ \text{m}^2}}$.

- Die gesamte Fläche des Korpus – die Fertigmenge *FM* – ergibt sich aus der Summe der Böden und der Seiten.

$FM = 2{,}40\ \text{m}^2 + 1{,}28\ \text{m}^2$
$FM = \underline{\underline{3{,}68\ \text{m}^2}}$

Die Fertigmenge des Korpus beträgt $\underline{\underline{3{,}68\ \text{m}^2}}$.

Die Verschnittmenge *VM*

zu Lösung a)

Die Verschnittmenge ist der Unterschied zwischen der Rohmenge und der Fertigmenge.

$$\text{Verschnittmenge} = \text{Rohmenge} - \text{Fertigmenge}$$
$$VM = RM - FM$$

VM Verschnittmenge
RM Rohmenge
FM Fertigmenge

$VM = 4{,}625\ \text{m}^2 - 3{,}68\ \text{m}^2$
$VM = \underline{\underline{0{,}945\ \text{m}^2}}$

Die Verschnittmenge der Platte beträgt $\underline{\underline{0{,}945\ \text{m}^2}}$.

Der Verschnittzuschlag *VZ*

zu Lösung b)

Der Verschnittzuschlag wird nach folgender Formel berechnet:

$$\text{Verschnittzuschlag in \%} = \frac{\text{Verschnittmenge} \cdot 100\ \%}{\text{Fertigmenge}}$$
$$VZ \text{ in \%} = \frac{VM \cdot 100\ \%}{FM}$$

VZ Verschnittzuschlag
VM Verschnittmenge
FM Fertigmenge

$VZ \text{ in \%} = \frac{VM \cdot 100\ \%}{FM}$; $VZ \text{ in \%} = \frac{0{,}945\ \text{m}^2 \cdot 100\ \%}{3{,}68\ \text{m}^2}$

$VZ \text{ in \%} = \underline{\underline{25{,}7\ \%}}$

Der Verschnittzuschlag für den Korpus beträgt $\underline{\underline{25{,}7\ \%}}$.

Der Verschnittzuschlag wird immer auf die Fertigmenge bezogen. Deshalb kann er auch Werte über 100 % annehmen.

Merke

zu Lösung c)

Der Zuschlagsfaktor *ZF*

Der Zuschlagsfaktor ist eine wichtige Größe bei der Kalkulation. Er gibt den Wert an, mit dem die Fertigmenge multipliziert werden muss, damit die Rohmenge bestimmt werden kann. Der Zuschlagsfaktor kann folgendermaßen berechnet werden:

$$\text{Zuschlagsfaktor} = \frac{\text{Rohmenge}}{\text{Fertigmenge}}$$

umgestellt: Rohmenge = Fertigmenge · Zuschlagsfaktor

$(RM = FM \cdot ZF)$

$$ZF = \frac{RM}{FM}$$

ZF Zuschlagsfaktor; *RM* Rohmenge; *FM* Fertigmenge

$ZF = \frac{RM}{FM}$ $ZF = \frac{4{,}625\ m^2}{3{,}68\ m^2}$ $ZF = \underline{\underline{1{,}26}}$ Der Zuschlagsfaktor für den Korpus ist $\underline{\underline{1{,}26}}$.

Der Zusammenhang zwischen Verschnittzuschlag und Zuschlagsfaktor ist hier an einigen Beispielen dargestellt:

Verschnittzuschlag in %	3	7	15	40	105	120	135
Zuschlagsfaktor	1,03	1,07	1,15	1,40	2,05	2,20	2,35

1.4.3 Weitere Flächen- und Umfangsberechnungen

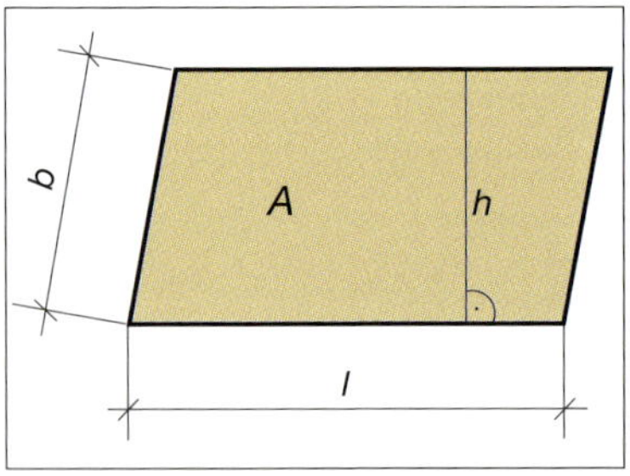

Parallelogramm

Das Parallelogramm

Das Parallelogramm hat jeweils zwei gleich lange parallele Seiten. Sie stehen *nicht* im Winkel von 90° zueinander. Die Höhe *h* steht senkrecht auf der Grundlinie *l*. Die Fläche lässt sich ähnlich wie beim Rechteck berechnen:

Fläche = Länge · Höhe

$$A = l \cdot h$$

A Fläche
l Länge
h Höhe

Der Umfang ist genauso wie beim Rechteck zu berechnen:

Umfang = Länge · Höhe

$$U = 2 \cdot (l + b)$$

U Umfang
l Länge
b Breite

Beispiel ***Berechnung***

Gegeben: $l = 1{,}20$ m; $b = 0{,}70$ m; $h = 0{,}50$ m *Gesucht:* a) Fläche *A* b) Umfang *U*

Lösung:

a) $A = l \cdot h$
$A = 1{,}20\ m \cdot 0{,}5\ m$
$A = \underline{\underline{0{,}60\ m^2}}$

b) $U = 2 \cdot (l + b)$
$U = 2 \cdot (1{,}20\ m + 0{,}70\ m)$
$U = \underline{\underline{3{,}80\ m}}$

Das Trapez

Das Trapez hat zwei parallele Seiten und zwei *nicht* parallele Seiten, deren Innenwinkel α und β kleiner als 90° sind.
Die Höhe *h* steht senkrecht auf der Grundlinie l_1.

Die Fläche lässt sich nach folgender Formel berechnen:

$$\text{Fläche} = \frac{\text{Seitenlänge } l_1 + \text{Seitenlänge } l_2}{2}$$

$$A = \frac{l_1 + l_2}{2} \cdot h$$

A Fläche; l_1, l_2 Seitenlänge; *h* Höhe

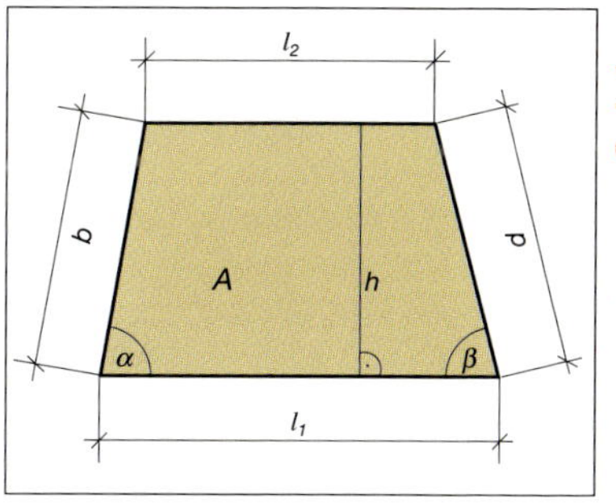

Trapez

Der Umfang setzt sich aus der Summe der vier Seitenlängen zusammen:

Umfang = Seitenlänge l_1 + Seitenlänge *b* + Seitenlänge l_2 + Seitenlänge *d*

$$U = l_1 + b + l_2 + d$$

U Umfang = l_1; *b*; l_2; *d* Seitenlängen

Beispiel

Berechnung

Gegeben: $l_1 = 1{,}30$ m; $b = 0{,}80$ m; $l_2 = 0{,}70$ m; $d = 0{,}70$ m; $h = 0{,}68$ m

Gesucht: a) Fläche *A*
b) Umfang *U*

Lösung:

a) $A = \frac{l_1 + l_2}{2} \cdot h$

$A = \frac{1{,}30\text{ m} + 0{,}70\text{ m}}{2} \cdot 0{,}68\text{ m}$

$A = \underline{\underline{0{,}68\text{ m}^2}}$

b) $U = l_1 + b + l_2 + d$

$U = 1{,}30\text{ m} + 0{,}80\text{ m} + 0{,}70\text{ m} + 0{,}70\text{ m}$

$U = \underline{\underline{3{,}50\text{ m}}}$

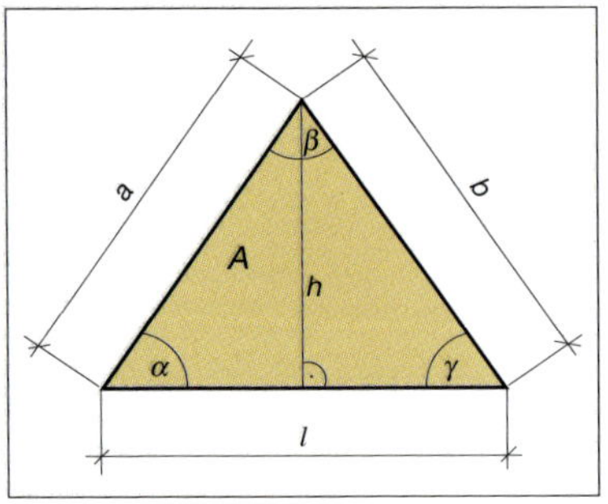

Dreieck

Das Dreieck

Die Summe der Innenwinkel α, β, γ eines Dreiecks ergibt immer 180°. Die Höhe *h* steht auch hier senkrecht auf der Grundlinie. Dreiecke können gleichseitig, gleichschenklig oder auch rechtwinklig sein. Für alle Dreiecke gilt die Flächenformel:

$$\text{Fläche} = \frac{\text{Grundlinie} \cdot \text{Höhe}}{2}$$

$$A = \frac{l \cdot h}{2}$$

A Fläche
l Grundlinie
h Höhe

Der Umfang ergibt sich aus der Summe der Seitenlängen:

Umfang = Seitenlänge *l* + Seitenlänge *b* + Seitenlänge *a*

$$U = l + b + a$$

U Umfang
l; b; a Seitenlängen

Beispiel ***Berechnung***

Gegeben: l = 0,80 m; a = 0,70 m; b = 0,70 m

Gesucht: a) Zeichnen Sie das Dreieck in einem geeigneten Maßstab.
b) Berechnen Sie die Fläche *A*.
c) Berechnen Sie den Umfang *U*.

Lösung:

Die Höhe kann mithilfe des Lehrsatzes des Pythagoras ermittelt werden. Es handelt sich um ein gleichschenkliges Dreieck. Die Höhe *h* teilt damit die Grundlinie *l* in exakt zwei gleich lange Hälften, $k = l/2$.

a) Entwurfszeichnung

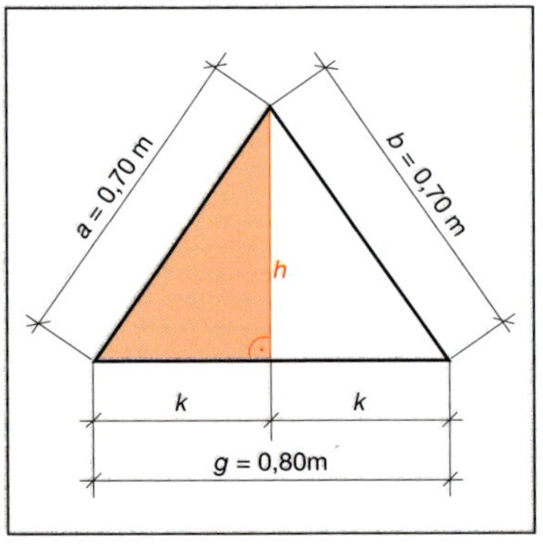

b) $k = \frac{0{,}80\ \text{m}}{2}$ $k = 0{,}40\ \text{m}$

$h = \sqrt{a^2 - k^2}$ $h = \sqrt{0{,}70\ \text{m}^2 - 0{,}40\ \text{m}^2}$ $h = 0{,}57\ \text{m}$

$$A = \frac{l \cdot h}{2}$$

$$A = \frac{0{,}80\ \text{m} \cdot 0{,}57\ \text{m}}{2}$$

$$A = \underline{\underline{0{,}23\ \text{m}^2}}$$

c) $U = l + b + a$

$U = 0{,}80\ \text{m} + 0{,}70\ \text{m} + 0{,}70\ \text{m}$

$U = \underline{\underline{2{,}20\ \text{m}}}$

Das regelmäßige Sechseck

Die Seiten eines regelmäßigen Sechsecks sind gleich lang und entsprechen genau dem Radius des Umkreises. Der Umkreis berührt alle Kanten des Sechseckes. Auf diese Weise lässt sich das Sechseck sehr einfach konstruieren.

Die Berechnung der Fläche kann mit folgender Formel vorgenommen werden:

$$\text{Fläche} = \frac{3}{2} \cdot \text{Seitenlänge}^2 \cdot \sqrt{3}$$

$$A = \frac{3}{2} \cdot l^2 \cdot \sqrt{3}$$

A Fläche; *l* Seitenlänge

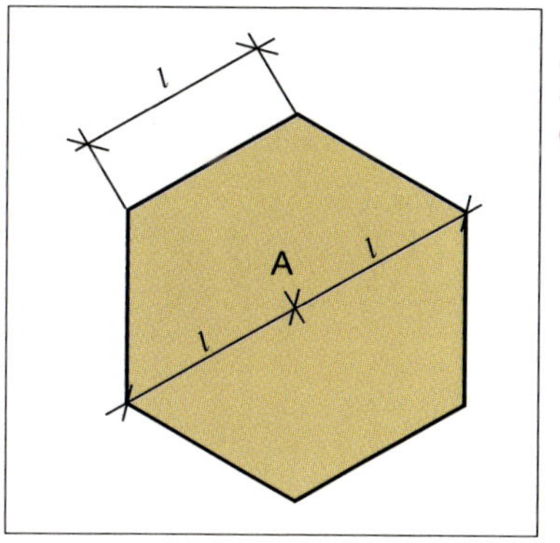

Sechseck

Der Umfang ergibt sich aus der Summe der einzelnen Seiten:

$$\text{Umfang} = 6 \cdot \text{Seitenlänge}$$

$$U = 6 \cdot l$$

U Umfang; *l* Seitenlänge

Beispiel

Berechnung

Gegeben: $l = 40$ cm

Gesucht: a) Zeichnen Sie das regelmäßige Sechseck in einem geeigneten Maßstab
b) Berechnen Sie die Fläche *A*.
c) Berechnen Sie den Umfang *U*.

Lösung:

a) *Entwurfszeichnung*

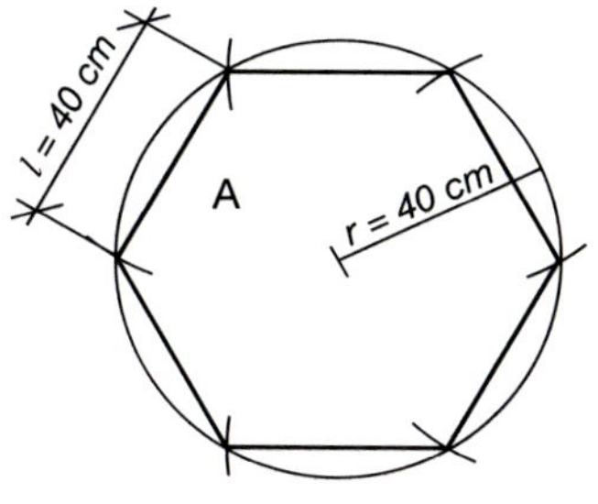

b) $A = \frac{3}{2} \cdot l^2 \cdot \sqrt{3}$

$A = \frac{3}{2} \cdot (40\text{ cm})^2 \cdot \sqrt{3}$

$A = 4156{,}9\text{ cm}^2$

$A = \underline{\underline{0{,}42\text{ m}^2}}$

c) $U = 6 \cdot l$

$U = 6 \cdot 40$ cm

$U = \underline{\underline{240\text{ cm}}}$

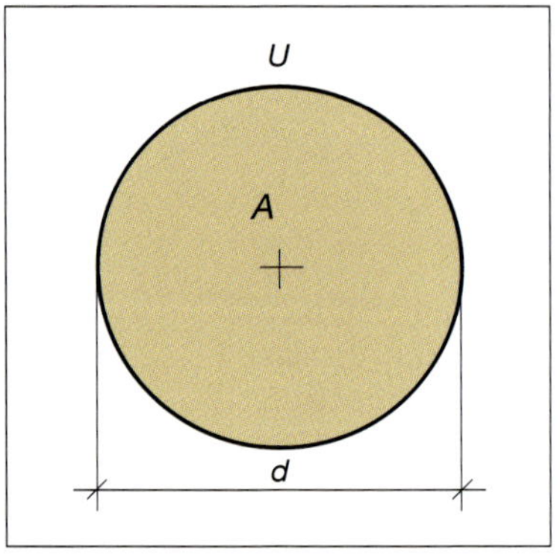

Kreis

Der Kreis

Da im technischen Bereich bei Kreisflächen meist der Durchmesser angegeben ist, wird die Fläche auch mit dem Durchmesser errechnet.

Die Kreisfläche kann aber auch mit dem Radius berechnet werden:

$$\text{Kreisfläche} = \frac{\text{Durchmesser} \cdot \text{Durchmesser} \cdot \pi}{4}$$

$$A = \frac{d^2 \cdot \pi}{4}$$

A Kreisfläche
d Durchmesser
r Radius

oder

$$\text{Kreisfläche} = \text{Radius} \cdot \text{Radius} \cdot \pi$$

$$A = r^2 \cdot \pi$$

Der Kreisumfang ist folgendermaßen zu bestimmen:

$$\text{Kreisumfang} = \text{Durchmesser} \cdot \pi$$

$$U = d \cdot \pi$$

U Kreisumfang
d Durchmesser

Beispiel ***Berechnung***

Gegeben: $d = 0{,}75$ m
Gesucht: a) Berechnen Sie die Fläche *A*.
b) Berechnen Sie den Umfang *U*.

Lösung:

a) $A = \frac{d^2 \cdot \pi}{4}$

$A = \frac{(0{,}75\ \text{m})^2 \cdot \pi}{4}$

$A = \underline{\underline{0{,}44\ \text{m}^2}}$

b) $U = d \cdot \pi$

$U = 0{,}75\ \text{m} \cdot \pi$

$U = \underline{\underline{2{,}36\ \text{m}}}$

Der Kreisring

Die Fläche des Kreisrings kann durch die Differenzbildung des inneren und des äußeren Kreises bestimmt werden.

$$\text{Kreisringfläche} = \frac{(\text{äußerer Durchmesser}^2 - \text{innerer Durchmesser}^2) \cdot \pi}{4}$$

$$A_{\text{Kreisring}} = \frac{(D_a^2 - d_i^2) \cdot \pi}{4}$$

A Kreisringfläche; d_a äußerer Durchmesser; d_i innerer Durchmesser

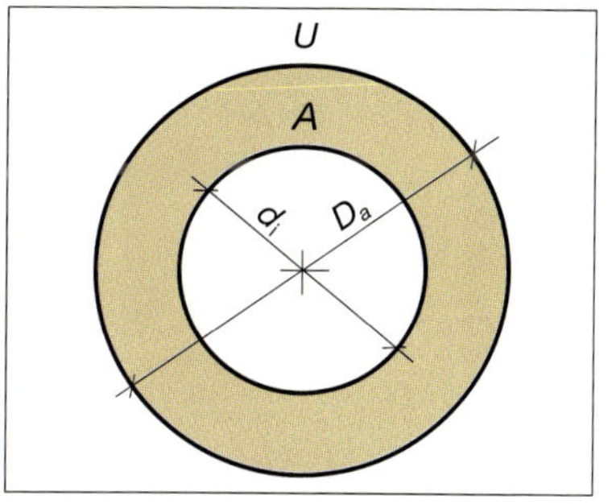

Kreisring

Der Umfang des Kreisrings setzt sich aus dem Umfang des äußeren und des inneren Kreises zusammen:

$$\text{Kreisumfang} = (\text{äußerer Durchmesser} + \text{innerer Durchmesser}) \cdot \pi$$

$$U_{\text{Kreisring}} = (D_a + d_i) \cdot \pi$$

$U_{\text{Kreisring}}$ Kreisringumfang
D_a äußerer Durchmesser
d_i innerer Durchmesser

Berechnung

Gegeben: $D_a = 0{,}75$ m; $d_i = 0{,}60$ m

Gesucht: a) Berechnen Sie die Fläche A.
b) Berechnen Sie den Umfang U.

Lösung:

a) $A_{\text{Kreisring}} = \frac{(D_a^2 - d_i^2) \cdot \pi}{4}$; $A_{\text{Kreisring}} = \frac{((0{,}75\text{ m})^2 - (0{,}60\text{ m})^2) \cdot \pi}{4}$; $A_{\text{Kreisring}} = \underline{\underline{0{,}16\text{ m}^2}}$

b) $U_{\text{Kreisring}} = (D_a + d_i) \cdot \pi$; $U_{\text{Kreisring}} = (0{,}75\text{ m} + 0{,}60\text{ m}) \cdot \pi$; $U_{\text{Kreisring}} = \underline{\underline{4{,}24\text{ m}}}$

Der Kreissektor oder Kreisausschnitt

Die Fläche des Kreissektors ist ein Bruchteil eines Vollkreises. Der Vollkreis hat einen Winkel von 360°. Das Verhältnis der Winkel von Kreissektor zu Vollkreis gibt auch das Verhältnis der Flächen wieder. Die Winkel sind direkt proportional zu den Flächen und zum Umfang. Damit lässt sich die Fläche des Kreissektors einfach berechnen:

$$\text{Kreissektorfläche} = \frac{\text{Durchmesser}^2 \cdot \pi \cdot \text{Öffnungswinkel des Sektors}}{4 \cdot 360°}$$

$$A = \frac{d^2 \cdot \pi}{4} \cdot \frac{\alpha}{360°}$$

oder

$$\text{Kreissektorfläche} = \frac{\text{Radius}^2 \cdot \pi \cdot \text{Öffnungswinkel des Sektors}}{360°}$$

$$A = r^2 \cdot \pi \cdot \frac{\alpha}{360°}$$

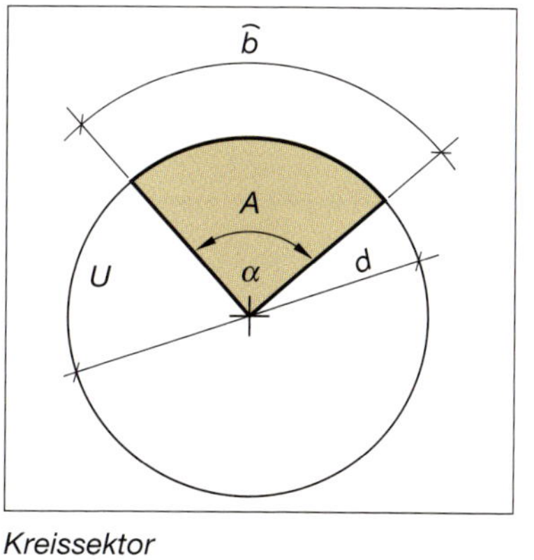

Kreissektor

A Kreissektorfläche
d Durchmesser
r Radius
α Öffnungswinkel des Sektors

Der Kreisbogen *b* lässt sich entsprechend bestimmen:

$$\text{Kreisbogen} = \text{Durchmesser} \cdot \pi \cdot \frac{\text{Öffnungswinkel des Sektors}}{360°}$$

$$\widehat{b} = d \cdot \pi \cdot \frac{\alpha}{360°}$$

$\widehat{b}$ Kreisbogen
d Durchmesser
α Öffnungswinkel des Sektors
U Kreisbogenumfang

Der Umfang des Kreisbogens *U* ist dann entsprechend:

$$\text{Kreisbogenumfang} = \text{Kreisbogen} + \text{Durchmesser}$$

$$U = \widehat{b} + d$$

Beispiel

Berechnung

Gegeben: $d = 65$ cm; $\alpha = 35°$

Gesucht: a) Berechnen Sie die Fläche *A*,
b) die Bodenlänge $\widehat{b}$ und
c) den Umfang *U*.

Lösung:

a) $A = \frac{d^2 \cdot \pi \cdot \alpha}{4 \cdot 360°}$

$A = \frac{(65\text{ cm})^2 \cdot \pi \cdot 35°}{4 \cdot 360°}$

$A = \underline{\underline{322{,}60\text{ cm}^2}}$

b) $\widehat{b} = d \cdot \pi \cdot \frac{\alpha}{360°}$

$\widehat{b} = 65\text{ cm} \cdot \pi \cdot \frac{35°}{360°}$

$\widehat{b} = \underline{\underline{19{,}8\text{ cm}}}$

c) $U = \widehat{b} + d$

$U = 19{,}8\text{ cm} + 65\text{ cm}$

$U = \underline{\underline{84{,}8\text{ cm}}}$

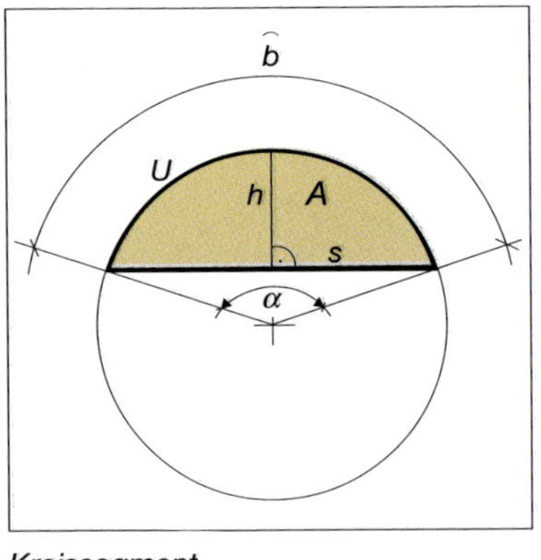

Kreissegment

Das Kreissegment

Die Fläche eines Kreissegmentes lässt sich mit der folgenden Formel bestimmen:

$$\text{Kreissegmentfläche} = \frac{2}{3} \cdot \text{Sehne} \cdot \text{Höhe}$$

$$A = \frac{2}{3} \cdot s \cdot h$$

A Kreissegmentfläche; *s* Sehne; *h* Höhe

Die Bogenlänge wird folgendermaßen berechnet:

$$\text{Bogenlänge} = \text{Durchmesser} \cdot \pi \cdot \frac{\text{Öffnungswinkel der Kreissegments}}{360°}$$

$$\widehat{b} = d \cdot \pi \cdot \frac{\alpha}{360°}$$

$\widehat{b}$ Bogenlänge
b Durchmesser
h Höhe

Der Umfang setzt sich aus der Bogenlänge $\overset{\frown}{b}$ und der Sehne s zusammen:

Umfang = Bogenlänge + Sehne

$$U = \overset{\frown}{b} + s$$

U Umfang
$\overset{\frown}{b}$ Bogenlänge
s Sehne

Weitere Hinweise siehe Lernfeld 1, Kapitel 6.1.5

Lernfeld 2

Die Sehne s ist mithilfe der Winkelfunktionen zu bestimmen:

$$\text{Sehne} = d \cdot \sin \frac{\text{Öffnungswinkel des Kreissegments}}{2}$$

$$s = d \cdot \sin \frac{\alpha}{2}$$

s Sehne
d Durchmesser
α Öffnungswinkel des Kreissegments

Berechnung

Gegeben: $d = 70$ cm; $\alpha = 85°$; $h = 8$ cm

Gesucht: a) Fläche des Kreissegments,
b) Bogenlänge und
c) Umfang.

Lösung:

a) $s = d \cdot \sin \frac{\alpha}{2}$; $\quad s = 70\text{ cm} \cdot \sin \frac{85°}{2}$; $\quad s = 47{,}3$ cm

$A = \frac{2}{3} \cdot s \cdot h$; $\quad A = \frac{2}{3} \cdot 47{,}3\text{ cm} \cdot 8\text{ cm}$; $\quad A \approx \underline{\underline{252\text{ cm}^2}}$

b) $\overset{\frown}{b} = d \cdot \pi \cdot \frac{\alpha}{360°}$; $\quad \overset{\frown}{b} = 70\text{ cm} \cdot \pi \cdot \frac{85°}{360°}$; $\quad \overset{\frown}{b} = \underline{\underline{51{,}9\text{ cm}}}$

c) $U = \overset{\frown}{b} + s$; $\quad U = 51{,}9\text{ cm} + 47{,}3\text{ cm}$; $\quad U = \underline{\underline{99{,}2\text{ cm}}}$

Aufgaben

1. *Eine quadratische Tischplatte mit einer Seitenlänge von 1,20 m wird aus einer handelsüblichen P2-Platte ausgeschnitten. Berechnen Sie die Fertigmenge und den Kantenbedarf dieser Tischplatte.*
2. *Für eine Wandverkleidung werden 12 Spanplatten mit den Abmessungen 2600/1200 benötigt. Berechnen Sie die Fläche einer einzelnen Platte und ermitteln Sie den Gesamtfurnierbedarf. Gehen Sie von einem Verschnittzuschlag von 40 % aus und bedenken Sie, dass die Wandverkleidungen beidseitig furniert werden.*
   Begründen Sie das grundsätzliche beidseitige Furnieren.
3. *Eine trapezförmige Giebelwand ist mit einer Holzverkleidung zu versehen. Berechnen Sie den Materialbedarf und den Verschnittzuschlag. Die Schalungsbretter sind voll deckend bei einer Breite von 12 cm und einer Länge von 4,00 m.*

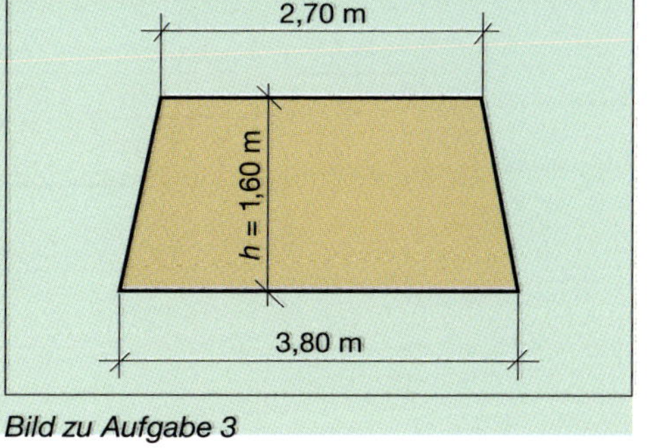

Bild zu Aufgabe 3

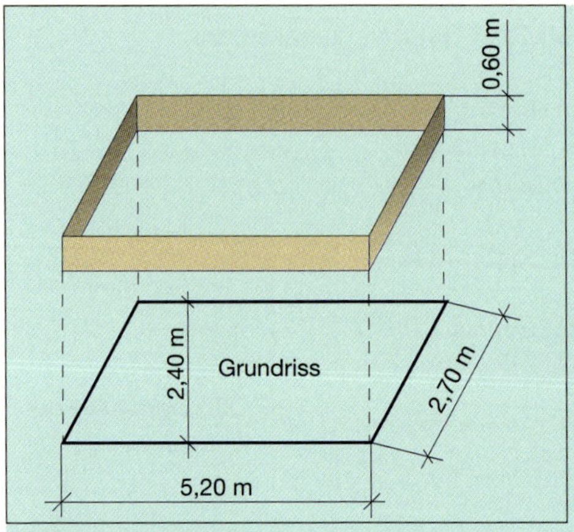

Bild zu Aufgabe 4

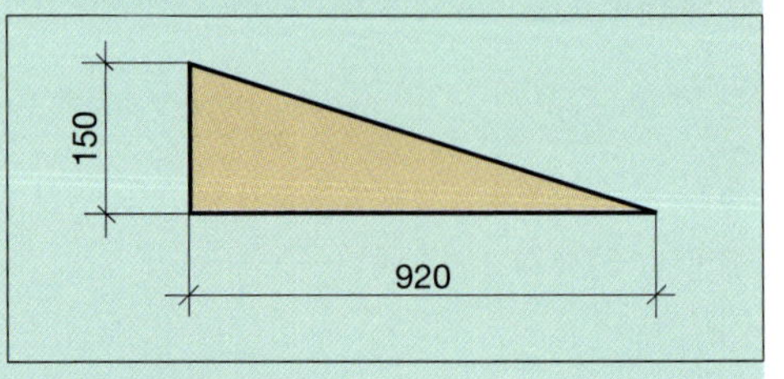

Bild zu Aufgabe 5

4. Das umlaufend geschlossene 60 cm hohe Podest einer Ausstellungsfläche hat den Grundriss eines Parallelogramms. Berechnen Sie den Materialbedarf.
5. Die Fläche und der Umfang des abgebildeten Treppenstufenkeils sind zu berechnen.
6. Es sollen jeweils sechs Stuhlsitzflächen und sechs Spieltischplatten für einen Kindergarten gefertigt werden. Die Tischplatten und Sitzflächen sind baugleich. Sie erhalten eine sechseckige Form mit einer Seitenlänge von 50 cm und einer Höhe von 45 cm. Berechnen Sie den Materialbedarf. Es stehen Platten mit der Abmessung 4100/185 zur Verfügung. Skizzieren Sie eine Sitzfläche und tragen Sie die Maße ein. Bestimmen Sie zeichnerisch die günstigste Plattenaufteilung; geben Sie die Anzahl der benötigten Platten an und berechnen Sie den Verschnittzuschlag.
7. Die Abdeckung eines Gartenbrunnens hat die Form eines Achtecks mit der Seitenlänge 70 cm. Berechnen Sie den Umfang und die Fläche der Abdeckung in cm^2; dm^2 und m^2.
8. Für ein Bistro sind acht runde Tische mit einem Durchmesser von 750 mm zu fertigen. Berechnen Sie die Fläche einer einzelnen Platte und die des gesamten Auftrags. Ermitteln Sie den Furnierbedarf bei einem Verschnittzuschlag von 60 %. Wieviel lfm Furnierkanten müssen angeleimt werden?
9. Der Öffnungswinkel eines Kreissektors beträgt 65 °. Der Durchmesser des ursprünglichen Kreises war 1,20 m. Bestimmen Sie die Fläche, die Bogenlänge und den Umfang dieses Kreissektors sowie die Fläche und den Umfang des ursprünglichen Kreises.
10. Ermitteln Sie die Fläche und den Umfang der dargestellten Küchenarbeitsplatte. Teilen Sie dazu die Küchenarbeitsplatte in bekannte Teilflächen ein, bestimmen Sie diese einzeln und zählen sie dann die Teilflächen zusammen.

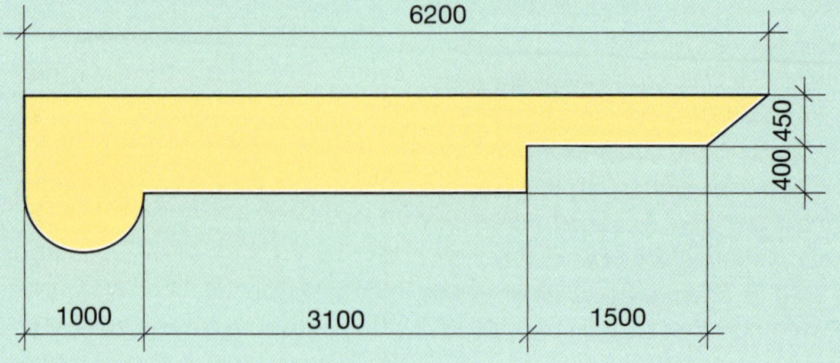

2 Herstellung und Verarbeitung von Furnieren

Warum verwendet der Tischler Furniere?

Moderne Möbel sind meist aus Plattenmaterial gefertigt. Diese Platten werden hauptsächlich mit Furnieren beschichtet. Erst dadurch strahlen sie Behaglichkeit und Wärme aus.

Darüber hinaus bieten Furniere ein attraktives Erscheinungsbild bei gleichzeitig geringem Gebrauch von Vollholz.

Welche Furnierarten gibt es?

Auf welche Weise kann Furnier hergestellt werden?

2.1 Herstellung von Furnieren

Furniere sind schon seit mehr als 1000 Jahren bekannt, aber erst im 19. Jahrhundert gelang es, Furniere maschinell herzustellen.

Die Vorbereitung der Holzstämme

Die entrindeten Stämme werden in Blockbandsägen so aufgeschnitten, dass ganze, halbe, Drittel- oder Viertelblöcke entstehen.
Mit Ausnahmen von wenigen Holzarten (Ahorn, Sen) müssen die Hölzer vorher in großen Gruben gedämpft oder gekocht werden. Durch diese Vorbehandlung werden die Holzfasern weicher und geschmeidiger. Dadurch wird bei der Herstellung eine glatte, rissarme Furnieroberfläche erzielt. Zum **Kochen** und **Dämpfen** ist große Erfahrung notwendig. Falsche Temperaturen, Koch- und Dämpfzeiten können die Holzqualität, aber besonders die Farbe der Hölzer negativ beeinflussen.

Das Sägefurnier

Sägefurniere werden mit speziellen Maschinen in Dicken von 1–4 mm hergestellt. Sie werden wie dünne Bretter mit Sägen aus Holzblöcken gewonnen.
Diese älteste Form der Furnierherstellung hat kaum noch Bedeutung. Nur noch Restaurateure verarbeiten diese Furniere.

Das Messerfurnier

Der Name leitet sich von der Herstellungsart ab, bei dem das Furnier mit einem Messer vom Stamm abgetrennt wird. Dabei wird mit einem Messer Blatt für Blatt vom Stamm getrennt. Hier handelt es sich im Gegensatz zum Sägefurnier um ein spanloses und damit verschnittarmes Verfahren. Mit diesem Verfahren können bis zu 0,5 mm dünne Furnierblätter hergestellt werden. Dadurch kann man aus einem Holzstamm viele Furnierblätter gewinnen. Da der Holzstamm vor der Bearbeitung in heißer, feuchter Luft gedämpft werden muss, können sich dabei farbliche Veränderungen ergeben. Die ursprüngliche Farbe des Holzes geht verloren. Außerdem entstehen beim Messern kleine Risse auf der Unterseite. Die können sich gerade nach dem Beizen als dunkle Stellen abzeichnen und das Furnierbild erheblich stören.

Methoden der Messerfurnierherstellung

Flachmesser

Hier wird der Halbblock mit der Kernseite am Messertisch befestigt. Der Schnitt wird an der Stammaußenseite begonnen. Da die Jahresringe in diesem Bereich in sehr flachem Winkel angeschnitten werden, entsteht eine sehr lebhafte Fladerzeichnung. Je weiter sich das Messer in die Mitte des Halbblockes vorarbeitet, desto blumiger wird das Furnierbild.
In Kernnähe werden die Jahresringe rechtwinklig angeschnitten. Das Furnierbild wird schlicht.
Je mehr der Schnitt parallel zu den Markstrahlen verläuft, desto mehr glänzende Schnittstellen, sogenannte Spiegel, werden sichtbar.

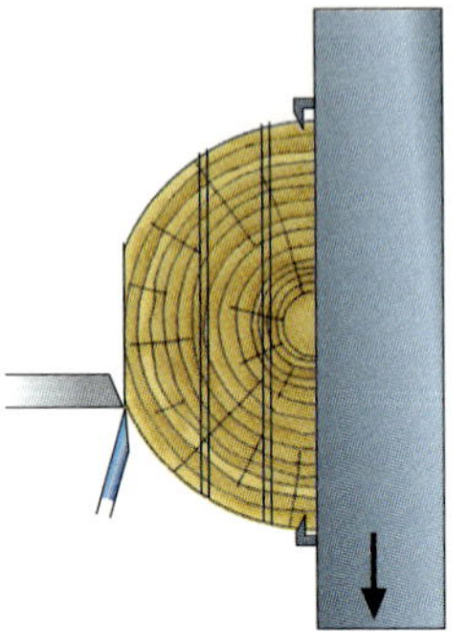
Herstellungsprinzip

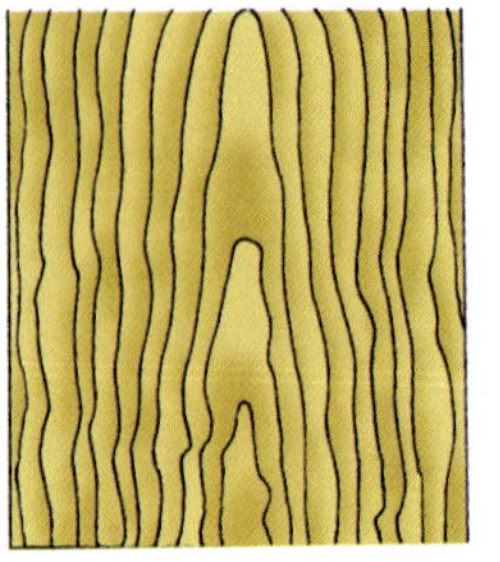
Schnittbild

Echt-Quartier-Messer

Der Viertelblock wird so in die Maschine gespannt, dass die Jahresringe rechtwinklig zum Messerschnitt liegen. Dadurch entsteht eine sehr schlichte Textur. Die Furnierblätter sind schmal und müssen später vom Tischler zu breiteren Teilen zusammengefügt werden.
Das schlichte Furnier eignet sich besonders für Füllungen und Furnierkanten.

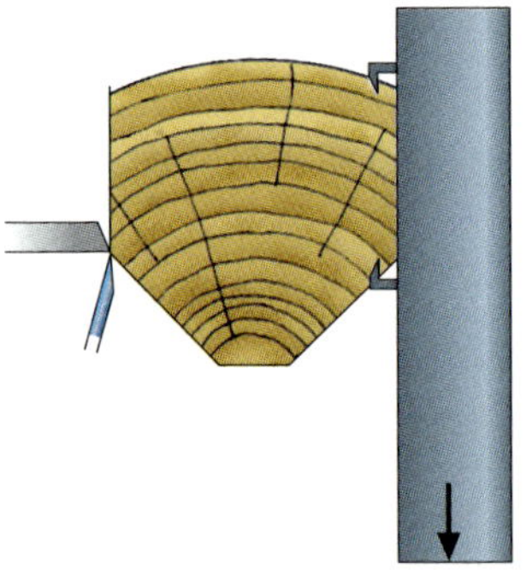
Herstellungsprinzip

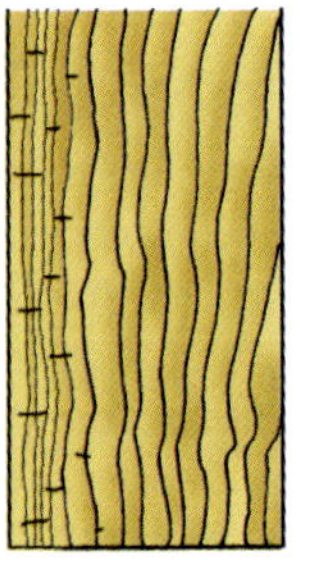
Schnittbild

Flach-Quartier-Messer

Der Viertelblock wird mit dem Kern zum Maschinentisch gespannt. Das Holz wird hier tangential angeschnitten. Dadurch zeichnet sich ein sehr lebhaftes Furnierbild ab.
Das Furnier zeigt über den ganzen Querschnitt hinweg reine Fladerstruktur.
Dieses Furnier eignet sich für großflächige Möbel und Einbauteile.

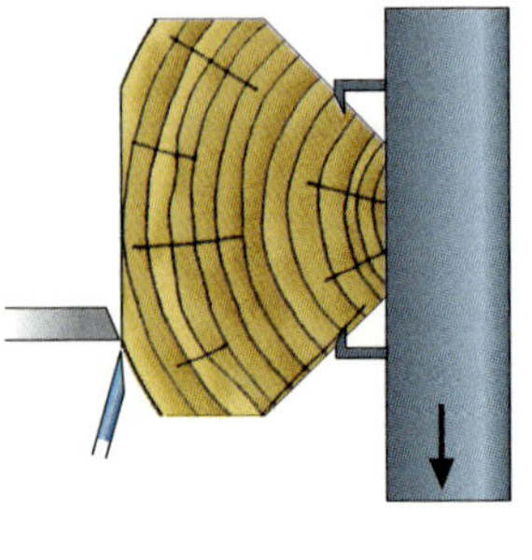
Herstellungsprinzip

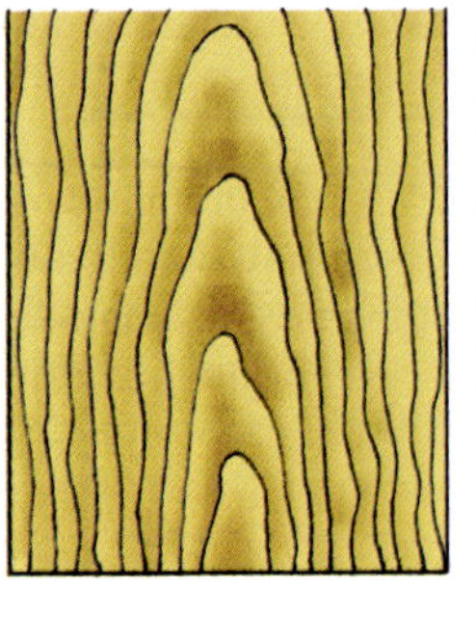
Schnittbild

Faux-Quartier-Messer

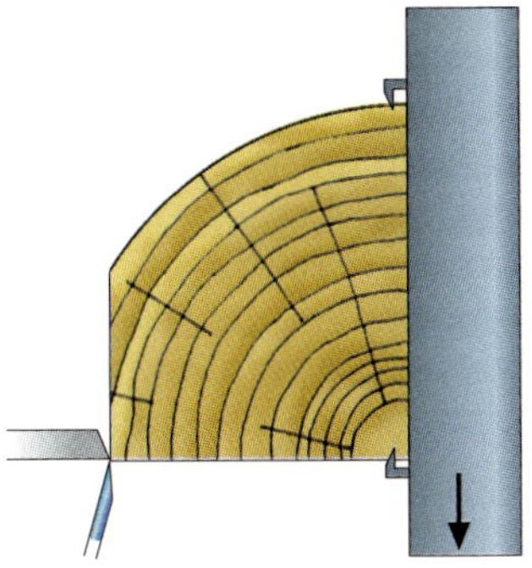

Herstellungsprinzip

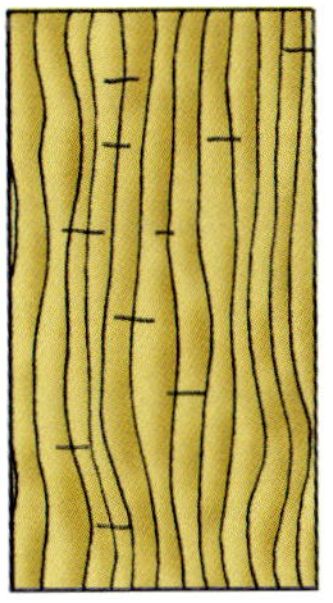

Schnittbild

Der Viertelblock wird radial am Messertisch befestigt. So werden die Jahresringe nur an einer Stelle unter einem sehr flachen Winkel angeschnitten. Dadurch zeigt das Holz eine blumige Struktur. Wird dieses Furnier gestürzt, entsteht in Blattmitte eine sehr schöne Holzzeichnung. Mit diesem Furnier kann den Werkstücken eine blumige, aber ruhige Struktur gegeben werden.

Das Schälfurnier

Bei der Herstellung von Schälfurnieren sind die Stämme genau so vorzubehandeln wie dies bei der Messerfurnierherstellung der Fall ist.
Ähnlich wie bei der Messerfurnierherstellung werden die Furniere längs der Stammachse aus Rund-, Viertel- oder Drittelstäben mit einem Messer abgetrennt. Auch bei diesem Verfahren wird das Furnierbild durch die verschiedenen Herstellungsarten bestimmt.

Methoden der Schälfurnierherstellung

Rundschälen

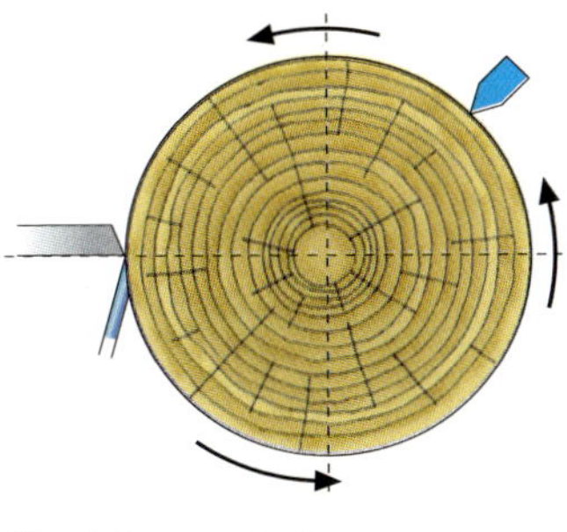

Herstellungsprinzip

Mit diesem Verfahren können große Furnierflächen erzeugt werden. Es ergeben sich unregelmäßig gezeichnete Furniere, welche man z. B. zur Herstellung von Furnierplatten verwendet.
Bei hochwertigen Hölzern wird der Stamm eingeritzt. So entsteht pro Umdrehung ein Furnierblatt mit nahezu gleicher Zeichnung. Die Breite der Blätter nimmt entsprechend dem Stammdurchmesser ab. Die interessante Zeichnung des Vogelaugenahorns entsteht so aus dem Stamm des Zuckerahorns. Besonders Maserhölzer wie Nussbaum, Esche, Pappel, Rüster usw. werden auf diese Weise verarbeitet und erfahren dadurch eine Aufwertung.

Exzentrisch- oder Halbrundschälen

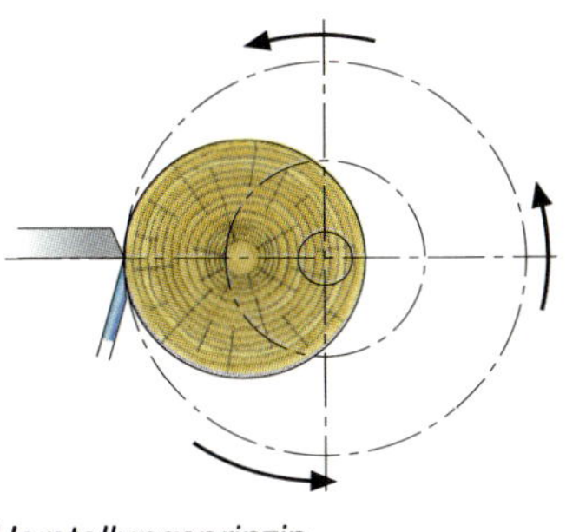

Herstellungsprinzip

Der vorbereitete Stamm wird exzentrisch in die Schälmaschine gespannt.
Die Schnittebenen ändern sich dabei. Durch das ständige Drehen werden die Jahresringe anfangs tangential später radial angeschnitten. So entsteht ähnlich wie beim Flachmessern ein fladriges bis streifiges Furnierbild. Die Furniere sind dabei aber wesentlich breiter als dies beim Messern erreicht werden kann.

Stay-log-Schälen

Dieses Verfahren ist eine Weiterentwicklung des Exzentrischschälens. Durch die besondere Art des Einspannens wird der Schälradius vergrößert.
Dadurch wird der Schnitt durch die Jahresringe bedeutend flacher. Es fallen dabei sowohl Furniere mit blumiger als auch mit streifiger Textur an.
Es können auch Stammsegmente und Stämme mit geringem Durchmesser in die Maschine eingespannt werden. Dieses Herstellungsverfahren wird als **Riftschälen** bezeichnet.

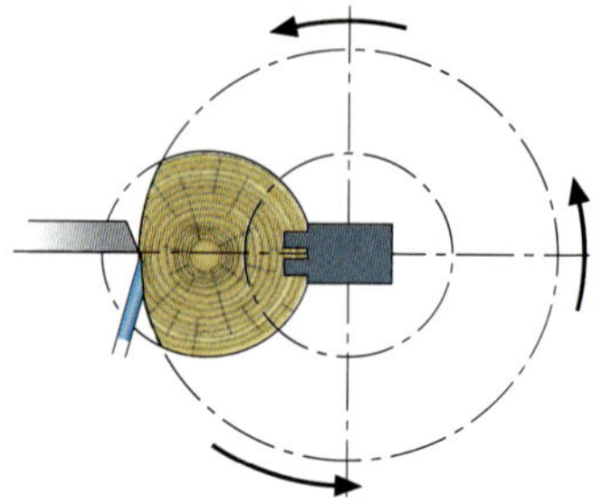

Herstellungsprinzip

Aus-dem-Herz-Schälen

Um breitere Furniere mit einem besonders hohen Anteil an blumiger Zeichnung zu erzielen, kann der Block auch geviertelt oder gedrittelt und der Schälvorgang von innen heraus, also „aus dem Herz“, begonnen werden.

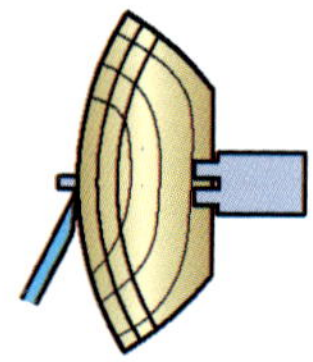

Herstellungsprinzip

2.2 Trocknung und Lagerung der Furniere

Nach dem Messern oder Schälen werden die immer noch feuchten Furnierblätter behutsam auf die je nach Holzart notwendige Holzfeuchte technisch getrocknet.
Anschließend werden sie dann zu Bündeln von je 16, 24 oder 32 Blatt gebunden und gestapelt. Hierbei ist darauf zu achten, dass die ursprüngliche Stammform wieder zusammengestellt wird. Dabei werden die Furniere taxiert, d.h. sie werden nach Qualität und Verwendungsfähigkeit beurteilt. Vorher werden die Blattzahl, Länge und Breite jedes Furnierpakets erfasst und angegeben.
Die Furniere werden in dunklen, trockenen und am besten klimatisierten Räumen gelagert, das oberste Blatt muss abgedeckt werden. Damit können das Licht und die Feuchtigkeit die Farbe und die Qualität nicht verändern. Bei unsachgemäßer Lagerung kann das Furnier ausbleichen, nachdunkeln, spröde oder wellig werden.

Die nebenstehende Abbildung zeigt einen Aufkleber, wie er in ähnlicher Form auf jedem Furnierbund aufgeklebt ist. Er informiert über Länge, Breite, Gesamtfläche und Blattanzahl der Furniere.

Aufkleber auf einem Furnierbund

Die Furnierdicke

Die Furnierdicke hängt von der Holzart ab. Grundsätzlich kann Laubholz dünner geschnitten werden als Nadelholz. Auch Furniere feinporiger Hölzer können dünner gemessert werden.

Furnierdicke in mm	**Holzart**
0,50	Rio-Palisander
0,55	Birke, Birnbaum, Rotbuche, Kirschbaum, Mahagoni
0,60	Ahorn, Eiche, Esche, Pappel, Rüster, Sen, Teak
0,65	Linde
0,90	Kiefer, Lärche
1,0	Fichte

2.3 Verarbeitung der Furniere

Technik der Furnierzusammensetzung

Oft müssen mehrere Furnierblätter zu breiten Bahnen zusammengesetzt werden. Je nach Textur der Furniere und gestalterischer Absicht kann man verschiedene Methoden wählen werden. Dabei sind aber auch technische Dinge zu beachten.
Beim Schnittvorgang unterliegen die Furnierblätter einer Biegebeanspruchung. An der am Messer anliegenden Seite entstehen dadurch feine Messer- oder Schälrisse.
Diese Risse zeigen sich besonders nach der Oberflächenbehandlung mit Beize oder Lack. Da das Blatt auf der Innenseite rauer ist als an der Außenseite, saugt diese besser Beize oder Lack auf und erscheint daher dunkler.
Es ist deshalb ratsam, vor der Oberflächenbehandlung immer ein Probebeizen oder -lackieren vorzunehmen.

Das Stürzen der Furnierblätter

Gestürztes Furnier

Dieses Verfahren wird sehr häufig bei halbblumigen Furnieren angewandt. Die schönsten Kombinationen kann man mit einer geradzahligen Anzahl an Furnierblättern erzielen.
Das erste Blatt wird gestürzt, so wie eine Buchseite umgeblättert wird und das andere Blatt wird angeschlossen. Dies wird so oft wiederholt, bis die benötigte Breite erreicht ist.
Dadurch ergibt sich in der Mitte der beiden Blätter eine „Blume“.

Das Schieben der Furnierblätter

Die einzelnen Furnierblätter werden, ohne sie zu stürzen, vom Furnierbund geschoben und aneinander gefügt.
So bleibt immer die obere Seite die Sichtseite.
Diese Methode ist bei fladrigen oder blumigen Furnierblättern sehr sinnvoll.
Vom Furnier hervorgerufene Farbunterschiede bei der Oberflächenbehandlung werden dadurch vermieden.

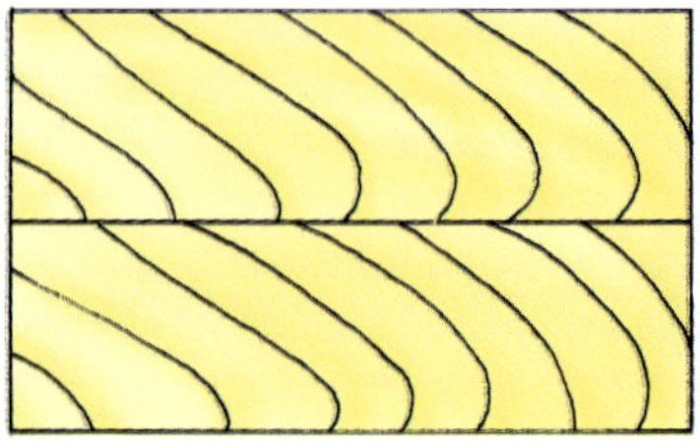

Geschobenes Furnier

Das Drehen der Furnierblätter

Bei dieser Methode werden die Furnierblätter um die Querachse gedreht, so dass der zopfseitige Teil des einen Furnierblattes am stammseitigen Teil des anderen Furnierblattes aufliegt.
Die Wirkung dieser Art des Zusammensetzens sollte gut überlegt sein. Zu empfehlen ist es nur für leicht blumige oder schlichte Furnierblätter.

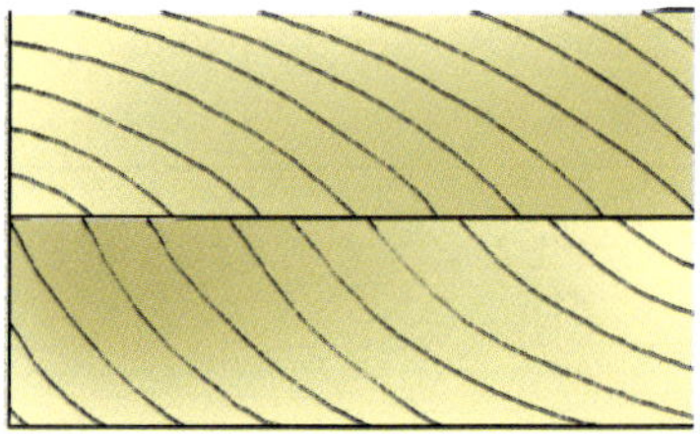

Gedrehtes Furnier

Das Reihen der Furnierblätter

Die Furnierblätter werden ohne sie zu stürzen in Längsrichtung verschoben und an den Hirnholzseiten miteinander verbunden. Dadurch entstehen sehr lange Furnierbahnen. Damit der Stoß weniger deutlich zum Vorschein tritt, können die Enden spitzwinklig angeschnitten werden.

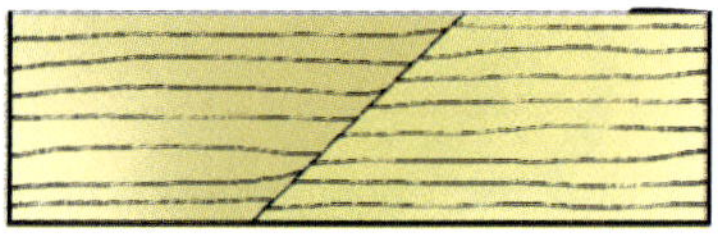

Gereihtes Furnier

Zusammensetzen des Furniers

Die Kanten werden mit einer Furniersäge oder einer **Furnierschere** bearbeitet. Beim Zusammensetzen des Furniers ist darauf zu achten, dass die Stoßfugen der Furnierblätter ausrissfrei sind. Die Furnierblätter können auch zwischen zwei Holzbrettern eingespannt und dann an der Abrichthobelmaschine bearbeitet werden. Dieses Verfahren ist aber sehr aufwändig.
Anschließend müssen die einzelnen Furnierblätter miteinander verbunden werden. Dabei gibt es verschiedene Vorgehensweisen.
Die älteste Methode ist das Verbinden mit leimgetränktem **Klebestreifen**. Diese sind auf der Sichtseite anzubringen. Später können sie weggeschliffen oder mit der Ziehklinge entfernt werden. Vor einem Anbringen auf der Pressseite ist zu warnen, da sich die Klebebänder durch das Schleifen des Furniers immer mehr abzeichnen.
Gängig ist das Verbinden mit einer **Furnierzusammensetzmaschine**. Mittels eines heißen Polyamidfadens, der im Zick-Zack-Verfahren aufgebracht wird, werden die Furnierblätter zusammengehalten. Dieser Faden kann sich auf der Pressseite des Furniers befinden, da er beim Pressen schmilzt.
In der Industrie setzt sich immer mehr die **Fugenverleimung** durch. Eine Maschine trägt an den Stoßfugen Leim auf und härtet diesen im Durchlaufverfahren aus.

Aufleimen des Furniers

Die **Furnierträger** sind vor dem Beschichten zu entstauben. Außerdem müssen sie eben und fettfrei sein. Es empfiehlt sich, die Trägerplatten vorher mit einer Breitbandschleifmaschine zu kalibrieren.
Furniere und andere Beschichtungen sind immer beidseitig aufzubringen. Durch die einseitige Verleimung entstehen sonst an den Plattenseiten unterschiedliche Spannungen. Dadurch wölbt sich das Trägermaterial in der Fläche. Selbst unterschiedliche Holzarten auf den gegenüberliegenden Plattenseiten können dazu führen.

Versuch

Furnieren Sie eine P2-Platte und eine EN 636-1 G Furnierplatte einseitig bzw. mit unterschiedlichen Holzsorten. Beschreiben Sie das Ergebnis.

Der Leim wird mit der Leimwalze oder dem Leimspachtel aufgetragen. Meist wird ein spezieller KUF-Leim als Furnierleim benutzt, da er duroplastische Eigenschaften aufweist. Er wird bei einer Temperatur von 90–120 °C. zwischen vier und sechs Minuten verpresst. Die Verleimung ist dann wasser- und hitzebeständig.
Es kann auch KPVAc-Leim verwendet werden. Dieser hat zwar nicht die guten Eigenschaften des KUF-Leims, dafür benötigt er keine so hohe Verarbeitungstemperatur. Er ist wasserlöslich und löst sich unter Hitzeeinwirkung von der Trägerplatte.

2.4 Furnierfehler und deren Ursachen

Kürschner sind Stellen im Furnier, die mit der Trägerplatte nicht verleimt sind. Sie können durch Vertiefungen im Plattenmaterial oder durch fehlerhaft gemesserte Furniere entstehen. Aber auch Verschmutzungen wie Staub oder Fett oder zu wenig Leimauftrag können dazu führen.
Diese Stellen kann man mit einem scharfen Furniermesser aufschneiden. Anschließend wird Leim aufgebracht und die Stelle wieder verpresst. Es ist darauf zu achten, dass dabei keine Überhöhung entsteht, da sonst später an dieser Stelle das Furnier durchgeschliffen wird.

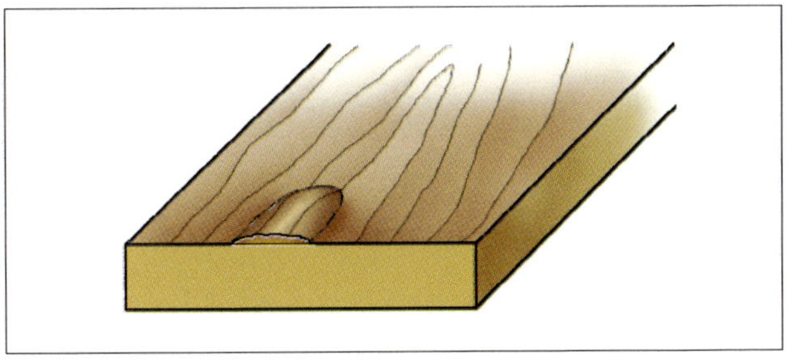

Kürschner

Leimdurchschlag entsteht, wenn eine zu dünnflüssige Leimflotte oder zu viel Leim aufgetragen wird. Es zeigen sich nach dem Verpressen auf der Furnieroberfläche glänzende Stellen, die sich nicht mehr entfernen lassen. Nur bei Verwendung von KPVAC-Leimen ist evtl. ein Ausbürsten mit lauwarmem Wasser möglich. Leimdurchschlag wirkt sich besonders auf die Oberflächenbehandlung störend aus. An diesen Stellen kann weder Beize noch Lack in das Holz eindringen. Sie heben sich deutlich ab.
Besonders bei grobporigen Hölzern drückt sich der Leim durch das Furnier.

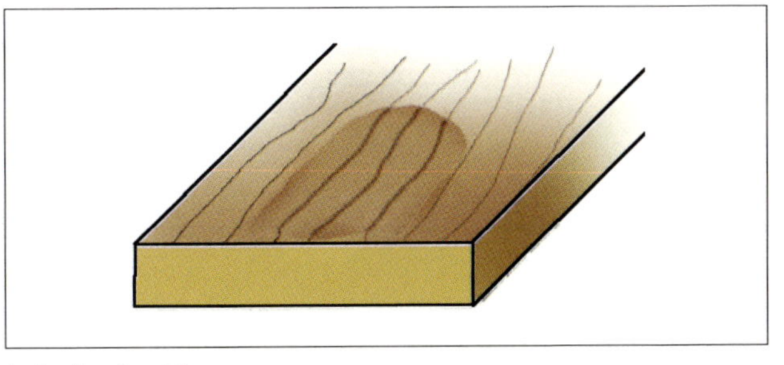

Leimdurchschlag

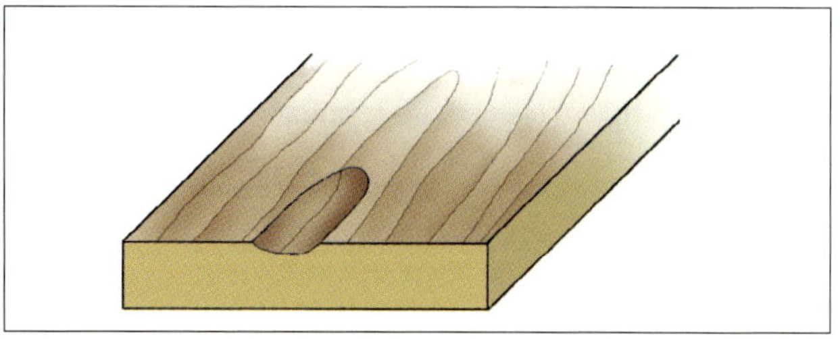

Eindruckstellen

Eindruckstellen sind Dellen in der furnierten Fläche. Sie werden durch verunreinigte Pressflächen oder kleine Furnierstücke erzeugt. Sind sie nicht zu tief, kann man sie mit wenig warmem Wasser wieder aufquellen.

2.5 Verwendung der Furniere

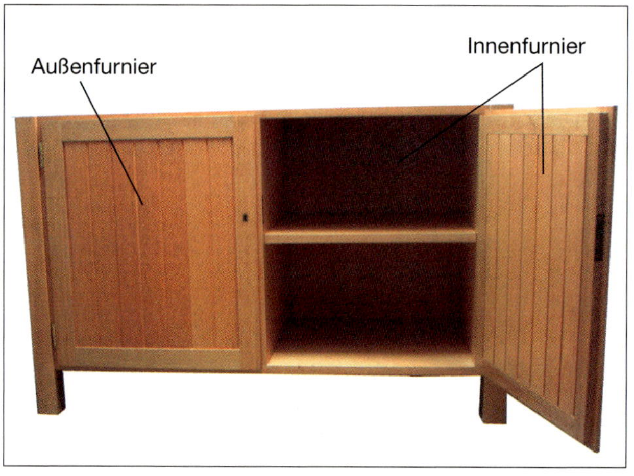

Verschieden aufgeleimte Furniere

Furniere werden je nach Verwendungszweck als Absperrfurniere, Unterfurniere oder Deckfurniere verwendet.
Furniere auf Stab- und Stäbchenplatten beeinträchtigen das Arbeiten des Holzes. Sie sperren die Mittellage ab. Daher leitet sich auch die Bezeichnung **Absperrfurnier** ab.
Werden Vollholzflächen furniert oder sehr dünne Maserfurniere verwendet, muss zwischen der Trägerplatte und dem Deckfurnier eine weitere Furnierschicht gelegt werden, die das Arbeiten verhindert. Somit einsteht eine einwandfreie Trägeroberfläche.
Ein Reißen der Deckschicht wird damit unterbunden. Diese Furnierschicht wird als **Unter- oder Blindfurnier** bezeichnet. Sie werden aus billigen Hölzern hergestellt, da sie nur funktionelle und keinerlei gestalterische Bedeutung haben.
Heutzutage stellt das Furnieren kaum noch ein Problem dar. Die Trägerplatten arbeiten unmerklich und die Klimaschwankungen in den Räumen sind nicht groß. Es kann in diesen Fällen unbedenklich das **Deckfurnier** direkt aufgebracht werden.
An das Deckfurnier werden hohe Anforderungen gestellt. Es muss qualitativ einwandfrei sein. Das Außenfurnier bestimmt das Aussehen des Bauteils im großem Maße mit. Das Innenfurnier kann von geringerer Qualität sein. Bei hochwertigen Produkten sollte man aber keinen großen Unterschied zwischen **Innen**- und **Außenfurnier** erkennen.
Es ist immer darauf zu achten, dass Außen- und Innenfurniere die gleiche Faserrichtung aufweisen, da sich sonst die Platten verziehen.

Aufgaben

1. *Beschreiben Sie den Unterschied im Herstellungsverfahren sowie die Vor- und Nachteile zwischen Sägefurnier, Schälfurnier und Messerfurnier.*
2. *Warum ergibt sich beim Flachmessern eine gefladerte Textur und beim Echt-Quartiermessern eine schlichte Textur?*
3. *Nennen Sie drei verschiedene Herstellungsmöglichkeiten von Schälfurnier.*
4. *Wie viele Furnierblätter enthält ein Bund?*
5. *Erklären Sie das Stürzen und das Schieben von Furnierblättern.*
6. *Welche Ursachen kann ein Kürschner haben? Kann dieser Furnierfehler nachträglich behoben werden?*
7. *Warum entsteht Leimdurchschlag?*
8. *Erklären Sie den Unterschied zwischen Deckfurnier und Unterfurnier.*

3 Die Holzverbindungen

Welche Holzverbindungen muss der Tischler kennen?

Bei der Herstellung von Möbeln und anderen Erzeugnissen des Tischlers ist es in der Regel nötig, Holz und Holzwerkstoffe miteinander zu verbinden.

Dabei muss man unter Berücksichtigung des verwendeten Materials, des Verwendungszwecks, der Haltbarkeit, der Wirtschaftlichkeit und des Aussehens unter den vielen Verbindungsmöglichkeiten die jeweils geeignete auswählen.

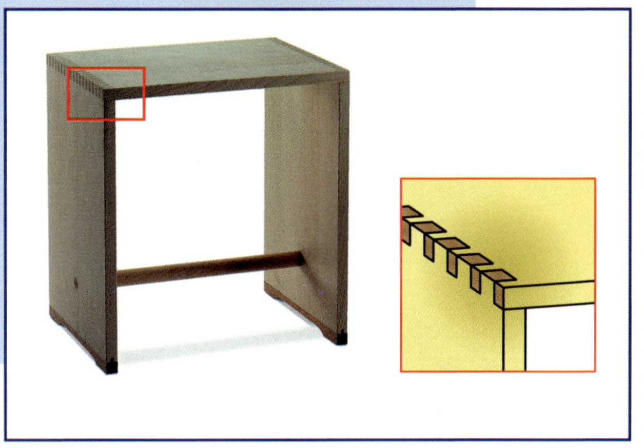

3.1 Breitenverbindungen

Bei Breitenverbindungen macht sich das Arbeiten des Holzes besonders bemerkbar, da es in Richtung der Jahresringe (tangential), aber auch in Richtung der Markstrahlen (radial) je nach Feuchtigkeit besonders stark quillt oder schwindet und sich verformt. Bei jeder Breitenverbindung ist diese Maß- und Formänderung der Bretter zu berücksichtigen und ihnen durch geeignete Maßnahmen entgegenzuwirken.
Entscheidend dabei ist, ob die Bretter in der Breite *verleimt*, oder ob sie *unverleimt* zu einer Fläche zusammengefügt werden.

Weitere Hinweise siehe auch Lernfeld 1, Kapitel 3.3

3.1.1 Unverleimte Breitenverbindungen

Große Flächen unverleimt verbinden

Für große, breite Flächen aus Vollholz, wie z. B. Fußböden, Wand- und Deckenverkleidungen ist es am günstigsten, unverleimte Breitenverbindungen zu wählen. Auch wenn das Holz besonders großen Feuchtigkeitsschwankungen ausgesetzt wird, ist diese Art der Verbindung von Vorteil.
Dabei kann jedes einzelne Brett ungehindert arbeiten und die Form- und Maßveränderung macht sich nicht so stark bemerkbar, als wenn die Fläche insgesamt arbeitet.
Damit die Fugen beim Schwinden der Bretter nicht als offener Spalt sichtbar werden, werden sie durch Federn, Leisten oder Überfälzung abgedeckt.
Die einzelnen Bretter werden durch Nägel oder Klammern auf einer Unterkonstruktion befestigt.

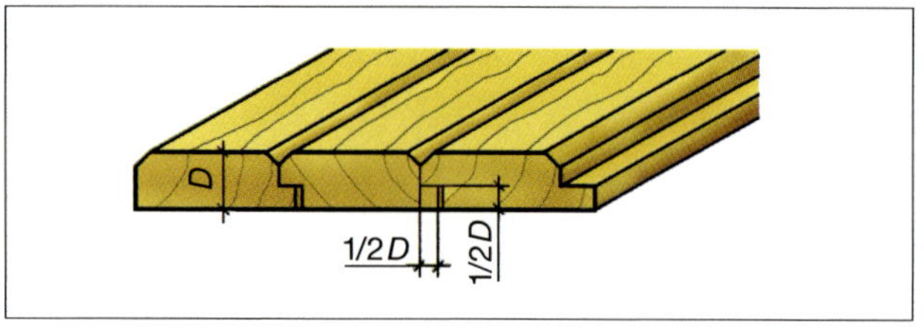

Überfälzte Fuge

Die überfälzte Fuge

Die Bretter werden abwechselnd oben und unten gefälzt. Dabei sollen die Falzbreite und Falztiefe etwa die halbe Holzstärke betragen.

Die Kanten können gefast oder gerundet werden, um die Fläche aufzulockern und optisch zu gestalten.

Die überfälzte Fuge kommt bei einfachen Verschalungen zur Anwendung.

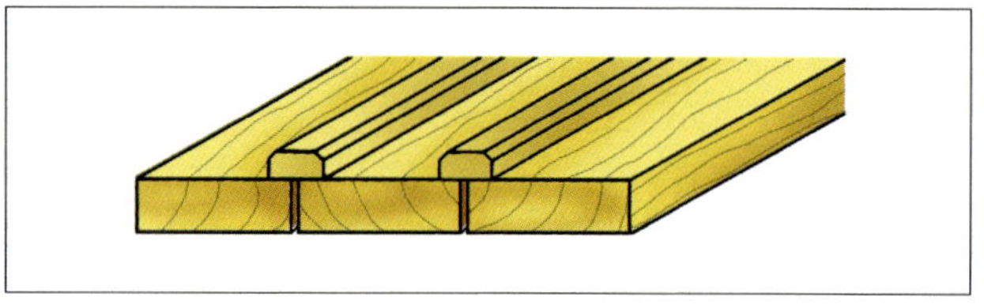

Verdeckte Fuge

Die verdeckte Fuge

Die Bretter werden stumpf nebeneinander gesetzt.

Die Fuge wird durch eine Leiste, die jeweils nur an einem Brett befestigt wird, abgedeckt.

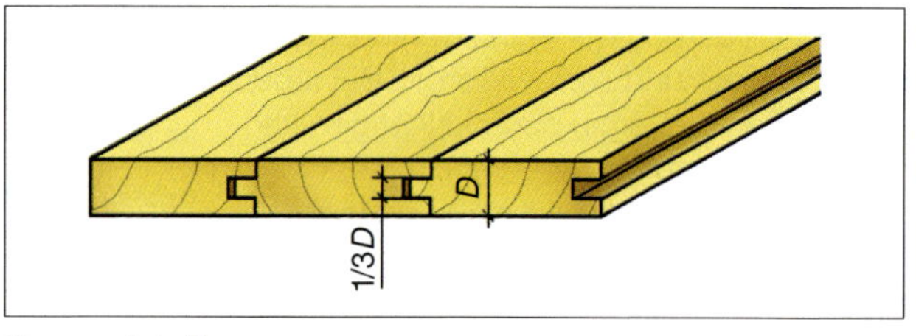

Gespundete Fuge

Die gespundete Fuge

Die Bretter haben jeweils eine Nut und eine angearbeitete Feder. Die Dicke der Feder beträgt etwa 1/3 der Holzdicke.

Die Nut für die Aufnahme der Feder muss etwas tiefer als die Federbreite sein, damit sich die Bretter bei Feuchtigkeitsaufnahme (beim Quellen) nicht werfen und die Fuge dicht bleibt.

Die Kanten der Bretter können zum Herstellen von Wand- und Deckenverkleidungen profiliert werden. Auch für Haustüraufdoppelungen, Fußbodendielen (auch Parkettböden) und Außenverschalungen werden Bretter mit gespundeter Fuge gerne verwendet.

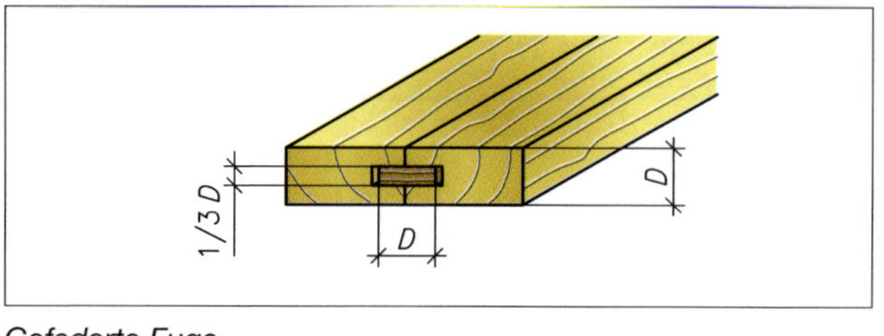

Gefederte Fuge

Die gefederte Fuge

Die Bretter bekommen an beiden Längskanten eine Nut.

Zur Verbindung wird eine Feder aus Vollholz, Sperrholz oder Hartfaserplatte eingelegt.

Die Dicke der Feder beträgt etwa 1/3 der Holzdicke, ihre Breite entspricht etwa der Holzdicke. Die Nut wird tiefer gefräst als die Feder breit ist, damit die Fuge trotz möglicher Unebenheiten im Nutgrund dicht bleibt.

Diese Verbindung wird genauso wie die gespundete Fuge für Parkettböden, Außenverschalungen und Haustüraufdoppelungen, aber auch für Wand- und Deckenverkleidungen verwendet.

3.1.2 Verleimte Breitenverbindungen

Durch verleimte Breitenverbindungen werden Vollholzflächen für Möbel hergestellt, z.B. Korpusseiten und -böden, Tischplatten aber auch Türen und Stuhlsitze.
Damit sich die Flächen durch das Arbeiten des Holzes nicht zu stark verziehen und werfen, ist hierbei besonders auf die richtige Auswahl und das richtige Zusammenlegen der Bretter zu achten.
Außerdem werden die fertigen Vollholzflächen durch Grat- oder Hirnleisten gesichert, welche das Arbeiten der Verbindung ermöglichen, aber das Werfen weitgehend verhindern.

Die wichtigsten verleimten Breitenverbindungen sind
- die stumpfe Fuge,
- die gedübelte oder gefederte Fuge und
- die Kronenfuge.

Die stumpfe Fuge

Bei dieser Verbindung werden die einzelnen Bretter an den Längskanten stumpf aneinander geleimt.

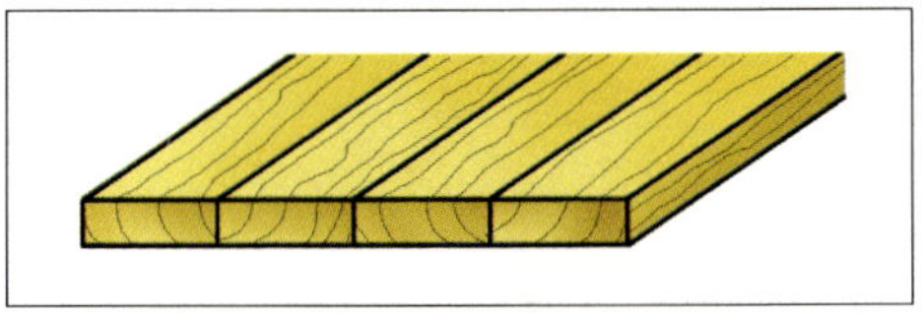

Zu breite Bretter auftrennen

Allgemeines

Zu breite Bretter (> 15 cm) sollte man auftrennen.
Bei Kernbrettern muss der Kernbereich entfernt werden, weil sich in diesem Bereich besonders viele und tiefe Risse bilden.

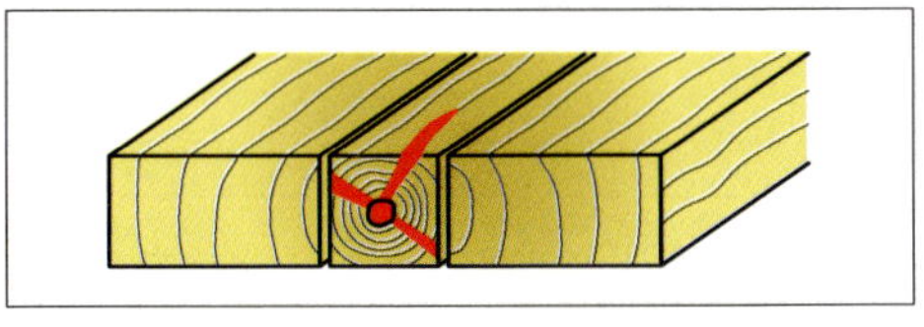

Kernbereich bei Kernbrettern heraustrennen

Verleimregeln

- *Kernbretter* (Bretter mit „stehenden" Jahresringen) werden so verleimt, dass Kern an Kern und Splint an Splint liegen.

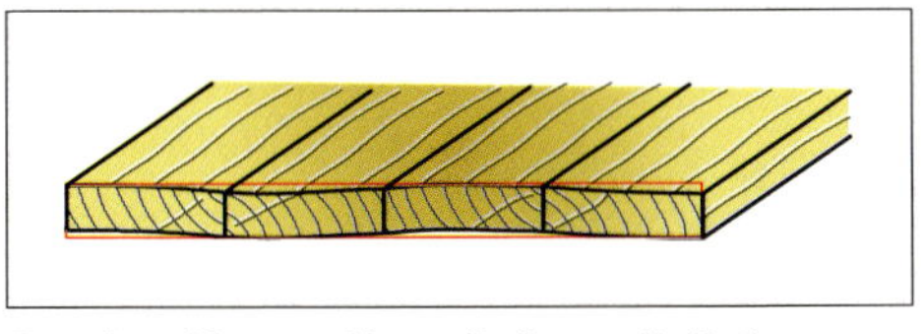

Beachte: Kern an Kern, Splint an Splint!

- *Seitenbretter* werden meist gestürzt verleimt, um das Werfen der einzelnen Bretter auszugleichen und so die Fläche möglichst eben zu halten.

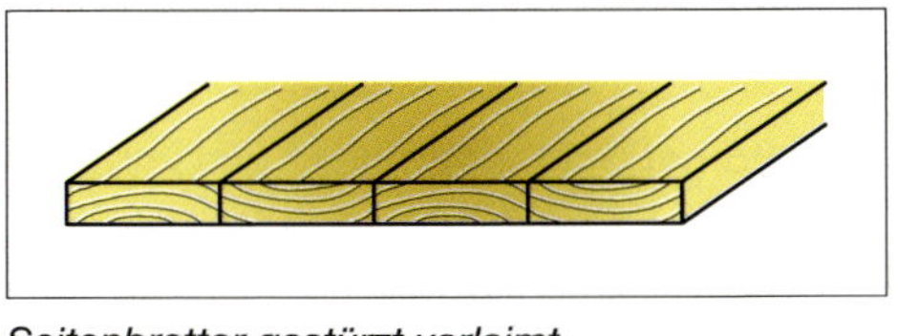

Seitenbretter gestürzt verleimt

- Wird jedoch auf die *Optik der Fläche* besonderer Wert gelegt (z.B. bei einer Tischplatte) kann man auch jeweils die gleiche Seite (die rechte) nach oben nehmen.
  Dadurch bleibt das natürliche Holzbild erhalten, die Fläche muss jedoch z.B. durch eine Gratleiste am Werfen gehindert werden.

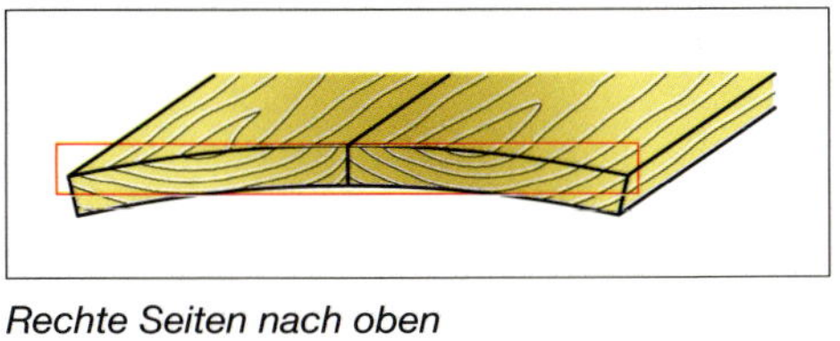

Rechte Seiten nach oben

- Grundsätzlich ist bei der *Auswahl der Bretter* darauf zu achten, dass nur Seitenbretter (mit „liegenden“ Jahresringen) oder nur Mittel- oder Kernbretter (mit mehr oder weniger „stehenden“ Jahresringen) Verwendung finden. Sonst entsteht durch das unterschiedliche Arbeiten des Holzes eine unruhige Fläche.

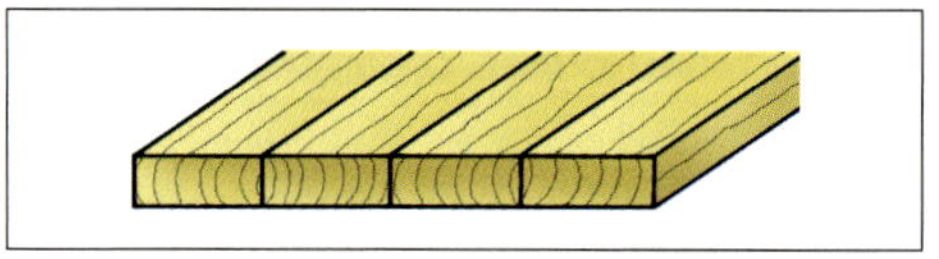
Richtig: Nur Kernbretter verwenden

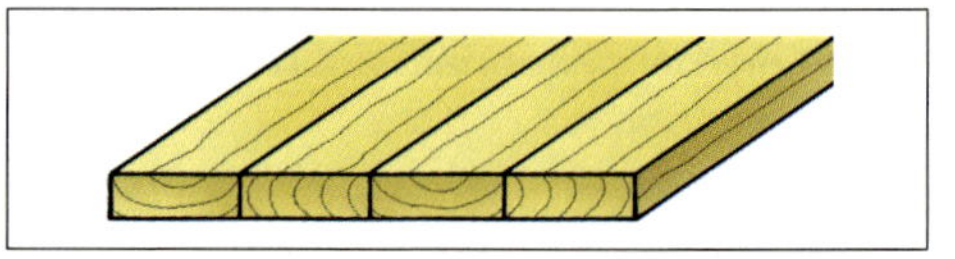
Falsch: Seiten- und Kernbretter gemischt

Merke

Für verleimte Breitenverbindungen möglichst schmale Bretter mit stehenden Jahresringen verwenden.

Zusammenzeichnen der Bretter

Die Bretter werden, nachdem sie richtig liegen, durch ein Dreieck oder eine zusätzliche Nummerierung gekennzeichnet.

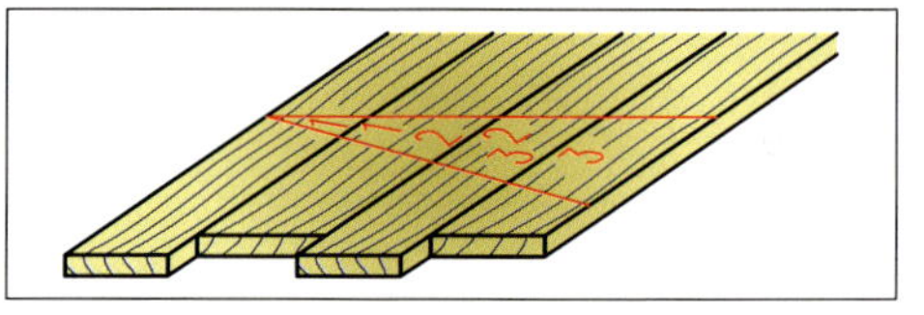
Kennzeichnung der Bretter

Fügen der Bretter

Die Kanten, an denen die Bretter verleimt werden sollen, werden an der Abrichte oder mit der Raubank eben und winklig gehobelt (gefügt).

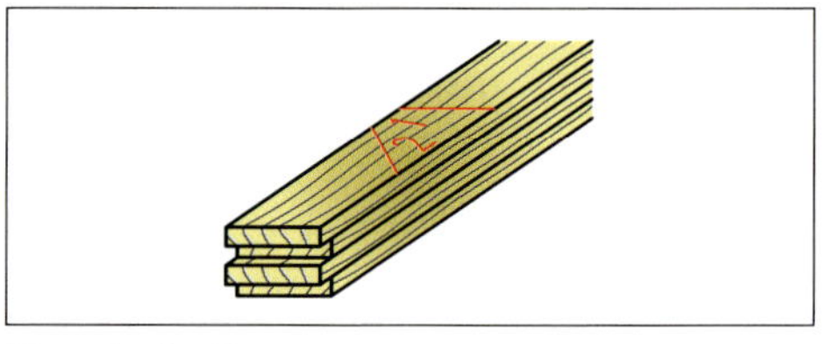
Stapeln der Bretter

Leimen der Bretter

Zur Leimangabe wird das letzte Brett mit der Zeichenseite nach unten auf das erste geklappt und anschließend die anderen mit der Zeichenseite nach oben darüber gestapelt.
So ist es möglich, an allen Kanten gleichzeitig den Leim aufzutragen.

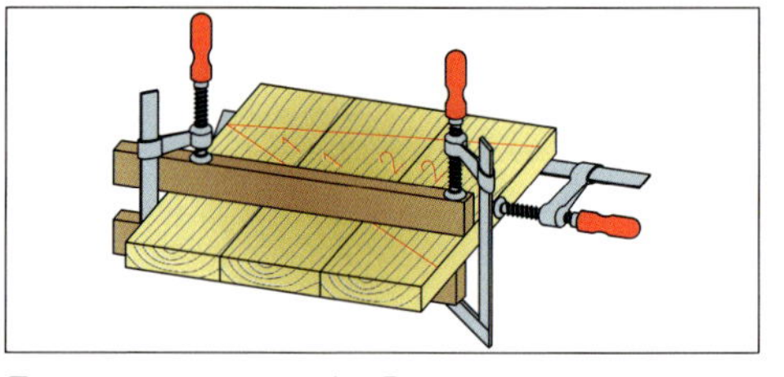
Zusammenpressen der Bretter

Die Bretter werden nun wieder aneinander gelegt und mit Schraubzwingen zusammengepresst.

Merke

Das Hochspringen der Bretter beim Anziehen der Schraubzwingen wird verhindert, indem man Leisten darüber spannt.

Die gedübelte oder gefederte Fuge

Stark belastete Platten werden zusätzlich zum Verleimen mit Dübeln oder Formfedern verbunden. Durch die Verbindungsmittel werden die Leimflächen vergrößert und damit die Haltbarkeit verbessert.

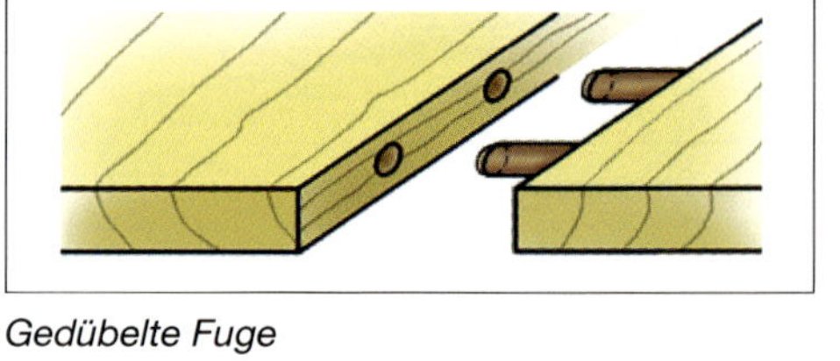
Gedübelte Fuge

Außerdem wird durch Dübel oder Federn die Lage der zu verleimenden Bretter fixiert (sie verspringen nicht), sodass z. B. auch bereits ausgehobelte Bretter oder Platten plan zusammengefügt werden können.
Die Auswahl der Dübel für eine gedübelte Fuge richtet sich nach der Dicke der zu verbindenden Bretter:

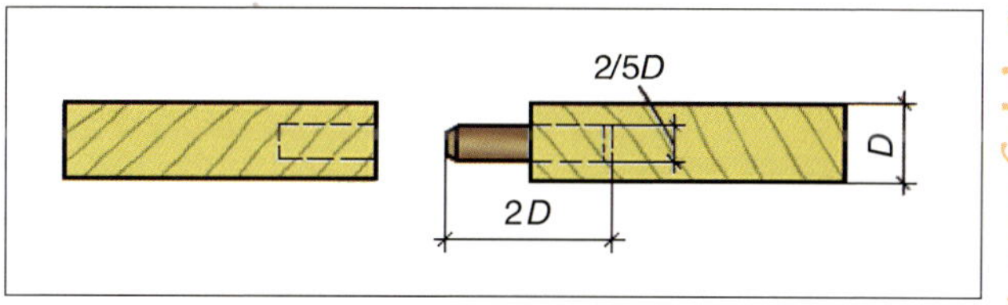

Dübellänge und Dübeldichte

Die *Dübellänge* beträgt mindestens die doppelte Holzdicke, der *Dübeldurchmesser* etwa 2/5 der Holzdicke. Die Bohrung im Anschlussholz sollte etwa 2 mm tiefer gebohrt werden, damit überschüssiger Leim Platz hat und die Fuge dicht wird.

Die Kronenfuge

Bei der Kronenfuge werden die Längskanten der Bretter mit einem Verleimfräser gefräst und dann wie die stumpfe Fuge in der Breite verleimt.
Durch die Fräsung wird die Leimfläche vergrößert, und eine größere Stabilität erreicht. Im Gegensatz zur stumpfen Fuge müssen die einzelnen Bretter vor dem Verbinden auf Dicke gehobelt werden, damit sie überhaupt gefräst werden können.

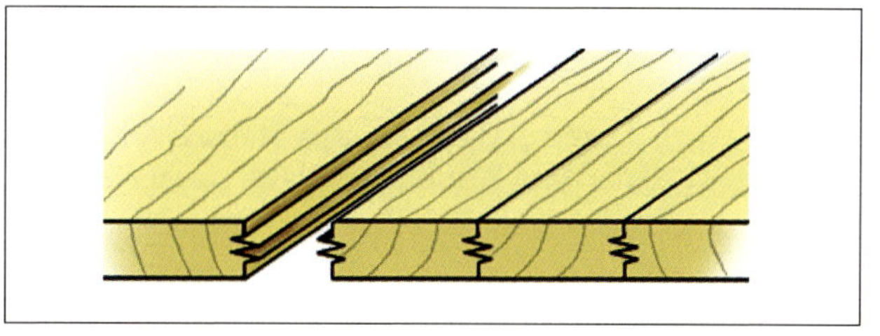

Gefräste Fuge (Kronenfuge)

Sicherung von verleimten Vollholzflächen

Damit sich die verleimten Vollholzflächen nicht verziehen oder werfen, müssen sie dagegen gesichert werden.
Dabei ist es wichtig, dass die Platte zwar in der Breite arbeiten kann, die Fläche aber eben bleibt. Dieses wird durch Leisten erreicht, die längs über die Plattenbreite verlaufen und die Platte „geradeziehen“.

Sicherung durch Hirnleisten

Hirnleisten werden an den Enden von Vollholzplatten angebracht. Sie sind nur zum Sichern von kleineren, schmalen Flächen geeignet.
Die Verbindung zwischen Hirnleiste und Platte wird entweder nur mit Nut und Feder hergestellt, oder es wird zusätzlich in der Mitte der Platte ein Zapfen angearbeitet, der in einem durch die Hirnleiste gestemmten Zapfenloch verkeilt wird.

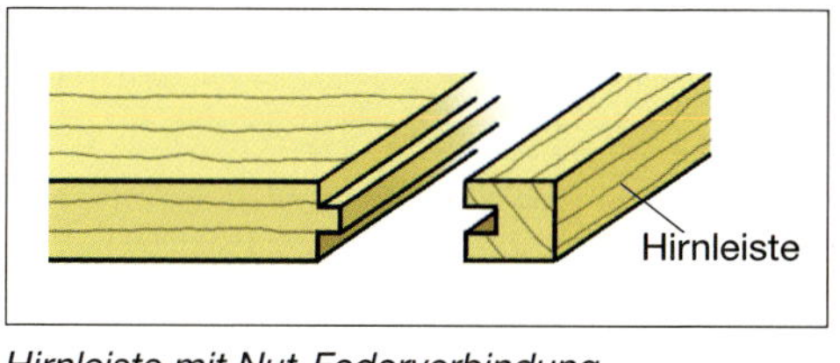

Hirnleiste mit Nut-Federverbindung

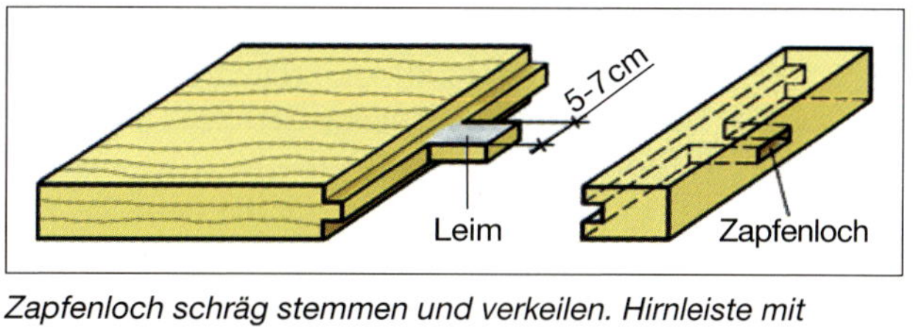

Zapfenloch schräg stemmen und verkeilen. Hirnleiste mit Zapfenverbindung

Merke

Die Hirnleiste darf nur in der Mitte angeleimt werden, da hier Langholz mit Querholz verbunden wird und die Platte in der Breite stärker arbeitet als die Leiste in Längsrichtung.

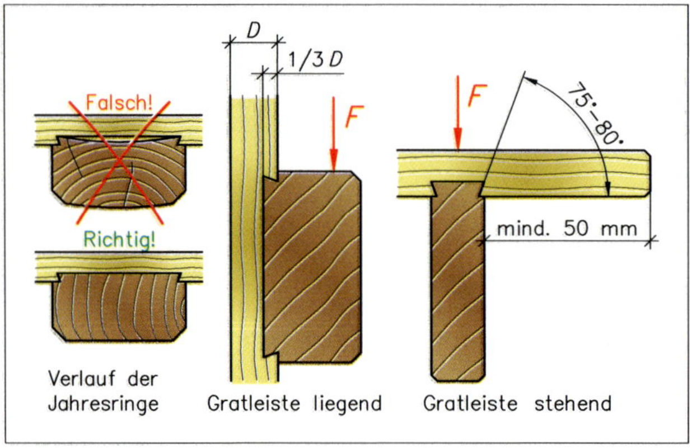

Position der Gratleiste

Sicherung durch Gratleisten

Gratleisten werden häufiger als Hirnleisten zur Sicherung eingesetzt. Sie können auch für große, breite Platten verwendet werden. Es gibt stehende und liegende Gratleisten. *Liegende Gratleisten* finden bei aufrechten Flächen, wie z.B. Türen Verwendung. Da sie ziemlich breit sind, schwinden sie stärker und können sich daher leicht lockern. Deshalb werden Leisten mit stehenden Jahresringen gewählt.

Stehende Gratleisten werden für liegende Flächen, wie Tischplatten u.ä. verwendet. Weil sie nicht so breit sind, schwinden sie nicht so stark und bleiben so fester. Durch die hochkantige Stellung haben sie außerdem eine höhere Biegefestigkeit und können das Werfen der Platte besser verhindern.

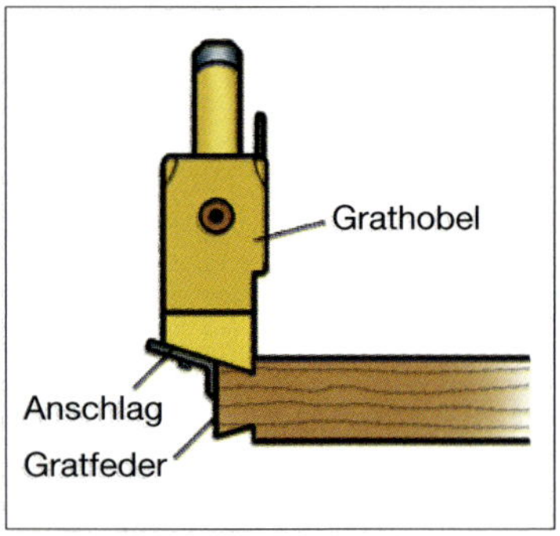

Einstellung des Grathobels

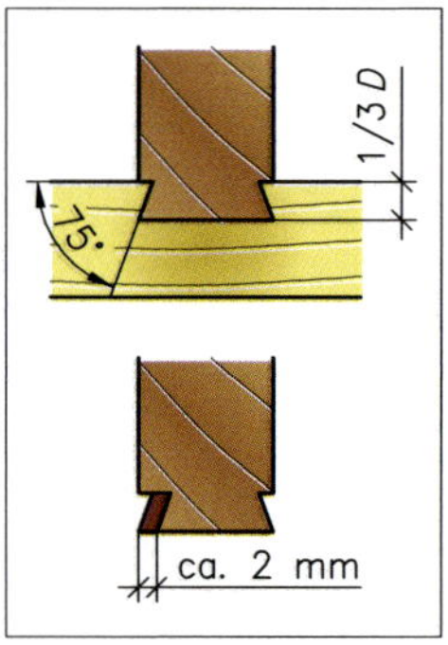

Breite der Gratfeder 1/3 D, höchstens 7 mm

Herstellen der Gratverbindung

Beim Graten entsteht eine schwalbenschwanzförmige Nut- und Federverbindung. An die Gratleiste wird eine Feder angestoßen. Dazu wird ein Grathobel verwendet, der die Schräge des Schwalbenschwanzes durch seine schräge Hobelsohle vorgibt. Die Federbreite kann durch den verstellbaren Anschlag eingestellt werden. Sie soll etwa 1/3 der Plattendicke betragen, höchstens aber 7 mm.

Die Gratfeder wird an einer Seite leicht konisch gehobelt, das heißt, sie ist zum Ende um etwa 2 mm schmaler. Die gleiche Verjüngung wird auch bei der Gratnut ausgearbeitet. Dadurch erreicht man, dass sich die Leiste leicht einschieben lässt, und erst zum Ende hin anzieht.

Nachdem die Gratfeder angearbeitet ist, wird in die Platte eine Gratnut eingearbeitet. Dabei wird zunächst die Außenkante der Nut angerissen. Sie muss vom Rand mindestens 50 mm entfernt sein, um die Gefahr des Abscherens auszuschalten.

Die Gratnut wird mithilfe der Gratfeder angerissen und mit der Gratsäge bis zur richtigen Tiefe eingesägt. Sie soll etwas tiefer sein als die Gratfeder, damit ein unebener Nutgrund das Einschieben der Leiste nicht behindert.

Danach wird die Gratnut mit dem Stecheisen grob ausgehoben und mit dem Grundhobel fertiggestellt.

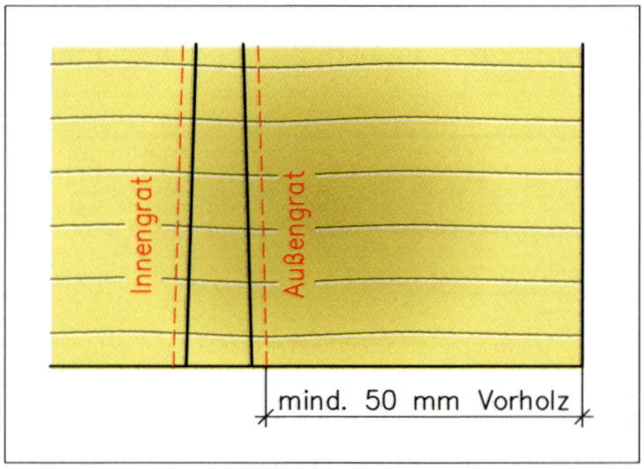

Anreißen der Gratnut

Merke **Gratleisten dürfen auf keinen Fall auf ganzer Länge eingeleimt werden.**

Aufgaben

1. *Welche Vorteile haben unverleimte Breitenverbindungen gegenüber verleimten?*
2. *Was ist bei der Auswahl der Bretter für verleimte Breitenverbindungen zu beachten?*
3. *Welche Verleimregeln muss man beachten*
   a) beim Verleimen von Kernbrettern und
   b) beim Verleimen von Seitenbrettern?
4. *Welche Vorteile haben zusätzliche Dübel oder Federn beim Herstellen einer verleimten Breitenverbindung?*
5. *Wodurch werden verleimte Vollholzflächen gesichert?*

3.2 Eckverbindungen

Wenn ein Tischler auf fachgerechte Weise Möbel herstellen will, muss er unter anderem auch eine Vielzahl von Eckverbindungen kennen. Je nach Auftrag (z. B. Möbelkorpus, Rahmentür, Tischgestell) muss er dabei die jeweils geeignete Eckverbindung auswählen.

Allgemein werden dabei unterschieden:
- Kastenverbindungen,
- Rahmenverbindungen,
- Gestellverbindungen.

Die einzelnen Teile sind bei Eckverbindungen stumpf oder auf Gehrung gestoßen. Gehrungsfugen werden gefertigt, wenn kein Hirnholz sichtbar sein soll. Außerdem finden Gehrungsfugen Anwendung bei Rahmen mit umlaufenden Profilen.

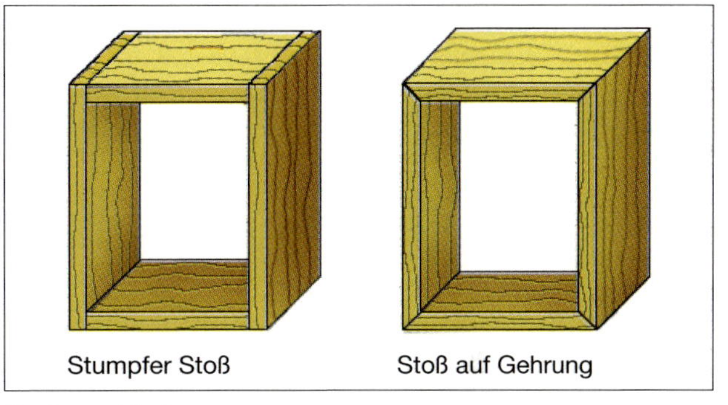

Kastenverbindungen

Rahmenverbindungen

Gestellverbindung

3.2.1 Kastenverbindungen

Bei Kastenverbindungen werden breitere Flächen miteinander verbunden, um Schränke, Regale, Kästen usw. herzustellen.
Je nach Art des Werkstoffes gibt es unterschiedliche Verbindungsmöglichkeiten. Verbindungsmittel wie Nägel, Schrauben, Dübel oder Federn sind in der Regel sowohl für die Verbindung von *Vollholz* als auch für die Verbindung von *Holzwerkstoffplatten* einsetzbar.

Die Nagelverbindung

Nagelarten und Kopfformen

Bezeichnung	Darstellung
Flachkopfnagel mit glattem Kopf (DIN EN 10230-1)	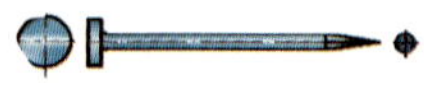
Senkkopfnagel mit geriffeltem Kopf (DIN EN 10230-1)	
Stauchkopfnagel (DIN EN 10230-1)	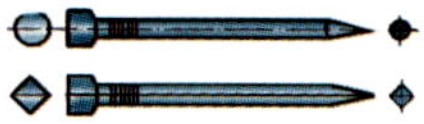
Breitkopfnagel (DIN EN 10230-1) zum Befestigen von Teerpappe	
Tapezierstift (DIN 1 157) zum Befestigen von Möbelbezugs- stoffen	

Bezeichnung	Darstellung
Sternnagel zum Befestigen von Fensterrahmenecken	
Fitschbandstift für Fitschenbänder	
Rrillennagel (Kammnagel) zur Befestigung von Holzverbindern	
Leichtbauplatten- stift (DIN EN 10230-1)	

Nägel sind die einfachsten Verbindungsmittel und werden nur verwendet, wenn an die Haltbarkeit der Eckverbindung keine besonders hohen Ansprüche bestehen, z. B. für Kisten oder einfache Regale.
Nägel halten in Hirnholz nicht so gut wie in Langholz. Deshalb müssen die Nägel in Hirnholz *schräg* eingeschlagen werden.
Es werden so mehrere Holzfasern durchtrennt.

Die Verwendung einer zusätzlichen *Eckleiste* macht die Verbindung haltbarer.

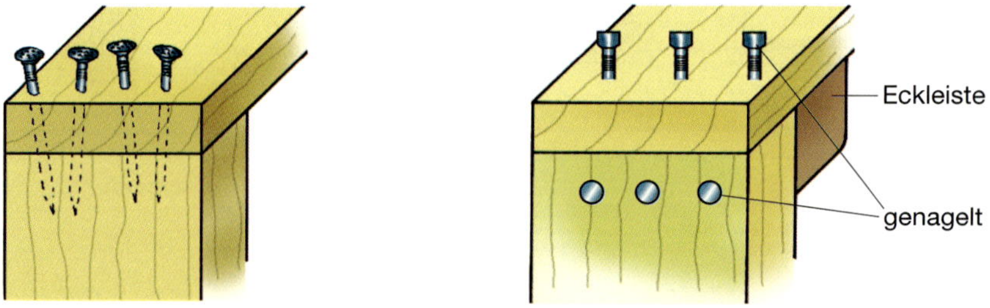

In Hirnholz schräg nageln *oder* Eckleiste verwenden

Genagelte Eckverbindung

Merke **Nägel in Hirnholz schräg einschlagen.**

Arbeitsregeln

Damit Werkstoffe beim Nageln nicht spalten, sind folgende Arbeitsregeln zu beachten:

- Den Nagel nicht zu nah am Rand einschlagen. Der Mindestabstand sollte 5-mal Nageldicke sein.
- Die Nagelspitze mit dem Hammer stumpf schlagen, um die Spaltwirkung zu verringern.

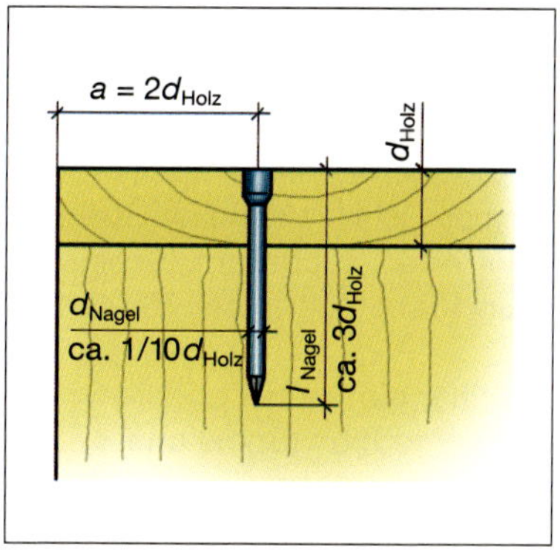

Richtiger Nagelabstand

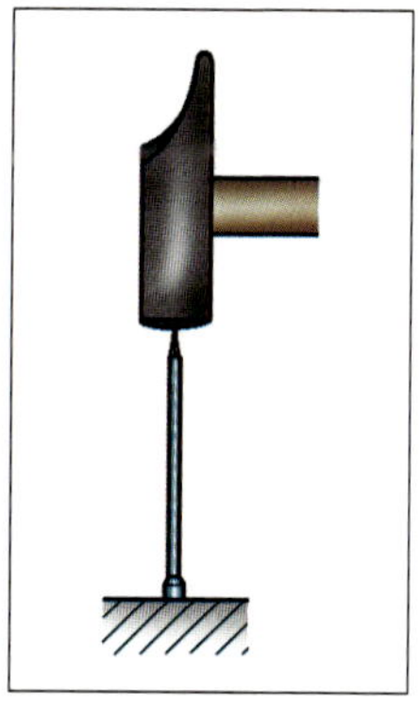

Abstumpfen der Nagelspitze

Anstatt der Nägel werden häufig *Klammern* verwendet, z. B. zum Befestigen von Rückwänden und Leisten. Sie können schnell mit Klammernaglern eingeschlagen werden.
Es gibt Schmal-, Normal- und Breitrückenklammern in verschiedenen Längen und Durchmessern.

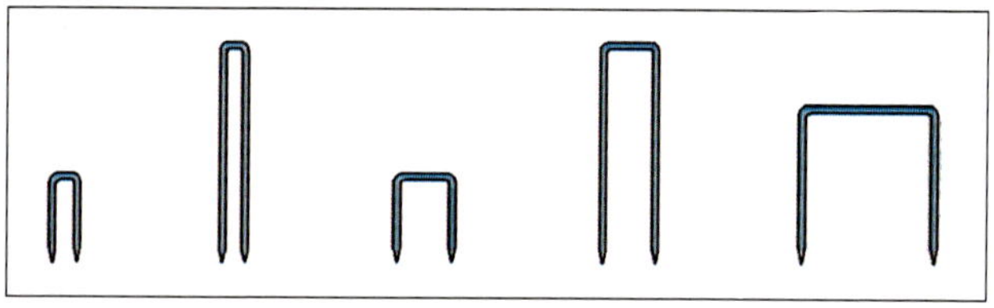

Klammernformen

Die Schraubenverbindung

Schraubenarten und Kopfformen

Bezeichnung	Darstellung
Senkholzschraube (Flachkopfschraube) DIN 97	
Halbrundholzschraube (Rundkopfschraube) DIN 96	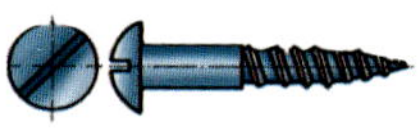
Linsensenkholzschraube (Linsenkopfschraube) DIN 95	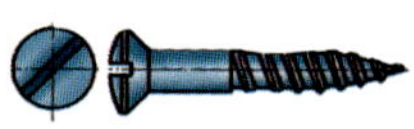
Schlüsselschraube DIN 571	
Kreuzschlitzschraube DIN 7996	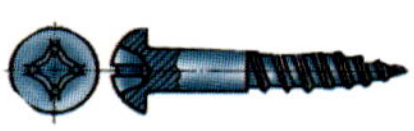

Bezeichnung	Darstellung
Inbusschraube (DIN EN ISO 4762)	
Torx-Schraube (Sit-Schraube)	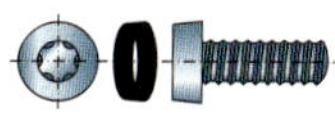
Spanplattenschrauben (SPAX) mit Kreuzschlitz oder mit Innensechskant	
Nagelschraube	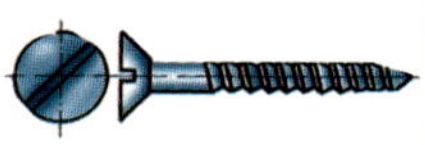

Schraubenverbindungen halten besser als Nagelverbindungen, weil sie durch das Gewinde eine größere Haftfläche haben.
Außerdem haben sie den Vorteil, dass sie lösbar sind und somit ein Werkstück zum Transport auseinander genommen werden kann. Ein Nachteil ist aber, dass Schraubenverbindungen nicht so gut aussehen.

Nach der Kopfform unterscheidet man
- Senkholzschrauben
- Halbrundholzschrauben und
- Linsensenkholzschrauben

Sie können einen Schlitz oder einen Kreuzschlitz haben. Außerdem gibt es Schrauben mit Außenvierkant oder -sechskant (Schlüsselschrauben) oder mit Innensechskant (Inbusschrauben) und Torx-Schrauben (Sit-Schrauben).

Vom Gewinde her gibt es besondere Schrauben wie
- Spanplattenschrauben (Spax) und
- Nagelschrauben.

Spanplattenschrauben haben ein scharfes selbstschneidendes Gewinde mit vergrößerten Gewindeflächen. So wird ein Aufspalten des Holzes oder der Plattenschichten weitgehend verhindert und die Haltekraft in den relativ porösen Spanplatten vergrößert. Außerdem ermöglicht die Zentrierspitze der Spax-Schrauben ein genaues Einsetzen und gerades Eindrehen. Spaxschrauben dürfen in der Regel nicht in Kunststoff-Spreizdübel eingesetzt werden.
Nagelschrauben haben ein besonderes Gewinde, sodass man sie mit dem Hammer einschlagen kann.
Lösbar sind sie wie andere Schrauben durch Herausdrehen in Linksrichtung.

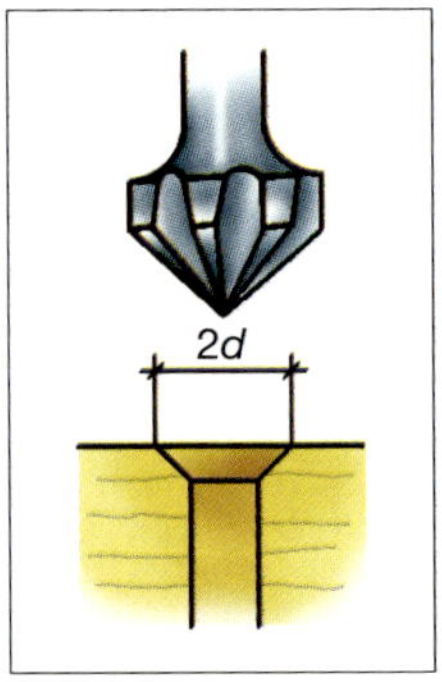

Größe der Senkung

Schraubenschlitze alle in Faserrichtung ausrichten

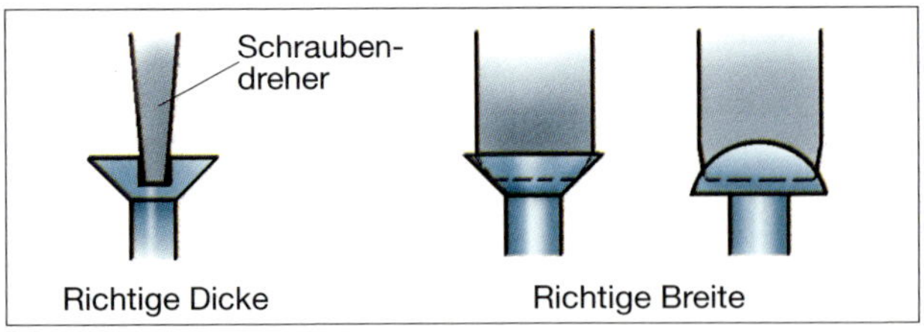

Größe der Schraubendreherklinge

Arbeitsregeln

Folgende Arbeitsregeln sind beim Herstellen von Schraubenverbindungen zu beachten:
- Die Schraubenlänge soll mindestens die doppelte Holzdicke betragen.
- Eine Schraube soll nicht zu nah am Brettrand eingeschraubt werden (Abstand etwa 30 mm).
- Die Löcher müssen in dem anzuschraubenden Holz vorgebohrt werden (Bohrerdurchmesser etwa 0,5 mm größer als der Schraubendurchmesser).
- Für Schrauben mit Senkkopf müssen die Bohrungen angesenkt werden, sonst spaltet das Holz rund um den Kopf auf.
- Schrauben nur mit dem zur Kopfform passenden Schraubendreher eindrehen.

Man erleichtert sich das Einschrauben durch die Verwendung eines Akkuschraubers mit einem zur Kopfform passenden Bit.

Die Dübelverbindung

Die gedübelte Eckverbindung wird an speziellen Bohrvorrichtungen, an Dübelmaschinen oder Dübelautomaten hergestellt. Man kann damit schnell und einfach Vollholz oder Plattenwerkstoffe verbinden. Dabei können die Teile stumpf oder auf Gehrung gestoßen werden.

Dübelverbindungen verwendet man außerdem häufig zur Verbindung von Zwischenböden mit Seitenteilen (T-Verbindung).

Stumpf gedübelt

T-Verbindung

Bei der Auswahl der Dübel ist Folgendes zu beachten:

Merke

Die Länge soll mindestens die doppelte Werkstückdicke betragen, der Durchmesser entspricht etwa 2/5 der Holzstärke. Die Bohrung für den Dübel soll etwa 2 mm tiefer gebohrt werden, damit die Fuge dicht wird.

Bei Gehrungsstößen sind die Dübel so weit wie möglich nach innen zu versetzen, damit sie möglichst lang sein können.

Merke

Es ist vorteilhaft, bei Gehrungsstößen Winkeldübel zu verwenden.

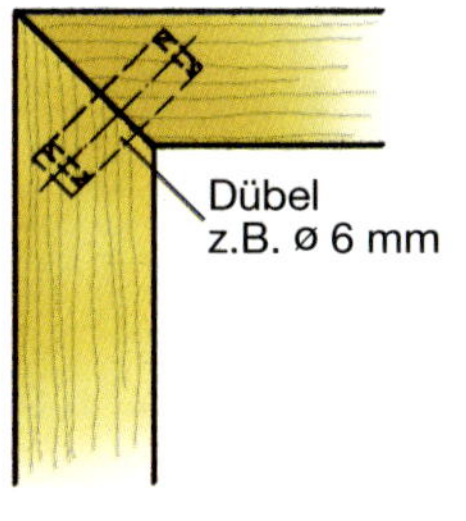

Möglich: Auf Gehrung mit einfachem Dübel

Besser: Winkeldübel verwenden

Gehrungsstöße

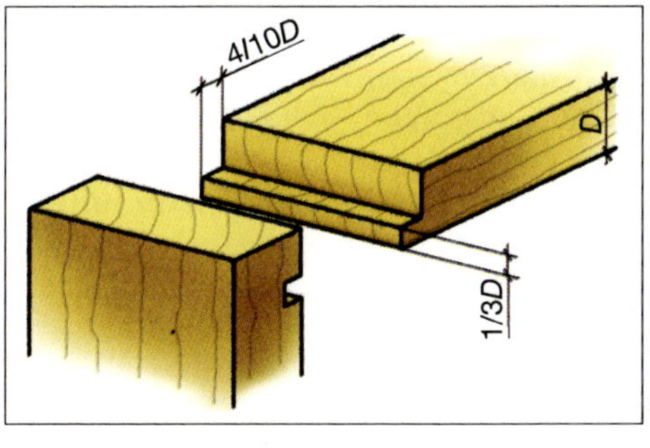

Die gefederte Verbindung

Bei der gefederten Eckverbindung sind eine Feder und eine Nut angefräst (gespundete Verbindung), oder eine Fremdfeder in Nuten eingelegt.

Die gespundete Verbindung ist für Vollholzverbindungen und Verbindungen von Tischlerplatten und Verbundplatten geeignet.

Angefräste Feder

Merke

Die Federdicke sollte höchstens 1/3 der Werkstückdicke betragen, die Länge/Nuttiefe sollte etwa 4/10 der Werkstückdicke betragen.

Eingelegte Federn können entweder durch die ganze Fuge gehen, oder als Formfeder stellenweise in die Fuge eingesetzt werden. Federn zum Einlegen kann man als gerade Feder oder Winkelfeder aus Furniersperrholz, Hartfaserplatte, Kunststoff oder aus Querholz herstellen. Außerdem gibt es verschiedene Formfedern, die mit entsprechenden Nutfräsern eingefräst werden. Federverbindungen sind auch zur Verbindung von Zwischenböden mit Seitenteilen verwendbar (T-Verbindungen).

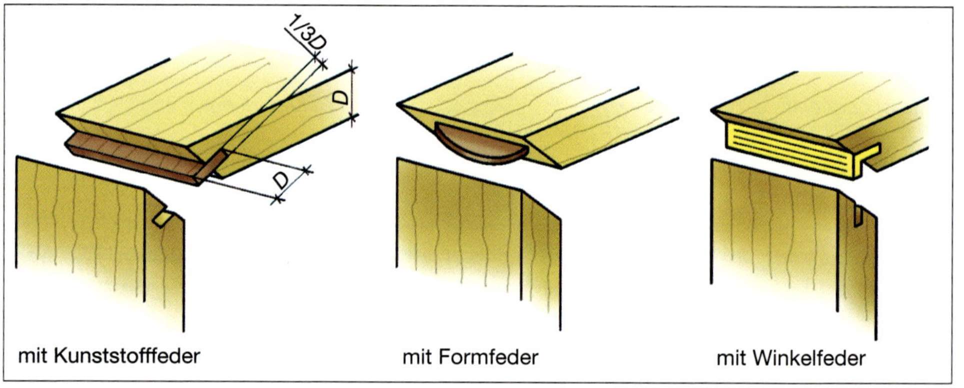

Eingelegte Federn

Vollholzverbindung: Die rechte Seite wird rund, das Brett wölbt sich zur Fuge hin

Die Zinkenverbindung

Für Kastenverbindungen aus Vollholz sind neben der Verwendung von Verbindungsmitteln wie Schrauben, Nägel, Dübeln und Federn vor allem handwerkliche Konstruktionen möglich, die meist höher belastbar sind und eine größere Standfestigkeit der Fuge gewährleisten.

Bei Vollholzverbindungen sind Grundregeln zur Auswahl und Lage des Holzes zu beachten:

- Die Bretter sollen gut abgelagert sein und möglichst *stehende Jahresringe* aufweisen, damit das Arbeiten des Holzes nicht so stark zur Geltung kommt.
- Bei der Verwendung von Seitenbrettern müssen die *rechten Seiten nach außen* zeigen, damit die Fugen dicht bleiben.
- Längsholz und Querholz dürfen wegen des unterschiedlichen Arbeitens nicht starr miteinander verbunden werden.

Die wichtigste handwerkliche Eckverbindung ist die Zinkung. Dabei sind schwalbenschwanzförmige oder gerade Zapfen – **Zinken** und **Schwalben** – miteinander verzahnt.

Merke

Die Zinken werden an die oberen und unteren, bzw. vorderen und hinteren Kastenteile, die Schwalben an die Seitenteile angearbeitet, da sich die Schwalben bei einer Zugbelastung zwischen den Zinken verkeilen.

Es gibt die offene Zinkung, die halbverdeckte Zinkung, die Fingerzinkung, die Gehrungszinkung und die Schrägzinkung.

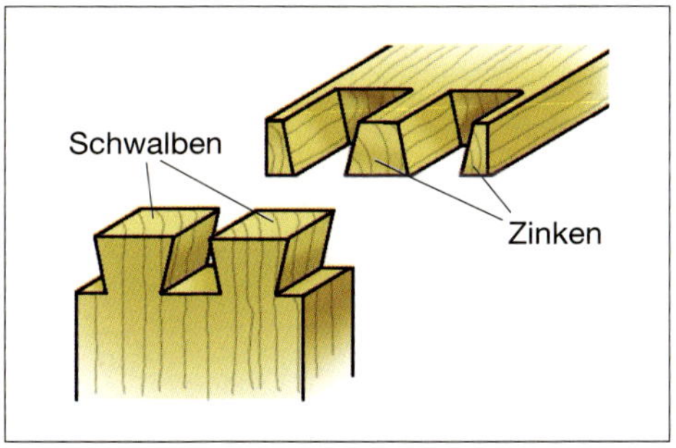

Offene ZInkung

Die offene Zinkung

Bei der offenen Zinkung gehen Zinken und Schwalben durch die ganze Dicke des Anschlussholzes. Sie sind also von allen Seiten sichtbar.

Berechnung der Zinkeneinteilung und Zinkenbreite

Um eine gleichmäßige Zinkeneinteilung zu bekommen, berechnet man die Anzahl und die Breite der Zinken. Dabei wird folgende Rechnung durchgeführt:

1. Es wird die *Brettbreite durch die Brettdicke* geteilt. Das Ergebnis ist die ***Anzahl*** der Zinken.

Achtung: Die Anzahl muss eine ***ganze, gerade Zahl*** sein. Sonst muss auf die nächste gerade Zahl ***abgerundet*** werden.

2. Es wird die *Brettbreite durch die errechnete Anzahl der Zinken* geteilt. Das Ergebnis ist die *Breite der Zinkenteile.*

Achtung: Es werden nur *ganze mm* ausgerechnet. Der Rest wird *vorerst beiseite* gelassen.

Beispiel

Berechnung
Gegeben: Brettbreite = 250 mm; Brettdicke = 20 mm
Gesucht: Zinkenbreite

Lösung
zu 1.: 250 mm : 20 mm = 12,5 — Es wird abgerundet auf 12
zu 2.: 250 mm : 12 Teile = 20 mm — Rest 10 mm

Ergebnis: Die Breite der Zinken ist 20 mm.

Berechnung der Eckzinken

Der erste und letzte Zinken auf dem Brett (Eckzinken) sollen schmaler sein als die restlichen Zinken.

Die Berechnung erfolgt, indem man die Hälfte von einem Zinken nimmt. Außerdem wird der vorher berechnete Rest gleichmäßig auf die beiden Eckzinken aufgeteilt:

Beispiel

Berechnung

Gegeben: Zinkenbreite = 20 mm (aus vorheriger Berechnung)
Gesucht: Rest = 10 mm (aus vorheriger Berechnung) Eckzinkenbreite

Lösung

20 mm : 2 = 10 mm Dazu kommt der halbe Rest: 10 mm + 5 mm = 15 mm

Ergebnis: Die Breite der Eckzinken ist 15 mm.

Arbeitsschritte zum Herstellen der Verbindung

1. *Kennzeichnen der Kastenteile:*
   Die zu verbindenden Kastenteile werden mit Dreiecken gekennzeichnet.

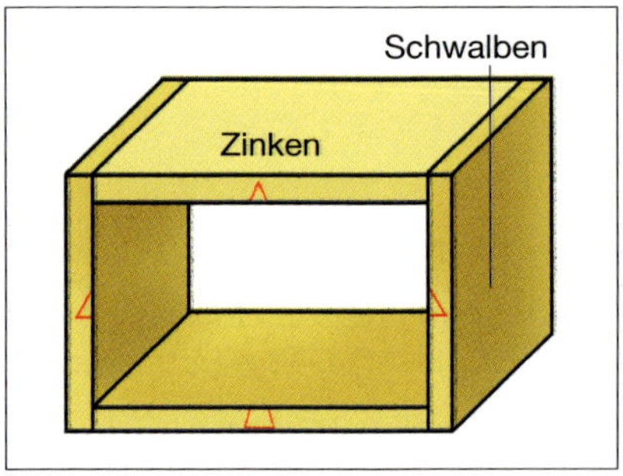

Kennzeichnung durch Dreiecke

2. *Anreißen der Schwalben- und Zinkenlänge:*
   Die Länge der Schwalben und Zinken entspricht der Dicke des Anschlussholzes. Dieses Maß wird im Streichmaß eingestellt und an den zu verbindenden Brettern innen und außen angerissen.

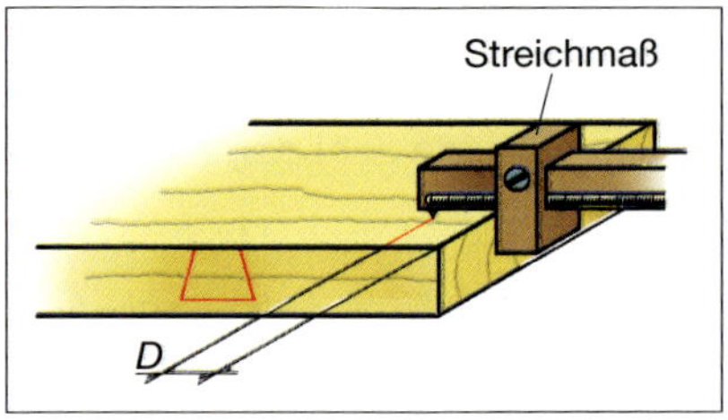

Anreißen der Zinkenlänge

3. *Einteilung und Anreißen der Zinken und Schwalben:*
   Die nach dem Rechenschema ermittelte Zinkenbreite wird auf dem Innenriss vom Zinkenstück abgetragen (am besten mit einem ganz dünnen Bleistift) und senkrecht nach oben gewinkelt.

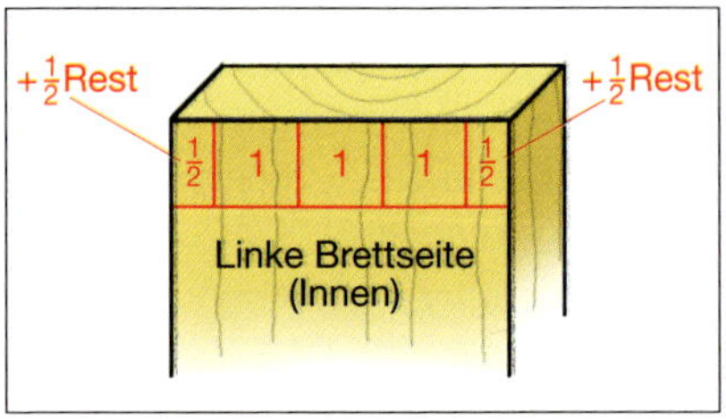

Anreißen der Zinkenbreite

4. *Anreißen der Zinkenschräge:*
   Die Zinkenschräge soll etwa 80° betragen. Sie wird entweder mithilfe einer *Zinkenschablone* angerissen oder nach dem abgebildeten Muster ermittelt und in der Schmiege eingestellt.
   Die Zinken werden nun abwechselnd nach rechts und links auf dem Hirnholz angerissen und auf die andere Brettseite überwinkelt.
   Die herausfallenden Teile werden mit Kreuzen gekennzeichnet.

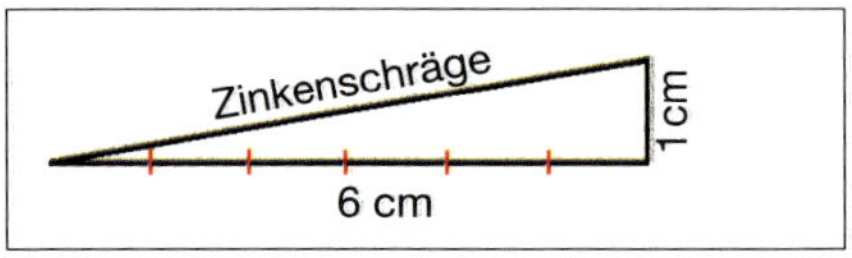

Zeichnerische Ermittlung der Zinkenschräge

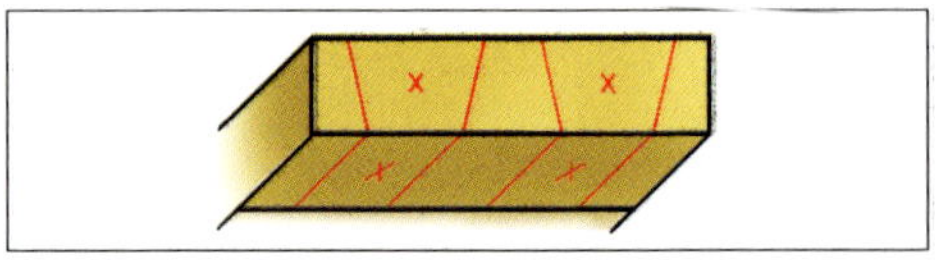
Anreißen der Schrägen auf der Hirnholzkante

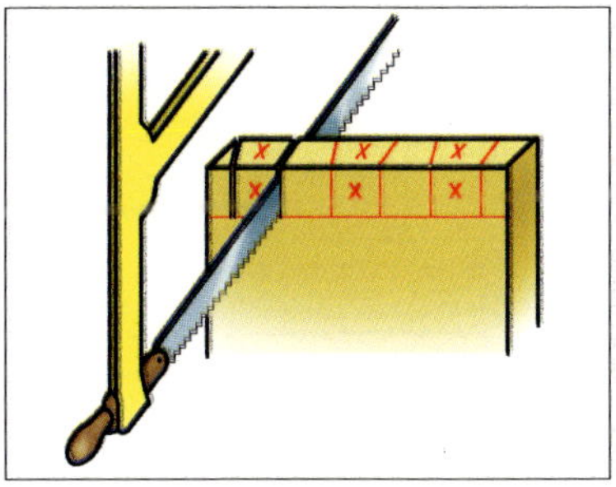

Einsägen der Zinken

5. *Ausarbeiten der Zinken:*
   Die Zinken werden mit einer Absatzsäge oder auch Feinsäge eingesägt und mit dem Stecheisen freigestemmt.

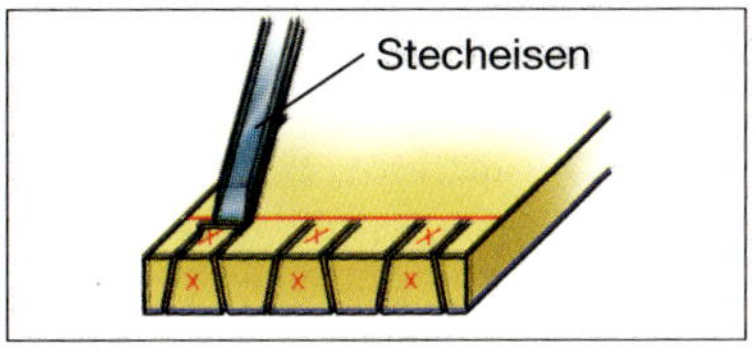

Freistemmen der Zinken

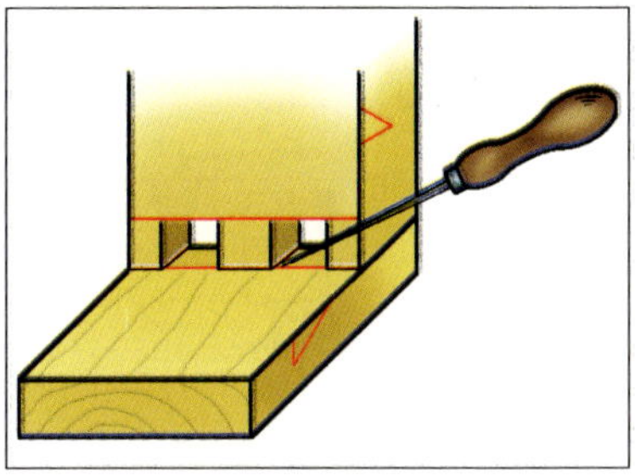

Anreißen der Schwalben

6. *Anfertigen der Schwalben:*
   Die Schwalben werden mithilfe des fertigen Zinkenstückes angerissen. Dazu wird das Zinkenstück so auf das Schwalbenstück gestellt, dass die Kanten bündig sind. Die Innenkante vom Zinkenstück liegt auf dem Streichmaßriss.

   Die Schwalben werden mit einem spitzen Bleistift angerissen. Die Breite wird auf das Hirnholz übertragen.
   Die herausfallenden Teile werden mit Kreuzen gekennzeichnet, eingesägt und ausgestemmt.

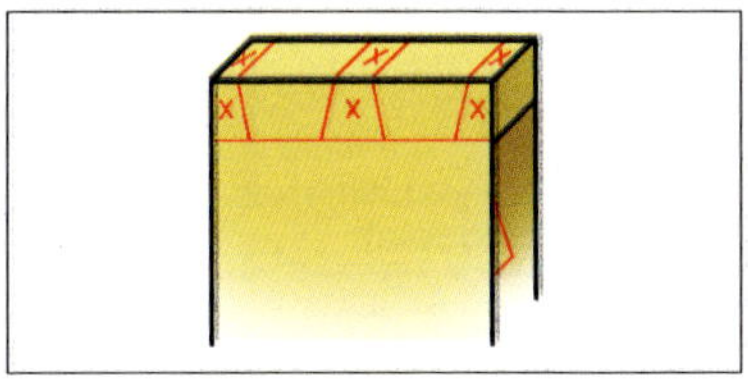

Angerissene Schwalben

7. *Putzen und Verleimen der Verbindung:*
   Die Innenseiten der Schwalben und Zinken werden geputzt. Dann wird Leim angegeben und die Schwalben werden zwischen die Zinken geschlagen.

   Die offene Zinkung kann auch maschinell mithilfe einer Zinkenfräsmaschine hergestellt werden.

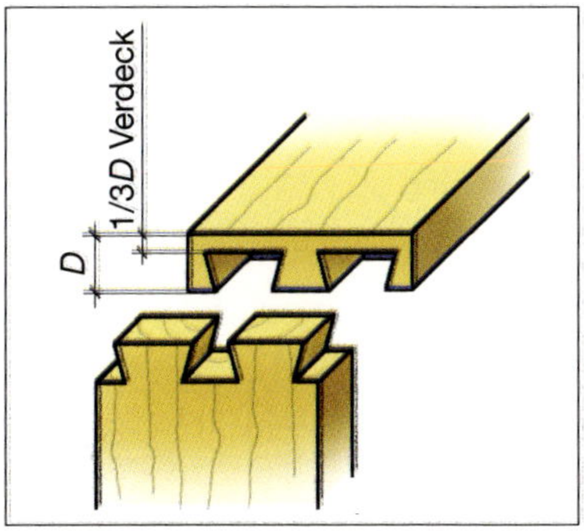

Halb verdeckte Zinkung

Die halb verdeckte Zinkung

Wenn die Zinkung von einer Seite nicht sichtbar sein soll – z. B. bei Vorderstücken von Schubkästen – wird eine halbverdeckte Zinkung angearbeitet.
Der Unterschied zur offenen Zinkung besteht darin, dass am Zinkenstück etwa 1/3 der Holzstärke als Verdeck stehen bleibt. Dadurch kann man das Hirnholz der Schwalben nicht sehen.

Arbeitsschritte zum Herstellen der Verbindung

1. *Anreißen der Zinken- und Schwalben:*
   Im Unterschied zur offenen Zinkung ergeben sich folgende Änderungen: Durch das Verdeck werden die Schwalben kürzer. Man berechnet deren Länge, indem man von der Holzdicke die Dicke des Verdecks abzieht. Dieses Maß wird nun im Streichmaß eingestellt und damit die Schwalbenlänge sowohl auf dem Schwalbenstück als auch auf dem Hirnholz des Zinkenstückes angerissen.

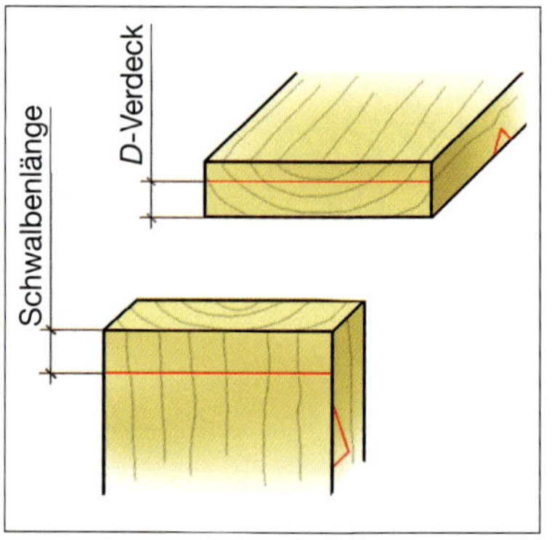

Anreißen der Zinken- und Schwalbenlänge

2. *Ausarbeiten der Zinken:*
   Eine weitere Änderung ergibt sich beim Ausarbeiten der Zinken, da sie durch das Verdeck nicht bis unten eingesägt werden können. Man nimmt deshalb ein abgeschliffenes Sägeblatt zu Hilfe und schlägt es mit dem Hammer bis an den Streichmaßriss.

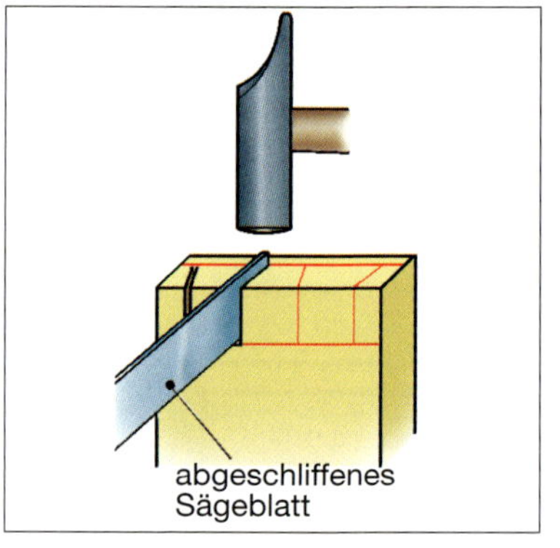

Ausarbeiten der Zinken

Die Fingerzinkung

Bei der Fingerzinkung werden Zinken und Schwalben rechtwinklig ausgearbeitet. Da sie sich nicht wie bei schwalbenschwanzförmigen Zinkungen verkeilen, muss die Verbindung sehr passgenau ausgearbeitet werden.
Sie wird daher meist maschinell hergestellt.

Fingerzinkung

Die Gehrungszinkung

Gehrungszinken werden angearbeitet, wenn weder Zinken noch Schwalben sichtbar sein sollen.
Dabei bekommen sowohl die Zinken, als auch die Schwalben ein Verdeck, das mit einem Simshobel auf Gehrung gehobelt wird.
Das Herstellen dieser Verbindung ist sehr zeitaufwändig und wird nur selten verwendet.

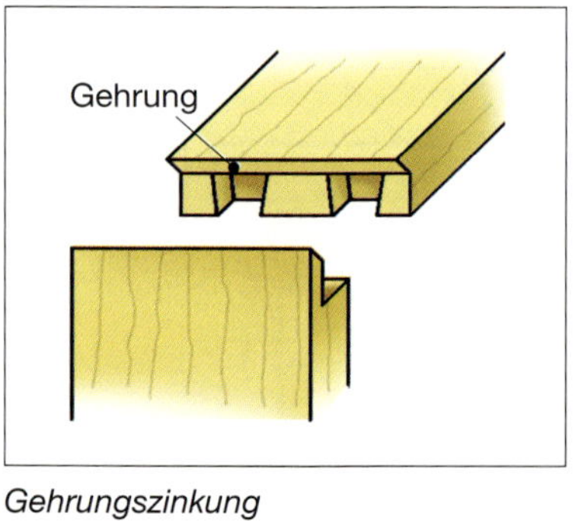

Gehrungszinkung

Die Schrägzinkung

Die schräge Zinkung wird für Verbindungen mit schräg stehendem Vorderstück oder Seiten verwendet, wie z. B. für Tragekästen, Schemel oder Tabletts.
Beim Anreißen der Verbindung muss darauf geachtet werden, dass die Mittelachsen der Zinken und Schwalben in Faserrichtug verlaufen und nicht sekrecht zur schrägen Kante stehen, sonst können die Brettkanten abscheren.

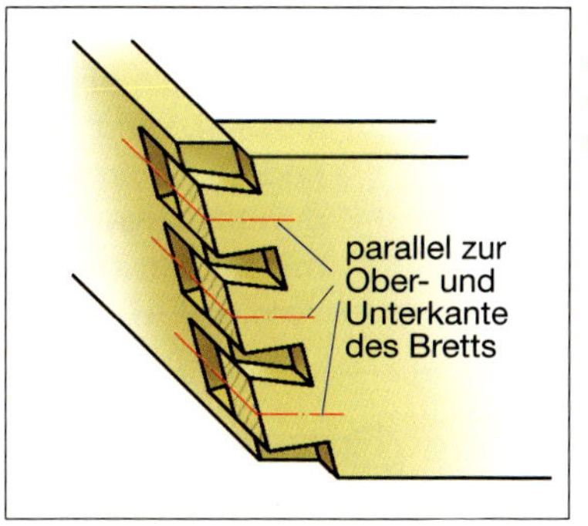

Schrägzinkung

Für die **Eckverbindung von Zwischenböden und Seitenteilen aus Vollholz** (T-Verbindungen) eignen sich neben Feder- und Dübelverbindungen die Gratverbindung oder die Fingerzapfenverbindung.

Die Gratverbindung

Bei der Gratverbindung wird an den Boden eine Gratfeder mit einseitigem oder zweiseitigem Grat angearbeitet. Die Seitenteile erhalten die entsprechende Gratnut.
Beim einseitigen Grat gibt es die Möglichkeit, den Grat oben oder unten anzuarbeiten:
Wird der Grat *oben* angebracht hält die Verbindung zwar besser, aber es könnte sich bei Belastung des Zwischenbodens eine kleine Fuge ergeben.
Das passiert nicht, wenn der Grat *unten* angearbeitet wird.
Der Tischler muss je nach Situation entscheiden, wo er den Grat anbringt.

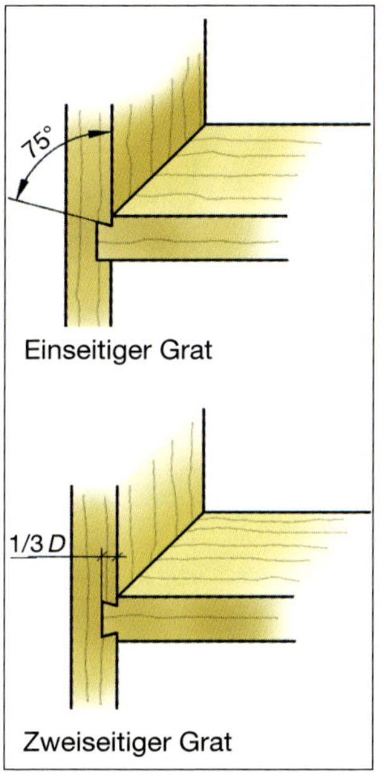

Gratverbindung

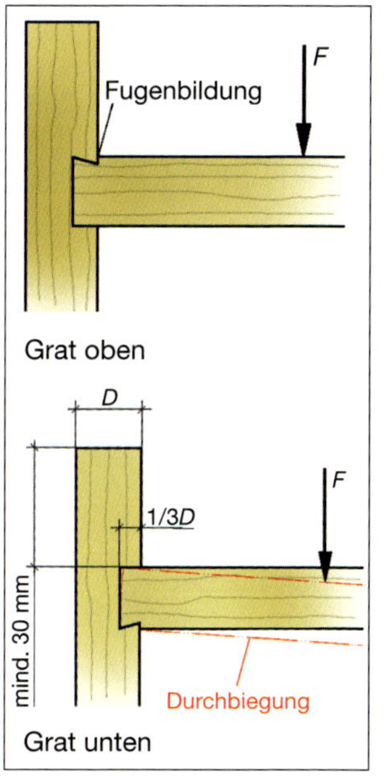

Lage des Grates

Die Fingerzapfenverbindung

Die Fingerzapfenverbindung wird ähnlich wie die Fingerzinkenverbindung hergestellt. Die Zapfenlöcher müssen allerdings mit Handwerkzeugen ausgearbeitet werden. Dazu müssen sie von beiden Seiten angerissen und ausgestemmt werden.
Um eine größere Haltbarkeit der Verbindung zu erreichen, können die Fingerzapfen zusätzlich von außen verkeilt werden. Dabei muss der Keil immer quer zur Faserrichtung sitzen.

Fingerzapfenverbindung

Lösbare Verbinder

Bei Möbeln und Einbauschränken, die zum Transport auseinander genommen werden müssen, kann man lösbare Verbinder verwenden. Zusätzlich werden oft noch Dübel oder Federn eingesetzt, um die Möbelteile in ihrer Lage zu fixieren. Es gibt **einteilige Verbindungsschrauben,** die stufenförmig vorgebohrt werden müssen, **Verbindungsschrauben mit Quermutterbolzen, Trapezverbinder** und **Exzenterverbinder**. Einbohrmaße für die Verbinder werden von den Herstellerfirmen angegeben.

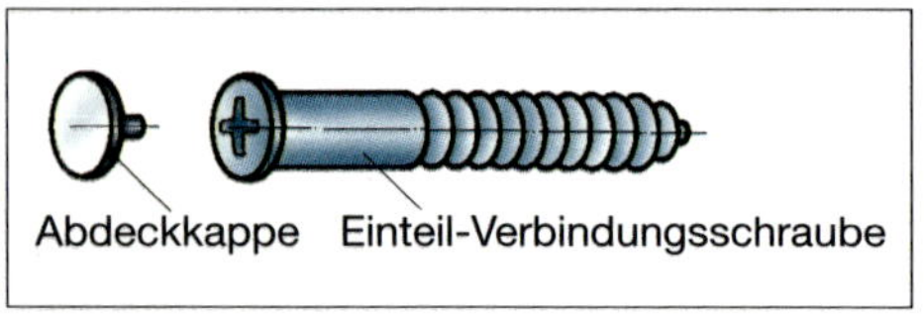

Verbindungsschraube

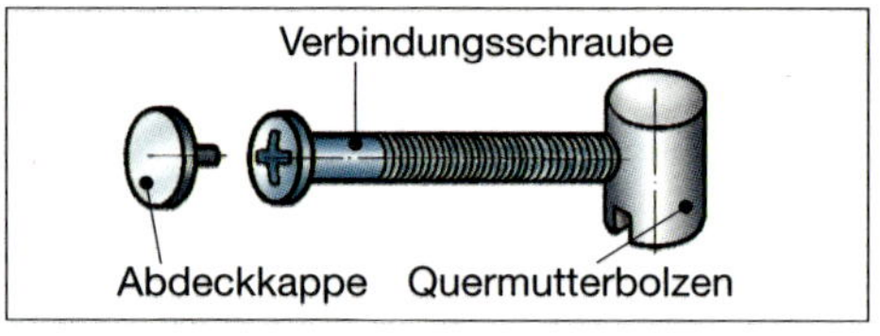

Verbindungsschraube mit Quermutterbolzen

Trapezverbinder

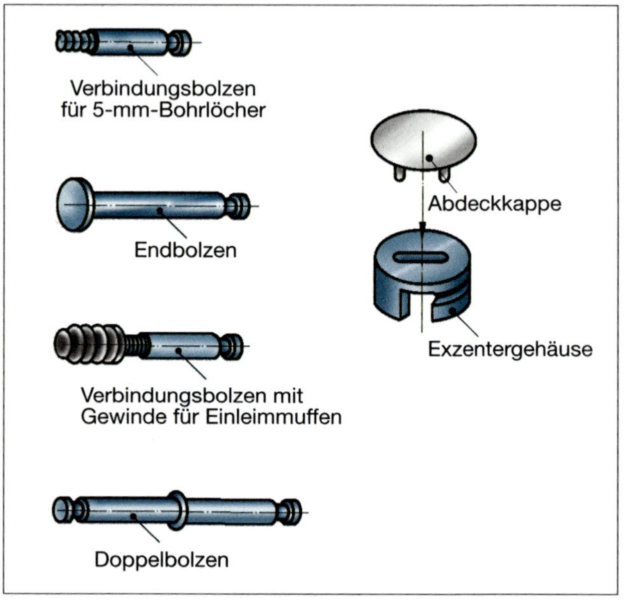

Exzenterverbinder

Aufgaben

1. *Welche Kasteneckverbindungen sind für Holzwerkstoffplatten geeignet?*
2. *Welche Kasteneckverbindungen sind* ***nur*** *für Vollholz geeignet?*
3. *Was muss bei der Auswahl und Lage des Holzes bei Kastenverbindungen aus Vollholz beachtet werden?*
4. *An welche Werkstückteile müssen bei einer Zinkenverbindung die Schwalben angearbeitet werden? Begründen Sie.*
5. *Nennen Sie Möglichkeiten für T-förmige Eckverbindungen.*
6. *Was muss beachtet werden, wenn Werkstücke auf Gehrung gedübelt werden sollen?*
7. *In welchen Fällen werden lösbare Eckverbinder verwendet?*

3.2.2 Rahmenverbindungen

Wie lassen sich Rahmenhölzer fachgerecht miteinander verbinden?

Die Rahmenbauweise eignet sich zur Herstellung großflächiger Bauteile, etwa von Türen, Möbelseiten oder Fenstern.
Da der Rahmen dabei meist die tragende Funktion übernimmt, muss die Auswahl der Eckverbindung nach der zu erwartenden Belastung erfolgen.
Rahmeneckverbindungen müssen biegesteif ausgeführt werden, d. h., sie müssen im Winkel bleiben und dürfen sich weder verziehen noch verwinden.

Auswahl und Kennzeichnung der Rahmenhölzer

Auswahl und Lage der Rahmenhölzer

Rahmen werden überwiegend aus Vollholz hergestellt. Deshalb ist das Schwundverhalten bei der Auswahl der Rahmenhölzer zu berücksichtigen. Rahmenecken aus Holz mit liegenden Jahresringen werden mit der Zeit leichter unbündig, da Schiltz- und Zapfenholz stärker in der Breite schwinden (siehe Bild.).
Wird dennoch Holz mit liegenden Jahresringen verwendet, so ist die rechte Seite (Kernseite) nach außen zu wenden. So wölbt sich, etwa bei Rahmentüren, der Rahmen zum Korpus und ein ordentliches Schließen wird gewährleistet.

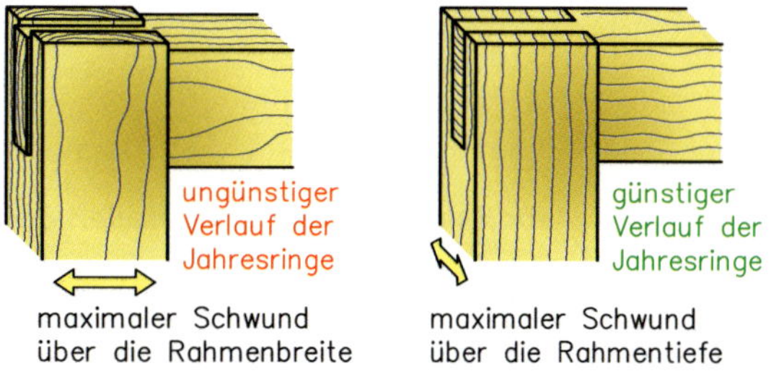

Rahmenverbindung

Merke

Rahmenhölzer sollten vorzugsweise stehende Jahresringe aufweisen. So wird ein ungünstiges Schwundverhalten am besten vermieden.

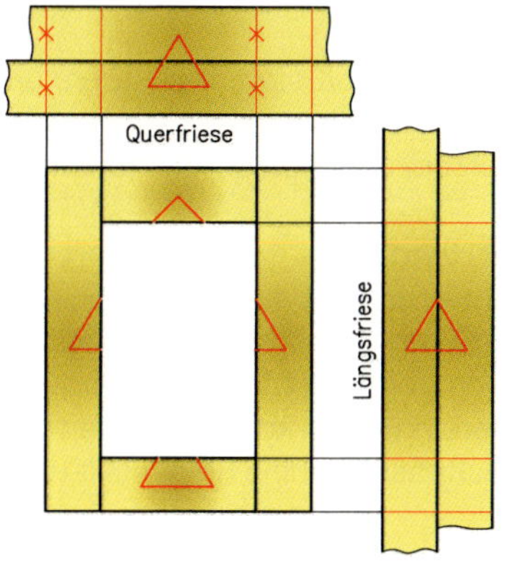

Kennzeichnen der Rahmenhölzer

Kennzeichnen der Rahmenhölzer

Die senkrechten Hölzer – **Längsfriese** – sowie die waagerechten Hölzer – **Querfriese** – werden jeweils mit ihren Winkelkanten aneinandergelegt und auf der Vorderseite mit Dreiecksymbolen gekennzeichnet.

Merke

Die Längsfriese werden mit seitlichen Dreieckshälften, die Querfriese mit oberen und unteren Dreieckshälften gekennzeichnet.

Schlitz- und Zapfenverbindung

Diese wird häufig im Möbelbau, sowie im Bau von Türen und Fenstern verwendet. Durch die doppelte Leimfläche des Zapfens ergibt sich eine sehr feste Verbindung. Die Rahmenhölzer können dabei rechtwinklig oder auf Gehrung gestoßen werden. Aus gestalterischen Gründen können sie außerdem gefast oder mit einem Innenprofil versehen werden.

Merke

Längsfriese sollten in der Vorderansicht immer durchgehend sichtbar sein. An die Längsfriese sind demnach die Schlitze, an die Querfriese die Zapfen anzuarbeiten.

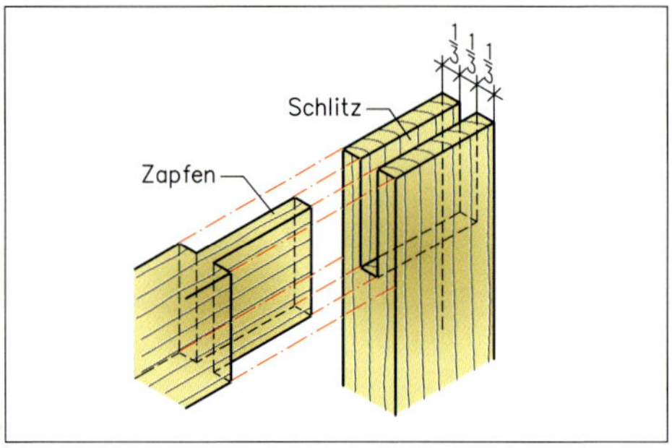

Verbindung mit einfachem Zapfen

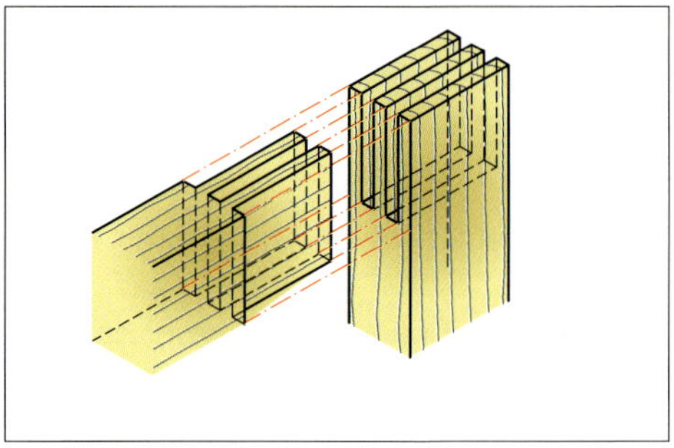

Verbindung mit Doppelzapfen

Die Dicke des Zapfens sollte etwa 1/3 der Holzstärke entsprechen, jedoch maximal 15 mm betragen. Stärkere Rahmen werden mit Doppelzapfen versehen (siehe Bild).

Arbeitsschritte zum Herstellen der Verbindung

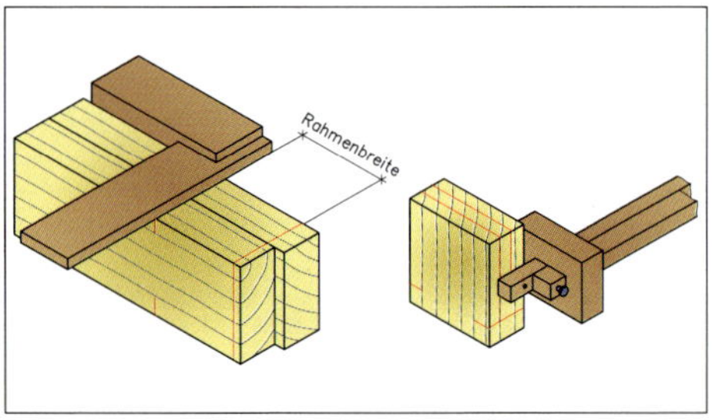

Anreißen der Rahmenlänge und Rahmenbreite

Anreißen der Verbindung

1. Zunächst werden Längs- und Querfriese jeweils hochkant (Rahmeninnenkanten nach oben) zusammengespannt. Rahmenlänge und Rahmenbreite lassen sich so in einem Arbeitsgang genau anreißen.
2. Die Rahmenbreite wird durch Auflegen der jeweiligen Anschlusshölzer angerissen.
3. Die Risse werden auf die Rückseite überwinkelt.
4. Zapfen- bzw. Schlitzdicke werden anschließend mit dem Streichmaß angerissen.

Beachte: Tiefe Risse mit dem Streichmaß oder dem Bleistift sind, besonders an den Sichtseiten der Schlitzhölzer, zu vermeiden. Angedeutete Bleistiftrisse beim Überwinkeln sind für diese Risse ausreichend und lassen sich beim Verputzen leichter entfernen.

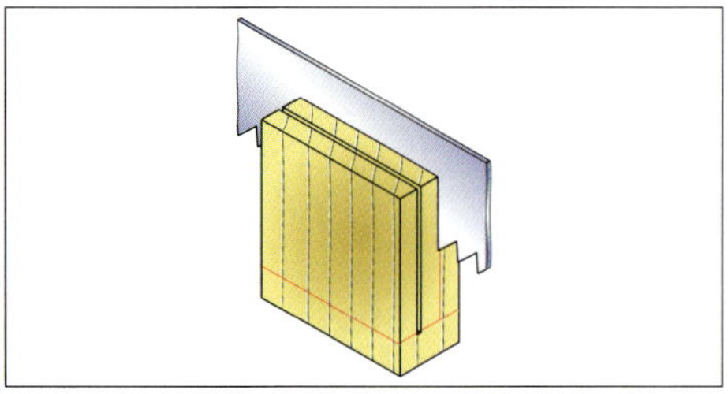

Anschneiden des Zapfens mit der Japansäge

Ausarbeiten der Verbindung

Schlitze und Zapfen werden mit der Absetzsäge oder der Japansäge eingesägt. Der Schlitz wird anschließend ausgestemmt, der Zapfen abgesetzt.
Schlitz- und Zapfenverbindungen können auch an der Kreissäge oder an der Tischfräsmaschine hergestellt werden.

Beachte: Die Sägeschnitte sind seitlich entlang der Risse jeweils im abfallenden Holz zu führen.

Schlitz- und Zapfenverbindung mit Nut

Füllungen lassen sich in Rahmen mit Schlitz- und Zapfenverbindungen einnuten. Dazu werden Längs- und Querfriese nach der Herstellung der Verbindungen mit einer Nut versehen.

Vollholzfüllungen erfordern eine Nuttiefe von mindestens 10–12 mm. So wird ein Arbeiten des Holzes berücksichtigt. Für Sperrholzfüllungen ist dagegen eine Tiefe von 8 mm ausreichend. Die Nutbreite richtet sich nach der Stärke des Zapfens. Bei der Herstellung von Schlitz- und Zapfenverbindung mit Nut ist daher Folgendes zu beachten:

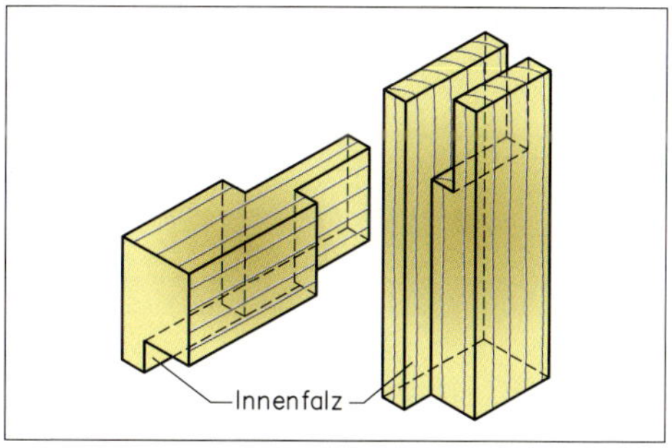

Überwinkeln der Anrisse

Beachte: Der Zapfen wird beim Fräsen der Nut um die Nuttiefe schmaler. Deshalb muss auch die Schlitztiefe um die Nuttiefe verringert werden.

Bereits beim Anreißen der Schlitztiefe ist dieser Umstand zu berücksichtigen. Nach dem Anlegen des Anschlussholzes wird vom Riss die Nuttiefe abgezogen und die zukünftige Schlitztiefe angezeichnet sowie umgewinkelt.

Schlitz- und Zapfenverbindung mit Falz

Eine weitere Möglichkeit, einen Rahmen mit Füllung zu versehen, ist das Einfälzen. Dazu wird in den Rahmen nach Anfertigung der Verbindung ein Falz eingefräst und die Füllung durch Füllungsleisten fixiert. Die Füllung ist dadurch auch später noch austauschbar, was sich besonders bei Glasfüllungen empfiehlt.

Die *Falztiefe* sollte für Vollholzfüllungen und Glas 10–15 mm betragen, für Sperrholzfüllungen 8 mm. Die *Falzhöhe* beträgt etwa 2/3 der Holzstärke. Sie liegt in jedem Fall auf einer Ebene mit einer der Schlitzwangen.

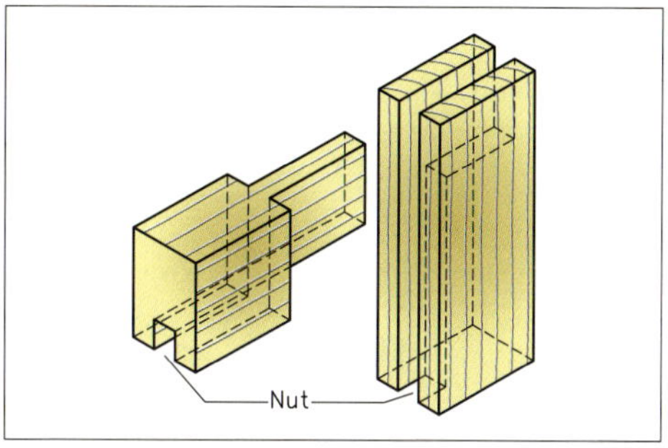

Schlitz- und Zapfenverbindung mit Falz

Beachte: Durch das Fräsen des Falzes wird eine der Schlitzwangen um die Falztiefe schmaler. Deshalb muss dieses Maß beim Anreißen der entsprechenden Zapfenbrüstung zugegeben werden.
Ebenso verringert sich die Breite des Zapfens um die Falztiefe. Auch die Schlitztiefe muss also um die Falztiefe verringert werden (siehe Bild).

Schlitz- und Zapfenverbindung mit Falz und Fase

Bei dieser Schlitz- und Zapfenverbindung wird an den Innenkanten der Rahmenhölzer eine Fase angefräst. Eine der Zapfenbrüstungen muss deshalb, entsprechend dem Fasenwinkel, schräg abgesetzt werden.

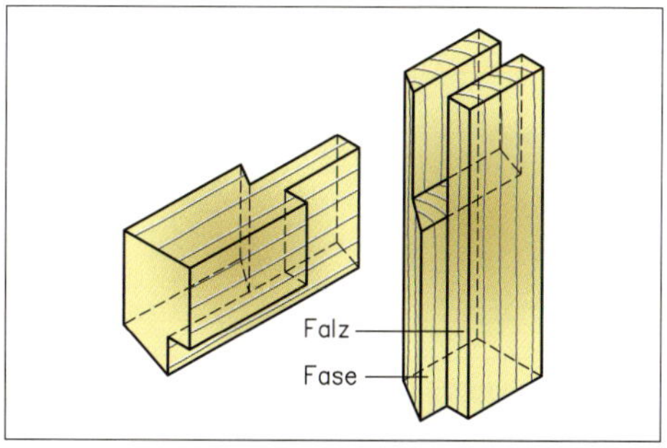

Schlitz- und Zapfenverbindung mit Falz und Fase

Schlitz- und Zapfenverbindung mit Falz

Schlitz- und Zapfenverbindung mit Innenprofil auf Gehrung

Innenprofile dienen der optischen Gestaltung eines Rahmens. Je nach Ausführung wird das Profil an der Brüstung *überschoben* (gekontert) oder es wird *auf Gehrung* gesägt und an der Schlitzwange abgestochen. Die überschobene Brüstung lässt sich maschinell mit einem Fräsersatz (Profil- und Konterprofilfräser) herstellen. Sie kann allerdings nicht bei hinterschnittenen Profilen verwendet werden. Diese müssen auf Gehrung abgesetzt werden.

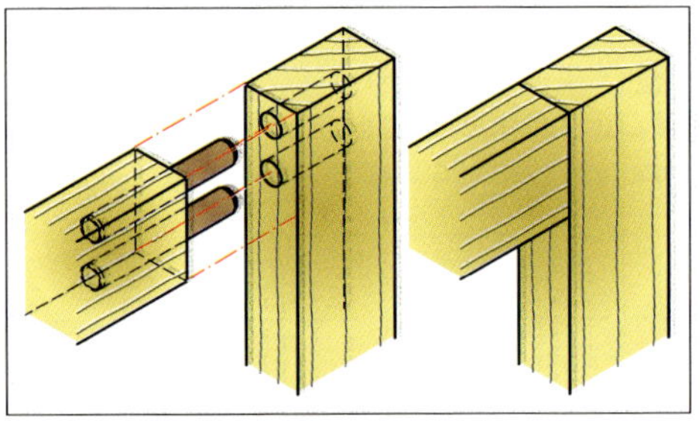

Gedübelte Verbindungen

Gedübelte Verbindungen

Gedübelte Verbindungen werden häufig zur Herstellung von Türrahmen verwendet. Sie bieten gegenüber der Schlitz- und Zapfenverbindung vor allem wirtschaftliche Vorteile: Durch die einfachere Herstellungstechnik wird Zeit gespart und dadurch wwerden die Kosten gesenkt.

Gedübelte Rahmenecken können stumpf oder auf Gehrung gestoßen werden. Sie können mit zusätzlichen Nutzapfen oder mit Innenprofilen versehen werden. In jedem Fall ist bei Dübelverbindungen Folgendes zu beachten:

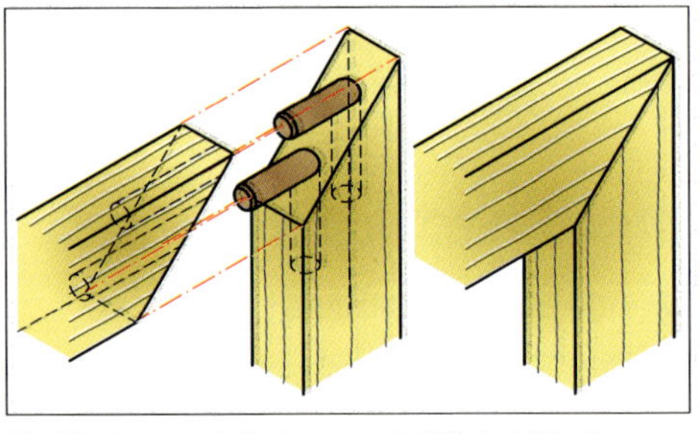

Verbindung auf Gehrung mit Winkeldübeln

Beachte:

- Es müssen mindestens zwei Dübel pro Rahmenecke verwendet werden, um ein Verdrehen der Rahmenhölzer zu verhindern. Bei breiteren Friesen (ab 150 mm) werden drei Dübel verwendet.
- Die Länge der Dübel sollte 4/3 der Friesbreite betragen, der Dübeldurchmesser sollte etwa der halben Holzdicke entsprechen.
- Die Dübellöcher im Anschlussholz müssen etwa 2 mm tiefer gebohrt werden, damit überschüssiger Leim Platz hat und die Fuge dicht wird.
- Bei Gehrungsstößen müssen Dübel möglichst nah an die Rahmeninnenkante gesetzt werden, um eine ausreichende Länge zu ermöglichen. Besser ist es, dafür Winkeldübel zu verwenden.
- Besonders bei breiteren Rahmenfriesen ist es sinnvoll, einen zusätzlichen Nutzapfen anzuarbeiten, da dadurch die Stabilität erhöht wird und ein Werfen des Frieses verhindert wird. Die Nutzapfenlänge entspricht der Nuttiefe, die zur Aufnahme von Füllungen gefräst wird. Sie beträgt etwa 8–15 mm.

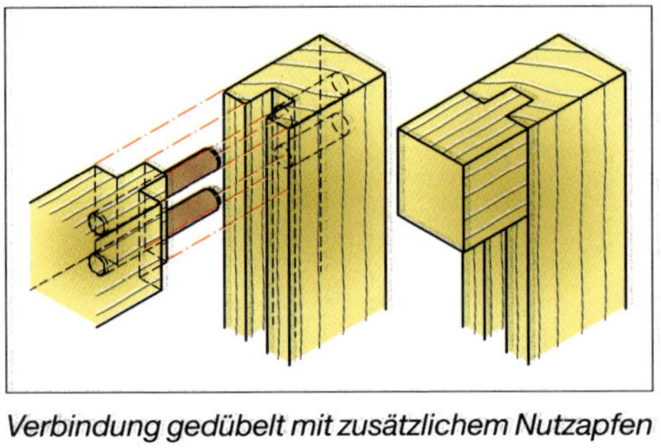

Verbindung gedübelt mit zusätzlichem Nutzapfen

Aus gestalterischen Gründen können auch bei Dübelverbindungen die Rahmeninnenkanten profiliert werden. Die Profile werden in diesem Fall mit einem Fräsersatz, bestehend aus Profil- und Konter-profilfräser, hergestellt und überschoben.

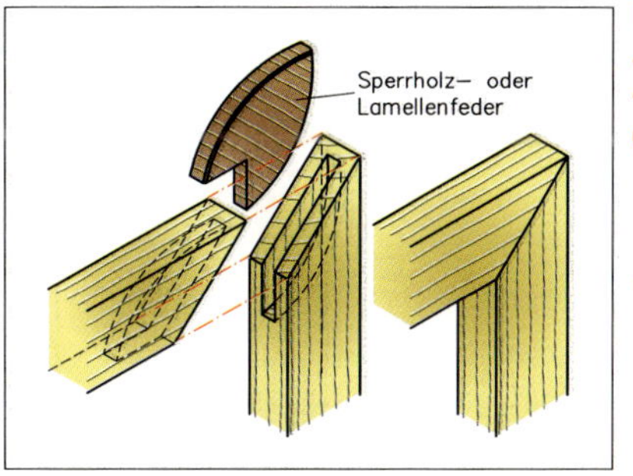

Rahmenverbindung mit Formfedern

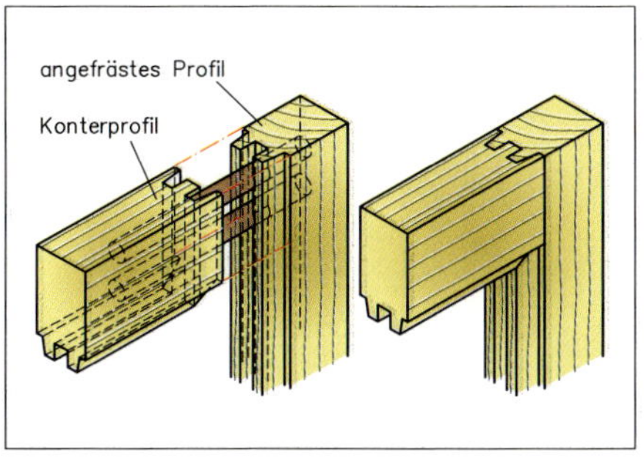

Dübelverbindung mit Konterprofil

Rahmenverbindung mit Formfedern

Die Rahmenverbindung mit Formfedern eignet sich besonders für Gehrungsstöße. Sie kann mit entsprechenden Handmaschinen schneller hergestellt werden als eine Dübelverbindung.

Aufgaben

1. *Was muss bei der Auswahl von Rahmenhölzern beachtet werden?*
2. *Wie heißen die senkrechten und waagerechten Rahmenhölzer und wie werden sie gekennzeichnet?*
3. *Welche Rahmenhölzer sollten in der Ansicht immer durchgehen?*
4. *Welche Möglichkeiten gibt es, eine Füllung in einen Rahmen einzubauen?*
5. *Welche Maßveränderungen an Schlitzholz und Zapfenholz muss man berücksichtigen*
   a) bei der Herstellung einer Schlitz- und Zapfenverbindung mit Nut
   b) bei der Herstellung einer Schlitz- und Zapfenverbindung mit Falz?
6. *Welche Vorteile bieten Dübelverbindungen gegenüber Schlitz- und Zapfenverbindungen?*
7. *Welche Verbindungsmittel sind für eine Rahmenverbindung auf Gehrung geeignet?*
8. *Wie können Innenprofile von Rahmenhölzern zusammengefügt werden?*

3.2.3 Teilung von Strecken

Warum ist zur Berechnung der Streckenteilung eine Skizze hilfreich?

Nicht nur bei Holzverbindungen, wie z.B. einer Zinkung, muss der Tischler gegebene Strecken unterteilen und berechnen können, sondern auch am gesamten Bauteil selbst, wie die beiden hier angeführten Beispiele zeigen.

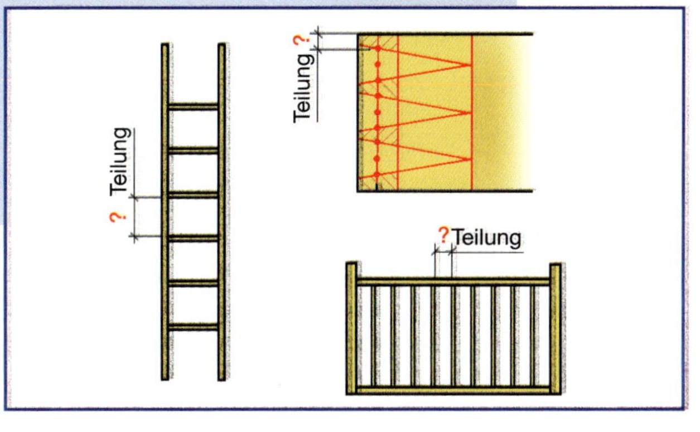

Beispiel

Berechnung

Wodurch unterscheiden sich die beiden folgenden Aufgabentypen?

a) Wie groß ist der Abstand zwischen den Leitersprossen?

Gegeben: Skizze

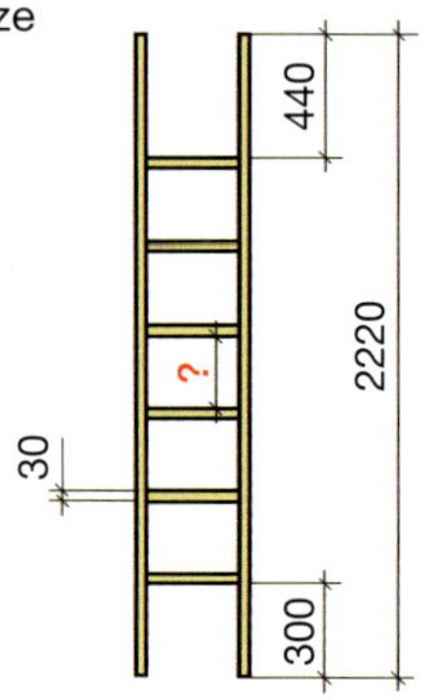

Lösung

2220 mm – 440 mm – 300 mm = 1480 mm

Für die gesamten Abstände einschließlich der Sprossen stehen 1480 mm zur Verfügung.

Die Skizze zeigt, dass die Anzahl der Sprossen ***um 1 größer*** *ist als die Anzahl der Abstände.*

1480 mm – 6 · 30 mm = 1300 mm

1300 mm : 5 = 260 mm

Der Abstand zwischen den Leitersprossen beträgt 260 mm.

b) Wie groß ist der Abstand zwischen den Stäben des Treppengeländers?

Gegeben: Skizze

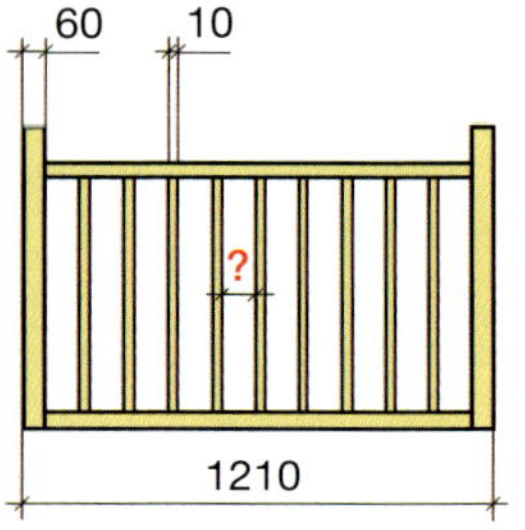

Lösung

1210 mm – 2 · 60 mm = 1090 mm

Für die gesamten Abstände einschließlich der Stäbe stehen 1090 mm zur Verfügung.

Die Skizze zeigt, dass die Anzahl der Stäbe ***um 1 kleiner*** *ist als die Anzahl der Abstände.*

1090 mm – 9 · 10 mm = 1000 mm

1000 mm : 10 = 100 mm

Der Abstand zwischen den Stäben des Treppengeländers beträgt 100 mm.

Merke

Bei Streckenteilungsaufgaben ist es meist sinnvoll, eine kleine Skizze anzufertigen. Man kann dadurch erkennen, wie sich die Zahl der Abstände zur Zahl der Unterteilungen (Sprossen, Stäbe, Regalfächer etc.) verhält.

Aufgaben

1. *Wie groß ist der Abstand der Leitersprossen der im vorherigen Berechnungsbeispiel dargestellten Leiter, wenn die Sprossenstärke nun 33 mm beträgt?*

2. *An einem 119 cm langen Garderobenbrett sollen 7 Haken in einer waagrechten Linie befestigt werden.*
   Die Randabstände zum ersten bzw. letzten Haken sind genau halb so groß wie der jeweils gleich große Abstand der Haken untereinander.
   a) Berechnen Sie den Abstand der Haken untereinander.
   b) Wie groß ist der Randabstand?

3. *Eine 9,78 m lange Wand in einem Konferenzraum soll mit 15 furnierten Platten vertäfelt werden. Die Platten haben eine Breite von 62,5 cm und zwischen den einzelnen Platten ist eine Fuge von jeweils 15 mm eingeplant.*
   Berechnen Sie den rechten und linken Randabstand.

4. Der nebenstehend abgebildete Schrank soll mit 17 mm dicken Fachböden ausgestattet werden.
   a) Berechnen Sie die Anzahl der Fachböden, wenn der lichte Abstand zwischen den Böden mindestens 35 cm betragen muss.
   b) Wie groß ist der exakte Abstand zwischen den Fachböden?

5. Für einen kreisrunden Tisch mit dem Durchmesser von 1,25 m soll die Anzahl der Sitzplätze ermittelt werden, wenn mit einem Platzbedarf pro Person von nicht weniger als 65 cm gerechnet wird.

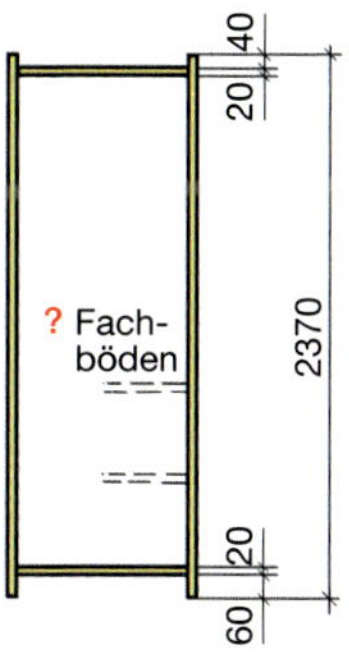

3.2.4 Dreisatzrechnen

Wie viele Pfosten sind zu setzen?

Für den abgebildeten Lattenzaun waren ursprünglich 26 Pfosten mit einem Abstand von 2,85 m vorgesehen.
Es stellte sich jedoch heraus, dass man den Abstand auf 2,55 m verkürzen muss.
Wie viele Pfosten sind nun zu setzen?

Wie kann man diese Aufgabe mithilfe des Dreisatzes lösen?

Merke

Beim Dreisatzrechnen werden, von gegebenen Größen ausgehend, schrittweise neue gesuchte Größen ermittelt.
Dabei wird von einem bekannten Vielfachen zuerst auf das Einfache und anschließend auf das neue gesuchte Vielfache geschlossen.
Die gesuchte Größe steht dabei immer rechts.

Man unterscheidet:

a) Dreisatz mit geradem Verhältnis
Beim Dreisatz mit geradem Verhältnis nehmen beide Größen gleichzeitig entweder ab oder zu.

Beispiel 1
2,5 m³ Fichtenholz wiegen 1 125 kg.
Wieviel wiegen 3,2 m³ des gleichen Holzes?

Lösung

	Menge (m³)		Masse (kg)
Abnahme	2,5	Abnahme	1 125
	1		$\frac{1\,125}{2,5}$
Zunahme	3,2	Zunahme	$\frac{1\,125 \cdot 3,2}{2,5} = \underline{\underline{1\,440\ \text{kg}}}$

b) Dreisatz mit umgekehrtem Verhältnis
Beim Dreisatz mit umgekehrtem Verhältnis nimmt jeweils die eine Größe zu, während die andere abnimmt.

Beispiel 2
Zwei Schreinergesellen benötigen für das Anbringen einer Wandverkleidung 7,5 Stunden.
In welcher Zeit schaffen diese Arbeit fünf Gesellen?

Lösung

	Anzahl Gesellen		Zeit (h)
Abnahme	2	Zunahme	7,5
	1		$7,5 \cdot 2$
Zunahme	5	Abnahme	$\frac{7,5 \cdot 2}{5} = \underline{\underline{3\ \text{h}}}$

c) Zusammengesetzter Dreisatz

Beim zusammengesetzten Dreisatz muss man mehrmals schrittweise vom Vielfachen auf das Einfache und anschließend auf das neue gesuchte Vielfache schließen. Dabei ist immer darauf zu achten, ob es sich um einen Dreisatz mit geradem oder umgekehrtem Verhältnis handelt.

Beispiel 3

Zwei Tischlergesellen setzen an zwei Arbeitstagen bei einer täglichen Arbeitszeit von 8 Stunden 24 Zimmertüren.

Wieviel Zimmertüren setzen fünf Gesellen an drei Arbeitstagen, wenn sie 7,5 Stunden täglich arbeiten?

Lösung

Anzahl der Gesellen	Arbeitstage	Zeit (h)	Anzahl der Türen
2	2	8	24
1	2	8	$\frac{24}{2}$
1	1	8	$\frac{24}{2 \cdot 2}$
1	1	1	$\frac{24}{2 \cdot 2 \cdot 8}$
5	1	1	$\frac{24 \cdot 5}{2 \cdot 2 \cdot 8}$
5	3	1	$\frac{24 \cdot 5 \cdot 3}{2 \cdot 2 \cdot 8}$
5	3	7,5	$\frac{24 \cdot 5 \cdot 3 \cdot 7{,}5}{2 \cdot 2 \cdot 8}$ = 84,38 Türen

Aufgaben

1. *Berechnen Sie die Anzahl der Pfosten aus dem Eingangsbeispiel.*
2. *In einem Einfamilienhaus wird eine Holztreppe aus Ahornholz eingebaut. Die Treppe hat 15 Stufen bei einer Steigungshöhe von 18,5 cm.*
   Wie muss die Steigungshöhe verändert werden, wenn 16 Stufen vorgesehen sind?
3. *An drei Schreinerlehrlinge wird ein Monatslohn von insgesamt EUR 1 490,93 ausbezahlt. Wie viel Geld erhalten fünf Lehrlinge im gleichen Zeitraum?*
4. *Eine Wandverkleidung in einer Sporthalle soll von vier Schreinergesellen in neun Stunden montiert werden.*
   Welche Zeit ist zu veranschlagen, wenn zwei Arbeiter mehr zur Verfügung stehen?
5. *Zwei Parkettleger verlegen an zwei Tagen 150 m² Parkettboden. An beiden Tagen arbeiten sie jeweils 7,5 Stunden. Wie viele m² mehr verlegen drei Arbeiter an drei Tagen, wenn sie pro Tag jeweils 1,5 Stunden weniger arbeiten?*

3.2.5 Gestellverbindungen

Welche Möglichkeiten einer Gestellverbindung muss ein Tischler kennen?

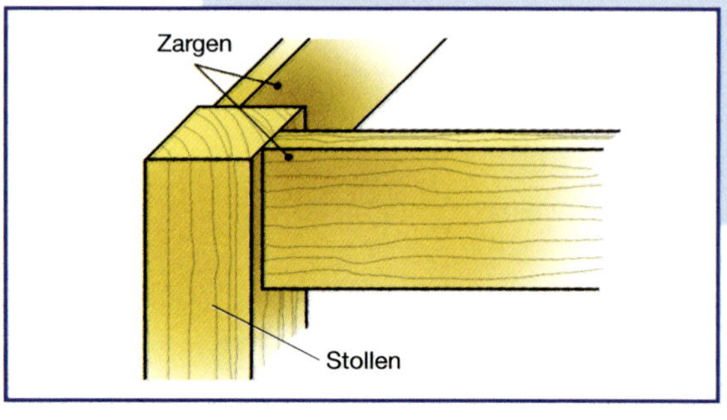

Ein Gestell besteht aus senkrechten *Stollen*, die als Beine dienen, und aus waagerechten *Zargen*. Die Verbindungen werden bei der Herstellung von Stühlen, Tischen, Betten u. ä. angewendet.

Die gestemmte Zapfenverbindung

Bei der gestemmten Zapfenverbindung werden in die Stollen Zapfenlöcher eingestemmt und an die Zargen Zapfen angearbeitet.
Damit der Stollen nicht durch zu lange Zapfenlöcher geschwächt wird, werden die entsprechenden Zapfen nur etwa an die halbe Zargenbreite gearbeitet. Der Rest der Breite wird als Nutzapfen ausgebildet, der ein Drehen der Zarge verhindert.
Um die Zapfen so weit wie möglich ins Holz greifen lassen zu können, werden sie in Richtung Außenkante der Stollen versetzt und auf Gehrung abgesetzt.
Die Zapfendicke beträgt etwa 1/3 der Zargendicke.

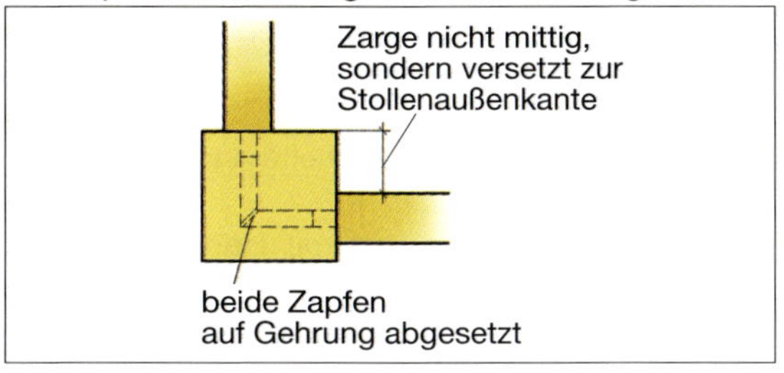

Zapfen mit Gehrung

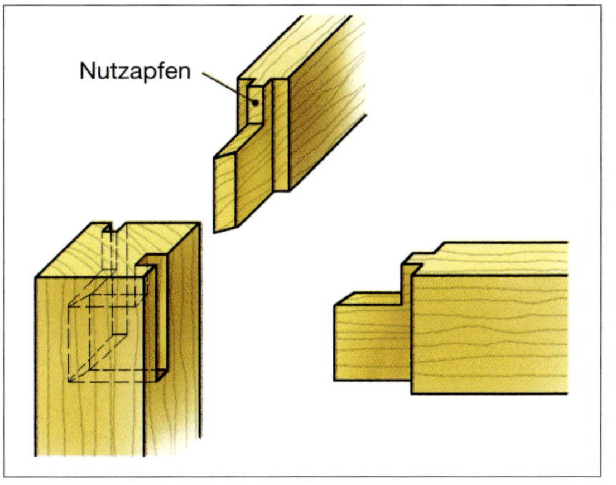

Gestemmte Zapfenverbindung

Arbeitsschritte zum Anreißen der Verbindung

● ***Anreißen der Stollen***

1. Zargenbreite durch Auflegen auf den Stollen anreißen.

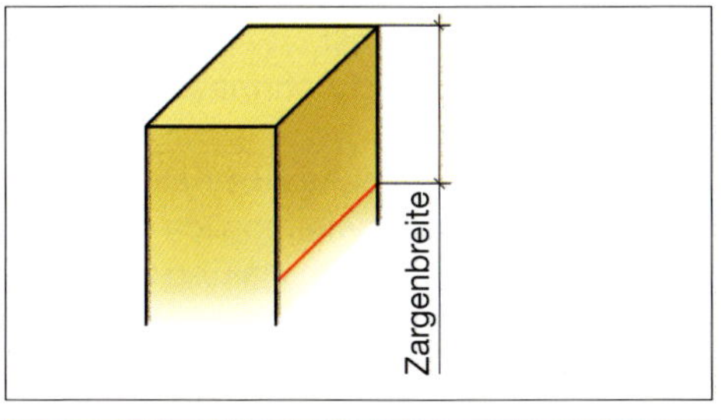

2. Die Lage und Dicke der Zarge mit dem Streichmaß anreißen.

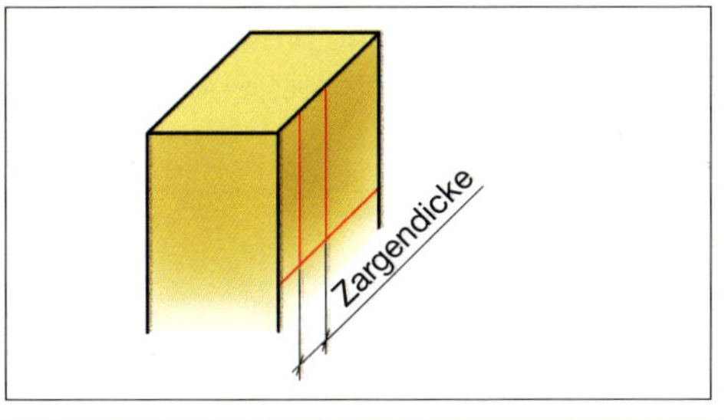

Beachte: Die Zarge sollte aus optischen Gründen nicht mit der Stollenkante bündig liegen, sondern um etwa 1 cm nach innen gesetzt werden.
Dadurch bekommen die Zapfenlöcher, bzw. Dübellöcher außerdem einen größeren Abstand von der Stollenkante, wodurch ein Abscheren des Vorholzes verhindert wird.

3. Anreißen der Zapfenlochbreite mit dem Streichmaß.

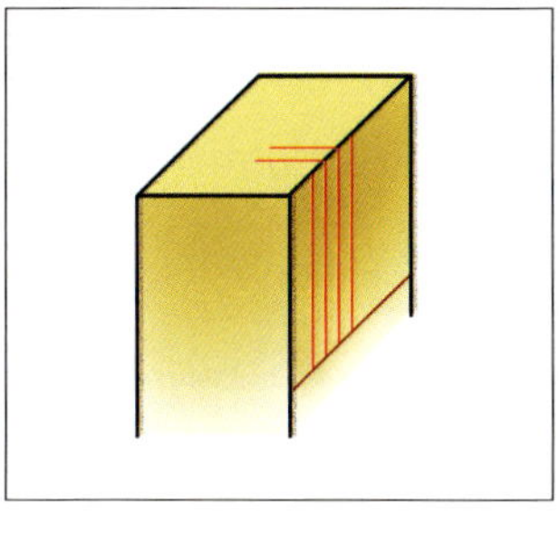

4. Anreißen der Zapfenlochlänge und der Nutzapfenlänge.

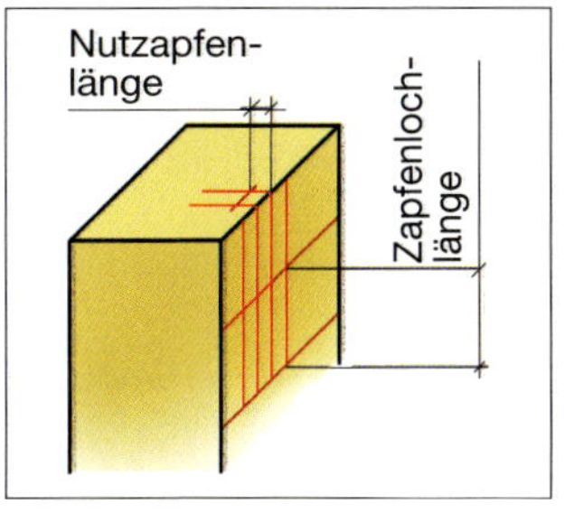

5. Übertragen aller Risse für den Anschluss der zweiten Zarge.

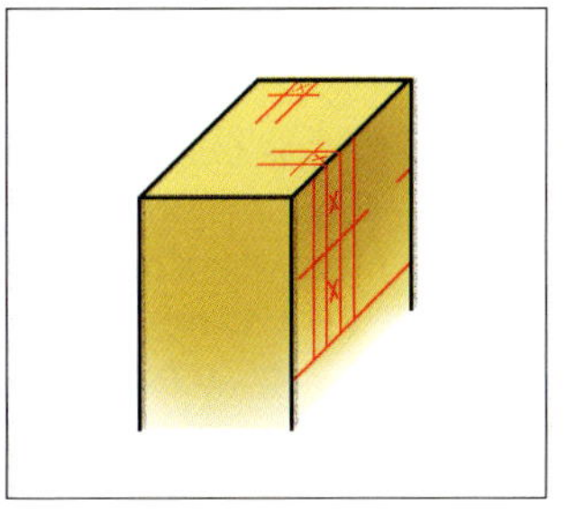

Anreißen der Zargen

1. Anreißen der Zapfenlänge (das Maß richtet sich nach dem Stollenquerschnitt und der Lage der Zarge auf dem Stollen).

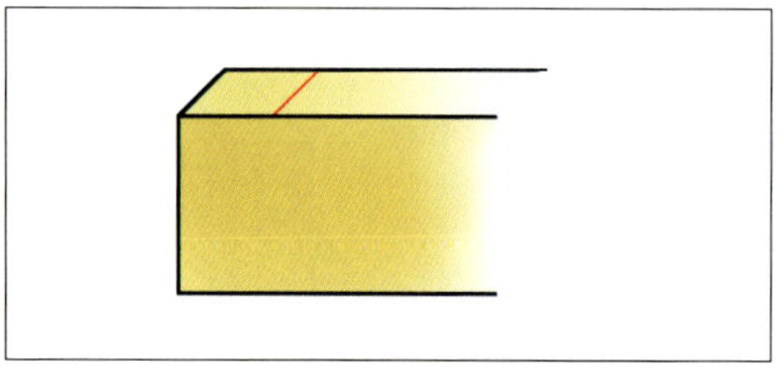

2. Anreißen der Zapfendicke mit dem Streichmaß und Überwinkeln aller notwendigen Risse.

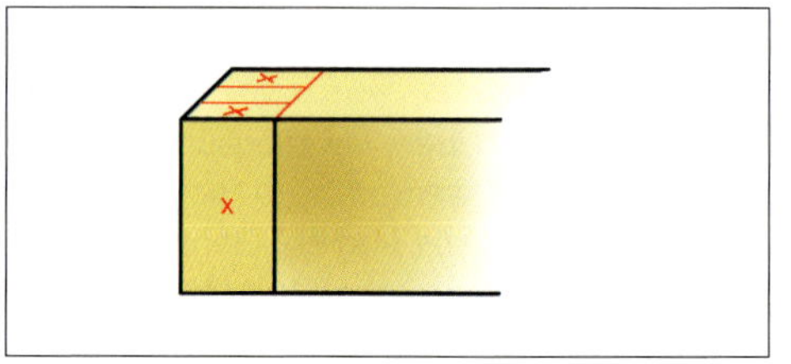

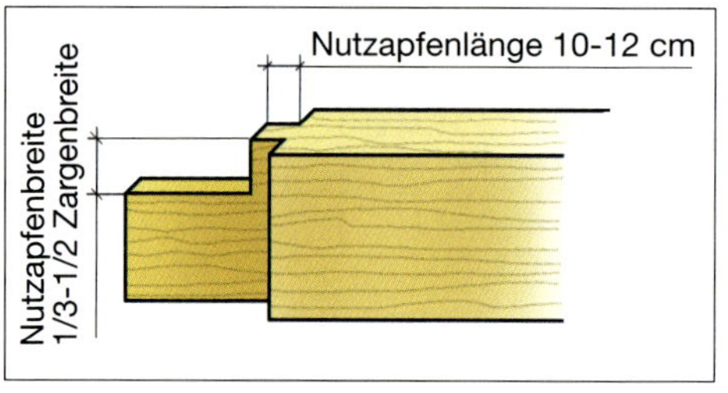

Anreißen der Nutzapfenlänge und -breite

3. Nach Ausarbeitung der Zapfen die Nutzapfenlänge und -breite anreißen.

Die Verbindung wird mit Handwerkszeugen, mit der Oberfräse oder mit der Langlochbohrmaschine ausgearbeitet.

Die gedübelte Verbindung

Eine gedübelte Gestellverbindung ist schneller herzustellen als eine gestemmte Zapfenverbindung. Außerdem spart man bei den Zargen Holz, weil die Zapfen durch Dübel ersetzt werden und dadurch die Holzzugabe für die Zapfenlänge entfällt.
Die Verbindung wird mit der Dübelbohrmaschine oder mit der Langlochbohrmaschine ausgearbeitet.

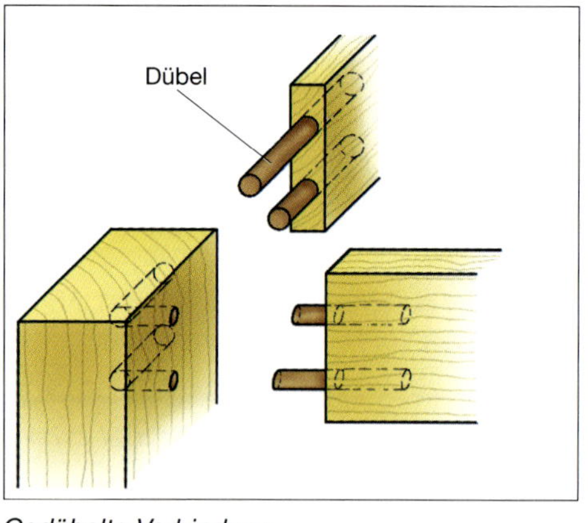

Gedübelte Verbindung

Um eine große Leimfläche zu erhalten, sollten die Dübel so lang wie möglich gewählt werden. Man ordnet sie deshalb so an, dass sie im Stollen abwechselnd aneinander vorbeigehen.
Wenn es der Zargenquerschnitt zulässt, kann man die Dübel auch versetzt bohren.

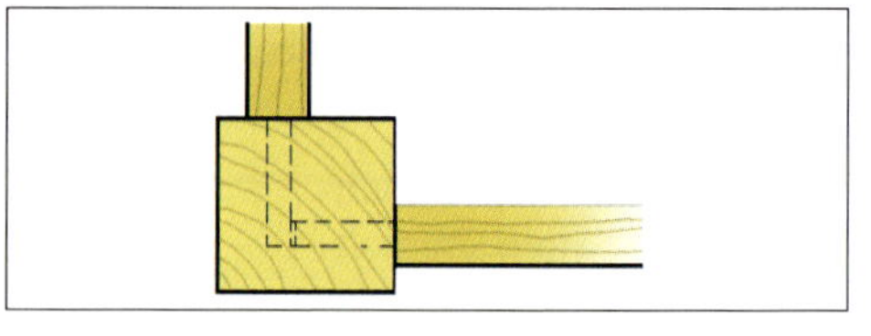

Lage der Dübel im Stollen

Aufgaben

1. *Nennen Sie Vorteile der gedübelten Gestellverbindung gegenüber der gestemmten Zapfenverbindung.*
2. *Was muss man bei der Auswahl und Anordnung der Dübel bei einer gedübelten Gestellverbindung beachten?*
3. *Welche Vorteile hat eine gestemmte Zapfenverbindung gegenüber der Dübelverbindung?*

4 Dreitafel-Projektion

Welchen Winkel hat die Phase der Rahmenecke?

Die in Isometrie skizzierte Rahmenecke ist mit Schlitz und Zapfen verbunden. Das Rahmenfries ist 60 mm breit und 27 mm dick. Außerdem ist der genutete Rahmen mit einer Fase von 3/9 mm versehen. Die Nut ist 15 mm tief.
Aus dieser Zeichnung kann der Winkel der Fase nicht ermittelt werden.
Bestimmen Sie den Fasenwinkel rechnerisch und zeichnerisch.
Zeichnen Sie das Schlitzstück so, dass aus der Zeichnung alle fertigungsrelevanten Maße entnommen werden können.

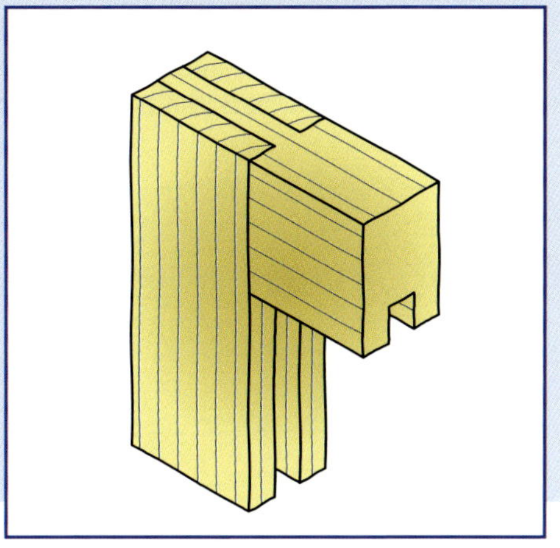

Das Dreitafelbild

Durch Raumbilder werden Gegenstände sehr anschaulich dargestellt. Sie sind eine große Hilfe, um die Wirkung der Längen zueinander zu verdeutlichen.
Aber häufig können aus den Raumbildern nur unzureichend Konstruktionsdetails und wahre Längen entnommen werden.

Eine große Hilfe zum Ermitteln der wahren Längen ist das Dreitafelbild. Es zeigt die Gegenstände in ihren drei Ansichten.
Dabei werden senkrechte und waagrechte Strecken und Flächen unverkürzt bzw. in wahrer Größe angezeigt. Das gleiche gilt auch für entsprechende Winkel.

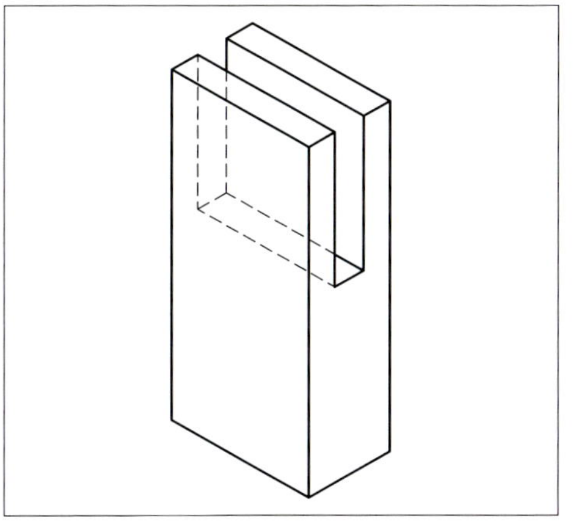

Schlitzstück in Isometrie

Die Ansichten des Dreitafelbildes

Die Vorderansicht, die Draufsicht und die Seitenansicht von links können als Projektion der Körperflächen betrachtet werden (vergleichbar den Bildern, die ein Diaprojektor an die Wand wirft). Diese Flächen werden alle in eine Ebene geklappt, nämlich in die Ebene des Zeichenpapiers. So entstehen aus dem Raumbild drei Ansichten, die in einer ganz bestimmten Anordnung zueinander gezeichnet werden.

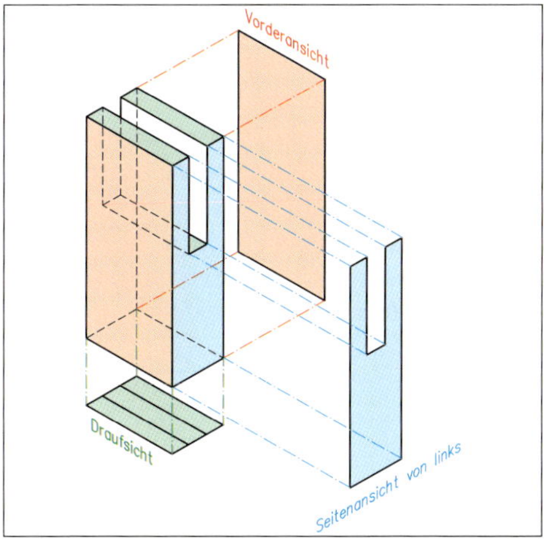

Die Konstruktion des Dreitafelbildes

Das Blatt wird durch ein Achsenkreuz in drei Teile geteilt. Oben links befindet sich die Vorderansicht, unten links die Draufsicht und rechts oben die Seitenansicht. Das Blatt wird dabei je nach Platzbedarf der Ansichten eingeteilt. Unsichtbare Kanten werden wie üblich mit einer schmalen Stichlinie dargestellt. Die Bemaßung und die Auswahl der Linienstärken erfolgen nach den üblichen Normen. Die Konstruktionslinien können sichtbar bleiben; sie sind aber mit einer schmalen Volllinie zu zeichnen.

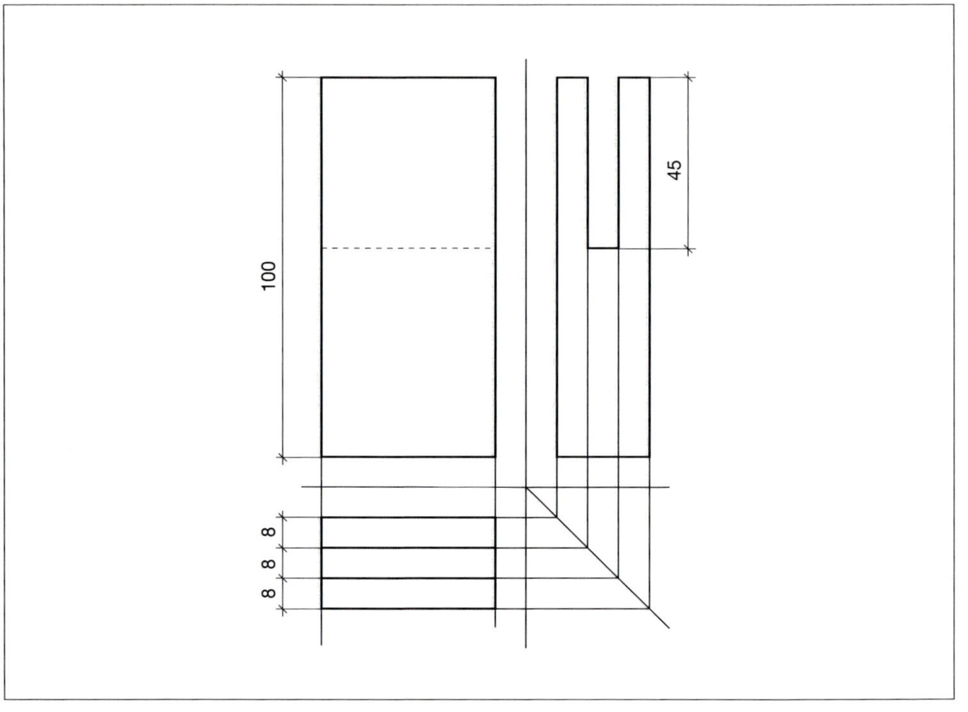

Dreitafelbild eines Schlitzstückes

Aufgaben

1. *Zeichnen Sie ein Zapfenstück in drei Ansichten mit den Maßen 100/50/24. Orientieren Sie sich dabei am obigen Schlitzstück. Beachten Sie, dass das Zapfenstück in der Regel liegend gezeichnet wird.*
2. *Zeichnen Sie ein Schlitzstück in drei Ansichten mit 8 mm breiter und 10 mm tiefer mittig liegender Nut mit den Maßen 100/50/24. Beachten Sie, dass das Schlitzstück stehend gezeichnet wird (siehe Beispiel).*
3. *Zeichnen Sie ein Zapfenstück in drei Ansichten mit 8 mm breiter und 10 mm tiefer mittig liegender Nut mit den Maßen 100/50/24. Beachten Sie, dass das Zapfenstück liegend gezeichnet wird.*

5 Schnittzeichnungen

Wie werden Schnitte durch Werkstoffe dargestellt?

Ansichtszeichnungen oder räumliche Darstellungen sind dazu geeignet, dem Kunden eine Vorstellung vom fertigen Möbel zu geben.

Dem Tischler, der das Möbel fertigen muss, nutzt diese Art von Zeichnung wenig. Er braucht Informationen über den inneren Aufbau des Werkstücks, über Konstruktionsdetails, verwendete Materialien, Verbindungsmittel, die genaue Form von Profilen und auch viele verschiedene Maßangaben. Aus diesem Grund wird das Werkstück parallel zur Vorder- und Seitenansicht sowie zur Draufsicht geschnitten.

Betrachtet man diese Schnittflächen, nachdem sie vollständig und richtig gezeichnet, beschriftet und bemaßt wurden, kann man daraus alle zur Herstellung nötigen Informationen ablesen.

Räumliche Darstellung eines Möbels

5.1 Kennzeichnung und Anlegen von Schnitten

In der Holzverarbeitung werden nach DIN 919 folgende Schnitte bervorzugt:

- Der Horizontalschnitt als waagrechter Schnitt parallel zur Draufsicht mit Blickrichtung von oben.
- Der Vertikalschnitt als senkrechter Schnitt parallel zur Seitenansicht mit Blickrichtung von links.
- Der Frontalschnitt als senkrechter Schnitt parallel zur Vorderfront mit Blickrichtung von vorne.

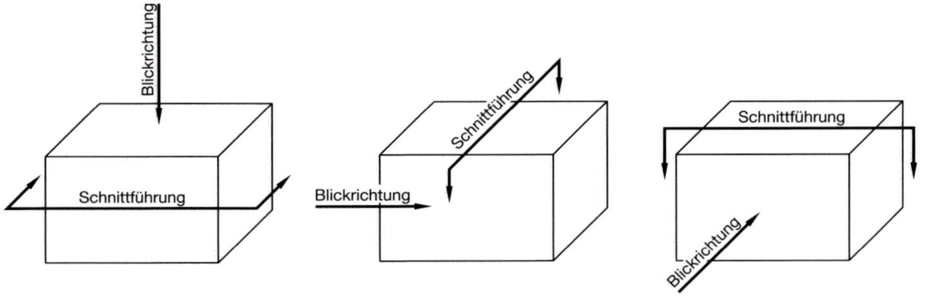

Horizontalschnitt *Vertikalschnitt* *Frontalschnitt*

Der Verlauf der gedanklichen Schnittebene wird in die sog. Hauptzeichnung mittels einer breiten Strichpunkt-Linie eingetragen (siehe Lernfeld 1, Kap. 7.5.2). In die Vorderansicht werden der Horizontal- und Vertikalschnitt eingezeichnet, in die Seitenansicht der Frontalschnitt. Diese Schnittlinien werden nicht durchgezeichnet, sondern nur im Bereich der Umrisslinien der Ansichtszeichnungen.

Die Anordnung der Buchstaben (A-A, B-B, C-C) in Bezug auf die Strichpunkt-Linie gibt dabei die Blickrichtung auf die Schnittebene an (von oben, von links, von vorne). Die Schnittbuchstaben werden immer senkrecht zur Leserichtung eingetragen und sind um eine Schrifthöhe größer als die Maßzahlen und andere Wortangaben in der Zeichnung.

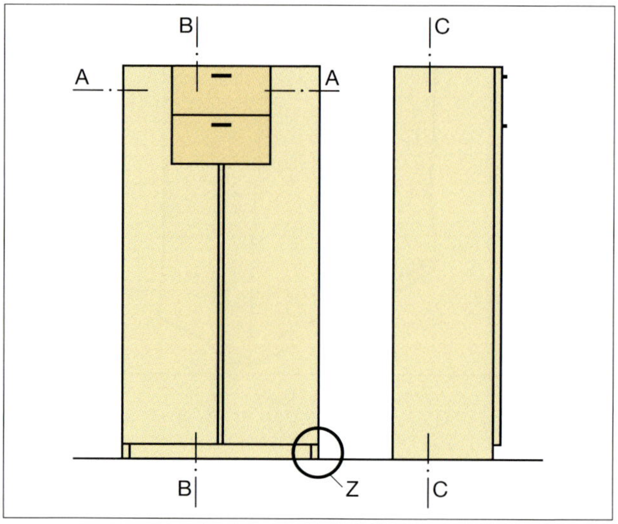

Hauptzeichnung mit Schnittführung

Beim Einzeichnen der Schnittführung ist darauf zu achten, dass man nicht irgendwo im Möbel schneidet, sondern an aussagekräftigen Stellen wie z. B. durch einen Schubkasten.
Auch muss die Schnittführung nicht unbedingt durch das ganze Möbel gehen, sondern kann bei Bedarf auch nach der Hälfte schon aufhören oder auch versetzt eingezeichnet werden. Wichtig ist, dass man aussagekräftige Details erfasst, Unwichtiges oder sich Wiederholendes aber weglässt.

Einzelheiten, die besonders dargestellt werden sollen (meist vergrößert), werden mit einem Kreis eingerahmt. Die Einzelheiten erhalten zur Kennzeichnung ebenfalls Großbuchstaben, allerdings werden die letzten Buchstaben des Alphabets verwendet (Z, Y, X).

Im Folgenden soll dargestellt werden, wie die am häufigsten verwendeten Materialien im Tischlerhandwerk, also Vollholz, Holzwerkstoffe und Furnier, in Schnittzeichnungen fachlich richtig dargestellt werden.
Eine weitere Vertiefung des Themas *Schnittzeichnungen* folgt in den Lernzielen 3 und 4.

5.2 Darstellung von Vollholz, Holzwerkstoffen und Furnier in Schnitten

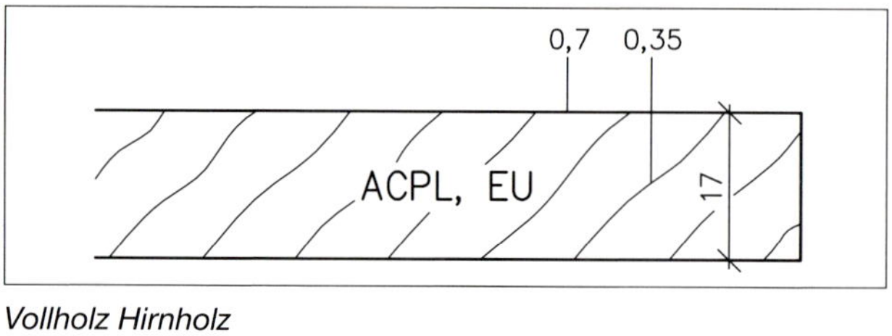

Vollholz Hirnholz

a) Vollholz

Die Körperkanten in Schnitten werden als breite Volllinie dargestellt. Die Schraffur besteht aus einer dünn gezeichneten Freihandlinie (unter 45°). Das Dickenmaß bei Vollholz wird mit einer Maßlinie angegeben.

Bei zwei aneinander liegenden Flächen wechselt die Schraffurrichtung. Eine Leimfuge wird durch vier kurze, rechtwinklig zur Leimfuge gezeichnete, dünne Freihandlinien dargestellt.

Bei drei aneinander liegenden Flächen soll man die kleinere enger schraffieren. Bündige Fugen in Schnitten sind breit zu zeichnen.

Die Schraffur besteht aus einer dünn gezeichneten Freihandlinie parallel zur Längsrichtung.

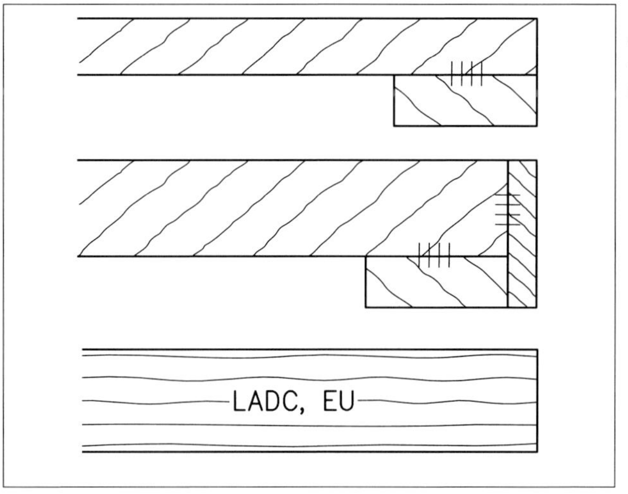

Vollholz Längsholz

b) Plattenwerkstoffe unbeschichtet

Plattenwerkstoffe (hier: Flachpressplatte) werden mit einer dünnen Freihandlinie senkrecht zur Längsrichtung schraffiert. Die Plattendicke wird hinter die Plattenart geschrieben.

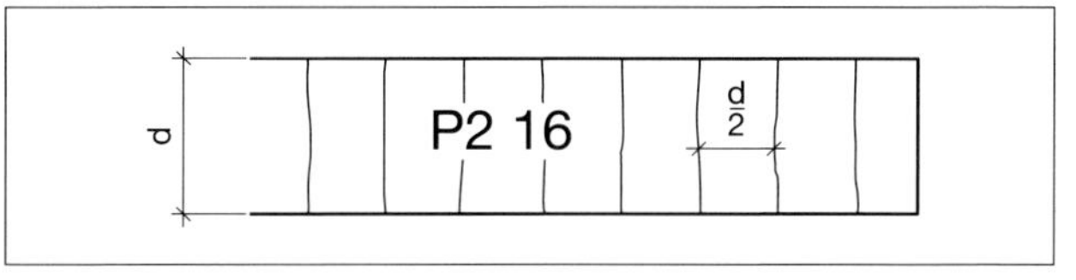

Plattenwerkstoff allgemein (Flachpressplatte, Furnierplatte, Faserplatte etc.)

Bei Stab- und Stäbchenplatten muss der Verlauf der Mittellage angegeben werden. Hirnholz wird durch ein großes Kreuz am Plattenende gekennzeichnet.
Plattenwerkstoff (Mittellage Hirnholz)

Die Mittellage Längsholz wird mit einem großen Pfeil am Plattenende gekennzeichnet.

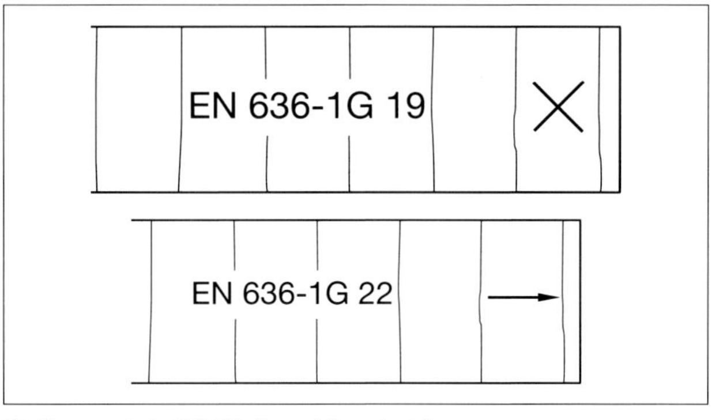

Plattenwerkstoff (Mittellage Längsholz)

c) Plattenwerkstoff beschichtet (vom Tischler zu beschichten)

Die Beschichtung (hier: Furnierung) wird durch zwei ca. 2 cm lange, dünne Begleitlinien gekennzeichnet, die ca. 1 mm vom Rand entfernt sind. Das Kurzzeichen für die Holzart sowie die Furnierrichtung wird zumindest auf einer Seite am Plattenende angegeben. (x = Hirnholz). Die Fertigdicke wird mit einer Maßlinie angegeben. Das Rohmaß von beschichteten Platten wird eingeklammert.

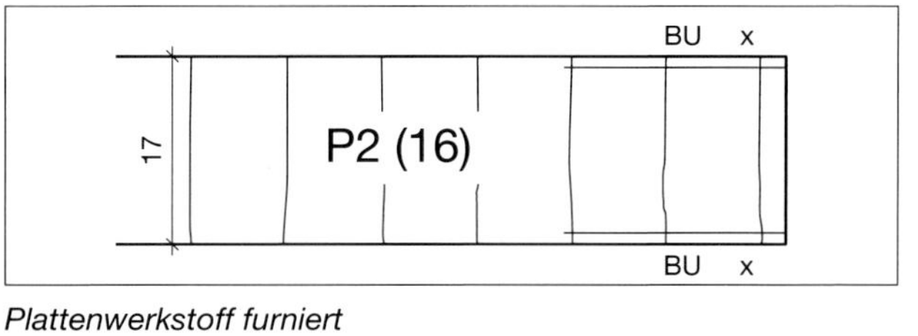

Plattenwerkstoff furniert

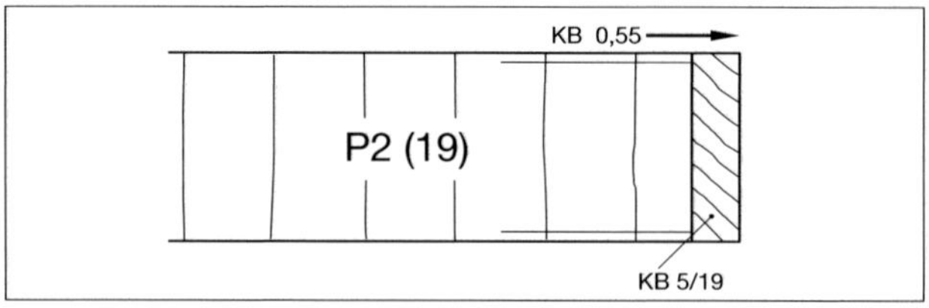

Plattenwerkstoff mit Anleimer
(Anleimer überfurniert)

Die Fertigdicke kann auch über die Furnierstärkenangabe (hier: 0,55 mm) ermittelt werden. Die Furnierrichtung wird am Plattenende angegeben (→ = Längsholz). Maße und Holzart des Anleimers sind anzugeben.

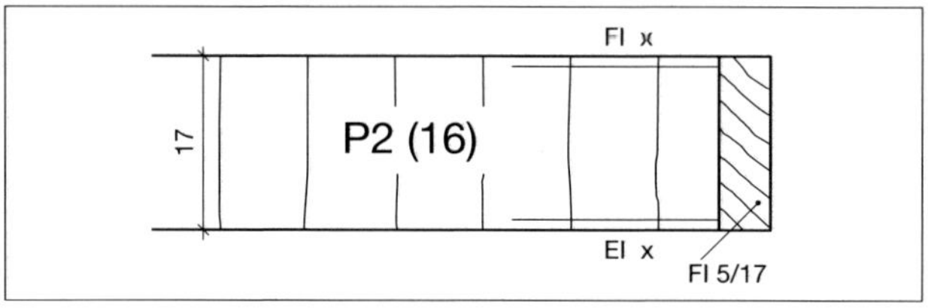

Plattenwerkstoff mit Anleimer
(Anleimer nach dem Furnieren angeleimt)

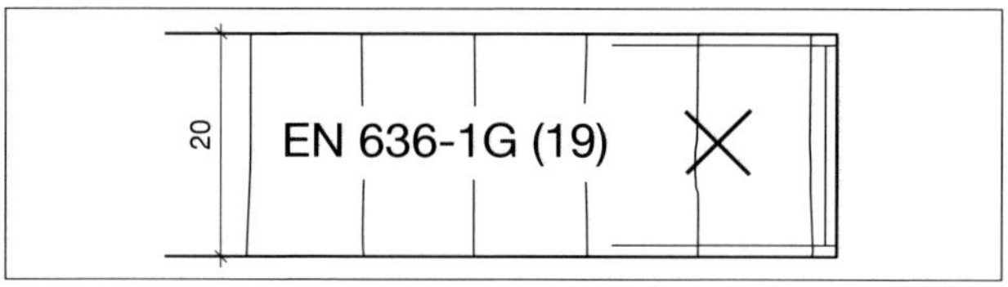

Plattenwerkstoff mit Furnierkante
(Furnierkante überfurniert)

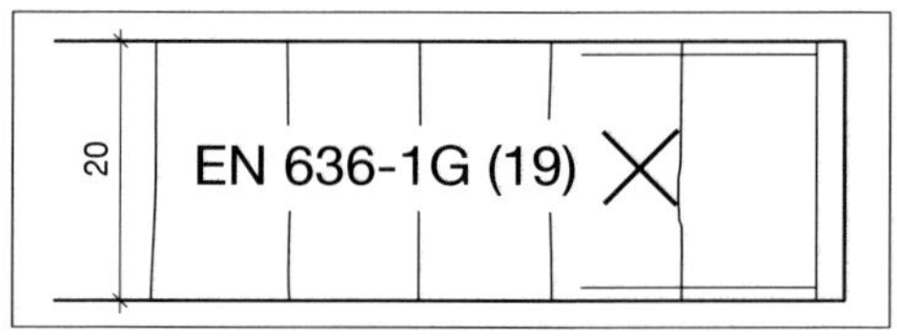

Plattenwerkstoff mit Furnierkante
(Furnierkante nach dem Furnieren angeleimt)

d) Plattenwerkstoffe beschichtet (werden bereits beschichtet geliefert)

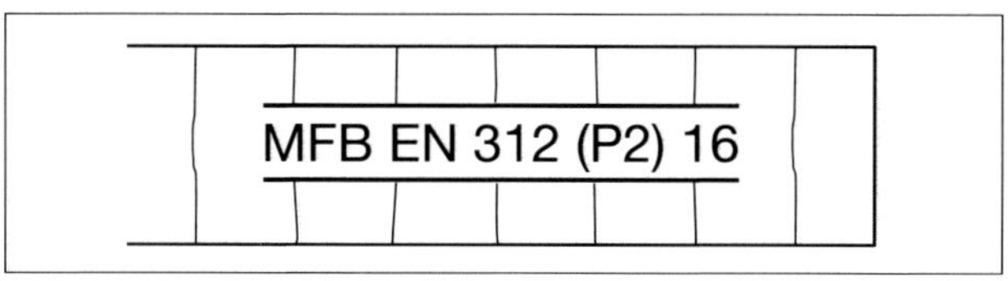

Beidseitig (oben und unten) kunststoffbeschichtete dekorative Flachpressplatte, Fertigdicke 16 mm.

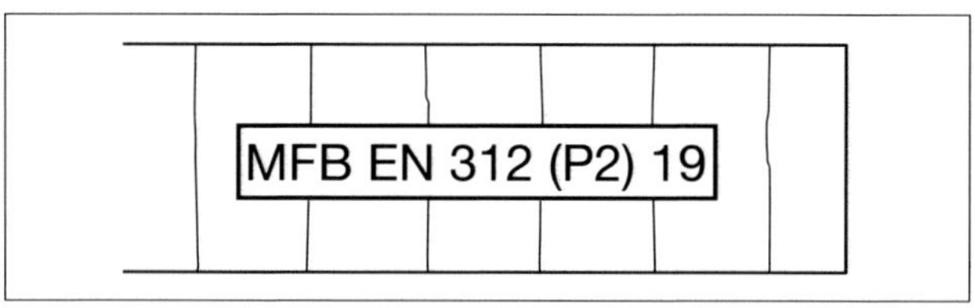

Kunststoffbeschichtete dekorative Flachpressplatte, ummantelt (allseitig beschichtet), Fertigdicke 19 mm.

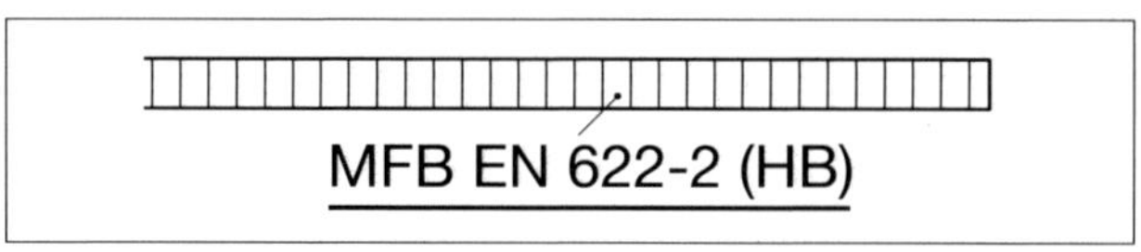

Einseitig (unten) kunststoffbeschichtete dekorative Holzfaserplatte.

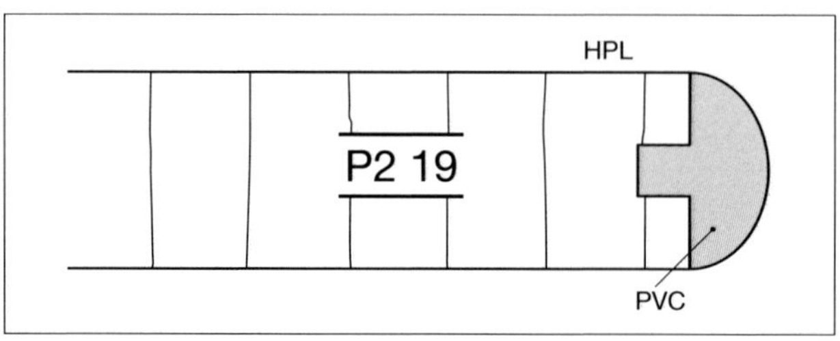

Flachpressplatte mit Hochdruck-Schichtpressstoffplatte fertig beschichtet, Fertigdicke 19 mm, Kantenprofil aus PVC.

5.3 Kurzzeichen für Holzarten

Siehe Norm-Übersicht im Anhang

Kurzzeichen	Holzart	Kurzzeichen	Holzart
TRSC, AF	Abachi	LADC, EU	Lärche
PKEL, AF	Afrormosia	TIXX, EU	Linde
AFXX, AF	Afzelia	TMSP, AF	Limba
ACPL, EU	Ahorn	TGHC, AF	Macoré
PYCM, EU	Birnbaum	SWMC, AM	Mahagoni (echt)
BEPU, EU	Birke	ENCY, AF	Mahagoni (Sapeli)
FASY, EU	(Rot-)buche	JGRG, EU	Nussbaum
DSCL, AS	Ebenholz	PONG, EU	Pappel
QCXE, EU	Eiche	DLLT, AS	Ostindischer Palisander
TXBC, EU	Eibe	DLNG, AM	Rio-Palisander
ALGL, EU	Erle	GYBN, AS	Ramin
FXEX, EU	Esche	ROPS, AM	Robinie
PCAB, EU	Fichte	ULMI, EU	Rüster (Ulme)
CPBT, EU	Weißbuche (Hainbuche)	ABAL, EU	Tanne
TSHT, EU	Hemlock	TEGR, AS	Teak
PRAV, EU	Kirschbaum	MTLR, AF	Wenge
PNSY, EU	Kiefer	MBXX, AF	Zebrano
PNCM, EU	Zirbelkiefer		

5.4 Kurzzeichen für Plattenwerkstoffe

Kurzzeichen	Bezeichnung
P2/P3	Flachpressplatte für allgemeine Zwecke
MFB EN 312 (P2)	Kunststoffbeschichtete dekorative Flachpressplatte
OSB	Langspanplatte
ES	Strangpress-Vollplatte
ET	Strangpress-Röhrenplatte
EN 636-1G	Furniersperrholz, auch: 2G, 3G
EN 636-1G	Stabsperrholz, auch: 2G, 3G
EN 636-1G	Stäbchensperrholz, auch: 2G, 3G
KP	Kunstharz-Pressholz
HB	Harte Faserplatte (Hartfaserplatte)
HB1	Extraharte Faserplatte
MB	Mittelharte Faserplatte
SB	Poröse Faserplatte
MDF	Mitteldichte Faserplatte
MFB EN 622-2 (HB)	Kunststoffbeschichtete dekorative Holzfaserplatte

5.5 Nenndicken von Plattenwerkstoffen in mm

Kurzzeichen	Materialstärke in mm
MFB EN 312 (P2)	6, 8, 10, 13, 16, 19, 22, 25, 28, 32, 36, 40, 45, 50
P2, P3	
EN 636	4, 5, 6, 8, 10, 12, 15, 18, 22, 25, 30, 35, 40, 50 Furniersperrholz
ST, STAE	13, 16, 19, 22, 25, 28, 30, 38 Stab-, Stäbchenplatte
EN 636	
KP	von 4 bis 100
HB	2 2,5 3 3,2 3,5 4 5 6 8
MDF	6, 8, 10, 12, 16, 19, 22, 25, 28, 30, 32, 35, 40, 45, 50

5.6 Darstellung von Verbindungsmitteln in Schnitten

a) Lamellen-Formfeder

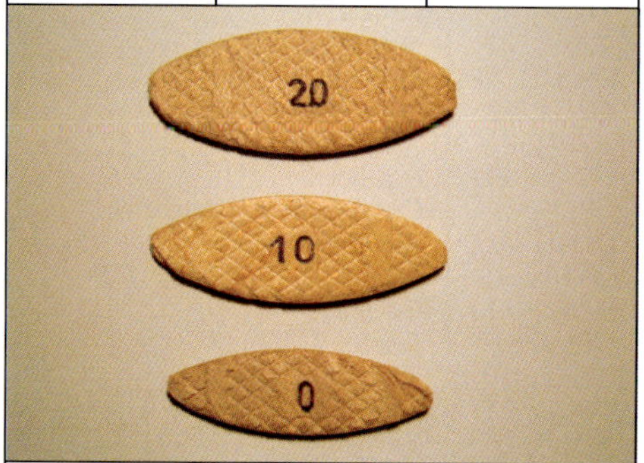

0	10	20
l = 47 b = 15 d = 4	l = 53 b = 19 d = 4	l = 56 b = 23 d = 4

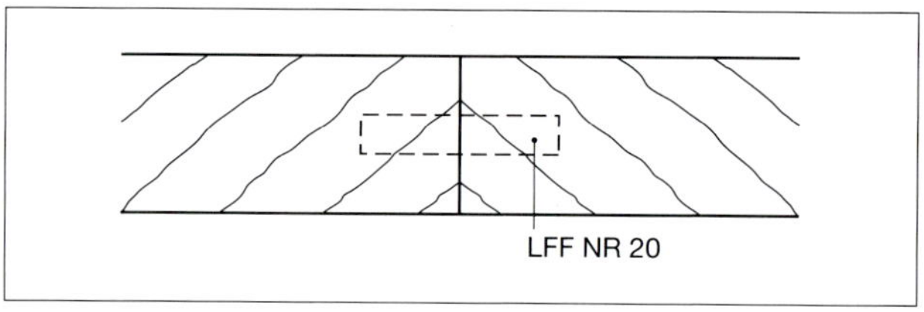

b) Dübel

Durchmesser x Länge in mm			
5 x 25 5 x 30 5 x 35	8 x 25 8 x 30 8 x 35 8 x 40 8 x 50	12 x 35 12 x 40 12 x 50 12 x 60 12 x 80	16 x 60 16 x 80 16 x 120 16 x 140 16 x 160
6 x 25 6 x 30 6 x 35 6 x 40	10 x 30 10 x 35 10 x 40 10 x 50 10 x 60	14 x 50 14 x 60 14 x 80 14 x 120 14 x 140	18 x 80 18 x 120 18 x 140 18 x 160

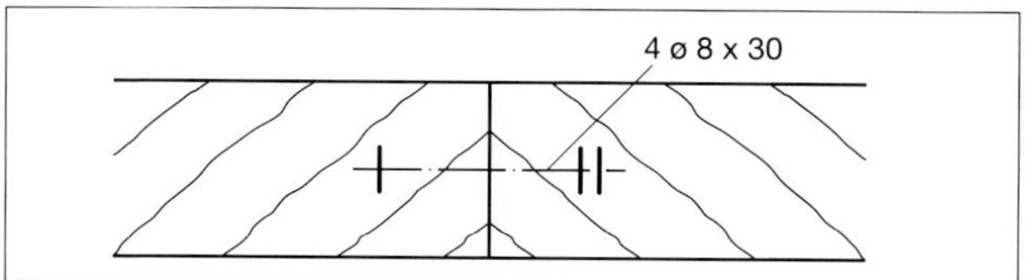

oder:

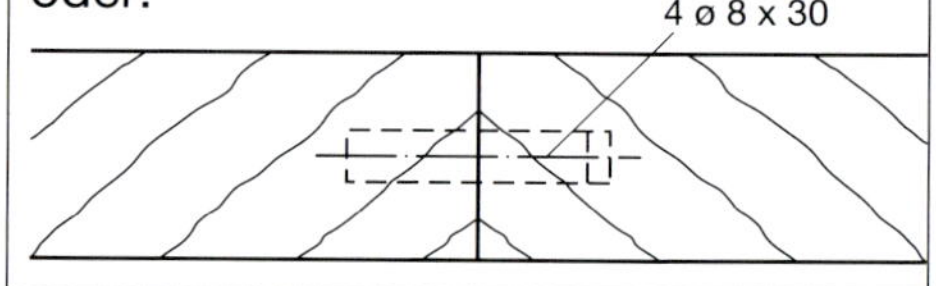

c) Durchgehende Fremdfeder

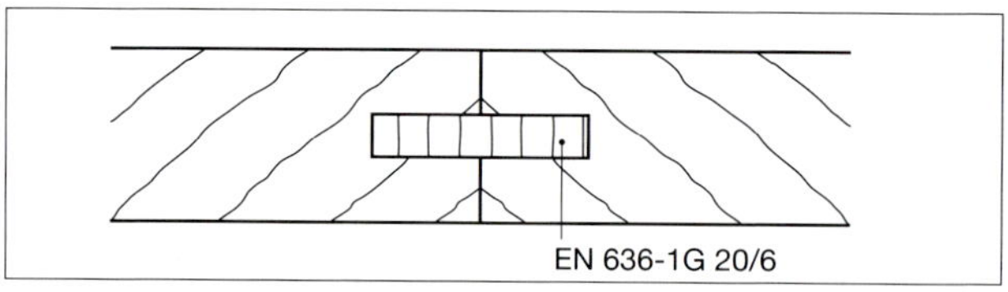

Kennzeichnung: Art, Breite/Dicke in mm

(hier: Furniersperrholz)

d) Schrauben und Drahtstifte (Nägel)

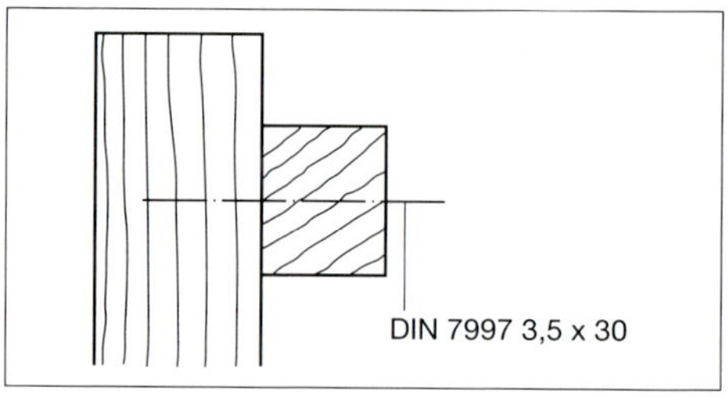

Schrauben (auch in Verbindung mit einem Baudübel) und Drahtstifte erhalten als Symbol eine Mittelachse. Kennzeichnung: DIN-Nummer, Durchmesser x Länge in mm

Spanplattenschrauben

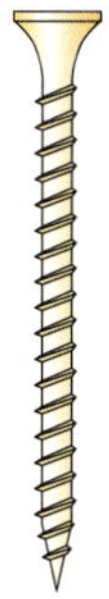

Spanplattenschrauben (DIN 7995 – 7997) Durchmesser × Länge in mm					
3,0×12	3,5×16	4,0×16	4,5×20	5,0× 20	6,0× 40
3,0×16	3,5×20	4,0×20	4,5×25	5,0× 25	6,0× 50
3,0×20	3,5×25	4,0×25	4,5×30	5,0× 30	6,0× 60
3,0×25	3,5×30	4,0×30	4,5×35	5,0× 35	6,0× 70
3,0×30	3,5×35	4,0×35	4,5×40	5,0× 40	6,0× 80
3,0×35	3,5×40	4,0×40	4,5×45	5,0× 45	6,0× 90
		4,0×45	4,5×50	5,0× 50	6,0×100
		4,0×50	4,5×60	5,0× 60	6,0×120
		4,0×60		5,0× 70	6,0×130
				5,0× 80	6,0×140
				5,0× 90	6,0×150
				5,0×100	6,0×160

Drahtstifte

Drahtstifte (DIN 1151) A: Flachkopf 	B: Senkkopf 		Drahtstifte (DIN 1152) Stauchkopf 	
10 $d \times l$	10 $d \times l$		10 $d \times l$	
9 × 13	18 × 35	31 × 70	10 × 15	22 × 50
10 × 15	20 × 40	31 × 80	12 × 20	22 × 55
12 × 20	22 × 45	34 × 80	14 × 25	25 × 55
14 × 25	22 × 50	34 × 90	16 × 30	25 × 60
16 × 30	25 × 55	38 × 100	18 × 35	28 × 65
	25 × 60	42 × 100	20 × 40	31 × 80
	28 × 65	42 × 110	22 × 45	34 × 90
	31 × 65	42 × 120		38 × 100

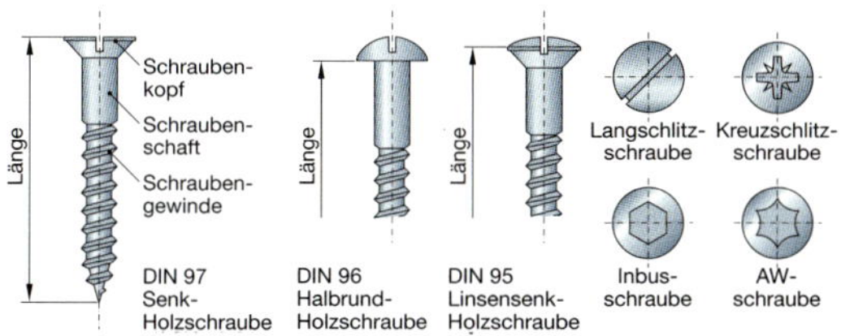

Holzschrauben (DIN 95 – 97) Durchmesser × Länge in mm						
2,5 × 10	3,0 × 12	3,5 × 16	4,0 × 16	4,5 × 25	5,0 × 20	6,0 × 60
2,5 × 12	3,0 × 16	3,5 × 20	4,0 × 20	4,5 × 30	5,0 × 25	6,0 × 70
2,5 × 16	3,0 × 20	3,5 × 25	4,0 × 25	4,5 × 35	5,0 × 30	6,0 × 80
2,5 × 20	3,0 × 25	3,5 × 30	4,0 × 30	4,5 × 40	5,0 × 35	
	3,0 × 30	3,5 × 35	4,0 × 35	4,5 × 45	5,0 × 40	
	3,0 × 35	3,5 × 40	4,0 × 40	4,5 × 50	5,0 × 45	
			4,0 × 45	4,5 × 60	5,0 × 50	
			4,0 × 50		5,0 × 60	

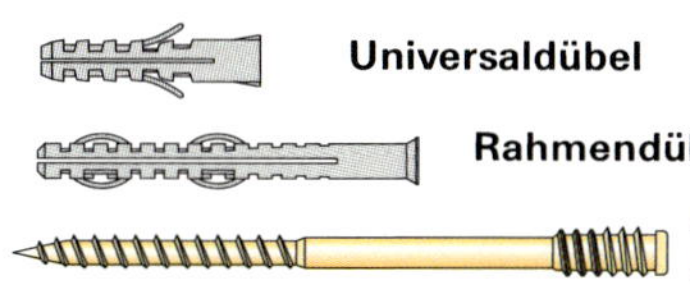

Universaldübel	
∅ in mm	für Holzschrauben von / bis ∅ in mm
4	2,0 – 3,0
5	2,5 – 4,0
6	3,5 – 5,0
8	4,5 – 6,0
10	6,0 – 8,0
12	8,0 – 10,0

Rahmendübel	
∅ in mm	für Schrauben mit ∅ in mm
6	4,5
8	6,0
10	7,0

Abstandsmontage-Anker
L / ∅ mm
100 ∅ 6
120 ∅ 6
140 ∅ 6
160 ∅ 6
170 ∅ 6
180 ∅ 6

5.7 Darstellung von Kork und Glas in Schnitten

Materialien wie Kork und Glas, aber auch z. B. Marmor oder Naturstein werden gepunktet und namentlich genannt.

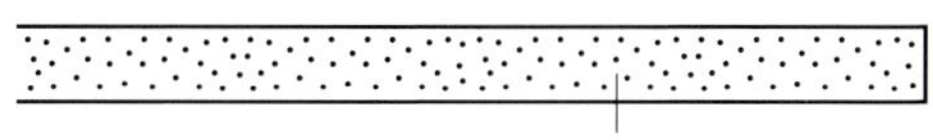

Aufgabe

Zeichnen Sie normgerecht im Maßstab 1 : 1 Schnitte durch folgende Werkstoffe:

a) Birnbaum Vollholz (Hirnholz), 24 mm dick.

b) Stäbchenplatte, Rohdicke 19 mm, Mittellage Längsholz, in Nussbaum furniert (0,60 mm), mit 7 mm dickem, überfurniertem Anleimer.

c) Flachpressplatte, Rohdicke 13 mm, in Ahorn furniert (0,60 mm), mit Furnierkante aus Ahorn, die nach dem Furnieren aufgeleimt wird.

d) Beidseitig kunststoffbeschichtete, dekorative Flachpressplatte (Fertigplatte), 16 mm dick.

e) Zwei 20 mm dicke und je 8 cm breite Vollholzbretter aus Kiefer werden in der Breite mit Dübel verbunden.

6 Maschinenraum

Wo und wie werden Holzbearbeitungsmaschinen eingesetzt?

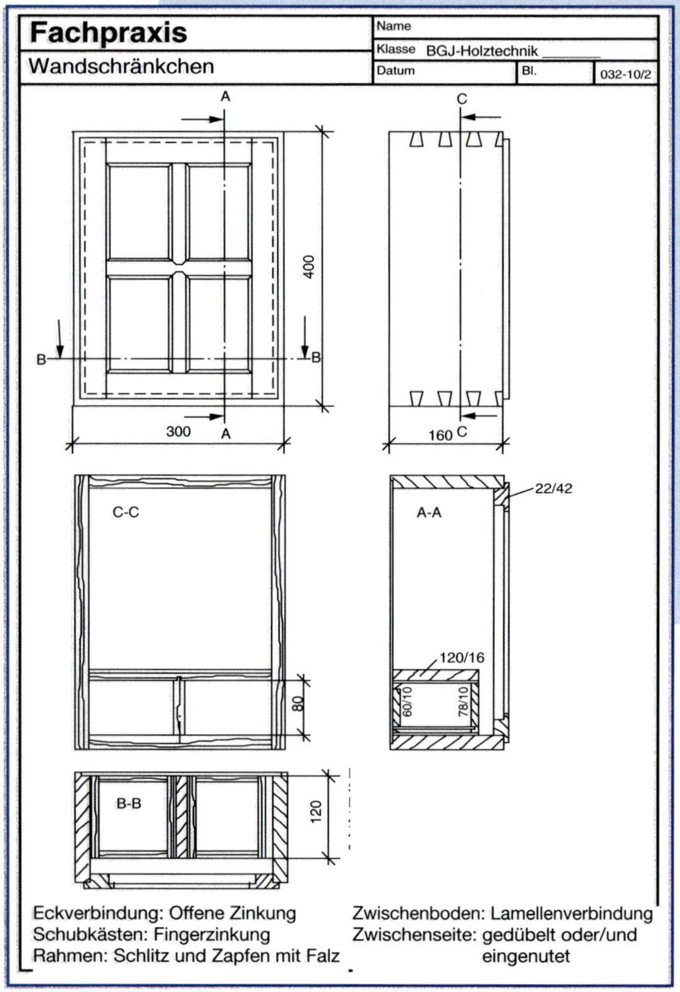

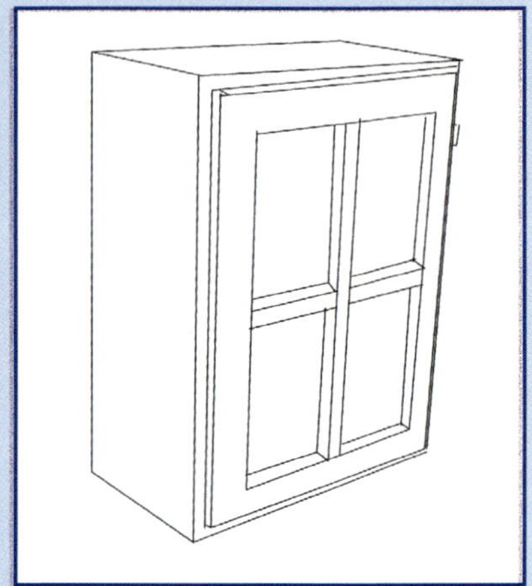

Ein Wandschränkchen wird gefertigt. Bis auf die Schwalbenschwanz- und Fingerzinkung werden alle Arbeiten an den Maschinen ausgeführt.

Das Erlernen eines Handwerks heißt nicht nur mit **Hand**werkszeugen umzugehen, sondern erfordert bereits in der Grundausbildung eine gewisse Vertrautheit mit den üblichen **Maschinen** zur Holzbe- und verarbeitung.

> Bedenke: **S**auberkeit und **O**rdnung führen zur größten **S**icherheit.

In allen Bereichen des Maschinenraumes sind die geltenden Vorschriften bezüglich der Sicherheit am Arbeitsplatz zu beachten.

> Grundsätzlich: Vorsicht ist keine Feigheit.

Arbeitskleidung und Sicherheitsschuhe sollten ebenso selbstverständlich sein wie der Gehörschutz.
Straßenkleidung ist keine Arbeitskleidung.

Struktur eines Maschinenraumes

Beim Aufbau eines Maschinenraumes in Schreinereien (Tischlereien) sollte der Ablauf zur betriebsüblichen Verarbeitungsweise berücksichtigt werden. Manche Schreinereien verarbeiten überwiegend Vollholz, andere bevorzugen Plattenwerkstoffe. Beim Anordnen der einzelnen Maschinen ist ein möglichst reibungsloser und wirtschaftlicher Arbeitsablauf zu gewährleisten.
Für die Herstellung des Wandschränkchens ergeben sich folgende Abläufe:

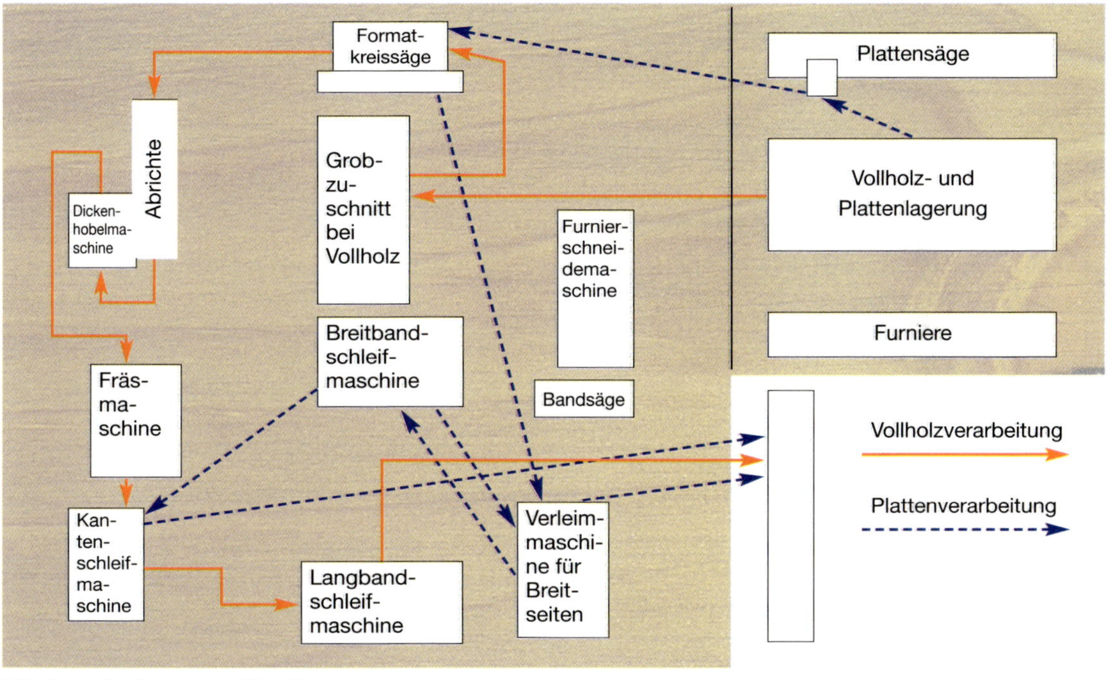

Mögliche Struktur eines Maschinenraumes

Im natürlichen Arbeitsablauf ergibt es sich, dass zunächst Holz und Holzwerkstoffe grob zugeschnitten werden müssen. Für diese Arbeiten werden u.a. Platten- und Pendelsägen eingesetzt. Dort wo diese Maschinen nicht eingesetzt werden bzw. nicht eingesetzt werden können, wird der Zuschnitt mit der Handkreissäge verrichtet.

6.1 Die Handkreissäge

1 feste Verkleidung
2 Sägetisch
3 Spaltkeil
4 Sägeblatt

Teile der Handkreissäge

Sicherheitsvorschriften

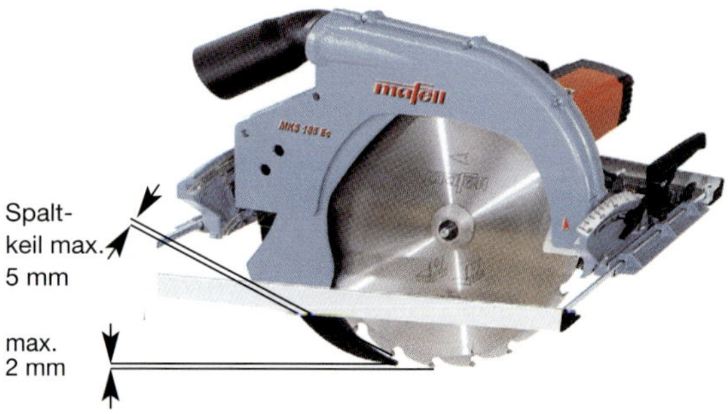

Handkreissäge und Spaltkeil

Beim Arbeiten mit der Handkreissäge ist besonders darauf zu achten, dass die untere selbsttätig zurückschwingende Sägeblattabdeckung funktionsfähig und der **Spaltkeil** richtig eingesetzt ist. Der Abstand zum Sägeblatt darf maximal 5 mm betragen.

Arbeiten mit der Handkreissäge

Arbeiten mit der Handkreissäge – nur mit Späneabsaugung und Gehörschutz

Zum Zuschneiden des Vollholzes ist die Schneideunterlage so zu gestalten, dass das Sägeblatt unter dem Werkstück frei laufen und somit der Sägeschnitt durch das ganze Brett bzw. die Bohle ohne Behinderung erfolgen kann. Außerdem ist das Material so zu sichern, dass es beim Bearbeiten nicht wegrutschen kann.

6.2 Die Formatkreissäge

Nach dem Rohzuschnitt der Bretter müssen diese an der Kreissäge besäumt und auf ausreichende Breite parallel geschnitten werden.

1 Spaltkeil
2 Spanschutzhaube
3 Parallelanschlag
4 Maschinentisch
5 Steuerung mit Bedienfeld
6 NOT-AUS
7 Winkelanschlag

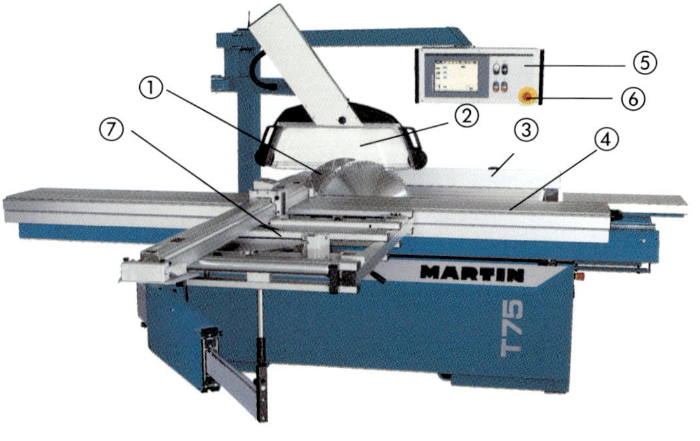

Teile der Formatkreissäge

Für den Zuschnitt an der Formatkreissäge ist zunächst die Auswahl des richtigen Sägeblattes zu treffen und die Maschine zu rüsten.

Sägeblattauswahl

1 Zahnbrust 2 Zahnrücken

Flachzahnsägeblatt

Verbundsägeblätter mit Flachzahn für Rohzuschnitt in Faserrichtung, mit geringer Zähnezahl (16-24) bei 350 mm Durchmesser.

1 Zahnbrust 2 Zahnrücken

Wechselzahnsägeblatt

Verbundsägeblätter mit Wechselzahn zum Schneiden von Vollholz in und quer zur Faserrichtung mit einer Zähnezahl von 16–48 bei einem Durchmesser von 350 mm.

1 Zahnbrust 2 Zahnrücken

Hohl-Trapezzahnsägeblatt

Verbundsägeblätter mit Hohl- und/oder Trapezzahn zum Schneiden beschichteter Plattenwerkstoffe.

Die Schnittgeschwindigkeit und ihre Auswirkung

Die Schnittgeschwindigkeit ist abhängig von der zulässigen Drehzahl und dem Durchmesser des Sägeblattes, der Anzahl der Schneiden, dem zu bearbeitenden Material, der Holzart und der Holzfeuchte. Sie liegt bei 60–80 m/s.
Bei Nichtbeachtung der idealen Schnittgeschwindigkeit erhöht sich die Unfallgefahr und die Standzeit der Schneiden wird geringer.

Faustformel für die Berechnung der Schnittgeschwindigkeit:

$$\text{Schnittgeschwindigkeit} = \text{Sägeblattradius} \cdot \frac{\text{Sägeblattdrehzahl}}{1000}$$

$$v = r \cdot \frac{n}{1000}$$

v Schnittgeschwindigkeit in m/s
r Sägeblattradius in cm
n Sägeblattdrehzahl in U/min

Beispiel

Verschiedene Schnittgeschwindigkeiten

v = 60 m/s bei:

d = 350 mm n = 3000 bis 3500 U/min
d = 300 mm n = 3500 bis 4000 U/min

v = 80 m/s bei:

d = 350 mm n = 4500 bis 5000 U/min
d = 300 mm n = 5000 bis 6000 U/min

Sicherheitsvorschriften

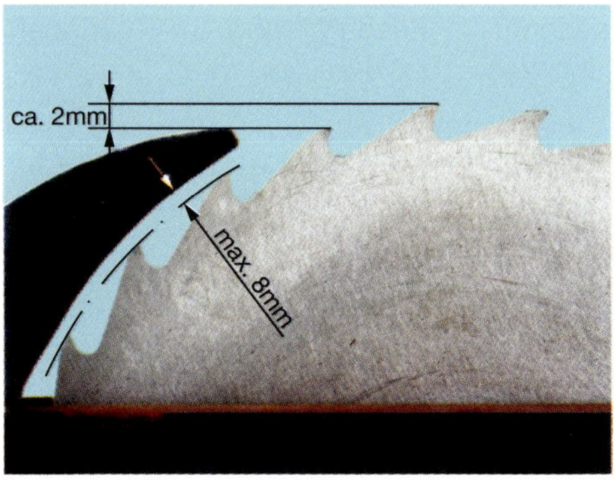

Einstellen des Spaltkeiles

Der Spaltkeil

Arbeiten an der Kreissäge sind nur erlaubt, wenn ein Spaltkeil eingesetzt ist. Ohne Spaltkeil dürfen nur Einsatzschnitte durchgeführt werden. Beim Einsetzen des Spaltkeiles ist zu beachten:

- Die Größe des Spaltkeiles muss der Größe des Sägeblattes angepasst sein.
- Der Abstand zwischen Spaltkeil und Sägeblatt sollte nicht größer als 8 mm sein
- Die Dicke des Spaltkeiles darf nicht größer als die Schnittbreite und nicht kleiner als die Dicke des Sägeblattes sein.
- Die oberste Stelle des Spaltkeiles sollte 2 mm tiefer sein als die des Sägeblattes, um das Schneiden verdeckter Schnitte zu ermöglichen.

Die Spanschutzhaube

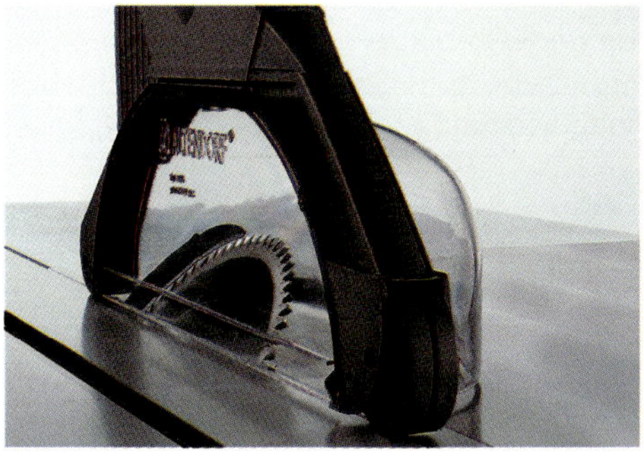

Spanschutzhaube

Die Spanschutzhaube schützt in Verbindung mit der Absaugung vor dem Herausschleudern von Spänen. Durch einfaches Wegschwenken der Spanschutzhaube, was nur bei verdeckten Schnitten erlaubt ist, können ohne größeres Umrüsten Falze und Ähnliches geschnitten werden.

Der Klemmschuh

Arbeiten mit dem Klemmschuh (Besäumkeil)

Ein sicheres Arbeiten wird hierbei durch den Klemmschuh (Besäumniederhalter) gewährleistet. Nachdem die bis hierher erwähnten Rüstarbeiten durchgeführt sind, kann der Zuschnitt für die Seitenteile, des Zwischenbodens und der Zwischenseite des Wandschränkchens erfolgen.

Beim Schneiden der Friesteile für den Rahmen sind weitere Regeln und Vorschriften zu beachten.

Der Schiebestock

Beim Bearbeiten schmaler Werkstücke (unter 120 mm Breite) ist unbedingt der Schiebestock zum Nachschieben bzw. Durchschieben zu verwenden.
Werden Leisten geschnitten, z.B. für die Sprossen (Werkstücke schmäler als 30 mm), so dürfen diese Arbeiten nur noch mithilfe eines Schiebeholzes ausgeführt werden.

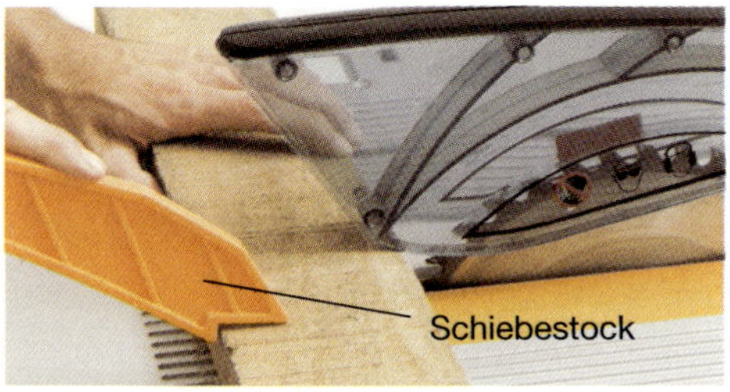

Arbeiten mit dem Schiebestock

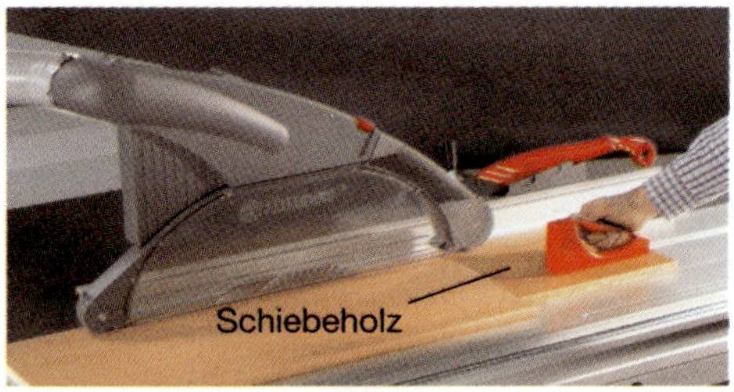

Arbeiten mit dem Schiebeholz

Merke

Der Schiebestock und das Schiebeholz können leicht ersetzt werden – die Hände nicht!

Der Gefahrenbereich

Der Gefahrenbereich an der Formatkreissäge ist im direkten Umfeld des Sägeblattes und in einem weiträumigen Bereich hinter der Maschine (entgegengesetzt zur Arbeitsrichtung).

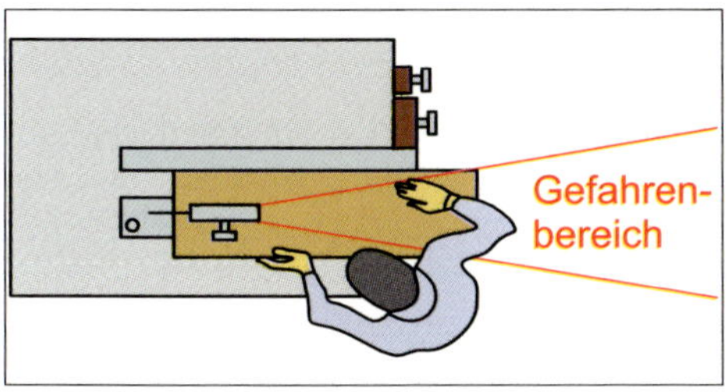

Gefahrenbereich entgegen der Arbeitsrichtung

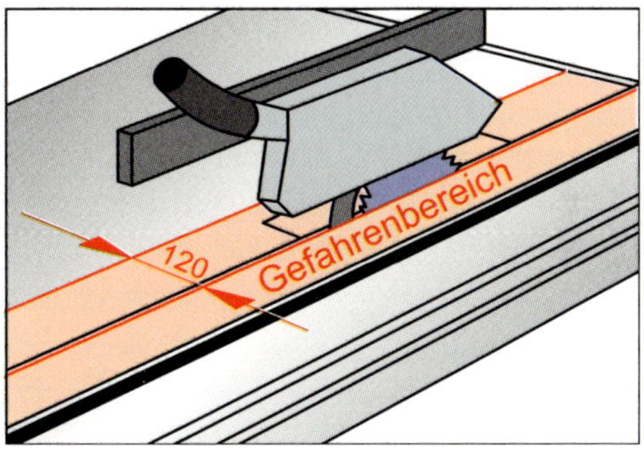

Gefahrenbereich im Umfeld

Der Parallelanschlag

Der Parallelanschlag dient zum Schneiden von Werkstücken gleicher Breite, welche länger als breit sein müssen.
Soll der Parallelanschlag unter eine Schnittbreite von 120 mm eingestellt werden, darf dies nur bei still stehendem Sägeblatt geschehen.
Der Parallelanschlag soll so weit zurückgezogen werden, dass ein Klemmen des Werkstückes vermieden wird. Als Faustregel dient eine gedachte Linie, die etwa bei der Sägeblattvorderkante bginnt und unter 45° nach hinten verläuft (siehe Bild).

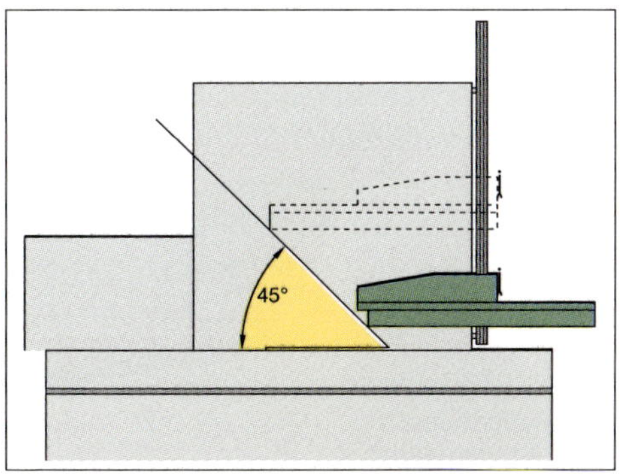

Einstellen des Parallelanschlages

Merke

**Beachten Sie stets die Handhaltung:
Finger geschlossen – Daumen angelegt. Hände flach auf dem Werkstück in Arbeitsrichtung auflegen.**

Schneiden des Falzes für die Rückwand

Beim Schneiden von Fälzen an der Kreissäge ist unbedingt darauf zu achten, dass sich die abfallende Leiste keinesfalls zwischen Kreissägeblatt und Parallelanschlag befindet.

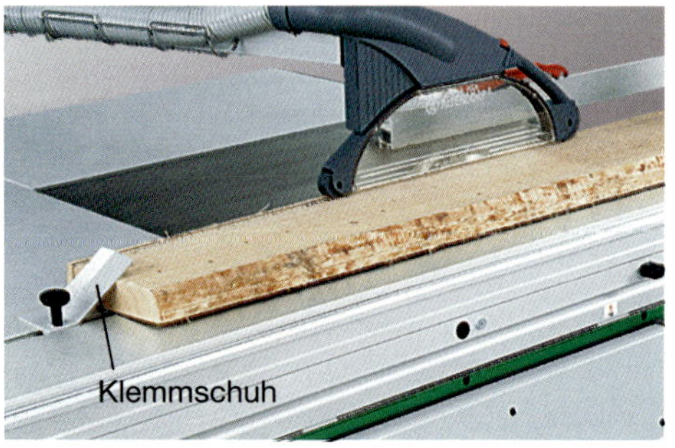

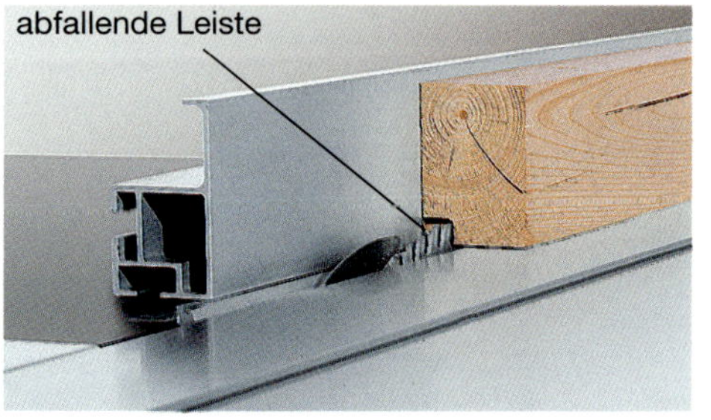

Schneiden eines Falzes

Merke

Abfallende Leiste immer links vom Sägeblatt.

6.3 Die Abrichthobelmaschine

Da Vollholz für den Innenausbau nicht sägerau weiterverarbeitet werden kann bzw. soll, ist es erforderlich, es an den Hobelmaschinen zu glätten. Dazu wird das Holz zuerst auf der Abrichte an einer Breitseite plan gehobelt (= abrichten); anschließend wird eine 90°-Winkelkante angehobelt (= fügen).

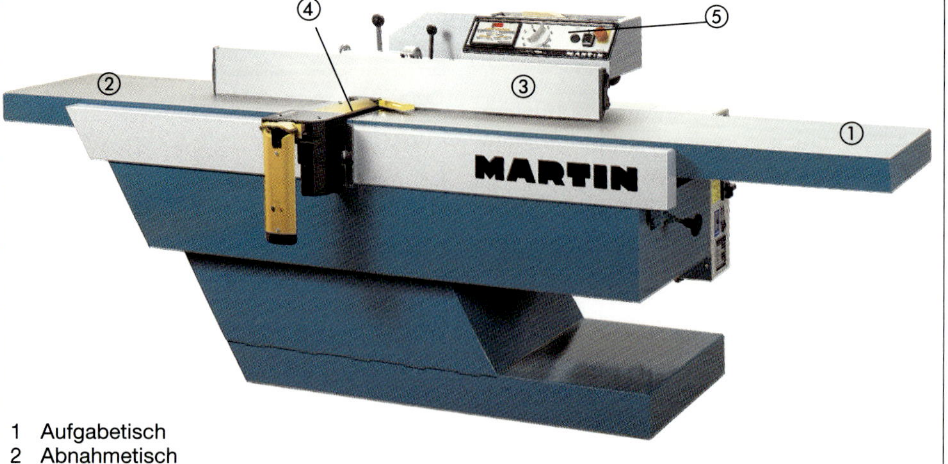

1 Aufgabetisch
2 Abnahmetisch
3 Fügeanschlag
4 Messerwellenverdeckung
5 Bedienkonsole

Teile der Abrichte

1. Schutzbrücke, Andruckhilfe

2. Schutzbrücke, aufgeklappt

Sicherheitsvorschriften

Messerwellenabdeckungen

An der Abrichthobelmaschine muss eine der drei vorgeschriebenen vorderen Messerwellenabdeckungen vorhanden sein. Zu beachten ist auch die hintere Messerwellenabdeckung.

Die Hobelwelle muss bis auf den Arbeitsbereich vollständig verdeckt sein. Merke

Bei verzogenen Werkstücken muss man die hohle Seite auf den Aufgabetisch auflegen.

Hobeln schmaler und kurzer Werkstücke

Kurze und schmale Werkstücke dürfen ohne Hilfsmittel an der Abrichte nicht bearbeitet werden.

Schmale Werkstücke dürfen nur mit dem Hilfsanschlag bearbeitet werden

Für kurze Werkstücke immer eine Zuführlade verwenden

6.4 Die Dickenhobelmaschine

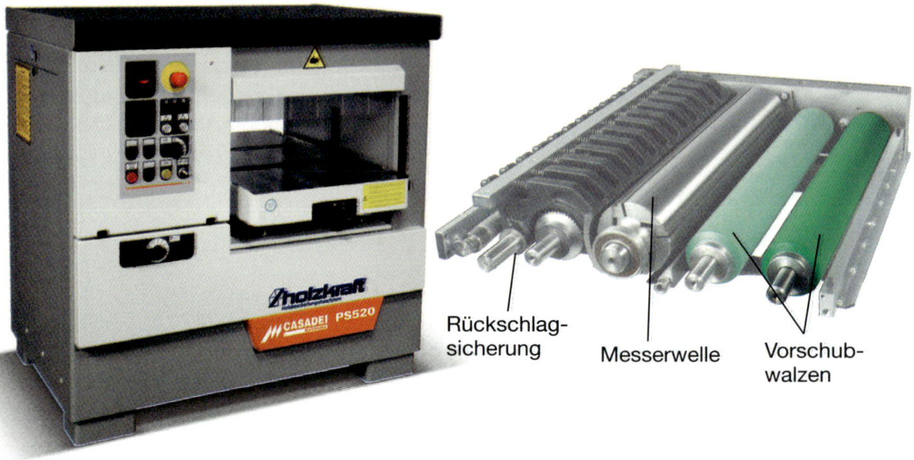

Moderne Dickenhobelmaschine

Aufbau einer Dickenhobelmaschine

Sicherheitsvorschriften

Nach dem Abrichten und Anfügen aller Teile müssen die Werkstücke an der Dickenhobelmaschine auf genaue Maße ausgehobelt werden. Bereits beim Zuschnitt des Holzes ist zu beachten, dass die Länge des Werkstückes etwas größer ist als der Abstand von Einzugs- und Auszugswalze, damit es von beiden Walzen erfasst werden kann.

Die Dickenhobelmaschine zieht durch ihre Einzugs- und Auszugswalze die Werkstücke automatisch an der laufenden Hobelwelle entlang. Die Druckbalken vor und hinter der Messerwelle sichern das Werkstück gegen Flattern und dadurch vor Hobeleinschlägen.

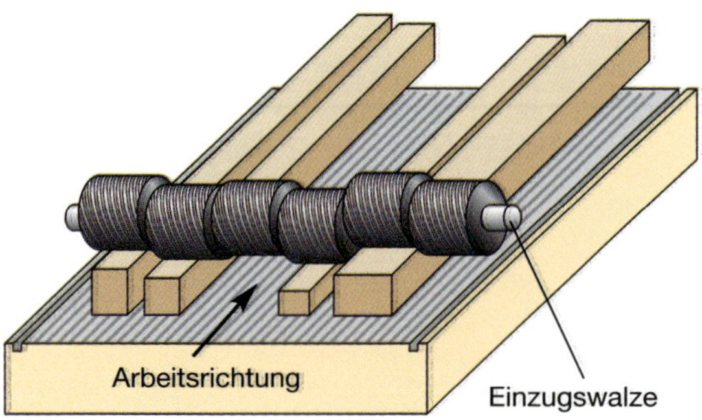

Gliedereinzugswalze aus Stahl

Hobeln schmaler Werkstücke

Die Gliedereinzugswalze ermöglicht die Bearbeitung von Werkstücken mit unterschiedlicher Dicke. So können auch mehrere Hölzer gleichzeitig bearbeitet werden.

Beim Hobeln von schmalen Werkstücken an älteren Maschinen mit starren Einzugswalzen und Druckbalken sollen jeweils nur zwei Werkstücke gleichzeitig bearbeitet werden. Dabei sollen diese an den Außenseiten der Einschuböffnung zugeführt werden.

Hobeln schmaler Leisten an Maschinen mit starrer Einzugswalze

6.5 Die Bandsäge

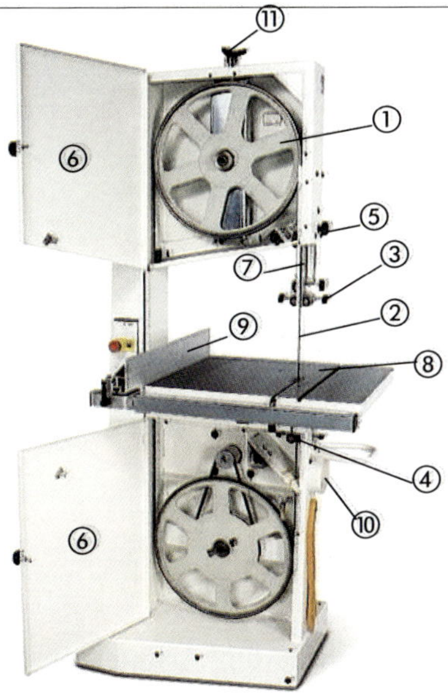

1 Bandsägerollen
2 Schneidebereich der Bandsäge
3 obere Sägeblattführung
4 untere Sägeblattführung
5 Verstellung der oberen Sägeblattführung
6 Verkleidung der Bandsägerollen
7 Bandsägeblattabdeckung
8 Tischeinlage
9 Parallelanschlag
10 Absaugstutzen
11 Spannvorrichtung für Bandsägeblatt

Teile der Bandsäge

Sollte bei der Herstellung der Seitenteile des am Kapitelanfang vorgestellten Wandschränkchens Holz verwendet werden, welches wegen zu großer Dicke aufgetrennt werden muss, so kann das Auftrennen nach dem Aushobeln an der Bandsäge vollzogen werden.
Doch nicht nur Schnitte längs zur Holzfaser, sondern auch Querschnitte werden an der Bandsäge ausgeführt (z. B. Ablängen von Teilen etc.).

Auftrennen breiter Werkstücke

Ein weiteres bevorzugtes Einsatzgebiet der Bandsäge ist das Herstellen geschweifter Teile (Bogenschneiden). Hierzu wird ein schmales Sägeblatt verwendet Je nach Schneidradius ist die Breite des Bandsägeblattes hierfür 6–10 mm.

Schneiden geschweifter Teile

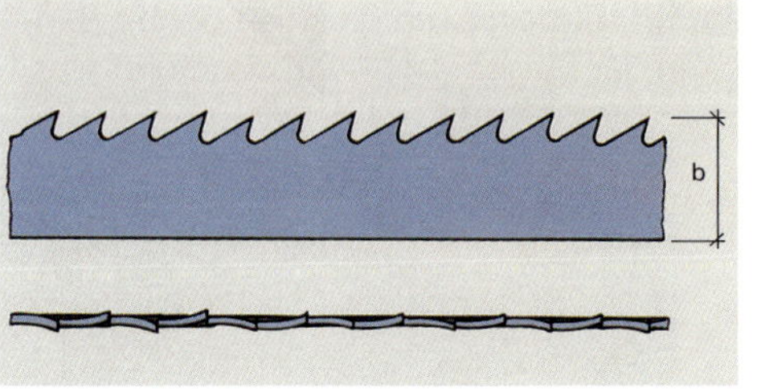

6–10 mm für Schweifarbeiten
25–35 mm für gerade Schnitte

Sägeblattbreite (b) an Bandsägemaschinen

Die Sägeblattdicke soll etwa 1/1000 des Rollendurchmessers betragen, größere Dicken lassen die Sägeblätter wegen der Biegung über die Bandsägerollen schneller reißen.

Beispiel Rollendurchmesser 600 mm → daraus folgt: Sägeblattdicke ca. 0,6 mm

Sicherheitsvorschriften

Bei Bandsägen ist zu beachten, dass die Tischeinlage aus Holz mit dem Maschinentisch bündig ist. Die genau passende Tischeinlage ermöglicht u.a. ein genaues Arbeiten an der Bandsäge.

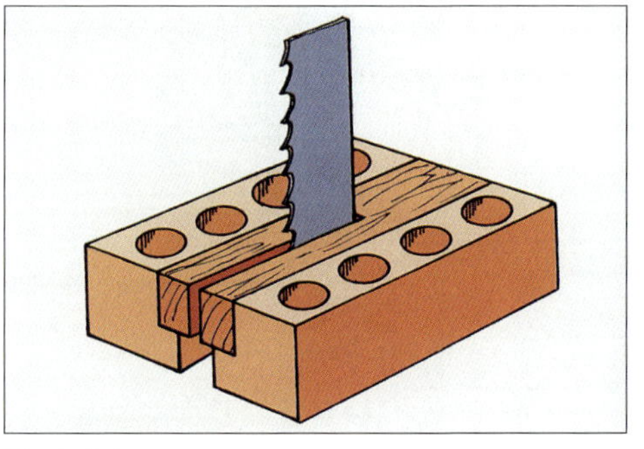

Tischeinlage

Merke **Das Sägeblatt muss bis auf den Schneidenbereich vollständig verdeckt sein.**

Zum Bearbeiten kleinerer Teile sind Schablonen und Vorrichtungen zu verwenden, wie z. B. beim Schneiden von Keilen.

Schneiden von Keilen

Schneiden kurzer Werkstücke

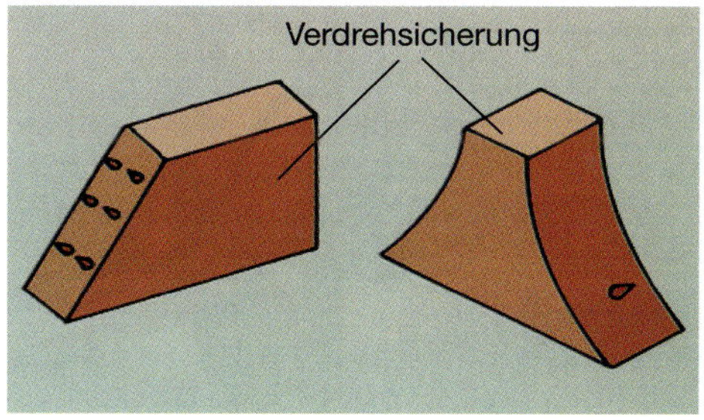

Schneiden runder Werkstücke mit Verdrehsicherung

6.6 Die Stichsäge

Die Stichsäge wird vorwiegend im Bankraum zum Herstellen geschweifter Teile verwendet.

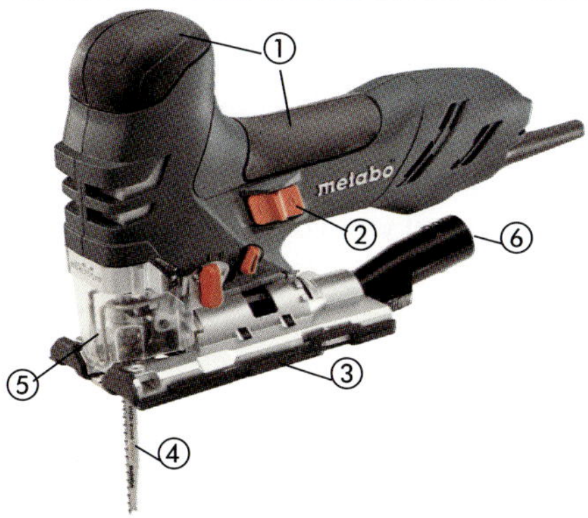

1 Handgriff
2 Ein-Aussschalter
3 Sägetisch
4 Sägeblatt
5 Berührungsschutz
6 Absauganschluss

Teile der Stichsäge

Sicherheitsvorkehrungen

Um ein unfallsicheres Arbeiten zu ermöglichen, ist während der Arbeit darauf zu achten, dass die Maschine fest auf das Werkstück gedrückt wird. Das Werkstück selbst muss gegen Verrutschen gesichert sein.
Bei der Auswahl des Sägeblattes ist auf den zu bearbeitenden Werkstoff zu achten.

Sägeblätter für die Stichsäge

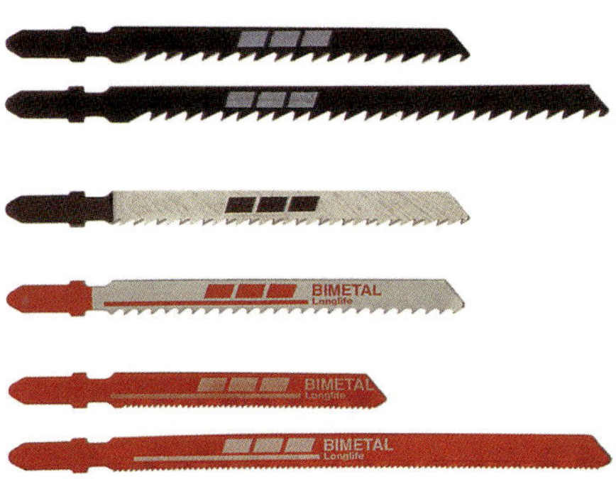

Sägeblätter mit grober Zahnteilung und großem Spanwinkel für die Bearbeitung von Vollholz

Sägeblätter mit feiner Zahnteilung und Wechselschliff für Plattenwerkstoffe
Sägeblätter mit mittlerer Zahnteilung und Wechselschliff für Kunststoffe

Sägeblätter mit Wellenzahn und sehr kleinem Spanwinkel für Metalle

Sägeblätter und ihre Verwendung

6.7 Die Schleifmaschinen

Schleifmaschinen dienen zum Glätten der Werkstückoberfläche. Je nach Korngröße des Schleifmittels werden dabei die noch verbleibenden Unebenheiten im Holz beseitigt (Korngröße 80–100) bzw. erhält das Holz die notwendige Feinheit für den Lackauftrag (Korngröße 120 oder feiner).
Immer jedoch bedeutet Schleifen ein Anrauen der Holzoberfläche – mag die Körnung auch noch so fein sein.

Arten der Schleifmaschinen

Die in Tischlereien üblichen Schleifmaschinen sind die Lang-, Kanten- und Breitbandschleifmaschine.

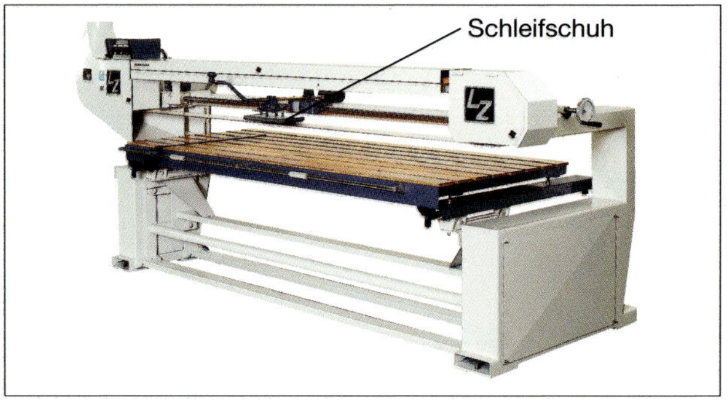

Langbandschleifmaschine

Bei der **Langbandschleifmaschine** wird ein Schleifschuh, welcher i. d. R. in der Ebene nach allen Seiten beweglich ist, über die zu schleifende Fläche mit mässigem Druck geführt. Die Langbandschleifmaschine ist eine Horizontalschleifmaschine. Sie dient überwiegend dem Schleifen von furnierten Flächen und von Vollholz.

Bei der **Kantenschleifmaschine,** welche eine Vertikalschleifmaschine ist, ist i. d. R. die Schleiflänge etwa die Länge des Auflagetisches und die Schleifbreite bzw. -höhe die der Schleifbandbreite. Nicht nur zum Schleifen von Platten- und Vollholzkanten sondern auch zum Einpassen von Schubkästen und ähnlichen Arbeiten wird diese Art der Schleifmaschine eingesetzt.
Breitbandschleifmaschinen werden je nach Ausstattung, mit einem, zwei oder drei Schleifbändern zum Kalibrieren (auf genaue Dicke schleifen) von Plattenwerkstoffen und Vollholz sowie zum Feinschleifen furnierter Werkstoffplatten verwendet.

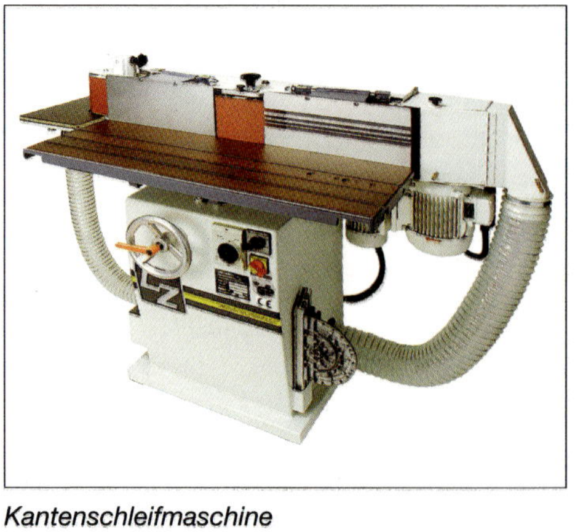

Kantenschleifmaschine

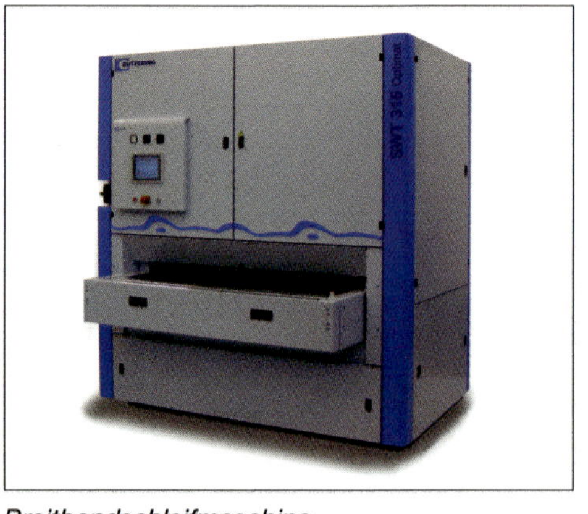

Breitbandschleifmaschine

Im Bankraum werden überwiegend **Handschleifmaschinen** eingesetzt. Wir unterscheiden oszillierende und linearschleifende Maschinen.

Rutscher (Schwingschleifer)
oszillierend (schwingend)

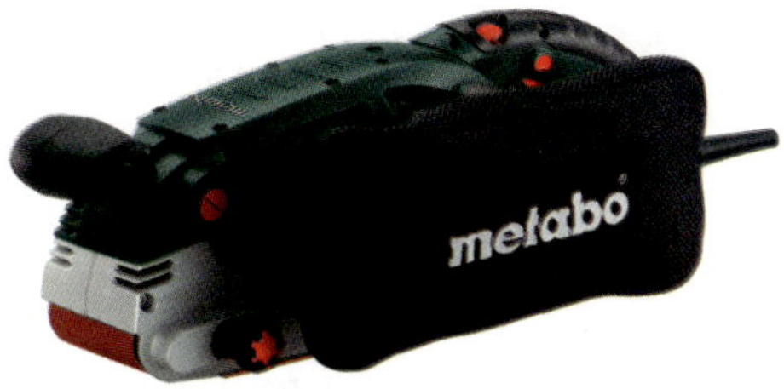

Handbandschleifmaschine
linear (linienförmig)

Schleifmittel (Schleifkörner), egal welcher Art, besitzen im Gegensatz zu allen anderen Holzbearbeitungswerkzeugen keine geometrisch gleich bleibenden Werkzeugschneiden.

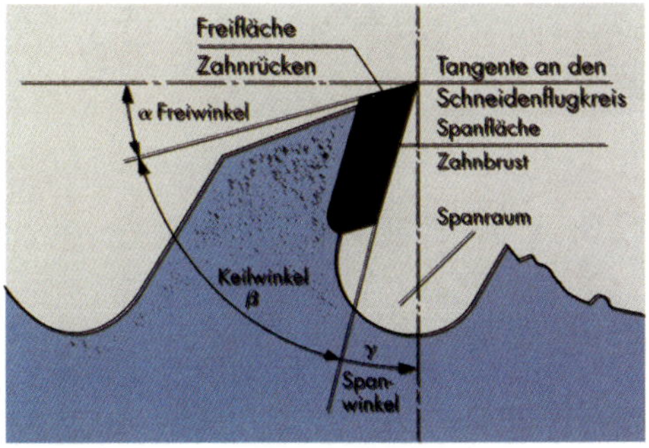

Kreissägeblatt mit geometrisch eindeutig bestimmten Werkzeugschneiden (Spanwinkel positiv)

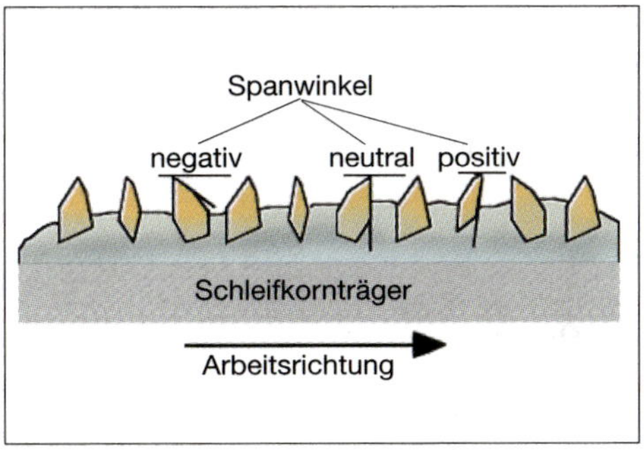

Schleifpapier mit ständig veränderter Werkzeugschneide

Sicherheitsvorschriften

Besonders bei Schleifmaschinen ist für eine gut funktionierende Absaugung zu sorgen. Die Vorschriften nach europäischer Norm sind zu beachten.
Holzstaub ist störend, kann Krankheiten verursachen und kann die Arbeitsergebnisse verschlechtern.

Grundsätzlich gilt: Staub oder Späne nicht abblasen, sondern absaugen.

Absauganlagen müssen so ausgelegt sein, dass am Anschlussstutzen zur Maschine eine Luftgeschwindigkeit von mindestens 20 m/s erreicht wird. Bei feuchten Spänen und Großteilen muss die Luftgeschwindigkeit mindestens 28 m/s betragen.

Beachte:	Das Schleifband ist bis auf den Arbeitsbereich verdeckt zu halten, nicht in das laufende Schleifband greifen.

6.8 Die Bohrmaschine

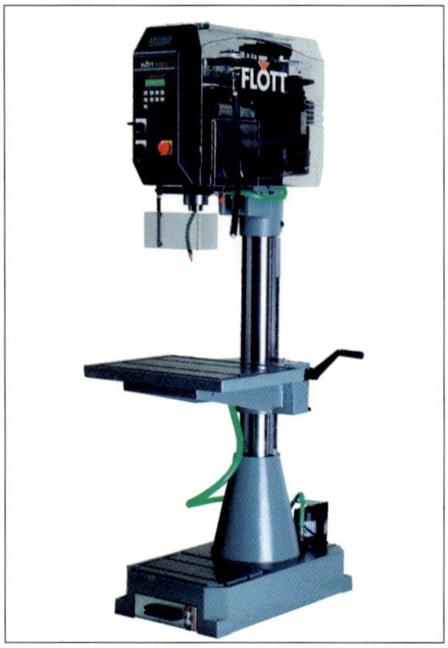

Ständerbohrmaschine

Arten der Bohrmaschinen

Bohrmaschinen dienen der Herstellung von runden Vertiefungen, zum Einlassen von Beschlagteilen, Dübeln etc.

An der Langlochbohrmaschine können auch, wie der Name schon sagt, Langlöcher hergestellt werden z. B. für Schlosskästen o. Ä.

Handbohrmaschinen werden sehr häufig auch zum Vorbohren von Schraublöchern verwendet. Nicht vergessen werden sollten die immer mehr zum Einsatz kommenden Bohrschrauber mit Akku-Betrieb. Der Vorteil dieser Geräte liegt in der Unabhängigkeit von der energieliefernden Steckdose und so können sie aufgrund der stufenlos regulierbaren Drehzahl vielseitiger eingesetzt werden.

Handbohrmaschine

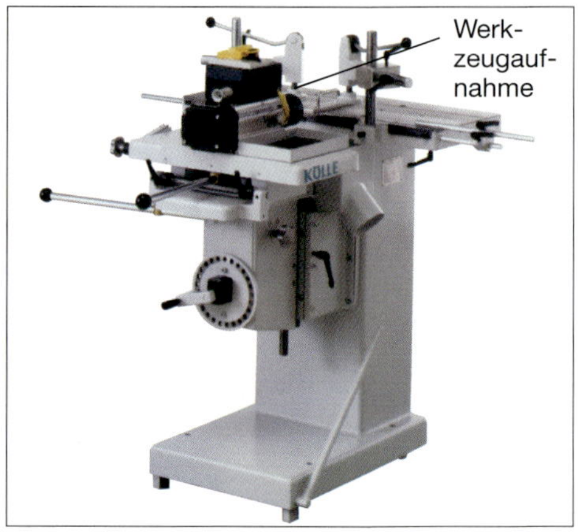

Langlochbohrmaschine

Sowohl bei Handmaschinen als auch bei den stationären Maschinen ist die stufenlose Drehzahlregulierung von Vorteil. Schnittgeschwindigkeiten können dadurch dem Bohrerdurchmesser besser angepasst werden.

Eine Rechts-Linkslauf-Einstellung ist gerade bei den Handbohrmaschinen von Vorteil, dadurch der Einsatz vielseitiger wird (z. B. zum Ein- und Ausdrehen von Schrauben).
Beim Bohren mit der Handbohrmaschine kann man sehr einfache Hilfsmittel wie z. B. eine Bohrhülsen, Rasterbohrplatten etc. verwenden.

Sicherheitseinrichtung

Eine Schutzbrille bietet einen Schutz vor herausfliegenden Spänen. Außerdem sollte man beim Arbeiten an rotierenden Werkzeugen darauf achten, dass lange Kopfhaare nicht erfasst und eingezogen werden können. Wer lange Haare hat und eine Bohrmaschine bedient, sollte deswegen ein Haarnetz oder eine entsprechende Kopfbedeckung tragen.

6.9 Die Lamellen-Nutfräsmaschine

Die Lamellen-Nutfräsmaschine dient der Herstellung von T- und Eckverbindungen mithilfe von Lamellendübel. Mit dieser Maschine können sehr schnell einfache Verbindungen hergestellt werden, welche in einer Richtung fixiert sind.

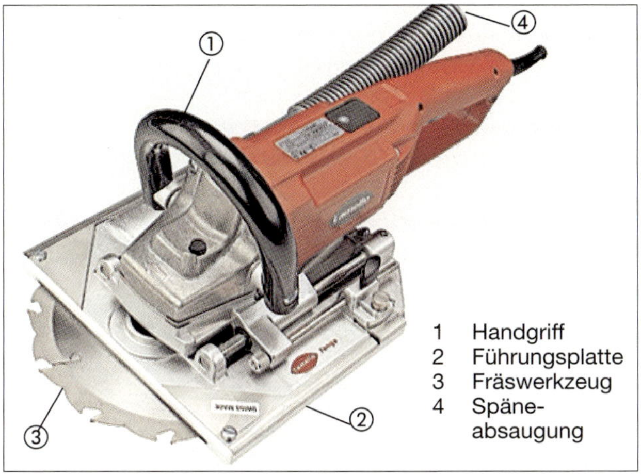

Teile einer Lamellen-Nutfräsmaschine

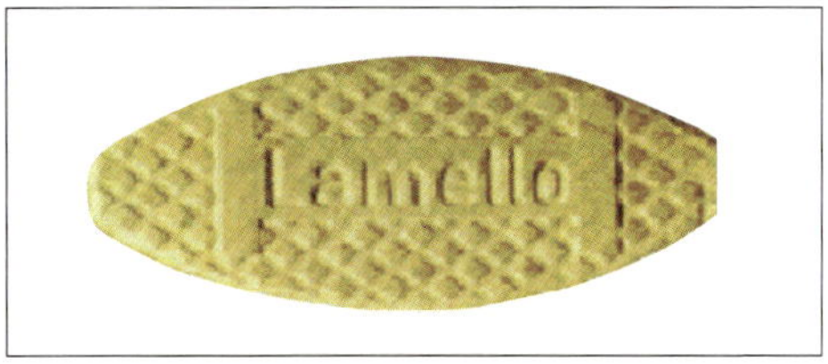

Lamellen-Formfeder

MiniSpot-Flicke

Lamellen-Nutverbindungen können bei allen Holz- und Holzwerkstoffverbindungen eingesetzt werden. Der Zwischenboden des Wandschränkchens wird mithilfe dieser Verbindungsart eingesetzt.

Die Maschine wird ebenfalls eingesetzt zum Einfräsen von Nuten bei stehenden und liegenden Werkstücken und bei entsprechender Fräserauswahl zum Ausfräsen von Harzgallen mit MiniSpot-Flicken.

Sicherheitseinrichtung

Bei der Auswahl der Werkzeuge ist darauf zu achten, dass nur Werkzeuge mit dem BG-Test-Prüfzeichen verwendet werden. Merkmale der Werkzeuge mit dem BG-Test-Prüfzeichen sind:

- Spandickenbegrenzung auf höchstens 1,1 mm
- weitgehend kreisrunde Form
- Begrenzung der Spanlückenweite

BG-Test Werkzeug mit BG-Prüfzeichen

Die auf dem Werkzeug angegebene höchstzulässige Drehzahl darf nicht überschritten bzw. der angegebene Drehzahlbereich muss eingehalten werden.

Aufgaben

1. *Nennen Sie die drei wichtigsten Regeln für unfallsicheres Arbeiten.*
2. *Nennen Sie die wichtigste Sicherheitseinrichtung an der Kreissägemaschine.*
3. *Um ein unfallsicheres Arbeiten an der Tisch- und Formatkreissäge zu gewährleisten, sind bestimmte Maßregeln zu beachten. So darf das Werkstück zwischen Sägeblatt und Parallelanschlag durchgeschoben werden:*
   1. *Von Hand bei einer Werkstückbreite von mindestens …?*
   2. *Mit dem Schiebestock bei Holzbreiten von ... bis …?*
   3. *Mit einem Nachschiebeholz bei einer Breite unter …?*
4. *Beschreiben Sie kurz die Handhaltung beim Abrichten von Werkstücken an der Abrichthobelmaschine.*
5. *Wie weit muss das Sägeblatt an der Bandsägemaschine verdeckt sein?*
6. *Wie unterscheidet sich die Schneidengeometrie eines Sägeblattes von der eines Schleifmittels?*
7. *Welche Sicherheitsvorschriften gelten für das Werkzeug an einer Lamellen-Nutfräsmaschine?*

7 Der Weg zum zufriedenen Kunden

Wie stellt man einen Kunden zufrieden?

Die wirtschaftliche Existenz eines Tischlereibetriebes hängt nicht zuletzt von der Zufriedenheit der Kundschaft ab. Wenn der Kunde zufrieden ist, ist das die beste Werbung für den Betrieb. Man wird weiter empfohlen und hat für die Zukunft Arbeitsaufträge und Arbeitsplätze gesichert.

7.1 Der richtige Umgang mit dem Kunden

Im Betrieb

Wenn ein Kunde in der Werkstatt erscheint, ist zunächst jeder, der ihn wahrnimmt, sein erster Ansprechpartner. Einem Kunden kann es sehr schnell peinlich werden, wenn er in einen Betrieb kommt und alle „beschäftigt" sind. Er muss freundlich begrüßt und an den Chef oder die entsprechenden Mitarbeiter weiter geleitet werden.

Auf Montage

Mitarbeiter, ob Gesellen oder Schüler, sind Repräsentanten des Unternehmens. Ihr Verhalten beeinflusst die Zufriedenheit des Kunden und natürlich die Vergabe von weiteren Aufträgen. Höflichkeit und Bestimmtheit sind hier sehr wichtig. Die Räume werden so sauber hinterlassen, wie man sie vorgefunden hat. Sauberkeit im Umgang mit der Wohnung wird sehr schnell mit der Qualität der Arbeiten verbunden.

Wenn Fehler gemacht wurden, die zur Reklamation des Kunden führten, wird darauf eingegangen. Man gibt dem Kunden die Möglichkeit, seinen Unmut zu äußern und hört ihm aufmerksam zu. Gemeinsam mit dem Kunden überlegt man sich eine Lösung des Problems.

Allgemein

Der Kunde hat ein Recht auf:

- kompetente Beratung
- ein faires Angebot und eine Abrechnung, die einen angemessenen Preis für die abgelieferte Qualität bieten
- Zuverlässigkeit und Pünktlichkeit (Termintreue)
- eine sauber ausgeführte Arbeit
- ehrliche und problemlose Beseitigung von Mängeln

7.2 Erfassen der Kundenwünsche

In der Regel erscheint der Kunde mit mehr oder weniger konkreten Vorstellungen von dem, was er haben möchte. Der Tischler hat nun die Aufgabe, diese Vorstellungen des Kunden zu erfassen und ggf. zu konkretisieren. Es ist viel Einfühlungsvermögen erforderlich, um in einem angenehmen Beratungsgespräch durch gezielte Fragen möglichst viel über die Wünsche und Preisvorstellungen des Kunden zu erfahren.

Hier einige Tipps:

Merke

Sprechen Sie bekannte Kunden mit dem Namen an. Dies vermittelt dem Kunden das Gefühl, wichtig genommen zu werden.

Hören Sie aufmerksam zu, was der Kunde sagt und fragen Sie ggf. nach.

Knüpfen Sie an Kundenäußerungen an und wiederholen Sie diese. Der Kunde merkt dadurch, dass Sie ihm zuhören.

Stellen Sie gezielte und leicht verständliche Fragen. Je mehr Sie über die Kundenwünsche in Erfahrung bringen, desto besser können diese erfüllt werden.

Versuchen Sie zu erfassen, welcher Zielgruppe der Kunde angehört (Alter, Einkommen, Einrichtungsstil etc.).

Werten Sie Einwände des Kunden nicht als Kritik, sondern als Chance, mehr über seine Wünsche zu erfahren.

Vermeiden Sie überhebliches Verhalten (Wie – diese Holzart kennen Sie nicht?).

Vermeiden Sie jede Art von Aufdringlichkeit in einem Beratungsgespräch.

7.3 Die Vertragssituation

Jeder Kundenauftrag erfolgt auf der Grundlage eines Vertrages. Meistens wird die VOB (Vergabe- und Vertragsordnung für Bauleistungen) vereinbart. Ansonsten gelten die Bestimmungen des BGB (Bürgerliches Gesetzbuch). Sowohl VOB als auch BGB verlangen, dass der Auftragnehmer (Tischler) dem Auftraggeber (Kunden) seine Leistung frei von Sachmängeln und den anerkannten Regeln der Technik entsprechend zu übergeben hat.

Formale Abwicklung des Kundenauftrages

Bei größeren Aufträgen holt der Kunde meist Kostenangebote von mehreren Firmen ein. Dazu wird dem Tischlereibetrieb i. d. R. ein Leistungsverzeichnis zum Eintragen der Preise zugesandt.

Merke

Das Leistungsverzeichnis enthält Angaben zum Bauvorhaben sowie eine Auflistung der zu erbringenden Leistungen.
Die Leistungsbeschreibung ist die Beschreibung der auszuführenden Arbeiten in einem Leistungsverzeichnis.

Sind sich Auftraggeber und Tischlerei über die auszuführenden Leistungen und Preise einig geworden, werden die Ausführungsfristen, also Beginn und Fertigstellung der Leistung, vereinbart. Für das Überziehen der Ausführungsfristen werden häufig empfindliche Vertragsstrafen fällig. Deshalb ist jeder Mitarbeiter gefordert, die Einhaltung der Termine möglich zu machen.

Abnahme der Leistung

Ein Kundenauftrag ist erst mit der Abnahme der Leistung abgeschlossen. Man unterscheidet nach VOB zwei Arten der Abnahme:

1. Förmliche Abnahme

Eine förmliche Abnahme hat stattzufinden, wenn der Kunde oder der Unternehmer dies verlangt. Üblicherweise wird bei großen Aufträgen eine förmliche Abnahme durchgeführt.

2. Abnahme durch Nutzung

Wird keine förmliche Abnahme verlangt, so gilt die Leistung nach Ablauf von sechs Werktagen nach Beginn der Nutzung durch den Auftraggeber oder 12 Werktage nach schriftlicher Mitteilung über die Fertigstellung der Leistung als abgenommen.

7.4 Die Auftragsabwicklung

Ist der Vertrag mit dem Kunden geschlossen, muss der weitere Arbeitsablauf in der Tischlerei geplant werden. Es muss eine genaue **Zeitplanung** aufgestellt werden, die natürlich von der geforderten Leistung und von den zur Verfügung stehenden Arbeitskräften sowie der maschinellen Ausstattung des Betriebes abhängt.

Der **Materialbedarf** unter besonderer Berücksichtigung des Verschnitts ist zu ermitteln. Es kommt darauf an, einen geeigneten Lieferanten auszuwählen, der das Material in gewünschter Menge und Qualität zu einem möglichst günstigen Preis liefern kann. Man sollte einen Lieferanten wählen, der Liefertermine zuverlässig einhält.

Schließlich muss die **Arbeit ausgeführt** werden. In vielen Fällen ist hierbei ein **arbeitsteiliges** Vorgehen, sprich **Teamarbeit,** erforderlich. Zum Thema „Teamarbeit" lesen Sie bitte mehr im anschließenden Kapitel 7.5.

Im Anschluss an die Ausführung der Arbeit ist eine **Qualitätskontrolle** durchzuführen. Hierbei ist zu überprüfen, ob der Auftrag ohne Mängel, sach- und fachgerecht und auch kundengerecht durchgeführt wurde.

Eine gute Arbeit darf und sollte auch **präsentiert** werden. Der Tischler sollte sich die Zeit nehmen, das Ergebnis seiner Arbeit dem Kunden ganz bewusst zu übergeben. Hierbei wird zum einen die Bedeutung des Kunden für den Tischler noch einmal herausgestellt (denken Sie an den Satz in der Einleitung dieses Kapitels: „Der Kunde ist König"). Zum anderen wird dem Kunden durch eine angemessene Präsentation auch signalisiert, dass handwerkliche Arbeit eben doch etwas Exklusives und Besonderes ist.

7.5 Das Arbeiten im Team

Teamarbeit – auch in der Schule

Kundenaufträge werden selten von einem einzelnen Arbeiter, sondern zunehmend in Teamarbeit ausgeführt. Ein zufällig zusammengewürfelter Haufen von Arbeitern stellt jedoch keinesfalls schon ein Team dar. Echte Teamarbeit bedarf einiger Voraussetzungen.

Merke

Die Bereitschaft aller, im Team mitzuarbeiten.

Es gibt einen Teamleiter, der auch als solcher akzeptiert wird.

Jedes Teammitglied hat jedoch das Recht, offen seine Meinung zu sagen (z. B. kann auch ein Schüler einen Verbesserungsvorschlag anbringen). Jeder erkennt jeden als vollwertiges Teammitglied an.

Innerhalb des Teams muss ein vollständiger Informationsaustausch erfolgen. Das hat zur Folge, dass man sich in gewissen Abständen zu Besprechungen zusammensetzt.

Ein freundlicher Umgangston muss ganz bewusst gepflegt werden.

Oft wird das Zusammenarbeiten im Team durch Altersunterschiede, unterschiedliche Hierarchiestufen im Betrieb und dergleichen beeinträchtigt. Hier ist der Teamleiter gefragt. Er organisiert nicht nur die fachliche Zusammenarbeit, sondern sorgt auch für ein konstruktives und positives Arbeitsklima.
Es hat sich gezeigt, dass das Arbeiten in einem gut eingespielten Team bessere Arbeitsergebnisse bringt, als dies bei „Einzelkämpfern" der Fall ist.

Aufgaben

1. *Sie haben sich entschlossen, das Snowboarden zu beginnen. Welche Erwartungen haben Sie als Kunde, wenn Sie mit diesem Wunsch ein Sportgeschäft betreten?*
2. *Auf welche zwei Arten kann die Leistung eines Kundenauftrages abgenommen werden?*
3. *Welche Eigenschaften sollte man mitbringen, um teamfähig zu sein?*

Lernfeld 3

Die Schülerinnen und Schüler stellen Produkte aus unterschiedlichen Werkstoffen her.

Die dargestellten Lampen sollen mithilfe von Handwerkzeugen und Maschinen unter Verwendung verschiedener Werkstoffe hergestellt werden.

Arbeitsvorschläge:

- Überlegen Sie sich konstruktive Lösungen, wie die Stege der Lampe mit den Stollen verbunden werden können. Stellen Sie die Lösungen in einer Schnittzeichnung dar. Legen Sie Maße für die kleine Stehlampe fest.
- Die vier Seiten der Lampe (Leuchtflächen) bestehen aus einer mit Papier bespannten Rahmenkonstruktion. Entwerfen Sie verschieden gestaltete Rahmen und klären Sie konstruktive Fragen.
- Das Papier für die Leuchtflächen ist ein japanisches Produkt mit dem Namen Shoji-Papier. Informieren Sie sich im Internet über dieses Produkt (Verarbeitungshinweise, Preis, erhältliche Abmessungen etc.). Suchen Sie auch nach Bezugsquellen für dieses Papier.
- Zur Verklebung des Shoji-Papiers mit dem Holzrahmen gibt es einen speziellen Shoji-Kleber. Informieren Sie sich auch darüber und vergleichen Sie diesen Klebstoff mit anderen im Tischlerhandwerk üblichen Klebern.
- Die Stehlampe erhält oben eine Abdeckung wahlweise aus Glas oder Plexiglas. Wodurch unterscheiden sich diese beiden Materialien hinsichtlich Herstellung, Eigenschaften und Verwendungsmöglichkeiten. Wie werden Glas und Plexiglas verarbeitet?
- Die Glühbirne, die für die Lampe verwendet wird, trägt die Aufschrift: 25 W 230 V. Was bedeutet dieser Aufdruck? Welche Schutzmaßnahmen gibt es an elektrischen Einrichtungen?
- Die Oberfläche der Lampe soll geölt werden. Vergleichen Sie Öle mit anderen Produkten zur Oberflächenbehandlung.
- Fertigen Sie einen Arbeitsablaufplan und eine Materialliste zur Herstellung der Beleuchtungskörper an.
- Berechnen Sie die gesamten Materialkosten für 50 Lampen.

1 Metalle

Was hat der Tischler mit Metallen zu tun? Was muss er über Metalle wissen?

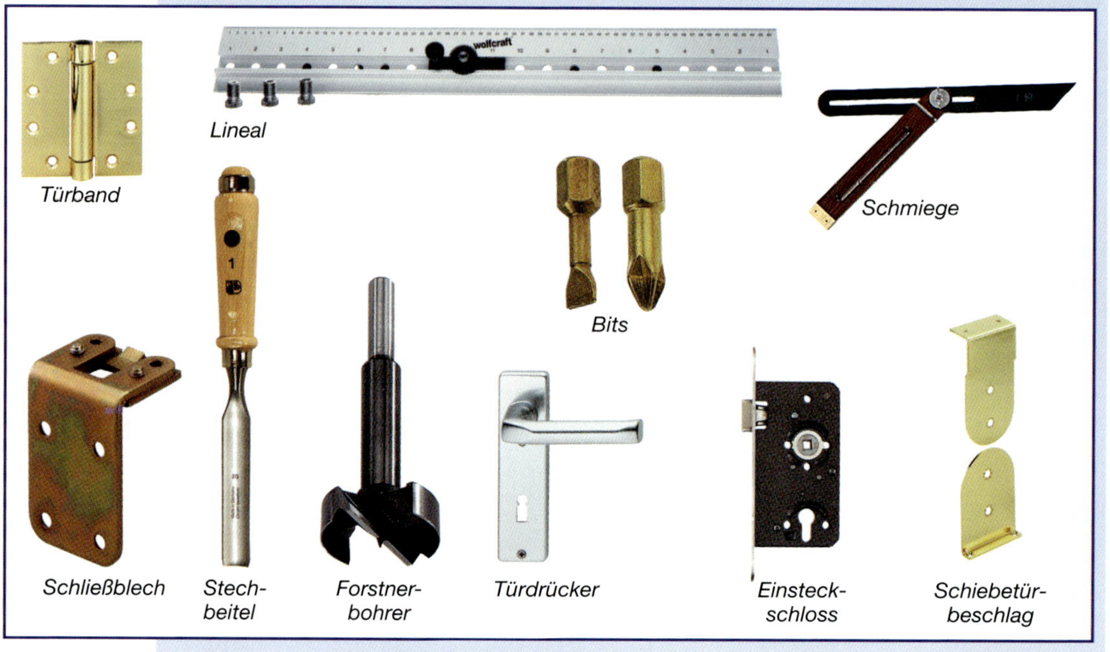

Bilden Sie Sammelbegriffe für einzelne Gruppen der hier abgebildeten Bauteile.

1.1 Eisen und Stahl

Erzeugung von Eisen und Stahl

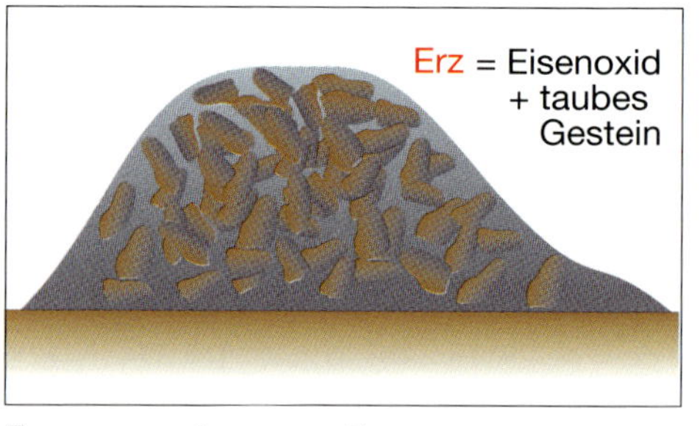

Zusammensetzung von Erz

Eisen kommt in der Natur nur in Form chemischer Verbindungen vor. Am häufigsten ist Eisen mit Sauerstoff gebunden. Man bezeichnet diese Verbindungen als **Eisenoxide.** Diese Eisenoxide werden auch nicht in reiner Form gefunden, sondern mit anderen chemischen Verbindungen gemischt, z. B. Siliziumoxid, Kalziumoxid, Manganoxid. Man bezeichnet die Gemische, aus denen sich wegen genügendem Eisengehalt die Eisengewinnung wirtschaftlich lohnt, als **Eisenerze**.

An den Erzgruben wird zunächst versucht, möglichst viel der verunreinigenden Verbindungen, dem sogenannten tauben Gestein, abzutrennen. Dies senkt die Transportkosten. Weiterhin wird die richtige Stückgröße für die spätere Verarbeitung eingestellt. Diese Behandlungen der Erze heißen **Eisenerzaufbereitung.**

Das aufbereitete Erz wird nun mit Koks und Zuschlägen, z. B. Kalk, in den **Hochofen** gegeben. Dort reagiert das Eisenoxid mit Kohlenmonoxid und Kohlenstoff. Es entstehen bei diesem chemischen Prozess Eisen und Kohlendioxid. Dieser Vorgang, bei dem Eisenoxid der Sauerstoff entzogen wird, heißt **Reduktion**. Das reduzierte Eisen schmilzt im unteren Teil des Hochofens. Dabei nimmt es auch noch Kohlenstoff auf. Gleichzeitig nimmt das Eisen aber auch Verunreinigungen auf (z. B. Mangan, Silizium, Phosphor, Schwefel), die im Erz enthalten waren und ebenfalls reduziert wurden.
Es entsteht also im Hochofen ein Gemisch aus ca. 90 % Eisen, der Rest sind Kohlenstoff, Mangan, Silizium, Phosphor und Schwefel. Dieses Gemisch wird **Roheisen** genannt.

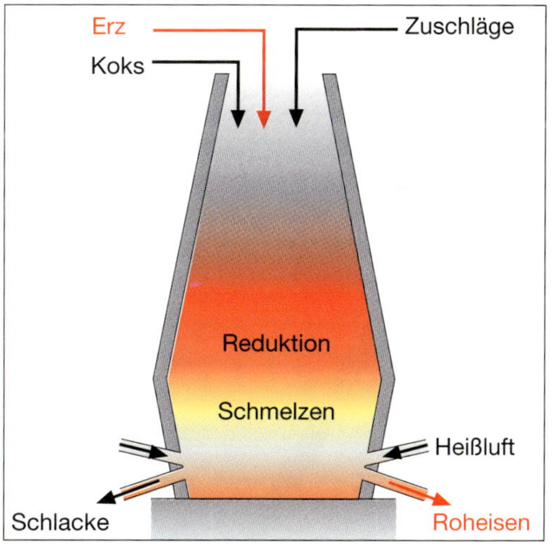

Prinzip des Hochofens

Merke

Im Hochofen entsteht durch Reduktion des Eisenoxids Eisen, das aber noch mit Kohlenstoff, Mangan, Silizium, Phosphor und Schwefel verunreinigt ist. Dieses Gemisch wird als Roheisen bezeichnet.

Roheisen ist besonders wegen des hohen Kohlenstoffgehalts (3,5 bis 4,5 %) nicht schmiedbar und nicht schweißbar. Darum schließt sich an die Roheisengewinnung ein Prozess an, in dem die störenden Eisenbegleiter entfernt, bzw. auf ein notwendiges Maß gesenkt werden. Es entsteht dann ein schmiedbarer Werkstoff, der **Stahl.** Stahl hat höchstens 2 % Kohlenstoff.
Das Verfahren zur Entfernung der störenden Eisenbegleiter und der damit verbundenen Verbesserung der Eigenschaften nennt man auch **Frischen**.

Alle Eisenbegleiter verbinden sich bei hohen Temperaturen leichter mit Sauerstoff als das Eisen. Darum füllt man nach der Roheisenerzeugung das flüssige Roheisen in ein birnenförmiges Gefäß, den Konverter, und bläst durch ein Rohr, Lanze genannt, Sauerstoff auf die Schmelze. Durch den Sauerstoff wird der Kohlenstoff zu Kohlenmonoxid und Kohlendioxid verbrannt. Die übrigen Eisenbegleiter (Mangan, Silizium u. a.) werden ebenfalls oxidiert und bilden eine Schlacke. Man steuert den Oxidationsprozess so, dass am Ende ein gewünschter Kohlenstoffgehalt vorliegt. Die so entstandene Schmelze aus Eisen mit geringem Gehalt an Kohlenstoff und Begleitelementen ist Stahl.
Das hier geschilderte Verfahren wurde von einer österreichischen Firma in Linz entwickelt und wird deshalb als Linz-Donawitz-Verfahren, abgekürzt **LD-Verfahren**, bezeichnet.

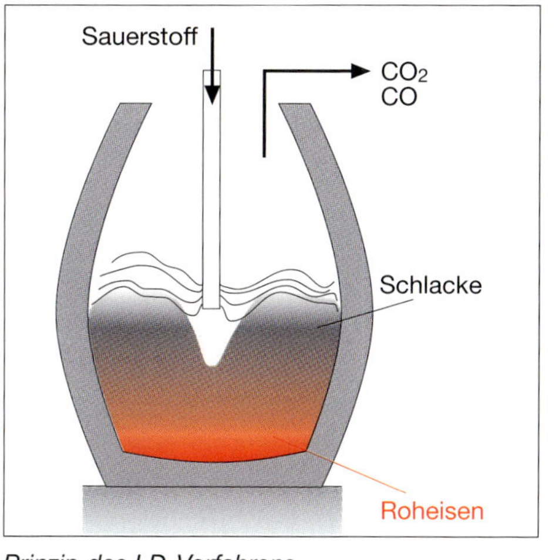

Prinzip des LD-Verfahrens

Merke

Bei der Stahlerzeugung nach dem LD-Verfahren wird Sauerstoff auf die Roheisenschmelze geblasen. Dadurch werden die Eisenbegleiter oxidiert und entfernt. Stahl ist eine schmiedbare Eisen-Kohlenstoff-Legierung mit höchstens 2 % Kohlenstoff.

1.2 Ändern der Eigenschaften von Stahl

Welche Eigenschaften erwarten Sie von folgenden Bauteilen aus Stahl?

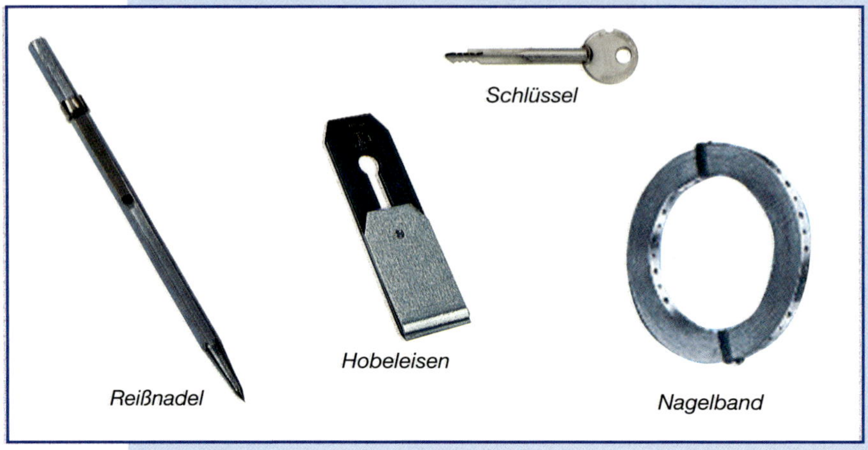

Durch Zugabe von chemischen Elementen zur Schmelze, das sogenannte **Legieren**, werden die Eigenschaften des erzeugten Stahles verändert. Besonderen Einfluss hat der Kohlenstoffgehalt. Mit steigendem Kohlenstoffgehalt wird der Stahl fester, seine Umformbarkeit sinkt.
Um dies zu verstehen, muss der Tischler den inneren Aufbau des Stahles kennen.

Wie sieht Stahl im Inneren aus?

Über das Innere von Stahl können nur mithilfe aufwändiger Apparaturen Aussagen gemacht werden. Darum ist es zweckmäßig, einen anderen Werkstoff als Modell zu verwenden.
Betrachtet man ein Stück Styropor, das an einer Kante durchgebrochen wird, so erkennt man Körner. Diese sind mit den Nachbarkörnern verschweißt. Auf der geschliffenen Seite erkennt man kleine Felder, die von abgeschliffenen Körnern gebildet werden und durch feine Linien voneinander abgegrenzt sind.

Styropor® als Modell für das Stahlgefüge

Genau so sieht es in einem Inneren eines Stückes Stahl aus – nur sind die Körner und die Korngrenzen so klein, dass sie nur unter dem Mikroskop erkannt werden können.

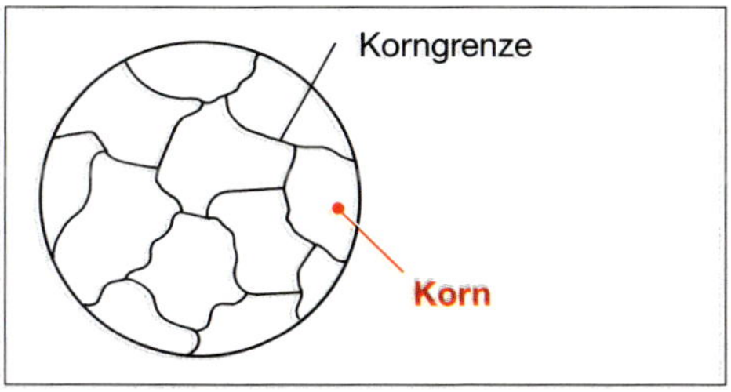

Schliffbild von reinem Eisen (100 x vergrößert)

In *reinem* Eisen sind alle Körner gleich aufgebaut. Sie bestehen aus Eisenatomen, die regelmäßig angeordnet sind. Zum Nachbarkorn ist lediglich die Ausrichtung ein wenig anders, sodass die Grenzen nicht genau „passen“ und so Korngrenzen erscheinen.

Merke

Ein Stück Eisen besteht aus Körnern, die durch Korngrenzen voneinander getrennt sind. Im Inneren eines Kornes sind die Eisenatome regelmäßig angeordnet.

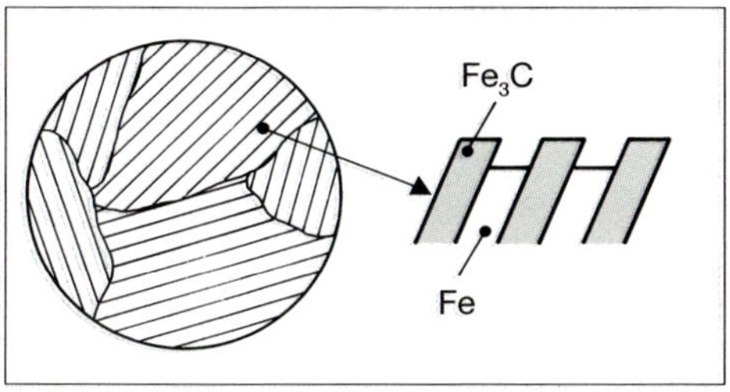

Perlitkörner (500 x vergrößert)

Wenn Kohlenstoff im Stahl vorhanden ist, sind einige Körner anders aufgebaut. Sie enthalten im Innern schichtweise Eisen und die sehr harte und feste Verbindung Fe_3C. Diese Körner werden Perlitkörner genannt. Je mehr dieser Perlitkörner im Stahl sind, desto fester und härter ist der Stahl, er ist aber schlechter verformbar und auch schlechter schweißbar. Ab 0,35 % Kohlenstoff sind Stähle auch durch Aufheizen und Abschrecken zusätzlich härtbar.

Merke

Reines Eisen hat nur Eisenkörner und ist weich und leicht umformbar. Mit steigendem Kohlenstoffgehalt enthält Stahl mehr harte und feste Perlitkörner. Ein Stahl mit 0,8 % Kohlenstoff besteht nur aus Perlitkörnern.

(Stähle von 0,8% bis 2% Kohlenstoff haben noch zusätzlich an den Korngrenzen schalenförmig die Verbindung Fe_3C).

Einfluss des Kohlenstoffgehalts auf die Stahleigenschaften

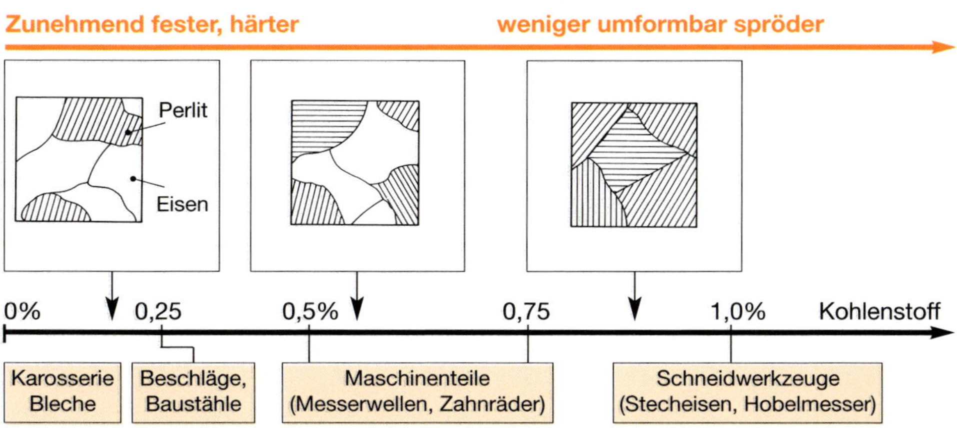

Einfluss weiterer Legierungselemente in wichtigen Stahlsorten

Vanadium, Wolfram, Molybdän bilden bei Anteilen von mehr als etwa 2 % mit Kohlenstoff sehr harte chemische und verschleißfeste Verbindungen (Karbide). Diese Karbide sind als feine Körnchen im Gefüge des Stahles eingelagert und erhöhen die Härte und die Verschleißfestigkeit. Aus diesem Grund werden *Schnellarbeitsstähle* für Fräswerkzeuge, Bohrer u. a. mit diesen Elementen legiert.
In kleineren Anteilen verbessern Mangan, Wolfram und Molybdän die Festigkeit, Wärmebeständigkeit und Härtbarkeit von Stahl. Darum werden mit Vanadium, Wolfram, Molybdän und Chrom niedrig legierte Stähle für Maschinenteile wie Wellen von Hobel- und Fräsmaschinen verwendet.
Chromanteile über 13 % bewirken die Bildung einer sehr dünnen, korrosionsbeständigen Oxidsschicht. Darum ist Chrom in *korrosionsbeständigen Stählen* enthalten. Der am häufigsten eingesetzte korrosionsbeständige Stahl enthält 0,06 % Kohlenstoff, 18 % Chrom und 8 % Nickel. Er ist bekannt unter den Bezeichnungen Nirosta® und V2A-Stahl. In der Tischlerei findet er Anwendung für Beschläge und im Baubereich z. B. für Handläufe.
Silizium bewirkt, dass Stahl erst bei höheren Belastungen bleibend verformt wird. Darum wird *Federstählen* bis zu 3 % Silizium zulegiert.

Merke

Im Anschluss an die Stahlerzeugung werden Stähle für besondere Verwendung legiert.
Die Legierungselemente verändern die Eigenschaften der Stähle.

Bruchstelle aus einer zu stark gehärteten Drechselröhre

Das Ändern der Eigenschaften von Stahl durch Wärmebehandlung

Von Schneidwerkzeugen wird erwartet, dass sie erheblich härter sind als das zu trennende Material. Die Härte von Werkzeugstählen, wie sie sich allein aufgrund des Kohlenstoffgehaltes ergibt, genügt nicht den Anforderungen – Schneiden stumpfen in diesem Zustand zu schnell ab. Aus diesem Grunde werden Werkzeugschneiden durch eine Wärmebehandlung gehärtet.
Zu harte Schneiden brechen aber leicht aus. Darum schließt sich je nach Verwendungszweck ein weiteres Wärmebehandlungsverfahren zur Erhöhung der Zähigkeit an.

Das Härten von Stahl

Ein härtbarer Stahl muss mindestens 0,35 % Kohlenstoff enthalten. Das Härten geschieht in drei Stufen:

1. Das Aufheizen
Der Stahl wird auf ca. 850 °C vorsichtig aufgeheizt. Dabei lösen sich die Perlitkörner auf.

2. Das Halten
Damit sich der Kohlenstoff über alle Körner des Stahles gleichmäßig verteilen kann, hält man, je nach Dicke des Werkstücks, für einige Minuten die Temperatur von ca. 850 °C.

3. Das Abschrecken

Nachdem man den Stahl bei ca. 850 °C gehalten hat, schreckt man ihn ab. Dadurch bilden sich keine neuen Perlitkörner und der Kohlenstoff bleibt gleichmäßig über alle Körner erhalten. Die Kohlenstoffatome sind nach dem Abschrecken zwangsweise zwischen den Eisenatomen eingeschlossen und bewirken Verspannungen. Durch diese Verspannungen wird der Stahl sehr hart, aber auch spröde.

Als Abschreckmittel für Stähle, die nur Kohlenstoff enthalten wird Wasser verwendet, für Stähle, die mit Mangan, Chrom u.a. legiert sind, verwendet man spezielle Öle.

Härten von Stahl geschieht durch Aufheizen auf Temperaturen von 750 bis 850 °C und anschließendes Abschrecken in Wasser oder Öl.

Merke

Nach dem Härten werden alle gehärteten Werkstücke nochmals erwärmt, um sie zäher werden zu lassen. Diese Wärmebehandlung wird als **Anlassen** bezeichnet. Bis etwa 200 °C bleibt dabei die Härte erhalten.

Phasen beim Abschreckhärten

Aufheizen ➤ Halten ➤ Abschrecken ➤ Anlassen

Wird auf Temperaturen zwischen 350 °C und 650 °C erwärmt, so lässt die Härte entsprechend nach, aber die Zähigkeit steigt erheblich, die Neigung zur Rissbildung sinkt. Man nennt dieses Anlassen auf höhere Temperaturen **Vergüten.**
Die Vergütungstemperatur richtet sich nach dem Verwendungszweck.
Für Werkzeuge gilt: „Je größer die Gefahr einer Rissbildung beim Gebrauch, desto höher ist die Anlasstemperatur."

Beispiele

Anlasstemperaturen für
- Fräsmesser .... 200 °C
- Bohrer .... 250 °C
- Stecheisen.......... 300 °C
- Äxte .... 350 °C
- Maschinenteile (Wellen, Zahnräder) .... 450 bis 650 °C

Die Wärmebehandlung Vergüten besteht aus Härten mit anschließendem Anlassen auf höhere Temperaturen

Merke

Schülerversuch

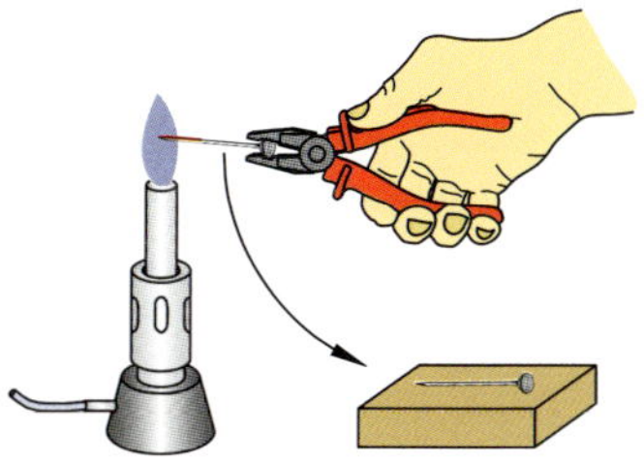

Langsames Abkühlen

Prüfen Sie einen „Stahlnagel" (ca. 0,5 % C) und einen etwa gleichgroßen „normalen" Nagel (ca. 0,1 % C) bei unterschiedlichen Wärmebehandlungszuständen.

a) Erhitzen Sie beide Nägel in der Flamme eines Bunsenbrenners bis zur Weißglut und halten Sie diese Temperatur etwa 1 Minute lang. Lassen Sie dann die Nägel an der Luft langsam abkühlen.
   Beurteilen Sie die Härte der Nägel durch Befeilen.
   Wie sind die Gefüge beider Nägel nach der langsamen Abkühlung aufgebaut?

b) Erhitzen Sie beide Nägel erneut bis zur Weißglut, und schrecken Sie die Nägel anschließend sofort in Wasser ab. Beurteilen Sie wieder die Härte durch Befeilen. Welche Gefüge liegen jetzt in den Nägeln vor?

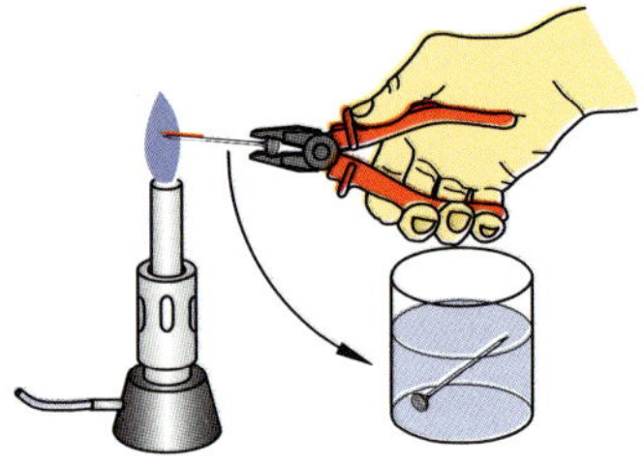

Abschrecken

1.3 Schnellarbeitsstahl

Warum stumpfen Maschinenbohrer, Kreissägeblätter u.a. aus Werkzeugstahl bei starker Beanspruchung so schnell ab?

Blau angelaufenes Sägeblatt

Beim Zerspanen des Materials wird Wärme erzeugt. Gleichzeitig entsteht zusätzlich Wärme durch Reibung.
Da Holz und Kunststoff schlechte Wärmeleiter sind, können das getrennte Material und die Späne diese Wärme nicht abführen und es kommt so zu einer Überhitzung der Schneide – die Schneide wird angelassen. Dies kann man bei Überbelastung deutlich an der blauen Farbe der Schneide erkennen. Das Härtegefüge wird durch die Wärme umgewandelt, die Härte der Schneide nimmt dabei ab und die Schneide wird nach kurzem weiterem Gebrauch stumpf.

Das Gleiche geschieht natürlich auch bei falschem Anschleifen der Werkzeuge mit zu hohem Druck gegen die Schleifscheibe und fehlender Kühlung.
Wegen der starken Schneidenerwärmung werden für Werkzeuge an schnelllaufenden Holzbearbeitungsmaschinen Stähle benötigt, die höhere Temperaturen ertragen. Dies sind **Schnellarbeitsstähle (HSS-Stähle)**. Diese Stähle erhalten ihre Härte nicht so sehr durch Abschrecken, sondern durch Einlagerung kleiner, äußerst harter Teilchen in das Gefüge.

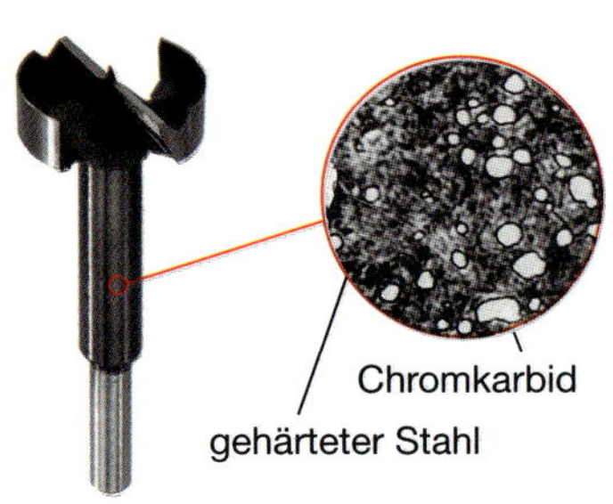

Gefügebild eines Bohrers aus HSS-Stahl

Schnellarbeitsstähle sind mit den Elementen Chrom (Cr), Wolfram (W), Molybdän (Mo), Vanadium (V) und Kobalt (Co) legiert, denn sie bilden mit dem Kohlenstoff des Stahles sehr harte chemische Verbindungen, z. B. Chromkarbid. Diese Verbindungen sind bis über 600 °C temperaturbeständig und deshalb besonders zum Spanen mit hohen Schnittgeschwindigkeiten geeignet.
Aus Schnellarbeitsstählen werden Maschinenbohrer, Profilfräsmesser, Hobelmaschinenmesser u. a. hergestellt.

Merke

Schnellarbeitsstähle sind hochlegierte Stähle, die ohne Verlust der Schneidhaltigkeit zum Spanen bis zu Temperaturen von etwa 650°C eingesetzt werden können.

1.4 Gusseisen

Warum sind Maschinenständer und Maschinentische aus Gusseisen und nicht aus Stahlplatten geschweißt?

Tischlereimaschinen arbeiten mit hohen Umdrehungsfrequenzen (Drehzahlen). Dabei geraten die Maschinen in Schwingungen. Die Folge sind Unregelmäßigkeiten in der Oberfläche der zu bearbeitenden Werkstücke. Es ist darum das Ziel der Maschinenhersteller, solche Schwingungen möglichst gering zu halten.

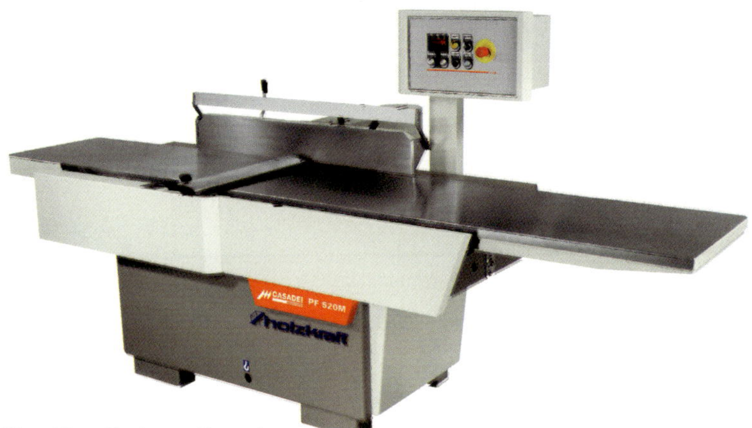

Maschinentisch aus Gusseisen

Mit Gusseisen haben die Maschinenhersteller den idealen Werkstoff zur Schwingungsdämpfung. Gusseisen besteht aus einem Gefüge wie Stahl, in das Grafitlamellen oder Grafitkugeln eingebettet sind. Grafit ist reiner Kohlenstoff. Er ist weich und hat sehr geringe Festigkeit (vgl.: Bleistiftminen enthalten Grafit). Dieser Grafit wirkt wie kleine schwingungsdämpfende Polster. In lamellarer Form dämpft er Schwingungen besser als in Kugelform. Darum bestehen die meisten Maschinengestelle und Maschinentische aus Gusseisen mit Lamellengrafit. Gusseisen enthält etwa 3 % bis 4 % Kohlenstoff.

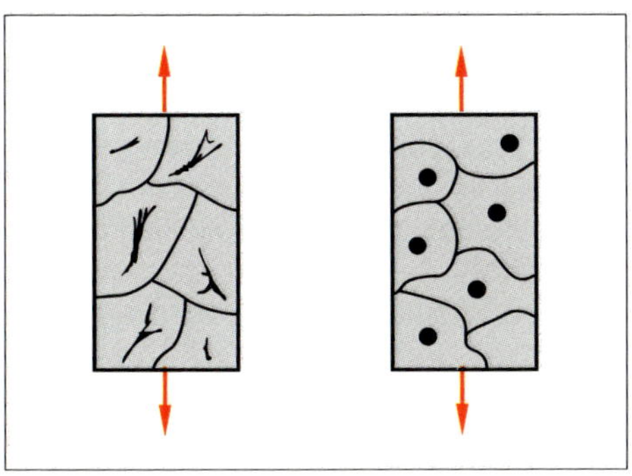

Gusseisengefüge

Leider haben Grafitlamellen auch eine unangenehme Eigenschaft – sie wirken wie winzige Kerben. Bei stärkerer Zugbelastung reißen sie weiter und Bauteile können so schon durch geringe Überlastung zerstört werden.

Gusseisen mit Kugelgrafit verträgt wegen der geringeren Kerbwirkung der kugelförmigen Einschlüsse Zugbelastungen erheblich besser und hat darum Festigkeitswerte, die an Stahl heranreichen.

Merke

Gusseisen besteht aus einem stahlähnlichen Grundgefüge, in das Grafit in Form von Lamellen oder Kugeln eingebettet ist. Gusseisen ist stark schwingungsdämpfend.

1.5 Hartmetalle

Was sind Hartmetalle?

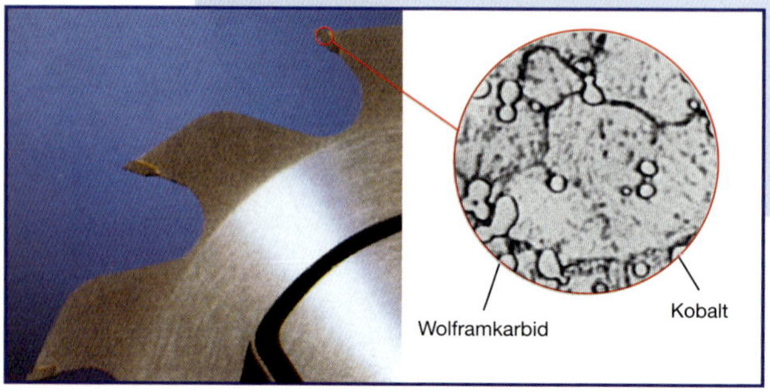

Gefügebild eines Sägezahns aus Hartmetall

Hartmetalle verwendet man in Schreinereibetrieben z. B. als Streifenmesser von Hobelmaschinen, als Wendeplatten und Profilmesser zum Fräsen oder als Schneiden an Kreissägen.

Eigentlich sind Hartmetalle kaum noch als Metalle zu bezeichnen, denn sie bestehen zu über 90 % aus Karbidkörnchen von Wolframkarbid, Titankarbid und Tantalkarbid, die durch das Metall Kobalt zusammengehalten werden. Diese Karbide sind sehr temperaturbeständig und auch sehr verschleißfest – aber auch spröde. Aus diesem Grunde werden bevorzugt kleine Schneiden aus vollem Hartmetall gefertigt.
Größere Schneiden, z. B. für Messer von Hobelmaschinen, werden auch auf Trägerplatten aus Werkzeugstahl aufgelötet geliefert.

Merke

Hartmetalle bestehen überwiegend aus Karbidkörnchen von Wolframkarbiden u.a., die durch Kobalt gebunden sind. Hartmetalle sind sehr temperaturbeständig und verschleißfest.

Hartmetalle werden nicht wie andere Metalle aus Schmelzen und anschließendem Umformen hergestellt, sondern aus Pulvern erzeugt.
Dabei wird Karbidpulver mit Kobaltpulver vermischt und daraus in Formen Rohlinge („Grünlinge") für die späteren Werkzeugschneiden gepresst. Nach dem Pressen werden die Rohlinge in Öfen erhitzt. Dabei entsteht durch Wanderung von Atomen an den Grenzen der Pulverkörner ein festes Gefüge. Dieser Wärmebehandlungsvorgang heißt **Sintern.**

1.6 Nichteisenmetalle

Nichteisenmetalle, z. B. *Kupfer, Zinn, Aluminium* und *Blei*, werden nur in Ausnahmefällen in der *Tischlerei* verwendet. Diese Metalle sind in reiner Form meist zu weich und haben nur eine geringe Festigkeit. Darum verwendet man fast ausschließlich Legierungen. Diese Legierungen haben häufig eigene Namen:

- **Messing** ist eine Legierung aus Kupfer und Zink.
- **Bronze** ist eine Legierung aus Kupfer und anderen Metallen, z. B. Zinn.
- **Neusilber** ist eine Legierung aus Kupfer und Nickel.

Messing

Messing ist eine goldgelbe Legierung aus Kupfer und Zink. Sie wird in der Tischlerei vorwiegend für Beschläge verwendet.

Messing mit weniger als 38 % Zink ist gut umformbar. Man fertigt daraus Bleche, die z. B. zu Scharnieren und Schließblechen gebogen werden.

Messing mit Zinkgehalten von 38 % bis etwa 43 % ist gut spanend bearbeitbar. Es wird für Schrauben u.a. verwendet. Diese Messingsorten werden auch zu Gussteilen verarbeitet. In der Tischlerei finden sie Einsatz für gegossene Tür-, Fenster- und Schrankbeschläge sowie für Schilder.

Umgeformte Bauteile aus Messing

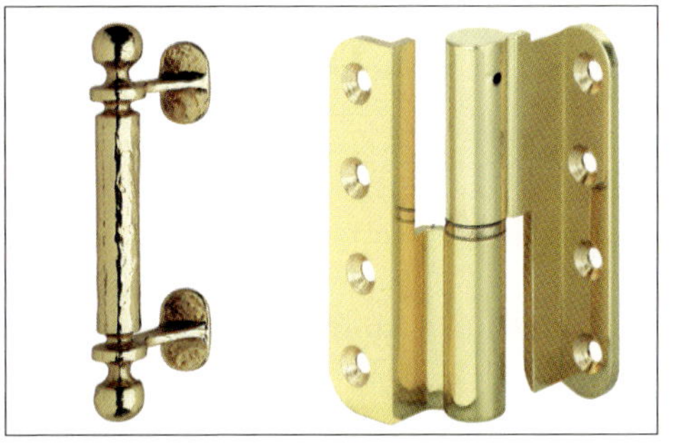

Gegossene Bauteile aus Messing

Messing wird meist hochglanzpoliert. Damit der Glanz erhalten bleibt, müssen Messingteile in relativ kurzen Zeitabständen nachpoliert werden. Um dies zu vermeiden, werden die meisten Messingbeschläge mit einem Klarlack lackiert. Kratzer an der Oberfläche, die z. B. entstehen können, wenn man mit dem Schraubendreher abrutscht, sollten darum aus lackierten Messingteilen nicht herausgeschliffen und poliert werden. Dadurch wird die Oberfläche noch mehr geschädigt.
Durch Behandeln mit Säuren und Salzlösungen können Messingteile braun bis fast schwarz eingefärbt werden.

Messinge sind Kupfer-Zink-Legierungen mit bis zu 45 % Zink. Merke

Gegossene Türgriffe aus Bronze

Bronze

Bronzen sind Kupferlegierungen, in denen das wichtigste Legierungsmetall nicht das Zink ist. Die bekanntesten Bronzen sind Zinnbronzen. In der Tischlerei werden verschiedentlich Türbeschläge aus gegossener Bronze eingebaut. Diese Bronzen enthalten bis zu 20 % Zinn. Bronzen sind sehr korrosionsbeständig.

Zinnbronzen sind Kupfer-Zinn-Legierungen mit bis zu 20 % Zinn. Merke

Neusilber

Neusilber enthält 50 bis 65 % Kupfer, 12 bis 35 % Nickel und als Rest Zink. Mit 12 % Nickel ist es fast silberfarben, mit mehr als 33 % Nickel erscheint es weiß-bläulich. Neusilber ist sehr korrosionsbeständig. Es wird, wenn auch nicht so häufig, ähnlich dem Messing verwendet.

Aluminiumlegierungen

Reines Aluminium wird fast nur in der Elektrotechnik verwendet. In der Tischlerei werden häufig Beschläge aus Aluminiumlegierungen an Türen und Fenstern eingesetzt. Sie bestehen meist aus Aluminium mit etwa 12 % Silizium (Si). Diese Legierung ist gut korrosionsbeständig.

Griffe aus G-AlSi-Legierungen

Merke

Aluminium-Gusslegierungen für Beschläge enthalten meist etwa 12 % Silizium.

Aluminium und Aluminiumlegierungen oxidieren an der Oberfläche. Dabei entsteht eine dünne, aber sehr harte und dichte Schicht aus Aluminiumoxid. Diese kann durch Behandlung mit Säuren und Salzen unter Einwirkung des elektrischen Stromes verstärkt und eingefärbt werden. Das Verfahren zur Veränderung der Oxidschicht auf dem Aluminium heißt **Eloxieren.**

Merke

Die Oberfläche von Aluminium und Aluminiumlegierungen kann durch Eloxieren mit einer harten und dichten Oxidschicht versehen werden, die auch eingefärbt werden kann.

1.7 Korrosion und Korrosionsschutz

Was wurde hier falsch gemacht?

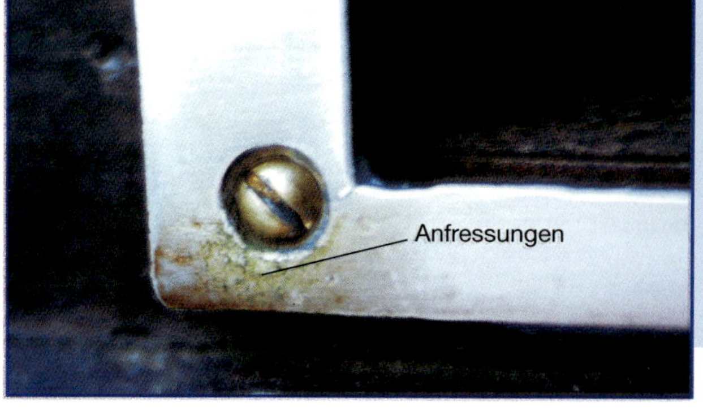

Beim Montieren eines Außenbeschlags aus Aluminiumguss war eine der dafür vorgesehenen Aluminiumschrauben abgebrochen. Als Ersatz dafür hat der Tischler eine Messingschraube eingedreht.
Nach einiger Zeit zeigten sich um die Messingschraube herum „Anfressungen" – um die billigen Aluminiumschrauben herum jedoch nicht.
Welche Erklärung gibt es hierfür?

Elektrochemische Korrosion

Werden zwei verschiedene Metalle in eine elektrisch leitende Flüssigkeit getaucht, einen Elektrolyten, und beide Metalle durch einen Leiter verbunden, so fließt ein elektrischer Strom.

Eine solche Spannungsquelle, bei der in einem Elektrolyten die beiden Pole aus zwei verschiedenen Metallen bestehen, heißt **galvanisches Element**.

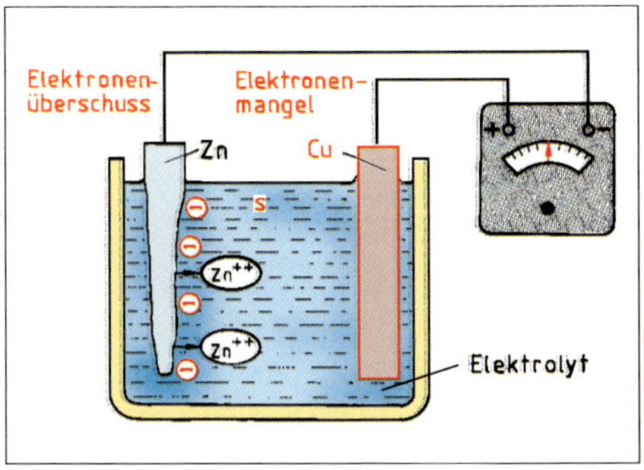

Schematische Darstellung eines galvanischen Elements

Beispiel

Eine Kupfer- und eine Zinkplatte tauchen in eine schwache Schwefelsäurelösung ein. Schaltet man einen Spannungsmesser zwischen die Platten, so kann eine Spannung von etwa 1,1 Volt gemessen werden. Man erkennt ferner, dass das Zink den Minuspol und das Kupfer den Pluspol bildet. Verbindet man die Platten so, dass ein Strom fließen kann, so stellt man fest, dass das Zink aufgelöst wird.

Merke

Ein galvanisches Element wird aus zwei unterschiedlichen Metallen in einem Elektrolyten gebildet. Das Metall am Minuspol wird stets aufgelöst und verbindet sich mit dem Elektrolyten.

Aus den verschiedenen Metallen lassen sich galvanische Elemente zusammenstellen, die unterschiedliche Spannungen liefern. Um einen Bezug zu erhalten, hat man eine Elektrode aus einem Platinblech, die von Wasserstoff umspült wird, geschaffen. Diese hat man mit den verschiedenen Metallen verbunden und die dabei gemessenen Spannungen aufgelistet. Die sich ergebende Reihe der Metalle nennt man die *elektrochemische Spannungsreihe der Metalle*.
Je weiter ein Metall in dieser Reihe rechts steht, desto geringer ist sein Bestreben Verbindungen zu bilden – es ist **edler** und korrisionsbeständiger.

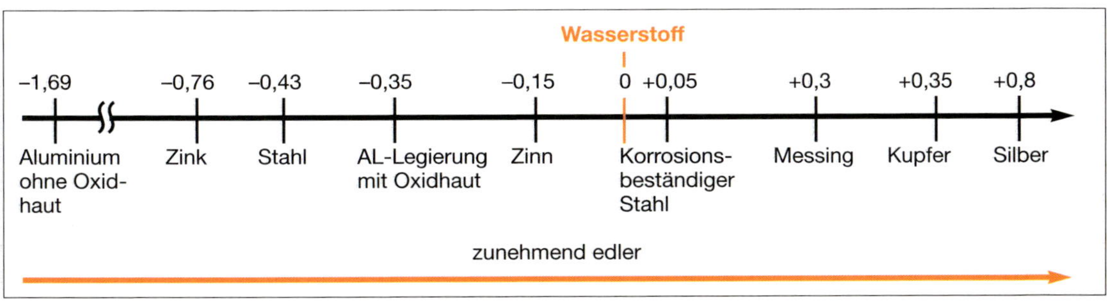

Elektrochemische Spannungsreihe

Merke

In der elektrochemischen Spannungsreihe sind die Metalle nach ihrer Spannung gegenüber einer Wasserstoffelektrode geordnet. Je größer der Spannungswert ist, desto edler ist ein Metall.

Fügt man nun zwei unterschiedliche Metalle, z. B. Messing und Aluminium, zusammen und lässt Feuchtigkeit hinzutreten, so bildet sich ein galvanisches Element. Das unedlere Metall, im Beispiel das Aluminium, bildet den Minuspol und wird aufgelöst.
Man bezeichnet den Stromkreis, der durch das edlere Metall, die metallische Berührung, das unedlere Metall und die leitende Flüssigkeit gebildet wird, als den **Korrosionsstromkreis**. Die auftretende Korrosion wird als **elektrochemische Korrosion** bezeichnet.

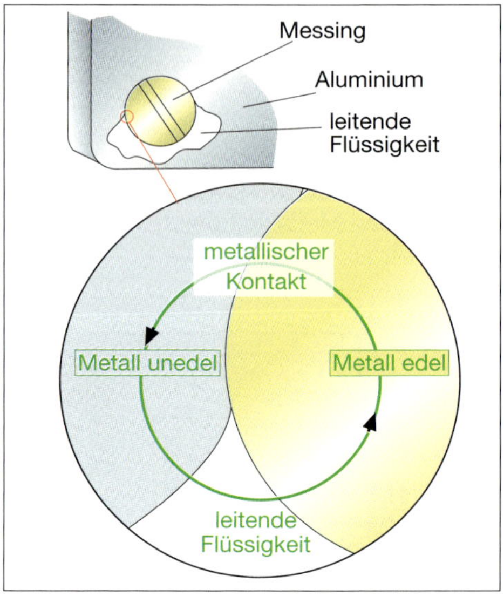

Entstehung des Korrosionsstromkreises

Viele Metalle, z. B. auch Stahl, korrodieren, ohne dass scheinbar ein anderes Metall anwesend ist. Doch das täuscht. Beim Stahl sind Eisenkörner und Perlitkörner unterschiedlich edel. So kann beim Zutritt von Feuchtigkeit sofort Korrosion einsetzen. Reinstes Eisen rostet auch bei Zutritt von Feuchtigkeit nicht.

Merke

Elektrochemische Korrosion tritt auf, wenn sich zwei unterschiedlich edle Metalle berühren und eine leitende Flüssigkeit (Elektrolyt) hinzutritt.

Bei der chemischen Reaktion, der Korrosion, entstehen Reaktionsprodukte. So entsteht bei der Korrosion von Eisen ein wasserhaltiges Eisenoxid, das wir als **Rost** bezeichnen. Dieser Rost liegt locker auf dem korrodierten Werkstück und lässt weiteres Eindringen von Feuchtigkeit und damit weitere Korrosion zu. Bei Aluminium, unserem Beispiel, entsteht ein weißes Aluminiumoxid, das an der Berührungsstelle porös ist und bei Feuchtigkeitszutritt weitere Oxidation zulässt.

Chemische Korrosion

Unter chemischer Korrosion versteht man die chemische Veränderung von Metallen an ihrer Oberfläche unter dem Einfluss von aggressiven Gasen ohne Mitwirkung einer elektrisch leitenden Flüssigkeit, z. B. von Wasser.
In Sauerstoff, besonders wenn hohe Temperaturen vorliegen, korrodieren Metalle besonders leicht. Wir können dies beim falschen Anschleifen von Werkzeugen beobachten: Wenn wir z. B. ein Hobeleisen zu hart an die Schleifscheibe gepresst haben, erhitzt es sich und läuft blau an. Die blaue Farbe wird durch Eisenoxid hervorgerufen, das sich an der Oberfläche durch chemische Reaktion von Eisen mit Sauerstoff gebildet hat.
Bei noch höheren Temperaturen bilden sich dicke Schichten, die Abplatzen können. In der Schmiede heißen diese Reaktionsprodukte „Hammerschlag“. Die Korrosion durch aggressive Gase bezeichnet man als chemische Korrosion.

Bei einigen Metallen, auch bei sehr unedlen, bilden die Reaktionsprodukte der chemischen Korrosion feste und dicht haftende Überzüge, die das darunter liegende Metall vor weiterer chemischer Korrosion schützen. So bildet sich auf Aluminium eine sehr dünne

Schicht Aluminiumoxid, die glasklar ist und das Aluminium vor weiterer chemischer Korrosion schützen kann.

Merke

Chemische Korrosion tritt bei Reaktion von Metallen mit Gasen auf. Als Korrosionsprodukte treten bei *einigen* Metallen, z. B. Aluminium, dichte und fest haftende Oberflächenschichten auf, die vor weiterer Korrosion schützen können.

Korrosionsschutz

Wie kann man Maschinen und Bauteile vor Korrosion schützen?

Beim Betrachten des Korrosionsstromkreis erkennt man sofort, dass der Korrosionsstromkreis unterbrochen werden muss, damit keine elektrochemische Korrosion auftritt.

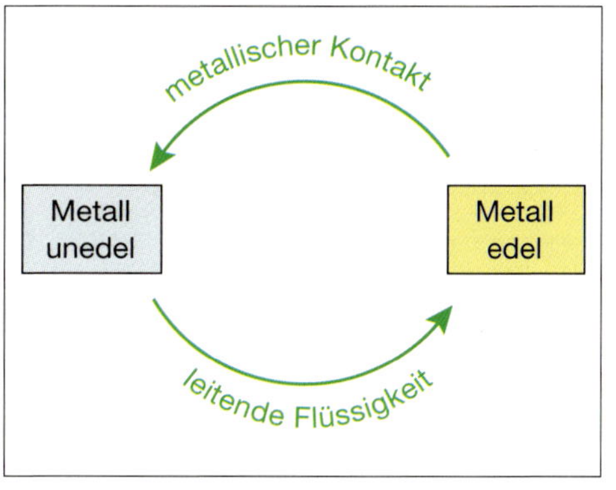

Korrosionsstromkreis

Die einfachste Lösung besteht darin, keine Metalle in Verbindung zu bringen, die unterschiedlich edel sind. Somit kann kein Korrosionsstromkreis auftreten. Darum müssen Messingscharniere mit Messingschrauben befestigt werden, Aluminiumbeschläge mit Aluminiumschrauben angeschraubt werden u. a.

Der Korrosionsstromkreis wird auch unterbrochen, wenn wir den Zutritt der elektrisch leitenden Flüssigkeit verhindern. Dies geschieht durch Beschichtungen, z. B. durch Verzinken, Chromatieren oder Vernickeln.

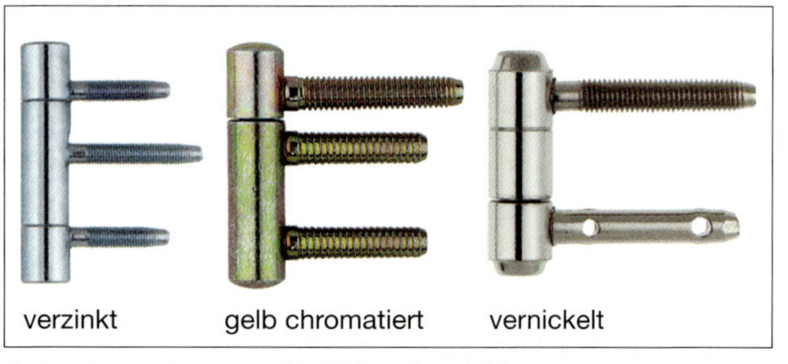

Scharniere mit unterschiedlicher Beschichtung

Maschinentische, Werkzeuge und Maschinenteile, die metallisch blank sein müssen, können durch dünne Schichten von Fetten und Silikonen geschützt werden. Dabei muss darauf geachtet werden, dass nicht zu dicke Schichten aufgetragen werden, denn diese hinterlassen auf den Werkstücken u.U. Flecken, die im lackierten Zustand verstärkt sichtbar sind. Auch das Annehmen von Beizen wird durch solche Flecken beeinträchtigt.

Bauteile, die metallisch blank bleiben sollen, wie z. B. Scharniere aus Stahl, können durch Beschichten mit korrosionsbeständigen Metallen vor dem Zutritt des Elektrolyten geschützt werden. Dies geschieht z. B. durch *Verchromen, Vernickeln, Verkupfern* und *Verzinken.*

Besonders weit verbreitet ist das *Anstreichen* als Korrosionsschutz für Metalle im Außenbereich. Anstriche auf Metallen erfordern einen sorgfältigen Aufbau, damit sie lange Zeit vor Korrosion schützen können.

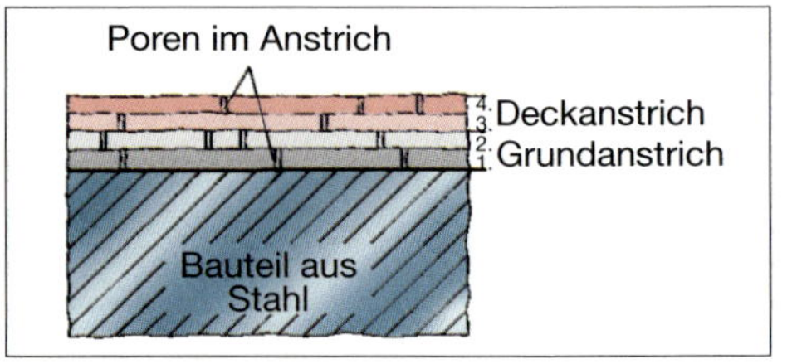

Aufbau eines Schutzanstriches auf Stahl

Der Korrosionsstromkreis kann auch an der Berührungsstelle der Metalle unterbrochen werden. Dabei werden zwischen die Metalle dünne Kunststofffolien gelegt, die isolierend wirken. Dies wird gelegentlich bei Schlossbeschlägen gemacht, bei denen Außenteile aus edleren Werkstoffen, z.B. aus Bronze, auf Stahlteile geschraubt werden.

Merke

Korrosionsschutz gegen elektrochemische Korrosion beruht auf Unterbrechen des Korrosionsstromkreises:
- **Beschichten verhindert den Zutritt der leitenden Flüssigkeit.**
- **Isolieren verhindert den Kontakt der Metallteile.**
- **Richtige Metallauswahl lässt keinen Korrosionsstrom aufkommen.**

Chemische Korrosion wird durch Beschichten verhindert.

Aufgaben

1. *Unter der Überschrift „Was hat der Tischler mit Metallen zu tun?" sind einige Bauteile und Werkzeuge aus Metall abgebildet.*
   Schreiben Sie die Bezeichnungen dieser Teile auf und begründen Sie jeweils, warum in den angegebenen Fällen Metall verwendet wurde.
2. *a) Was geschieht im Hochofenprozess mit dem Eisenerz?*
   b) Welchen Zweck hat das LD-Verfahren?...
3. *Bei Raumtemperatur besteht Stahl aus Körnern aus reinem Eisen und Perlitkörnern.*
   a) Wie unterscheiden sich die beiden Kornarten in ihren Eigenschaften?
   b) Warum verwendet man für Messerwellen nicht die Stähle, die auch für die Messer eingesetzt werden?
4. *Nichtrostende Stähle werden häufig im Geländerbau und als Möbelbeschläge eingesetzt. Welche Legierungselemente bewirken die gute Korrosionsbeständigkeit dieser Stähle?*
5. *Stahl hat höhere Festigkeit als Gusseisen und durch Schweißen können auch Maschinenständer aus Stahl preisgünstig hergestellt werden. Trotzdem legen Tischlereibetriebe Wert auf Maschinenständer aus Gusseisen.*
   Begründen Sie die Verwendung von Gusseisen.
6. *Woraus besteht Hartmetall?*
7. *Welcher Unterschied besteht zwischen Messing und Bronze?*
8. *Ein Kunde wundert sich über fast bronzefarbene Türgriffe aus Aluminium. Er fragt, ob dies eine Lackierung sei.*
   Geben Sie eine Erklärung für die Färbung der Griffe.
9. *An einem Tor aus Eiche sollen die Seitenpfosten auf Wunsch des Kunden mit Kupferkappen versehen werden. Für die Türbänder sind geschmiedete Stahlbänder vorgesehen*
   a) Was wird geschehen, wenn zum Annageln der Kupferkappen Stahlnägel verwendet werden? Beschreiben Sie die Vorgänge möglichst genau.
   b) Welchen Korrosionsschutz würden Sie dem Kunden für die Bänder vorschlagen?
   Begründen Sie Ihre Antwort.

2 Glas

Was ist Glas? Woraus besteht es?

2.1 Glasherstellung

Hauptbestandteil des Glases ist Quarzsand (SiO_2). Aus reinem Quarzsand, der bei über 2000 °C schmilzt, werden zwar geringe Mengen hitzebeständigen Glases erzeugt, für die Verwendung in Massenartikeln ist Quarzglas aber wegen des hohen Schmelzpunktes nicht geeignet. Zur Erzeugung von Flachglas, wie es Tischlereien in Fenster, Türen und Möbeln einsetzen, verwendet man Gläser, die etwa 70 % Quarz und verschiedene Zusätze enthalten:

- *Natriumoxid*, das aus Soda-Zusätzen stammt, wird zum Senken des Schmelzpunktes zugefügt,
- *Calciumoxid*, das aus Kalkzusätzen stammt, wird zur Verbesserung von Härte und Festigkeit zugegeben,
- *Metalloxide* werden u. U. zur Einfärbung zugesetzt, z. B. Eisenoxid zur Grünfärbung, Kobaltoxid zur Blaufärbung, Nickeloxid zur Graufärbung.

Diese Gemische aus Quarzsand, Soda, Kalk und evtl. Schwermetalloxiden werden bei etwa 1500 °C geschmolzen. Dabei verbleiben vom Soda das Natriumoxid und vom Kalk das Calciumoixd in der Schmelze. Bei tieferen Temperaturen wird das Glas dann in seine Form gebracht. Glas verhält sich beim Abkühlen wie eine Flüssigkeit, die mit sinkender Temperatur immer zäher wird, und bei Raumtemperatur so zäh ist, dass sie fast unendlich langsam fließt und uns fest erscheint. Glas ist dabei nicht kristallisiert, wie z. B. Metalle. Glas als extrem zähe Flüssigkeit, das klingt etwas kurios, aber man kann an Gläsern in sehr alten Kirchenfenstern feststellen, dass diese unten ein klein wenig dicker sind als oben – sie scheinen noch zu fließen.
Die Unterschiede in Aussehen, Dämmeigenschaften hinsichtlich Schall und Wärme sowie Splitterschutz sind Ergebnisse der unterschiedlichen Formgebungs- und Behandlungsverfahren.

Glas entsteht aus einer Schmelze von Quarz mit Zusätzen.
Glas ist nicht kristallisiert.

Merke

2.2 Flachglasarten

Spiegelglas

Klarsichtiges Tafelglas, das für Fenster Verwendung findet, wird als Spiegelglas gekennzeichnet.
Heute wird dieses Glas fast ausschließlich nach dem **Floatglasverfahren** erzeugt. Dabei wird die Glasschmelze (Dichte ca. 2,3 g/cm³) von einer Seite her auf eine flüssige Zinnschicht (Dichte ca. 7,2 g/cm³) gegossen. Das Glas breitet sich dort aus und bildet eine gleichmäßig dicke Schicht, die auf der gegenüber dem Einlauf liegenden kühleren Seite abgehoben und auf einer Kühlstrecke weiter abgekühlt wird.

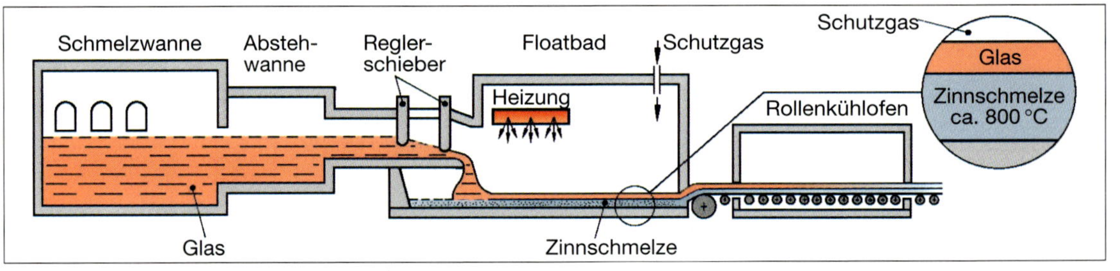

Schematische Darstellung des Floatglasverfahrens

Für Fensterglas in Außenfenstern wird **Mehrscheiben-Isolierglas (Kurzzeichen: MIG)** eingesetzt. Es besteht aus zwei Scheiben mit einem meist 12 mm breiten Zwischenraum. Dieser Zwischenraum ist mit Luft oder einem anderen Gas gefüllt, welches die Wärme besonders schlecht weiterleitet. Um die evtl. in diesem Zwischenraum vorhandene Feuchtigkeit zu binden, wird **Trocknungsmittel** in den Zwischenraum gegeben. So kann bei Kälte kein Beschlagen der Scheiben auftreten.
Wird zusätzlich noch eine Schalldämmung gefordert, verwendet man unterschiedlich dicke Scheiben für innen und außen und einen möglichst großen Scheibenabstand.
Wenn Bruchsicherheit verlangt wird, setzt man mindestens zur gefährdeten Seite hin eine Scheibe aus **Verbund-Sicherheitsglas (Kurzzeichen: VSG)** ein. Scheiben aus VSG bestehen aus mehreren Glasscheiben, die durch hoch elastische Zwischenschichten aus Kunststoff (Polyvinybutyral) verbunden sind. Bei Glasbruch bleiben die Splitter zusammenhängend. Dies erschwert einen Durchbruch und senkt die Verletzungsgefahr durch Splitter. Je nach Zahl der Scheiben reicht der Schutz von ballwurffest bis zum Schutz gegen Durchschuss mit Handfeuerwaffen.

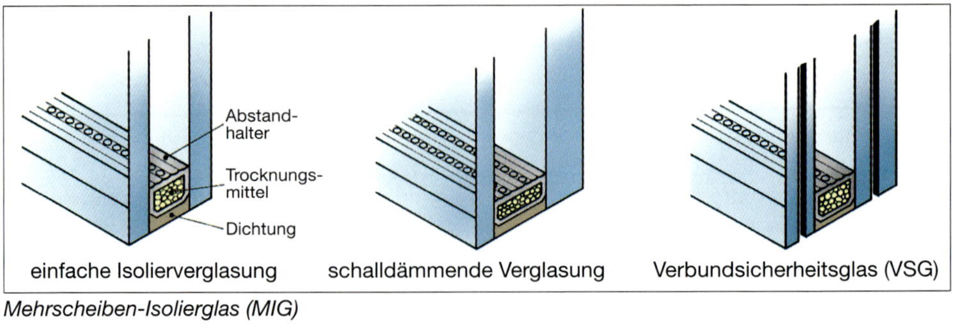

Mehrscheiben-Isolierglas (MIG)

Wenn Fenster zusätzlich vor Aufheizung des Raumes und Blendung durch die Sonne Schutz bieten sollen, werden die Scheiben eingefärbt oder die Außenseite der Innenscheibe wird mit Metall bedampft.
Solche Beschichtungen können auch bei Außenkälte die Abstrahlung von Wärme aus dem Raum behindern und wirken damit auch wärmedämmend.

Tür aus ESG

Ganzglastüren, wie sie häufig im Innenbereich und im Möbelbau eingesetzt werden, bestehen aus **Einscheiben-Sicherheitsglas** (Kurzzeichen: **ESG**). Dieses Glas ist nach Herstellung aller Bohrungen und Ausschnitte auf etwa 650 °C erwärmt und dann mit Luft angeblasen worden. Dadurch, dass der Kern der Scheibe erst abkühlt und schwindet, während die Randschicht schon kalt ist, entstehen im Kern Zugspannungen und in den Randschichten Druckspannungen. Wenn ein so vorgespanntes Glas gebogen wird, werden auf der Seite, auf der normalerweise Zugspannungen auftreten würden, nur Druckspannungen abgebaut. Auf der anderen Seite steigen die Druckspannungen – die aber nicht zum Zerbrechen führen, da Glas etwa die 8fache Druckfestigkeit gegenüber der Zugfestigkeit besitzt.

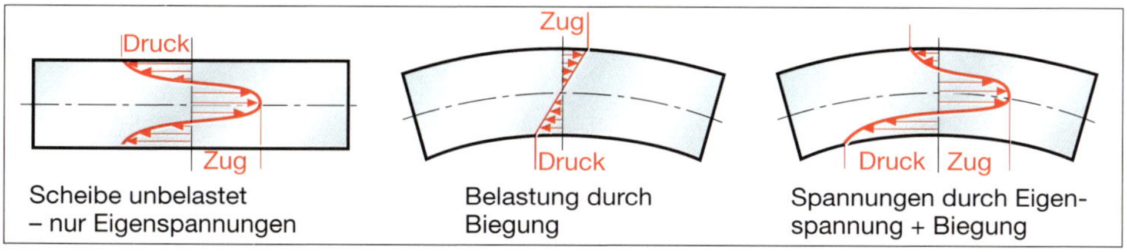

Spannungsverlauf im Glas

Sollte Einscheiben-Sicherheitsglas doch zerstört werden, zerbricht es in viele kleine Glaskrümel ohne scharfe Kanten.
Nachträgliche Änderungen, wie Bohren, Kürzen oder ähnliche Verletzungen einer ESG führen zu einem Ungleichgewicht der Spannungen und schon bei geringen Belastungen wird die Scheibe zerstört.

Merke

Einscheiben-Sicherheitsglas ist so vorgespannt, dass in den Randzonen Druckspannungen auftreten.
An Einscheiben-Sicherheitsglas können nach der Wärmebehandlung zum Vorspannen keine Änderungen mehr vorgenommen werden.

Durch Sandstrahlen kann Spiegelglas aufgeraut werden. So entsteht **Mattglas**. Durch teilweises Abdecken können durch Sandstrahlen auch Muster, Schriften u. a. auf Glas aufgebracht werden. Da Mattglas sehr schmutzempfindlich ist, bringt man verschiedentlich bei Einscheibenverglasungen dünne Kunststoffbeschichtungen auf der Mattseite auf.

Eisblumenglas

Aus sandstrahlmattiertem Flachglas stellt man das sogenannte **Eisblumenglas** her. Dazu wird das Glas mit einem besonders stark haftenden und sehr stark schwindenden Leim bestrichen. Beim Trocknen und Schwinden des Leimes reißt dieser kleine, muschelartige Teilchen aus dem Glas und es entsteht eine eisblumenartig geraute Oberfläche.

Gussglas

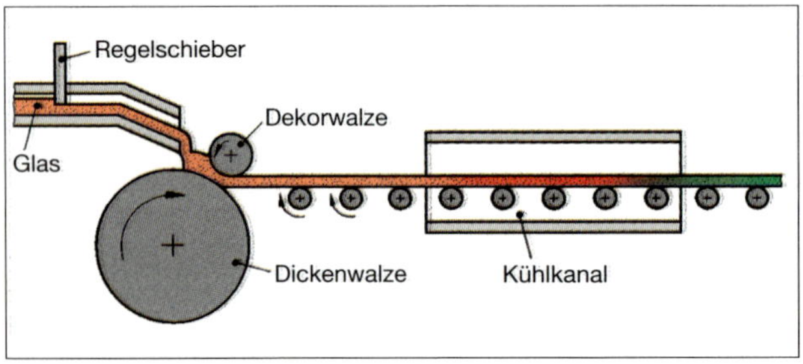

Gussglasherstellung (Schema)

Der überwiegende Teil der Gussgläser wird durch Gieß-Walzen hergestellt. Dabei wird die 1 200 °C heiße Glasschmelze über eine Zufuhrregelung zwischen wassergekühlte Walzen gegossen. Dort wird bei starker Abkühlung des Glases ein Band in der Dicke des gewünschten Glases gewalzt. Beim Verlassen der Walzen ist das Glas schon so fest, dass es direkt in eine Kühlstrecke geleitet werden kann.

Gussgläser werden meist profiliert. Das Profil wird dabei von der oberen Walze eingeprägt. Bei beidseitiger Profilierung, die seltener durchgeführt wird, trägt auch die Unterwalze das Profil. Zur Herstellung von Drahtglas wird ein Drahtnetz zwischen die Walzen gegeben und mit eingewalzt.

Altdeutschglas

Ornamentglas getönt

Barockglas

Ornamentglas

satiniertes Glas

Drahtglas

Die verschiedenen Glasoberflächen erzeugen unterschiedliche Verzerrungseffekte

(Abb. 1–5: Köhnlein Türenwerke, 74597 Stimpfach)

Mundgeblasenes Antikglas

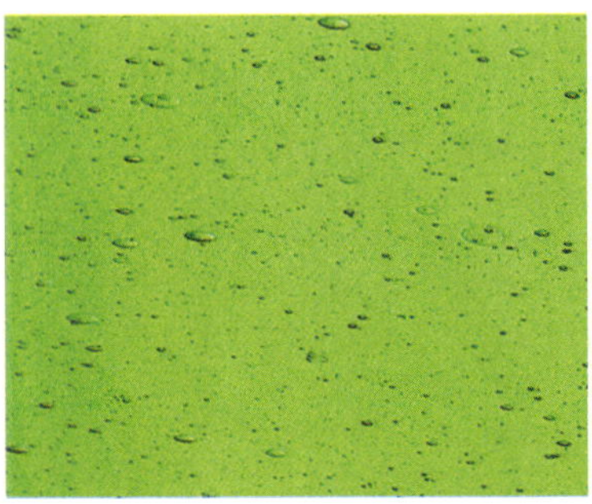

Die Bezeichnung Antikglas trifft nur für das Herstellungsverfahren, nicht aber für das Glas zu. Das für die Herstellung antik aussehender Gläser verwendete Glas enthält weniger Quarz und mehr Natrium- und Calciumoxid und ist damit dünnflüssiger und leichter zu Kugeln zu blasen als Glasschmelzen, die zur Tafelglasherstellung vorgesehen sind. Ferner entgast man die Glasschmelze nur unvollständig, damit sich im späteren Erzeugnis die gestreckten und für altes Glas typischen Blasen zeigen.

Antikglas

Zur Herstellung größerer Antikglasscheiben wird zunächst eine Kugel geblasen. Diese wird zu einem geschlossenen Zylinder umgeformt. Der Zylinder wird dann an beiden Seiten aufgeschnitten, sodass ein rohrartiger Körper entsteht. Dieser wird vorsichtig abgekühlt, damit er spannungsfrei wird. Danach wird er mit einem Glasschneider aufgetrennt und in einem Ofen auf Temperaturen gebracht, bei denen sich aus dem aufgetrennten Zylinder eine Platte formen lässt. Die Größe der Tafeln ist durch diese Verfahrensweise beschränkt, normal ist die Größe 90 cm x 60 cm.

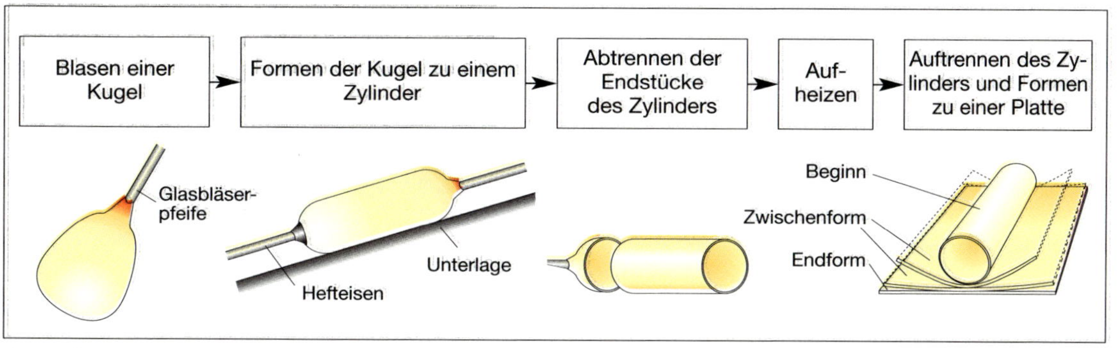

Herstellung von mundgeblasenem Antikglas

Im 16. Jahrhundert bevorzugte man für bleiverglaste Fenster **Butzenscheiben**. Diese werden ebenfalls aus geblasenen Hohlkugeln hergestellt. Nach dem Blasen der Hohlkugel wird auf der Seite, die der Glasbläserpfeife gegenüber liegt, ein Hefteisen angesetzt. Anschließend wird die Glasbläserpfeife abgesprengt. Durch Aufweiten der Kugel zu einer Schale und nachfolgendes schnelles Drehen des Hefteisens entsteht eine Scheibe. Nach dem Ablösen des Hefteisens und Flachdrücken ist die Butzenscheibe fertig.

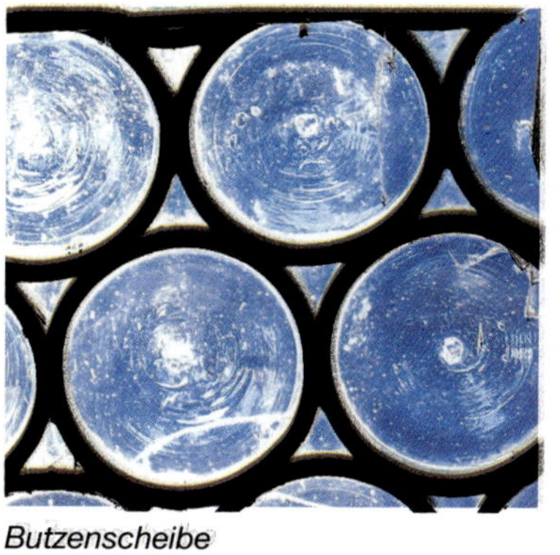

Butzenscheibe

Charakteristisch für echte Butzenscheiben ist der an jeder Scheibe sichtbare Ansatz des Hefteisens.
Meist werden jedoch für bleiverglaste Butzenscheiben in Formen gepresste Rundlinge verwendet, die erheblich kostengünstiger herzustellen sind.

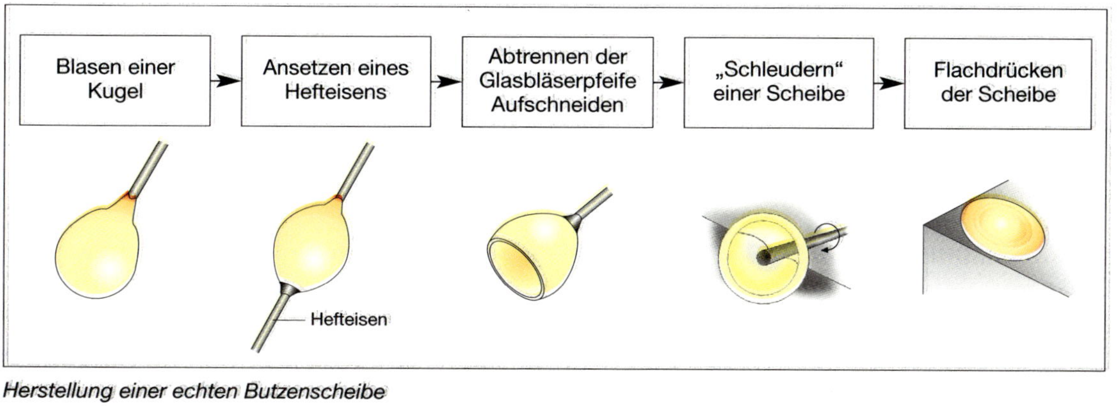

Herstellung einer echten Butzenscheibe

2.3 Glasbearbeitung

Worauf muss der Fachmann beim Bearbeiten von Glas achten?

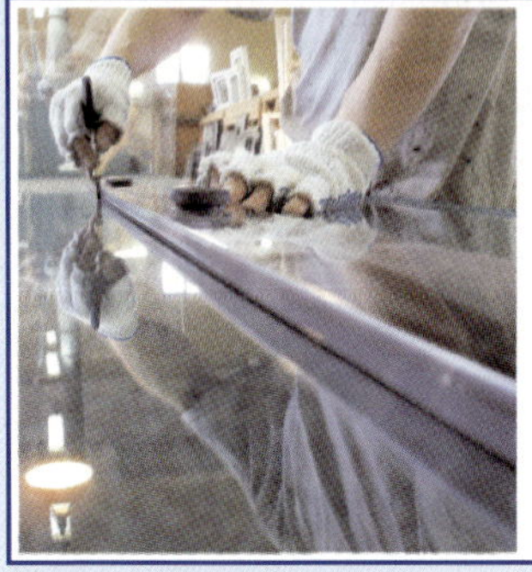

Teilen einer Glasscheibe

Bohren eines Loches

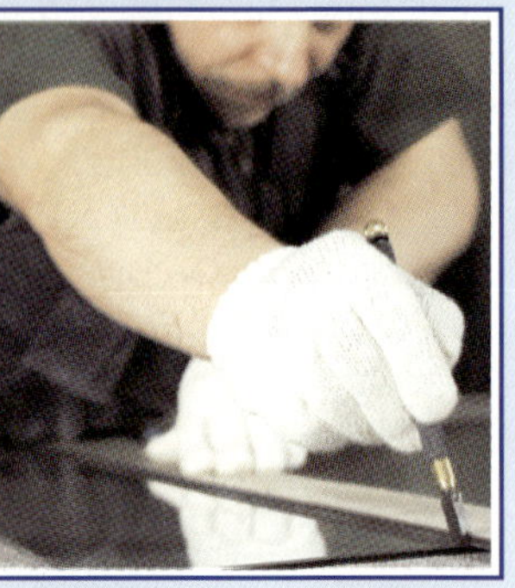

Glasschneiden mit einem Diamanten

Glasschneiden

Glas wird geschnitten, indem man es zunächst mit einem Diamanten oder einem Schneidrädchen entlang der beabsichtigten Schnittlinie ritzt. Durch eine leichte Biegebeanspruchung der Scheibe – die geritzte Seite muss dabei auf der Zugseite liegen – reißt die vom Glasschneider gezogene Kerbe tiefer auf und das Glas bricht entlang der Schnittlinie.

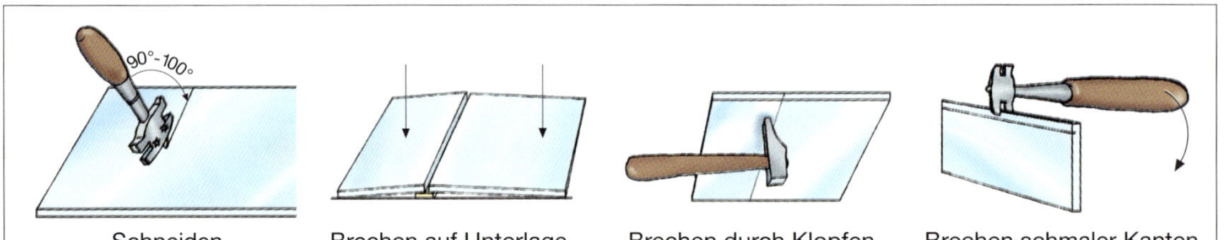

Schneiden und Brechen von Glas

Das Schneiden wird erleichtert, wenn ein Petroleumfilm entlang der beabsichtigten Schnittlinie aufgebracht wird oder bei kurzen Schnitten ein wenig Petroleum an den Glasschneider gegeben wird.

Das Brechen des Glases soll unmittelbar nach dem Schnitt erfolgen („warmer Schnitt"). Wartet man längere Zeit, so werden die Spannungen, die beim Schnitt entstanden sind, im Glas abgebaut und ein Bruch entlang der Kerbe ist nicht mehr gewährleistet („kalter Schnitt").

Zweischeiben-Verbundglas wird von beiden Seiten geritzt und angebrochen. Danach wird durch leichtes Biegen die Schnittfuge geöffnet und die Folie mit einer schmalen Klinge getrennt.

Merke

Glasschneiden geschieht durch Ritzen und anschließendes Brechen des Glases. Das Brechen soll möglichst unmittelbar nach dem Schneiden erfolgen (warmer Schnitt).

Schleifen von Glas

Glaskanten werden mit Schleifkörpern, z. B. Flachsteinen, Schleifscheiben oder Schleifbändern, zur Vermeidung von Wärmespannungen und gesundheitsschädlichem Schleifstaub nass geschliffen. Als Schleifmittel dienen Korund (Al_2O_3), Siliziumcarbid (SiC) und Diamantstaub.
In Tischlereien geschieht das Schleifen meist wegen des Fehlens entsprechender technischer Einrichtungen mit Siliziumcarbid-Flachsteinen von Hand.
Mit entsprechenden Schleifkörpern können auch schmückende Ornamente in die Glasoberfläche eingearbeitet werden. Bei vorgespannten Gläsern, z. B. dem Einscheiben-Sicherheitsglas, ist diese Bearbeitung nicht möglich.

Schleifen mit einem Schleifband

Glasschleifen geschieht zur Vermeidung von Wärme und gesundheitsschädlichem Schleifstaub stets nass.

Merke

Bohren von Glas

Das Bohren von Glas ist nicht mit dem Bohren von Holz und Metallen vergleichbar. Glasbohren ist ein Schleifen runder Löcher unter Einsatz von Wasser als Kühlungsmittel.
Als Bohrer für Bohrungen an die keine besonderen Anforderungen gestellt werden, genügt ein Dreikantbohrer mit Hartmetallspitze. Saubere Bohrungen werden mit Glashohlbohrern erzielt. Diese haben einen rohrartigen Querschnitt und sind an der Unterkante mit Diamant beschichtet. Die Wasserzufuhr kann durch den Bohrer mithilfe einer Spülbüchse erfolgen.
Kleine Scheiben können in einer flachen Wanne unter Wasser gebohrt werden. Große Scheiben werden unter fortlaufender Wasserspülung gebohrt. Wenn dies nicht möglich ist, genügt oft ein Kittring um die Bohrstelle, der beim Bohren mit Wasser gefüllt bleibt.

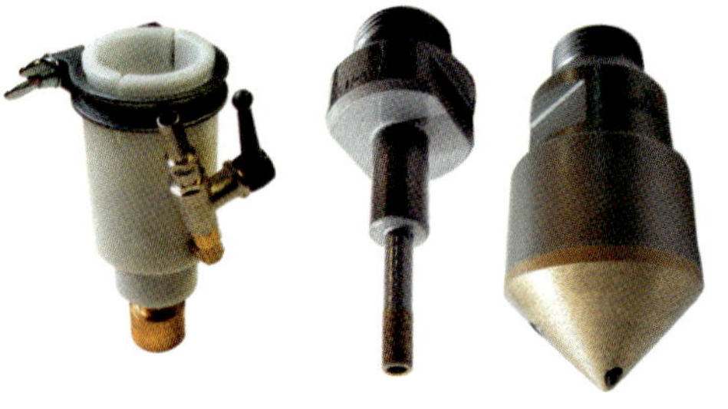

Spülbuchse *Bohrer* *Senker*

Werkzeuge zum Bohren und Senken von Glas

2.4 Transport und Lagerung von Glas

Zur Vermeidung von Bruch durch Biegespannungen müssen Flachglasscheiben stets hochkant transportiert und gelagert werden.
Beim Transport von Hand sind schnittfeste Handschuhe oder Handlappen zu verwenden. Der Unterarm ist durch sogenannte Pulsschoner zu schützen und zum Schutz der Füße vor abrutschen-den Scheiben sind Sicherheitsschuhe zu tragen.
Als mechanische Transporthilfen können für kurzzeitiges Anheben Tragegurte benutzt werden. Erheblich sicherer ist der Transport mit Handtragegestellen und Saughebern. Saugheber müssen vor ihrem Einsatz auf Tragfähigkeit kontrolliert werden. Ferner sollten sie vor Gebrauch auf Beschädigungen geprüft werden, damit nicht durch plötzliches Nachlassen des Unterdrucks die Scheibe herunterfällt.

Transport von Glasscheiben mit Spezialwagen

Glas muss stets hochkant transportiert werden. Hände, Arme und Füße müssen vor Verletzungen durch fallendes oder zerbrechendes Glas geschützt werden. Es sind möglichst Tragehilfen zu verwenden.

Merke

Glasscheiben können beim Absetzen auf Stein oder Metall zu Bruch gehen. Darum sollten Scheiben auf weichen Unterlagen, z. B. Holz, Gummi oder Filz, abgesetzt werden. Zur Lagerung sollen sie möglichst steil stehen und gegen Umfallen, Kippen und Verrutschen gesichert werden.
Im Stapel stehende Scheiben nehmen infolge der Kapillarwirkung Feuchtigkeit in den Spalt zwischen den Scheiben auf. Dabei lösen sich infolge der Feuchtigkeit Bestandteile des Glases und das Glas wird „blind". Um dies zu vermeiden, dürfen nur trockene Scheiben aneinander stehen und die Stapel müssen vor Feuchtigkeit geschützt werden. Da Papier auch Feuchtigkeit saugt, ist Papier als Zwischenlage zwischen gestapelten Scheiben ungeeignet.

Merke

Glas muss möglichst steil gelagert und gegen Verlagern gesichert werden. Glasstapel sind vor Feuchtigkeit zu schützen.

Aufgaben

1. *In einer Tür befindet sich eine schwach grau gefärbte Glasscheibe. Aus welchen Bestandteilen wurde diese Scheibe erschmolzen?*
2. *Eine Mehrscheiben-Isolierglasscheibe wurde nach kurzer Zeit matt, da sie von innen beschlug. Listen Sie mögliche Ursachen für das Beschlagen auf.*
3. *Zur Verglasung des Daches in einem Wintergarten ist VSG-Glas vorgeschrieben. Wie ist dieses Glas aufgebaut? Wie ist es ins Dach einzusetzen, damit es seine Sicherungsfunktion erfüllt?*
4. *Ein Bauherr lässt bei einer Renovierung Parkett verlegen. Nun ist seine Ganzglastür etwas zu lang. Er meint, man könne die Scheibe doch um 15 mm kürzen. Erklären Sie möglichst präzise, warum dies nicht möglich ist.*
5. *Was ist Eisblumenglas und wie wird es erzeugt?*
6. *Ein Bauherr möchte Butzenscheiben in seine Wohnzimmertür eingesetzt haben. Er weiß gar nicht, dass es drei verschiedene Arten gibt, die unterschiedlich aufwändig herzustellen sind. Setzen Sie ein Schreiben an den Bauherrn (Kurt Glasfan, Nussbaumweg, 33333 Butzenhausen) auf, in dem Sie ihm den Sachverhalt erklären.*
7. *Was sind die besonderen Kennzeichen von mundgeblasenem Antikglas?*
8. *Sie müssen von einer Spiegelglasscheibe für eine Innentür 5 mm abschneiden. Listen Sie alle Arbeitsgänge, Werkzeuge und Hilfsmittel für diese Arbeit auf.*
9. *Zur Befestigung der Beschläge an die Ganzglastür einer Vitrine sind Löcher ins Glas zu bohren. Geben Sie eine genaue Arbeitsanweisung.*
10. *Für einen größeren Auftrag über verglaste Innentüren werden die Scheiben angeliefert. Abladen, Transportieren und Stapeln der Scheiben steht an. Listen Sie in Tabellenform alle möglichen Fehler, deren voraussichtlichen Folgen und die Maßnahmen zur Verhinderung der Fehler bei diesen Arbeiten auf.*

3 Kunststoffe

Wie sieht der innere Aufbau von Kunststoffen aus? Wie sind die unterschiedlichen Eigenschaften von Kunststoffen zu erklären?

Die Antworten auf diese Fragen sind wichtig für das Verständnis von Kunststoffen und ihrer Verarbeitung. Voraussetzung für die Beantwortung der Fragen sind aber einige Grundkenntnisse in Chemie.

Schichtpressplatte

Umleimer

Türrahmen

3.1 Chemische Grundlagen

Kunststoffe bestehen fast ausschließlich aus Nichtmetallatomen, die untereinander verbunden sind.
Wichtige Nichtmetalle, die am Aufbau von Kunststoffen beteiligt sind und die Symbole dieser Stoffe sind nachfolgend aufgeführt:

Kohlenstoff	**C**	Wasserstoff	**H**	Sauerstoff	**O**	Chlor	**Cl**
Stickstoff	**N**	Schwefel	**S**	Fluor	**F**	Silizium	**Si**

Die kleinsten Teilchen dieser Nichtmetalle, die Atome, haben unterschiedliche Möglichkeiten, sich mit anderen Atomen zu verbinden. Man kann sich diese Bindungsmöglichkeiten wie kleine „Ärmchen" vorstellen. Kohlenstoffatome haben vier dieser „Ärmchen", Wasserstoff eins, Sauerstoff zwei. Die Bindungsmöglichkeiten eines Nichtmetalles werden durch einen kurzen Strich am Symbol des Stoffes symbolisiert.

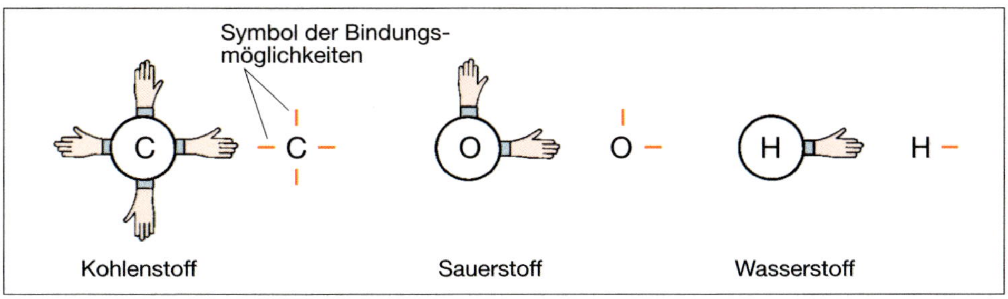

Darstellung von Bindungsmöglichkeiten verschiedener Stoffe

Die Atome der Nichtmetalle, die am Aufbau von Kunststoffen beteiligt sind, kann man mit ihren Bindungsmöglichkeiten wie folgt kennzeichnen:

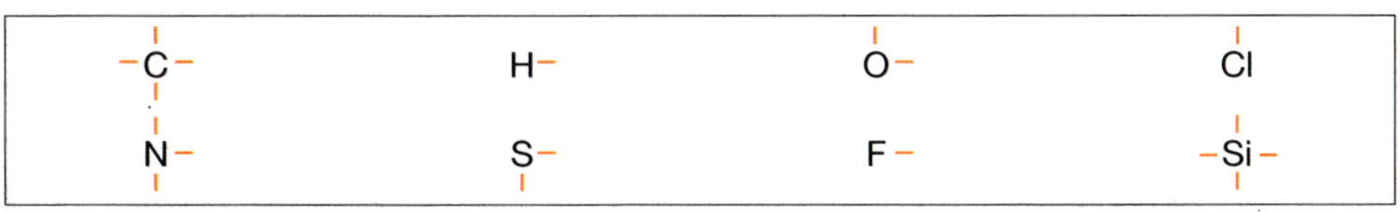

Bindungsmöglichkeiten

Mit dieser Modellvorstellung kann der Aufbau vieler chemischer Verbindungen sehr einfach erklärt werden. Die kleinsten Teilchen der chemischen Verbindungen sind Moleküle.

Beispiele

Ausgangsstoffe	**Molekularstruktur**	**Summenformel**	**Erklärung**
H– | O–	H | O–H	H_2O Wasser	Ein Sauerstoffatom O (zwei Bindungsmöglichkeiten) kann mit zwei Wasserstoffatomen H (je 1 Bindungsmöglichkeit) ein Molekül bilden. Es entsteht der Stoff Wasser. Mit der Summenformel, welche die Zahl der Atome der einzelnen Grundstoffe im Molekül angibt, wird es mit H_2O bezeichnet.
H– | –C– |	H | H–C–H | H	CH_4 Methan	Ein Kohlenstoffatom C (4 Bindungsmöglichkeiten) kann mit vier Wasserstoffatomen H (je 1 Bindungsmöglichkeit) ein Molekül bilden. Es entsteht ein neuer Stoff, das Methan. Die Summenformel ist CH_4. Dieser Stoff ist z.B. der Hauptbestandteil im Erdgas.

Gleichartige Stoffe können auch untereinander gebunden sein. So können zwei Kohlenstoffatome mit verschiedener Anzahl von Wasserstoffatomen unterschiedliche Verbindungen mit unterschiedlichen Eigenschaften bilden:

Ausgangsstoffe:	**Kohlenstoff**	**Wasserstoff**
	| **–C–** |	**H–**

Bindung zwischen den C-Atomen	**Einfachbindung**	**Doppelbindung**	**Dreifachbindung**
Molekulardarstellung des neuen Stoffs:	H H | | H–C–C–H | | H H	H H | | C=C | | H H	H–C≡C–H
Summenformel:	C_2H_6	C_2H_4	C_2H_2
Name des entstandenen Stoffs:	Ethan	Ethylen (Ethen)	Acetylen (Ethin)

Merke

Kohlenstoffatome haben bis zu vier Bindungsmöglichkeiten, mit denen sie untereinander oder mit anderen Nichtmetallatomen gebunden werden können.

3.2 Einteilung der Kunststoffe

Wie sieht der innere Aufbau von Kunststoffen aus?

In der Fensterfabrik werden Fensterrahmen aus PVC hergestellt.

Scheiben in Holzrahmen werden mit Silikon abgedichtet.
Zwischen beiden Kunststoffen bestehen im Aufbau sehr große Unterschiede.

Welche Unterschiede sind das?

Kunststoffe bestehen aus sehr großen fadenförmigen Molekülen, die von vielen tausend Atomen gebildet werden. Man nennt diese großen Moleküle **Makromoleküle.** Das Grundgerüst dieser Makromoleküle wird bei den meisten Kunststoffen durch Kohlenstoffatome, evtl. mit vereinzelt eingelagerten anderen Atomen, gebildet. Bei Kunststoffen auf Siliziumbasis, den **Silikonen,** bilden Silizium und Sauerstoffatome das Grundgerüst der Makromoleküle.

Beispiel

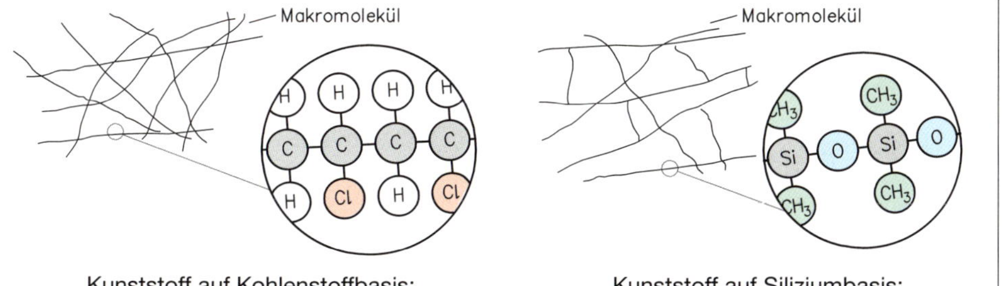

Kunststoff auf Kohlenstoffbasis:
Polyvinylchlorid (PVC)

Kunststoff auf Siliziumbasis:
Silikonkautschuk

Unterschiedlicher Molekülaufbau von Kunststoffen

Merke

Die meisten Kunststoffe bestehen aus Makromolekülen, in denen Kohlenstoffatome das Grundgerüst bilden.
In Silikonen wird das Grundgerüst durch Silizium- und Sauerstoffatome gebildet.

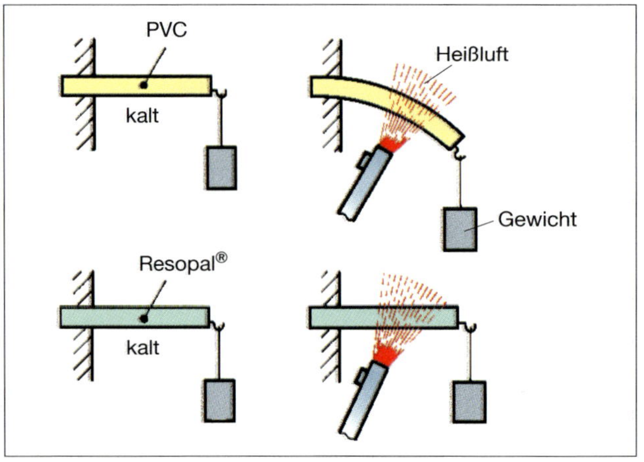

Verhalten von Kunststoff bei Erwärmung

Warum verhalten sich Kunststoffe beim Erwärmen so unterschiedlich?

Wenn PVC, wie es für Kunststofffenster verwendet wird, erwärmt wird, wird es weich, schmilzt und ist aus diesem Grunde auch schweißbar.
Wenn eine Hochdruck-Schichtpressstoffplatte, z. B. aus Resopal® oder Hornitex®, steigender Temperatur ausgesetzt wird, bleibt sie hart, bis sich der Kunststoff zersetzt.
Dichtungsmaterial aus Polyurethan, z. B. Neopren®, bleibt in einem weitem Temperaturbereich elastisch wie Gummi.

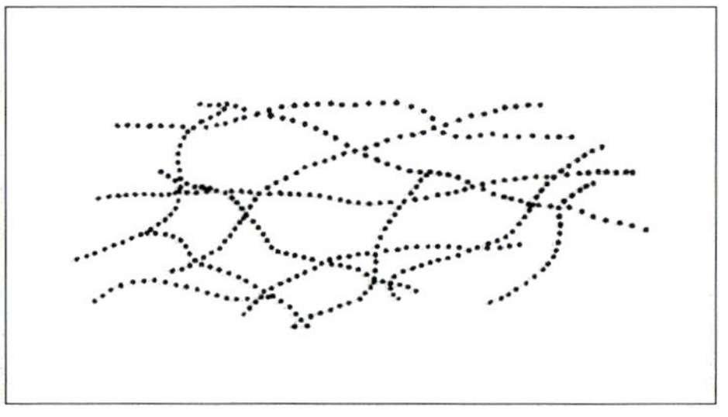

Unverknüpft (unvernetzt) – Thermoplast

Wenn in einem Kunststoff die Makromoleküle unverknüpft vorliegen, wie die Fäden in einem Wattebausch, so können sie sich bei Wärmezufuhr immer stärker gegeneinander bewegen. Sie sind leicht verschiebbar, der Werkstoff wird weich und schmilzt schließlich. Man sagt, der Kunststoff ist thermoplastisch – er ist ein **Thermoplast**. Thermoplastische Kunststoffe sind schweißbar. PVC ist solch ein Thermoplast

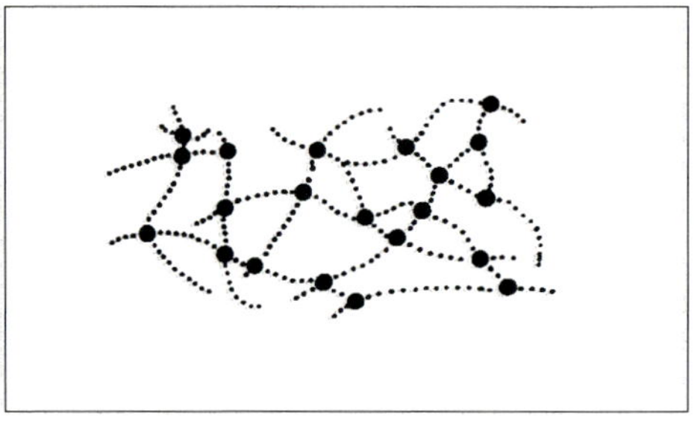

Engmaschig vernetzt – Duroplast

Wenn die Makromoleküle untereinander eng verknüpft sind, ähnlich einem Netz, können sie sich nicht frei gegeneinander verschieben, wenn der Kunststoff erwärmt wird. Der Werkstoff bleibt bei steigender Erwärmung fest, bis er sich zersetzt. Man sagt, dieser Kunststoff ist duroplastisch – er ist ein **Duroplast**. Aus solchen Duroplasten bestehen Hochdruck-Schichtpressstoffplatten, z. B. aus Resopal® oder Hornitex®.

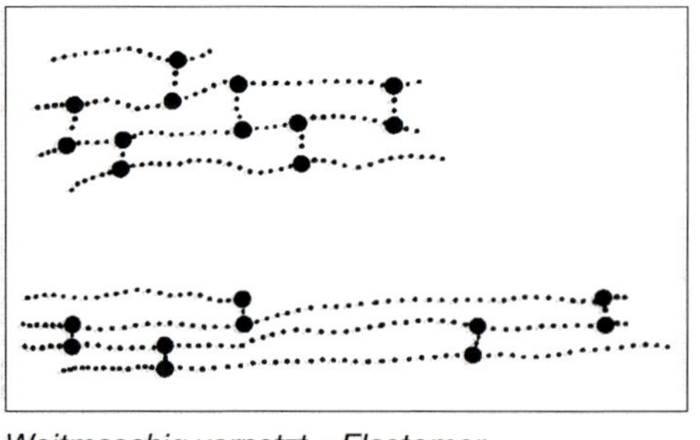

Weitmaschig vernetzt – Elastomer

Wenn die Makromoleküle sehr weitmaschig verknüpft sind, können sie sich bei Belastung in Grenzen gegeneinander verschieben, werden aber nach Entlasten wieder auf ihre Ausgangsplätze zurückgezogen. Der Kunststoff verhält sich elastisch – er ist ein **Elastomer**. Polyurethan, z. B. Neopren®, wie es für elastische Dichtungen u. a. verwendet wird, ist solch ein Elastomer.

Merke

Thermoplaste bestehen aus unverknüpften Makromolekülen.
Elastomere bestehen aus weitmaschig verknüpften Makromolekülen.
Duroplaste bestehen aus engmaschig verknüpften Makromolekülen.

3.3 Erzeugung von Kunststoffen

Die Makromoleküle der Kunststoffe können nach drei verschiedenen Erzeugungsverfahren aus kleinen Molekülen entstehen. Diese Verfahren haben die Bezeichnungen:

Polymerisation,
Polykondensation und
Polyaddition.

Entsprechend bezeichnet man die Kunststoffe, die durch Polymerisation entstanden sind, als *Polymerisate*, die durch Polykondensation entstandenen als *Polykondensate* und die durch Polyaddition gebildeten als *Polyaddukte*.

Polymerisation

Polymerisation ist ein Verfahren zur Erzeugung von Kunststoffen, nach dem z. B. auch PVC hergestellt wird.
Zur Polymerisation werden chemische Verbindungen eingesetzt, die aus zwei doppelt miteinander verknüpften Kohlenstoffatomen bestehen. Diese Ausgangsstoffe heißen **Monomere**. Durch Zufuhr von Energie spaltet man eine der doppelten Bindungen auf. Dann wird an jedem Kohlenstoffatom wieder eine Bindungsmöglichkeit frei. Mit dieser hängen sich die einzelnen Monomere aneinander und bilden kettenförmige Makromoleküle, das **Polymer.**

Beispiel

Ausgangsmoleküle (Monomere)	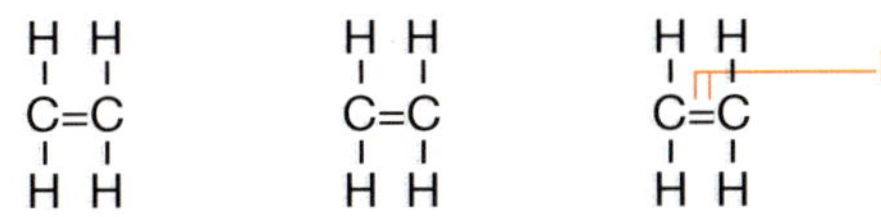	Doppelbindung
Ausgangsmoleküle nach Aufspaltung der Doppelbindung (aktivierte Monomere)	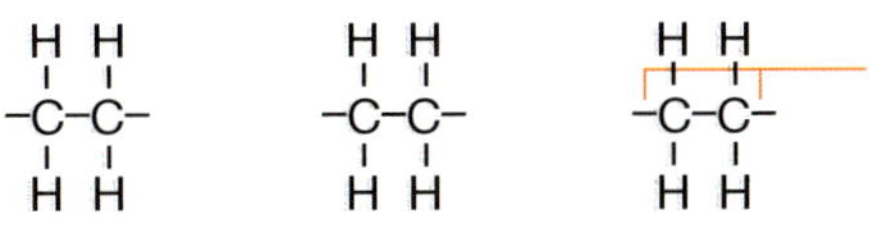	Teile der aufgespaltenen Doppelbindung
Verknüpfung der aktivierten Ausgangsmoleküle zu Makromolekülen (Polymer)	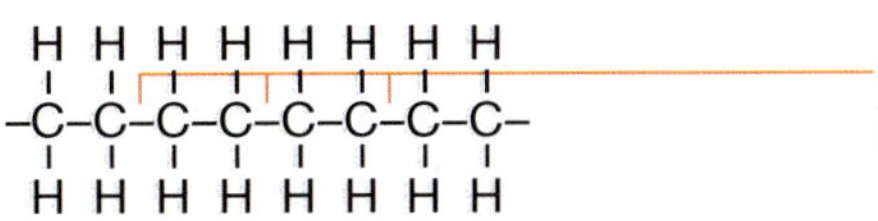	neu geknüpfte Bindungen

Schematische Darstellung der Polymerisation

Merke

Kleine Ausgangsmoleküle mit Doppelbindungen zwischen C-Atomen werden durch Polymerisation zu Makromolekülen verbunden.

Übersicht über wichtige Polymerisate

Ausgangsstoff	**Polymer**	**Bezeichnung**	**Handelsnamen** (Beispiele)	**Verwendung** (Beispiele)
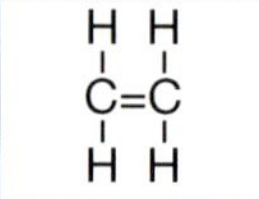	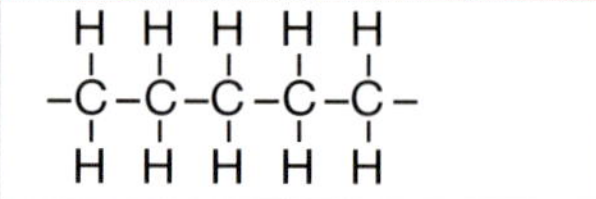	Polyethylen **PE**	Hostalen® Vestolen®	Schutzfolien Behälter Laufrollen
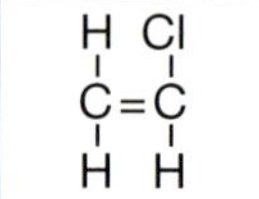	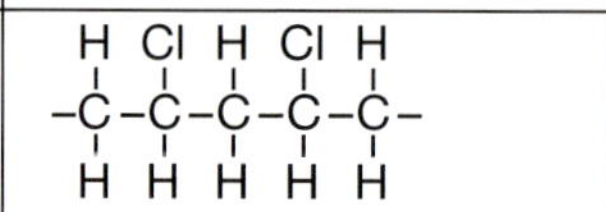	Polyvinylchlorid **PVC**	Hostalit® Vestolit®	Fensterrahmen Rollläden Umleimer
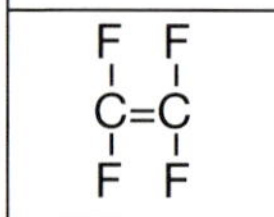	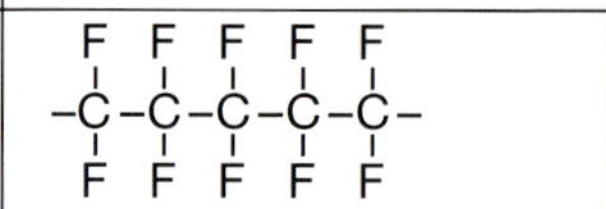	Polytetrafluorethylen **PTFE**	Teflon® Hostaflon®	Gleitschienen Hitzebeständige Beschichtungen
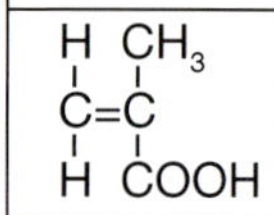	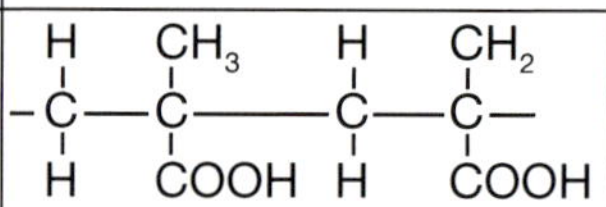	Polymethylmetacrylat **PMMA**	Plexiglas®	Glasersatz im Möbelbau
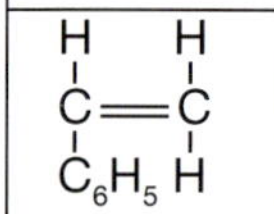	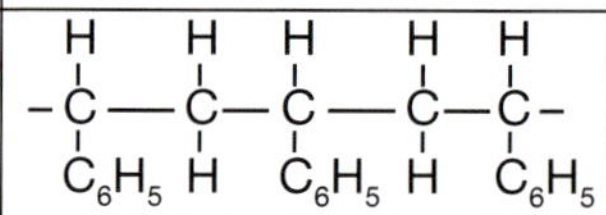	Polystyrol **PS**	Styropor®	Isolierungen

Von diesen Polymerisaten ist in der Schreinerei das PVC besonders wichtig, da viele Betriebe sowohl Holz- als auch Kunststofffenster herstellen.

Rolladenlager aus PA

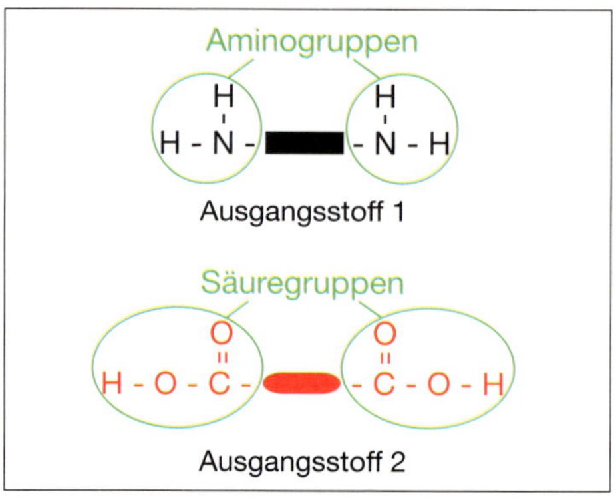

Ausgangsstoffe mit unterschiedlichen Enden

Polykondensation

Bei der Polykondensation reagieren kleine Moleküle von Ausgangsstoffen unter Abspaltung von Wasser zu Großmolekülen. Damit die Reaktion stattfinden kann, müssen die kleinen Moleküle an den Enden reaktionsfähige Gruppen tragen.

Verhältnismäßig einfach ist dieser chemische Vorgang bei der Entstehung des Kunststoffes Polyamid (Kurzzeichen: PA) zu verstehen. In der Schreinerei werden häufig Gleitstücke aus diesem Werkstoff in Schiebetürbeschlägen eingesetzt. Für Rolladenlagerungen verwendet man ebenfalls Polyamid. Auch einige Heißklebersorten sind Polyamide. Der Kunststoff Polyamid ist hochfest, zäh und in der ursprünglichen Farbe milchig-weiß.

Die meisten Polyamide entstehen durch Reaktion von zwei Ausgangsstoffen mit unterschiedlichen Enden. Vereinfacht werden hier die Moleküle nur mit ihren Enden dargestellt.

- Der eine Ausgangsstoff ist eine chemische Verbindung, die an den Enden eine Aminogruppe trägt.

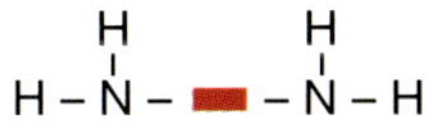

- Der zweite Ausgangsstoff trägt an den Enden jeweils eine Säuregruppe.

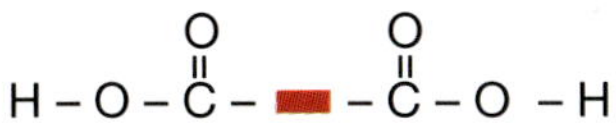

Bei der Polykondensation reagieren die Moleküle der Ausgangsstoffe so miteinander, dass Wasser entsteht und sich die Moleküle an den frei werdenden Enden zu fadenförmigen Großmolekülen verknüpfen:

Beispiel

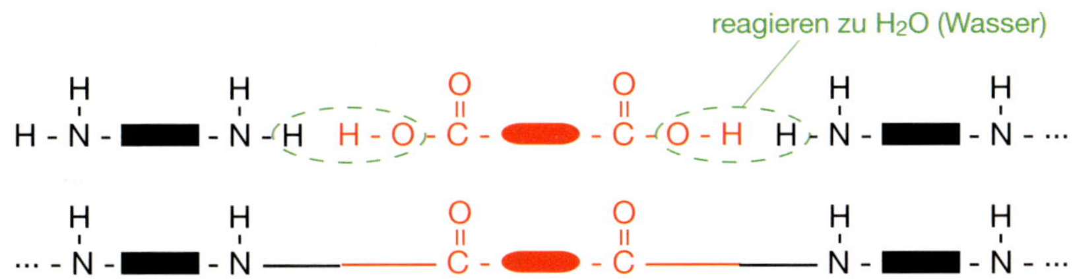

Schematische Darstellung der Polykondensation

Merke

Polykondensation ist die Verbindung kleiner Moleküle zu Makromolekülen unter Abspaltung von Wasser.

Wichtige Polykondensate

Ausgangsstoffe		**Kunststoff**	**Handelsnamen** (Beispiele)	**Verwendung** (Beispiele)
Alkohole 	Säuren 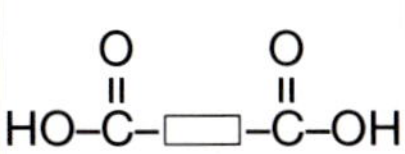	**Polyester UP**	Leguval®, Vestopal®, Prestolith®, Diolen®, Hostaphan®	Lacke, Kleber, Spachtel, Boots- u. Karosseriebau, Gewebe, Folien
Säuren 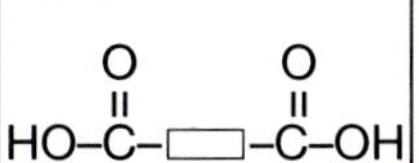	Amine 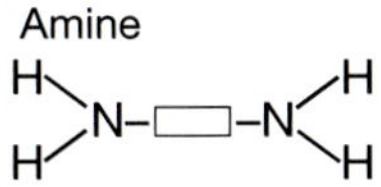	**Polyamid PA**	Perlon®, Nylon®, Ultramid®, Vestamid®, Supramid®	Gewebe, Seile, Riemen, Zahnräder, Gleitstücke
Melamin 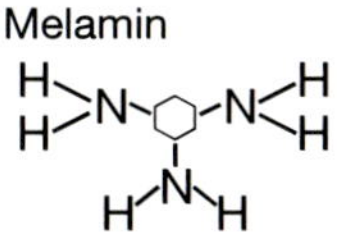	Formaldehyd 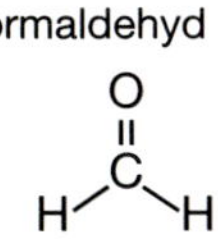	**Melaminharz MF**	Resopal®, Hornitex®, Getalit®	Schichtpressstoffplatten, Isolierteile, Leime
Phenole 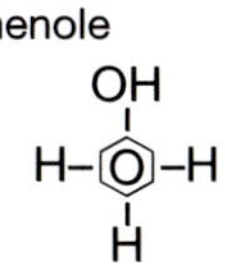	Formaldehyd 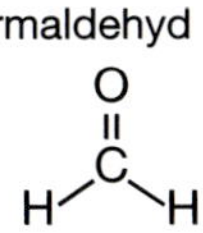	**Phenoplaste PF**	Bakelite®, Pertinax®, OBO-Pressholz®	Schichtpressstoffplatten, Leime, Isolierplatten

Eine wichtige Produktgruppe aus Polykondensationskunststoffen sind **Hochdruck-Schichtpressstoffplatten** (Kurzzeichen **HPL**), die unter Handelsnamen wie z. B. RESOPAL® oder HORNITEX® bekannt sind.

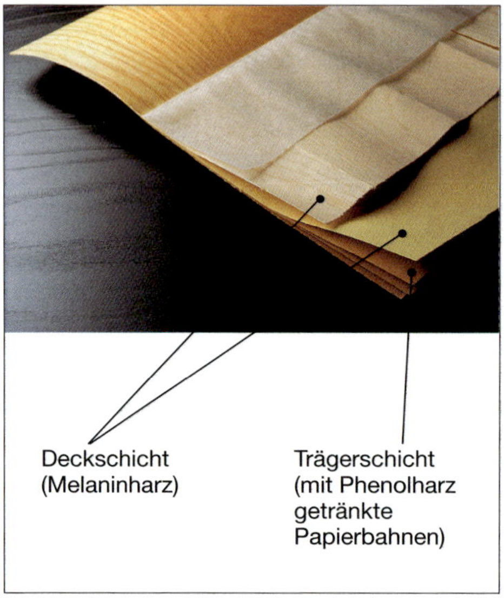

Aufbau von Schichtpressstoffplatten

Die Deckschicht der Schichtpressstoffplatten wird durch den sehr harten, abriebfesten und weitgehend gegen aggressive Stoffe beständigen Kunststoff aus Melaminharz gebildet, mit dem farbige und gemusterte Dekorpapiere, auch mit Holznachbildungen, beschichtet sind.

Die Trägerschicht sind Papierbahnen, die mit dem Kunststoff Phenolharz gebunden sind.

Beide Ausgangsstoffe für die Harze, also das Melamin und das Phenol, reagieren mit dem gleichen Partner, dem Formaldehyd. Dabei bildet der Sauerstoff des Formaldehyds mit bestimmten Wasserstoffatomen der Ausgangsstoffe Wasser.
Formaldehyd ist eine leicht verdampfende Flüssigkeit, die in größeren Konzentrationen sehr gesundheitsschädlich ist.

Schone die Umwelt

Da beide Werkstoffe, das Melaminharz und das Phenolharz, im ausgehärteten Zustand nicht mehr geformt und miteinander verschweißt werden können, verwendet man zum Beschichten der Papierbahnen nicht voll ausgehärtete Kunststoffe, die erst beim endgültigen Verpressen unter hohem Druck und Wärmezufuhr zu einem Duroplast erhärten.

Polyaddition

Eine dritte Reaktion, durch die Kunststoffe gebildet werden, ist die Polyaddition. Bei dieser Reaktion kommt es durch Umlagern eines Atoms zu einer Bindung. Einfach ist dies bei den Polyurethanen zu erklären. Vertreter aus der Kunststoffgruppe der Polyurthane sind Schaumstoffe, die in der Bauschreinerei zum Einschäumen von Türzargen und Fensterrahmen verwendet werden sowie hochwertige Zweikomponenten-Lacke, z. B. DD-Lack®.
Ein Ausgangsstoff der Polyurethane besitzt die Endgruppe der Alkohole, der zweite die Endgruppe der Zyanate. Durch Wanderung des Wasserstoffatoms der Alkoholgruppe an den Stickstoff der Zyanatgruppe werden Bindungen an Sauerstoff und Kohlenstoff frei und es kommt zur Bildung einer Verbindung – dem Kunststoff Polyurethan.

Beispiel

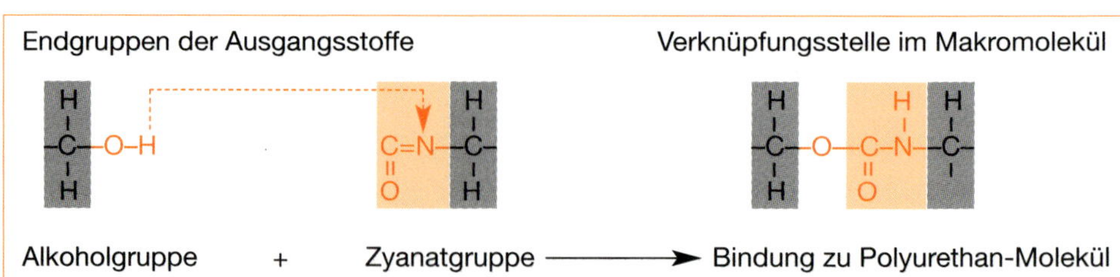

Schematische Darstellung der Polyaddition

Da bei der Polyaddition keine Nebenstoffe frei werden, härten Polyaddukte in beliebig dicken Wandstärken aus. Darum sind sie als Kleber zwischen Stoffen, die für Lösungsmittel undurchdringlich sind, wie Metalle und Glas, geeignet. Sie erlauben als Anstrichstoffe Beschichtungen in beliebiger Dicke in einem Arbeitsgang und eignen sich damit auch für die wirtschaftliche Herstellung hochglänzend polierter Oberflächen.

Metallbügel auf eine Hartglasplatte geklebt

Wichtige Polyaddukte sind Epoxidharze und Polyurethane.

Epoxidharze entstehen durch Reaktion von Stoffen mit der Epoxidgruppe und Stoffen mit der Alkoholgruppe. Epoxide werden als hochwertige Beschichtungen und mit Verstärkungsmaterialien, z. B. Kohlenstofffasern oder Aramidfasern, im Flugzeugbau verwendet.

In der Schreinerei finden sie lediglich Anwendung, wenn Metallteile und Gläser, z. B. an Glastüren, miteinander verklebt werden müssen.

Bekannte Handelsnamen von Epoxidklebern sind Araldit®, UHU-plus®.

Polyurethane entstehen aus der Reaktion von Stoffen mit der Alkoholgruppe und der Zyanatgruppe. Diese Kunststoffgruppe ist äußerst vielfältig, je nach Art der Moleküle, welche diese Gruppen tragen:

Langkettige Ausgangsstoffe mit zwei reaktionsfähigen Enden ergeben Thermoplaste. Diese werden ähnlich verwendet wie Polyamide. Handelsnamen sind Durethan® und Perlon®U.

Langkettige Ausgangsstoffe, von denen einer drei reaktionsfähige Enden hat, ergeben gummielastische Werkstoffe, z. B. den Polyurethankautschuk Vulkollan®.

Kurzkettige Ausgangsstoffe, von denen einer drei reaktionsfähige Endgruppen besitzt, ergeben Duroplaste. Solche Duroplaste auf der Grundlage von Polyurethan sind z. B. DD-Lacke® nach der Aushärtung.

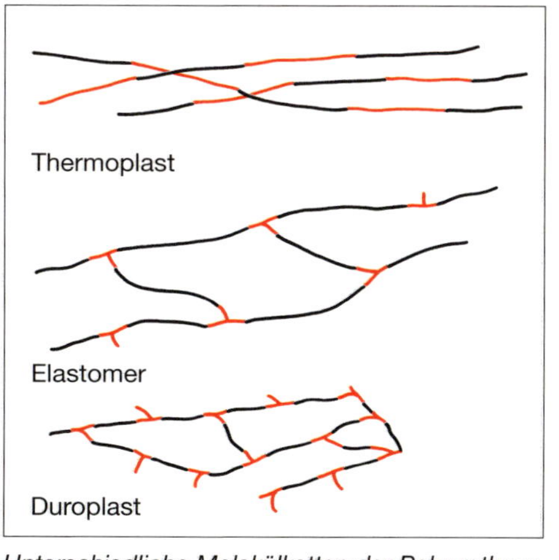

Unterschiedliche Molekülketten der Polyurethane

Durch Verwendung von Ausgangsstoffen, die bei der Reaktion noch Kohlendioxid abspalten und durch Zusätze von leicht verdampfenden Stoffen entstehen Polyurethane, die schäumen.

Einschäumen einer Türzange

Beim Schäumen kann besonders durch die leicht verdampfenden Stoffe im Schaum ein hoher Druck entstehen. Darum müssen beim Einschäumen die Flächen gut abgestützt werden, damit keine Wölbungen auftreten. Ferner muss bedacht werden, dass diese Treibmittel bei starker Temperaturerhöhung noch nachgasen und so auch noch einige Tage nach dem scheinbaren Aushärten ein Verwölben bewirken können.

3.4 Unterscheidung von Kunststoffen

Welcher Kleber ist zu verwenden?

	Polyester	Hartschaum (Styropor)	Weich-schaum	PVC	Polystyrol	Holz
Holz	3·1	7	4	4	6	2·5·4
Balsaholz (Modelle)	1	7	4	–	6	2
Gr. Holzfl. (Einpassen)	3	5	4		–	5
Gr. Holzfl. (Furniere)	4	7	4	4	–	4·5
Papiere, Karton		7·9	4	4	6	1·9
Fotos	1	7·9	–	–	–	1·9
Filz, Textilien		7·9	4	4	6	1
Leder			4	4	4	1
Gummi				4	–	4

In Schreinereien kommt es vor, dass man Kunststoffe mit anderen Materialien verkleben muss. Die Hersteller von Klebstoffen machen zwar genaue Angaben, welcher Kleber bei welcher Materialkombination zu verwenden ist, doch häufig wissen wir nicht, welchen Kunststoff wir vor uns haben. Deshalb ist es wichtig, die Art des Kunststoffes festzustellen.

Nach dem Aussehen und der Dichte sind Kunststoffe nur sehr schwer zu unterscheiden. Die Kunststoffe sind in den meisten Fällen eingefärbt und mit Füllmaterialien, wie z. B. Holzschnitzeln, Papier, Gesteinsmehl, versetzt. Ferner sind unter den Polymerisaten Kunststoffe aus verschiedenen Monomeren im Handel, welche sich nur schwer von anderen Kunststoffen unterscheiden lassen.

Die besten Möglichkeiten zur Unterscheidung von Kunststoffen sind die Schmelz- und die Brennprobe.

Bei der **Schmelzprobe** wird eine kleine Probe des Kunststoffes so hoch erhitzt, bis sie entweder weich wird oder sich als nicht schmelzbar erweist. Auf diese Art können Thermoplaste und Duroplaste unterschieden werden.

Zur **Brennprobe** hält man ein kleines Stückchen des Kunststoffes in die Flamme. Dabei beobachtet man das Verhalten des Kunststoffes in der Flamme und nach dem Herausnehmen aus der Flamme. Charakteristisch für den einzelnen Kunststoff ist auch der Geruch der bei der Brennprobe entstehenden Gase. Diese Gase können auch mit einem feuchten Stück Indikatorpapier auf ihre Reaktion, basisch oder sauer, überprüft werden.

Für die wichtigsten Kunststoffe sind in den folgenden Tabellen besonders die Merkmale aus der Brennprobe angeführt.

Kunststoffprobe ist *schmelzbar:*

		Polyethylen	**Polystyrol**	**Polyvinylchlorid**	**Polymethylmetacrylat**
ursprüngliche Farbe des Kunststoffes		milchig weiß	glasklar	farblos durchsichtig	glasklar
Brennprobe	Farbe der Flamme	bläulich	gelb	gelblich	gelblich
	Geruch beim Brennen	paraffinartig	süßlich	salzsäureartig	fruchtartig
	Reaktion der Zersetzungsprodukte	–	–	sauer	–
	sonstige Merkmale	tropft	rußt	tropft selten	knistert

Kunststoffprobe ist *nicht schmelzbar:*

		Polyamide	**Aminoplaste**	**Phentoplaste**	**ungesättigte Polyester**	**Polyurethane**
ursprüngliche Farbe des Kunststoffes		milchig weiß	farblos bis weiß	dunkelbraun	farblos durchsichtig	gelbbraun
Brennprobe	Farbe der Flamme	bläulich	–	–	gelblich	gelblich
	Geruch beim Brennen	hornartig	faulig	phenolartig	süßlich	stechend
	Reaktion der Zersetzungsprodukte	basisch	basisch	–	–	–
	sonstige Merkmale	tropft, zieht Fäden	–	–	rußt	–

Aufgaben

1. Eine runde Tischplatte soll aus einer kunststoffbeschichteten Spanplatte gefertigt werden.
   Beschreiben Sie die Arbeitsgänge und stellen Sie dabei die Unterschiede gegenüber der Herstellung einer Tischplatte aus Massivholz heraus.

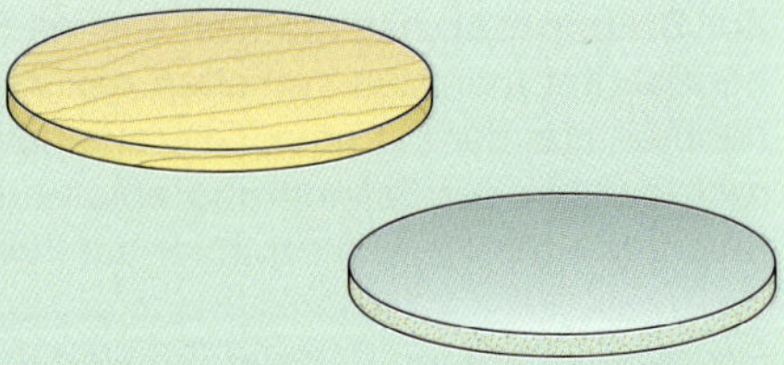

2. Zeichnen Sie die Molekülstruktur folgender Verbindungen:
   a) Verbindung aus Stickstoff und Wasserstoff.
      Diese Verbindung heißt Ammoniak. Sie gibt den typischen Geruch bei der Verwendung von Salmiakbeize.
   b) Verbindung aus Kohlenstoff und Sauerstoff.
      Diese Verbindung heißt Kohlendioxid. Sie entsteht beim Verbrennen kohlenstoffhaltiger Materialien, z. B. von Holz.
   c) Verbindung aus Wasserstoff und Chlor.
      Diese Verbindung heißt Chlorwasserstoff. Sie entsteht z. B. beim Verbrennen von PVC-Abfällen. Mit Wasser ergibt Chlorwasserstoff die stark ätzende Salzsäure.

3. Scheiben werden im Rahmen meist mit Silikon abgedichtet. Es werden aber auch Akrylate verwendet. Akrylate sind Kunststoffe auf Kohlenstoffbasis.
   Erklären Sie den Unterschied der beiden Kunststoffe im Aufbau ihres Molekülgerüstes
   Fragen Sie in der Werkstatt nach Unterschieden zwischen beiden Dichtwerkstoffen hinsichtlich Verwendung und Verarbeitung.

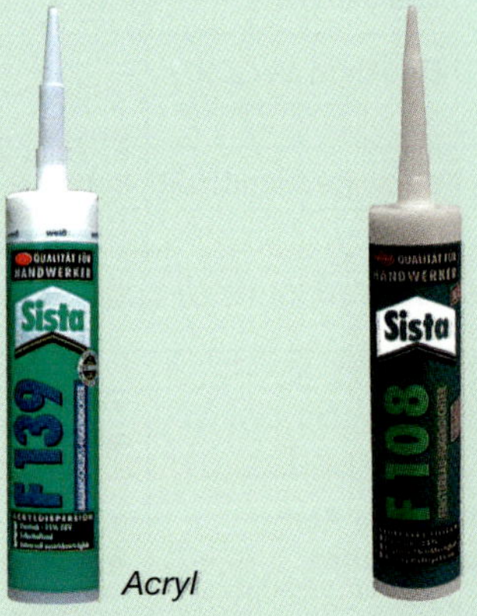

Acryl Silikon

4. Der Isolierschaum Styrodur® ist ein Thermoplast. Bei Berührung mit einem Lösungsmittel oder einem lösungsmittelhaltigen Klebstoff, z. B. Pattex®, löst er sich auf.
   Polyurethanschaum, ein Duroplast, ist dagegen unempfindlich gegen Lösungsmittel.
   Erklären Sie das unterschiedliche Verhalten der beiden Kunststoffe aus dem Aufbau der Großmoleküle.

5. Lösungsmittelhaltige Lacke, z. B. Nitrozelluloselacke, härten in dicken Schichten schlecht aus und werden „runzlig".
   Zwei-Komponenten-Polyurethanlacke hingegen härten auch in dicken Schichten einwandfrei aus.
   Wie ist der Unterschied im Verhalten der Lacke zu erklären?

4 Die Klebstoffe des Tischlers

4.1 Grundbegriffe

Normung der Leime

Kleber? - Der Tischler spricht von Leimen! Was sagt die Norm dazu?

Zunächst kommt das Wort **Leim** in der Norm gar nicht vor. Die Norm spricht vom Fertigungsverfahren Kleben und dem entsprechend von Klebern. In DIN EN 204 werden die Kleber für „nicht tragende Bauteile zur Verbindung von Holz und Holzwerkstoffen" lediglich entsprechend ihrer Beständigkeit gegen Feuchtigkeit in vier **Beanspruchungsgruppen** eingeteilt. In der Norm heißt es, dass mit „nicht tragenden Bauteilen" Möbel und Innenausbau gemeint sind.

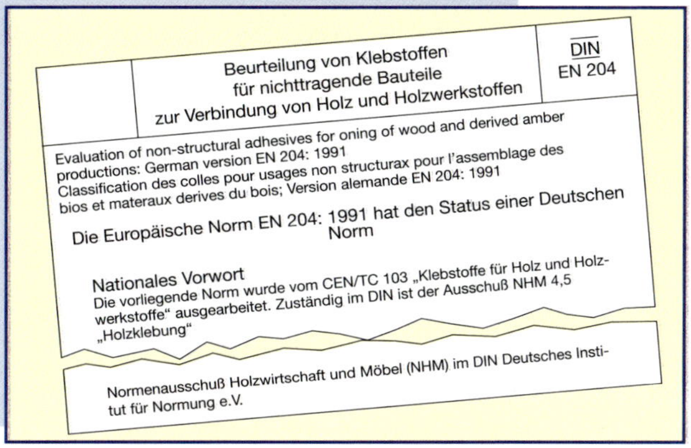

Beurteilung von Klebstoffen
für nichttragende Bauteile
zur Verbindung von Holz und Holzwerkstoffen

DIN
EN 204

Evaluation of non-structural adhesives for oning of wood and derived amber productions: German version EN 204: 1991
Classification des colles pour usages non structurax pour l'assemblage des bios et materaux derives du bois; Version alemande EN 204: 1991

Die Europäische Norm EN 204: 1991 hat den Status einer Deutschen Norm

Nationales Vorwort
Die vorliegende Norm wurde vom CEN/TC 103 „Klebstoffe für Holz und Holzwerkstoffe" ausgearbeitet. Zuständig im DIN ist der Ausschuß NHM 4,5 „Holzklebung"

Normenausschuß Holzwirtschaft und Möbel (NHM) im DIN Deutsches Institut für Normung e.V.

Beanspruchungsgruppen für Holzklebstoffe nach DIN EN 204

Beanspruchungs-gruppe	Beispiele für Klimabedingungen und Anwendungsbereiche	Anwendungs-beispiele
D1	Verwendung des Leimes nur im Innenbereich. Die Temperatur darf kurzzeitig 50 °C erreichen. Die Holzfeuchte darf 15 % nicht überschreiten.	Möbel, Innentüren
D2	Verwendung des Leimes nur im Innenbereich. Die Holzfeuchte darf 18 % nicht überschreiten. Gelegentlich darf es zu einer kurzzeitigen Einwirkung von fließendem Wasser oder Kondenswasser kommen.	Badezimmermöbel, Kellertüren, Innentreppen
D3	Bei Verwendung im Innenbereich darf es gelegentlich zu einer kurzzeitigen Einwirkung von fließendem Wasser oder Kondenswasser kommen. Verwendung im Außenbereich ist möglich, wenn die Verleimung vor Witterung geschützt ist.	Gartenmöbel unter Überdachungen, geschützte Haustüren
D4	Bei Verwendung im Innenbereich darf es auch zu häufiger Einwirkung von fließendem Wasser oder Kondenswasser kommen. Verwendung im Außenbereich ist möglich, wenn ein Oberflächenschutz besteht.	Freistehende Gartenmöbel, der Witterung ausgesetzte Haustüren, Fensterrahmen, Küchenarbeitsplatten

Leim ist eigentlich eine Bezeichnung für wasserlösliche Klebstoffe, die aus tierischen Produkten, z.B. aus Haut oder Knochen hergestellt wurden. In der Praxis wird diese Bezeichnung auch auf andere Holzklebstoffe, die auf Kunststoffbasis beruhen, angewendet.

Merke

Die DIN EN-Norm für Klebestoffe unterscheidet die Kleber für Möbel und Innenausbau allein nach ihrer Beständigkeit gegen Einwirkung von Feuchtigkeit.

Bindekräfte in der Leimfuge

Verklammert der Leim die zu verklebenden Oberflächen?

Früher wurden zu verleimende Flächen mit dem Zahnhobel aufgeraut.
Man stellte sich vor, dass der Leim in die aufgerauten Flächen eindringt und wie mit Klammern die verleimten Bauteile zusammenhält.
Heute wird von zu verleimenden Oberflächen verlangt, dass sie möglichst glatt sein sollen.
Was ist nun richtig – eine raue oder eine glatte Oberfläche?

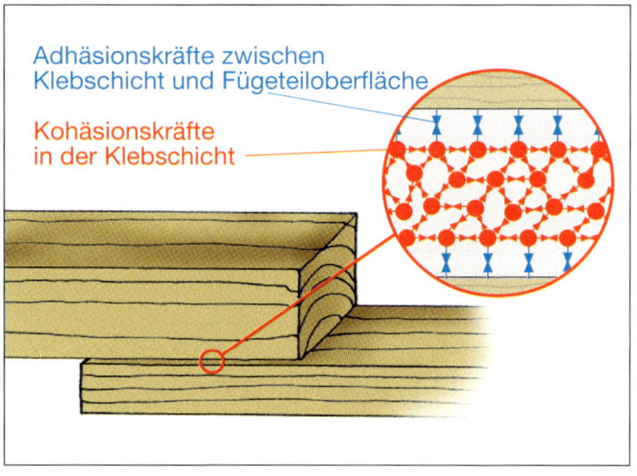

Kräfte in der Verleimung

Die Festigkeit von geleimten Fugen beruht auf zwei Wirkungen:

- Zwischen den Molekülen an der Oberfläche der zu verleimenden Bauteile und den Molekülen des Leimes treten Anziehungskräfte auf, die eine Trennung verhindern. Diese Anziehungskräfte werden Anhangskräfte oder **Adhäsionskräfte** genannt.
- Innerhalb der Leimschicht halten Zusammenhaltkräfte im Leim die einzelnen Moleküle des Leimes zusammen. Man nennt diese Kräfte zwischen den einzelnen Molekülen des Leimes **Kohäsionskräfte**.

Bei porigen Materialien, wie Holz, kommt noch ein gewisses Verklammern der Bauteile durch den Leim hinzu. Entscheidend für die Güte einer Verleimung ist dies aber nicht.
Die Kohäsionskräfte in einem Leim sind hoch. Da aber der Leim beim Abbinden schwindet, können Spannungen innerhalb der Leimfuge entstehen oder die Leimfuge sogar aufreißen. Darum sollen Leimfugen möglichst dünn sein. Dies wird durch hohen Anpressdruck der zu verleimenden Teile mit Zwingen oder in Verleimpressen erreicht.
Damit die Adhäsionskräfte in einer Verleimung voll zur Wirkung kommen, muss die Oberfläche der zu verleimenden Werkstücke vom Leim gut benetzt werden. Da die meisten Holzleime aus Großmolekülen (z. B. Kunststoffen oder Eiweiß) bestehen, die in Wasser fein verteilt sind, ist die Benetzung der Werkstückoberflächen mit Wasser von besonderer Bedeutung. Wasser benetzt Harze, Fette und Wachse nur sehr wenig. Darum müssen Leimflächen fett-, wachs- und harzfrei sein. Harze und Fette werden mit Lösungsmitteln, z. B. Reinigungsbenzin oder Aceton, entfernt. Wachs auf zu verleimenden Flächen vermeidet man, indem man nicht unmittelbar vor dem Hobeln von Leimkanten die Maschinentische mit Gleitwachs behandelt.

Merke

Die Festigkeit von Verleimungen wird bestimmt durch die Größe der Adhäsionskräfte zwischen Leim und Werkstück sowie durch die Kohäsionskräfte innerhalb der Leimschicht.
Zu verleimende Oberflächen müssen deswegen fett-, wachs- und harzfrei sein und die Leimfuge muss möglichst dünn sein.
Eine gute Leimfuge ist fester als das verleimte Holz.

Wichtige Zeitangaben

„Kinder kommt beten - Vater will leimen!“

Dies war ein Sprüchlein der Schreinersfrau aus der Zeit, als man Kunststoffleime noch nicht kannte.
Welche Sorge steckte dahinter?

Es ging um die kurze Zeitspanne, die beim Warmleim (Knochenleim, Lederleim) zwischen dem Auftrag auf das Holz und dem Zusammenfügen der Teile zur Verfügung stand. Der Fachmann nennt diese Zeit die „offene Zeit“.
Es gibt aber noch mehr Zeitangaben, die ein Fachmann beachten muss, damit er einwandfreie Verleimungen durchführen kann.

Leimofen zum Erwärmen der zu verleimenden Hölzer

Die **Reifezeit** und die **Topfzeit** sind zwei wichtige Zeiten, welche bei Leimen, die durch chemische Reaktionen aushärten oder nach Anmischen nur begrenzt lagerfähig sind, beachtet werden müssen.
Die ***Reifezeit*** ist die Zeit, welche vom Ansetzen (z. B. Mischen mit Härter oder Löser in Wasser) bis zum Gebrauch des Leimes eingehalten werden muss.
Die ***Topfzeit*** ist die Zeit innerhalb welcher der Leim nach Ende der Reifezeit noch verwendbar ist. Eine Verleimung mit einem Leim, dessen Topfzeit überschritten wurde, erreicht nicht mehr die geforderte Festigkeit. Zumischen von frischem Leim zu einem Leim, der die Topfzeit überschritten hat, verbessert zwar die Streichfähigkeit der Mischung, ergibt aber eine wenig feste Verleimung.

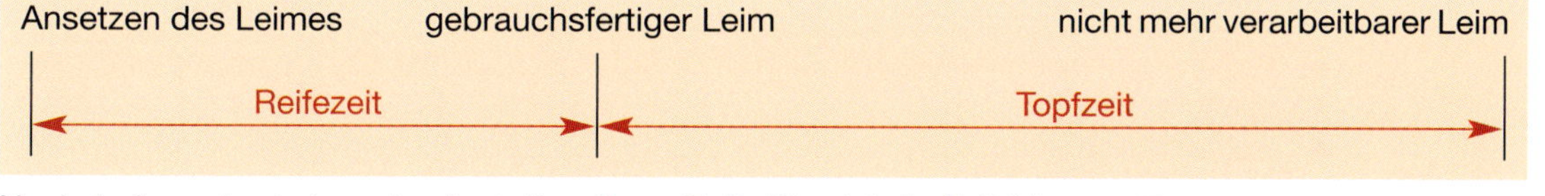

Nach Auftrag des Leimes beginnt die **offene Zeit**. Dies ist die Zeit bis zum Zusammenfügen der zu verleimenden Bauteile.
Die **geschlossene Zeit** ist die Zeit vom Fügen bis zum Verpressen. Die Zeitdauer, in der die Fügeteile verpresst werden müssen, ist die **Presszeit**.
Nach der Presszeit wird bei den meisten Leimen noch nicht die volle Festigkeit erreicht. Die Zeit von Beginn des Leimauftrags bis zum Erreichen der geforderten Festigkeit des Leimes wird als die **Abbindezeit** bezeichnet.

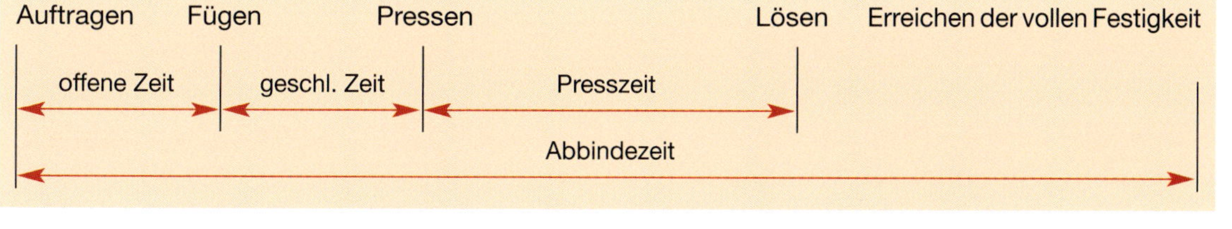

Einteilung der Klebstoffe

Nach der Erzeugung unterscheidet man Klebstoffe in natürliche und synthetische Klebstoffe:

- **Natürliche Holzklebstoffe** werden aus Eiweiß gewonnen. Zu diesen natürlichen Klebstoffen gehören **Glutinleime**, die aus Haut, Leder oder Knochen gewonnen werden und **Caseinleime**, die aus Milcheiweiß erzeugt werden.
- **Synthetische Holzklebstoffe** sind Kunststoffe, die in unterschiedlicher Weise beim Verleimen abbinden.

Wichtiger ist die Unterscheidung der Klebstoffe nach der Art der Aushärtung:

- **Physikalisch aushärtende Klebstoffe** binden durch Verdunsten von Lösungsmitteln, durch Erstarren oder ähnliche physikalische Vorgänge ab.
- **Chemisch aushärtende Klebstoffe** härten durch chemische Reaktionen aus. Sie werden deshalb auch Reaktionsklebstoffe genannt.

Physikalisch aushärtende Klebstoffe werden in Nassklebstoffe, Kontaktklebstoffe und Schmelzklebstoffe untergliedert:

- **Nassklebstoffe** für Holzwerkstoffe sind Kunststoffe, die feinst in Wasser verteilt sind. Man bezeichnet solche Verteilungen als Dispersionen und die Klebstoffe entsprechend als *Dispersionsklebstoffe* oder *Dispersionsleime*.
  Eine andere Art der Nassklebstoffe sind *Lösungsmittelklebstoffe*. Sie bestehen aus Kunststoffen, die in Lösungsmitteln gelöst sind und zum Kleben anlösbarer Kunststoffe eingesetzt werden.
- **Kontaktklebstoffe** sind gummiartige Kunststoffe, die in organischen Lösungsmitteln gelöst vorliegen. Sie werden auf beide Fügeteile gestrichen. Erst nach Verdunsten des Lösungsmittels werden die Teile unter Druck gefügt.
- **Schmelzklebstoffe** sind Kunststoffe, die in schmelzflüssigem Zustand zwischen die Fügeteile gebracht werden und durch Erstarren aushärten.

Weitere Hinweise siehe auch Kapitel 4.3

Chemisch abbindende Klebstoffe werden nach der Art der chemischen Reaktion, nach der sie abbinden, unterteilt:

- **Polymerisationsklebstoffe** härten durch Verknüpfen kleiner Moleküle, die Doppelbindungen zwischen Kohlenstoffatomen besitzen, aus.
- **Polykondensationsklebstoffe** bilden bei der Aushärtung Großmoleküle unter Abspaltung von Wasser.
- **Polyadditionsklebstoffe** härten aus, indem sich kleine Moleküle durch Umlagern von Atomen zu Großmolekülen vereinigen.

Leime, die ohne Zusätze benutzt werden, sind **Einkomponenten-Leime**. Wenn ein weiterer Bestandteil, z. B. ein Härter zugegeben werden muss, spricht man von **Zweikomponenten-Leimen**.

4.2 Natürliche Klebstoffe

Glutinleime (Kurzzeichen: **KG** von **K**lebstoff **G**lutin)

Glutinleime werden aus tierischem Eiweiß, z.B. aus Knochen, Haut oder Leder, erzeugt. Sie sind als Tafeln, Perlen oder Pulver erhältlich.
Zur Herstellung gebrauchsfähiger Leime werden die Tafeln, Perlen oder das Pulver gewässert und zum Quellen gebracht. Nach Abgießen des überschüssigen Wassers wird der Leim im Wasserbad auf 60 °C bis 70 °C erhitzt und dadurch streichfähig.
Das Abbinden des Leimes erfolgt durch Wanderung des Leimwassers in das Holz und durch Verdunstung.
Die offene Wartezeit ist sehr kurz, darum werden die Fügeteile meist angewärmt, um das Abbinden zu verzögern.
Verleimungen mit Glutinleim sind sehr fest, aber nicht feuchtigkeitsbeständig. Sie lösen sich auch bei starkem Erwärmen. In Räumen mit hoher Luftfeuchtigkeit ist der Befall mit Schimmel und Bakterien möglich.
Glutinleime wurden schon im Altertum verwendet, heute finden sie nur noch bei der Restaurierung alter Möbel und im Musikinstrumentenbau Anwendung.

Merke

Glutinleime sind Klebstoffe auf Eiweißbasis.
Eigenschaften: fest, elastisch, nicht beständig gegen Feuchtigkeit und Erwärmung
Beanspruchungsgruppe: D1

Beispiele für Handelsnamen: Cellatherm®, Jowacoll Warmleim®, Dorus-Rapid®

Caseinleime (Kurzzeichen: **KC**)

Caseinleime entstehen durch Reaktion von Casein, einem Eiweißstoff in der Milch, und Kalziumhydroxid. Handelsübliche Leime werden in Pulverform geliefert.

Zum Gebrauch wird das Leimpulver mit der vorgeschriebenen Wassermenge gemischt. Dabei quillt es. Nach einer Reifezeit von ca. 2 Stunden ist der Leim verarbeitbar. Die Topfzeit beträgt bei Raumtemperatur etwa 8 Stunden.
Nach Abbinden des Caseinleimes sind die Fugen fest und unempfindlich gegen Feuchtigkeit.
Durch den Anteil an Kalziumhydroxid ist der **nicht abgebundene Leim** stark ätzend. Hautkontakt sollte darum vermieden werden. Bei Augenkontakt ist sofortiges Spülen des Auges mit Wasser notwendig. Aluminiumgefäße und Ringbindungen an Pinseln aus Aluminium werden durch den stark ätzenden Leim angegriffen und sollten nicht verwendet werden.
Caseinleime werden für tragende Konstruktionen im Innenausbau wie Bögen, Stützen, Treppen usw. aus Weichhölzern sowie in der Sperrholzfertigung eingesetzt. Nicht geeignet ist Caseinleim zur Herstellung von Sperrhölzern mit dunkelfarbenen Deckfurnieren (z.B. Eiche, Mahagoni, Nussbaum, Kirschbaum), da er wegen des ätzenden Charakters Verfärbungen im Holz hervorrufen kann.

Merke

Caseinleime entstehen aus Milcheiweiß mit basischen Zusätzen.
Eigenschaften: fest, elastisch, feuchtigkeits- und wärmebeständig, verfärbt u.U. farbige Hölzer
Beanspruchungsgruppe: D1 bis D2

Beispiele für Handelsnamen: AKZO NOBEL® Kaseinleim 0102, Jowat-Casein-Kaltleim®

4.3 Physikalisch aushärtende synthetische Klebstoffe

Polyvinylacetat-Leime (Kurzzeichen: **KPVAC**)

In der Tischlerei sind Polyvinylacetat-Leime die am meisten verwendeten Leime. Wegen ihrer milchig weißen Farbe werden sie auch als „Weißleime“ bezeichnet.

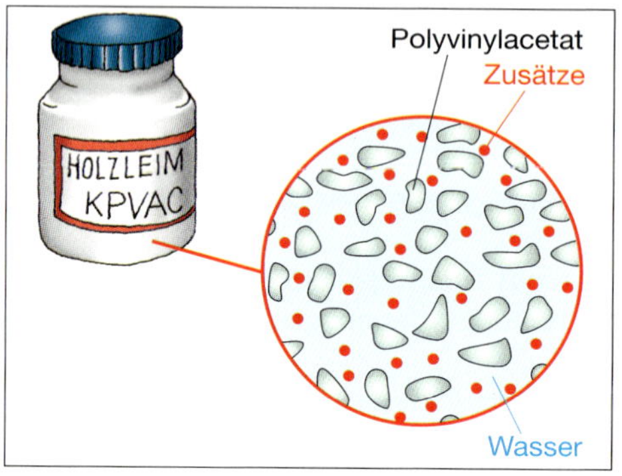

Aufbau von Polyvinylacetat-Leim

Polyvinylacetat-Leime bestehen aus dem thermoplastischen Kunststoff Polyvinylacetat, der in Form sehr kleiner Teilchen (etwa 5/1000 mm) in Wasser verteilt ist. Infolge ihrer geringen Größe und durch besondere Zusätze zum Wasser können sich die Kunststoffteilchen nicht nach unten absetzen. Ein solches Gemisch aus einem Feststoff mit Wasser ist eine Dispersion und den Leim bezeichnet man entsprechend als **Dispersionsleim**.

Merke

Dispersionen bestehen aus Wasser, in dem ein fester Stoff feinst verteilt ist. Polyvinalacetat-Leime sind Dispersionen aus dem thermoplastischen Kunststoff Polyvinylacetat und Wasser.

Der Polyvinylacetat-Leim bindet ab, indem das Wasser aus der Leimschicht in die zu fügenden Teile eindringt oder verdunstet. Darum muss mindestens eines der Fügeteile porös sein. Durch den Wasserverlust der Leimschicht lagern sich die Kunststoffteilchen so aneinander und an die Oberflächen der Fügeteile, dass infolge hoher Kohäsions- und Adhäsionskräfte eine feste und zähe Klebefuge entsteht.

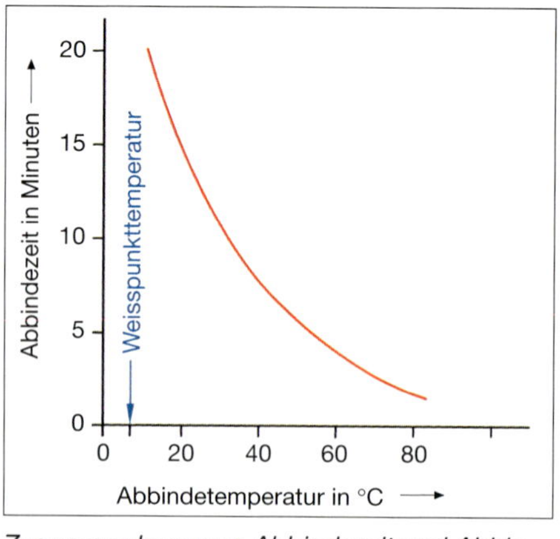

Zusammenhang von Abbindezeit und Abbindetemperatur

Da das Abbinden durch Fortwandern (Diffundieren) und Verdunsten des Wassers erfolgt, wird die Zeit für das Abbinden durch hohe Feuchtigkeit des Holzes und hohe Luftfeuchtigkeit verzögert.

Höhere Temperaturen beschleunigen durch schnelleres Verdunsten und Diffundieren des Wassers den Abbindeprozess.

Großen Einfluss auf die Abbindezeit hat die Porosität des Holzes, denn bei grobporigen Hölzern kann das Wasser des Dispersionsleimes schneller in das Holz eindiffundieren.

Übermäßig dicker Leimauftrag, z. B. beim Furnieren, verteuert nicht nur die Verleimung unnötig, sondern verlängert auch die Abbindezeit und kann die Festigkeit der Klebefugen senken.

Temperaturen von Leim oder Fügeteilen unter etwa 6 °C bewirken, dass sich die Kunststoffteilchen nicht mehr eng zusammenlagern und eine brüchige Leimschicht entsteht. Darum darf diese Temperatur, die **„Weißpunkttemperatur“**, nicht unterschritten werden.

Merke

Niedrige Feuchte in Holz und Umgebung sowie höhere Temperaturen beschleunigen den Abbindeprozess.
Unterhalb der Weißpunkttemperatur bindet KPVAC-Leim nicht mehr ab.

Polyvinylacetat-Leime sind thermoplastisch. Sie bestehen aus großen Molekülen, die nicht untereinander verbunden sind und sich bei Erwärmen weiter voneinander entfernen können. Darum sinkt die Festigkeit der Leimfuge mit steigender Temperatur und oberhalb von etwa 150 °C schmelzen die Leime auf. In verleimten Bauteilen von Konstruktionen, z. B. Leimbindern von Hallen, könnte das thermoplastische Verhalten des Leimes zu einem Verschieben der verleimten Teile, kaltes Fließen genannt, führen. Darum werden statisch hoch belastete Konstruktionen nicht mit Polyvinylacetat-Leimen geleimt.
Die Eigenschaft der Polyvinylacetat-Leime, bei Erwärmen zu erweichen, kann man nutzen, um z. B. gelöste Furnierteile mit einem erwärmten Gegenstand wieder anzudrücken und mit der Unterlage zu verschmelzen. Es werden folgende Leime unterschieden:

- **Montageleime** auf der Grundlage von Polyvinylacetat werden zum Verleimen von Holzverbindungen, Massivholzumleimern und zum Fügen von Brettern und auch zum Flächenverleimen von HPL-Platten eingesetzt.
- **Flächenleime** auf Polyvinylacetatbasis, werden als Furnierleime und zum Verleimen von HPL-Platten eingesetzt. Diese Leime enthalten Streck- und Füllmittel, damit Leim eingespart und bei grobporigen Hölzern ein Leimdurchschlag verhindert wird. Flächenleime haben eine besonders hohe offene Zeit.
- **Lackleime** auf der Grundlage von Polyvinylacetat dienen vorwiegend zum Verleimen von Holzteilen an lackierten Oberflächen, z. B. zum nachträglichen Anleimen von Zierleisten um bereits eingebaute Türen. Diesen Leimen wurden kleine Anteile an Lösungsmitteln und Haftvermittler zugesetzt. Lackleime eignen sich auch zum Verleimen von PVC-Platten mit Holzwerkstoffen und natürlich auch für alle anderen Montagearbeiten. Bei Verleimungen an lackierten Bauteilen ist Lackleim sparsam aufzutragen, damit aus den Fugen quellender Leim bereits endbehandelte Oberflächen nicht anlöst.

Einkomponenten-Polyvinylacetat-Leime sind alterungsbeständig, zäh und verursachen nur geringe Abnutzung der Werkzeugschneiden bei der Bearbeitung.
Bei Feuchtigkeitseinwirkung können Leimfugen aufquellen, bei Trocknung wird aber etwa die vorherige Festigkeit wieder erreicht – vorausgesetzt, die Fuge war spannungsfrei. Leime für Werkstücke, die im Innenbereich eingesetzt werden, erfüllen D1 bis D2.

Die Fugen sind hell, bei Berührung mit Eisen treten jedoch dunkle Verfärbungen auf. Darum soll Kontakt mit Eisen vermieden werden. Durchgeschlagener Leim, z. B. bei Furnieren, lässt sich mit Aceton auswaschen.

Merke

Einkomponenten-Polyvinylacetat-Leime erfüllen als Montage-, Lack- und Furnierleime die Bedingungen der Beanspruchungsgruppen D1 bis D2.

Zweikomponenten-Leime auf der Grundlage von Polyvinylacetat enthalten zusätzlich aushärtende Kunstharze. Diese Leime ergeben nach Härterzusatz sehr feuchtigkeits- und wärmebeständige Verleimungen und genügen den Bedingungen der Beanspruchungsgruppe D4.
Ohne Härterzusatz erfüllen die meisten dieser mit Kunstharz gemischten Leime die Bedingungen der Beanspruchungsgruppe D3.
Zweikomponenten-Polyvinylacetat-Leime werden als Montageleime im Fensterbau („Fensterleim“) und zur Verleimung von Außentüren sowie zur Flächenverleimung, z. B. von HPL-Platten auf Fensterbänken und Küchenarbeitsplatten, verwendet.

Merke

In Zweikomponenten-Polyvinylacetat-Leime sind aushärtende Kunstharze eingemischt. Durch Zugabe der zweiten Komponente, dem Härter, erfüllen diese Leime die Bedingungen der Beanspruchungsgruppe D4.

Kontaktklebstoffe

Als Kontaktklebstoffe bezeichnet man Kleber, die beidseitig auf die zu verklebenden Werkstücke aufgetragen und erst nach einer **Ablüftzeit**, wenn sich die Klebeflächen trocken anfühlen, zusammengefügt (in Kontakt gebracht) werden.
Grundlage der Kontaktkleber sind Elastomere. Dies sind kautschukartige Kunststoffe, in denen die Großmoleküle nur wenig verknüpft vorliegen. Damit diese Kunststoffe auf die zu verklebenden Oberflächen aufgetragen werden können, müssen sie in streichfähigen Zustand überführt werden. Dazu gibt es zwei Wege:

- **Lösen** der Elastomere in organischen Lösungsmitteln, z. B. Toluol, Ethylacetat, Cyclohexan. Nach dem Lösen schwimmen Großmoleküle im Lösungsmittel.
- **Dispergieren** der Elastomere in Wasser. Dabei liegen wie beim Weißleim größere zusammenhängende Kunststoffteilchen feinst verteilt in Wasser vor.

	Kontaktkleber mit Lösungsmittel	**Kontaktkleber als Dispersion**
Klebevermögen	Sehr gut auf nahezu allen Werkstoffen	Weniger gut Nur begrenzt auf Metallen
Wartezeit zum Ablüften	Kurz, max. ca. 15 Minuten	Länger, bis ca. 30 Minuten, abhängig von der Luftfeuchtigkeit
Umweltverhalten und Arbeitssicherheit	Gefährliche Lösungsmitteldämpfe: Gesundheitsschädlich, meist brennbar, in höheren Konzentrationen und engen Räumen u.U. Explosionsgefahr	Keine Gefahren durch Lösungsmittel
Wasserbeständigkeit	Gut	Geringer
Temperaturbeständigkeit	Durch Härter bis ca 140 °C	Bis ca.130 °C

Zur Verarbeitung werden Kontaktkleber mit Zahnspachteln, Walzen, Spritzpistolen oder aus der Sprühdose auf die zu verklebenden Oberflächen aufgetragen. Nach einer Ablüftzeit, die von der Temperatur des Raumes und der Werkstücke abhängt, wird meist durch die Fingerprobe getestet, ob der Kleber abgelüftet hat. Wenn sich die Oberflächen nicht mehr klebrig anfühlen, werden die Flächen aufeinander gebracht. Verschieben ist nach erstem Kontakt kaum noch möglich, darum muss das Auflegen sehr präzise erfolgen. Die Verklebung erfordert einen kurzen, aber hohen Pressdruck, (mindestens 50 N/cm²). Die Presszeit spielt nahezu keine Rolle – wenige Sekunden genügen. Für große Flächen bringt man den Anpressdruck mit Pressen auf, bei kleineren Flächen mit der Andruckwalze und bei Umleimern mit der Hammerfinne.

Merke

Kontaktkleber bestehen aus kautschukartigen Kunststoffen, die in organischen Lösungsmitteln gelöst oder in Wasser dispergiert sind.
Für die Güte der Verklebung mit Kontaktklebern ist der Anpressdruck entscheidend. Die Anpresszeit hat nur geringe Bedeutung.

Kontaktkleber werden in der Tischlerei für Kombinationsklebungen von Holzwerkstoffen mit HPL-Platten, PVC-Platten, Metallen und Schaumstoffen verwendet. Zur Verklebung von Polystyrol-Hartschäumen (z. B. Styropor) sind lösungsmittelhaltige Kontaktkleber jedoch nicht geeignet.
Ferner benutzt man Kontaktklebstoffe zum Kleben von Furnier- und Kunststoffumleimern. Mit einem einseitigen Anstrich mit Kontaktklebern lassen sich Schnittkanten, z. B. Ausschnitte in Küchenarbeitsplatten für Spülen, gut gegen Feuchtigkeit isolieren.

Schmelzklebstoffe

Grundlagen für Schmelzklebstoffe sind thermoplastische Kunststoffe, die andere Materialien im schmelzflüssigen Zustand gut benetzen und nach Erstarren hohe Adhäsions- und Kohäsionskräfte aufbringen. Damit sie schmelzflüssig aufgetragen werden können, müssen sie auch hohe Temperaturbeständigkeit aufweisen.
Die großen Vorteile der Schmelzklebstoffe sind die hohe Umweltfreundlichkeit, weil bei der Anwendung keine schädlichen Stoffe in die Umwelt gelangen, und die sehr schnelle Verfestigung der Verklebung.

Schmelzklebstoffe sind thermoplastische Kunststoffe, die beim Erwärmen über 200 °C flüssig sind. Sie härten durch Erstarren aus. Ihre Vorteile sind kurze Abbindezeit und hohe Umweltfreundlichkeit.

Merke

Bei der Verarbeitung von Schmelzklebstoffen ist zu beachten:

- Die Fügeteile müssen so warm sein, dass der Schmelzklebstoff auf ihnen fließt und haften kann. Darum sollen besonders Metallteile vorgewärmt werden.
- Die Verarbeitungstemperatur des Klebers muss eingehalten werden. Sie liegt meist etwa 50 °C über der Schmelztemperatur.
- Zugluft muss beim Kleben vermieden werden, damit sich keine schlecht haftende Haut auf der Klebstoffschicht bildet.
- Der Anpressdruck muss unmittelbar nach dem Fügen aufgebracht werden und über die Dauer der Erstarrung aufrecht erhalten werden.

Die Güte von Klebeverbindungen mit Schmelzklebstoffen hängt außer von der Art des Klebstoffs von der Temperatur des Klebers und der Temperatur der zu fügenden Bauteile ab.

Merke

Schmelzklebstoffe werden in der Tischlerei hauptsächlich zum Verkleben von Umleimern auf Umleimmaschinen eingesetzt. Man verwendet dabei entweder bereits mit Schmelzkleber beschichtete Umleimer oder gibt den Schmelzklebstoff als Patrone oder Granulat in die Schmelzeinrichtung der Maschine.

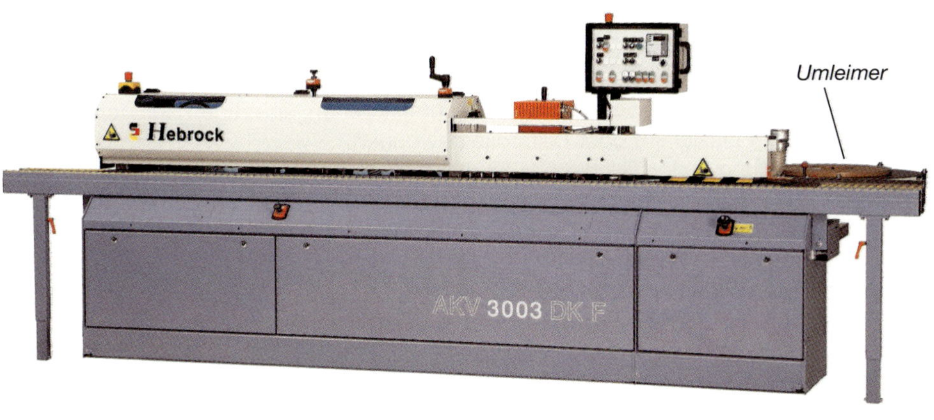

Umleimmaschine

4.4 Chemisch abbindende synthetische Klebstoffe

Unter den chemisch abbindenden Klebstoffen haben die durch Polykondensation und Polyaddition gebildeten Klebstoffe in der Tischlerei besondere Bedeutung.

- Durch **Polykondensation** härten Harnstoff, Melamin und Phenol jeweils mit Formaldehyd zu Polykondensationsklebstoffen aus. Die chemische Reaktion beim Abbinden setzt Wasser frei.
- Durch **Polyaddition** härten Polyurethanklebstoffe und Epoxidharzklebstoffe aus. Bei dieser Reaktion entstehen beim Abbinden keinerlei Nebenprodukte.

4.4.1 Klebstoffe durch Polykondensation

Harnstoffharz-Formaldehyd-Leime (UF-Leime)

Harnstoff (lateinisch: **u**rea) reagiert mit **F**ormaldehyd zu Harnstoffharz unter Bildung von Wasser. Wichtig ist bei der Reaktion die Anwesenheit eines sauren Reaktionsbeschleunigers (Katalysators).

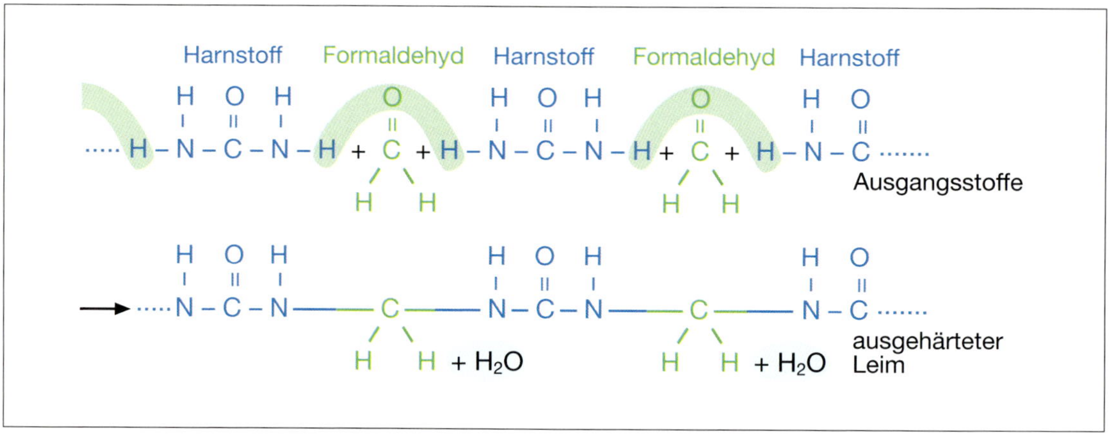

Reaktion von Harnstoff mit Formaldehyd

Zur Leimherstellung stoppt man diese Reaktion, bevor sie abgeschlossen ist und sich große Moleküle gebildet haben. Aus dem so entstandenen, unfertigen Kunststoff wird der Leim als Pulver, Flüssigleim oder Leimfolie gewonnen.
Bei der Anwendung in der Tischlerei wird durch Härterzugabe und/oder Wärme die Härtung des Leimes zu Ende geführt.
Harnstoffharzleime werden in der Tischlerei vorwiegend zum Furnieren und in der Sperrholzindustrie zur Sperrholzherstellung verwendet.
Harnstoffharzleime ergeben harte, spröde und farblose Leimfugen. Diese sind aber nur kurzzeitig feuchtigkeitsbeständig. Sie erfüllen die Anforderungen der Beanspruchungsgruppe D2.

Merke

Harnstoffharzleime entstehen durch Polykondensation von Harnstoff mit Formaldehyd. In der Lieferform sind sie nicht voll auskondensiert. Durch Zugabe von Härter und/oder Wärme härten sie nach dem Fügen aus. Sie erfüllen die Bedingungen der Beanspruchungsgruppe D2.

Melaminharz-Formaldehyd-Leime (KMF)

Melamin ist eine chemische Verbindung, an der drei reaktionsfähige Gruppen auftreten – Harnstoff hat nur zwei dieser Gruppen. Deshalb bilden sich bei der Reaktion von Melamin mit Formaldehyd nicht lange kettenförmige Moleküle wie beim Harnstoffharz, sondern räumliche Netze. Dadurch sind Melaminharzleime nach der Aushärtung sehr wärmebeständig und unempfindlich gegen Feuchtigkeit.

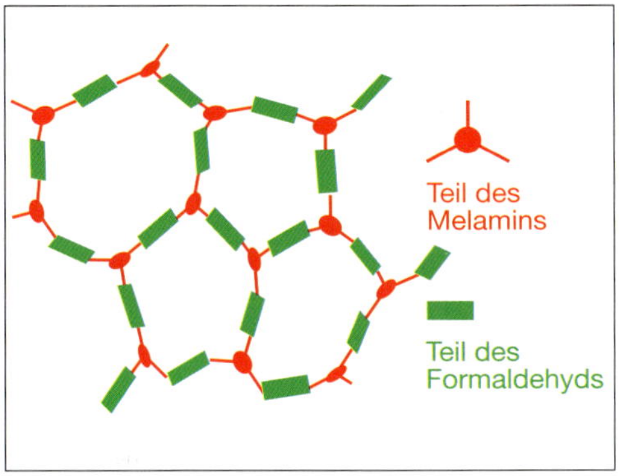

Räumlich vernetzter KMF-Leim

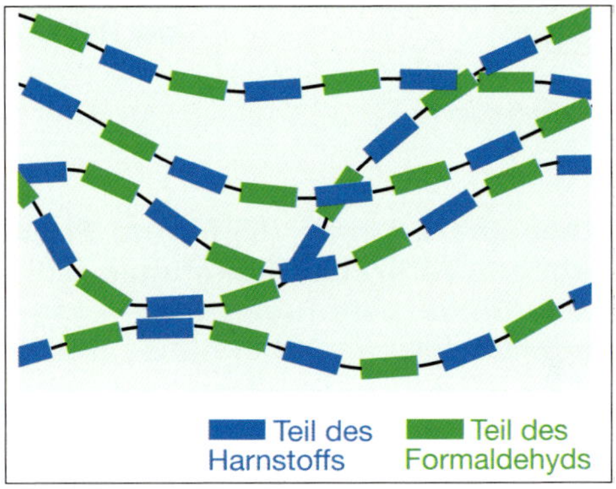

Kettenförmige Moleküle im UF-Leim

Melaminharzleime werden als vorkondensierte Produkte in Pulverform geliefert, da sie in flüssiger Form nur eine begrenzte Haltbarkeit von wenigen Tagen aufweisen.
Melaminharzleime härten zu farblosen, sehr festen, harten, feuchtigkeits- und wärmebeständigen Leimfugen aus. Sie genügen den Anforderungen D3 bis D4.
Reine Melaminharzleime werden in der Tischlerei wegen ihres hohen Preises nur in Ausnahmefällen verwendet. Das Hauptanwendungsgebiet ist die Verklebung von Dekorfolien bei der Herstellung von Hochdruck-Schichtpressstoffplatten (HPL-Platten) und beschichteter Spanplatten.

Merke

Melaminharzleime entstehen durch Reaktion von Melamin mit Formaldehyd. Im Lieferzustand sind sie pulverförmig. Sie härten zu farblosen, sehr festen, harten, feuchtigkeits- und wärmebeständigen Leimfugen aus und genügen den Anforderungen der Beanspruchungsgruppen D3 bis D4.

Phenolharz-Formaldehyd-Leime (KPF) und Phenolharz-Resorzinolharz-Formaldehyd-Leime (KPRF)

Phenol und Resorzinol sind zwei einander sehr ähnliche chemische Verbindungen, die wie das Melamin drei „Anknüpfstellen“ für Formaldehydmoleküle haben. Dadurch entsteht bei der endgültigen Aushärtung solcher Leime ein räumliches Netzwerk mit hoher Temperatur- und Wärmebeständigkeit. Leimfugen mit diesen Leimen sind sehr hart und beanspruchen Zerspanungswerkzeuge sehr stark. Die Leimfugen halten jahrelanger Wechselbeanspruchung durch Hitze, Kälte, Feuchtigkeit und Trockenheit aus. Sie überdauern das verleimte Holz. Ein weiterer Vorteil dieser Leime liegt darin, dass sie auch bei höherer Holzfeuchte, bis etwa 25 %, einsetzbar sind.
Die Leime werden als Pulver, Flüssigleim und Leimfolien geliefert. Heiß härtende Leime vernetzen bei Temperaturen von etwa 140 °C. Kalt härtende Leime binden in Gegenwart saurer Härter ab. Die benötigten Härtermengen liegen um 5 % bis 10 % der Leimmenge. Je nach Leimart wird der Leim entweder mit dem Härter angemischt und innerhalb einer relativ kurzen Topfzeit von ca. 1 bis 2 Stunden verarbeitet oder Leim und Härter werden getrennt aufgetragen und die Härtereaktion setzt nach dem Fügen ein.

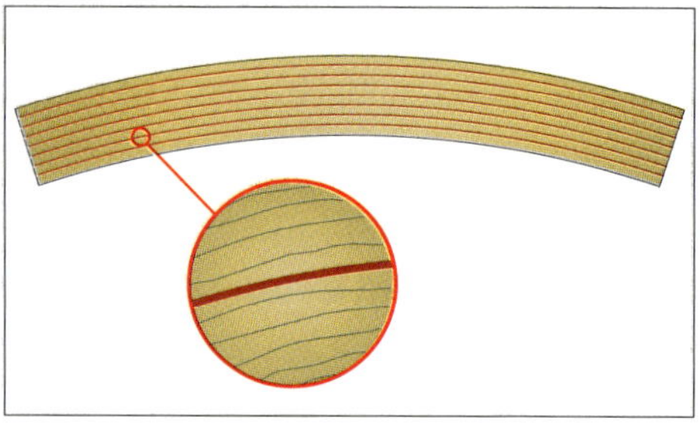

Leimfuge in einem Leimbinder

Da die Leimfugen rotbraun sind und sich stark von hellen Hölzern abheben, ist ihr Einsatzbereich in der Möbeltischlerei auf Furnierarbeiten begrenzt. In der Bauschreinerei werden Außentüren und Fenster mit ihnen verleimt. Besondere Schwerpunkte der Anwendung von Phenolharz-Resorzinolharz-Formaldehyd-Leimen sind die Herstellung von Leimbindern im Holzkonstruktionsbau und der Holzbootsbau.

Merke

Phenolharz-Leime (KPF) und Phenolharz-Resorzinolharz-Leime (KPRF) ergeben rotbraune Leimfugen mit relativ hoher Härte und hoher Festigkeit. Diese Leimfugen sind wasser- und temperaturbeständig. Verleimungen sind auch bei hoher Holzfeuchte möglich.

4.4.2 Polyadditionsklebstoffe

Unter den Polyadditionsklebstoffen haben in der Holzverarbeitung nur die Polyurethanklebstoffe besondere Bedeutung. Als Klebstoffe zum Verbinden von Metallen und Gläsern mit Holz und untereinander werden auch Epoxidharze (siehe Kapitel Kunststoffe) eingesetzt.

Polyurethanklebstoffe (PU)

„Wenn es nur noch einen Kunststoff geben dürfte, dann würde ich mir Polyurethan wünschen!", …

… sagte ein Kunststoffspezialist auf einer Tagung und begründete die Vielfalt des Werkstoffes neben der Eignung als Konstruktionsmaterial, Schaum, gummielastisches Bauteil und Lack auch mit seiner Eignung als Klebstoff: „Klebstoffe aus Polyurethanen verkleben nahezu alle Werkstoffe, ohne Druck, mit Fugenfüllung und beständig gegen fast alle äußeren Einflüsse!"

Werbesprüche

Polyurethane entstehen durch Polyadditionsreaktion von Isozyanaten, die zwei oder drei reaktionsfähige Enden haben, mit Polyolen (besonderen Alkoholen), die zwei oder drei reaktionsfähige Enden (-OH Gruppen) besitzen. So können je nach Kombination Polyurethan mit unterschiedlichsten Eigenschaften erzeugt werden. Infolge der Isozyanate, die in diesem Kunststoff gebunden sind, haften Polyurethane außerordentlich gut auf fast allen Werkstoffen.

In der Tischlerei werden zwei Arten von Polyurethanklebstoffen benutzt:

- **Einkomponenten-Polyurethanklebstoffe**, die unter dem Einfluss von Feuchtigkeit aushärten und
- **Zweikomponenten-Polyurethanklebstoffen** (2K-PU), bei denen die dunkelbraunen Isozyanate (Komponente 1) mit den farblosen Polyolen (Komponente 2) unmittelbar vor der Verklebung gemischt werden.

Einkomponenten-Polyurethane bestehen aus Großmolekülen, die an den Enden noch reaktionsfähig sind und mit –OH Gruppen der zu verbindenden Werkstoffe, z.B. der Zellulose im Holz, reagieren können. Zur besseren Streichbarkeit sind sie noch mit Lösungsmitteln versetzt. Sie sind feuchtigkeitsfest und bis etwa 80 °C temperaturbeständig. Zweikomponenten-Polyurethane sind erheblich einsatzfähiger. Sie werden aus Isozyanaten und Polyolen erst unmittelbar vor der Anwendung angemischt. Dies geschieht bei Kartuschen in Mischrohren, bei getrennter Anlieferung in zwei Behältern durch Einrühren. Die Zweikomponenten-Polyurethane haften auf nahezu allen Werkstoffen (außer PE, PTFE und Silikonen) und haben sehr große Adhäsionskraft. Da die 2K-PU-Klebstoffe bei der Aushärtung nicht schwinden und auch keine Lösungsmittel oder Reaktionsprodukte abdampfen müssen, füllt der Klebstoff Fugen aus und die Werkstücke brauchen nicht gepresst zu werden. Klebefugen mit Zweikomponenten-Polyurethanklebstoffen haben extrem hohe Festigkeit.

Einige 2K-PU-Klebstoffe lassen sich auch als Spachtelmasse einsetzen und sind nach dem Aushärten ähnlich dem Holz spanabhebend zu bearbeiten. Sie eignen sich zum Ergänzen fehlender Teile bei Restaurierungsarbeiten und zum Füllen größerer Fugen.

Werden den 2K-PU-Klebstoffen noch Treibmittel zugesetzt, so entstehen Schäume, die zum Einschäumen von Treppenstufen, Türrahmen u.Ä. geeignet sind.

Schadenstelle vorher

Schadenstelle nachher

Ausbesserungen mit PU

Polyurethanklebstoffe sind im ausgehärteten Zustand ungiftig. Von den Ausgangsstoffen ist die Isocyanat-Komponente giftig. Hautkontakt mit ihr ist zu vermeiden. Darum sollten bei der Verarbeitung Haut und Augen geschützt werden. Nicht ausgehärtete Polyurethane lassen sich mit Aceton lösen. Nach der Aushärtung sind Polyurethane nicht mehr löslich.

Verleimungen mit Polyurethanen erfüllen die Voraussetzungen für die Beanspruchungsgruppe D4.

Umfangreichere Ausbesserungsarbeiten werden auch mit Holzersatzmassen auf Epoxidharzbasis durchgeführt. Diese besitzen eine höhere Elastizität.

Merke

Polyurethane entstehen durch Polyaddition von Isozyanaten mit Polyolen. Die Isozyanatkomponente ist giftig. Polyurethanklebstoffe haften auf nahezu allen Materialien und erfüllen die Bedingungen der Beanspruchungsgruppe D4.

4.5 Klebstoffauswahl

Welcher Klebstoff ist zu wählen?

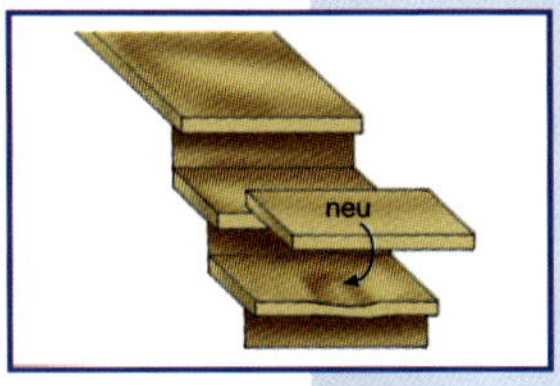

Neue Treppenstufe auf alter, ausgetretener Stufe

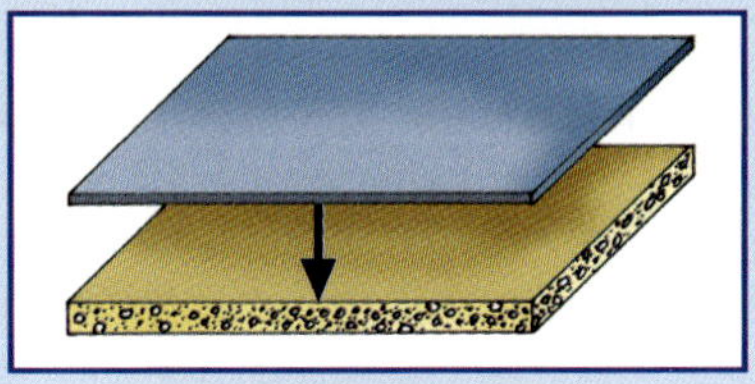

Schichtstoffplatte auf Spanplatte, Temperaturbelastung bis 80 °C

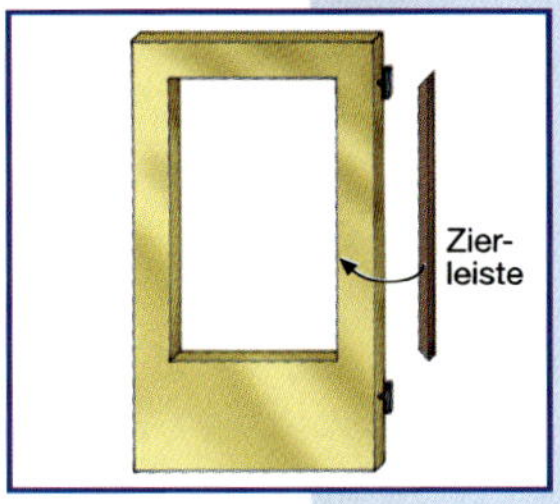

Zierleiste an bereits lackiertem Rahmen einer Innentür

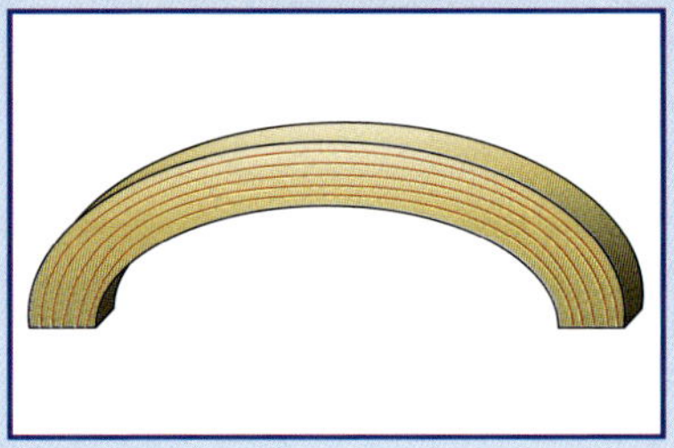

Bogen aus zu verleimender heller Eiche für Außentür

Bei der Auswahl eines Leimes müssen alle mit der Verleimung zusammenhängenden Kosten und nicht nur der Leimpreis berücksichtigt werden.

Wichtige Einflussgrössen auf die Wahl der Klebstoffart sind

- die Eigenschaften der zu fügenden Bauteile,
- die Anforderungen an die Verklebung,
- die einzusetzende Klebetechnik und Wirtschaftlichkeit sowie
- die Umwelt- und Arbeitsschutzbestimmungen.

Eigenschaften der zu fügenden Bauteile
- Werkstoffkombinationen
- Werkstoffoberflächen
- Qualität der Fugenvorbereitung
- Größe der Klebefläche
- Temperaturbeständigkeit der Bauteile

Anforderungen an die Verklebung
- Beanspruchungsgruppe
- Festigkeit
- Beständigkeit gegen Temperaturen
- geringe Werkzeugbeanspruchung beim Spanen
- geringe Kosten

Klebstoffauswahl

Einzusetzende Klebetechnik
- Stückzahl
- Auftragsverfahren für Klebstoff
- Temperatur der Aushärtung
- zur Verfügung stehende Zeit

Arbeitssicherheit und Umweltschutz
- Arbeitsschutzbestimmungen
- Reststoffentsorgung
- Absaugung schädlicher Dämpfe
- Brandschutz

4.6 Beseitigung von Klebstoffresten

Schone die Umwelt

Im ausgehärteten Zustand sind alle Klebstoffe ungiftig. Darum können ausgehärtete und nicht wasserlösliche Klebstoffreste in den Abfall gegeben werden.

Im nicht ausgehärteten Zustand sind viele Bestandteile von Klebstoffen, besonders von Zweikomponenten-Klebstoffen, nicht umweltverträglich. Über deren Entsorgung geben die Arbeitshinweise der Klebstoffhersteller Auskunft. Im Zweifelsfall sollten nicht ausgehärtete Klebstoffe in den Sondermüll gegeben werden.

Aufgaben

1. Ordnen Sie den Verleimungen Beanspruchungsgruppen D1 bis D4 zu.

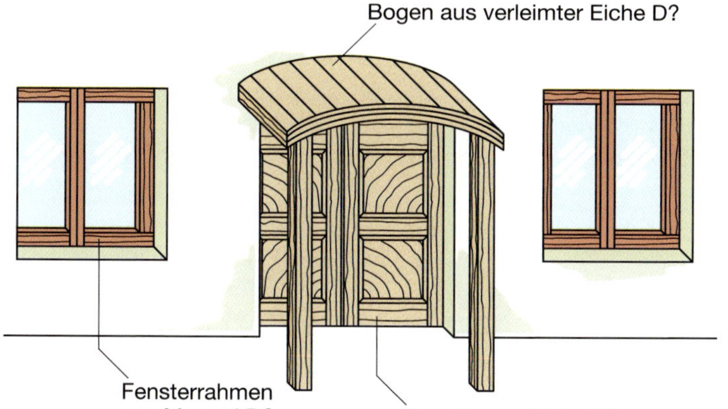

2. Eine sehr breite Leimfuge ist mit flüssigem Weißleim ausgefüllt. Wie wird die Leimfuge aussehen, wenn der Leim sein Wasser an das Holz abgegeben hat und geschwunden ist?
Übernehmen Sie dazu die rechte Abbildung und zeichnen Sie das Aussehen ein.

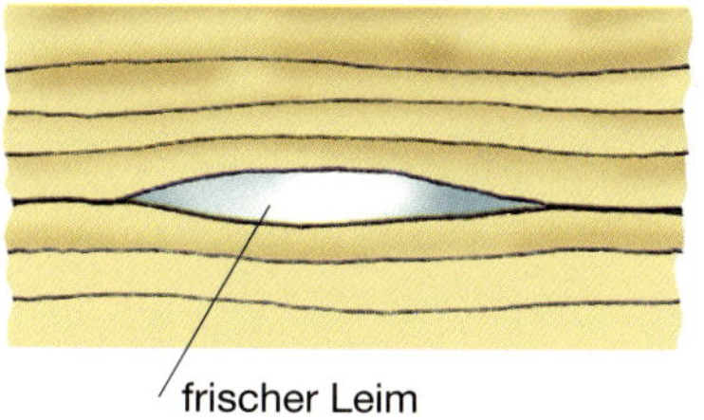

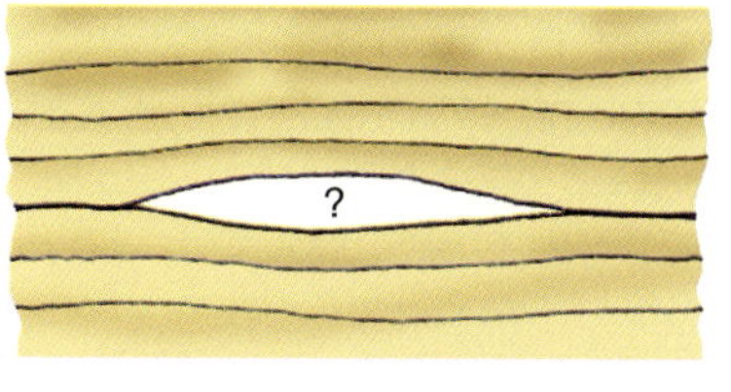

3. *In einer Produktinformation von Kaseinleim, einem Leim aus dem Eiweiß der Milch, heißt es u.a.:*
   „... 1 kg Kaseinleim mit 2 l Wasser anrühren, ca. 30 Minuten stehen lassen, danach wieder gut durchrühren ...; ... bei beidseitigem Auftrag sollte spätestens etwa 30 Minuten nach dem Auftrag des Leimes das Verpressen erfolgen. Bei einseitigem Auftrag verkürzt sich diese Zeit auf die Hälfte. ... Bei Verleimungen, die nicht unter Spannung stehen, genügen 2 Stunden zum Pressen, bei Formverleimungen sollte mindestens 4 Stunden lang gepresst werden. ... Innerhalb von 8 Stunden nach dem Ansetzen ist der Leim zu verarbeiten.
   Geben Sie mit Fachbegriffen die im Text angegebenen Zeiten in Stunden an.

4. *Sie haben den Auftrag, eine Tischlerplatte mit den Maßen 1 800/400 beidseitig mit Eichenfurnier zu verleimen. Zur Anwendung soll der Weißleim „XXXal Flächenleim" kommen. Im technischen Merkblatt der Lieferfirma heißt es:*
   ... Verbrauch ca. 140 g/m², ... Verarbeitungstemperatur nicht unter 5 °C, ... Presszeit bei Raumtemperatur mindestens 20 Minuten, ... Pressdruck mindestens 1,5 bar (15 N/cm²).
   a) Wie hoch ist etwa der Leimbedarf?
   b) Welchen Grund hat die Begrenzung der Verarbeitungstemperatur?
   c) Welche Presskraft in N muss aufgebracht werden?

5. *Sie sollen mit einem Kontaktkleber einen Furnierstreifen an die Kante einer Spanplatte leimen.*
   a) Beschreiben Sie präzise die einzelnen Arbeitsgänge und begründen Sie Maßnahmen, die Sie beim Verleimen mit Weißleim nicht ergreifen müssen.
   b) Welchen Einfluss hat eine niedrigere Raumtemperatur von 15 °C (statt 20 °C) auf Ihre Arbeit?

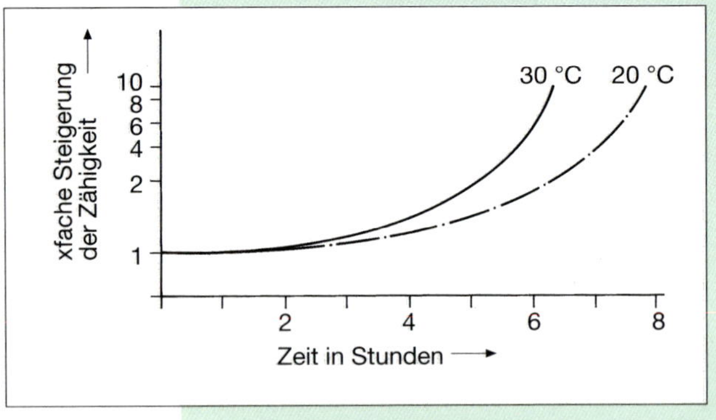

6. *Für einen Mischleim aus Harnstoffharz und Melamin, der mit Formaldehyd aushärtet, wird im folgendem Diagramm die Steigerung der Zähigkeit des angesetzten Leimes im Verlauf der Topfzeit angegeben.*
   a) Was sagt das Diagramm über den Einfluss der Temperatur auf die Topfzeit aus?
   b) Nach welcher Zeit müssen Sie etwa bei 25 °C mit der 8fachen Zähigkeit des Leimes rechnen?
   c) Welchen Einfluss hat steigende Zähigkeit auf die Verarbeitbarkeit des Leimes?

7. *Für die Herstellung einer Kindergartenrutsche im Außenbereich soll ein Leim ausgewählt werden. Welchen Leim empfehlen Sie? Berichten Sie über seinen Aufbau und begründen Sie Ihre Entscheidung.*

8. *Wählen Sie für die Beispiele im Kapitel „4.5 Klebstoffauswahl" geeignete Leime aus.*

5 Oberflächenbehandlung

Was muss der Tischler beachten, damit eine einwandfreie Oberfläche entsteht?

Im Möbelbau der vergangenen Jahrhunderte gehörte Kirschbaum zu den am meisten verarbeiteten Holzarten. Neben der Farbe und der Zeichnung des Holzes war vor allem die glänzende Oberfläche beliebt. Auch heute werden Möbel noch nach Biedermeier-Art aus Kirschbaum hergestellt und glänzend lackiert.
Kirschbaum eignet sich ganz besonders für eine Oberflächenbehandlung mit Glanzeffekt.

Welche vorbereitenden Arbeiten sind vor der eigentlichen Oberflächenbehandlung durchzuführen?
Welche Lacke bzw. Überzüge sind geeignet?

5.1 Vorbereitende Aufgaben

Einwandfreie, schöne Oberflächen lassen sich nur mit trockenen und gut abgelagerten Hölzern erzielen. Die verschiedenen Holzinhaltsstoffe, die Holzmaserung, die Holzfeuchtigkeit und die Güte der Holzoberfläche sind entscheidende Faktoren für die spätere Qualität der fertigen Lackoberfläche.
Holz sollte deshalb auch immer fachgerecht gelagert sein und eine Holzfeuchte von 12 % nicht überschreiten.
Eine trockene, gut durchgelüftete Werkstatt ist deshalb Voraussetzung für eine gute Oberflächenqualität. Eine Luftfeuchtigkeit über 65% und Temperaturen unter 18 °C können zu Beeinträchtigungen der Oberflächenqualität führen.

Der Holzschliff

Voraussetzung für eine einwandfrei lackierte Holzoberfläche ist ein sorgfältig ausgeführter abgestufter Holzschliff. Die Abstufung richtet sich nach der Holzsorte und nach der Verwendung.
Der Vorschliff entfernt leichte Verschmutzungen und große Unebenheiten im Holz. Der Nachschliff beseitigt winzige Druckstellen oder Schleifspuren. Durch den Endschliff wird eine sehr glatte Oberfläche erzeugt; diese kann dann mit Beizen oder Überzugsmitteln behandelt werden.

	Körnung des Schleifpapiers bei	
	Nadelhölzern	**Laubhölzern**
Vorschliff	80–100	100–120
Nachschliff	120	150
Endschliff	250	280

Der Abstand zwischen den Körnungen sollte nicht zu groß sein.

Je feiner der Endschliff, desto schöner wird die Holzoberfläche. **Merke**

Das Schleifpapier muss während des ganzen Arbeitsvorgangs scharf sein. Zugesetztes Schleifpapier drückt die Fasern nur nieder anstatt sie wegzuschleifen. Beim Lackieren richten sich diese Fasern wieder auf und die Holzoberfläche wird rau.

Merke

Nur scharfes Schleifpapier verwenden.

Schleifen einer Oberfläche

Geschliffen wird mit geringem Druck immer in Faserrichtung.
Es ist stets darauf zu achten, dass der Schleifstaub sorgfältig entfernt wird, da es sonst nach der Lackierung zu Vergrauungen kommen kann. Besonderes Augenmerk ist hierbei auf die porigen Hölzer zu legen, deren Poren sehr leicht mit Staub zusetzen.
Der Schleifstaub ist entweder abzusaugen oder mit einer Poren- oder Fiberbürste zu entfernen.
Gerbsäurehaltige Hölzer reagieren mit Eisen. Da sich das Holz bei Kontakt blaugrau färben kann, sollen für solche Hölzer nur eisenfreie Bürsten und Schleifmittel verwendet werden.

Merke

Aus Gesundheitsschutzgründen darf Schleifstaub nur abgesaugt werden.

Das Entfernen von Öl- und Fettflecken

Öl- und Fettflecken treten nach der Oberflächenbehandlung deutlich in Erscheinung und mindern auch die Verbindung der Holzoberfläche mit dem Überzugsmaterial. Am besten entfernt man diese Flecken mit handelsüblichen Lösemitteln. Gut geeignet ist aber auch Aceton oder Leichtbenzin.
Anschließend ist die Fläche noch mit 3%iger Holzseifenlösung zu bürsten und mit Wasser abzuwaschen. Die Oberfläche ist mit feinem Schleifpapier nachzuschleifen und dann zu entstauben.

Merke

Alle Überzüge sollten bei einer Lufttemperatur von mind. 20 °C und einer relativen Luftfeuchte von 40 % – 60 % verarbeitet werden.

5.2 Öle, Firnisse und Wachslösungen

Öle, Wachslösungen und Firnisse sind allesamt Naturprodukte. Sie werden aus nachwachsenden Produkten hergestellt bzw. aus tierischen Produkten gewonnen. Da in vielen dieser Produkte auf organische Lösemittel verzichtet werden kann, sind sie unbedenklich für Mensch und Natur.

Öle und Firnisse treten nur in flüssigem Zustand auf. Wachse können sowohl flüssig als auch in fester Form verarbeitet werden. Sie dringen im Gegensatz zum Lack tief in das Holz ein und geben ihm dadurch Festigkeit und Schutz vor Feuchtigkeit und Schmutz.
Da die Öle und Wachse abgetragen werden, müssen die Flächen in geraumen Abständen nachbearbeitet werden.
Viele der Naturprodukte erfüllen die Anforderungen folgender Prüfnormen:
DIN 53160 speichel- und schweißecht (für Kinderspielzeug geeignet).
EN 71-3 frei von löslichen Schwermetallen (für Kinderspielzeug geeignet).

Öle, Firnisse und Wachslösungen sind umweltfreundliche Überzüge. Merke

Die Vorbereitung der Holzoberfläche

Werden Öle, Firnisse und Wachslösungen verwendet, ist eine spezielle Vorbereitung der Holzoberfläche nötig.
Die zu bearbeitende Holzfläche muss trocken, fett- und staubfrei sein.
Da das Material tief in das Holz eindringt und die Oberfläche nicht versiegelt wird, muss der Holzschliff sehr sorgfältig durchgeführt werden.

Je feiner der Schliff, desto glatter wird die Oberfläche. Merke

5.2.1 Öle

Öle werden aus verschiedenen Pflanzen gewonnen. Um die unterschiedlichen Eigenschaften dieser Öle zu nutzen, werden diese gemischt. Diese Öle werden als **Hartöle** bezeichnet.
Reine Öle wie Teaköl oder Leinöl werden nur selten verwendet.

Eigenschaften

Ölbehandelte Oberflächen sind wasserabweisend. Dazu müssen die Oberflächen jedoch mehrmals behandelt werden. Öle verbessern die Druck- und Abriebsfestigkeit des Holzes. Trotzdem sind diese Eigenschaften stark von der Holzsorte abhängig.
Hartöle als Überzüge sind für alle strapazierten Holzflächen im Innenbereich geeignet.
Öle sind leicht brennbar und deshalb sorgsam zu lagern. Die Auftragslappen sind gut mit Wasser zu reinigen oder luftdicht aufzubewahren, da sie selbstentzündlich sind.

5.2.2 Firnisse

Firnisse sind pflanzliche Öle, die wärmebehandelt oder mit besonderen Zusatzstoffen versehen sind. Dadurch trocknen sie schneller.
Sie besitzen nahezu die gleichen Eigenschaften wie die Öle. Da aber die Firnisschicht wasserunlöslich ist, kann dieser Überzug auch im geschützten Außenbereich eingesetzt werden.

5.2.3 Wachslösungen

Wachse können tierischen, pflanzlichen oder auch mineralischen Ursprungs sein. Bienenwachs wird aus den Waben der Bienen gewonnen. Karnaubawachs wird aus den Blättern der brasilianischen Karnaubapalme hergestellt. Es ist härter als Bienenwachs und weist auch einen höheren Schmelzpunkt auf. Erdwachs ist ein natürlicher Feststoff im Erdöl und ist damit mineralischen Ursprungs.
Hartwachse sind eine Mischung aus unterschiedlichen Wachsen.

Eigenschaften

Wachse sind wasserbeständig. Um eine weitreichende Beständigkeit gegen Alkohol oder Fruchtsäfte zu erreichen, ist eine mehrmalige Grundierung notwendig.
Da Wachse keine geschlossene Oberfläche bilden, können Flüssigkeiten leicht in das Holz eindringen und Flecken hinterlassen. Sie haben keine festigende Wirkung auf das Holz und sind somit nicht druck- und abriebsfest.
Wachse sind nur für nicht strapazierte Holzoberflächen im Innenbereich zu verwenden. Beanspruchte gewachste Flächen nutzen schnell ab und sind öfter nachzuwachsen.

5.3 Chemisch härtende Lacke

Chemisch härtende Lacke sind Reaktionslacke. Sie bestehen aus zwei oder mehreren chemischen Komponenten – dem Stammlack und dem Härter – die miteinander reagieren. Das Mischungsverhältnis ist vom Hersteller und von der Lacksorte abhängig. Meist wird zur besseren Verarbeitung noch ein Verdünner beigemischt.

Manche dieser Lacke sind auch als „Einkomponentenlacke" im Handel erhältlich. Hier hat der Hersteller das Mischen bereits übernommen. Die chemische Reaktion wird in der Regel durch die Aufnahme von Luftfeuchtigkeit eingeleitet.

5.3.1 Säurehärtende Lacke (SH-Lacke)

Säurehärtende Lacke sind auf der Basis von Harnstoff- oder Melaminharzen hergestellt und härten mithilfe von Säuren aus. Die Säure leitet die chemische Reaktion ein, durch die der Lack dann unlöslich wird. Zusätzliche Stoffe und Chemikalien im Stammlack beeinflussen die Qualität und damit den Einsatzbereich des Lackes.
SH-Lacke werden sehr häufig als „Einkomponentenlacke" angeboten.

Eigenschaften

Säurehärtende Lacke entwickeln eine sehr harte und widerstandsfähige Lackschicht. Sie ist unlöslich und damit PVC-fest. Aus diesem Grund wird der SH-Lack dort eingesetzt, wo er z. B. mit Türdichtungen, Kunstleder u. Ä. in Berührung kommt. Außerdem ist dieser Lack beständig gegen Wasser und Alkohol.
SH-Lacke werden in Deutschland nur noch selten benutzt da sie die gesetzlichen Bestimmungen kaum noch erfüllen können. Bei der Kondensationsreaktion wird Formalin (Formaldehyd) abgespalten. Diese chemische Reaktion wird durch die Aufnahme von Wasser eingeleitet. Da sich aber auch in der umgebenden Luft ständig Wasser befindet, kommt der chemische Prozess und damit auch die Formalinabgabe nie zur Ruhe.

Eikosiegel-Duplo | **Technische Information**

Charakteristik: Einkomponenten-SH-Lack auf Basis, ölmodifizierter, gesättigter Polyester (Alkydharze) in Kombination mit Harnstoffharzen
Ein einwandfreies Ergebnis wird nur erreicht, wenn folgende Hinweise beachtet werden.

Anwendungsbereich: Für die rationelle Veredelung von Hölzern im Möbel- und Innenausbau.

Untergründe: Trockenes, sauberes, harzfreies Holz und wenn gebeizt wurde, einwandfrei trockene und saubere Flächen.

Verarbeitung: **Eikosiegel-Duplo** wird im Spritzverfahren (Luft, Airless, Airmix) verarbeitet.

Auftragsverfahren:	**Airless**	**Airmix**	**Becherpistole**
Spritzdruck:	60–80 bar	50–60 bar	—
Luftdruck:	—	1,5–2 bar	2,5–3,5 bar
Düsengröße:	0,23–0,33 mm	0,23–0,33 mm	1,7–2,0 mm
Verarbeitungsviskosität:	ca. 23 s/4 mm	ca. 23 s/4 mm	ca. 20 s/4 mm

Je nach verwendetem Spritzgerät sind Abweichungen bezüglich Spritzdruck, Luftdruck und Düsengröße möglich.
Nicht geeignet zum Walzen und zum Streichen.
Bei der Verarbeitung auf der Gießmaschine muß entsprechend eingestellt werden.

Verdünnung: **Eikosiegel-Duplo** ist auf Spritzviskosität eingestellt. Je nach Verarbeitungsverfahren und Bedarf kann mit **Verdünnung Nr. 2** verdünnt werden. Als Trocknungsverzögerer ist bei hoher Luftfeuchtigkeit und hoher Temperatur **Verdünnung Nr. 3** einzusetzen.

Ergiebigkeit: Auftragsmenge: 120–140 ml/qm
7–8 qm/l je Schicht in Abhängigkeit von der Saugfähigkeit des Holzes und der Art der Verarbeitung).

Trockenzeit: Je nach Art der Verarbeitung und der Auftragsmenge bei Raumtemperatur (20 °C/65 % RF):
- Griffest nach 30 Minuten.
- Schleifbar und Überlackierbar nach 1–2 Stunden.

Glanzgrad: 1 = glänzend, 3 = seidenglänzend, 34 = seidenmatt, 4 = halbmatt, 45 = matt, 5 = tiefmatt

Datenblatt eines SH-Lackes

5.3.2 Polyurethanlacke (PUR-Lacke)

Dieser Lack ist auch unter der Bezeichnung DD-Lack bekannt. Damit werden die Produkte *Desmudur®* und *Desmophen®* abgekürzt, die der Chemiehersteller *Bayer* entwickelt hat. Heute jedoch ist die Bezeichnung PUR-Lack üblich.
Der Stammlack und der Härter werden nach einem angegebenen Verhältnis miteinander gemischt. Die beiden Komponenten reagieren miteinander und der Aushärtungsprozess setzt sofort ein. Die Mischungsanweisung des Herstellers ist hier genau einzuhalten. Es muss ein spezieller Verdünner verwendet werden, der für Polyurethanlacke geeignet ist. Mit diesen Lacken lassen sich sowohl offenporige als auch geschlossenporige Oberflächen erzielen.
Der Lack muss während der angegebenen **Topfzeit** verarbeitet werden. Durch Wärme und Feuchtigkeit kann die Aushärtzeit und damit auch die Topfzeit verkürzt werden.
Nach dem Grundieren muss ein Zwischenschliff erfolgen. Der dabei anfallende Schleifstaub muss besonders gut entfernt werden, da er sonst als Trennschicht zwischen den einzelnen Lackschichten wirkt und damit ein Verbund nicht mehr gewährleistet ist. Außerdem setzt der Schleifstaub die Poren zu und lässt diese dann grau erscheinen.
Auch Polyurethanlacke sind als einkomponentige Lacke im Handel. Sie härten durch Aufnahme von Feuchtigkeit aus der Luft.

Eigenschaften

PUR-Lacke bilden nach der Aushärtung für alle Holzarten geeignete Überzüge. Sie sind beständig gegen PVC, Chemikalien, verdünnte Säuren und Laugen sowie Alkohol. Verschiedene Lacksorten sind auch gegen Holzinhaltsstoffe unempfindlich. Sie werden zur Isolierung exotischer Hölzer verwendet, die sehr viele problematische Inhaltsstoffe haben können.

Crystallit® 2K-PUR Klarlack CL 7, 8, 9, 0

Produktbeschreibung
Crystallit® 2K-PUR Klarlack CL ist ein besonders schnell trocknender, füllkräftiger Zweikomponenten-Polyurethanlack zur Lackierung von Möbeln. Er eignet sich für offenporige Lackierungen mit überdurchschnittlich schönem Porenbild. Geschlossen-porige Holzmöbeloberflächen lassen sich leicht mit Crystallit® Füllgrund CL-F erstellen. Crystallit® 2K-PUR Klarlack CL eignet sich ebenfalls zur Schlusslackierung von Möbeloberflächen, welche mit Wigranit® Novacolor Buntlack erstellt wurden. Crystallit® 2K-PUR Klarlack CL ist hervorragend lichtecht, PVC-fest, chemikalienbeständig gemäß DIN68861, Teil 1, Beanspruchungsgruppe B.

Anwendungsbereich
Crystallit® 2K-PUR Klarlack CL eignet sich ausschließlich für die Veredelung von Möbeloberflächen im Innenbereich. Insbesondere für Möbeloberflächen, welche eine hohe Beanspruchung fordern, in Bereichen wie z. B. Küchen und Badezimmer, Restau-rants, Schulen, Diskotheken, Büros, usw. Ebenfalls eignet er sich für Innenausbauten in Räumen, die keine Gebäude sind, z. B. Wohnmobile, Caravans, Bahnwaggons, Flugzeuge, Schiffe usw.

Untergründe
Alle gebräuchlichen Hölzer und Holzwerkstoffe.
Hartfaser und MDF in Feuchträumen, sowie harzreiche und stark inhaltsstoffhaltige Hölzer, z. B. Kiefer, Teak oder Wenge sollten vorher mit Plastiklack S 7000 isoliert werden. Es können alle Zweihorn® Beizen (Ausnahme Wachsbeize) und Wigranit® Novacolor Buntlack eingesetzt werden.

Vorbehandlung
Bei rohen Holzflächen abgestuften Holzschliff vornehmen (120er/150er/evtl. 180er Körnung) und gut entstauben. Gebeizte Flächen nicht schleifen.

Glanzgrade

Produkt- Nummer	CL 7	CL 8	CL 9	CL 0
Glanzstufe	glänzend	seidenglänzend	seidenmatt	matt
Messwert nach DIN 67530 bei 60°	ca. 80	ca. 30	ca. 15	ca. 10

Härtung

Härter:	PUR-Härter 5085
Mischungsverhältnis (Lack/Härter)	10:1
Verarbeitungszeit	ca. 36 Stunden bei 20 °C, 65% rel. Luftfeuchtigkeit

Verdünner
PUR-Verdünner S 9004 (normale Trocknung)
PUR-Verdünner S 9029 (langsame Trocknung)

Verarbeitung
Vor Gebrauch gut aufrühren!
Crystallit® 2K-PUR Klarlack CL und PUR-Härter 5085 werden sorgfältig gemischt. Je nach Bedarf wird Zweihorn PUR-Verdünner zugegeben. Die Mischung wird zuerst als Grundierung, nach Trocknung und Zwischenschliff (280er Körnung) als Überzug aufgetragen. Für geschlossenporigen Aufbau Crystallit® 2K-PUR Füllgrund CL-F als Grundierung verwenden. Nach jedem Zwischenschliff Schleifstaub sorgfältig entfernen. Der

Datenblatt eines PUR-Lackes

5.3.3 Polyesterlacke (UP-Lacke)

Auch Polyesterlacke sind zweikomponentige Reaktionslacke, die aus Stammlack und Härter bestehen. Mit ihnen lassen sich geschlossenporige, hochglänzende Oberflächen erzielen.
Ihre Bedeutung ist in den letzten Jahren stark zurückgegangen. Zum einen ist die Nachfrage nach Hochglanzoberflächen stark rückläufig, zum anderen bietet die Lackindustrie mit den PUR-Lacken eine hervorragende Alternative an.

Eigenschaften

Der Lackfilm ist hart und spröde. Er ist beständig gegen Wasser und Chemikalien. Dieser Lack ist empfindlich gegen mechanische Beanspruchung.

5.3.4 Zweikomponentige Wasserlacke

Diese Lacke haben als Lösemittel Wasser. Sowohl als Lackstamm als auch als Härter werden darüber hinaus organische Chemikalien verwendet.

Eigenschaften

Die Eigenschaften dieser Lacke sind ähnlich denen von PUR-Lacken. Da sich diese Lacktechnik erst in der Entwicklung befindet, ist eine ständige Weiterentwicklung gegeben.

5.4 Physikalisch trocknende Lacke

Bei physikalisch trocknenden Lacken trocknet der Lackfilm durch Verdunsten des Lösemittels und härtet damit auch aus.
Ein weiterer Lackauftrag löst die darunter liegende Lackschicht leicht an. Deshalb ist es nicht ratsam, physikalisch trocknende Lacke mit Pinsel oder Ballen aufzutragen.

5.4.1 Nitrozelluloselacke (CN-Lacke)

Nitrozelluloselacke sind Lösungen von Collodiumwolle in Gemischen aus Lösemitteln. Die unterschiedlichen Eigenschaften dieses Lacks, wie Füllkraft, Haftfestigkeit und Glanz, werden durch Beimischung von natürlichen oder künstlichen Harzen erzeugt. Sogenannte „Weichmacher" verbessern die Elastizität des Lackfilms.
CN-Lacke werden vom Handel als Grundierungen, Überzugslacke, Mattierungen und Polierlacke angeboten.

Gesundheitsschädlich

Eigenschaften

Mit CN-Lacken können glatte Oberflächen erzielt werden. Sie sind wasser- und alkoholbeständig. Für normal beanspruchte Oberflächen ist ihre mechanische Eigenschaft ausreichend. Eine Nachbehandlung der Oberflächen ist jederzeit möglich.
Sie trocknen rasch, sind aber gesundheitsschädlich.

Spritzglanzlack CLOU 700 — **Technisches Datenblatt**

Charakteristik
Spritzlack auf Nitrocellulose-Basis. Farblos, glänzend, gut schleifbar sowie kratzbeständig.

Anwendungsgebiete
Bei normaler Beanspruchung für Möbel aller Art und einsetzbar.

Verarbeitung/Applikation

Auftragsmethoden:	Becher	Airmix
Ø Spritzdüse (mm):	1,5–1,8	0,23
Spritzdruck (bar):	2,5–3,5	80–100
Auftragsmenge (g/m²):	100	100
Ergiebigkeit (m² Liter):	5	5

Technische Daten

Verdünnung:	CLOU® Zellulose- (Nitro-) Lack-Verdünnung Nr. 790 (je nach Bedarf)
Verarbeitungsviskosität:	~ 30 sek/DIN 4 mm
Viskosität:	~ 30 sek/DIN 4 mm
Dichte (g/cm³):	~ 0,920

Trocknung
(bei 20 °C und 50 % relative Luftfeuchte)

staubtrocken:	15 Minuten
überlackierbar:	60 Minuten
stapelfähig:	2 Tage
belastbar:	7 Tage

Reinigung
Sofort nach der Verarbeitung Geräte mit Zellulose- (Nitro-) Lack-Verdünnung Nr. 790 oder CLOU® Reinigungsverdünnung reinigen.

Lagerung/Entsorgung
In gut verschlossenen Originalgebinden kühl/frostfrei lagern. Lackreste müssen unter Beachtung der behördlichen Vorschriften einer Sonderbehandlung zugeführt werden.
Empfohlene Abfallschlüssel-Nr.: 08 01 11 (eine endgültige Festlegung muss in Abstimmung mit dem regionalen Entsorger erfolgen).
Haltbarkeit im verschlossenen Originalgebinde: 2 Jahre

Sicherheitshinweise
Nicht in das Grundwasser, in Gewässer oder in die Kanalisation gelangen lassen (WGK 2).

Besondere Hinweise
Für PVC-feste Oberflächen MONOSIEGEL®N verwenden.

Bei Teak oder ähnlichen Hölzern, die einen hohen Gehalt an Inhaltsstoffen haben, muss mit einer Verzögerung der Lackfilm-Härtung gerechnet werden.

Nitrokombilacke neigen bei längerer Lagerung zu geringem Viskositätsabbau; dies ist kein Qualitätsmangel.

Prüfnormen
DIN 68861-1C (chemische Beanspruchung)

Bestellhinweise
Artikel-Nr.:

Spritzglanzlack CLOU 700	700.00000
Zellulose- (Nitro-) Lack-Verdünnung Nr. 790	790.00000

Datenblatt eines CN-Lackes

5.4.2 Einkomponentige Wasserlacke

In einkomponentigen Wasserlacken ist das organische Lösemittel zum größten Teil oder sogar vollständig durch Wasser ersetzt. Bei der Trocknung verdunstet das Wasser und die Bindemittelteilchen verbinden sich zu einem geschlossenen Lackfilm.

Eigenschaften

Da bei Wasserlacken in der Regel ein höherer Festkörperanteil vorliegt als bei lösemittelhaltigen Lacken, kann eine sehr glatte Oberfläche erzielt werden. Sie sind hauptsächlich für offenporige Lackierungen geeignet.

5.5 Umweltgerechte Entsorgung

Schone die Umwelt

Ausgetrocknete Lackreste sind nicht mehr wasserlöslich und als Sondermüll zu behandeln sowie dementsprechend zu entsorgen.
Lacke sind organische Chemikalien und dürfen nicht in das Abwassernetz eingeleitet werden. Schon geringe Mengen können unsere Umwelt erheblich belasten.
Auch Wasserlacke enthalten organische Bestandteile und müssen sowohl im gebrauchsfähigen als auch im getrockneten Zustand als Sondermüll entsorgt werden.

Merke

Lackreste sind als Sondermüll zu entsorgen.

Aufgaben

1. *Welche Körnungen sind für den Vor-, Nach- und Feinschliff bei Nadelhölzern und bei Laubhölzern zu wählen?*
2. *Warum dürfen gerbsäurehaltige Hölzer nur mit eisenfreien Bürsten und Schleifmitteln bearbeitet werden?*
3. *Beschreiben Sie die Vorbereitung der Holzoberfläche, wenn diese mit Wachs behandelt werden soll.*
4. *Stellen Sie die Eigenschaften der Öle und der Lacke gegenüber.*
5. *Erklären Sie das Prinzip der chemisch-härtenden Lacke.*
6. *Nennen Sie drei Gruppen der chemisch-härtenden Lacke.*
7. *Erklären Sie das Prinzip der physikalisch-härtenden Lacke.*
8. *Warum sollen physikalisch-härtende Lacke nicht mit Pinsel oder Ballen aufgetragen werden?*

6 Schnittdarstellungen

Wie wird eine Dübelverbindung im Schnitt fachlich richtig dargestellt?

In einer Schnittzeichnung kommt es nicht nur darauf an, Werkstoffe richtig darzustellen. Auch die verschiedenen Verbindungsarten müssen fachlich einwandfrei und normgerecht gezeichnet, aber auch gelesen werden können.
Informieren Sie sich im folgenden Kapitel über die Darstellungsweise häufig verwendeter Holzverbindungen.

6.1 Darstellung von weiteren Werkstoffen und Bauteilen

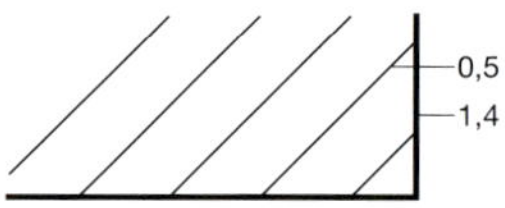

Mauerwerk (z. B. Ziegel)

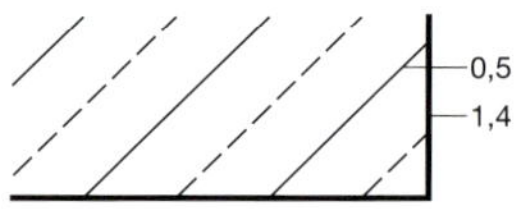

Stahlbeton

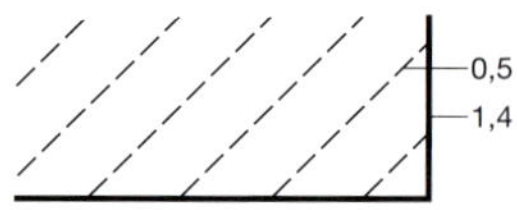

Beton

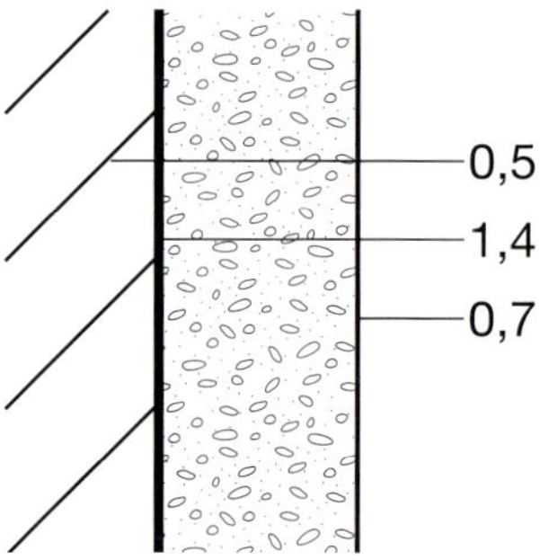

Putz/Mörtel

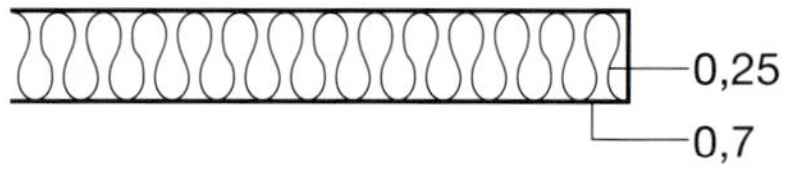

Dämmstoff gegen Wärme und Schall

Sperrschicht gegen Feuchtigkeit

Siehe Norm-Übersicht im Anhang

6.2 Darstellung von Eckverbindungen

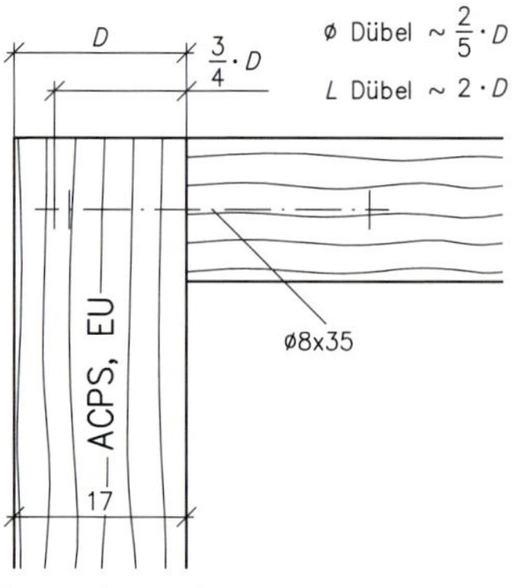

Stumpf gedübelt

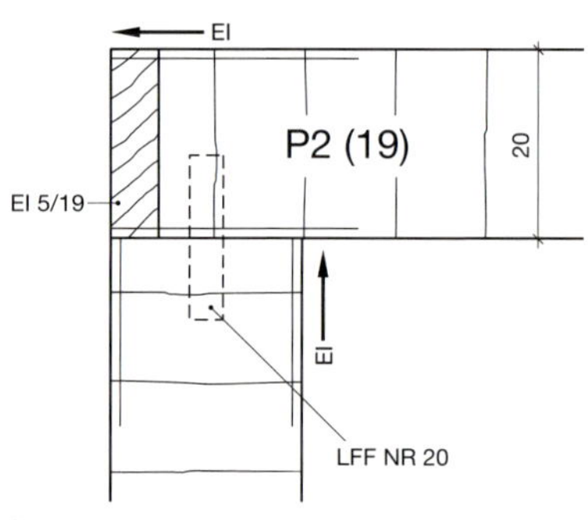

Stumpf gefedert (Lamellen-Formfeder)

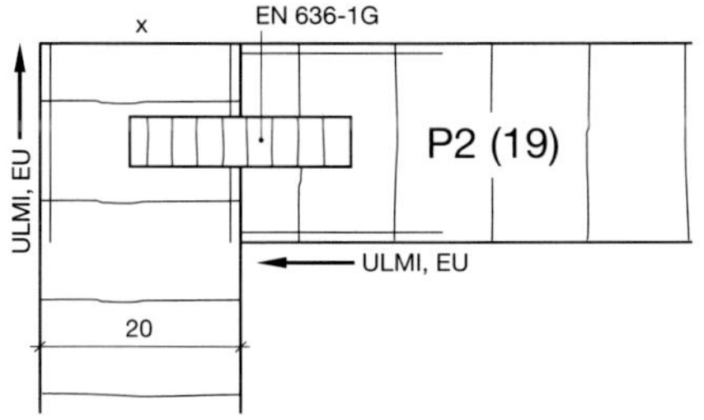

Stumpf gefedert (Fremdfeder)

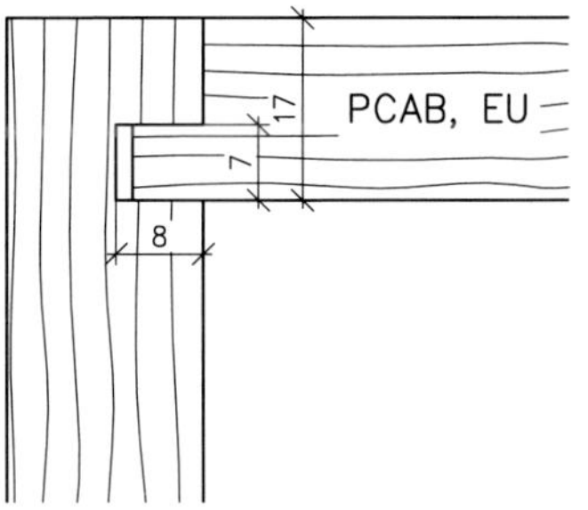

Stumpf mit angeschnittener Feder

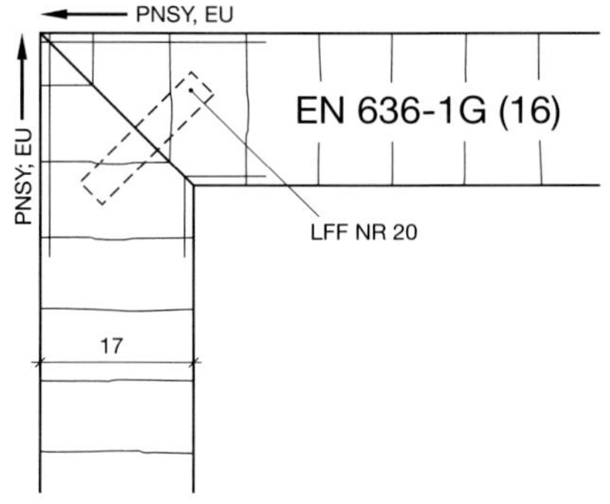

Auf Gehrung gefedert (LFF)

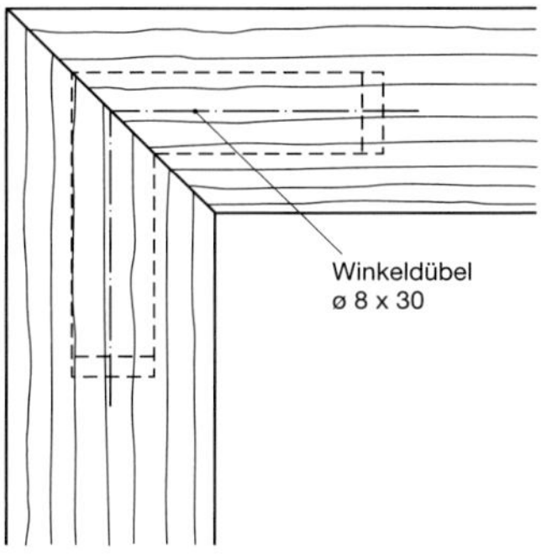

Auf Gehrung mit Winkeldübel

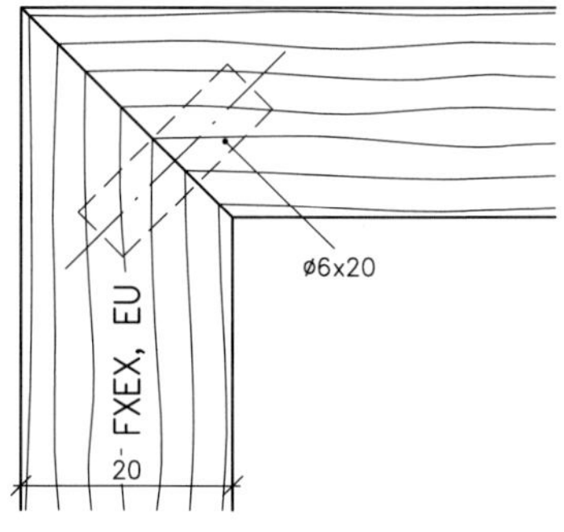

Auf Gehrung gedübelt

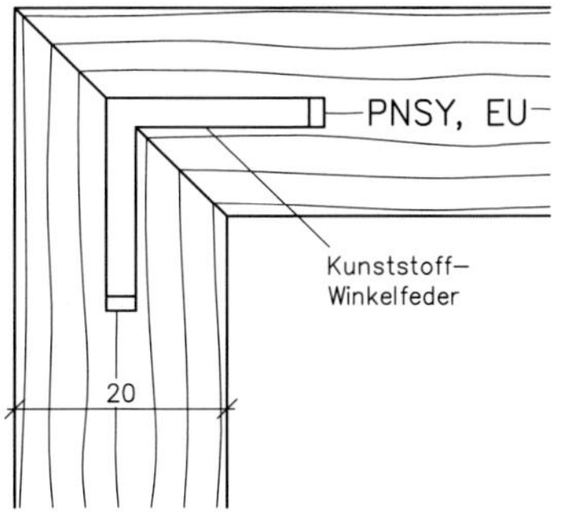

Auf Gehrung mit Kunststoff-Winkelfeder

Auch T-förmige Eckverbindungen können gedübelt oder gefedert (angeschnittene Feder, Fremdfeder, Lamellen-Formfeder) ausgeführt werden. T-förmige Eckverbindungen aus Vollholz werden zudem auch oft gegratet oder gezapft (siehe nächste Seite).

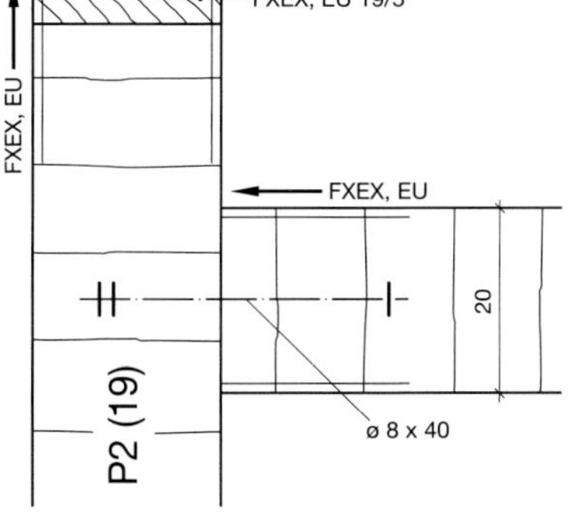

T-förmige Eckverbindungen

Darstellung einer Fingerzapfenverbindung in Frontal-, Vertikal- und Horizontalschnitt

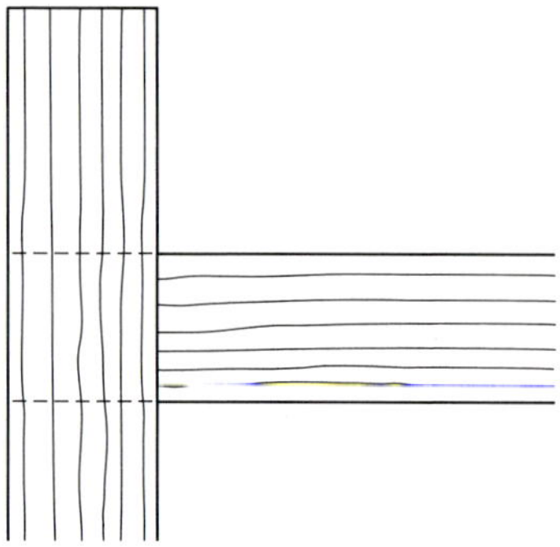

Frontalschnitt

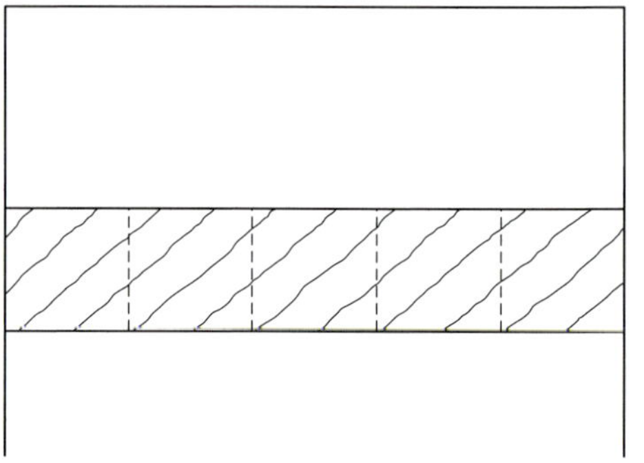

Vertikalschnitt

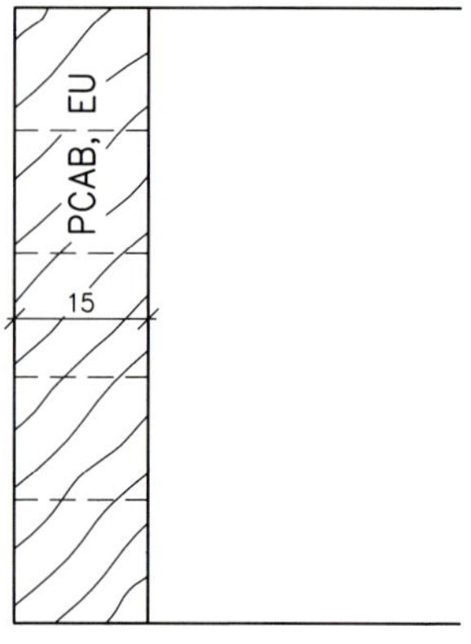

Horizontalschnitt

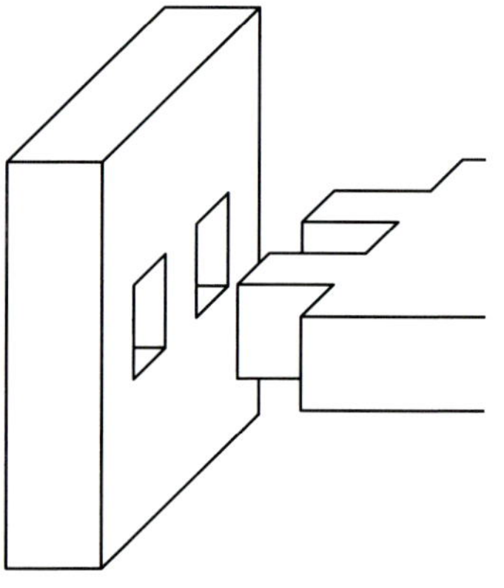

Darstellung einer Zinkenverbindung in Frontal-, Vertikal- und Horizontalschnitt (Offene Schwalbenschwanzzinkung)

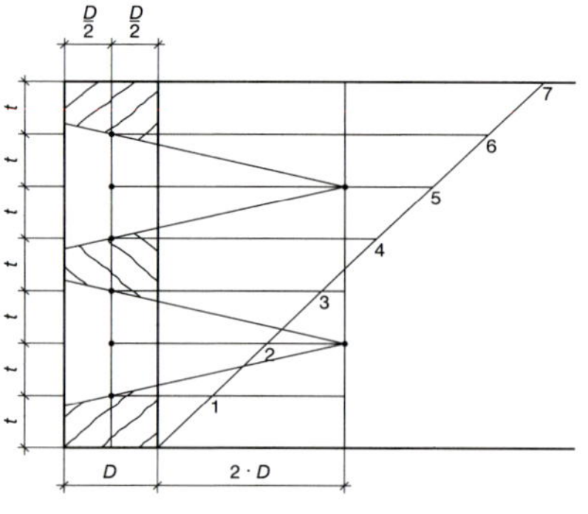

Berechnung der Zinkenteilung

$$\text{Anzahl der Schwalben} = \frac{\text{Holzbreite}}{1{,}5 \times \text{Holzdicke}}$$

Anzahl der Teile t = 3 x Anzahl der Schwalben + 1
(das Ergebnis soll abgerundet werden)

Beispiel Holzbreite = 50 mm; Holzdicke = 12 mm

$$\text{Anzahl der Schwalben} = \frac{50\ \text{mm}}{1{,}5 \times 12\ \text{mm}} = 2{,}8;\ \text{gewählt: zwei Schwalben}$$

Anzahl der Teile t = 3 x Anzahl der Schwalben + 1 = 3 x 2 + 1 = 7

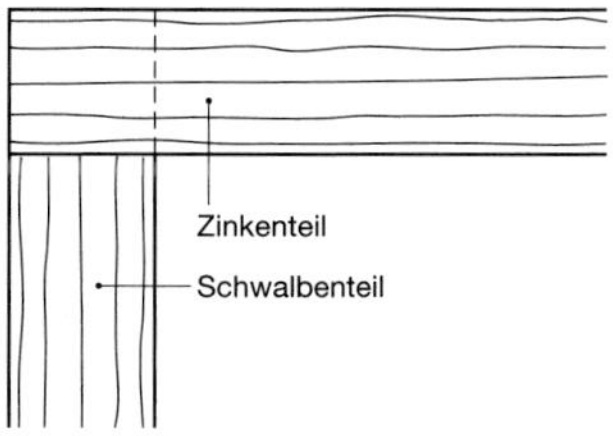

Frontalschnitt

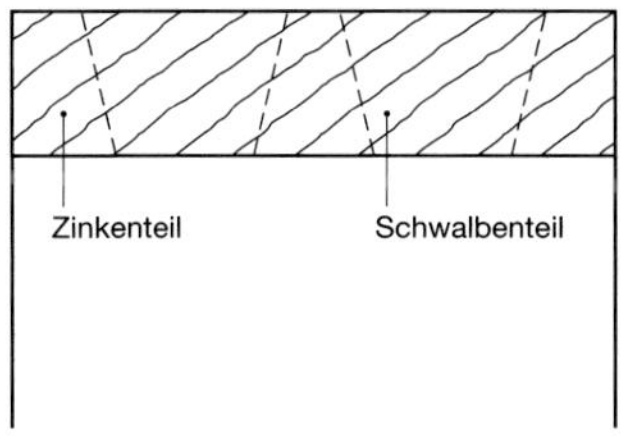

Vertikalschnitt

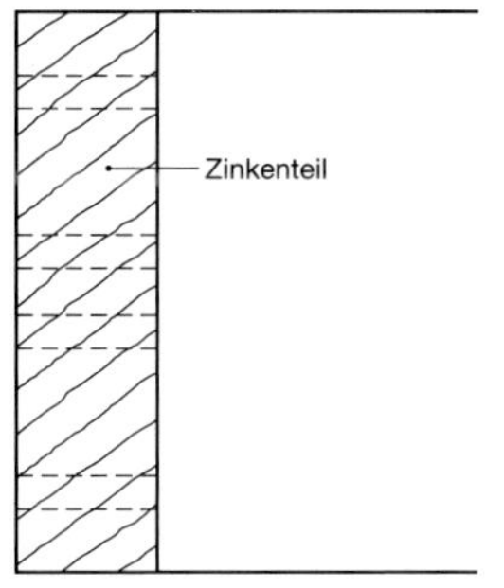

Horizontalschnitt

Darstellung einer Gratverbindung in Frontal-, Vertikal- und Horizontalschnitt

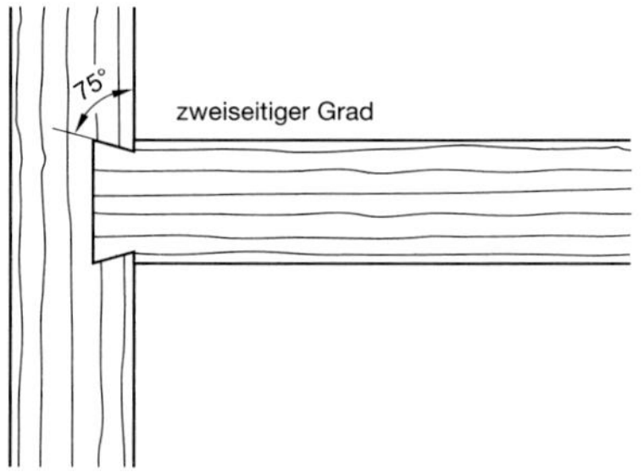

Frontalschnitt

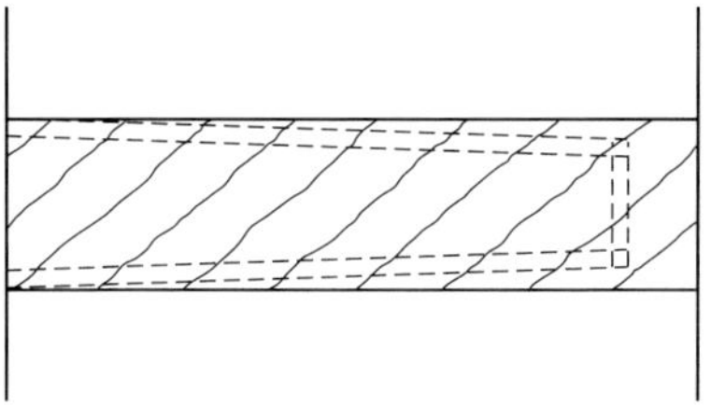

Vertikalschnitt

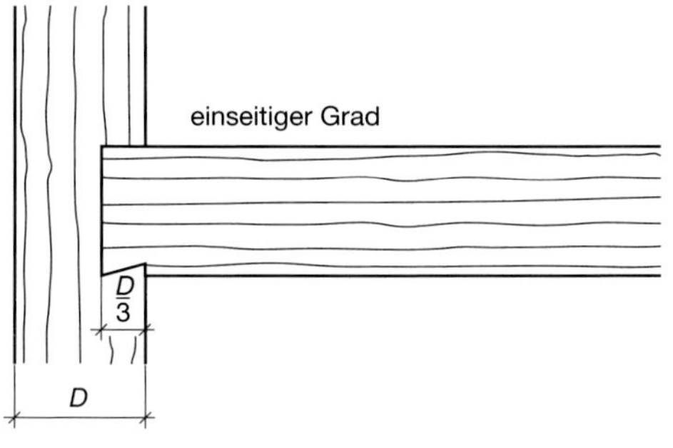

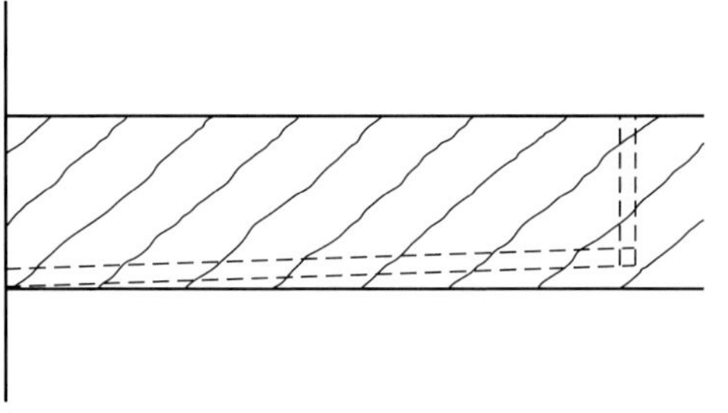

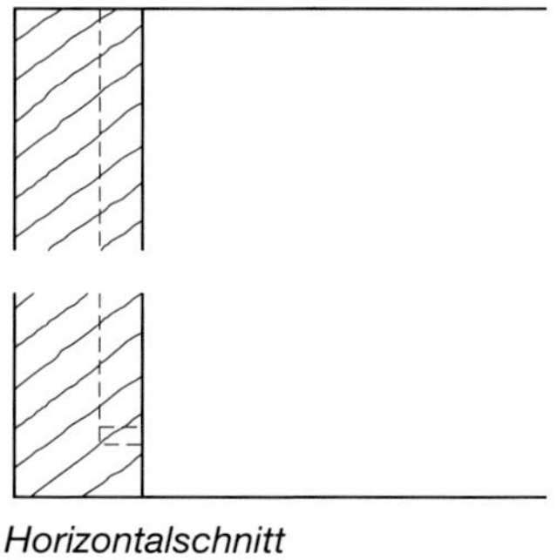

Horizontalschnitt

6.3 Darstellung von Breitenverbindungen

Breitenverbindungen von Holz und Holzwerkstoffen können wie die Eckverbindungen mit Dübeln oder Federn (Fremdfeder, Lamellen-Formfeder) hergestellt werden. Wand- und Deckenverkleidungen werden oft als Nut- und Federbrett-Konstruktion ausgeführt.

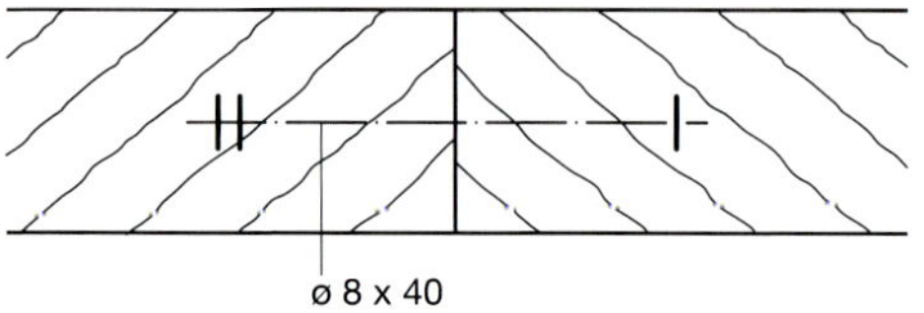

gedübelt

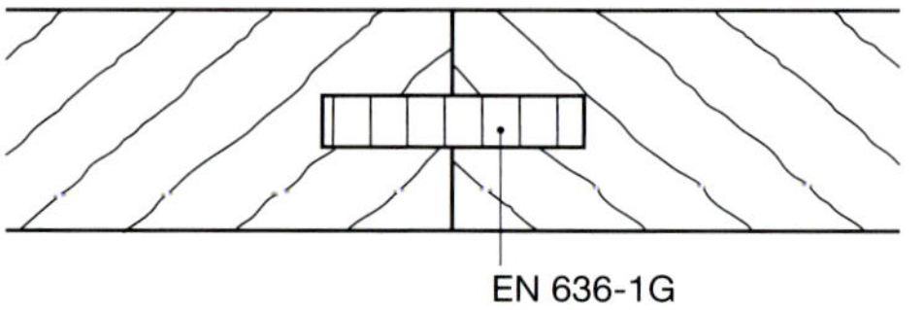

Fremdfeder

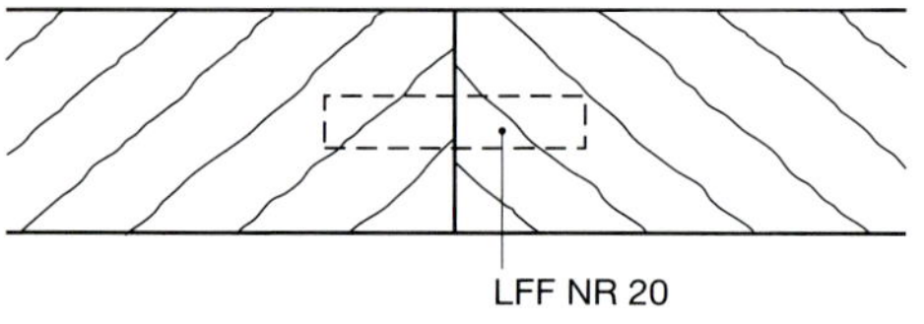

Formfeder

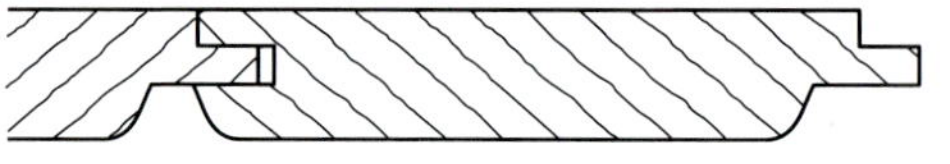

Nut- und Federbrett (gespundet)

6.4 Darstellung einer Gestellverbindung

(Gestemmter Zapfen mit Nutzapfen, auf Gehrung abgesetzt)

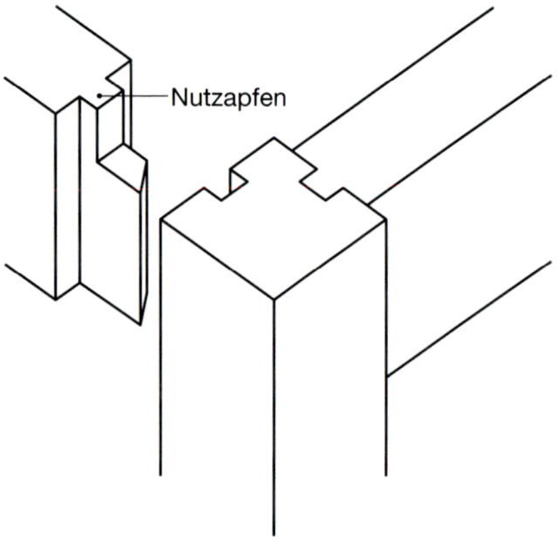

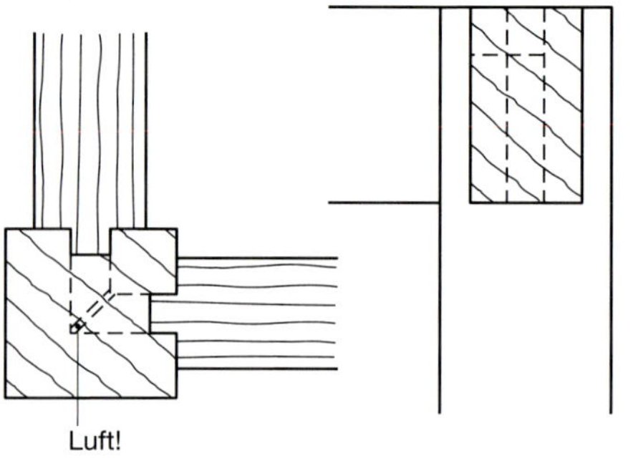

Aufgaben

1. *Zeichnen Sie die Zinkenteilung für einen Vollholz-Korpus mit einer Brettbreite von 32 cm und einer Brettdicke von 20 mm.*
2. *Hockergestelle werden häufig als gestemmte Zapfenverbindung mit Nutzapfen hergestellt. Überlegen Sie sich eine alternative Gestellverbindung und veranschaulichen Sie Ihre Lösung anhand einer kleinen Schnittzeichnung.*

7 Arbeitsablaufplan, Materialliste und Materialkosten

Welche Bedeutung hat ein Arbeitsablaufplan?

Nicht nur bei der Gesellenprüfung, sondern auch später im betrieblichen Alltag müssen Arbeitsablaufpläne und Materiallisten erstellt werden.

Worin liegen die Vorteile eines gut durchdachten Arbeitsablaufplanes?

Welche Angaben werden in einer Materialliste fest-gehalten?

7.1 Arbeitsablaufplan

Im Arbeitsablaufplan legt der Tischler eine sinnvolle Abfolge der Arbeitsschritte für die Anfertigung eines Werkstücks fest. Hierbei müssen technische Sachzwänge (z. B. sollte man Korpusinnenseiten vor dem Verleimen schleifen) genauso berücksichtigt werden, wie die räumliche und maschinelle Ausstattung des Betriebes. Ziel des Arbeitsablaufplanes muss es sein, dass das Werkstück möglichst rationell und zeitsparend gefertigt werden kann. Oftmals werden bei einem Arbeitsablaufplan auch Angaben zur vorkalkulierten Zeit gemacht.

Arbeitsablaufplan Pinnwand (aus Lernfeld 2)

lfd. Nr.	Arbeitsschritte	vorkalk. Zeit	Anmerkungen zur Arbeitssicherheit und Umweltschutz
1	Anfertigen einer Zeichnung		
2	Anfertigen einer Materialliste		
3	Rohholz auswählen und zusägen		
4	Abrichten, fügen und aushobeln		
5	Zusammenzeichnen		
6	Gehrungen sägen und dübeln		
7	Eckverbindungen reißen		
8	Eckverbindungen ausarbeiten		
9	Innenkanten schleifen		
10	Rahmen leimen		
11	Rahmen schleifen		
12	Rückwand zusägen		
13	Kork zusägen		
14	Aufhängung bohren		
15	Oberfläche auftragen		

Bei diesem Arbeitsablaufplan können neben dem Ablauf der Arbeitsschritte auch Zeitangaben und Anmerkungen zu Arbeitssicherheit und Umweltschutz gemacht werden.
Bei der Gesellenprüfung am Ende des dritten Lehrjahres muss zur Arbeitsaufgabe 1 (Gesellenstück) auch ein Arbeitsablaufplan abgegeben werden, der mit in die Benotung der Arbeitsaufgabe 1 einfließt. Auf folgendes Muster kann im Bedarfsfall zurückgegriffen werden.

Gesellenstück

Benennung: ______________________ **Name:** ______________________

Arbeitsablaufplan

Datum: ______________ **Blatt:** ______

lfd. Nr.	Arbeitsschritte	Benötigte stationäre Maschinen, Handmaschinen, Werkzeuge und Vorrichtungen	Maßnahmen zur Arbeitssicherheit, Schutzvorrichtungen	Ausführungszeit in Stunden

7.2 Materialliste

Nach der Materialliste, die auf der Basis einer Fertigungszeichnung entsteht, werden Massivhölzer, Plattenwerkstoffe, Furniere und andere Werkstoffe zugeschnitten und bereitgestellt.
Wird eine Materialliste zur Kalkulation verwendet, werden auch andere Posten, wie Kleinteile (Dübel, Schrauben etc.), Leim, Lack, Beschläge etc., hier aufgelistet.

Materialliste Pinnwand (aus Lernfeld 2)

lfd. Nr.	Material Bezeichnung	Kurzz.	Stück	Fertigmaß Länge	Breite	Dicke	Zuschnittmaß Länge	Breite	Dicke	Bermerkung
1	Aufrechte Friese	PNSY	2	500	55	24	550	65	30	ohne Falz
2	Querfriese	PNSY	2	350	55	24	400	65	30	ohne Falz
3	Rückwand	HB	1	460	310	3,2	480	330	3,2	Roh
4	Dübel	FASY	2	40	Ø 8					Riffeldübel
5	Kork		1	390	240	4	400	250	4	Roh
6	Leim	KPVAC								Weißleim D2
7	Öl + Wachs									nach Bedarf

Zuschlagsfaktoren

Der Tischler muss beim Zuschneiden von Vollholz und Platten, aber auch bei Furnieren einen Verschnitt mit einberechnen. Meist sind dies Erfahrungswerte.
Einen Anhaltspunkt für die Einberechnung des Verschnitts bietet folgende Auflistung.

Material	Zuschlag-faktor
Massivholz	
Ahorn	1,50
Eiche	1,50
Erle	1,40
Esche	1,40
Fichte	1,30
Kiefer	1,30
Kirsche	1,50
Lärche	1,35
Linde	1,35
Nussbaum	1,50
Pappel	1,35
Rotbuche	1,40
Rüster	1,40
Tanne	1,30

Plattenwerkstoffe	Zuschlag-faktor
P2	1,10
DIN EN 636 (Furniersperrholz)	1,15
MFB EN 312 (P2) deko	1,20
MFB EN 312 (P2) uni	1,15
DIN EN 636 (Stabplatte)	1,15
DIN EN 636 (Stäbchenplatte)	1,15

Furnier	Zuschlag-faktor
Absperrfurnier	1,25
Edelfurnier, blumig	1,50
Edelfurnier, schlicht	1,40

Materialliste (Kalkulationsliste)

lfd. Nr.	Verwendung	Material	Stückzahl	Fertigmaß in mm			Fertigmenge		Zuschlag	Rohmenge		Einzelpreis	Ges.-preis
				Länge	Breite	Dicke	m²	m²		m²	m²	in €	in €
	Massivholz												
1													
2													
3													
4													
5													
6													
7													
8													
9													
10													
11													
12													
13													
14													
15													
	Zwi.-summe Massivholz												
	Plattenwerkstoffe												
16													
17													
18													
19													
20													
21													
22													
23													
24													
25													
	Zwi.-summe Plattenwerkstoffe												
	Übertrag												
	Übertrag von Seite 1												
	Furnier												
26													
27													
28													
29													
30													
31													
32													
33													
34													
35													
	Zwi.-summe Furnier												
	Beschläge												
36													
37													
38													
39													
40													
41													
	Zwi.-summe Beschläge												
	Endsumme												

7.3 Materialkosten

Auch wenn alle Welt in Deutschland von den hohen **Lohnnebenkosten** spricht, sollte man nicht vergessen, dass die **Materialkosten** in einem Tischlerbetrieb ca. 35 % aller anfallenden Kosten ausmachen. Dieser relativ hohe Anteil ist auch dadurch zu erklären, dass die Tischler zunehmend Halbfertigprodukte wie Türenrohlinge, Fertigschubkästen oder bereits beschichtete Platten verwenden. In Zeiten zunehmenden Konkurrenzdruckes ist es wichtig, dass eine Tischlerei beim Material gute Qualität zu einem günstigen Preis einkauft. Aber auch andere Kriterien wie Zuverlässigkeit und Termintreue spielen bei der Wahl des Lieferanten eine große Rolle.

Auszug aus Preislisten einer Holzhandlung aus dem Jahr 2011:

(Preise in EUR, zzgl. ges. MwSt.)

Dicke	m²-Preis (€)
10 mm	4,67
13 mm	4,88
16 mm	4,92
19 mm	5,12
22 mm	6,30
25 mm	7,07
28 mm	7,87

Spanplatten roh, P2

Dicke	m²-Preis (€)
13 mm	6,36
16 mm	6,88
19 mm	7,48
22 mm	8,25
25 mm	9,31
28 mm	10,24
38 mm	13,88

Spanplatten roh, P3

Dicke	m²-Preis (€)
12 mm	5,30
15 mm	6,65
18 mm	7,95
22 mm	9,65

OSB-Platten (ungeschliffen)

Dicke	m²-Preis (€)
3,2 mm	2,85

HB-Platten, roh

Dicke	m²-Preis (€)
8 mm	5,30
10 mm	5,65
12 mm	5,90
16 mm	6,45
19 mm	6,90
22 mm	8,40
25 mm	9,90
28 mm	12,10
30 mm	13,25
38 mm	19,05

MDF-Platten, roh

Dicke	m²-Preis (€)
5 mm	6,00
6 mm	6,60
8 mm	8,10
10 mm	9,60
12 mm	11,45
15 mm	14,00

Furnierplatte Pappel

Dicke	m²-Preis (€)
9 mm	13,15
12 mm	14,35
15 mm	15,35
18 mm	16,70
21 mm	20,45
24 mm	23,30
27 mm	26,15
30 mm	29,65
40 mm	43,45

Multiplexplatte Birke (125 cm/250 cm)

Dicke	d = 30 mm	d = 40 mm	d = 52 mm
Ahorn	1 275,00 €/m³	1 380,00 €/m³	1 300,00 €/m³
Buche	745,00 €/m³	880,00 €/m³	930,00 €/m³
Eiche	1 450,00 €/m³	1 570,00 €/m³	1 590,00 €/m³
Esche	1 070,00 €/m³	1 090,00 €/m³	1 150,00 €/m³
Erle	700,00 €/m³	700,00 €/m³	730,00 €/m³
Kirschbaum	2 070,00 €/m³	2 085,00 €/m³	2 105,00 €/m³
Nussbaum	2 800,00 €/m³	2 900,00 €/m³	2 950,00 €/m³

Unbesäumtes Schnittholz (Laubholz)

Dicke	*d* = 26 mm	*d* = 40 mm	*d* = 52 mm
Fichte	595,00 €/m³	595,00 €/m³	600,00 €/m³
Kiefer	650,00 €/m³	730,00 €/m³	730,00 €/m³
Lärche	715,00 €/m³	735,00 €/m³	735,00 €/m³

Unbesäumtes Schnittholz (Nadelholz)

Aufgaben

1. *Erstellen Sie einen Arbeitsablaufplan für den Spiegelrahmen aus Lernfeld 2.*
2. *Fertigen Sie auch eine Materialliste hierfür an.*
3. *Versuchen Sie, Händler zu finden, bei denen Sie 19 mm dicke Flachpressplatten (V20, E1) sowie 26 mm dicke Bretter aus nordischer Fichte günstiger bekommen als in den abgedruckten Preislisten aufgeführt.*

8 Grundlagen der Elektrotechnik

Was sollte ein Tischler über Strom wissen?

Mit Strom werden Handmaschinen und große stationäre Maschinen in Tischlereien angetrieben und stellen einen nicht unerheblichen Kostenfaktor dar. Darüber hinaus hat Strom im weitesten Sinne aber auch zunehmend mit Gestaltung zu tun.

Welche Beispiele fallen Ihnen hierzu ein?

Welche Grundkenntnisse über Strom stollte sich ein Tischler aneignen?

8.1 Was ist Strom? – Grundbegriffe

Strom ist die Bewegung elektrisch geladener Teilchen (Elektronen) in einem metallischen Leiter.

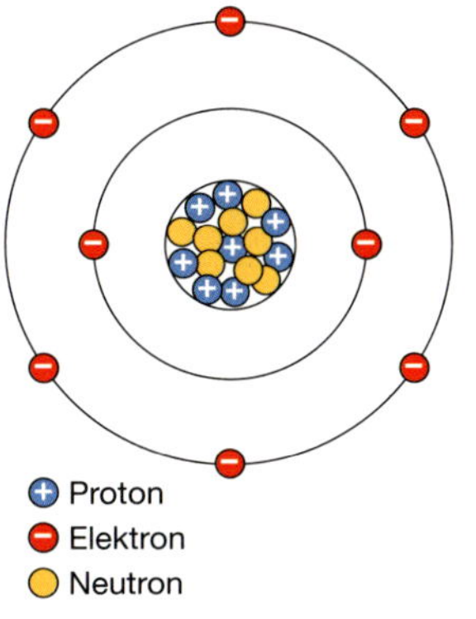

Die Elektronen bewegen sich im freien Raum um den Atomkern. Der Atomkern mit den Protonen und Neutronen ist elektrisch positiv und die den Atomkern umkreisenden Elektronen sind negativ geladen.
Metalle besitzen auf der äußeren Elektronenschale nur 1–3 Elektronen. Da von den einzelnen Atomen eine Vollbesetzung dieser äußeren Schale mit acht Elektronen angestrebt wird, lösen sich diese Elektronen leicht aus der Bindung zum Kern. Sie werden zu freien Elektronen, die sich in einem elektrischen Leiter frei bewegen können.

Den Potenzialunterschied in geschlossenen Stromkreisen bezeichnet man als elektrische **Spannung.** Die Anzahl der Elektronen, die je Zeiteinheit durch einen Leiterquerschnitt fließt, kennzeichnet die elektrische **Stromstärke.** Elektrische Leitungen und Geräte, die daran angeschlossen werden, setzen dem Elektronenfluss einen mehr oder weniger großen elektrischen **Widerstand** entgegen.

Elektrische Leistung ist das Produkt aus Stromstärke und elektrischer Spannung. Das Produkt aus elektrischer Leistung und der Zeit bezeichnet man als elektrische Arbeit.

Elektrische Größe	**Formelzeichen**	**Maßeinheit**	**Einheitenzeichen**
Spannung	U	Volt	V
Stromstärke	I	Ampère	A
Widerstand	R	Ohm	1
Leistung	P	Watt	W, kW
Arbeit	W	Kilowattstunden	kWh

Das Ohmsche Gesetz

Bestimmt man den Zusammenhang von elektrischer Spannung ***U*** (gemessen in Volt) dem elektrischen Widerstand ***R*** (gemessen in Ohm) und der Stromstärke ***I*** (gemessen in Ampère) ergibt sich folgender Zusammenhang der als ohmsches Gesetz bekannt ist.

$U = R \cdot I$	elektrische Spannung = elektrischer Widerstand · Stromstärke
$R = \frac{U}{I}$	elektrischer Widerstand = $\frac{\text{elektrische Spannung}}{\text{elektrische Stromstärke}}$
$I = \frac{U}{R}$	elektrische Stromstärke = $\frac{\text{elektrische Spannung}}{\text{elektrischer Widerstand}}$

Die elektrische Leistung und die elektrische Arbeit

Durch weitere Versuche und Überlegungen können die elektrische Leistung und die elektrische Arbeit bestimmt werden.

$P = U \cdot I$	elektrische Leistung = elektrische Spannung · elektrische Stromstärke
$W = P \cdot t$	elektrische Arbeit = elektrische Leistung · Zeitdauer *t*

Setzt man in die Formel für die elektrische Leistung die elektrische Spannung *U* bzw. die elektrische Stromstärke *I* aus dem ohmschen Gesetz ein, ergibt sich folgender formelmäßiger Zusammenhang:

$$P = R \cdot I^2 \qquad P = \frac{U^2}{R}$$

Beispiel An einer Glühbirne mit einer Leistung von 60 Watt liegt eine Spannung von 240 Volt an. Bestimmen Sie den elektrischen Widerstand der Glühbirne.

Gegeben: $P = 60\ W;\ U = 240\ V$

Gesucht: R

Lösung: $P = \frac{U^2}{R} \qquad R = \frac{U^2}{p} \qquad P = \frac{(240\ V)^2}{60\ W} \qquad R = 960\ \Omega$

Der Wirkungsgrad η

Wie bei jeder mechanischen Maschine treten auch bei der Umwandlung von elektrischer Energie in mechanische Energie Verluste auf.

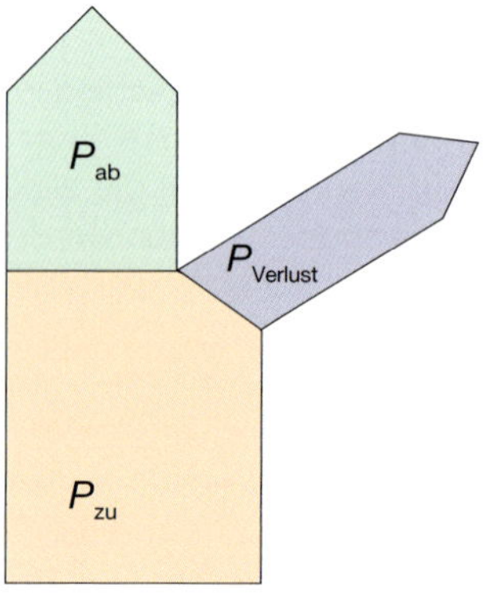

abgegebene Leistung P_{ab} = zugeführte Leistung P_{zu} – Verlustleistung $P_{verlust}$

Dieser Zusammenhang lässt sich aber auch als Verhältnis von zugeführter Leistung P_{zu} und abgegebener Leistung P_{ab} darstellen. Dieses Verhältnis wird als Wirkungsgrad bezeichnet.

$$\text{Wirkungsgrad } \eta = \frac{\text{abgegebene Leistung } P_{ab}}{\text{zugeführte Leistung } P_{zu}} \qquad \eta = \frac{P_{ab}}{P_{zu}}$$

Aus der Formel lässt sich gut erkennen, dass der Wirkungsgrad ohne physikalische Einheit ist und gleich oder kleiner 1 sein muss.

Lernfeld 3

Beispiel

Eine Montagekreissäge wird mit einer Leistung von 2 000 Watt (2 KW) gekennzeichnet, der Wirkungsgrad beträgt 0,8. Aus der Formel $P_{ab} = P_{zu} \cdot n$ ergibt sich:
P_{ab} = 2 000 Watt · 0,8 = 1 600 Watt. Bei dieser Maschine gehen also 400 Watt aufgrund von Reibung und anderen Energieverlusten als direkt nutzbare Energie verloren.

Aufgabe

Welche elektrische Energie muss einer Maschine zugeführt werden, die eine Leistung von 5,5 KW abgibt und bei der ein Wirkungsgrad von 0,88 zugrunde gelegt wird?

8.2 Stromarten

Elektrischer Strom wird als Energiespender für viele Zwecke benötigt, z. B. für:

Akku-Schrauber
Akku-Bohrmaschine

Handkreissäge

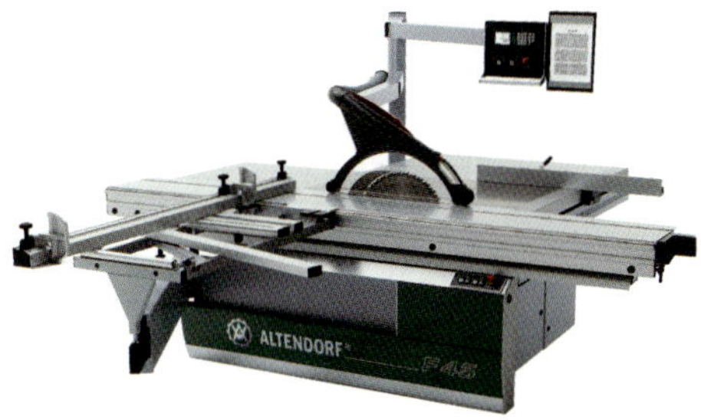

Stationäre Maschinen

Gleichstrom	Einphasen-Wechselstrom	Dreiphasen-Wechselstrom
Die elektrische Spannung hält ihre Richtung und Größe konstant. Dadurch ergibt sich auch eine gleich bleibende Stromstärke. Gleichbleibende Spannung und gleichbleibende Stromrichtung bedeuten einen hohen Wirkungsgrad.	Die elektrische Spannung ändert entsprechend der Frequenz ständig ihre Größe und Richtung. Entsprechendes gilt auch für die elektrische Stromstärke. Ständig ändernde Richtung und Größe bedeuten einen geringeren Wirkungsgrad.	Hier sind drei stromführende Phasen miteinander gekoppelt. Es stellt sich eine größere elektrische Spannung und damit auch elektrische Stromstärke ein. Die drei Stromphasen und die entsprechende Phasenverschiebung bedeuten höhere Spannung und damit auch einen hoher Wirkungsgrad.
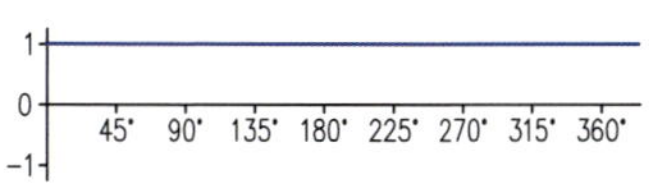	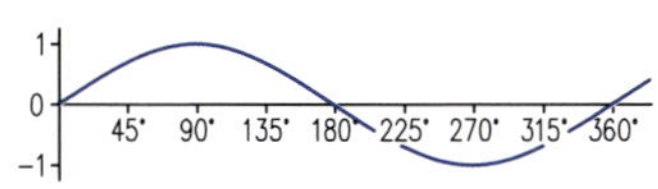	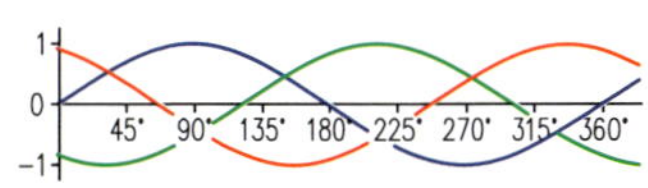
Gleichstrom	*Wechselstrom*	*Dreiphasen-Wechselstrom*

Elektrische Leistung bei den unterschiedlichen Stromarten

Bei **Gleichstrom** ist die elektrische Leistung gleich dem Produkt aus Spannung und Stromstärke. Unter Anwendung des ohmschen Gesetzes kann die Formel wie folgt umgestellt werden:

$$P = \frac{U^2}{R}$$

$$P = P \cdot I^2$$

Beispiel Strom der Stromstärke $I = 0{,}25$ A fließt durch einen Widerstand von 6 000 Ω. Berechnen Sie die zugeführte Leistung.
Gegeben: $I = 0{,}25$ A $\quad R = 6\,000\ \Omega$
Gesucht: P
Lösung: $P = I^2 \cdot R \qquad P = (0{,}25\ \text{A})^2 \cdot 6\,000\ \Omega = 500\ \text{W}$.

Bei elektrischem **Wechselstrom** ist unter Belastung – d. h. wenn ein Widerstand im Leitungsnetz vorhanden ist – der zeitliche Verlauf der Stromstärke gegenüber der Spannung phasenverschoben. Dadurch ergibt sich eine Leistungsminderung, die man mit dem Leistungsfaktor cos φ (cosinus phi) ausdrückt. Der Winkel φ gibt die Größe der Phasenverschiebung zwischen elektrischer Stromstärke und elektrischer Spannung an.

$$P = U \cdot I \cdot \cos \varphi$$

Beispiel Der Leistungsfaktor cos φ eines Wechselstrommotors beträgt 0,85. Welche Leistung wird dem Motor zugeführt, wenn aus dem Netz 8,5 A entnommen werden? Die Spannung beträgt 240 V.
Gegeben: $I = 8{,}5$ A $\quad U = 240$ V $\quad \cos \varphi = 0{,}85$
Gesucht: P
Lösung: $P = U \cdot I \cdot \cos \varphi = 240\ \text{V} \cdot 8{,}5\ \text{A} \cdot 0{,}85 = 1\,734\ \text{W} = 1{,}7\ \text{kW}$.

Bei **Drehstrom** fließt in jedem einzelnen der drei Leiter ein Einphasen-Wechselstrom mit jeweils gleicher Spannung. Da die Spannungen untereinander phasenverschoben sind, liegt hier nicht die arithmetische Summe der maximalen Spannungen an, sondern ein geringerer Wert. Diesem Umstand wird durch den Verkettungsfaktor von $\sqrt{3}$ Rechnung getragen.

$$P = \sqrt{3} \cdot U \cdot I \cdot \cos \varphi$$

Beispiel Ein Drehstrommotor ist an eine Spannung von 400 V angeschlossen. Wie groß ist die Leistungsaufnahme, wenn der Leistungsfaktor bei einer Stromstärke von 31,5 A gleich 0,85 ist?
Gegeben: $I = 31{,}5$ A $\quad U = 400$ V $\quad \cos \varphi = 0{,}85$
Gesucht: P
Lösung: $P = U \cdot I \cdot \sqrt{3} \cdot \cos \varphi \qquad P = 400\ \text{V} \cdot 31{,}5\ \text{A} \cdot \sqrt{3} \cdot 0{,}85$
$P = 18\,550\ \text{W} \qquad P = 18{,}6\ \text{kW}$

8.3 Der elektrische Stromkreis

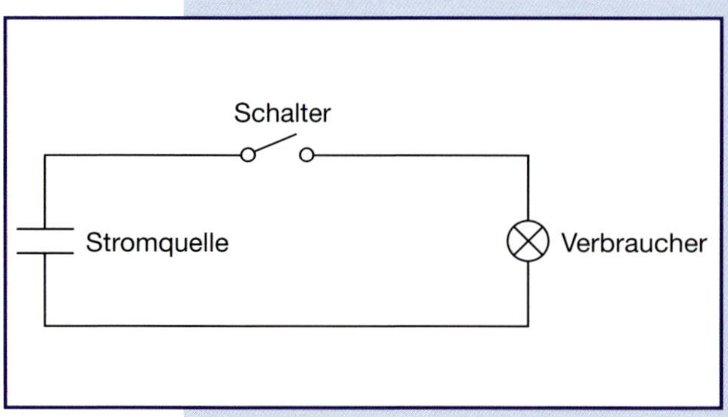

1. Spannungsquelle
2. Elektrischer Leiter
3. Schalter
4. Verbraucher (Widerstand)

Elektrische Leiter	Nichtleiter
Silber, Kupfer Aluminium alle anderen Metalle Kohle, Laugen und Säuren	Kunststoffe, Holz, Gummi, Glas Porzellan, reines Wasser H_2O

Elektrische Verbraucher können hintereinander (in Reihe) und parallel geschaltet werden. Auch gemischte Schaltungen – also Reihen und Parallelschaltungen in einem Stromkreis – kommen vor.

Typisches Beispiel für eine **Reihen-** bzw. **Serienschaltung** ist eine Lichterkette wie sie z. B. am Weihnachtsbaum verwendet wird.

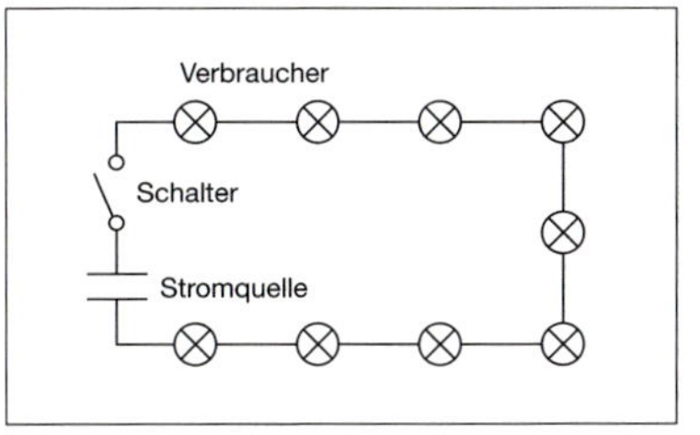

Der Strom fließt in der gleichen Stärke durch alle Verbraucher. An jedem Verbraucher fällt eine Spannung ab. Diese kann nach dem ohmschen Gesetz berechnet werden: $U = R \cdot I$. Das gilt sowohl für den gesamten Stromkreis wie auch für den einzelnen Verbraucher. Wendet man auf diese Überlegungen das ohmsche Gesetz konsequent an, so ergeben sich folgende Formeln:

$$I_{ges} = I_1 = I_2 = \ldots = I_n$$
$$U_{ges} = U_1 + U_2 + \ldots + U_n$$
$$R_{ges} = R_1 + R_2 + \ldots + R_n$$

Wird bei dieser Schaltung ein Verbraucher entfernt, so fallen alle Leuchtmittel aus, da der Stromkreis unterbrochen wird. Strom kann nur fließen, solange der Stromkreis geschlossen ist.

Wird z. B. an einer Steckdose (240 V) eine Verteilersteckdose eingesetzt und daran mehrere Verbraucher angeschlossen, wie Handkreissägemaschine, Bohrmaschine, Handhobelmaschine o. ä., so handelt es sich dabei um eine **Parallelschaltung.**

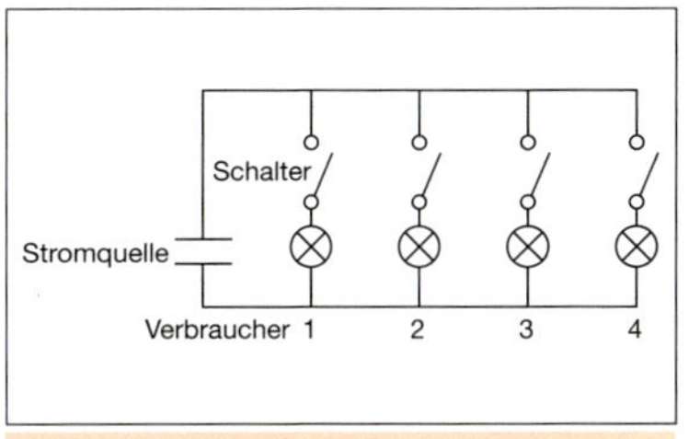

An allen Verbrauchern liegt die gleiche Spannung an. Die Gesamtstromstärke teilt sich auf die einzelnen Verbraucher anteilig nach ihren Widerständen auf. Auch hier gelten die Gesetzmäßigkeiten des ohmschen Gesetzes.

$$I_{ges} = I_1 + I_2 + \ldots + I_n$$
$$U_{ges} = U_1 = U_2 = \ldots = U_n$$
$$\frac{1}{R_{ges}} = \frac{1}{R_1} + \frac{1}{R_2} + \ldots + \frac{1}{R_n}$$

Da bei gleichzeitigem Betrieb unter Umständen sehr hoher Strom abgenommen wird, sind die Leitungsquerschnitte der Zuleitungen entsprechend zu dimensionieren.

Herleitung des ohmschen Gesamtwiderstandes bei Reihenschaltung von drei Widerständen:

$$U_{ges} = U_1 + U_2 + U_3$$
$$I_{ges} = I_1 = I_2 = I_3$$
$$U = R \cdot I$$
$$U_{ges} = R_{ges} \cdot I_{ges} = R_1 \cdot I_{ges} + R_2 \cdot I_{ges} + R_3 \cdot I_{ges}$$
$$R_{ges} \cdot I_{ges} = (R_1 + R_2 + R_3) \cdot I_{ges} \quad | : I_{ges}$$
$$R_{ges} = R_1 + R_2 + R_3$$

Herleitung des ohmschen Gesamtwiderstandes bei Parallelschaltung von drei Widerständen:

$$U_{ges} = U_1 + U_2 + U_3$$
$$I_{ges} = I_1 + I_2 + I_3$$
$$I = \frac{U}{R}$$
$$I_{ges} = \frac{U_{ges}}{R_{ges}} = \frac{U_{ges}}{R_1} + \frac{U_{ges}}{R_2} + \frac{U_{ges}}{R_3}$$
$$\frac{U_{ges}}{R_{ges}} = \left(\frac{1}{R_1} + \frac{1}{R_2} + \frac{1}{R_3}\right) \cdot U_{ges} \quad | : U_{ges}$$
$$\frac{1}{R_{ges}} = \frac{1}{R_1} + \frac{1}{R_2} + \frac{1}{R_3}$$

8.4 Schutzmaßnahmen an elektrischen Einrichtungen

- Schutzisolierung: Geräte mit zwei Anschlüssen sind schutzisoliert → kein Kontakt z. B. kleine Handbohrmaschinen, Klebepistole:
  Schutzisolierte Geräte müssen folgendes Kennzeichen tragen. ⧈
- Nullung: Der Schutzleiter (grün/gelb) ist mit dem Gehäuse des Gerätes verbunden. Im Verteilerkasten ist der Schutzleiter mit dem Nullleiter verbunden. Fehlerstrom fließt über die Sicherung und führt innerhalb kürzester Zeit zum Unterbrechen des Stromkreises.
- Schutzerdung: Bei der Schutzerdung führt ein Fehlerstrom zu einem Erdschluss (ansprechen der Sicherung).
- Fehlerstromschutzschalter: Der Stromfluss in Zu- und Rückleitung wird verglichen, bei Ungleichmäßigkeiten wird der Stromkreislauf unterbrochen.
- Motorschutzschalter bei Drehstrommotoren: Er dient dazu, den Motor vor Überlastung zu schützen.
- Der gelb-grüne Schutzleiter darf niemals Strom führen.
- Reparaturen darf nur der Fachmann ausführen.
- Erste Hilfe bei Kontakt: Entfernen des Betroffenen von der Stromquelle mittels nicht leitender Gegenstände.

Lernfeld 4

Die Schülerinnen und Schüler entwerfen, planen und fertigen Kleinmöbel unter Berücksichtigung auftragsspezifischer Vorgaben.

Das dargestellte Spanplattenmodell eines Wandschränkchens soll von den Schülerinnen und Schülern in Teamarbeit unter Berücksichtigung auftragsspezifischer Vorgaben geplant und gefertigt werden.

Arbeitsvorschläge:

- Ein Kunde wünscht sich ein Wandschränkchen, das in etwa dem oben abgebildeten Modell entspricht. Welche Fragen muss der Tischler dem Kunden stellen, um dessen genaue Vorstellungen kennen zu lernen?
- Legen Sie Maße für das Möbelstück fest, wobei ganz bewusst auf die Proportionen geachtet werden soll. Diskutieren Sie innerhalb des Teams verschiedene Möglichkeiten und stellen Sie diese in Entwurfszeichnungen dar.
- Der Kunde möchte ein helles, freundliches Möbel, das nicht rustikal wirkt. Auch der Preis sollte sich in vertretbaren Grenzen halten. Entscheiden Sie sich für geeignete Materialien und begründen Sie Ihre Wahl.
- Planen Sie nun die Konstruktion des Korpus inkl. der Verbindungsmittel. Stellen Sie Ihre Lösungen in Teilschnittzeichnungen dar, wobei sowohl mit der Hand, als auch mit CAD gezeichnet werden soll.
- Planen Sie den Türanschlag (es soll ein einfaches Zylinderband verwendet werden). Fertigen Sie ein Teilschnittzeichnung davon an.
- Entscheiden Sie sich für eine Rückwandkonstruktion und stellen Sie diese durch Freihand-Skizzen und in einer Teilschnittzeichnung dar.
- Erstellen Sie eine Materialliste und einen Arbeitsablaufplan für das Möbel.
- Überlegen Sie, welche Arbeitsschritte mit CNC-gesteuerten Maschinen durchgeführt werden können.
- Berechnen Sie den Materialbedarf unter Berücksichtigung des Verschnitts.
- Diskutieren Sie verschiedene Möglichkeiten der Oberflächenbehandlung. Entscheiden Sie sich für eine Möglichkeit und begründen Sie Ihre Entscheidung.
- Legen Sie gemeinsam Qualitätskriterien für das Möbel fest. Überprüfen Sie diese Kriterien während der Fertigungsphase und am fertigen Werkstück.

1 Die Anschlagarbeiten

Welche Möglichkeiten zum Einbau von Türen oder Klappen muss der Tischler kennen?

Laut Prüfungsvorschrift soll am Gesellenstück (Arbeitsaufgabe 1) eines Möbeltischlers eine Tür oder eine Klappe eingebaut sein.
Worauf müssen Sie achten, wenn Sie dieses Detail Ihrer Arbeitsprobe 1 planen?

Um eine Möbeltür öffnen und schließen zu können, muss sie drehbar oder klappbar am Korpus befestigt werden. Bei Drehtüren unterscheidet man je nach Öffnungsrichtung Linkstüren oder Rechtstüren.
Die Auswahl des Beschlages richtet sich danach
- wie die Tür an den Korpus schlägt,
- ob die Tür aushängbar sein soll oder nicht.

1.1 Anschlagarten von Türen

Es gibt folgende Möglichkeiten der Anordnung von Tür und Korpusseiten:

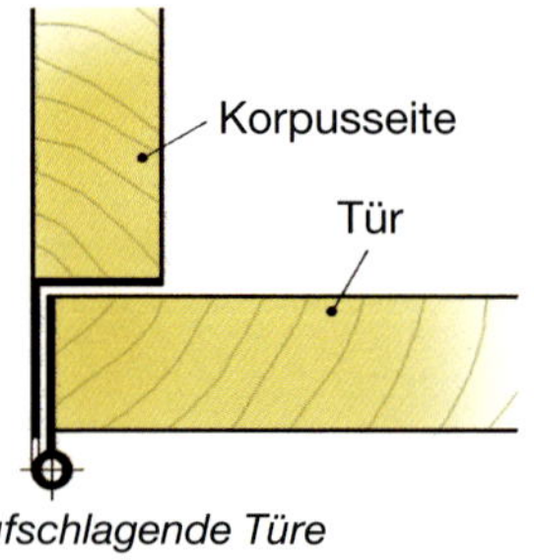

Aufschlagende Türe

1. **Aufschlagende Türen** schlagen vor die Korpusseiten. Sie sind nicht staubdicht.

2. **Einschlagende Türen** schlagen zwischen die Korpusseiten. Sie können dabei *bündig* einschlagen, *zurückgesetzt* einschlagen oder *vorstehend* einschlagen. Sie sind nicht staubdicht.

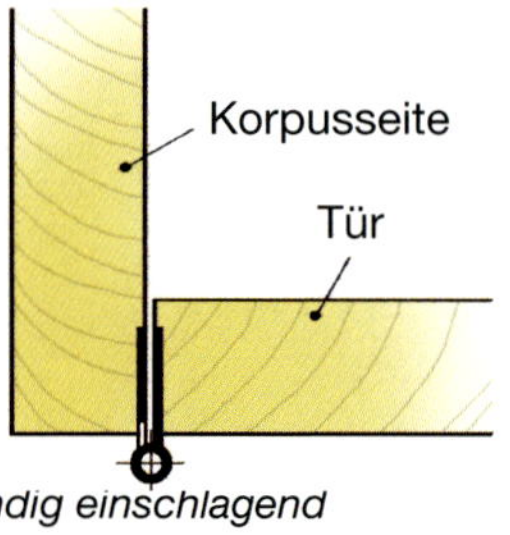

Bündig einschlagend

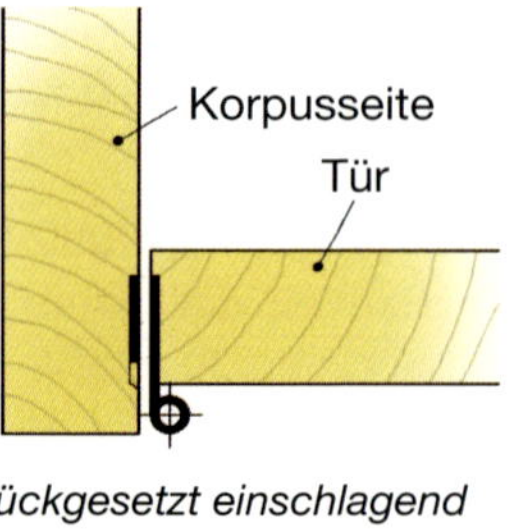

Zurückgesetzt einschlagend

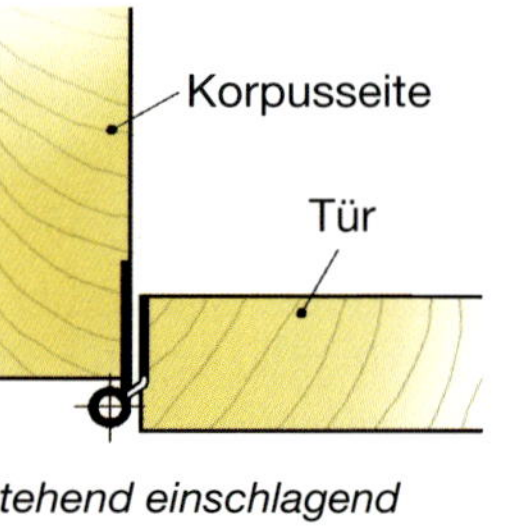

Vorstehend einschlagend

3. **Überfälzte Türen** haben einen umlaufenden Falz, der über die Kante der Korpusseite schlägt.
Durch den Überschlag sind die Türen staubdicht.

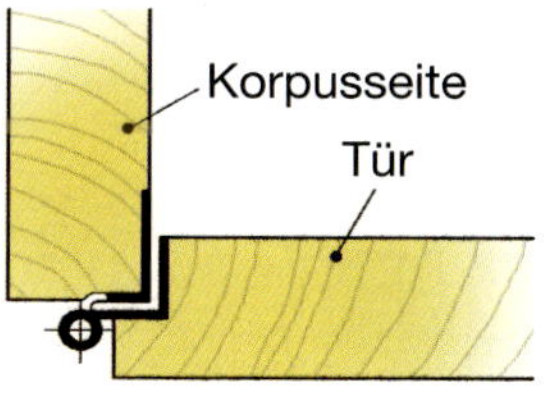

Überfälzte Tür

1.2 Beschläge für Möbeltüren

Für die verschiedenen Anschlagarten gibt es eine Reihe von *Bändern* und *Scharnieren*.

Bänder bestehen aus zwei einzelnen Teilen (Stiftteil und Lochteil), die aushängbar sind. Scharniere sind fest verbunden und nicht aushängbar.

1.2.1 Bänder

Möbelbänder gibt es zum Aufschrauben (z. B. Zylinderbänder) und zum Einbohren (Einbohrbänder)

Zylinderbänder

Zylinderbänder bestehen aus dem Türlappen (Lochteil) und aus dem Seitenlappen (Stiftteil).
Es gibt Rechtsbänder (für rechte Türen) und Linksbänder (für linke Türen). Man kann sie unterscheiden, indem man sie im aufgeschlagenen Zustand von vorn (Senkung für Schrauben) ansieht. Steht der Türlappen nach links, ist es ein Linksband, steht er nach rechts, ist es ein Rechtsband.

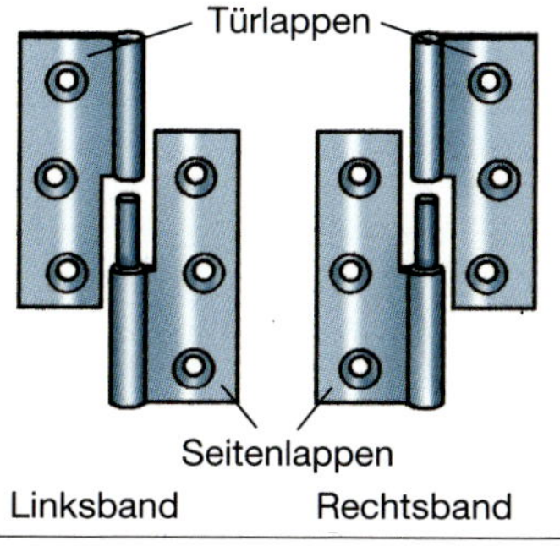

Zylinderbänder

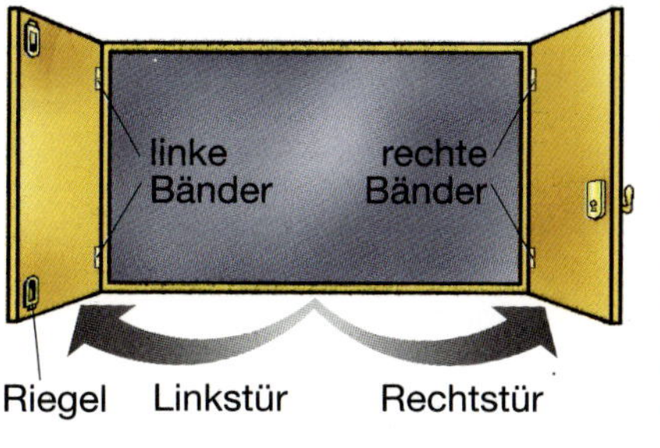

Aufschlagrichtung

Für die verschiedenen Anschlagarten der Türen gibt es **gerade** und **gekröpfte Bänder**:

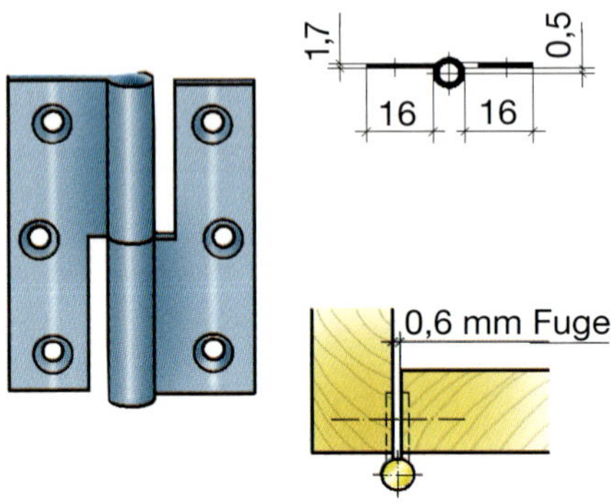

Form gerade (A)
Für aufschlagende oder bündig einschlagende Türen.

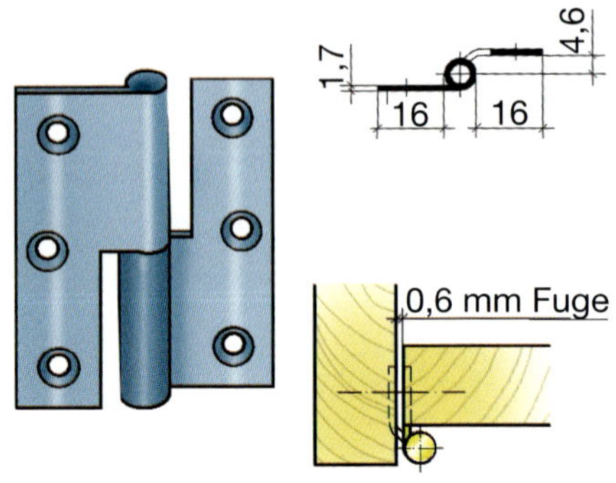

Kröpfung B
Für eingeschlagende zurückgesetzte Türen.

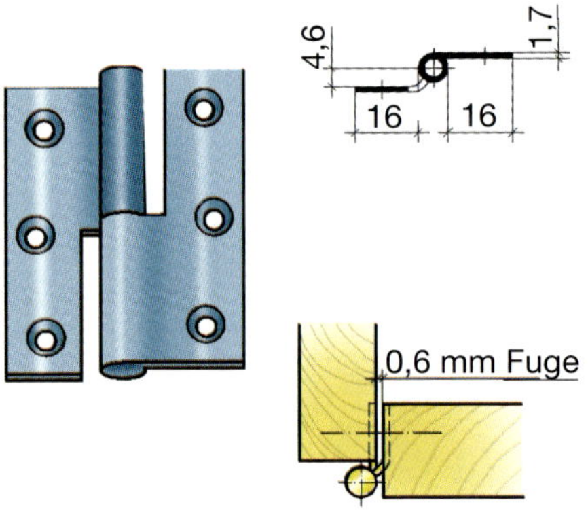

Kröpfung C
Für einschlagende vorstehende Türen.

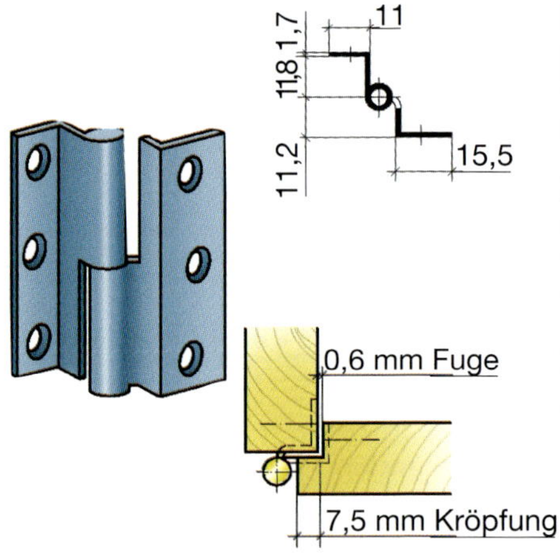

Kröpfung D
Für überfälzte Türen.

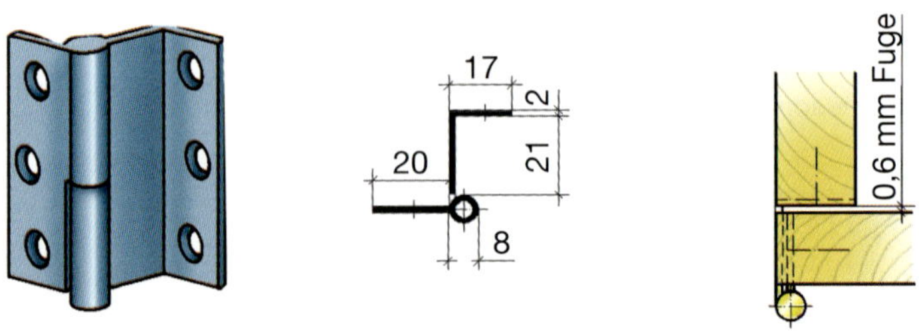

Winkelband (Kröpfung L)
Für aufschlagende Türen.

Merke

An die Tür kommt immer das Lochteil, an den Korpus das Stiftteil!

Arbeitsschritte zum Anschlagen der Zylinderbänder

• *Einlassen des Türlappens*

1. Festlegen der Bandmitte an der Tür:
   Der Abstand von Türoberkante und -unterkante soll etwa 1/7 der Türhöhe betragen.
   Bei Schränken, die auf der Erde stehen, soll aus optischen Gründen beim unteren Türband der Abstand etwas mehr als 1/7 der Türhöhe betragen.
2. Auflegen des Türbandes am Mittelriss und Anreißen der Bandlänge mit einem spitzen Bleistift.
3. Anreißen der Breite und Dicke des Bandes mit dem Streichmaß.
   Streichmaßeinstellungen direkt vom Band nehmen!
4. Bandeinlass mit dem Stechbeitel ausarbeiten.

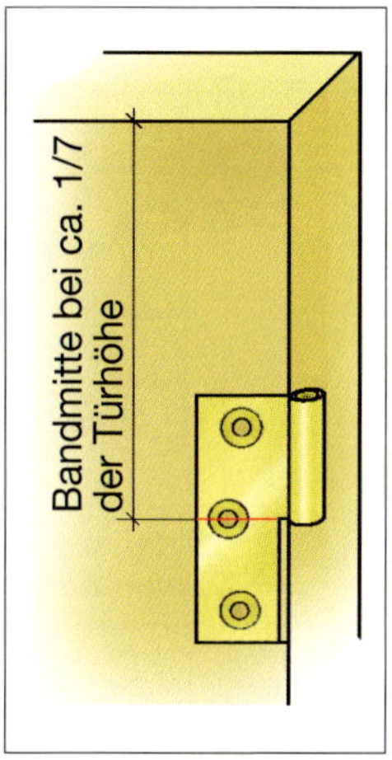

Festlegen der Bandmitte

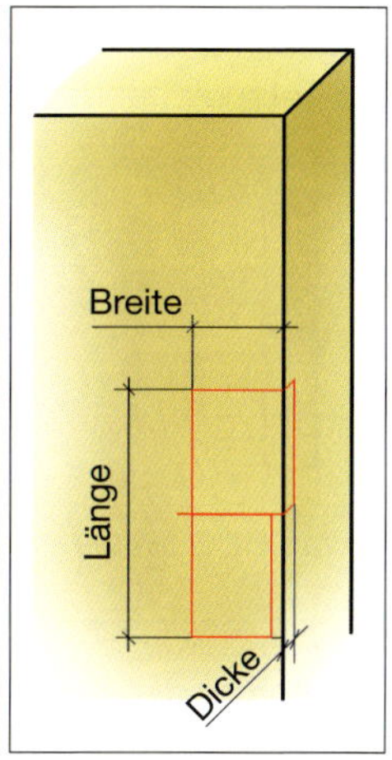

Anreißen der Bandlänge, Bandbreite und Banddicke

Achtung: Bei Zylinderbändern Kröpfung D muss das Türband erst in den Überschlag und dann erst in den Falz eingelassen werden, damit die Einlasstiefe beim Ausarbeiten der Lappenbreite im Falz berücksichtigt wird.

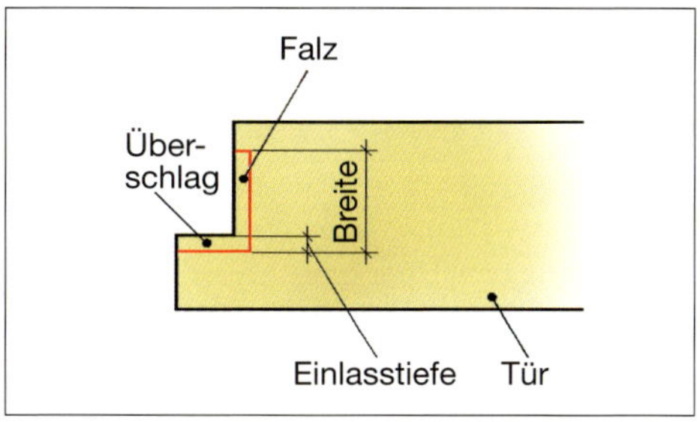

Einlassen des Türbandes

• *Einlassen des Seitenlappens*

1. Tür mit Bändern auf den Korpus legen, vermitteln und Bandmitten auf den Seiten anreißen.
2. Bandlänge, -breite und -dicke mit spitzem Bleistift und Streichmaß anreißen.

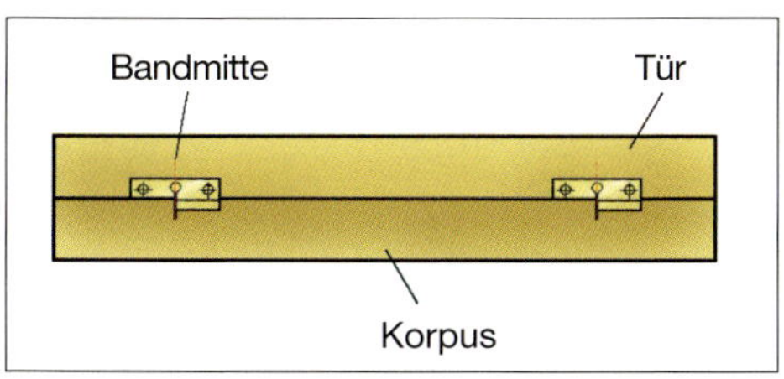

Anreißen der Bandmitten auf dem Korpus

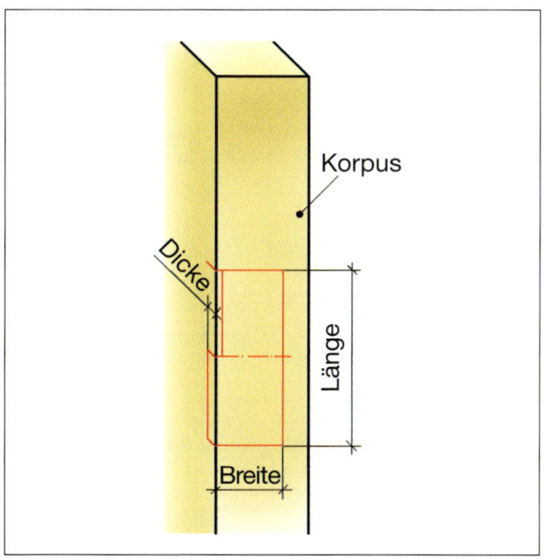

Anreißen der Bandlänge, -breite und -dicke

Einbohrbänder

Die Teile der Einbohrbänder haben Zapfen mit Gewinde zum Einschrauben oder Einschlagen oder mit Löchern zum Verstiften. Der Zapfen, der in die Tür kommt, wird immer eingeschraubt.
Die entsprechenden Bohrungen für die Zapfen werden mithilfe von Bohrlehren gefertigt.

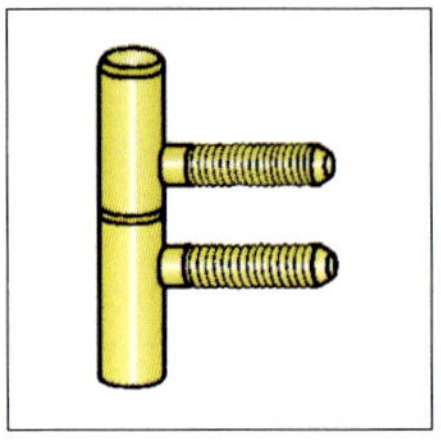

Zapfen mit Gewinde

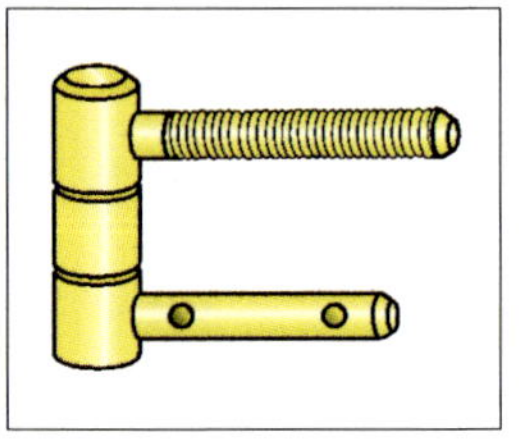

Zapfen mit Gewinde und Zapfen zum Verstiften

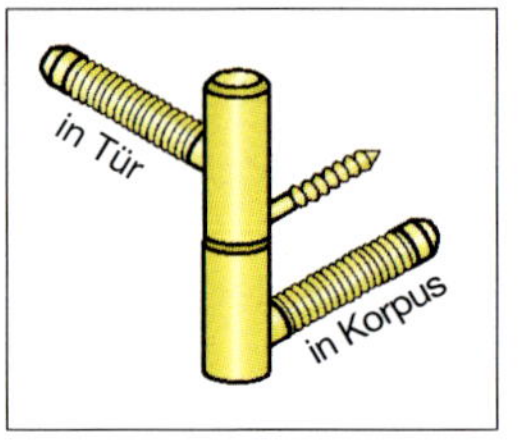

Einlassen der Zapfen

Einbohrbänder sind für überfälzte Türanschläge geeignet. Der Überschlag muss jedoch mindestens 8 mm betragen, damit er nicht aufspaltet.

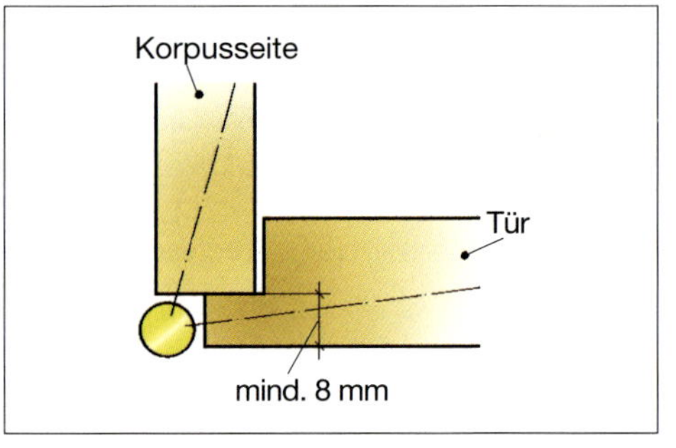

Überschlag

Merke **Es gibt keine Unterscheidung zwischen Links- und Rechtsbändern.**

1.2.2 Scharniere

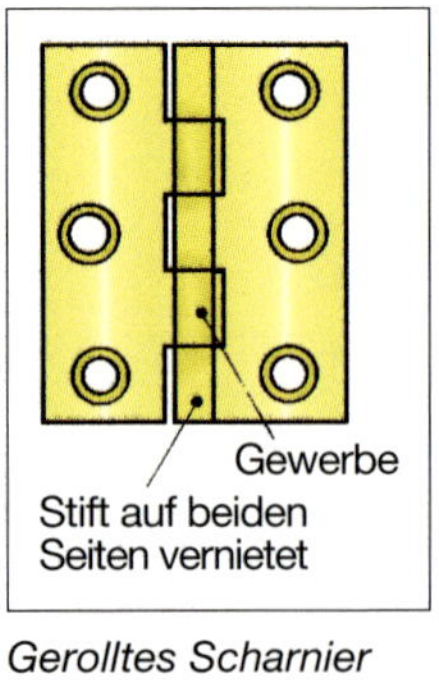

Gerolltes Scharnier

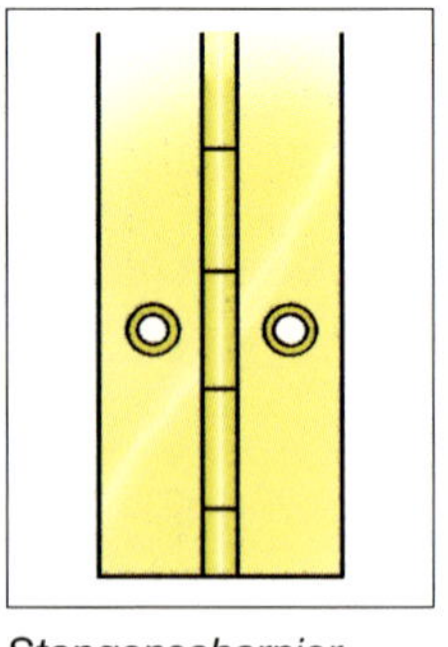

Stangenscharnier

Bei einfachen **gerollten Scharnieren** sind die beiden Lappen fest durch ein mehrgliederiges Gewerbe mit einem eingeschobenen oder vernieteten Stift verbunden.

Stangenscharniere sind besonders lang und werden jeweils auf die Türlänge zugesägt. Sie sind für aufschlagende oder bündig einschlagende Türen geeignet und werden in Tür- und Korpuskante eingelassen und verschraubt.

Aufgaben

1. *Worin unterscheiden sich Bänder und Scharniere?*
2. *Welche Anschlagarten von Türen sind möglich?*
3. *Ordnen Sie den einzelnen Anschlagarten mögliche Bänder und Scharniere zu.*

Lernfeld 4

1.3 Maßstabsberechnungen

Wie groß ist dieses Teil im Original?

Das nebenstehende Möbelband ist hier im Maßstab 1 : 2 abgebildet.
Wie groß ist es im Original?
Wie breit und wie hoch müsste man es zeichnen, wenn es im Maßstab 2 : 1 abgebildet werden soll?

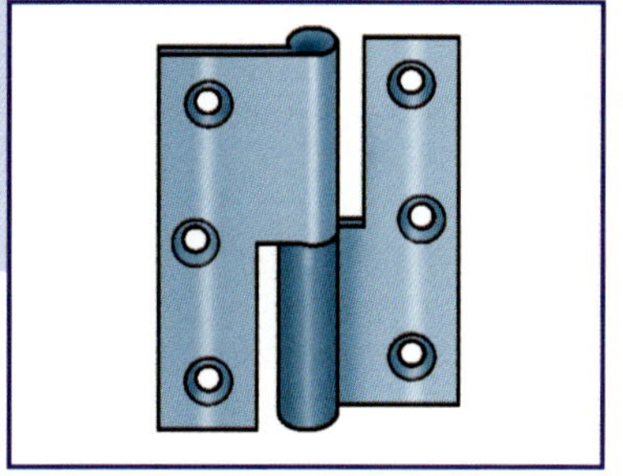

Maßstäbe geben das Verhältnis zwischen Zeichengröße und wirklicher Größe an. Dabei unterscheidet man Verkleinerungsmaßstäbe und Vergrößerungsmaßstäbe.

Merke

Nach DIN ISO 5455 sind folgende Maßstäbe genormt:
Vergrößerungsmaßstäbe: 50 : 1 20 : 1 10 : 1 5 : 1 2 : 1
Verkleinerungsmaßstäbe: 1 : 2 1 : 5 1 : 10 1 : 20 1 : 50 1 : 100

Im Tischlerbereich sind hauptsächlich folgende Maßstäbe von Bedeutung:
M = 2 : 1 Zur besseren Bemaßung von kleinen Einzelteilen (z.B. gedrechselter Holzknopf).
M = 1 : 1 Natürlicher Maßstab, zur Darstellung von Teilschnitten.
M = 1 : 10 Zur Darstellung von Ansichten in der Hauptzeichnung.
M = 1 : 20 Zur Darstellung von Hausgrundrissen und Ansichten großer Möbelstücke.

Die Bedeutung der Verhältniszahl

Die Verhältniszahl gibt an, wie viel mal kleiner eine wirkliche Länge in der Zeichnung dargestellt wird.
Sie steht immer hinter 1 : ☐

Beispiele

M = 1 : 2 Die Verhältniszahl ist 2 ⟶ Die wirkliche Länge wird in der Zeichnung 2 x kleiner dargestellt
M = 1 : 10 Die Verhältniszahl ist 10 ⟶ Die wirkliche Länge wird in der Zeichnung 10 x kleiner dargestellt
M = 1 : 20 Die Verhältniszahl ist 20 ⟶ Die wirkliche Länge wird in der Zeichnung 20 x kleiner dargestellt

Merke

Achtung: Vergrößerungsmaßstäbe müssen zuerst auf 1 bezogen werden.

Beispiel

M = 5 : 1
Wenn man beide Zahlen durch 5 teilt, hat man, ohne das Verhältnis zu ändern, den Maßstab auf 1 bezogen:
M = 5 : 1 M = 1 : $\frac{1}{5}$; Verhältniszahl ist $\frac{1}{5}$ ⟶ Die wirkliche Länge wird in der Zeichnung $\frac{1}{5}$ x kleiner, sprich 5 x größer dargestellt.

Der Zusammenhang zwischen wirklicher Länge *WL*, Zeichenlänge *ZL* und Verhältniszahl *VZ* lässt sich in drei Formeln darstellen:

Wirkliche Länge = Zeichenlänge · Verhältniszahl $\qquad WL = ZL \cdot VZ$

$$\text{Zeichenlänge} = \frac{\text{Wirkliche Länge}}{\text{Verhältniszahl}} \qquad ZL = \frac{WL}{VZ}$$

$$\text{Verhältniszahl} = \frac{\text{Wirkliche Länge}}{\text{Zeichenlänge}} \qquad VZ = \frac{WL}{ZL}$$

Beispiel

Berechnung

Ein Rahmenfries wird in einer Zeichnung 2,6 cm breit dargestellt. Wie breit ist das Fries im Original, wenn der Maßstab M = 1 : 2 ist?

Gegeben: ZL = 2,6 cm; VZ = 2

Gesucht: WL

Lösung: $WL = ZL \cdot VZ$

$WL = 2{,}6\ \text{cm} \cdot 2 = \underline{\underline{5{,}2\ \text{cm}}}$

Aufgaben

1. *Wie lang muss man eine Strecke von 80 cm zeichnen, wenn sie im Maßstab 1 : 20 verkleinert wird?*
2. *Die Länge einer Tischplatte aus Ahorn misst in einer technischen Zeichnung 6,5 cm. Der Maßstab beträgt 1 : 25. Wie lang ist die Platte in Wirklichkeit?*
3. *Ein gedrechseltes Stuhlbein (43 cm lang) wird in der Zeichnung 86 mm lang dargestellt. Wie groß ist der Zeichenmaßstab?*
4. *In welchem genormten Maßstab ist die dargestellte Platte gezeichnet?*

2 Entwurfsskizzen

Bevor ein Produkt des Tischlers gefertigt werden kann, muss es geplant werden. Vor der konkreten Planung wird ein erster Entwurf gefertigt. Dieser wird meist nur „freihändig“ skizziert. Dabei sind aber Proportionen und Dimensionen so zu wählen, dass sie dem fertigen Produkt sehr nahe kommen.

Arbeitsmittel

Entwurfsskizzen erstellt man am besten mit einem weichen Bleistift. Die Härte B bzw. 2B ist ideal. Als Zeichenunterlage kann man blankes Papier verwenden. Noch besser geeignet ist sogenanntes Skizzenpapier. Darauf lässt sich einerseits sehr gut zeichnen, andererseits ist es transparent. So kann es über eine bestehende Zeichnung gelegt und die durchscheinenden Konturen übernommen werden. Änderungen und Lösungsvarianten sind dann leicht zu erstellen. Es ist auch möglich, dass man Millimeterpapier unterlegt und auf diese Weise eine gute Hilfe zum maßstäblichen Zeichnen erhält.

Skizzenpapier mit Millimeterpapierunterlage

Skizziertechnik

Meist wird anfangs von dem zu planenden Möbel ein dreidimensional wirkendes Bild erzeugt. So kann sich der Betrachter leichter eine Vorstellung von dem fertigen Projekt machen. Hier kommen die Regeln der axonometrischen Projektion zur Anwendung. In dieser Phase des Entwurfes müssen die Verbindungen, Beschläge und sonstigen Konstruktionsmerkmale noch nicht herausgearbeitet werden. Die Darstellung muss an dieser Stelle aber schon die Materialstärken und evtl. die unterschiedlichen Materialien und Texturen wiedergeben. Dabei müssen die Größenverhältnisse eindeutig wiedergegeben werden.
Wird die Skizze einem Kunden vorgestellt, kann sie auch noch mit entsprechender Farbe koloriert werden. Dadurch wird der plastische Eindruck noch weiter verstärkt.

Skizze der räumlichen Darstellung eines Kleinmöbels

Jetzt können die Details geplant werden. Dazu betrachtet man das Möbel abschnittsweise beziehungsweise in dem Teilschnitt, in dem die Konstruktionen eindeutig zu sehen sind. So entstehen schrittweise die Konstruktionsdetails. An dieser Stelle müssen bereits Überlegungen zur Materialauswahl und zu den Abmessungen berücksichtigt werden. War bei der räumlichen Entwurfsskizze noch kein maßstäbliches Skizzieren gefordert, so muss an dieser Stelle schon darauf geachtet werden. Die Regeln der DIN 919 sind an dieser Stelle einzuhalten.

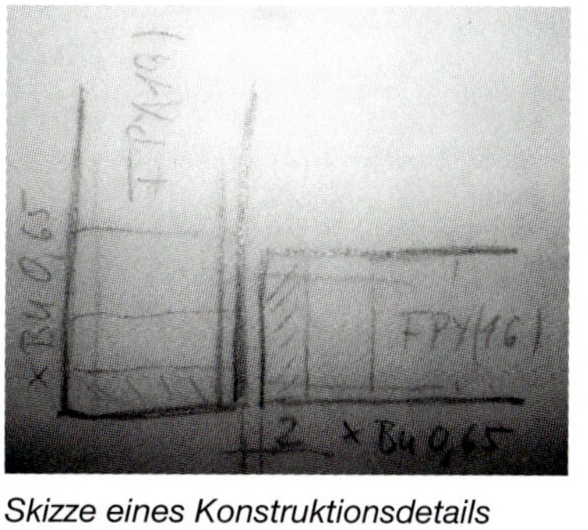

Skizze eines Konstruktionsdetails

Merke

Je genauer und detaillierter die Skizze erarbeitet wird, umso fehlerfreier und schneller kann die Teilschnittzeichnung erstellt werden.

Aufgaben

1. *Skizzieren Sie im Maßstab 1 : 1 einen Quader mit den Maßen: Breite 400 mm, Höhe 600 mm und Tiefe 400 mm.*

2. *Skizzieren Sie im Maßstab 1 : 1 einen Korpus mit folgenden Maßen: Breite 400 mm, Höhe 600 mm, Tiefe 400 mm, Materialstärke 20 mm.*

3. *Skizzieren Sie eine Schlitz- und Zapfen-Verbindung mit folgenden Friesmaßen: Breite 60 mm, Dicke 24 mm, Länge 80 mm in der Vorderansicht, der Seitenansicht und der Draufsicht sowie das dazugehörige Raumbild. Maßstab = 1 : 1.*

3 Teilschnittzeichnung

3.1 Die Anordnung der Schnitte

Zur Wiederholung: Eine **Fertigungszeichnung**, wie sie der Schüler bei der Gesellenprüfung zu seiner Arbeitsaufgabe 1 (Gesellenstück) abliefern muss, enthält eine Hauptzeichnung und verschiedene Schnitte.

Die **Hauptzeichnung** enthält die Ansichten des Werkstücks (i. d. R. Vorderansicht und Seitenansicht von links) im Maßstab 1 : 10. Hier werden auch die Hauptmaße und die Schnittführung eingetragen.

Sinnvoll angelegte **Schnitte** dagegen zeigen den inneren Aufbau des Werkstücks. Hier werden Konstruktionsdetails deutlich (Holzverbindungen, Fälze, Nuten, Profile etc.) und es werden Angaben zu Materialien und Maßen gemacht. Die Schnitte werden im Maßstab 1 : 1 gezeichnet und können wegen der Größe der Werkstücke meist nur unterbrochen gezeichnet werden. Bei einer Schnittzeichnung können nichts aussagende oder sich wiederholende Teile weggelassen werden. Man spricht dann von einer **Teilschnittzeichnung**.

So ist es beispielsweise ausreichend, wenn bei der dargestellten Vitrine aus Birnbaum im Schnitt D-D nur eine Seite dargestellt wird, weil die andere Seite keine weiteren Informationen mehr liefern würde.

Siehe Norm-Übersicht im Anhang

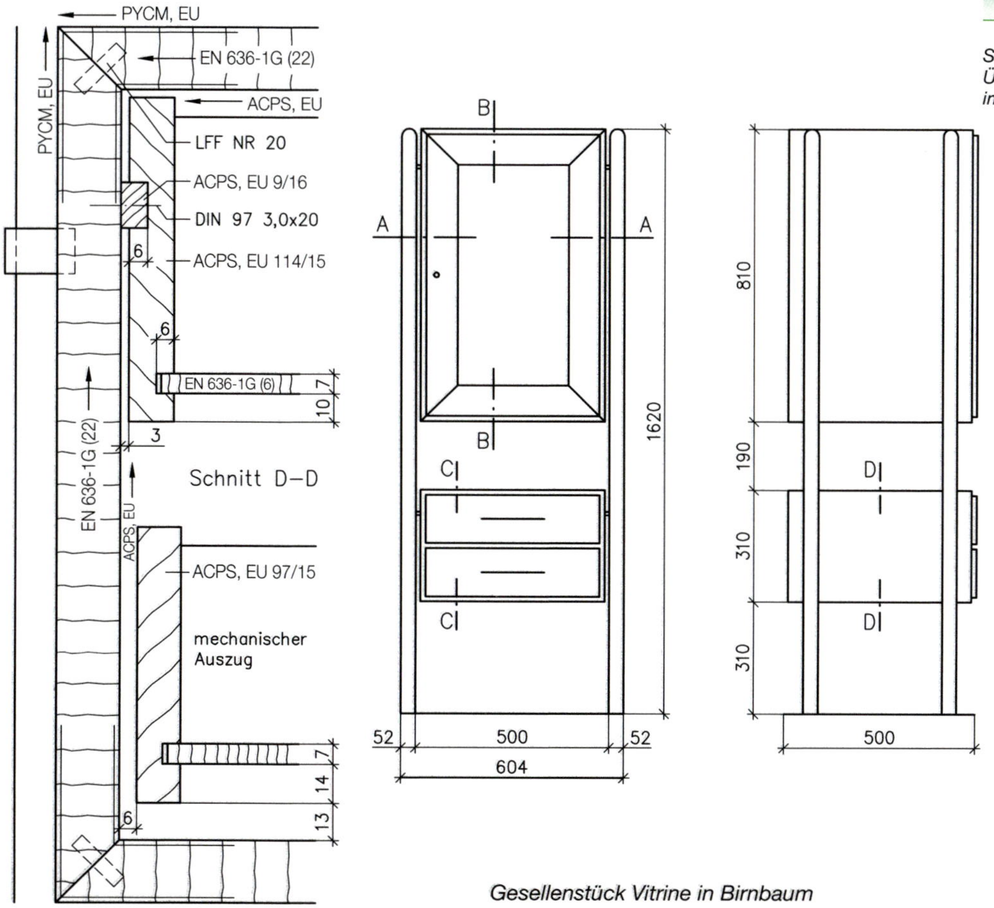

Gesellenstück Vitrine in Birnbaum

Die Anordnung der Schnitte bzw. Teilschnitte sollte idealerweise nach dem Prinzip der Dreitafel-Projektion erfolgen. Das heißt, dass der Horizontalschnitt exakt unter dem Frontalschnitt, und der Vertikalschnitt exakt rechts neben dem Frontalschnitt zu liegen kommt. Dies bringt sowohl beim Erstellen als auch beim Lesen der Zeichnung den Vorteil der besseren Orientierung und Zuordnung.

Bei der Bemaßung einer Teilschnittzeichnung ist darauf zu achten, dass aus der Zeichnung problemlos eine Materialliste erstellt werden kann. Auch die Maße für Rückwand, Schubkastenböden u.ä. sollten direkt ablesbar und nicht erst umständlich rechnerisch zu ermitteln sein.

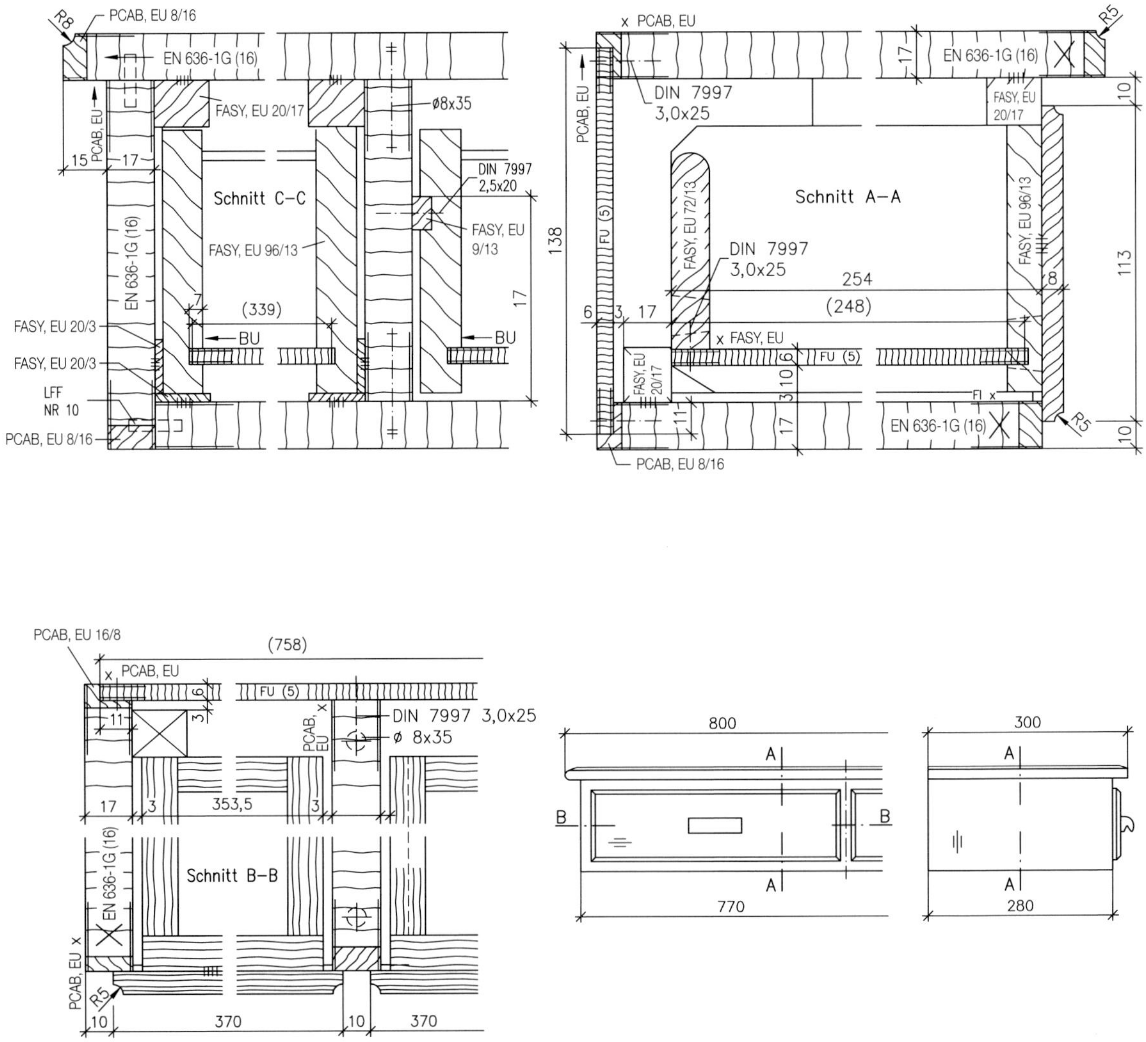

(Schnittzuordnung nach dem Prinzip der Dreitafel-Projektion)

3.2 Darstellung einer Rahmentüre im Horizontalschnitt (Teilschnitt)

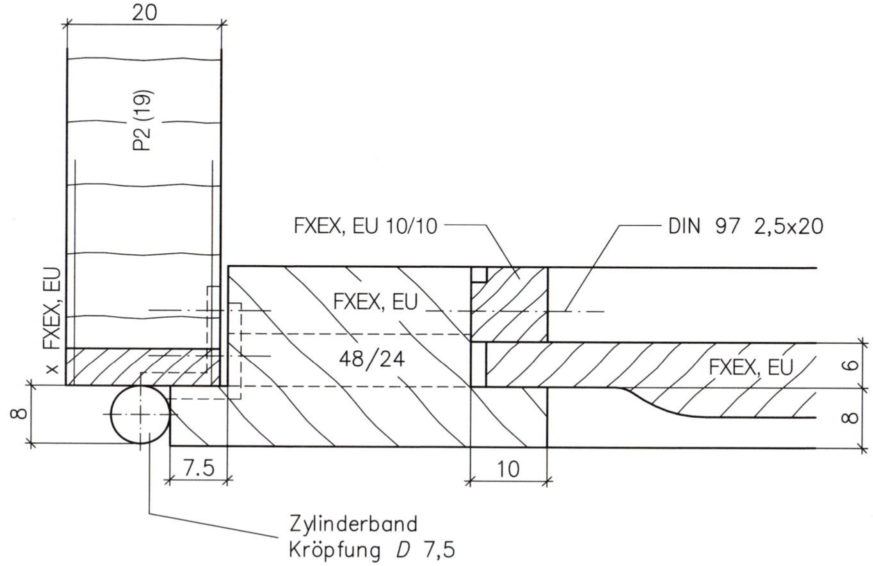

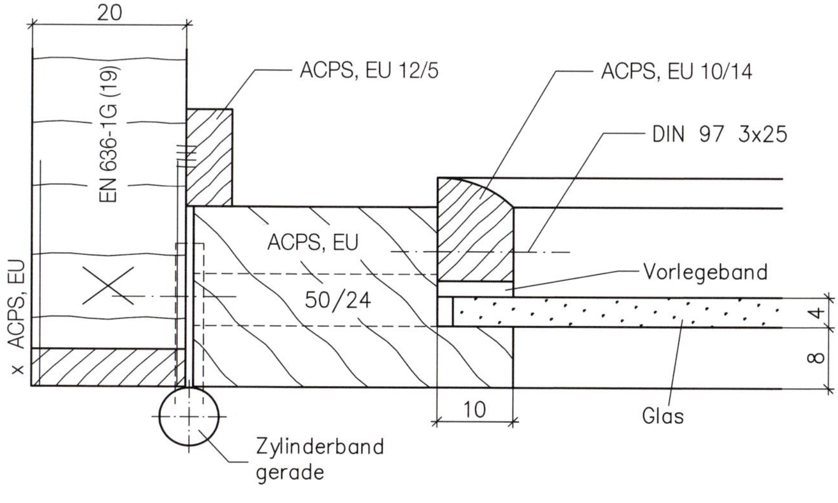

3.3 Darstellung einer Rückwandkonstruktion im Horizontal- und Vertikalschnitt (Teilschnitte)

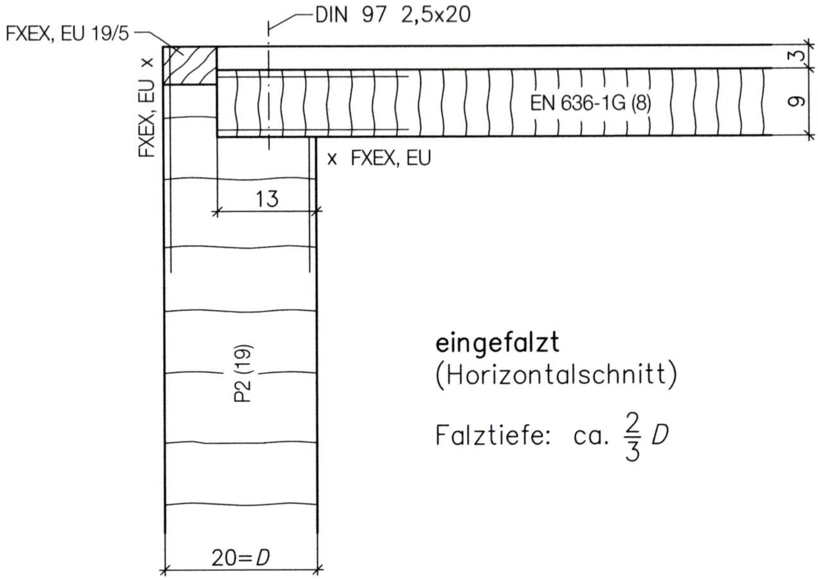

eingefalzt
(Horizontalschnitt)

Falztiefe: ca. $\frac{2}{3}\,D$

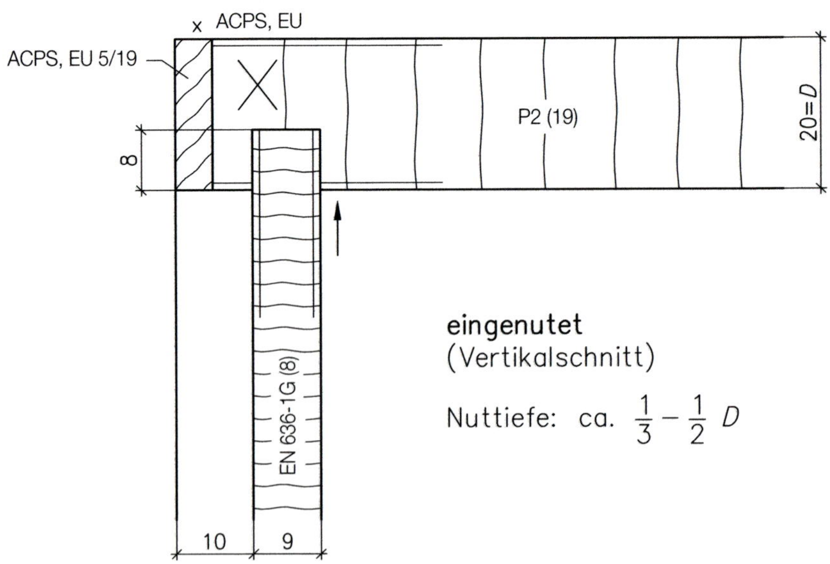

eingenutet
(Vertikalschnitt)

Nuttiefe: ca. $\frac{1}{3} - \frac{1}{2}\,D$

3.4 Darstellung von Fachbodenträgern im Frontal- und Vertikalschnitt (Teilschnitte)

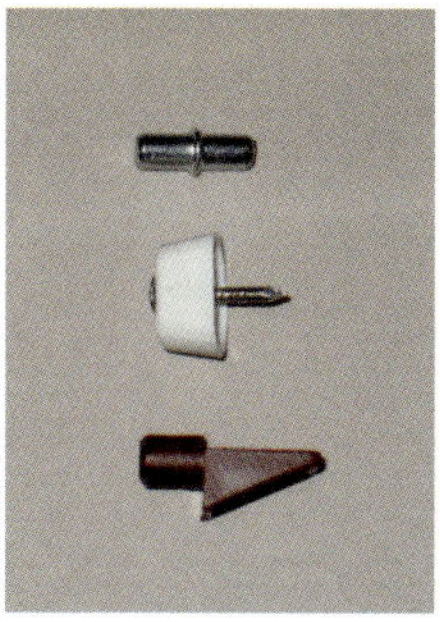

Frontalschnitt **Vertikalschnitt**

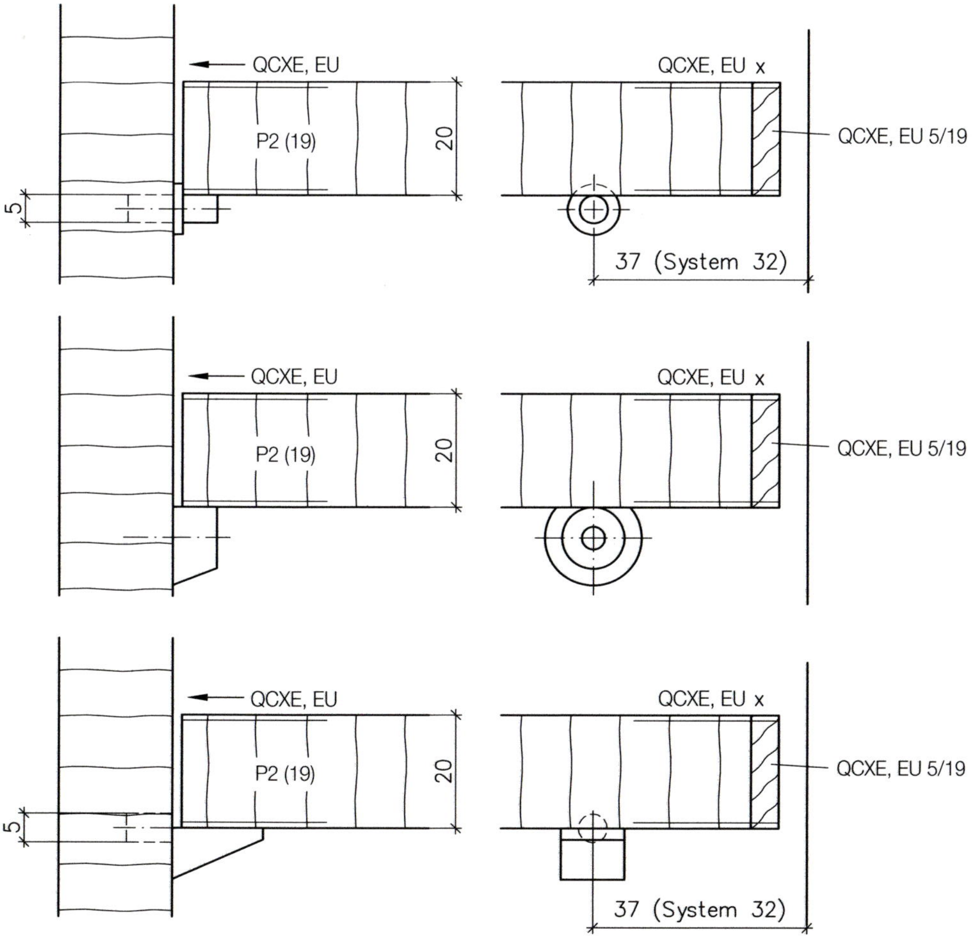

3.5 Darstellung einer Schrankaufhängung im Vertikalschnitt

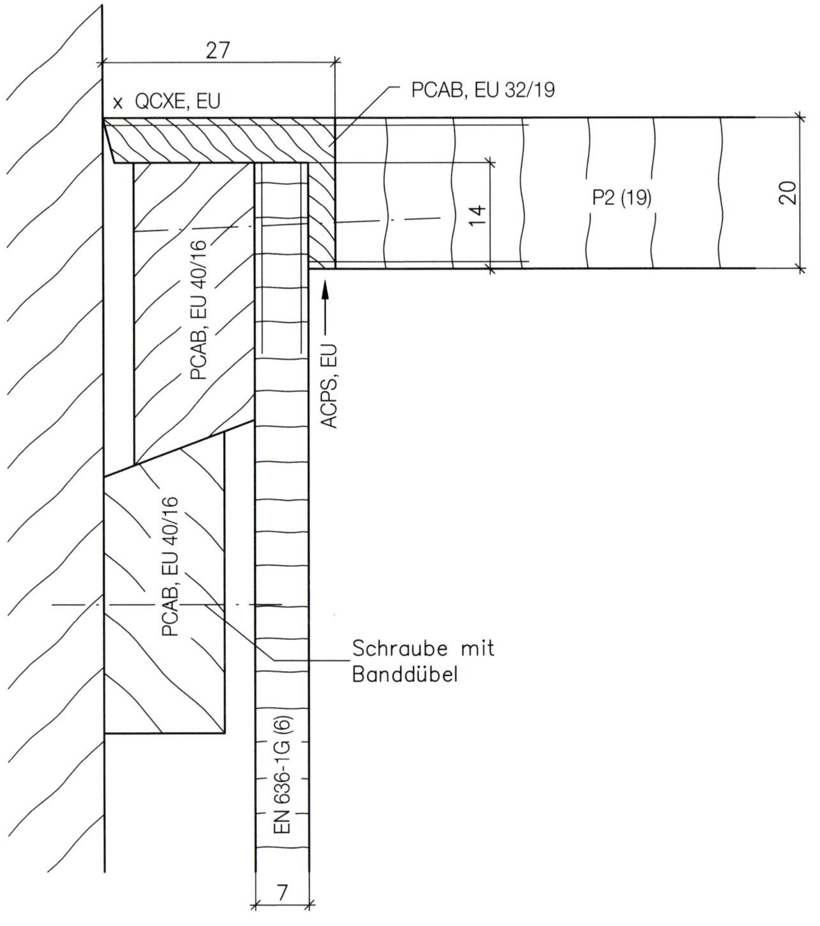

4 Grundlagen der Fertigung auf CNC-Maschinen

4.1 CNC[1]-Maschine

4.1.1 Aufbau der CNC-Maschine

CNC-Maschinen führen alle Tätigkeiten, die sonst ein Bediener an einer herkömmlichen Maschine ausführt, computergesteuert aus.
Maschinen, die auf diese Art ein Werkstück weitgehend bearbeiten können, müssen das Werkzeug in allen drei Raumrichtungen (längs, quer, hoch) bewegen können. Die Raumrichtungen werden als Achsen bezeichnet und mit X, Y und Z gekennzeichnet. Die Lage der Achsen zueinander ist für geometrische Darstellungen – und damit auch für Maschinen – in der Norm festgelegt und wird durch die **„Rechte-Hand-Regel"** anschaulich gemacht.

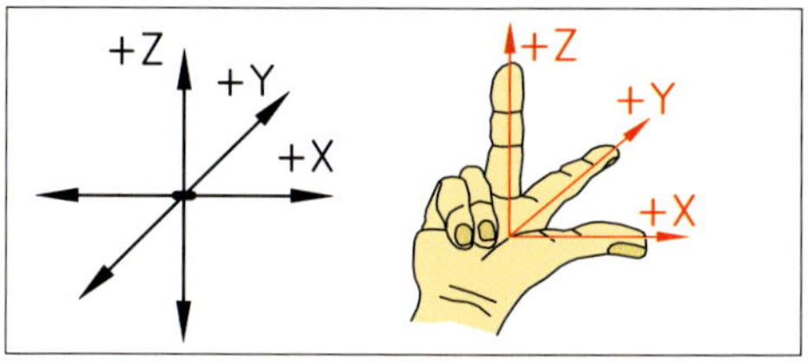

Daumen weist in **+X-Richtung**
Zeigefinger weist in **+Y-Richtung**
Mittelfinger zeigt in **+Z-Richtung**

Der Mittelfinger zeigt vom Werkzeug her gesehen in Richtung der Spindelachse – von der Schneide zur Einspannung.

Merke

An CNC-Maschinen muss das Werkzeug mindestens in drei Achsen (X, Y und Z) verschoben werden können. Die Lage der Achsen wird durch die „Rechte-Hand-Regel" beschrieben.

Viele CNC-Maschinen im Bereich der Holzbearbeitung sind als Fahrständermaschinen gebaut.
Die **Bewegung in X-Richtung** erfolgt durch den Fahrständer, der längs am Maschinentisch entlang fahren kann.
Die **Bewegung in Y-Richtung** geschieht durch Verschieben des Bearbeitungsaggregats (Spindelkasten, Antrieb und Werkzeug) auf einem Ausleger.
Die **Bewegung in Z-Richtung** erfolgt durch Hoch- und Herunterfahren des Bearbeitungsaggregats.

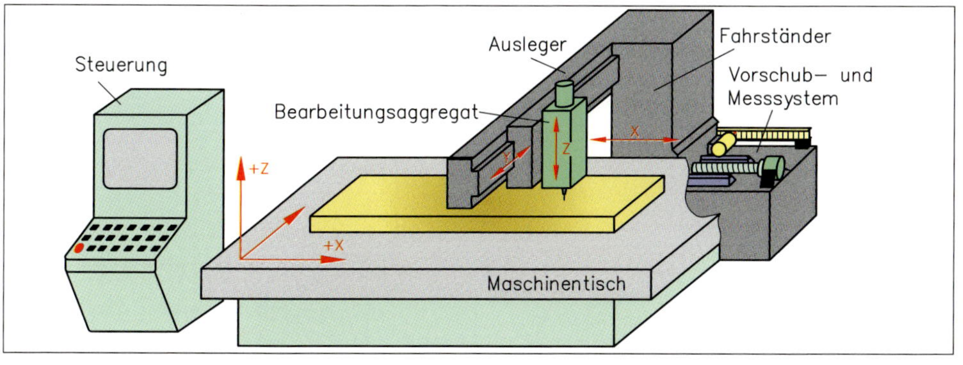

Fahrständermaschine ohne Abdeckung und Späneschürze (Schema)

[1] CNC = computerized numerical control – frei übersetzt: computerüberwacht und zahlenwertgesteuert

Jede Achse der CNC-Maschine hat einen eigenen Vorschubmotor mit Getriebe und ein eigenes Messsystem.
Der Vorschubmotor jeder Achse erhält vom Computer der Steuerung die Befehle zum Verfahren in eine andere Position. Das Messsystem misst laufend die augenblickliche Position. Eine elektronische Regeleinrichtung vergleicht diesen Istwert der Position mit dem Sollwert und gibt einen entsprechenden Befehl an den Vorschubmotor. Dies wird so lange fortgesetzt, bis der Istwert mit dem Sollwert übereinstimmt.

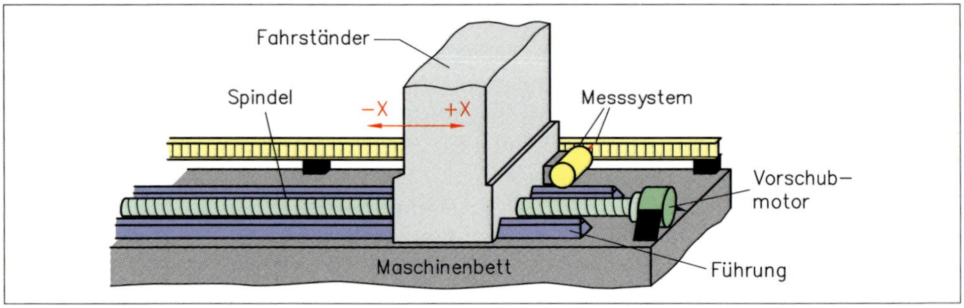

Antriebs- und Messsystem an der X-Achse einer Fahrständermaschine (Schema)

Das Messsystem der Maschine hat seinen Ursprung im **Maschinennullpunkt**. Dieser Punkt müsste nach jedem Einschalten der Maschine angefahren werden, damit die Steuerung von hier aus die jeweilige Position des Werkzeuges berechnen kann. Da der Maschinennullpunkt meist an den äußeren Grenzen des Verfahrbereiches der Achsen liegt, ist das Anfahren umständlich. Darum gibt es einen Referenzpunkt mit genau festgelegtem Abstand vom Maschinennullpunkt, der leicht mit dem Werkzeug anzufahren ist, damit das Messsystem der Maschine auf Null gestellt werden kann.

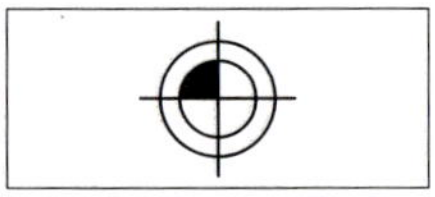

*Symbol für Maschinennullpunkt **M***

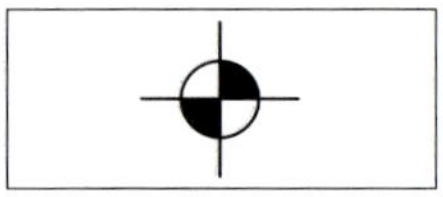

*Symbol für Referenzpunkt **R***

Man spricht wegen des geschlossenen Kreises aus Regler, Vorschubmotor und Messsystem vom **Lageregelkreis der CNC-Maschine**.

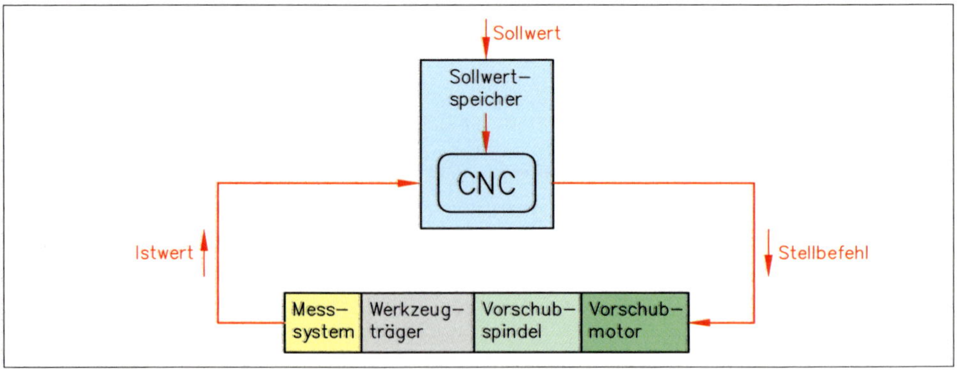

Lageregelkreis an der CNC-Maschine

Die Art der Bearbeitung stellt unterschiedliche Anforderungen an die Steuerung der CNC-Maschine.

Heute verwendete Steuerungen können mindestens zwei Achsen *gleichzeitig* steuern. Damit können sie in der Ebene beliebige Bahnen aus Geraden und Kurven erzeugen, wie sie z. B. in der Bootsschreinerei oder dem Ladenbau anfallen. Man nennt diese Steuerungen darum **2D-Bahnsteuerungen**.
Steuerungen, die gleichzeitig drei Vorschubmotoren steuern können, erlauben die Erzeugung beliebiger räumlicher Kurven, wie sie z. B. bei Krümmungen und Übergängen in Treppenhandläufen auftreten. Diese Steuerungen sind **3D-Bahnsteuerungen**.

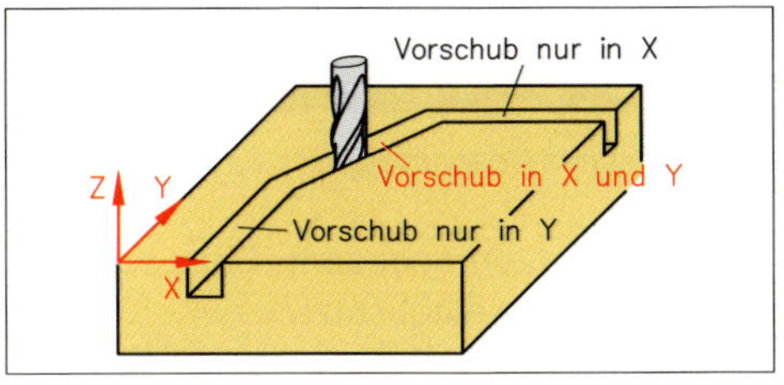

2D-Bahnsteuerung

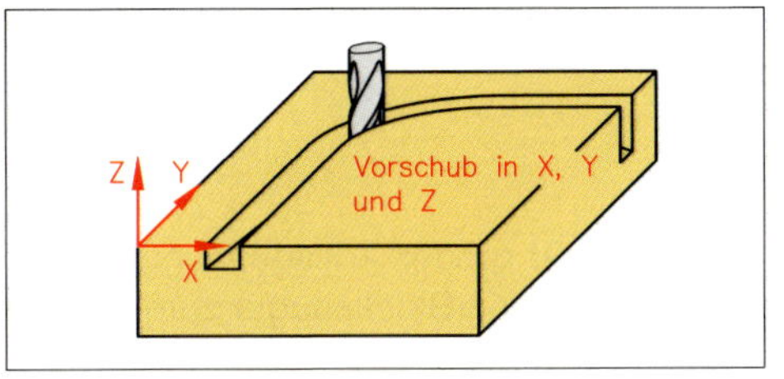

3D-Bahnsteuerung

Merke

Steuerungen, die gleichzeitig mehrere Achsen der CNC-Maschine steuern können, sind Bahnsteuerungen.
2D-Bahnsteuerungen können gleichzeitig 2 Achsen steuern.
3D-Steuerungen steuern gleichzeitig 3 Achsen.

4.1.2 Werkstückspannsysteme auf CNC-Maschinen

Der Maschinentisch von CNC-Maschinen zur Holzbearbeitung ist nur in Ausnahmefällen eine durchgehende ebene Fläche, da häufig das Werkstück völlig durchtrennt werden muss, z. B. bei Sägeschnitten, durchgehenden Bohrungen und Kantenbearbeitungen. In diesen Fällen würde das Werkzeug die Tischoberfläche erreichen, wenn nicht mit einer zerpanbaren Unterlage gearbeitet würde.
Aus diesem Grunde wird bei den meisten CNC-Maschinen in der Holzbearbeitung die Auflagefläche durch leicht verschiebbare Konsolen mit gleich hohen Aufsätzen gebildet. Diese Konsolen werden mit den Aufsätzen in solche Positionen geschoben und fixiert, in denen sie nicht mit dem Werkzeug kollidieren können.

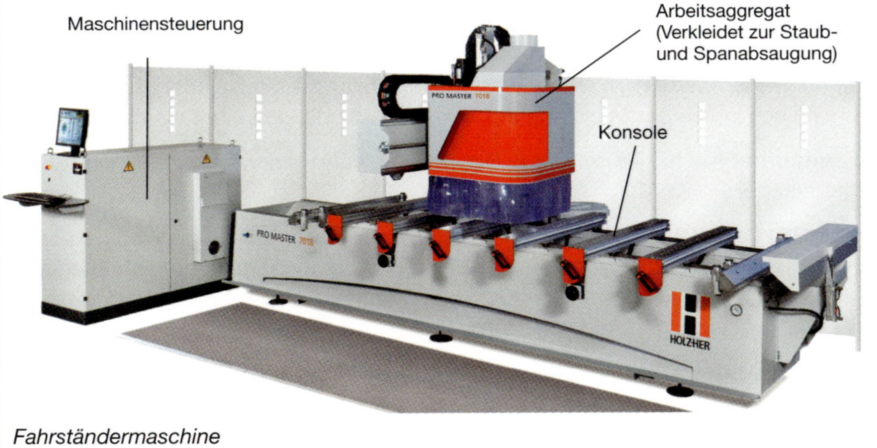

Fahrständermaschine mit Konsolen

Die Aufsätze auf den Konsolen zum Spannen der Werkstücke richten sich im Wesentlichen nach der Größe der Auflagefläche. Werkstücke mit sehr kleiner Auflagefläche werden mechanisch mit Spannschrauben oder pneumatisch betätigten Spannelementen gespannt.

Pneumatisches Spannsystem

Bei genügend großer Auflagefläche wird mit Vakuumspannern gespannt. Dazu werden auf den Konsolen Blocksauger zum Spannen der Werkstücke eingesetzt.

Vakuumspannsystem

Blockspanner eines Vakuumspannsystems

4.1.3 Werkzeuge für die CNC-Bearbeitung

CNC-Maschinen zur Holzbearbeitung sind mit einer Vielzahl von Bearbeitungsaggregaten und den entsprechenden Werkzeugen ausgerüstet. Im einfachsten Falle gehören dazu Fräswerkzeuge und Bohrwerkzeuge, mit denen waagerechte und senkrechte Bohrungen ausgeführt werden können. Häufig sind auch Sägeaggregate angefügt.

Die meisten Bearbeitungszentren verfügen über Schnellwechselsysteme für Werkzeuge. Damit der Wechsel einfach und schnell erfolgen kann, müssen die Werkzeuge von Spannzeugen aufgenommen werden, die sich selbst in der Aufnahme der Spindel zentrieren und bei den hohen Drehzahlen der Maschine sicher in der Spindel gespannt werden können.

Als **Werkzeugaufnahme** haben sich zwei Systeme bewährt, der Steilkegel (SK) und der Hohlschaftkurzkegel (HSK).

- **Steilkegel (SK)** haben einen großen Kegelwinkel. Dadurch sind sie in der kegligen Spindelbohrung nicht selbsthemmend wie z. B. die Werkzeugaufnahmen mit Morsekegel an der Bohrmaschine. Steilkegel werden durch eine Zugstange oder ein Greifsystem in die Spindelbohrung eingezogen und gehalten.
- **Hohlschaftkurzkegel (HSK)** haben kleineren Kegelwinkel und erheblich kürzere Baulänge als Steilkegel. Sie werden durch ein Greifersystem von innen gefasst und mit dem Umfang gegen die kegelige Bohrung in der Maschinenspindel und mit der ringförmigen Planfläche gegen den Außenrand der Spindel gepresst.

In der Werkzeugaufnahme werden die Werkzeuge gespannt. Dies geschieht für Werkzeuge mit Drehzahlen bis etwa 16 000 1/min mechanisch mit Spannzangen wie sie auch in Handfräsmaschinen eingesetzt werden. Bei höheren Drehzahlen geschieht das Spannen in Schrumpf- oder Dehnfuttern.

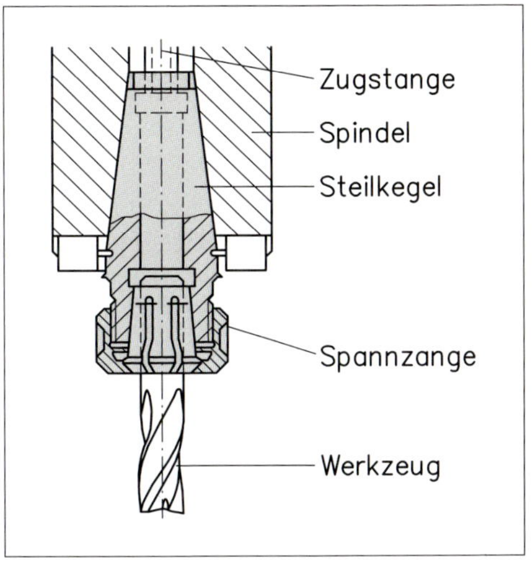

Werkzeugaufnahme miit Steilkegel und Spannzange

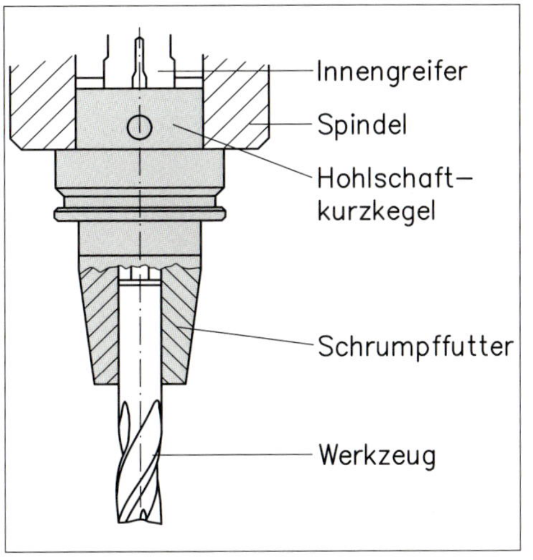

Werkzeugaufnahme mit Hohlschaftkurzkegel und eingeschrumpftem Werkzeug

Merke

Schnellwechselsysteme für Werkzeuge müssen mit einheitlichen Werkzeugaufnahmen ausgerüstet sein. Es werden Werkzeugaufnahmen mit Steilkegel (SK) oder Werkzeugaufnahmen mit Hohlschaftkurzkegel (HSK) verwendet.

Die Werkzeuge, z. B. Fräser und Bohrer, sind unterschiedlich lang und haben verschiedene Durchmesser. Damit die Steuerung der Maschine diese unterschiedlichen Längen und Durchmesser berücksichtigen kann, müssen wichtige Maße der Werkzeuge in den Werkzeugdatenspeicher der Steuerung eingegeben werden.

Die Planflächenebene der Maschinenspindel ist die Bezugsebene für die Bestimmung der Werkzeuglänge.
Von ihr aus werden die Längenmaße genommen.

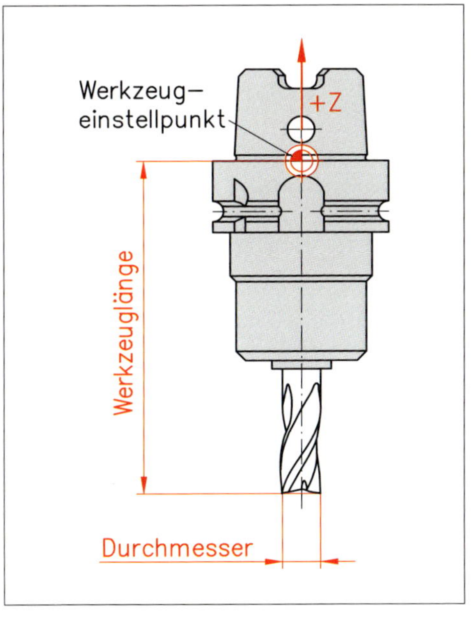

Werkzeugmaße

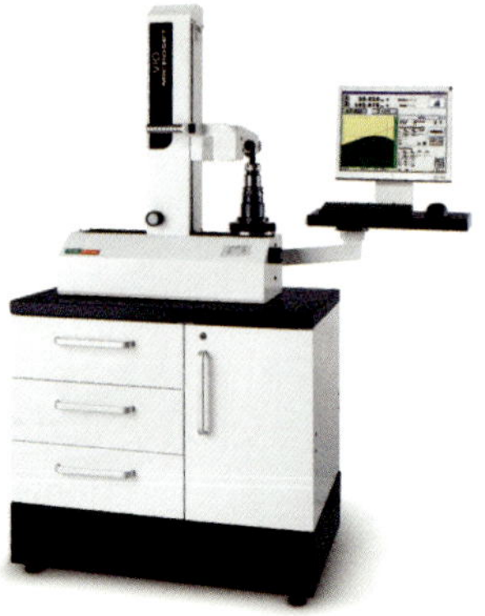

Werkzeugvoreinstellgerät DMG VIO 210

Das Messen der Werkzeuge geschieht mit Werkzeugeinstellgeräten. In diesen wird die Werkzeugaufnahme ähnlich wie in der Maschinenspindel gespannt. Länge und Durchmesser werden mechanisch oder durch ein Laser-Messsystem erfasst. Meist kann auch die Werkzeugschneide optisch stark vergrößert abgebildet und damit die Kontur geprüft werden.

Die Messergebnisse werden in den Werkzeugspeicher der CNC-Maschine eingegeben oder direkt per Datenleitung übertragen.

Merke

Die Werkzeuglänge wird gegenüber dem Werkzeugeinstellpunkt der Werkzeugaufnahme gemessen.
Werkzeuglänge und -durchmesser sowie ggf. Daten zum Werkzeugprofil werden in den Werkzeugspeicher der CNC-Maschine eingegeben.

Die Werkzeuge werden in Werkzeugmagazinen an der CNC-Maschine in Bereitschaft gehalten und können von dort schnell eingewechselt werden. Um die Wechselzeit zu verkürzen, werden häufig in unmittelbarer Nähe des Bearbeitungsaggregats die für den Auftrag am meisten gebrauchten Werkzeuge mitgeführt.

12-fach Werkzeugwechselsystem mit Werkzeugen (Ansicht nach Entfernen der Verkleidung)

4.2 Grundlagen zur Programmierung

Alle Tätigkeiten, die ein Fachmann an einer herkömmlichen, handgeführten Maschine ausführt, müssen bei einer Fertigung auf einer CNC-Maschine sorgfältig vorgeplant und bei der Programmierung als Befehle in die Maschine eingegeben werden. Die Folge der Befehle nennt man das Programm.

Ein Programmierer sagte:
„Das Programmieren ist ganz einfach. Ich stelle mir vor, ich sitze auf dem Werkzeug und fahre wie mit dem Auto der Kontur entlang."

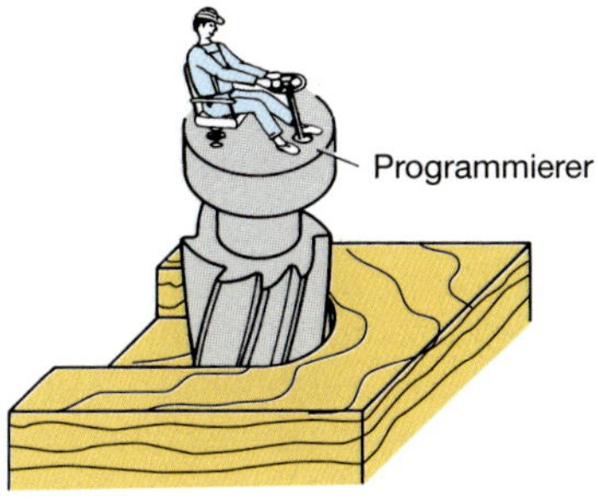

Man unterscheidet bei den Informationen, die im Programm an die Steuerung der Maschine gegeben werden,

- **Schaltinformationen**, z. B. Einstellen der Drehzahl, Einstellen der Drehrichtung, Einschalten des Motors und
- **Weginformationen**, z. B. Heranfahren an das Werkstück, Eintauchen des Werkzeugs, Abfahren des geplanten Weges, Herausfahren des Werkzeuges.

4.2.1 Schaltinformationen

An handgeführten Maschinen stellt der Fachmann meist mithilfe von Schaltern und Stellrädern die Maschine ein. An CNC-Maschinen geschieht dies durch genormte Befehle. Wichtige Befehle zum Ein- und Ausschalten der Spindel sind

M03 (oder kürzer M3)	Spindel EIN Drehrichtung rechts
M04 (M4)	Spindel EIN Drehrichtung links
M05 (M5)	Spindel AUS
S...	Spindeldrehzahl in 1/min, z.B. S3000 = 3000 1/min

Zur Feststellung der Drehrichtung der Spindel blickt man von der Antriebsseite in Richtung Werkstück. Bewegt sich die Spindel aus dieser Blickrichtung im Uhrzeigersinn, liegt ein Rechtslauf vor.

Der Vorschub des Werkzeuges, den an handgeführten Maschinen der Bediener meist entsprechend seiner Erfahrung ausführt, muss ebenfalls durch Befehle programmiert werden. Der Vorschub kann als Vorschubgeschwindigkeit in mm/min oder abhängig von der Spindeldrehzahl in mm/Umdrehung angegeben werden:

G94 F...	Vorschub in mm/min, z. B. G94 F2000 = Vorschubgeschwindigkeit 2000 mm/min
G95 F...	Vorschub in mm/Umdrehung, z. B. G95 F0,2 = Vorschub 0,2 mm je Spindelumdrehung

Ein automatischer Werkzeugwechsel wird mit dem Befehl zum Wechsel (T von engl. tool = Werkzeug) und der Werkzeugnummer des einzuwechselnden Werkzeugs programmiert:

M06 (M6)	Werkzeugwechsel
T...	Werkzeug, z. B. M06 T16 = Werkzeug mit der Nr. 16 automatisch einwechseln

4.2.2 Weginformationen

Mit der handgeführten Maschine arbeitet der Fachmann entlang des Anrisses oder benutzt Anschläge und Schablonen, um die geforderte Kontur herzustellen. Anders an der CNC-Maschine. Dort muss der Steuerung jeder Punkt eingegeben werden, an dem eine Änderung der Bewegungsrichtung erfolgt. Die Angabe der Lage dieser Punkte geschieht durch ihre X-, Y- und Z-Koordinaten.
Dabei gibt es mehrere Möglichkeiten. Die eine ist die Beschreibung durch die X-, Y- und Z-Koordinaten, die von einem Nullpunkt aus gemessen werden, die **Absolutbemaßung**. Eine andere Beschreibung geschieht durch die Angabe des Abstandes des folgenden Punktes vom gegenwärtigen. Dies ist die **Inkrementalbemaßung**.

Wegprogrammierung mit Absolutmaßen

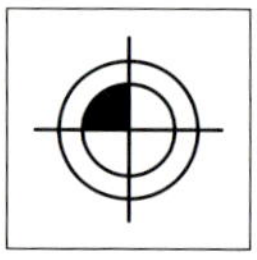

Werkstücknullpunkt WNP

Als Nullpunkt für die Koordinaten kann der CNC-Programmierer jeden beliebigen Punkt annehmen – zweckmäßig ist aber bei eckigen Werkstücken ein Eckpunkt und bei symmetrischen Werkstücken ein Punkt auf der Symmetrielinie. Der Programmierer kennzeichnet den Werkstücknullpunkt durch ein Symbol und ggf. zusätzlich durch die Buchstabenkennzeichnung WNP, damit bei späteren Programmänderungen oder -ergänzungen die Lage des Nullpunktes sofort wieder zu finden ist.

Beispiel

Ein Tischler möchte in den von ihm gefertigten Möbeln innen ein Schild mit den Initialen seiner Firma J.P. anbringen. Er hat einen Entwurf für ein Schild von 90 x 60 mm gefertigt. Die Buchstaben sollen mit einem Halbrundfräser mit 8 mm Durchmesser 5 mm tief eingefräst werden.
Für einen Teil der wichtigen Stellen, an denen eine Konturänderung beginnt, und an den Mittelpunkten der Radien sind die Koordinatenpunkte angetragen.

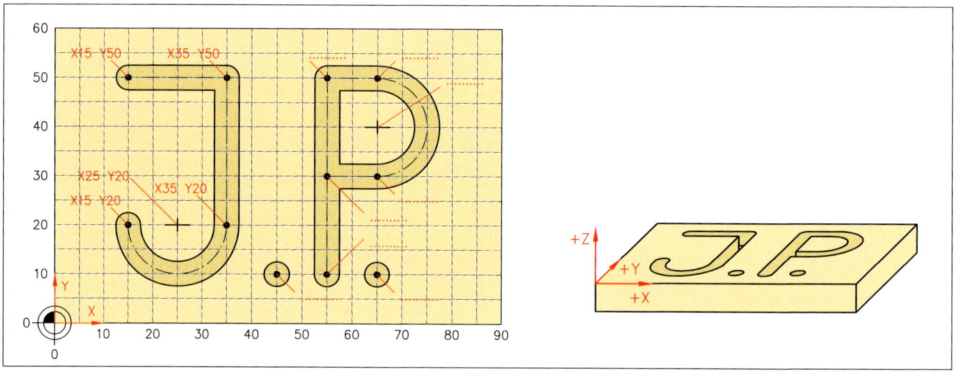

Aufgabe

Ergänzen Sie die Koordinaten am Buchstaben P und den beiden Punkten.

Den Weg, den das Werkzeug von einem Punkt zum nächsten zurücklegen soll, beschreibt der Programmierer mit Wegbefehlen.

G01 (verkürzt G1)	Fahre geradeaus mit dem angegebenen Vorschub
G02 (G2)	Fahre einen Kreisbogen mit dem angegebenen Vorschub im Uhrzeigersinn
G03 (G3)	Fahre einen Kreisbogen mit dem angegebenen Vorschub gegen den Uhrzeigersinn
G00 (G0)	Fahre im Eilgang auf kürzestem Weg zum angegebenen Punkt. Das Werkzeug darf dabei *nicht im Eingriff* sein!

Beispiel

Beim Fräsen des Buchstabens J soll von Punkt X15, Y50 ausgegangen werden. Der Fräser soll 10 mm oberhalb des Werkstücks die Startposition anfahren. Die Wegbeschreibung des Fräsers ist diese:

G0 Z10	Fahre an der Startposition im Eilgang 10 mm hoch
G0 X15 Y50 (Z10)	Fahre im Eilgang zu X15 Y50
G1 (X15) (Y50) **Z-5**	Tauche mit dem Fräser geradeaus in Z-Richtung 5 mm tief ein
(G1) **X35** (Y50) (Z-5)	Fahre mit Vorschub zu X35
(G1) (X35) **Y20** (Z-5)	Fahre mit Vorschub zu Y20
G2 X15 (Y20) (Z-5) **R10**	Fahre mit Vorschub einen Kreisbogen mit R10 im Uhrzeigersinn zu X15
G1 (X15) (Y20) **Z10**	Fahre mit Vorschub 10 mm hoch

Die eingeklammerten Angaben müssen nicht eingegeben werden, da gegenüber der vorherigen Position keine Verschiebung in der entsprechenden Achsrichtung stattfindet. Ebenso bleiben die Befehle G0 und G1 so lange gespeichert, bis ein gegenteiliger Befehl erfolgt und brauchen in aufeinander folgenden Sätzen nicht wiederholt zu werden.

Aufgabe

Beschreiben Sie in der gleichen Weise wie beim Buchstaben J die Wege zum Ausarbeiten der Punkte und des Buchstabens P. Das P soll unten auf Höhe der beiden Punkte begonnen werden.

Die Beschreibung eines Kreisbogens kann auch durch die Angabe der Lage des Mittelpunktes statt durch die Radiusangabe erfolgen. Man gibt in diesen Fällen den Abstand des Mittelpunkts zum Startpunkt des Kreises an. Den X-Abstand bezeichnet man dabei mit I, den Y-Abstand mit J.

Beispiel

Im Beispiel ist der Startpunkt zum Fräsen des Kreisbogens im Buchstaben J bei X35 Y20. Der Mittelpunkt liegt in negativer X-Richtung um 10 mm versetzt. Darum ist I-10. In Y-Richtung liegt der Mittelpunkt in gleicher Höhe. Der Abstand vom Starpunkt des Kreisbogens zum Mittelpunkt ist darum J0.

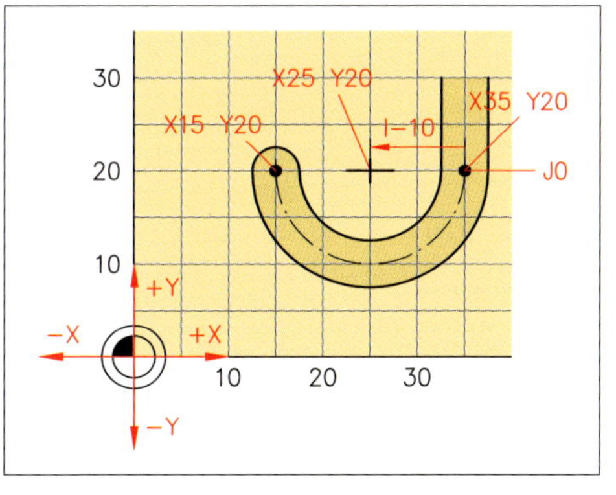

Die Beschreibung des Fahrweges unter Angabe des Mittelpunkts des Kreises lautet demnach:

....

G1 Y20	Fahre mit Vorschub zu Y20
G2 X15 I-10 J0	Fahre mit Vorschub einen Kreisbogen im Uhrzeigersinn zu X15. Der Kreismittelpunkt liegt in X-Richtung um -10 mm und in Y-Richtung um 0 mm versetzt.

In der Grundeinstellung sind alle Steuerungen so eingerichtet, dass sie im Einschaltzustand diese Form der Wegbeschreibung in absoluten Maßen aufnehmen. Von einer anderen Bemaßungsart schaltet die Steuerung mit dem Befehl **G90** auf die Absolutmaßprogrammierung um.

Merke

Die Absolutmaßprogrammierung wird durch den Befehl G90 eingegeben. Absolutmaße sind die tatsächlichen Abstände zum Werkstücknullpunkt.

Wegprogrammierung mit Inkrementalmaßen

Bei der Programmierung mit Inkrementalmaßen werden von einem Ausgangspunkt die zum nächsten Punkt zu durchfahrenden Strecken angegeben. Der Beginn der Inkrementalbemaßung muss mit **G91** der Steuerung eingegeben werden. Sobald G90 (Absolutbemaßung) eingegeben wird, endet die Inkrementalbemaßung des Weges.

Beispiel Ausgehend vom Punkt X15 Y50 soll der Buchstabe J inkremental programmiert werden.

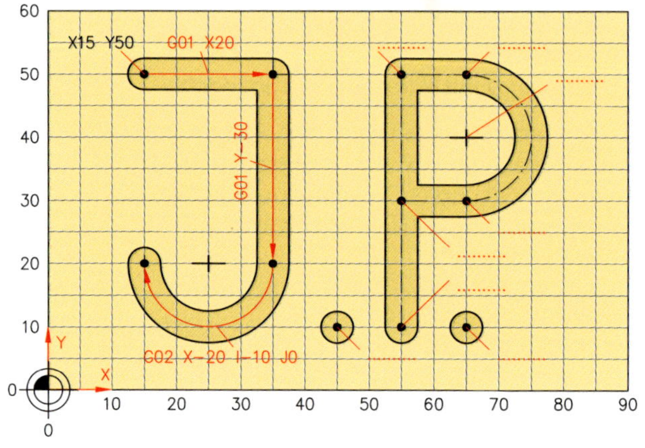

Beschreibung des Weges:

G0 Z10	Fahre im Eilgang an der Startposition 10 mm hoch
G0 X15 Y50	Fahre im Eilgang zu X15 Y50
G1 Z-5	Tauche mit dem Fräser geradeaus in Z-Richtung 5 mm tief ein
G91 X20	ab hier Inkrementalbemaßung, 20 mm in +X fahren
Y-30	30 mm in –Y-Richtung fahren
G2 X-20 I-10 J0	Kreisbogen im Uhrzeigersinn fahren, Endpunkt 20 mm in –X-Richtung, Mittelpunkt 10 mm in –X-Richtung und 0 mm in Y-Richtung entfernt
G1 Z15	15 mm in Z-Richtung hochfahren
G90	Ende der Inkrementalbemaßung, weiter mit Absolutbemaßung

Aufgabe *Beschreiben Sie den Weg zum Fräsen des Buchstabens P mit Inkrementalmaßen. Gehen Sie wie in der vorigen Aufgabe vom unteren Ende des Buchstabens aus.*

Vereinfachtes Programmieren von Übergangsradien und Fasen

Viele Programmiersysteme vereinfachen die Programmierung von Übergangsradien und Fasen so, dass die Startpunkte von Radien und Fasen nicht mehr berechnet und programmiert werden müssen. Die Arbeitswege werden dann so beschrieben, als sei das Werkstück scharfkantig. Der Übergangsradius oder die Fase wird z. B. mit dem Befehlszusatz RN und der Maßangabe des Radius bzw. der Fase angehängt. Positives RN erzeugt einen Radius, negatives eine Fase.

Beispiel

Folgendes Beispiel zeigt die vereinfachte Beschreibung einer Kontur mit Übergangsradien und Fasen (steuerungsabhängiges Beispiel)

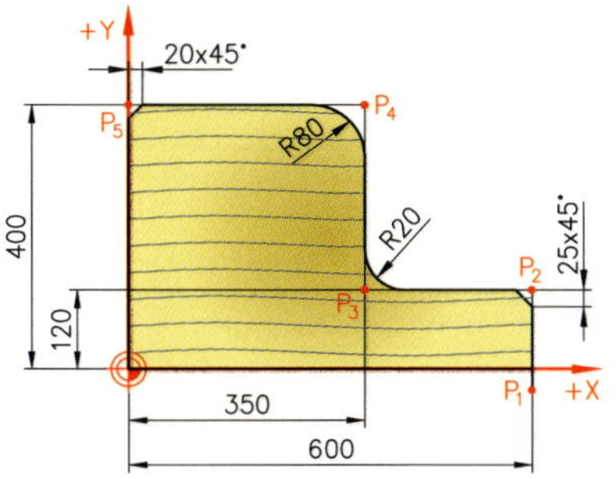

Beschreibung des Weges:

```
G01 X600  Y0       zu   P1
    Y120  RN-5     zu   P2 am Schluss Fase
    X350  RN+20    zu   P3 am Schluss Radius
    Y400  RN+30    zu   P4 am Schluss Radius
    X0    RN-6     zu   P5 am Schluss Fase
    Y0             zu   P6
```

Merke

Übergangsradien und Fasen können vereinfacht programmiert werden indem das Werkstück scharfkantig beschrieben wird und die Übergänge mit einem entsprechenden Zusatz gekennzeichnet werden.

Werkzeugbahnkorrektur

In den bisher bearbeiteten Beispielen entsprach die Bahn des Frästermittelpunktes genau der gewünschten Kontur. Um ein Werkstück außen oder innen eine gewünschte Kontur bearbeiten zu lassen, muss der Fräser um seinen Radius seitlich versetzt werden. Diesen Versatz berechnet die CNC-Steuerung automatisch aus den Angaben für die gewünschte Kontur und dem Durchmesser des Werkzeugs, der im Werkzeugspeicher hinterlegt ist. Man nennt diesen Versatz, der durch die Befehle G41, G42 und G40 programmiert wird, die Werkzeugbahnkorrektur.

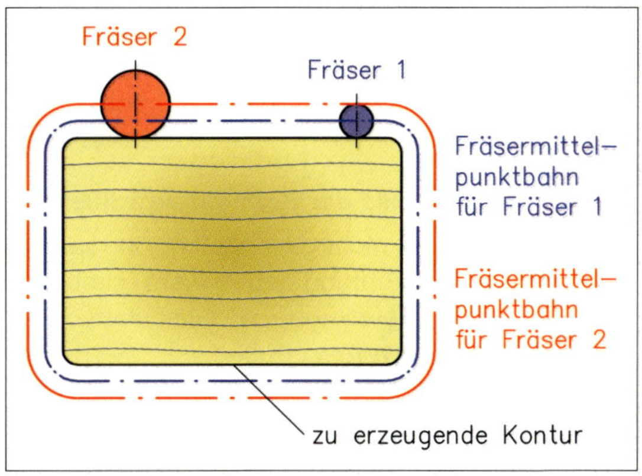

Lage der Fräsermittelpunktsbahn

Der Versatz des Fräsers benötigt Zeit. Darum ist der Fräserversatz mit einem gewissen Vorlauf zu programmieren, bevor der Fräser die Kontur erreicht.

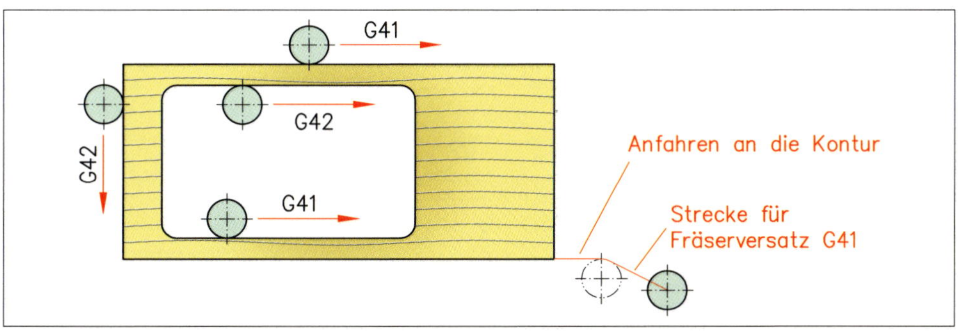

Merke

Werkzeug in Vorschubrichtung links von der Kontur G41.
Werkzeug in Vorschubrichtung rechts von der Kontur G42.
G40 hebt die Werkzeugbahnkorrektur auf.

Beispiel

Eine Füllung mit den angegebenen Maßen soll aus Furniersperrholz, 8 mm stark, ausgefräst werden.

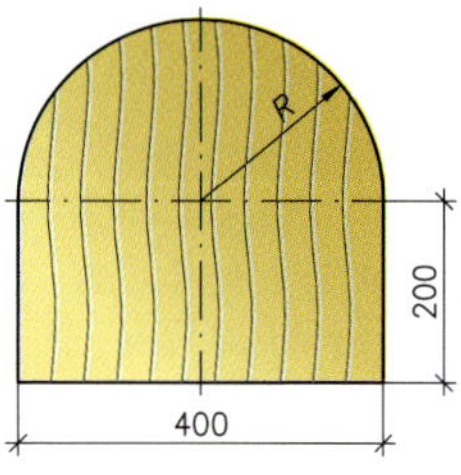

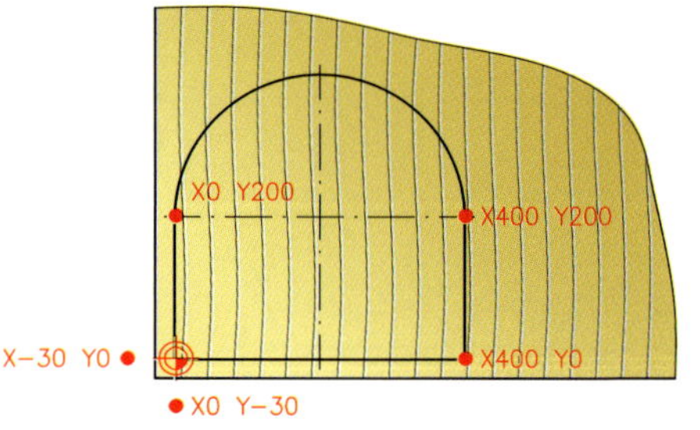

Beschreibung des Werkzeugweges:

G1	Z-10		Fahre mit programmiertem Vorschub auf 10 mm Tiefe
G41			Werkzeug um Betrag des Werkzeugradius nach links versetzen
G0	X0	Y-30	Fahre im Eilgang auf 30 mm vor den Nullpunkt
		Y200	Fahre mit programmiertem Vorschub zum Beginn des Radius
G2	X400	Y200 R200	Fahre mit programmiertem Vorschub einen Halbkreis mit R = 200 mm
G1	X400	Y0	Fahre mit programmiertem Vorschub zu Y = 0
	X-30		Fahre mit programmiertem Vorschub heraus zu x-30
	Z10		Fahre mit programmiertem Vorschub 10 mm über das Werkstück
G40			Hebe die Werkzeugradienkorrektur auf, d. h. fahre mit der Mitte des Werkzeugs weiter entlang der programmierten Kontur

Einfluss der Schneidenradiuskorrektur auf die Qualität der Schnittfläche

Es ist nicht gleichgültig, ob man den Fräser rechts oder links der Kontur führt. Je nach Drehrichtung des Fräsers entsteht dabei Gleichlauf- oder Gegenlauffräsen.
Zur Beurteilung, ob Gleichlauf- oder Gegenlauffräsen vorliegt, denkt man sich *das Werkstück vorgeschoben*.
Wenn die Vorschubrichtung des Werkstücks mit der Schnittrichtung übereinstimmt, liegt **Gleichlauffräsen** vor. Würde man das Werkstück loslassen, würde es vom Fräser mitgerissen.
Wenn die Vorschubrichtung des Werkstücks gegen die Schnittrichtung gerichtet ist, spricht man von **Gegenlauffräsen**. Würde man das Werkstück loslassen, würde es vom Fräser zurückgeschleudert, so wie man es von allen handgeführten Werkzeugmaschinen kennt. Beim Gegenlauffräsen dringt die Schneide allmählich in den Werkstoff ein. Am Ende des Schnittvorgangs ist der größte Spanquerschnitt erreicht. Darum besteht die Gefahr, dass das Holz am Ende des Schnittes ausreißt. Beim Gleichlauffräsen ist dies umgekehrt, darum führt Gleichlauffräsen zu besserer Oberflächenqualität.

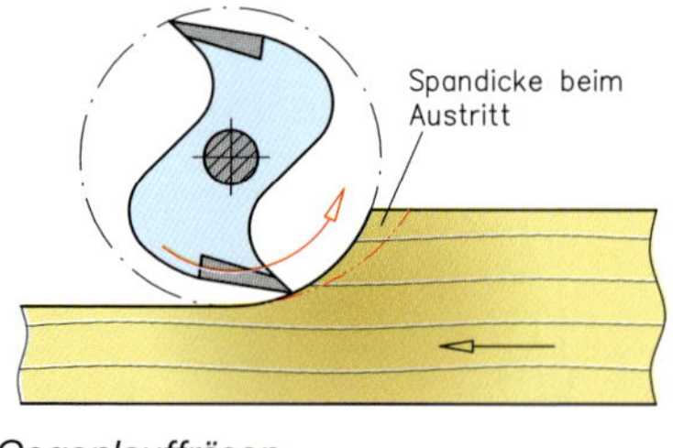

Gegenlauffräsen

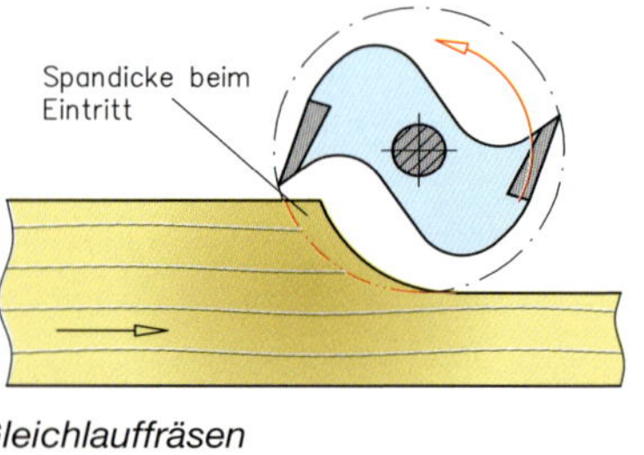

Gleichlauffräsen

Merke

Mit einem rechtsdrehenden Werkzeug führt G41 immer zu Gleichlauffräsen und G42 zu Gegenlauffräsen. Gleichlauffräsen führt zu besserer Oberflächenqualität.

4.2.3 An- und Abfahren der Werkzeuge

Der Programmierer legt den Startpunkt fest, an dem die Bearbeitung der Kontur durch das Werkzeug beginnt. Beim Fräsen werden vorwiegend vier verschiedene An- und Abfahrtstrategien angewendet.
Die An- und Abfahrt geschieht mit Vorschubgeschwindigkeit, mit der für die Bearbeitung vorgesehenen Drehzahl und mit der für den ersten Schnitt vorgesehenen Schnitttiefe.
Eine Schneidenradiuskorrektur soll schon im Satz vor der Anfahrbewegung erfolgen.

An- und Abfahren mit geradliniger Bewegung

Wenn der Fräser von außen an die zu umfahrende Kontur heran- und nach der Bearbeitung aus dem Werkstück herausgeführt werden kann, ist das An- und Abfahren mit einer geradlinigen Bewegung sinnvoll.

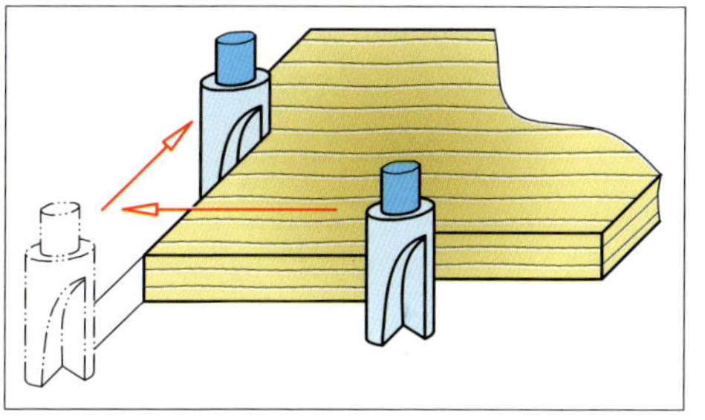

Geradliniges An- und Abfahren

Tangentiales An- und Abfahren

Besonders in Fällen, in denen ein Fräser an eine bereits bearbeitete Kontur herangeführt werden muss, um von dort die weitere Bearbeitung vorzunehmen, wird zweckmäßig das Anfahren an die Kontur mit einem Kreisbogen, meist einem Viertelkreis, gewählt. Da die Weiterfahrt in Richtung der Tangente an diesen Kreisbogen erfolgt, spricht man vom tangentialen Anfahren. Das Abfahren von der Kontur kann in gleicher Weise geschehen.

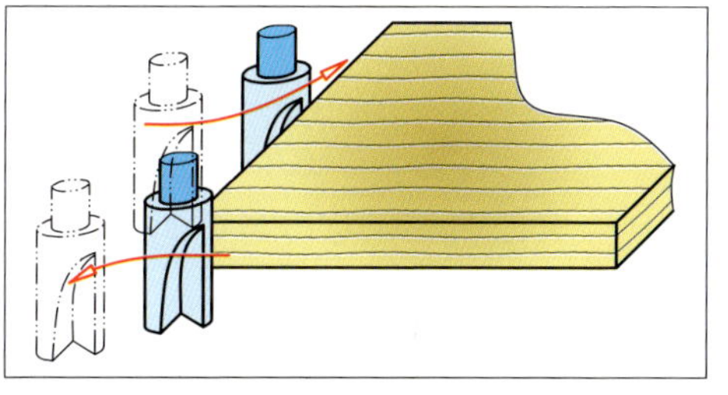

Tangentiales An- und Abfahren

Senkrechtes Ein- und Austauchen

Senkrechtes Eintauchen ist nur mit stirnseitig über die Mitte schneidenden Fräsern möglich. Beim senkrechten Eintauchen wird der Fräser zunächst über die programmierte Startposition geführt. Dort taucht er in das Werkstück ein.

Ein programmierter **Genauhalt (G9)** verhindert den unmittelbaren Übergang zum Bearbeitungsschritt, der dem Eintauchen folgt.
Erst, wenn die programmierte Endposition erreicht ist, wird bei einem Genauhalt der nächste Schritt eingeleitet und so ein „Verschleifen“ des Übergangs vermieden.

Das Austauchen geschieht ebenfalls mit einem Genauhalt. Dabei wird das Austauchen erst eingeleitet, wenn die genaue Position des Austauchens erreicht wird.

Bei senkrechtem Eintauchen und Durchstoßen von Platten können Abplatzungen auf der Unterseite auftreten, darum wählt man in diesen Fällen meist das „fliegende Eintauchen“.

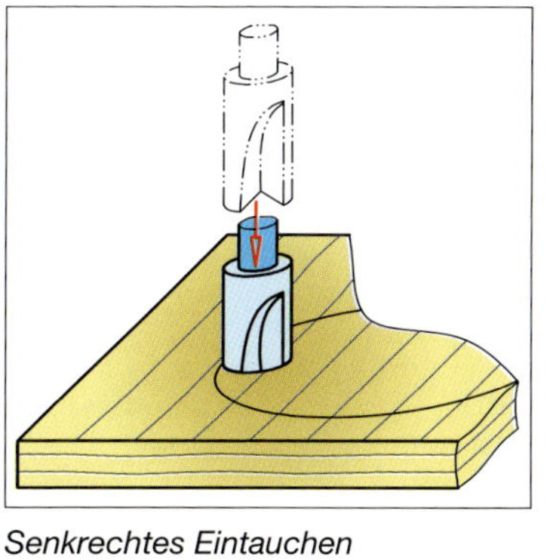

Senkrechtes Eintauchen

Fliegendes Ein- und Austauchen

Besonders schonend für das Werkzeug ist das Ein- und Austauchen auf einer Schrägen. Man nennt dies fliegendes Ein- und Austauchen oder Ein- und Austauchen auf einer Rampe. Im Falle eines Eintauchens mit einer Kreisbewegung spricht man auch vom Spiraleintauchen.

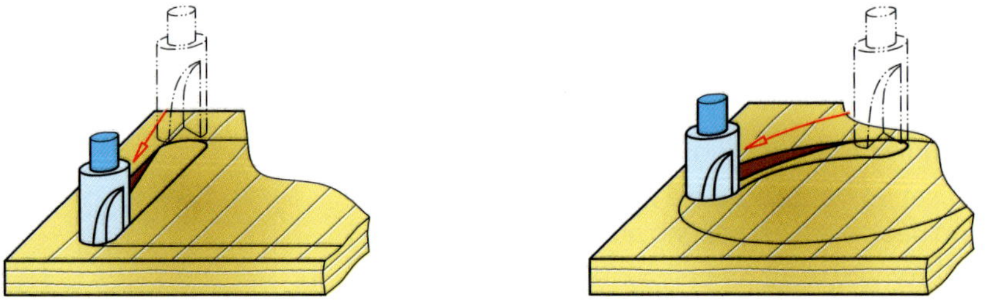

Fliegendes Eintauchen

Beispiel

In eine 22 mm starke Platte soll ein Ausschnitt gefräst werden. Zum Anfahren an die Kontur soll fliegend eingetaucht werden. Der Werkzeugweg zum Anfahren soll beschrieben werden.

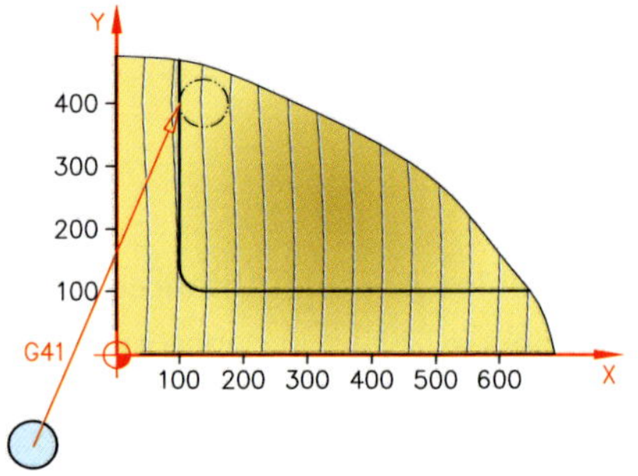

Beschreibung des Weges:

......

G41 G0 X100 Y400 Z10	Fräser bei der Eilgangbewegung nach links der Kontur versetzen und zu X100 Y400 und 10mm (Z10) über das Werkstück fahren
G1 Z0	Fräser mit Vorschub auf die Oberfläche absenken
X100 Y180 Z-24	Fräser mit Vorschub auf einer Schräge in das Werkstück eintauchen und dabei 2 mm durchstoßen
Y100 RN+50	mit Vorschub geradeaus fahren in Richtung X100 Y100, aber am Ende einen Radius von 50 mm fräsen

4.3 Zusammenfassung der Informationen im Programm

In das Programm werden alle Daten eingegeben, welche die Steuerung benötigt, um das Werkstück entsprechend von der Maschine ausführen zu lassen. Dabei werden zusammengehörige Befehle zu Sätzen zusammengefasst. Die Sätze werden nummeriert. Meist verwendet man dazu Zehnerschritte – so kann man später noch ohne großen Aufwand Sätze hinzufügen. Mit dem Befehl M30 schließt das Programm.

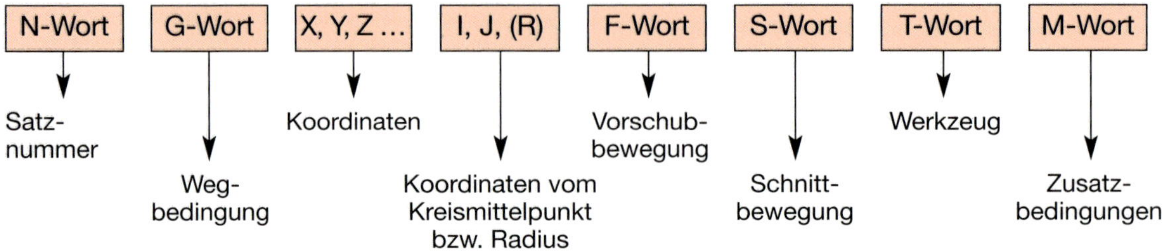

Beispiel

Aus einer 22 mm dicken Platte sollen die dargestellten Ausschnitte ausgefräst werden. Der ausgewählte Fräser hat die Werkzeugnummer T8. Er ist rechtsschneidend.

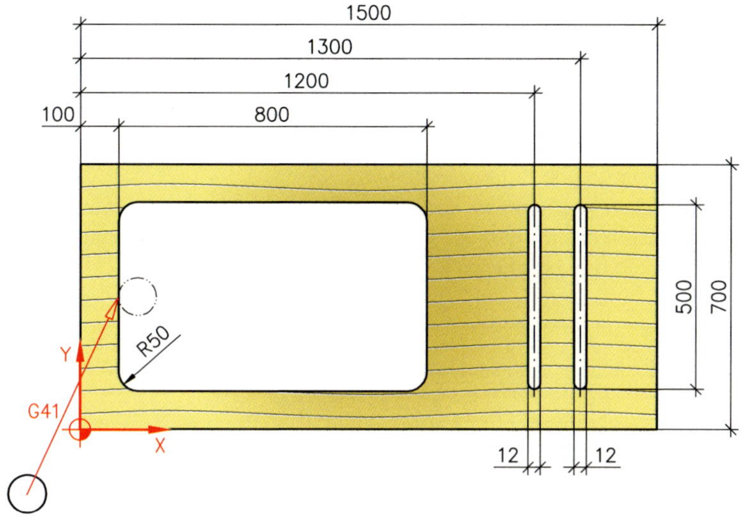

Programm:

N10 G90 G94 F2000 S12000 T8 M3	Absolutbemaßung, Vorschub 2000 mm/ min, Spindeldrehzahl 12000 1/min, Werkzeug T8, Spindel EIN rechts
N20 G41 G0 X100 Y400 Z10	Fräser bei der Eilgangbewegung nach links der Kontur versetzen und zu X100 Y400 und 10 mm (Z10) über das Werkstück fahren
N30 G1 Z0	Fräser mit Vorschub auf die Oberfläche absenken
N40 X100 Y180 Z-24	Fräser mit Vorschub auf einer Schräge in das Werkstück eintauchen und dabei 2 mm durchstoßen
N50 Y100 RN+50	mit Vorschub geradeaus fahren in Richtung X100 Y100, aber am Schluss einen Radius von 50 mm fräsen
N60 X900 RN+50	Mit Vorschub Richtung X900 Y100, am Schluss Radius R50 fräsen
N70 Y600 RN+50	Mit Vorschub Richtung X900 Y600, am Schluss Radius R50 fräsen
N80 X100 RN+50	Mit Vorschub Richtung X100 Y600, am Schluss Radius R50 fräsen
N90 Y100 RN+50	Mit Vorschub Richtung X100 Y100, am Schluss Radius R50 fräsen
N100 X500 Z10	Auf einer Schrägen ausfahren bis 10 mm über die Platte
N110 G40 G0 X1200 Y100	Aufheben der Werkzeugradienkorrektur, im Eilgang zu X1200 Y100
N120 Z-24 F600	Mit vermindertem Vorschub senkrecht eintauchen, 2 mm durchstoßen
N130 G9 G1 F3000 Y600	Genauhalt bis 24 mm Tiefe erreicht, dann mit erhöhtem Vorschub zu Y600 fahren
N140 G9 G0 Z10	Genauhalt bei Y600, dann im Eilgang herausfahren bis 10 mm über das Werkstück
N150 G0 X1300 Y600	Im Eilgang zu X1300 Y600 fahren
N160 Z-24 F600	Mit vermindertem Vorschub senkrecht eintauchen, 2mm durchstoßen
N170 G9 G1 F3000 Y100	Genauhalt bis 24 mm Tiefe erreicht, dann mit erhöhtem Vorschub zu Y100 fahren
N180 G9 G0 Z10	Genauhalt bei Y100, dann im Eilgang herausfahren bis 10 mm über das Werkstück
N190 M5 M6	Spindel ausschalten, zum Werkzeugwechselpunkt fahren
N200 M30	Programmende

Aufgaben

1. *Schreiben Sie das Programm zum Fräsen der Buchstabenkombination J. P. in Absolutmaßen.*
   Die Spindeldrehzahl soll 12 000 1/min und der Vorschub 3 000 mm/min betragen. Als Werkzeug ist der Fräser T5 vorgesehen.

a) *Zeichnen Sie die Buchstaben ab und tragen Sie die Punkte ein, an denen der Fräser Richtungsänderungen vorzunehmen hat.*
b) *Schreiben Sie das fettgedruckte Programm ab und fügen Sie an den gekennzeichneten Stellen die notwendigen Ergänzungen ein.*
c) *Ergänzen Sie das Programm so, dass auch die Punkte und der Buchstabe P gefräst werden. Fahren Sie am Ende des Programms den Fräser in die Werkzeugwechselposition und beenden Sie das Programm.*

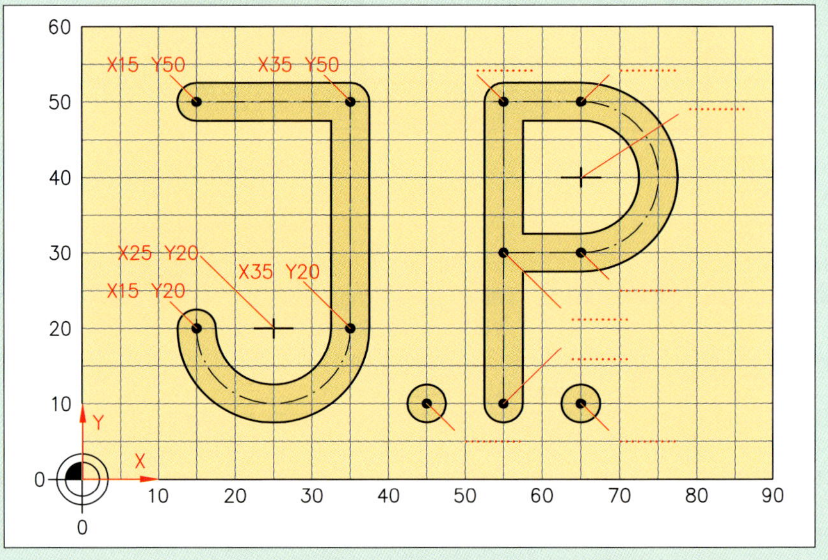

N10 G… G… F… S… T… M…	*Absolutbemaßung, Vorschub in mm/min, Spindeldrehzahl 12 000 1/min, Vorschub 3 000 mm/min, Werkzeug 5, Spindel EIN rechts*
N20 G… Z10	*Fahre im Eilgang 10 mm über das Werkstück*
N30 G0 X15 Y50	*Fahre im Eilgang zu X15 Y50*
N40 G1 Z…	*Tauche mit dem Fräser geradeaus in Z-Richtung 5 mm tief ein*
N50 X35	*Fahre mit Vorschub zu X35 Y50*
N60 Y20	*Fahre mit Vorschub zu X35 Y20*
N70 G… X15 …10	*Fahre mit Vorschub Kreisbogen mit R10 im Uhrzeigersinn zu X15 Y20*
N80 G1 Z10	*Fahre mit Vorschub wieder hoch auf 10 mm über das Werkstück*
N90 G0…	*Fahre im Eilgang zu …*
N91…	
…	
…	

2. *Schreiben Sie ein Programm zum Fräsen Ihrer Initialien in ähnlicher Weise wie das Beispielprogramm in diesem Kapitel. Gehen Sie in folgenden Schritten vor:*
   a) *Zeichnen Sie Ihre Initialien auf kariertes Papier (max. 150 mm x 120 mm).*
   b) *Bemaßen Sie die für die Wegbeschreibung wichtigen Punkte in Inkrementalbemaßung.*
   c) *Wählen Sie die technologischen Daten zum Fräsen. Wählen Sie das Fräserprofil.*
   d) *Schreiben Sie das Programm.*

3. *Auf einer CNC-Maschine soll der dargestellte Türausschnitt in eine 40 mm dicke Rundbogentür gefräst werden.*
   Der Startpunkt soll in Punkt P sein und der Fräser von dort im Uhrzeigersinn entlang der Kontur arbeiten. Der Fräser soll noch 5 mm aus der Unterseite heraustreten, um einen sauberen Ausschnitt zu erzeugen.
   Vorschub 1 200 mm/min;
   Spindeldrehzahl 16 000 1/min;
   Fräser T12
   Schreiben Sie das Fräsprogramm in Absolutmaßprogrammierung.

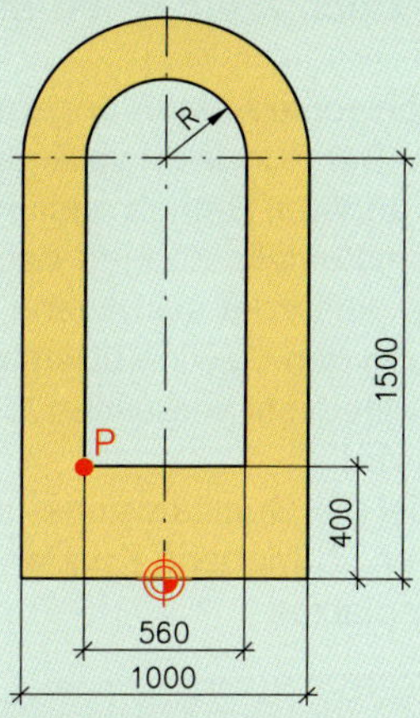

4. *In der Schreinerei einer Bootswerft soll aus 12 mm starkem Kunstharzpressholz (KP) die Vorderfront einer Küchenplatte hergestellt werden. Die Ausschnitte für Türen werden später mit einem Rahmen versehen und als Türen verwendet. Deshalb muss der Fräser genau an der Kontur eintauchen.*
   Vorschub 800 mm/min;
   Spindeldrehzahl 12 000 1/min;
   Fräser T8

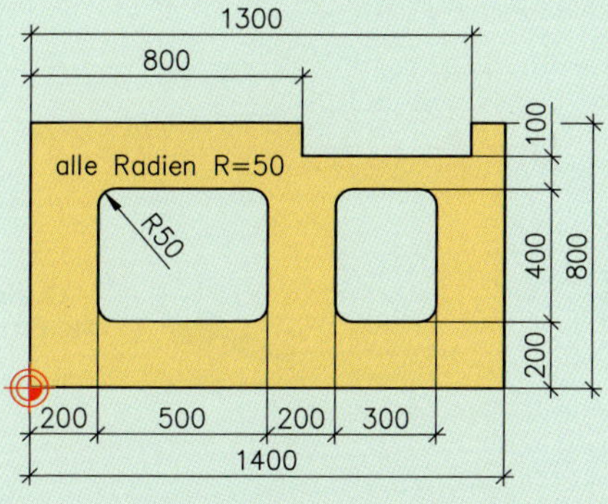

   a) *Schreiben Sie das Programm zur Herstellung der Außenkontur in Inkrementalmaßen.*
   b) *Schreiben Sie das Programm zur Herstellung der Ausschnitte in Absolutmaßen.*

5. *Die dargestellte Platte soll aus einer 16 mm starken Kunstharzpressholzplatte gefräst werden.*
   Vorschub 800 mm/min;
   Spindeldrehzahl 16 000 1/min;
   Fräser T10
   a) *Berechnen Sie die Koordinaten der Punkte P1, P2 und P3.*
   b) *Schreiben Sie ein Programm zum Fräsen der Platte.*

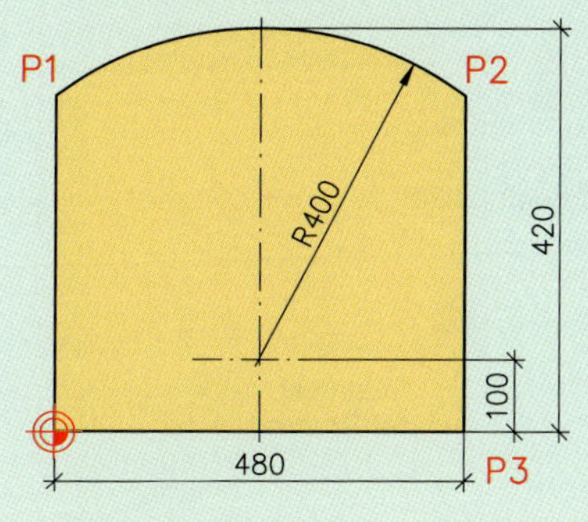

5 Qualitätssicherung im Tischlerhandwerk

5.1 Ziele der Qualitätssicherung

Merke

Qualitätssicherung bedeutet, dass die Anforderungen, die der Kunde an den Tischlereibetrieb stellt, vom Tischlerteam erfüllt werden.

Eine schlechte Ausführungsqualität bei Kundenaufträgen kann negative Folgen nach sich ziehen. Der Kunde ist verärgert, er verliert das Vertrauen und wird künftige Aufträge von einem anderen Betrieb ausführen lassen. Der Ruf des Betriebes kann geschädigt werden, schlimmstenfalls können dadurch auch Arbeitsplätze oder sogar der Bestand des Betriebes gefährdet sein, wenn es häufiger vorkommt, dass die Kosten für die Mängelbeseitigung den Gewinn übersteigen.

Man sollte nicht vergessen, dass durch den Ärger auch das Betriebsklima negativ beeinflusst wird.

Das Ziel der Qualitätssicherung muss es sein, die Kosten für Mängel am Produkt zu minimieren. Zufriedene Kunden sind die beste Werbung und sorgen für die Sicherheit des Arbeitsplatzes.

Merke

Qualitätsarbeit muss folglich nicht nur das Ziel des Chefs sein, sondern auch das Ziel der Mitarbeiter.

5.2 Der Qualitätsregelkreis

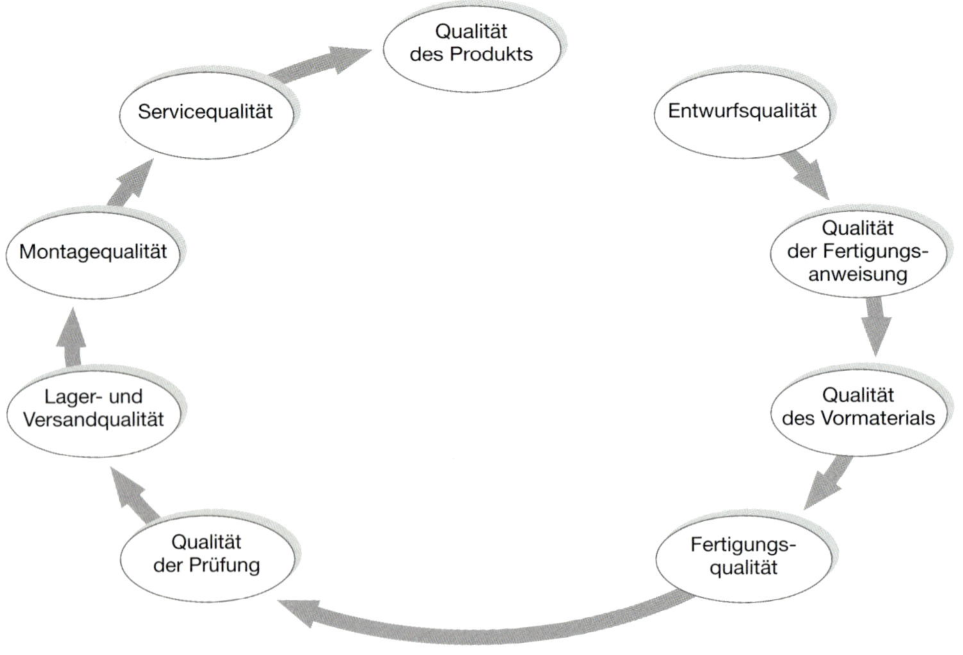

Qualitätsregelkreis nach DIN / ISO 9004

Aus dem Schaubild geht hervor, dass mangelhafte Qualität eines handwerklichen Produktes viele mögliche Ursachen haben kann. Beispielsweise ergeben sich aus einem nicht sorgfältig aufgezeichneten Brettriss oder einer ungenauen Materialliste erste Fehlerquellen (Entwurfsqualität, Qualität der Fertigungsanweisung).
Auch die Materialauswahl spielt gerade im Tischlerbereich eine große Rolle. Wird z.B. Holz mit „liegenden Jahresringen“ für eine Rahmenkonstruktion verwendet, ist der Pfusch fast schon vorprogrammiert (Qualität des Materials).
Kommen dann noch eine schlampige Ausführung der Arbeit (Fertigungsqualität) und mangelnde Sorgfalt bei der Montage dazu (Montagequalität), dann kann die Qualität des Endproduktes nicht zufriedenstellend sein.

5.3 Der Qualitätszirkel – positive Veränderung durch Gespräche

Merke

In erster Linie müssen Gesellen und Azubis verstärkt in Verantwortung genommen werden für die erbrachte Leistung.

Bei oberflächlicher Betrachtung könnte man diesen Leitsatz als arbeitnehmerfeindlich deuten. Wer jedoch genau hinsieht, wird entdecken, dass die o.g. Aufforderung auch einen ungeheuren Motivationsschub auslösen kann und damit zu mehr Zufriedenheit, insbesondere auch bei der Arbeitnehmerschaft, führt.

Merke

Wenn man sich für etwas verantwortlich fühlt, dann arbeitet man dafür gerne und gut.

In einem Qualitätszirkel treffen sich Gesellen und Azubis in bestimmten Abständen, um gemeinsam Mängel bzw. aufgetretene Fehler zu analysieren. Es geht hierbei nicht um Schuldzuweisungen, sondern ausschließlich um Problemanalyse, Ursachensuche und Verbesserungsvorschläge. Solche Qualitätszirkel sollten nicht nur einberufen werden, wenn Qualitätsmängel aufgetreten sind, sondern auch um betriebliche Abläufe zu verbessern (z.B. Materialbestellung).

Bewusst durchgeführte Qualitätskontrollen, während der Herstellung und auch als Endkontrolle vor der Auslieferung, sollten zur Selbstverständlichkeit werden. Im Tischlerbereich sind dies hauptsächlich die Überprüfung der Winkligkeit, das Passen der Verbindungen, die Kontrolle der Maßhaltigkeit, die Sauberkeit beim Einlassen von Beschlägen sowie die Kontrolle der Oberflächengüte.

Aufgaben

1. Listen Sie mögliche Mängel bei der Herstellung eines Kleiderschrankes auf.
2. Diskutieren Sie in einem Qualitätszirkel über aufgetretene Mängel.

Anhang

1 Bezeichnung wichtiger Holzarten nach DIN EN 13556

Holzart	**Kurzzeichen nach DIN 4076** (bis 2003)	**Kurzzeichen nach DIN EN 13556** (ab Dez. 2003)
Abachi	ABA	TRSC, AF
Afrormosia	AFR	PKEL, AF
Afzelia	AFZ	AFXX, AF
Ahorn, Berg-	AH	ACPS, EU
Ahorn, Spitz-	AH	ACPL, EU
Ahorn, Vogelaugen-	AH	ACXX, EU
Aningré	ANI	AQXX, AF
Apfelbaum	AB	MLSY, EU
Birke	BI	BEPU, EU
Birnbaum	BB	PYCM, EU
Bubinga	BUB	GUXX, AF
Buche	BU	FASY, EU
Douglasie	DG	PSMN, EU
Douglasie amerik. (Oregon Pine)	DGA	PSMN, AM
Ebenholz, Makassar-	EBM	DSCL, AS
Eibe	EIB	TXBC, EU
Eiche	EI	QCXE, EU
Roteiche	EIR	QCXR, AM
Elsbeere	–	SOTR, EU
Erle, Schwarz-	ER	ALGL, EU
Esche	ES	FXEX, EU
Fichte	FI	PCAB, EU
Hemlock	HEM	TSHT, AM
Hickory	HIC	CAXX, AM
Kastanie, Ross-	KA	AEHP, EU
Kiefer	KI	PNSY, EU
Kiefer, Weymouth	KIW	PNST, EU
Kiefer, Zirbel-	KIZ	PNCM, EU
Kirschbaum	KB	PRAV, EU
Kirsche, amerik. (Cherry)	KIA	PRSR, AM
Koto	KTO	PQXX, AF
Lärche	LA	LADC, EU
Limba	LMB	TMSP, AF
Linde	LI	TIXX, EU
Macoré	MAC	TGHC, AF
Mahagonie, echt	MAE	SWMC, AM
Mahagonie, Sapelli-	MAS	ENCY, AF
Mahagonie, Sipo-	MAU	ENUT, AF

Holzart	**Kurzzeichen nach DIN 4076** (bis 2003)	**Kurzzeichen nach DIN EN 13556** (ab Dez. 2003)
Mansonia	MAN	MAAL, AF
Nussbaum	NB	JGRG, EU
Okoumé (Gabun)	OKU	AUKL, AF
Padouk	PAF	PTXX, AF
Palisander, ostind.	POS	DLLT, AS
Palisander, Rio-	PRO	DLNG, AM
Palisander, Santos-	PSA	MHSC, AM
Pappel, Schwarz-	PA	PONG, EU
Pflaumenbaum (Zwetschge)	PB	–
Pitchpine	PIP	PNPL, AM
Ramin	RAM	GYBN, AS
Redwood	RWK	SESM, AM
Robinie	ROB	ROPS, AM
Sapelli-Mahagonie	MAS	ENCY, AF
Sen-Esche	SEN	–
Sipo-Mahagonie	MAU	ENUT, AF
Tanne	TA	ABAL, EU
Teak	TEK	TEGR, AS
Ulme, Feld-	RU	ULMI, EU
Wengé	WEN	MTLR, AF
Zebrano (Zingana)	ZIN	MBXX, AF

2 Bezeichnung wichtiger Plattenwerkstoffe nach DIN EN-Normen

Massivholzplatten, DIN EN 13353

Dreischichtplatte, zur Verwendung im Trockenbereich (Möbel, Innenausbau) — SWP/1 L3

Dreischichtplatte, zur Verwendung im Feuchtbereich (Bad, Küche, Dachausbau) — SWP/2 L3

Dreischichtplatte, zur Verwendung im Außenbereich (Haustürfüllungen) — SWP/3 L3

Sperrholzplatten, DIN EN 636

Furniersperrholz, Stabplatte, Stäbchenplatte zur Verwendung im Trockenbereich (bisher FU, ST, STAE mit dem Zusatz IF 20) — EN 636-1 G

Furniersperrholz, Stabplatte, Stäbchenplatte zur Verwendung im Feuchtbereich (bisher FU, ST, STAE mit dem Zusatz AW 100 oder AW 100 G) — EN 636-2 G

Furniersperrholz, Stabplatte, Stäbchenplatte zur Verwendung im Außenbereich — EN 636-3 G

Spanplatten, DIN EN 312, DIN EN 14755, DIN EN 300

Flachpressplatte für allgemeine Zwecke zur Verwendung im Trockenbereich (bisher FPY mit dem Zusatz V 20)	P2
Flachpressplatte für allgemeine Zwecke zur Verwendung im Feuchtbereich (bisher FPY mit dem Zusatz V 100 oder V 100 G)	P3
Kunststoffbeschichtete, dekorative Flachpressplatte (bisher KF)	MFB EN 312 (P2)
Strangpressplatte Vollplatte (bisher SV)	ES
Strangpressplatte Röhrenplatte (bisher SR)	ET
OSB-Platte (bisher OSB)	OSB/1

Faserplatten, DIN EN 622

Harte Holzfaserplatte zur Verwendung im Trockenbereich	HB
Harte Holzfaserplatte zur Verwendung im Feuchtbereich	HB.H
Harte Holzfaserplatte zur Verwendung im Außenbereich	HB.E
Mittelharte Holzfaserplatte zur Verwendung im Trockenbereich	MBH
Mittelharte Holzfaserplatte zur Verwendung im Feuchtbereich	MBH.H
Mittelharte Holzfaserplatte zur Verwendung im Außenbereich	MBH.E
Mitteldichte Holzfaserplatte zur Verwendung im Trockenbereich	MDF
Mitteldichte Holzfaserplatte zur Verwendung im Feuchtbereich	MDF.H
Poröse Holzfaserplatte zur Verwendung im Trockenbereich	SB
Poröse Holzfaserplatte zur Verwendung im Feuchtbereich	SB.H
Poröse Holzfaserplatte zur Verwendung im Außenbereich	SB.E
Kunststoffbeschichtete, dekorative harte Holzfaserplatte (bisher KH)	MFB EN 622-3 (HB)
Kunststoffbeschichtete, dekorative mitteldichte Holzfaserplatte	MFB EN 622-5 (MDF)

Sachwortverzeichnis

Bildquellenverzeichnis

Den nachfolgend aufgelisteten Firmen danken wir für die freundliche Unterstützung und Beratung sowie die Zusendung von Informations- und Bildmaterial.

3M Deutschland GmbH, Neuss: S. 87. 2
Bau- & Möbeltischlerei / Glaserei Timme, Eilsleben: S. 303.1
Berufsgenossenschaft Holz und Metall, Hannover: S. 163.1
Berufsgenossenschaft Holz, München: S. 253.1, 253.3, 254.1, 254.4-5, 255.1
BESSEY Tool GmbH & Co. KG, Bietigheim-Bissingen: S. 131.1, 132.2
Bildungsverlag Eins GmbH /GSA Grafik, Köln: S. 145.2, 248.1, 283.2
BÜTFERING Schleiftechnik GmbH, Beckum: S. 256.3
Bundesministerium für Ernährung, Landwirtschaft und Verbraucherschutz, Berlin: S. 12.2
Bundesverband Holz und Kunststoff, Berlin: S. 164.1-2
DICTUM GmbH, Metten: S. 110.1a-b, 127.3
DIN Deutsches Institut für Normung e. V., Berlin: S. 134.1
Döpfner Betriebs GmbH & Co. KG: S. 291.2
DORMA GmbH + Co. KG, Ennepetal: S. 283.1
EGGER Holzwerkstoffe Brilon GmbH & Co.KG, Brilon: S. 180.1, 181.1,185.1-3
Esterer WD GmbH, Altöttig: S. 56.1, 57.1-2, 58.1
FAMAG-Werkzeugfabrik GmbH & Co. KG, Remscheid: S. 125.1-3
FLOTT GmbH Werkzeugmaschinen, Remscheid: S. 258.1
Fotolia Deutschland GmbH, Berlin: S. 10.1 (Inga Nielsen), 12.1 (tosi66), 12.3.1 (Kalle Kolodziej), 12.3.2 (RalfenByte), 17.1 (stefanfister), 54.1 (Holger Schultz), 77.1 (tinadefortunata),145.1 (Miro Kovacevic), 156.1 (eyecat), 165.1 (Ehrenbergbilder),179.1 (Gudeliaphoto), 199.1 (karam miri), 246.1 (dragon-fang), 249.1 (flashgun), 249.2 (Jörn Buchheim), 264.1 (Yuri Arcusrs), 281.1 (Aberenyi), 281.2 (Ingrid Hoffman), 284.5 a-b (a Bildungsverlag Eins, Köln GSA Grafik, b: beerfan/Fotolia), 285.1 (Konstanze Gruber), 286.1 (Dimitry Sunagatov), 286.2 (BG), 286.3 (Ingor Normann), 337.1 (Weimar), Fotolia Deutschland GmbH, Berlin, S.317.1 (poco_bw)
318.1 (zdshooter), 317.1 (poco_bw), 318.1 (zdshooter)
Gann Mess- u. Regeltechnik GmbH, Gerlingen: S. 38.3
GILDEMEISTER Aktiengesellschaft, Bielefeld: S. 364
Glasbau Käfer & Hehmann GmbH, Lienen: S. 287.4
Glaserei Lachmann, Hamburg/Foto: Daniela Merz,Hamburg: S. 287.1a
Henkel AG & Co. KGaA, Düsseldorf: S. 289.3, 298.1
Jakob Hild GmbH, Ulm-Gögglingen: S. 132.3
HOLZ-HER GmbH, Nürtingen: S. 361.1, 364.2
Internorm Fenster GmbH, Regensburg: S. 291.1
Institut für Schädlingskunde, Dr. Martin Felke (www.schaedlingskunde.de), Darmstadt: S. 81.3, 82.3, 83.2
Köhnlein Türenwerke, Stimpfach: S. 284.1-5
Anton Kolbinger, Essenbach: S. 42.1, 71.1, 74.1, 75.1-2, 84.1,S. 87.1, 88.1, 101.1, 108.1, 112.1-3, 113.1-4,117.2,119.3, 154.1, 235.1, 351.1, 380.1
Gerd Kreß: S. 331.1
Lamello AG Verbindungstechnik, Bubendorf: S. 259.1, 259.4
Mafell AG, Oberendorf a.N.: S. 245.1, 246.1a
Makita Werkzeug GmbH, Ratingen: S. 130.5, 258.3
Martin Maschinen, S. 251.1-2, 339.3
Maschinenbau Hebrock GmbH, Bünde: S. 309.1
Metabo, Nürtingen: S. 255.1a, 257.1-2, 339.1-2
Otto Martin Maschinenbau GmbH&Co. KG, Ottobeuren: S. 246.1b, 250.3
PCE Deutschland GmbH, Meschede (www.warensortiment.de), S. 38.1
Georg Pyzalla, Schwerte: S. 272, 268.5, 270_1a-b, 274.1a-b, 294.1
Heiko Rech, St. Wendel: S. 107.2-3, 127.2
RENOVAID Sanierungssysteme , Volsemenhusen: S. 313.1a-b
Sachverständigenbüro für Holzschutz, Hans-Joachim Rüpke/ Dr. Ernst Kürsten, Hannover: S. 83.1
J. Schmalz GmbH, Glatten, 362.2
Hans Jürgen Schmaus, Aichach: S. 9.1-4, 16.1, 161.1-4, S. 170.1, 173. 1-2, 174.1-4, 183.1- 4, 206.1, 225.1, 231.1, 242.1-2, 215.5-6, 261.1, 265.1-2, 343.1, 357.1, 13.1
Stürmer Maschinen GmbH, Hallstadt: S. 252.1-3, 253.2, 273.1
Theo Förch GmbH & Co. KG, Neuenstadt: S. 268.1, 268.4
Ulmia GmbH, Langenenslingen: S. 85.1-3, 86.1-2, 101.2, 103.1-4, 104.1-6, 105.1-5, 106.1-6, 107.1, 113.2-5, 114.1-5, 115.1-5, 119.1-2
United Nations Economic Commission for Europe UNECE , Genf: S. 89.1-6
W & S Service GmbH KÖLLE Holzbearbeitungsmaschinen, Esslingen Neckar: S. 258.2
Weeke Bohrsysteme GmbH; Herzebrock-Clarholz: S. 362.1, 362.3
Wikimedia public domain/Rainer Lippert S.10.2, 159.1
Wikimedia Commons, Dr. Michael Rosenthal, Technische Universität Dresden, S.18.2, Cholo Aleman, 78.1, 79.1-2 Mätes, 81.1, 81.4 Siga, 81.2 Rasba, 82.1-2 Kai-Martin Knaak, 156.2 Immanuel Giel,
159.1, 207.2 Dr.-Ing. S.Wetzel (PrismaNN/Analemma), 207.1a Wb Form Ag, Zürich
Wilhelm Altendorf GmbH & Co. KG Maschinenbau, Minden: S. 248.1-2, 250.1-2
Wolfknives Feines Werkzeug & Handwerk, Landshut: S. 116.1-2, 117.1

Zeichnungen:
Elisabeth Galas, Bad Neuenahr (116x)
Technische Zeichnungen: MD-Grafikdesign, Michele Di Gaspare, Bergheim

Titelfoto:
MEV-Verlag, Augsburg

Berechnungsbeispiele

1. Quadrat

Berechnen Sie die Fläche des Quadrates.

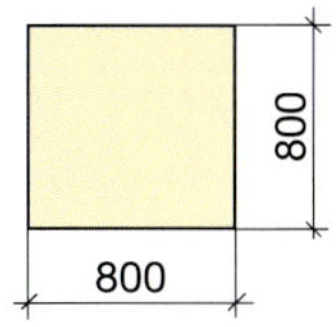

Geg.: $l = 0{,}8\ \text{m}$

Ges.: A

Lös.: $A = l^2$

$A = 0{,}8\ \text{m} \cdot 0{,}8\ \text{m}$

$A = \underline{\underline{0{,}64\ \text{m}^2}}$

2. Rechteck

Wie groß ist die Fläche des Rechtecks?

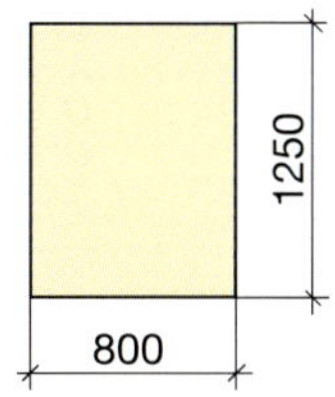

Geg.: $l = 1{,}25\ \text{m}$; $b = 0{,}8\ \text{m}$

Ges.: A

Lös.: $A = l \cdot b$

$A = 1{,}25\ \text{m} \cdot 0{,}8\ \text{m}$

$A = \underline{\underline{1\ \text{m}^2}}$

3. Dreieck

Bestimmen Sie die Höhe des Dreiecks.

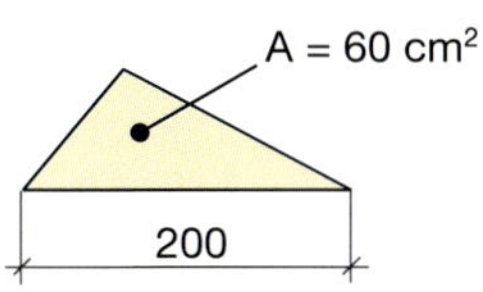

Geg.: $l = 20\ \text{cm}$; $A = 60\ \text{cm}^2$

Ges.: h

Lös.: $A = \frac{l \cdot h}{2}$; $h = \frac{2 \cdot A}{l}$

$h = \frac{2 \cdot 60\ \text{cm}^2}{20\ \text{cm}}$

$h = \underline{\underline{6\ \text{cm}}}$

4. Trapez

Ermitteln Sie die Fläche des Trapezes.

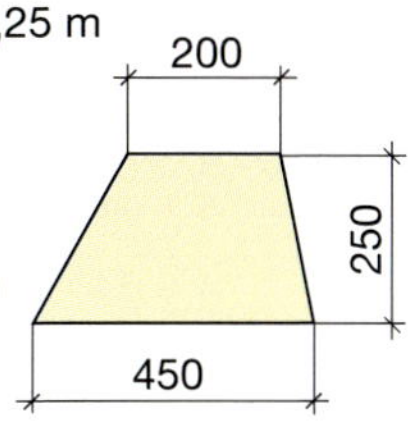

Geg.: $l_1 = 0{,}2\ \text{m}$; $l_2 = 0{,}45\ \text{m}$; $h = 0{,}25\ \text{m}$

Ges.: A

Lös.: $A = \frac{l_1 + l_2}{2} \cdot h$

$A = \frac{0{,}2\ \text{m} + 0{,}45\ \text{m}}{2} \cdot 0{,}25\ \text{m}$

$A = \underline{\underline{0{,}08\ \text{m}^2}}$

5. Parallelogramm

Berechnen Sie die Fläche des Parallelogramms.

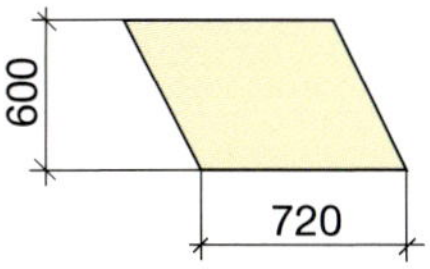

Geg.: $l = 0{,}72\ \text{m}$; $h = 0{,}60\ \text{m}$

Ges.: A

Lös.: $A = l \cdot h$

$A = 0{,}72\ \text{m} \cdot 0{,}60\ \text{m}$

$A = \underline{\underline{0{,}43\ \text{m}^2}}$

6. Kreis

Wie groß ist die Fläche des Kreises?

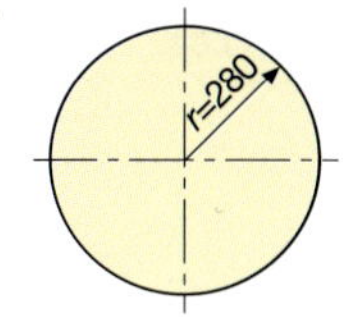

Geg.: $r = 0{,}28\ \text{m}$

Ges.: A

Lös.: $A = r^2 \cdot \pi$

$A = 0{,}28\ \text{m} \cdot 0{,}28\ \text{m} \cdot \pi$

$A = \underline{\underline{0{,}25\ \text{m}^2}}$

7. Kreisring

Bestimmen Sie den Flächeninhalt des Kreisrings.

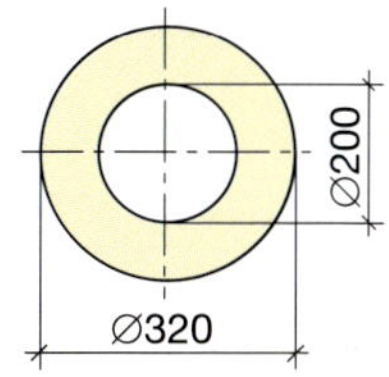

Geg.: $d_i = 0{,}2\ \text{m}$; $D_a = 0{,}32\ \text{m}$

Ges.: A

Lös.: $A = (D_a^2 - d_i^2) \cdot \frac{\pi}{4}$

$A = [(0{,}32\ \text{m})^2 - (0{,}2\ \text{m})^2] \cdot \frac{\pi}{4}$

$A = \underline{\underline{0{,}05\ \text{m}^2}}$

8. Kreissegment

Ermitteln Sie den Umfang sowie die Fläche des Kreissegments.

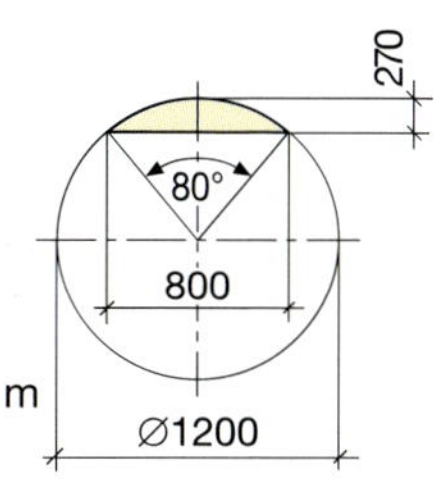

Geg.: $s = 0{,}8\ \text{m}$; $h = 0{,}27\ \text{m}$;

$\alpha = 80°$; $d = 1{,}2\ \text{m}$

Ges.: U, A

Lös.: $U = d \cdot \pi \cdot \frac{\alpha}{360°} + s$

$U = 1{,}2\ \text{m} \cdot \pi \cdot \frac{80°}{360°} + 0{,}8\ \text{m}$

$U = 1{,}64\ \text{m}$

$A \approx \frac{2}{3} \cdot s \cdot h$

$A = \frac{2}{3} \cdot 0{,}8\ \text{m} \cdot 0{,}27\ \text{m}$

$A = \underline{\underline{0{,}14\ \text{m}^2}}$

9. Kreissektor

Berechnen Sie die Fläche des Kreissektors.

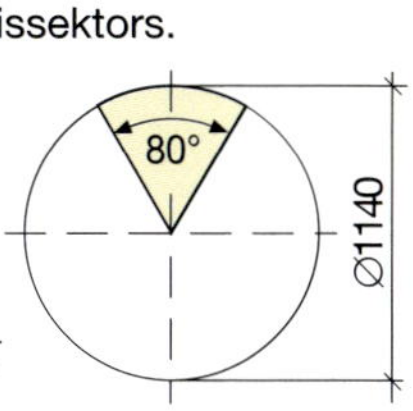

Geg.: $d = 1{,}14\ \text{m}$; $\alpha = 80°$

Ges.: A

Lös.: $A = d^2 \cdot 0{,}785 \cdot \frac{\alpha}{360°}$

$A = (1{,}14\ \text{m})^2 \cdot 0{,}785 \cdot \frac{80°}{360°}$

$A = \underline{\underline{0{,}23\ \text{m}^2}}$

Lösungen zum Test Flächenberechnung

1

Geg.: $l = 0{,}8$ m
Ges.: e
Lös.: $e = l \cdot \sqrt{2}$; $l = 0{,}8 \text{ m} \cdot \sqrt{2}$
$e = \underline{\underline{1{,}13 \text{ m}}}$

2

Geg.: $M = 12$; $l = 1{,}98$ m
$b = 0{,}45$ m
Ges.: A
Lös.: $A = n \cdot l \cdot b \cdot 2$
$A = 12 \cdot 1{,}98 \text{ m} \cdot 0{,}45 \text{ m} \cdot 2$
$A = \underline{\underline{21{,}38 \text{ m}^2}}$

3

Geg.: $n = 10$; $d = 40$ mm (Dicke);
$d = 0{,}5$ m (Durchmesser)
$l = 1{,}80 \text{ m} - 0{,}50 \text{ m} = 1{,}30$; $b = 0{,}5$ m
Ges.: O
Lös.: $O = (2 \cdot A_{\text{Halbkreis}} + A_{\text{Rechteck}} + A_{\text{Kante}}) \cdot n$

$$2 \cdot A_{\text{Halbkreis}} = 1 \cdot A_{\text{Kreis}} = d^2 \cdot \frac{\pi}{4}$$

$$A = (0{,}5 \text{ m})^2 \cdot \frac{\pi}{4} = 0{,}19625 \text{ m}^2$$

$A_{\text{Rechteck}} = l \cdot b = 1{,}30 \text{ m} \cdot 0{,}5 \text{ m} = 0{,}65 \text{ m}^2$
$A_{\text{Kante}} = (2 \cdot l + d \cdot \pi) \cdot d$
$A_{\text{Kante}} = (2 \cdot 1{,}30 \text{ m} + 0{,}5 \text{ m} \cdot \pi) \cdot 0{,}04 \text{ m} = 0{,}1668 \text{ m}^2$
$O = (0{,}19625 \text{ m}^2 + 0{,}65 \text{ m}^2 + 0{,}1668 \text{ m}^2) \cdot 10$
$O = \underline{\underline{10{,}13 \text{ m}^2}}$

4

Geg.: $d_i = 0{,}44$ m; $D_a = 0{,}96$ m; $n = 8$
Ges.: A, $U_{\text{außen}}$
Lös.: $A = n \cdot (D_a^2 - d_i^2) \cdot \frac{\pi}{4}$

$$A = 8 \cdot [(0{,}96 \text{ m})^2 - (0{,}44 \text{ m})^2] \cdot \frac{\pi}{4}$$

$A = 4{,}57 \text{ m}^2$
$U = n \cdot D_a \cdot \pi = 8 \cdot 0{,}96 \text{ m} \cdot \pi$
$U = \underline{\underline{24{,}12 \text{ m}}}$

5

Geg.: $l = 0{,}8$ m; $b = 0{,}15$ m;
$s = 0{,}8 \text{ m} - 0{,}3 \text{ m} = 0{,}5$ m; $n = 6$;
$h = 0{,}05$ m
Ges.: A
Lös.: $A = n \cdot (A_{\text{Rechteck}} - A_{\text{Kreissegment}})$

$$A = n \cdot \left(l \cdot b - \frac{2}{3} \cdot s \cdot h\right)$$

$$A = 6 \cdot \left(0{,}8 \text{ m} \cdot 0{,}15 \text{ m} - \frac{2}{3} \cdot 0{,}5 \text{ m} \cdot 0{,}05 \text{ m}\right)$$

$A = \underline{\underline{0{,}62 \text{ m}^2}}$

6

Geg.: Trapez:
$l_1 = 1{,}88 \text{ m} - 0{,}44 \text{ m} = 1{,}44$ m;
$l_2 = 1{,}20$ m; $h = 0{,}92$ m
Dreieck:
$l = 1{,}84$ m; $h = 0{,}44$ m
Ges.: A
Lös.: $A = A_{\text{Trapez}} + A_{\text{Dreieck}} = \frac{l_1 + l_2}{2} \cdot h + \frac{l \cdot h}{2}$

$$A = \frac{1{,}44 \text{ m} + 1{,}20 \text{ m}}{2} \cdot 0{,}92 \text{ m} + \frac{1{,}84 \text{ m} \cdot 0{,}44 \text{ m}}{2}$$

$A = \underline{\underline{1{,}62 \text{ m}^2}}$

7

Geg.: $A = 490{,}625 \text{ cm}^2$; $\alpha = 90°$
Ges.: l $(= r)$
Lös.: $A = d^2 \cdot 0{,}785 \cdot \frac{\alpha}{360°}$

$$d^2 = \frac{A \cdot 360°}{0{,}785 \cdot \alpha}$$

$$d^2 = \frac{490{,}625 \text{ cm}^2 \cdot 360°}{0{,}785 \cdot 90°} = 2500 \text{ cm}^2$$

$d = \sqrt{2500 \text{ cm}^2} = 50$ cm
$l = \underline{\underline{25 \text{ cm}}}$

8

Geg.: $d_1 = 1{,}08$ m; $d_2 = 0{,}4$ m; $\alpha = 90°$
Ges.: A
Lös.: A = großer Kreissektor – kleiner Kreissektor

$$A = d_1^2 \cdot 0{,}785 \cdot \frac{\alpha}{360°} - d_2^2 \cdot 0{,}785 \cdot \frac{\alpha}{360°}$$

$$A = (1{,}08 \text{ m})^2 \cdot 0{,}785 \cdot \frac{90°}{360°} - (0{,}4 \text{ m}) \cdot 0{,}785 \cdot \frac{90°}{360°}$$

$A = 0{,}2289 \text{ m}^2 - 0{,}0314 \text{ m}^2$
$A = \underline{\underline{0{,}2 \text{ m}^2}}$

Flächenberechnung

1 Eine quadratische Tischplatte mit der Seitenlänge von 80 cm wird mit zwei unterschiedlichen Furnieren belegt. Dazu muss die Diagonale der Platte errechnet werden.

2 Für einen Schlafzimmerschrank werden zwölf rechteckige Türen mit den Maßen 1980 mm/ 450 mm in der Holzart Ahorn furniert. Bestimmen Sie die Gesamt-Fertigmenge an Ahornfurnier.

3 Zehn Stück der dargestellten 40 mm dicken Platte sollen rundum in blauer Farbe lackiert werden. Ermitteln Sie hierzu die Oberfläche.

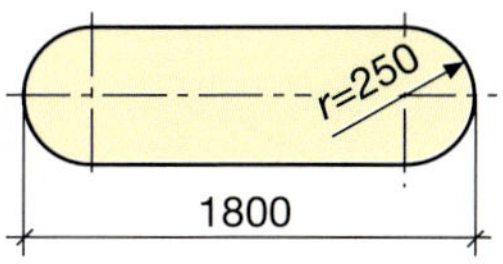

4 An einer Säule sollen acht Dekorationsflächen in Form eines Kreisrings befestigt werden. Berechnen Sie die gesamte Ablagefläche sowie den Kantenbedarf. Der Kreisring wird nur an seiner Außenseite mit Kanten versehen.

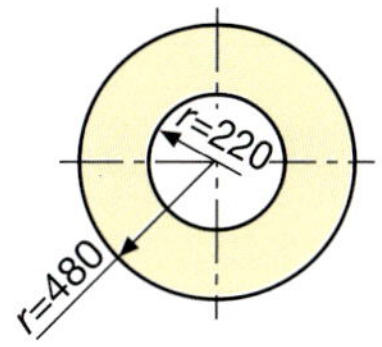

5 Für eine Regalwand sind die dargestellten Seiten anzufertigen. Berechnen Sie den Flächeninhalt für sechs Seitenteile.

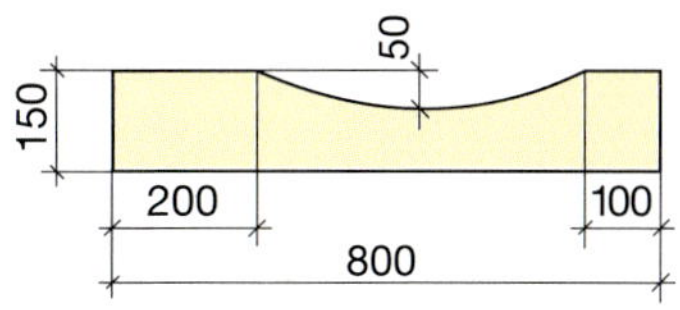

6 Ermitteln Sie den Gesamt-Furnierbedarf für die abgebildete Ladentheke. Die Kanten bleiben unberücksichtigt.

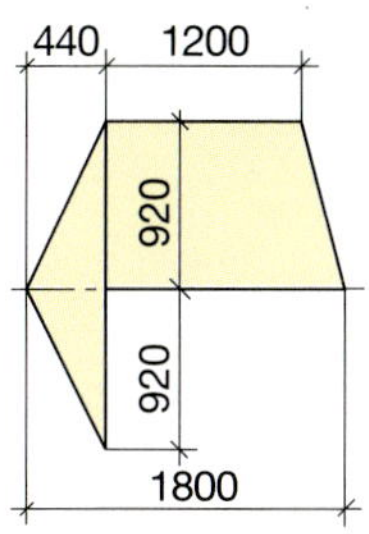

7 Das abgebildete Fach eines Eckregals hat exakt eine Fläche von 490,625 cm². Wie groß ist seine Seitenlänge *l*?

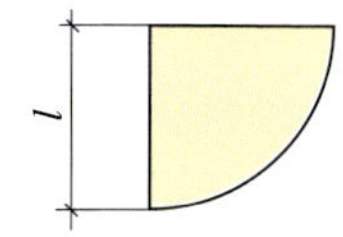

8 Berechnen Sie die Fläche der nebenstehend abgebildeten Ablage.

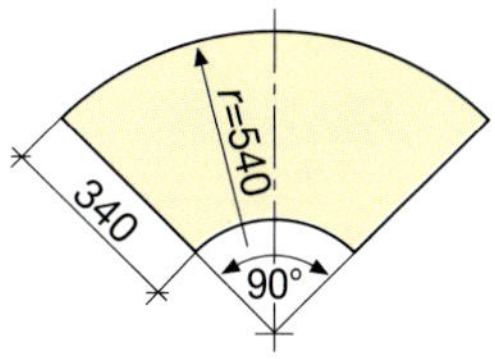

Flächenberechnung

1. Quadrat

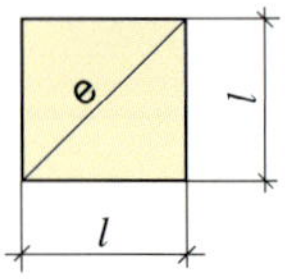

$$A = l \cdot l = l^2$$

$U = 4 \cdot l;\ e = l \cdot \sqrt{2}$

2. Rechteck

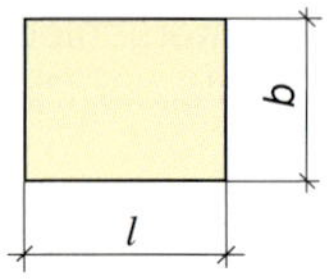

$$A = l \cdot b$$

$U = 2 \cdot l + 2 \cdot b$

A	Fläche	mm^2
l	Länge	mm
b	Breite	mm
e	Diagonale	mm
U	Umfang	mm

3. rechtwinkliges Dreieck

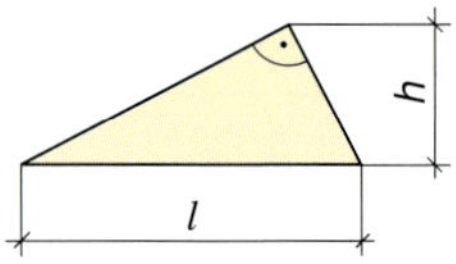

$$A = \frac{l \cdot h}{2}$$

beliebiges Dreieck

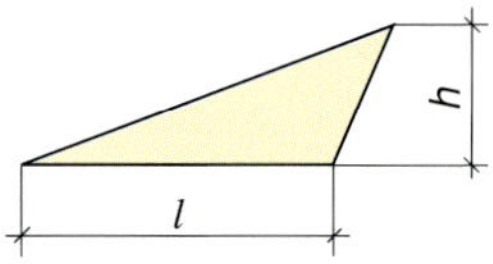

A	Fläche	mm^2
l	Länge	mm
h	Höhe	mm

4. Trapez

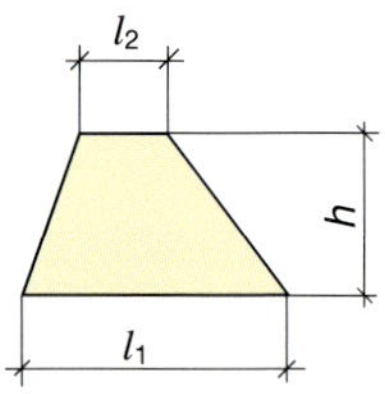

$$A = \frac{l_1 + l_2}{2} \cdot h$$

5. Parallelogramm

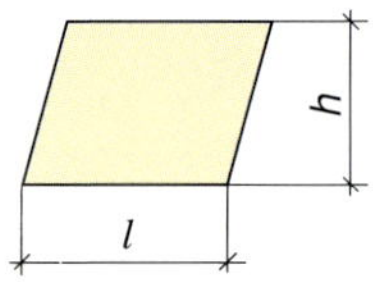

$$A = l \cdot h$$

A	Fläche	mm^2
l	Länge	mm
l_1	Länge$_1$	mm
l_2	Länge$_2$	mm
h	Höhe	mm

6. Kreis

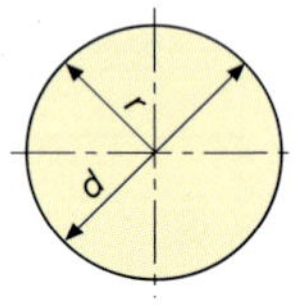

$$A = r^2 \cdot \pi = d^2 \cdot \frac{\pi}{4}$$

$U = d \cdot \pi$

7. Kreisring

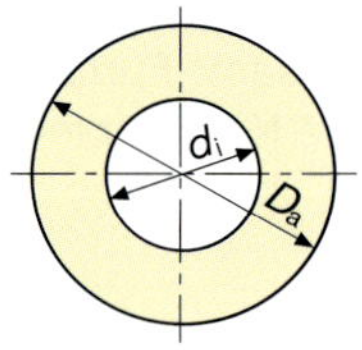

$$A = (D_a^2 - d_i^2) \cdot \frac{\pi}{4}$$

$U = D_a \cdot \pi + d_i \cdot \pi$

A	Fläche	mm^2
r	Radius	mm
d	Durchmesser	mm
U	Umfang	mm
D_a	Durchmesser außen	mm
d_i	Durchmesser innen	mm

8. Kreissegment

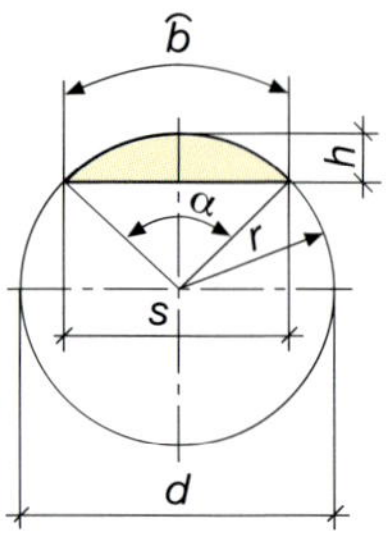

$$A \approx \frac{2}{3} \cdot s \cdot h$$

$U = d \cdot \pi \cdot \frac{\alpha}{360°} + s = \widehat{b} + s$

9. Kreissektor

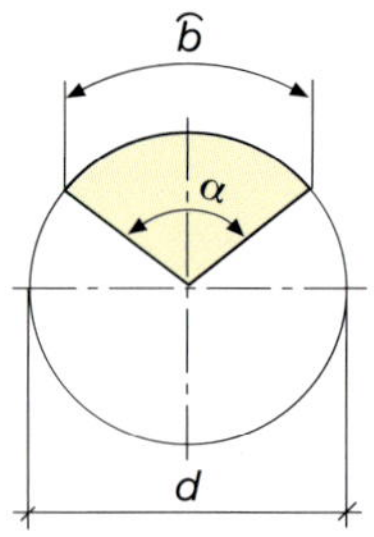

$$A = d^2 \cdot 0{,}785 \cdot \frac{\alpha}{360°}$$

$U = d \cdot \pi \cdot \frac{\alpha}{360°} + d = \widehat{b} + d$

A	Fläche	mm^2
r	Radius	mm
d	Durchmesser	mm
α	Öffnungswinkel	Grad°
$\widehat{b}$	Bogenlänge	mm
U	Umfang	mm

Berechnungsbeispiele

1. Würfel

Berechnen Sie das Volumen des Würfels.

Geg.: $l = 0{,}3\ \text{m}$

Ges.: V

Lös.: $V = l^3 = (0{,}3\ \text{m})^3$

$V = \underline{\underline{0{,}027\ \text{m}^3}}$

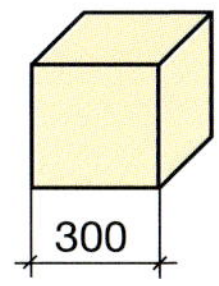

2. Quader

Wie groß ist die Mantelfläche des Quaders?

Geg.: $l = 0{,}2\ \text{m};\ b = 0{,}15\ \text{m};\ h = 0{,}10\ \text{m}$

Ges.: M

Lös.: $M = 2 \cdot l \cdot h \cdot 2 \cdot b \cdot h$

$M = 2 \cdot 0{,}2\ \text{m} \cdot 0{,}1\ \text{m} + 2 \cdot 0{,}15\ \text{m} \cdot 0{,}10\ \text{m}$

$M = \underline{\underline{0{,}07\ \text{m}^2}}$

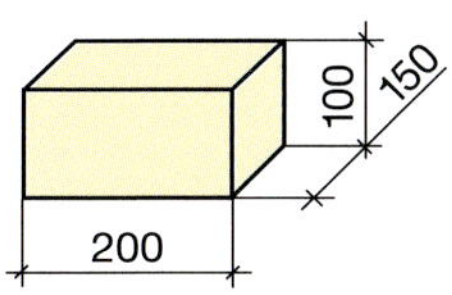

3. Zylinder

Bestimmen Sie das Volumen des Zylinders.

Geg.: $d = 0{,}32\ \text{m};\ h = 1{,}15\ \text{m}$

Ges.: V

Lös.: $V = A_G \cdot h = \dfrac{d^2 \cdot \pi}{4} \cdot h$

$$V = \frac{(0{,}32\ \text{m})^2 \cdot \pi}{4} \cdot 1{,}15\ \text{m}$$

$V = \underline{\underline{0{,}092\ \text{m}^3}}$

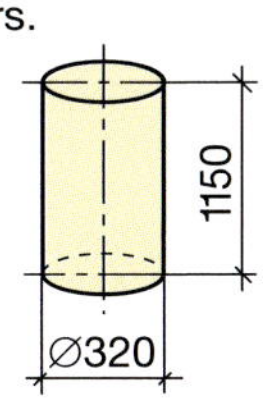

4. Pyramide

Ermitteln Sie die Grundfläche der Pyramide.

Geg.: $V = 304\ \text{m}^3;\ h = 9{,}5\ \text{m}$

Ges.: A

Lös.: $V = A_G \cdot h;\ A_G = \dfrac{V}{h}$

$$A_G = \frac{304\ \text{m}^3}{9{,}5\ \text{m}}$$

$A_G = \underline{\underline{32\ \text{m}^2}}$

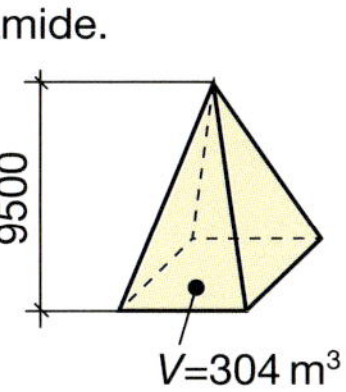

5. Kegel

Berechnen Sie die Mantelfläche des Kegels.

Geg.: $h_s = 1{,}25\ \text{m};\ d = 0{,}72\ \text{m}$

Ges.: M

Lös.: $M = \dfrac{d \cdot \pi \cdot h_s}{2}$

$$M = \frac{0{,}72\ \text{m} \cdot \pi \cdot 1{,}25\ \text{m}}{2}$$

$M = \underline{\underline{1{,}41\ \text{m}^2}}$

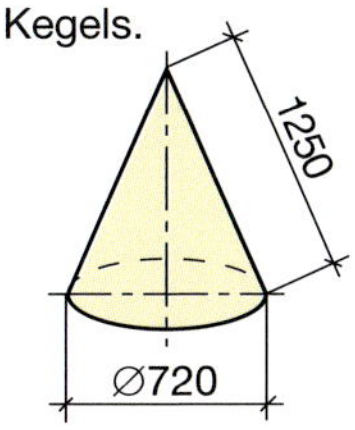

6. Pyramidenstumpf

Wie groß ist das Volumen des Pyramidenstumpfes (näherungsweise)?

Geg.: $l_1 = 3{,}4\ \text{m};\ b_1 = 2{,}8\ \text{m}$

$l_2 = 1{,}6\ \text{m};\ b_2 = 1{,}3\ \text{m}$

$h = 3{,}6\ \text{m}$

Ges.: V

Lös.: $V \approx \dfrac{A_G + A_D}{2} \cdot h$

$$V \approx \frac{l_1 \cdot b_1 + l_2 \cdot b_2}{2} \cdot h$$

$$V \approx \frac{3{,}4\ \text{m} \cdot 2{,}8\ \text{m} + 1{,}6\ \text{m} \cdot 1{,}3\ \text{m}}{2} \cdot 3{,}6\ \text{m}$$

$V \approx \underline{\underline{20{,}88\ \text{m}^3}}$

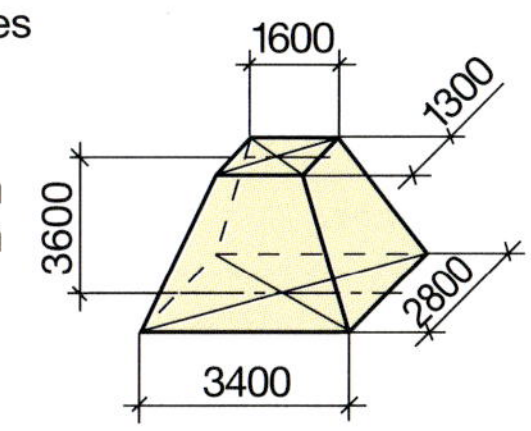

7. Kegelstumpf

Bestimmen Sie das Volumen des Kegelstumpfes (näherungsweise).

Geg.: $d_1 = 2{,}9\ \text{m};$

$d_2 = 1{,}7\ \text{m};$

$h = 3{,}5\ \text{m}$

Ges.: V

Lös.: $V \approx \left(\dfrac{d_G + d_D}{2}\right)^2 \cdot \dfrac{\pi}{4} \cdot h$

$$V \approx \left(\frac{2{,}9\ \text{m} + 1{,}7\ \text{m}}{2}\right)^2 \cdot \frac{\pi}{4} \cdot 3{,}5\ \text{m}$$

$V \approx \underline{\underline{14{,}534\ \text{m}^3}}$

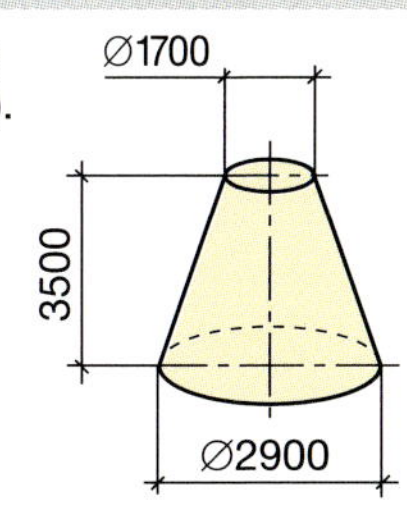

Lösungen zum Test Volumenberechnung

1

Geg.: $n = 32$; $l = 1{,}0\ \text{m}$; $b = 0{,}29\ \text{m}$; $h = 0{,}04\ \text{m}$
Ges.: a) V; b) O
Lös.: a) $V = n \cdot l \cdot b \cdot h = 32 \cdot 1{,}0\ \text{m} \cdot 0{,}29\ \text{m} \cdot 0{,}04\ \text{m}$
$V = 0{,}371\ \text{m}^3$
b) $O = n \cdot (2 \cdot l \cdot h + 2 \cdot b \cdot h + 2 \cdot l \cdot b)$
$O = 32 \cdot (2 \cdot 1{,}0\ \text{m} \cdot 0{,}04\ \text{m} + 2 \cdot 0{,}29\ \text{m} \cdot 0{,}04\ \text{m} + 2 \cdot 1{,}0\ \text{m} \cdot 0{,}29\ \text{m})$
$O = \underline{\underline{21{,}86\ \text{m}^2}}$

2

Geg.: $d_{Zyl} = 2{,}9\ \text{m}$; $h_{Zyl} = 2{,}2\ \text{m}$; $d_{1Kst} = 2{,}9\ \text{m}$; $d_{2Kst} = 0{,}4\ \text{m}$; $h_{Kst} = 1{,}3\ \text{m}$
Ges.: V
Lös.:

$$V = V_{Zyl} + V_{Kst} = \frac{d_{Zyl}^2\,\pi}{4} \cdot h_{Zyl} + \left(\frac{d_{1Kst} + d_{2Kst}}{2}\right)^2 \frac{\pi}{4} \cdot h_{Kst}$$

$$V = \frac{(2{,}9\ \text{m})^2 \cdot \pi}{4} \cdot 2{,}2\ \text{m} + \left(\frac{2{,}9\ \text{m} + 0{,}4\ \text{m}}{2}\right)^2 \cdot \frac{\pi}{4} \cdot 1{,}3\ \text{m}$$

$$V = 14{,}524\ \text{m}^3 + 2{,}778\ \text{m}^3 = \underline{\underline{17{,}302\ \text{m}^3}}$$

3

Geg.: $d = 0{,}74\ \text{m}$; $h_{Zyl} = 2{,}0\ \text{m}$; $h_K = 0{,}6\ \text{m}$; $h_s = 0{,}712\ \text{m}$
Ges.: M, V
Lös.:

$$M = M_{Zyl} + M_K = d \cdot \pi \cdot h + \frac{d \cdot \pi \cdot h_s}{2}$$

$$M = 0{,}74\ \text{m} \cdot \pi \cdot 2{,}0\ \text{m} + \frac{0{,}74\ \text{m} \cdot \pi \cdot 0{,}712\ \text{m}}{2}$$

$$M = 4{,}647\ \text{m}^2 + 0{,}827\ \text{m}^2 = \underline{\underline{5{,}47\ \text{m}^2}}$$

$$V = V_{Zyl} + V_K = \frac{d^2 \cdot \pi}{4} \cdot h_{Zyl} + \left(\frac{d^2 \cdot \pi}{4} \cdot h_K\right) : 3$$

$$V = \frac{(0{,}74\ \text{m})^2 \cdot \pi}{4} \cdot 2\ \text{m} + \left(\frac{(0{,}74\ \text{m})^2 \cdot \pi}{4} \cdot 0{,}6\ \text{m}\right) : 3$$

$$V = 0{,}860\ \text{m}^3 + 0{,}086\ \text{m}^3$$

$$V = \underline{\underline{0{,}946\ \text{m}^3}}$$

4

Geg.: $d = 0{,}82\ \text{m}$; $h = 0{,}04\ \text{m}$
Ges.: O, V
Lös.:

$$O = \frac{d^2 \cdot \pi}{4} + d \cdot h + \frac{d \cdot \pi}{2} \cdot h$$

$$O = \frac{(0{,}82\ \text{m})^2 \cdot \pi}{4} + 0{,}82\ \text{m} \cdot 0{,}04\ \text{m} + \frac{0{,}82\ \text{m} \cdot \pi}{2} \cdot 0{,}04\ \text{m}$$

$$O = 0{,}528\ \text{m}^2 + 0{,}033\ \text{m}^2 + 0{,}051\ \text{m}^2$$

$$O = \underline{\underline{0{,}612\ \text{m}^2}}$$

$$V = \frac{d^2 \cdot \pi}{4} \cdot h : 2 = \frac{(0{,}82\ \text{m})^2 \cdot \pi}{4} \cdot 0{,}04\ \text{m} : 2$$

$$V = \underline{\underline{0{,}011\ \text{m}^3}}$$

5

Geg.: $d_1 = 0{,}19\ \text{m}$; $d_2 = 0{,}26\ \text{m}$; $h = \frac{2}{3} \cdot 25\ \text{cm} = 0{,}17\ \text{m}$
Ges.: V
Lös.:

$$V = \left(\frac{d_1 + d_2}{2}\right)^2 \cdot \frac{\pi}{4} \cdot h = \left(\frac{0{,}19\ \text{m} + 0{,}26\ \text{m}}{2}\right)^2 \cdot \frac{\pi}{4} \cdot 0{,}17\ \text{m}$$

$$V = \underline{\underline{0{,}007\ \text{m}^3}}\ (\widehat{=}\ 7\ l)$$

6

Geg.: $l_1 = 0{,}5\ \text{m}$; $b_1 = 0{,}4\ \text{m}$; $l_2 = 0{,}2\ \text{m}$; $b_2 = 0{,}12\ \text{m}$; $h = 0{,}8\ \text{m}$
Ges.: V
Lös.:

$$V = \frac{l_1 \cdot b_1 + l_2 \cdot b_2}{2} \cdot h$$

$$V = \frac{0{,}5\ \text{m} \cdot 0{,}4\ \text{m} + 0{,}2\ \text{m} \cdot 0{,}12\ \text{m}}{2} \cdot 0{,}8\ \text{m}$$

$$V = \underline{\underline{0{,}090\ \text{m}^3}}$$

Volumenberechnung

1 Für ein Wohnhaus sollen 32 Treppenstufen aus Buchenholz hergestellt werden. Die rechteckigen Stufen sind 40 mm dick bei einer Länge von 1,0 m und einer Breite von 29 cm.

a) Ermitteln Sie das Volumen der Treppenstufen.

b) Wie groß ist die Oberfläche der 32 Stufen?

2 Welches Fassungsvermögen in m³ hat der dargestellte Spänebehälter?

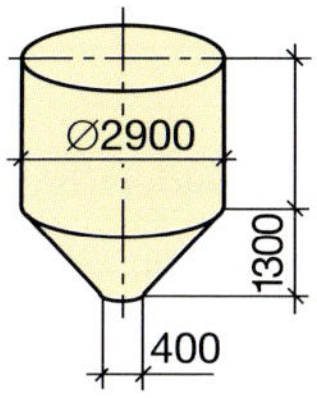

3 Zu Dekorationszwecken in einem Bekleidungsgeschäft sollen fünf der nebenstehend abgebildeten Säulen mit Kegeldach angefertigt werden. Berechnen Sie die Gesamtmantelfläche sowie das Gesamtvolumen des Körpers.

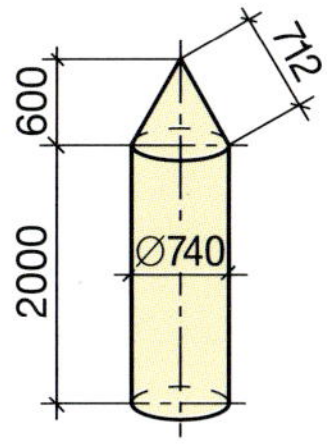

4 Berechnen Sie die Oberfläche sowie das Volumen der halbkreis förmigen Treppenstufe.

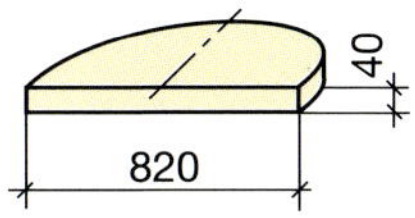

5 Ein 25 cm hoher Eimer hat einen unteren lichten Durchmesser von 19 cm und einen oberen lichten Durchmesser von 26 cm. Er ist zu 2/3 mit Beize gefüllt. Wie viel Liter Beizflüssigkeit befinden sich in dem Gefäß?

6 Für eine Skulpturengalerie sollen zwölf der nebenstehend abgebildeten 80 cm hohen Säulen angefertigt werden. Wie groß ist das Volumen einer Säule?

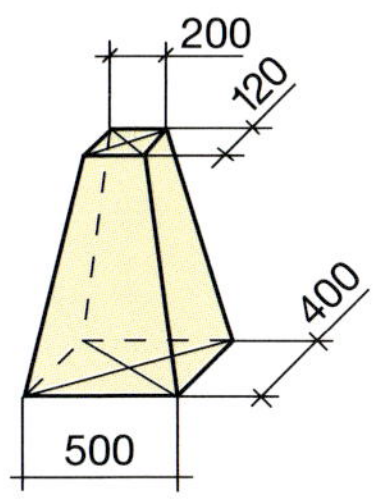

Volumenberechnung

1. Würfel

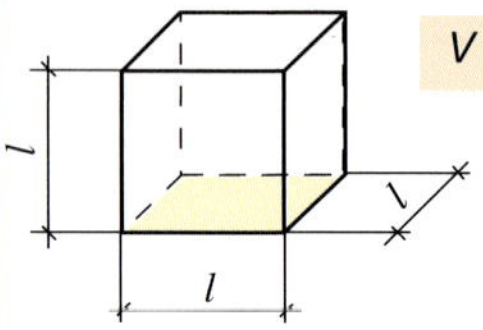

$$V = l \cdot l \cdot l = l^3$$

$M = 4 \cdot l^2$

$O = 6 \cdot l^2$

2. Quader

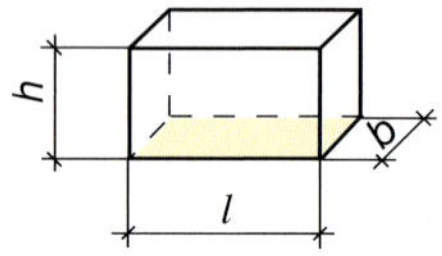

$$V = l \cdot b \cdot h$$

$M = 2 \cdot l \cdot h + 2 \cdot b \cdot h$

$O = 2 \cdot l \cdot h + 2 \cdot b \cdot h + 2 \cdot l \cdot b$

V	Volumen	mm³
l	Länge	mm
b	Breite	mm
h	Höhe	mm
M	Mantelfläche	mm²
O	Oberfläche	mm²

3. Zylinder/Prisma

(Prismen sind säulenförmige Körper mit geradlinig begrenzter, deckungsgleicher und paralleler Grund- und Deckfläche.)

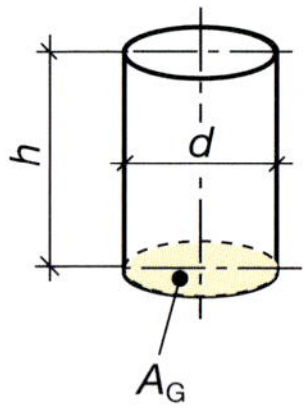

$$V = A_G \cdot h$$

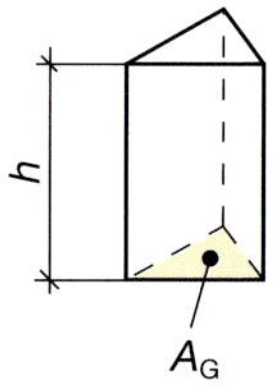

$M_{Zyl} = d \cdot \pi \cdot h$

$O_{Zyl} = d \cdot \pi \cdot h + 2 \cdot r^2 \cdot \pi$

M_{Pr} = Summe aller Seitenflächen

$O_{Pr} = M_{Pr} + 2 \cdot A_G$

V	Volumen	mm³
A_G	Grundfläche	mm²
M	Mantelfläche	mm²
O	Oberfläche	mm²
h	Höhe	mm
d	Durchmesser	mm

4. Pyramide

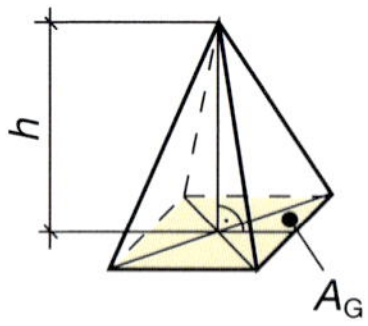

$$V = \frac{A_G \cdot h}{3}$$

M_{Pyr} = Summe aller Seitenflächen

$O_{Pyr} = M + A_G$

5. Kegel

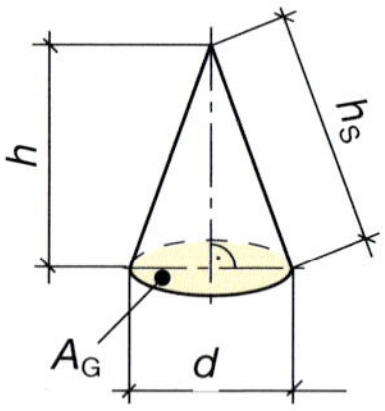

$$M_K = \frac{d \cdot \pi \cdot h_s}{2}$$

$$O_K = M + r^2 \cdot \pi$$

V	Volumen	mm³
A_G	Grundfläche	mm²
M	Mantelfläche	mm²
O	Oberfläche	mm²
h	Höhe	mm
h_s	Seitenhöhe	mm
r	Radius	mm
d	Durchmesser	mm

6. Pyramidenstumpf

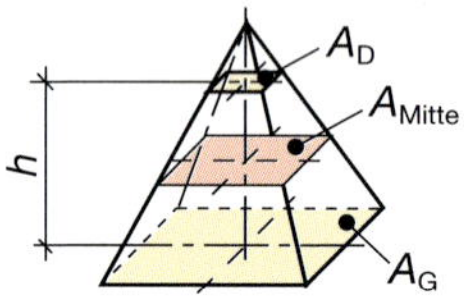

$$V \approx A_M \cdot h$$

$$V_{Pst} = \frac{A_G + A_D}{2} \cdot h$$

(Näherung)

7. Kegelstumpf

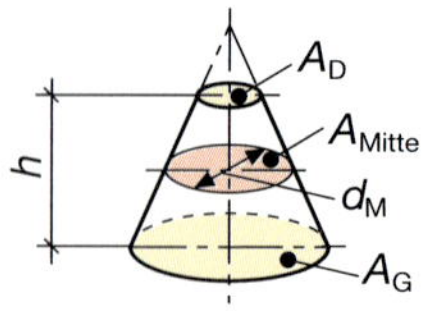

$$V_{Kst} = \left(\frac{d_G + d_D}{2}\right)^2 \cdot \frac{\pi}{4} \cdot h$$

(Näherung)

V	Volumen	mm³
A_G	Grundfläche	mm²
A_D	Deckfläche	mm²
h	Höhe	mm
A_M	Mittlere Fläche	mm²
d_G	Durchmesser Grundfläche	mm
d_D	Durchmesser Deckfläche	mm

Berechnungsbeispiele

1. Brett

Ein 4,20 m langes Fichtenbrett hat eine mittlere Breite von 39 cm.
Berechnen Sie die Fläche.

Geg.: $l = 4{,}20\ \text{m};\ b_m = 0{,}39\ \text{m}$

Ges.: A

Lös.: $A = b_m \cdot l = 0{,}39\ \text{m} \cdot 4{,}20\ \text{m}$

$A = \underline{\underline{1{,}64\ \text{m}^2}}$

Berechnen Sie nun das Volumen dieses Brettes, wenn es eine Dicke von 38 mm aufweist.

Geg.: $l = 4{,}20;\ b_m = 0{,}39\ \text{m};\ d = 0{,}038\ \text{m}$

Ges.: V

Lös.: $V = b_m \cdot l \cdot d = 0{,}39\ \text{m} \cdot 4{,}20\ \text{m} \cdot 0{,}038\ \text{m}$

$V = \underline{\underline{0{,}062\ \text{m}^3}}$

2. Bohle

Eine 55 mm dicke Eichenbohle hat auf der linken Seite eine mittlere Breite von 42 cm, auf der rechten Seite eine mittlere Breite von 48 cm.

a) Berechnen Sie die Fläche der 4,50 m langen Bohle.
b) Wie groß ist das Volumen?

Geg.: $l = 4{,}50\ \text{m};\ b_{m1} = 0{,}42\ \text{m};\ b_{m2} = 0{,}48\ \text{m};$
$d = 0{,}055\ \text{m}$

Ges.: a) A b) V

Lös.: a) $A = \dfrac{b_{m1} + b_{m2}}{2} \cdot l = \dfrac{0{,}42\ \text{m} + 0{,}48\ \text{m}}{2} \cdot 4{,}50\ \text{m}$

$A = \underline{\underline{2{,}025\ \text{m}^2}}$

b) $V = \dfrac{b_{m1} + b_{m2}}{2} \cdot l \cdot d$

$V = \dfrac{0{,}42\ \text{m} + 0{,}48\ \text{m}}{2} \cdot 4{,}50\ \text{m} \cdot 0{,}055\ \text{m}$

$V = \underline{\underline{0{,}111\ \text{m}^3}}$

3. Baumstamm

Welches Volumen hat ein 6,20 m langer Baumstamm, der an einem Ende einen Durchmesser von 50 cm aufweist, am anderen Ende einen Durchmesser von 57 cm?

Geg.: $l(h) = 6{,}20\ \text{m};\ d_D = 0{,}50\ \text{m};\ d_G = 0{,}57\ \text{m}$

Ges.: V

Lös.: $V = \left(\dfrac{d_G + d_D}{2}\right)^2 \cdot \dfrac{\pi}{4} \cdot h$

$V = \left(\dfrac{0{,}57\ \text{m} + 0{,}50}{2}\right)^2 \cdot \dfrac{\pi}{4} \cdot 6{,}20\ \text{m}$

$V = \underline{\underline{1{,}393\ \text{m}^3}}$

4. Holzflächenumrechnung

Wie viele Quadratmeter 24 mm dicker Bretter erhält man aus einem Stammvolumen von 4,225 m³?

Geg.: $d = 0{,}024\ \text{m};\ V = 4{,}225\ \text{m}^3$

Ges.: A

Lös.: $A\ (\text{m}^2) = \dfrac{V\ (\text{m}^3)}{d\ (\text{m})} = \dfrac{4{,}225\ \text{m}^3}{0{,}024\ \text{m}}$

$A = \underline{\underline{176{,}04\ \text{m}^2}}$

5. Holzlängenumrechnung

Wie viele laufende Meter Fichtenleisten mit einem Querschnitt von 24 mm · 48 mm erhält man aus 1,20 m³ Holz?

Geg.: $A = 0{,}024\ \text{m} \cdot 0{,}048\ \text{m} = 0{,}001152\ \text{m}^2;$
$V = 1{,}20\ \text{m}^3$

Ges.: l

Lös.: $l\ (\text{m}) = \dfrac{V\ (\text{m}^3)}{A\ (\text{m}^2)} = \dfrac{1{,}20\ \text{m}^3}{0{,}001152\ \text{m}^2}$

$l = \underline{\underline{1041{,}7\ \text{m}}}$

6. Kubikmeterpreisberechnung

28 mm dicke Fichtenbretter kosten pro Quadratmeter 26,64 EUR. Berechnen Sie den Kubikmeterpreis.

Geg.: m²-Preis = 26,64 EUR/m²;
$d = 0{,}028\ \text{m}$

Ges.: m³-Preis

Lös.: $\text{m}^3\text{-Preis} = \dfrac{\text{m}^2\text{-Preis}}{\text{Holzdicke (m)}}$

$\text{m}^3\text{-Preis} = \dfrac{26{,}64\ \text{EUR/m}^2}{0{,}028\ \text{m}}$

$\text{m}^3\text{-Preis} = \underline{\underline{951{,}37\ \text{EUR/m}^3}}$

7. Meterpreisberechnung

Der Quadratmeterpreis von Kanthölzern 50 mm · 50 mm beträgt 36,92 EUR. Wie viel kostet der laufende Meter Kantholz?

Geg.: m²-Preis = 36,92 EUR; $b = 0{,}05\ \text{m}$

Ges.: m-Preis

Lös.: m-Preis = m²-Preis b (m)
m-Preis = 36,92 EUR/m² · 0,05 m
m-Preis = $\underline{\underline{1{,}85\ \text{EUR}}}$

Lösungen zum Test Fläche und Volumen bei Brett, Bohle und Stamm – Material- und Preisumrechnungen

1 **Lös.:** a) $A = b_m \cdot l$; $b_m = \frac{A}{l} = \frac{1{,}44\ m^2}{4{,}5\ m}$

$b_m = \underline{\underline{0{,}32\ m}}$

c) Preis = m^2-Preis · A

Preis = 11,50 EUR/m^2 · 1,44 m^2

Preis = $\underline{\underline{16{,}56\ EUR}}$

b)

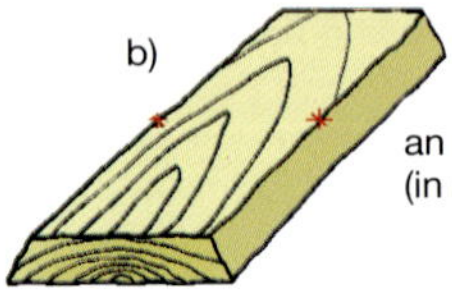

an der linken Seite messen (in der Mitte)!

2 **Lös.:** a) Preis = m^2-Preis · A

$A = \frac{b_{m1} + b_{m2}}{2} \cdot l = \frac{0{,}29\ m + 0{,}33\ m}{2} \cdot 2{,}6\ m$

Preis = 54,40 EUR/m^2 · 0,806 m^2

Preis = $\underline{\underline{43{,}85\ EUR}}$

b) $V = \frac{b_{m1} + b_{m2}}{2} \cdot l \cdot d = \frac{0{,}29\ m + 0{,}33\ m}{2} \cdot 2{,}6\ m \cdot 0{,}045\ m$; $V = \underline{\underline{0{,}036\ m^3}}$

3 **Lös.:** a) $A = \frac{b_{m1} + b_{m2}}{2} \cdot l = \frac{0{,}45\ m + 0{,}36\ m}{2} \cdot 4{,}5\ m = \underline{\underline{1{,}82\ m^2}}$

b) m^2-Preis = $\frac{\text{Preis}}{A} = \frac{70{,}59\ EUR}{1{,}82\ m^2}$; m^2-Preis = $\underline{\underline{38{,}77\ EUR}}$

4 **Lös.:** $V = \left(\frac{d_1 + d_2}{2}\right)^2 \cdot \frac{\pi}{4} \cdot h = \left(\frac{0{,}52\ m + 0{,}49\ m}{2}\right)^2 \cdot \frac{\pi}{4} \cdot 3{,}20\ m$; $V = \underline{\underline{1{,}269\ m^3}}$

5 **Lös.:** m^3-Preis = $\frac{\text{Preis}}{V}$

(allgemein) $V = (d_m)^2 \cdot \frac{\pi}{4} \cdot h$

(hier) $V = (b_{m1})^2 \cdot \frac{\pi}{4} \cdot l + (b_{m2})^2 \cdot \frac{\pi}{4} \cdot l + (b_{m3})^2 \cdot \frac{\pi}{4} \cdot l$

$V = (0{,}4\ m)^2 \cdot \frac{\pi}{4} \cdot 9{,}00\ m + (0{,}4\ m)^2 \cdot \frac{\pi}{4} \cdot 9{,}00\ m + (0{,}44\ m)^2 \cdot \frac{\pi}{4} \cdot 9{,}00\ m$

$V = 1{,}1304\ m^3 + 1{,}1304\ m^3 + 1{,}3678\ m^3 = 3{,}629\ m^3$

m^3-Preis = $\frac{3758{,}00\ EUR}{3{,}629\ m^3}$; m^3-Preis = $\underline{\underline{1035{,}55\ EUR/m^3}}$

6 **Lös.:** $V_{benöt} = A\ (m^2) \cdot d\ (m) = 60\ m^2 \cdot 0{,}028\ m$

$V_{benöt} = \underline{\underline{1{,}68\ m^3}}$

Der Tischler muss Holz nachbestellen, da $V_{benöt} > V_{vorh}$

7 **Lös.:** a) Holzlänge (m) = $\frac{V}{A} = \frac{2\ m^3}{0{,}001152\ m^2} = \underline{\underline{1736{,}11\ m}}$

b) m^3-Preis = $\frac{\text{Meterpreis}}{A} = \frac{0{,}64\ \frac{EUR}{m}}{0{,}001152\ m^2}$

m^3-Preis = $\underline{\underline{554{,}79\ EUR/m^3}}$

8 **Lös.:** m^2-Preis = m^3-Preis · Holzdicke (m)

m^2-Preis = 741,37 EUR/m^3 · 0,05 m

m^2-Preis = $\underline{\underline{37{,}07\ EUR/m^2}}$

Es könnte sich z.B. um Buchenholz handeln.

9 **Lös.:** $V_{Schalungsbretter} = 4{,}5\ m^3\ \frac{2}{3} = 3\ m^3$

$V_{Dachlatten} = 4{,}5\ m^3\ \frac{1}{3} = 1{,}5\ m^3$

Schalungsbretter: $A = \frac{V\ (m^3)}{d\ (m)} = \frac{3\ m^3}{0{,}02\ m} = 150\ m^2$

Dachlatten: $l = \frac{V\ (m^3)}{A\ (m)} = \frac{1{,}5\ m^3}{0{,}0015\ m^2} = 1000\ m$

Gesamtkosten = 150 m^2 · 3,83 EUR/m^3 + 1000 m · 0,61 EUR/m

Gesamtkosten = $\underline{\underline{1188{,}75\ EUR}}$

Fläche und Volumen bei Brett, Bohle und Stamm

Testen Sie sich selbst.

1 Ein unbesäumtes Fichtenbrett hat eine Länge von 4,50 m und weist eine Fläche von 1,44 m² auf.

a) Berechnen Sie die mittlere Breite des Brettes.

b) Verdeutlichen Sie an einer Skizze, *wo* bei unbesäumten Brettern die mittlere Breite gemessen wird.

c) Ermitteln Sie den Preis des Brettes, wenn ein Quadratmeter 11,50 EUR kostet.

2 Für Innenausbauarbeiten in einer Gaststätte wird eine unbesäumte, 45 mm dicke Kirschbaumbohle verarbeitet. Auf der linken Seite weist die Bohle eine mittlere Breite von 29 cm auf, auf der rechten Seite beträgt die mittlere Breite 33 cm.

a) Berechnen Sie den Preis der 2,60 m langen Bohle, wenn der Quadratmeterpreis 53,82 EUR beträgt.

b) Ermitteln Sie das Volumen.

3 Eine Ahornbohle, aus der Treppenstufen gefertigt werden sollen, kostet 69,80 EUR. Die Bohle ist 4,50 m lang, die mittlere Breite misst auf der rechten Seite 45 cm, auf der linken Seite 36 cm.

a) Berechnen Sie den Flächeninhalt.

b) Ermitteln Sie den Quadratmeterpreis.

4 Berechnen Sie das Volumen des abgebildeten Baumstamms.

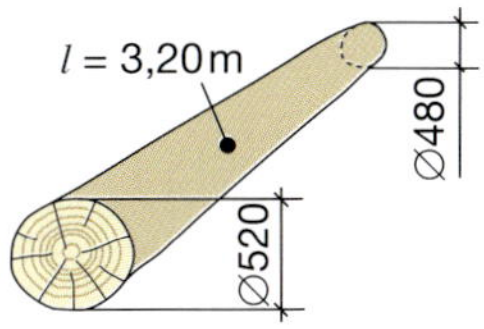

5 Wie groß ist der Kubikmeterpreis für Rüster, wenn drei neun Meter lange Stämme für insgesamt 3758,00 EUR verkauft werden?
Die mittlere Breite von Stamm 1 und Stamm 2 beträgt jeweils 40 cm, die mittlere Breite von Stamm 3 misst 44 cm.

Material- und Preisumrechnung

6 Für einen größeren Auftrag werden 60 m² Lärchenbretter (28 mm dick) benötigt. Im Holzlager befinden sich noch 1,5 m³ Lärchenholz mit der gewünschten Dicke. Muss der Tischler Holz nachbestellen?

7 Wie viele Meter Dachlatten (24 mm x 48 mm) können aus 2 m³ Fichtenholz geschnitten werden?
Wie teuer sind die 2 m³ Fichte, wenn für den laufenden Meter Dachlatte 0,64 EUR bezahlt wird?

8 Wie teuer ist ein Quadratmeter einer 50 mm dicken Holzbohle, wenn der Kubikmeter im Einkauf 741,37 EUR kostet? Schlagen Sie in einer Preisliste nach, um welche Holzart es sich hierbei handeln könnte.

9 Aus 4,5 m³ Rundholz sollen zu zwei Drittel Schalungsbretter der Dicke 20 mm und zu einem Drittel Dachlatten mit den Abmessungen 30 mm x 50 mm eingeschnitten werden.
Wie viel kostet das gesamte Bauschnittholz, wenn für 1 m² Schalungsbretter 3,83 EUR und für 1 m Dachlatte 0,61 EUR verrechnet werden? Der Verschnitt bleibt unberücksichtigt.

Fläche und Volumen bei Brett, Bohle und Stamm

1. Brett (Dicke < 40 mm)

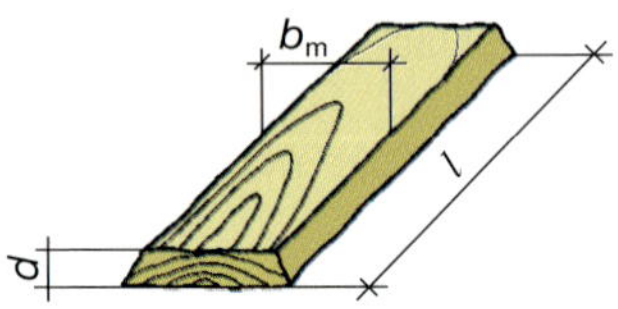

$A = b_m \cdot l$ [1)]

$V = b_m \cdot l \cdot d$ [1)]

[1)] b_m immer an der linken (schmalen) Seite messen!

2. Bohle (Dicke > 40 mm)

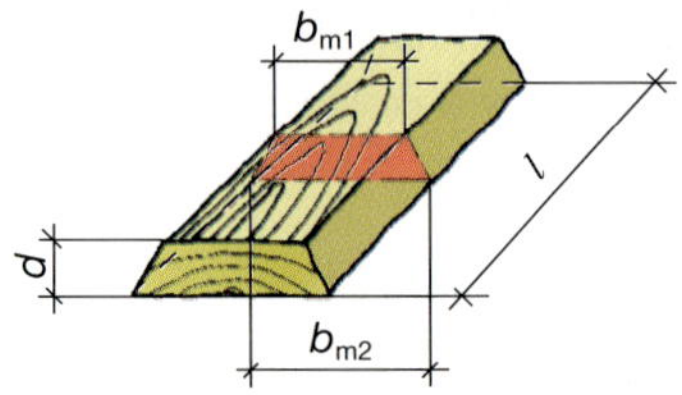

$$A = \frac{b_{m1} + b_{m2}}{2} \cdot l$$

$$V = \frac{b_{m1} + b_{m2}}{2} \cdot l \cdot d$$

A	Fläche	mm^2
b_m	mittlere Breiten	mm
l	Länge	mm
d	Dicke	mm

3. Baumstamm

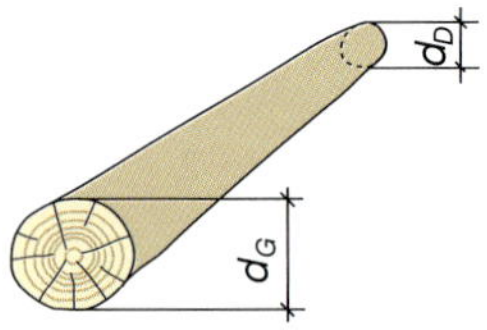

Ein Baumstamm hat die Form eines Kegelstumpfes. Die Berechnung des Stammvolumens erfolgt nach der Näherungsformel für die Berechnung von Kegelstümpfen.

$$V = \left(\frac{d_G + d_D}{2}\right)^2 \cdot \frac{\pi}{4} \cdot h$$ [2)]

[2)] Erklärung der Buchstaben siehe Kegelstumpf.

Das Umrechnen wichtiger Maßeinheiten

1 m = 10 dm = 100 cm = 1000 mm

1 mm = 0,1 cm = 0,01 dm = 0,001 m

1 m^2 = 100 dm^2 = 10000 cm^2 = 1000000 mm^2

1 mm^2 = 0,01 cm^2 = 0,0001 dm^2 =0,000001 m^2

1 m^3 = 1000 dm^3 = 1000000 cm^3 = 1000000000 mm^3

1 mm^3 = 0,001 cm^3 = 0,000001 dm^3 = 0,000000001 m^3

1 ha = 100 a; 1 kg/dm^3 = 1 g/cm^3 = 1 t/m^3

1 a = 100 m^2

1 dm^3 = 1 l; 1 t = 1000 kg; 1 kg = 1000 g

Material- und Preisumrechnung

4. Holzfläche

$$\text{Holzfläche } (m^2) = \frac{\text{Holzvolumen } (m^3)}{\text{Holzdicke (m)}}$$

5. Holzlänge

$$\text{Holzlänge (m)} = \frac{\text{Holzvolumen } (m^3)}{\text{Querschnittsfläche } (m^2)}$$

6. Kubikmeterpreis

$$\text{Kubikmeterpreis} = \frac{\text{Quadratmeterpreis}}{\text{Holzdicke (m)}}$$

7. Meterpreis

Meterpreis = Quadratmeterpreis · Breite (m)

Meterpreis = Kubikmeterpreis · Querschnittsfläche (m^2)

Berechnungsbeispiele

1. Der Verschnittzuschlag

Für einen Auftrag werden 22,50 m² Stabplatten verarbeitet. Die Fertigmenge beträgt 16,40 m². Berechnen Sie den Verschnitt.

Geg.: $RM = 22{,}50\ \text{m}^2$; $FM = 16{,}40\ \text{m}^2$

Ges.: V

Lös.: $RM = FM + VM$; $VM = RM - FM$

$VM = 22{,}50\ \text{m}^2 - 16{,}40\ \text{m}^2$

$VM = \underline{\underline{6{,}10\ \text{m}^2}}$

Berechnen Sie den Verschnittzuschlag in % für die obige Aufgabe.

Geg.: $RM = 22{,}50\ \text{m}^2$; $FM = 16{,}40\ \text{m}^2$

Ges.: VZ

Lös.: $VZ = \dfrac{VM \cdot 100\ \%}{FM}$; $VM = RM - FM$

$VM = 22{,}50\ \text{m}^2 - 16{,}40\ \text{m}^2 = \underline{\underline{6{,}10\ \text{m}^2}}$

$$VZ = \frac{6{,}10\ \text{m}^2 \cdot 100\ \%}{16{,}40\ \text{m}^2}$$

$VZ = \underline{\underline{37{,}2\ \%}}$

2. Der Verschnittabschlag

In einem Sägewerk wird ein Kiefernstamm mit einem Volumen von exakt 2 m³ eingeschnitten. Man erhält daraus Bretter mit einem Gesamtrauminhalt von 1,550 m³. Wie groß ist der Verschnittabschlag?

Geg.: $RM = 2\ \text{m}^3$; $FM = 1{,}550\ \text{m}^3$

Ges.: VA

Lös.: $VA = \dfrac{VM \cdot 100\ \%}{RM}$

$VM = RM - FM = 2\ \text{m}^3 - 1{,}550\ \text{m}^3 = \underline{\underline{0{,}45\ \text{m}^3}}$

$$VA = \frac{0{,}45\ \text{m}^3 \cdot 100\ \%}{2\ \text{m}^3}$$

$VA = \underline{\underline{22{,}5\ \%}}$

3. Schwundverlust in %

a) Ein Fichtenbrett schwindet von 22 cm auf 21,7 cm. Ermitteln Sie den Schwundverlust in %.

Geg.: $\Delta l = 220\ \text{mm} - 217\ \text{mm} = 3\ \text{mm}$

$l_o = 220\ \text{mm}$

Ges.: SV (%)

Lös.: $SV\ (\%) = \dfrac{\Delta l}{l_o} \cdot 100\ \%$

$$SV\ (\%) = \frac{3\ \text{mm}}{220\ \text{mm}} \cdot 100\ \%$$

$SV\ (\%) = \underline{\underline{1{,}36\ \%}}$

Fortsetzung von 3. Schwundverlust in %

b) Ein Buchenbrett trocknet von einer Holzfeuchte von 28 % auf eine Holzfeuchte von 16 %. Das differentielle Schwundmaß beträgt 0,20. Berechnen Sie den Schwundverlust in %.

Geg.: $q = 0{,}20$; $\Delta u = 28\ \% - 16\ \% = 12\ \%$

Ges.: SV (%)

Lös.: $SV\ (\%) = q \cdot \Delta u = 0{,}20 \cdot 12\ \%$

$SV\ (\%) = \underline{\underline{2{,}4\ \%}}$

Wie kann man den Schwundverlust in % des Buchenbrettes aus Aufgabe b näherungsweise berechnen, wenn das differentielle Schwundmaß nicht bekannt ist und man nur weiß, dass es sich um radialen Schwund handelt?

Geg.: $\Delta u = 28\ \% - 16\ \% = 12\ \%$ radialer Schwund

Ges.: SV (%)

Lös.: $SV\ (\%) = \dfrac{\text{max. mögl. Schwund} \cdot \Delta u}{30\ \%}$

$$SV\ (\%) = \frac{5\ \% \cdot 12\ \%}{30\ \%}$$

$SV\ (\%) = \underline{\underline{2\ \%}}$

4. Berechnung des Schwundmaßes

Ein Kiefernseitenbrett (b = 24 cm) schwindet von u = 19 % auf u = 10 % Holzfeuchte. Welche Breite weist das Brett nach dem Schwinden auf?

Geg.: $l_o = 24\ \text{cm}$; $\Delta u = 19\ \% - 10\ \% = 9\ \%$

tangentialer Schwund

Ges.: neue Breite, Δl

Lös.: $\Delta l = \dfrac{l_o \cdot \text{max. mögl. Schwund} \cdot \Delta u}{100\ \% \cdot 30\ \%}$

$$\Delta l = \frac{240\ \text{mm} \cdot 10\ \% \cdot 9\ \%}{100\ \% \cdot 30\ \%}$$

$\Delta l = 7{,}2\ \text{mm}$

Neue Breite = 240 mm – 7,2 mm = 232,8 mm

Neue Breite = $\underline{\underline{23{,}3\ \text{cm}}}$

Dasselbe Kiefernseitenbrett hatte vor dem Schwinden eine Dicke von 38 mm. Das differentielle Schwundmaß beträgt 0,19.
Welche Dicke hat das Brett nach dem Schwinden?

Geg.: $q = 0{,}19$; $l_o = 38\ \text{mm}$; $\Delta u = 19\ \% - 10\ \% = 9\ \%$

Ges.: neue Dicke, Δl

Lös.: $\Delta l = \dfrac{l_o \cdot q \cdot \Delta u}{100\ \%} = \dfrac{38\ \text{mm} \cdot 0{,}19 \cdot 9\ \%}{100\ \%}$

$\Delta l = 0{,}6\ \text{mm}$

Neue Dicke = 38 mm – 0,6 mm

Neue Dicke = $\underline{\underline{37{,}4\ \text{mm}}}$

Verschnittberechnung

1. Verschnittzuschlag

Beispiel: Spanplatten zuschneiden

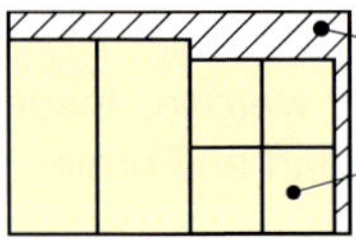

$$RM = FM + VM$$

$$RM = FM \cdot ZF$$

$$VZ = \frac{VM \cdot 100\ \%}{FM}$$

RM	Rohmenge	m²
FM	Fertigmenge	m²
VM	Verschnittmenge	m²
ZF	Zuschlagsfaktor	–
VZ	Verschnittzuschlag	%

2. Verschnittabschlag

Beispiel: Kanthölzer aus einem Baumstamm schneiden

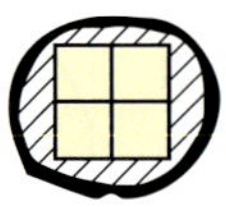

$$VA = \frac{VM \cdot 100\ \%}{\mathrm{RM}}$$

VA	Verschnittabschlag	%
VM	Verschnittmenge	m²
RM	Rohmenge	m²

Holzschwundberechnung

3. Berechnen des Schwundverlustes in %

a) Ausgangs- und Endmaß gegeben (Schwundmaß)

$$SV = \frac{\Delta l}{l_o} \cdot 100\ \%$$

SV	Schwundverlust	%
Δl	Schwundmaß	mm
l_o	Ausgangsmaß	mm

b) Holzfeuchteänderung gegeben

differentielles Schwundmaß bekannt

$$SV = q \cdot \Delta u$$

differentielles Schwundmaß nicht bekannt

$$SV = \frac{\text{max. mögl. Schwund} \cdot \Delta u}{30\ \%}$$

SV	Schwundverlust	%
q	differentielles Schwundmaß	%
Δu	Holzfeuchtedifferenz	%

4. Berechnung des Schwundmaßes

$$\Delta l = \frac{l_o \cdot SV}{100\ \%}$$

$$\Delta l = \frac{l_o \cdot q \cdot \Delta u}{100\ \%}$$

$$\Delta l = \frac{l_o \cdot \text{max. mögl. Schwund} \cdot \Delta u}{100\ \% \cdot 30\ \%}$$

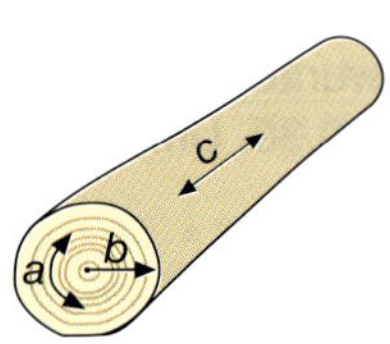

Maximal möglicher Schwund

a) in Richtung der Jahresringe, tangential, = 10 %

b) senkrecht zu den Jahresringen, radial, = 5 %

c) in Richtung der Holzfaser, axial, = 0,1 – 0,3 %

Δl	Schwundmaß	mm
l_o	Ausgangsmaß	mm
SV	Schwundverlust	%
q	differentielles Schwundmaß	
Δu	Holzfeuchtedifferenz	%

Berechnungsbeispiele

1. Holzfeuchte

Eine Holzprobe wiegt im nassen Zustand 570 g. Nach der völligen Trockung liegt das Gewicht bei 420 g. Welche Holzfeuchte hatte die Probe vorher?

Geg.: $m_u = 570\ \text{g};\ m_o = 420\ \text{g}$

Ges.: $u\ (\%)$

Lös.: $u\ (\%) = \dfrac{m_u - m_o}{m_o} \cdot 100\ \%$

$$u\ (\%) = \frac{570\ \text{g} - 420\ \text{g}}{420\ \text{g}} \cdot 100\ \%$$

$$u\ (\%) = \underline{\underline{35{,}7\ \%}}$$

Ein Eschenstamm hat bei einer Holzfeuchte von 42 % eine Masse von 920 kg. Wie groß ist das Darrgewicht des Stammes?

Geg.: $u = 42\ \%;\ m_u = 920\ \text{kg}$

Ges.: m_o

Lös.: $142\ \% \mathrel{\widehat{=}} 920\ \text{kg}$

$$1\ \% \mathrel{\widehat{=}} \frac{920}{142}\ \text{kg}$$

$$100\ \% \mathrel{\widehat{=}} \frac{920}{142} \cdot 100\ \text{kg}$$

$$100\ \% = \underline{\underline{647{,}887\ \text{kg}}}$$

4. Masse, Dichte

Welche Dichte hat eine 376 g schwere Holzprobe bei einem Volumen von 800 cm³?
Um welches deutsche Nadelholz könnte es sich bei dieser Dichte handeln?

Geg.: $V = 800\ \text{cm}^3;\ m = 376\ \text{g}$

Ges.: ϱ, Holzart

Lös.: $\varrho = \dfrac{m}{V} = \dfrac{376\ \text{g}}{800\ \text{cm}^3}$

$$\varrho = \underline{\underline{0{,}47\ \frac{\text{g}}{\text{cm}^3}}}$$

Die Dichte entspricht den Nadelhölzern von Fichte und Tanne.

2. Lehrsatz des Pythagoras

Die Seite *a* des nebenstehend abgebildeten Dreiecks beträgt 1,5 m, die Seite c beträgt 2,5 m. Berechnen Sie die Länge der Seite *b*.

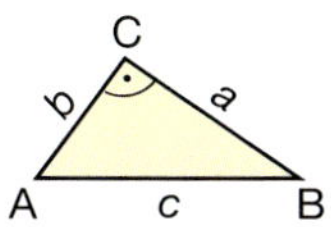

Geg.: $a = 1{,}5\ \text{m};\ c = 2{,}5\ \text{m}$

Ges.: b

Lös.: $a^2 + b^2 = c^2;\ b^2 = c^2 - a^2$

$$b^2 = (2{,}5\ \text{m})^2 - (1{,}5\ \text{m})^2$$

$$b^2 = 4{,}0\ \text{m}^2 \qquad b = \sqrt{4\ \text{m}^2}$$

$$b = \underline{\underline{2\ \text{m}}}$$

5. Gewichtskraft

Welche Gewichtskraft übt ein 1230 kg schwerer Baumstamm auf das Fahrgestellt eines LKW aus?

Geg.: $m = 1230\ \text{kg}$

Ges.: F_G

Lös.: $F_G = m \cdot g = 1230\ \text{kg} \cdot 10\ \dfrac{\text{m}}{\text{s}^2}$

$$F_G = 12300\ \frac{\text{kg} \cdot \text{m}}{\text{s}^2} = 12300\ \text{N}$$

$$F_G = \underline{\underline{12{,}3\ \text{kN}}}$$

3. Winkelfunktionen

Die Seite *b* des nebenstehend abgebildeten Dreiecks beträgt 7 cm, der Winkel α misst 32°. Berechnen Sie die Länge der Seite *c*.

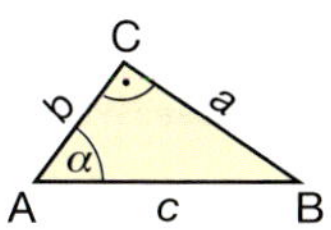

Geg.: $\alpha = 32°$; Ankathete = 7 cm

Ges.: Hypotenuse

Lös.: $\cos\alpha = \dfrac{\text{Ankathete}}{\text{Hypotenuse}}$

$$\text{Hypotenuse} = \frac{\text{Ankathete}}{\cos\alpha}$$

$$\text{Hypotenuse} = \frac{7\ \text{cm}}{0{,}8480}$$

$$\text{Hypotenuse} = \underline{\underline{8{,}3\ \text{cm}}}$$

6. Maßstabberechnung

Wie breit ist eine Schranktüre in Wirklichkeit, wenn sie in der technischen Zeichnung 21 mm misst und der Maßstab 1:20 beträgt?

Geg.: $ZL = 21\ \text{mm};\ VZ = 20$

Ges.: WL

Lös.: $WL = ZL \cdot VZ = 21\ \text{mm} \cdot 20$

$$WL = \underline{\underline{42\ \text{cm}}}$$

Holzfeuchteberechnung

1. Holzfeuchte

$$u\,(\%) = \frac{m_u - m_o}{m_o} \cdot 100\ \%$$

u	Holzfeuchte	%
m_u	Nassgewicht	g
m_o	Darrgewicht	g

Berechnung des rechtwinkligen Dreiecks

2. Lehrsatz des Pythagoras

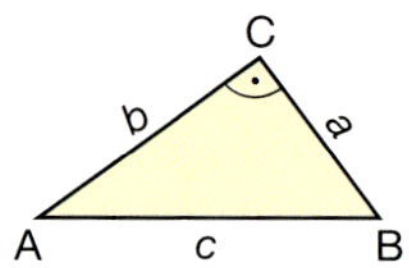

$$a^2 + b^2 = c^2$$

Die Hypotenuse liegt immer dem rechten Winkel gegenüber.

a	Kathete	mm, m
b	Kathete	mm, m
c	Hypotenuse	mm, m

3. Winkelfunktionen

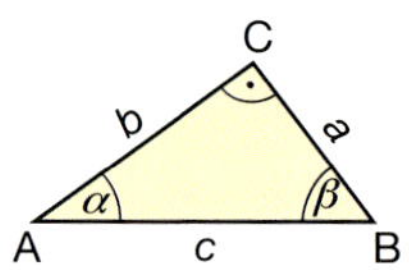

$$\text{Sinus} = \frac{\text{Gegenkathete}}{\text{Hypotenuse}}$$

$$\text{Cosinus} = \frac{\text{Ankathete}}{\text{Hypotenuse}}$$

$$\text{Tangens} = \frac{\text{Gegenkathete}}{\text{Ankathete}}$$

$$\text{Cotangens} = \frac{\text{Ankathete}}{\text{Gegenkathete}}$$

Bezogen auf Winkel α

a	*Gegen*kathete	mm, m
b	Ankathete	mm, m

Bezogen auf Winkel β

a	Ankathete	mm, m
b	Gegenkathete	mm, m
c	Hypotenuse	mm, m

Berechnung der Masse, Dichte, Gewichtskraft und Maßstabberechnung

4. Masse, Dichte

$$\varrho = \frac{m}{V}$$

ϱ	Dichte	kg/dm³
m	Masse	kg
V	Volumen	dm³

5. Gewichtskraft

$$F_G = m \cdot g$$

F_G	Gewichtskraft	N
g	Fallbeschleunigung	$\frac{m}{s^2}$

$$g \approx 10\,\frac{m}{s^2};\ 1\ N \mathrel{\hat=} 1\ kg \cdot \frac{m}{s^2}$$

6. Maßstabberechnung

$$WL = ZL \cdot VZ$$

Beispiel:
M = 1 : 20
Die Verhältniszahl ist 20

WL	Wirkliche Länge	mm
ZL	Zeichenlänge	mm
VZ	Verhältniszahl	